Burkard Sievers, Dieter Ohlmeier, Bernd Oberhoff, Ullrich Beumer (Hg.)

Das Unbewusste in Organisationen

Reihe »Psyche und Gesellschaft«

Herausgegeben von Johann August Schülein
und Hans-Jürgen Wirth

Burkard Sievers, Dieter Ohlmeier, Bernd Oberhoff,
Ullrich Beumer (Hg.)

Das Unbewusste in Organisationen

Freie Assoziationen zur psychosozialen Dynamik von Organisationen

Beiträge aus 5 Jahren *Freie Assoziation*

Psychosozial-Verlag

Bibliografische Information Der Deutschen Bibliothek
Die Deutsche Bibliothek verzeichnet diese Publikation in der Deutschen Nationalbibliografie; detaillierte bibliografische Daten sind im Internet über <http://dnb.ddb.de> abrufbar.

Goethestr. 29, D-35390 Gießen,
Tel.: 0641/77819; Fax: 0641/77742
e-mail: info@psychosozial-verlag.de
www.psychosozial-verlag.de

Umschlagabbildung: Giorgio deChirico: Der große Metaphysiker, 1924/25

Umschlaggestaltung: Christof Röhl unter Verwendung des Originalentwurfs der Zeitchrift *Freie Assoziation* von Theodor Bayer-Eynck
Lektorat/Satz: Vera Kalusche
Printed in Germany
ISBN 3-89806-284-8

Inhaltsverzeichnis

Sozioanalyse von Organisationen

Psychoanalytische Organisationsberatung

Vorwort der Herausgeber

Als wir, die Herausgeber der Zeitschrift *Freie Assoziation,* uns vor nun bald sieben Jahren trafen, um eine neue Zeitschrift zu gründen, schwebte uns ein Journal vor, das an der Pflege der psychoanalytisch orientierten Supervision und Organisationsentwicklung sowie der psychoanalytischen Kulturforschung orientiert war. Die darin zu veröffentlichenden Beiträge sollten sich ebenso wie das Herausgebergremium selbst und der noch zu bildende Beirat in ›freier Assoziation‹ aus unterschiedlichen Fachorientierungen und Berufsfeldern (Soziologie, Pädagogik, Supervision, Psychoanalyse, Wirtschaftswissenschaft etc.) zusammensetzen. Nach unserem damaligen Eindruck beschäftigten sich die psychoanalytischen Zeitschriften zu eingeengt und zu ausschließlich mit klinischen Aspekten der Therapeut-Patient-Beziehung und die supervisorischen eher mit technologischen sowie marktorientierten Fragestellungen, bei denen der Blick auf unbewusste Prozesse mehr und mehr aus dem Blick geriet. So mangelte es an einem Publikationsorgan, das sich in fundierter Weise mit dem Unbewussten in Kultur, Gesellschaft, Supervision und Organisation auseinander setzte. Diese Lücke haben wir nun bereits seit fünf Jahren mit der Herausgabe der *Freien Assoziation* zu füllen versucht.

Diese ersten fünf Jahre der *Freien Assoziation* – 1998 bis 2002 – waren von deutlichen Wandlungen des fachlichen und methodischen Selbstverständnisses unserer Leserschaft sowie durch veränderte Akzentsetzungen und Schwerpunkte seitens des Herausgeberkreises und der bei uns publizierenden Autoren geprägt. Während sich im Feld der Supervision – wenn auch eher oberflächlich – ein immer deutlicherer Wandel hin zur Arbeit mit Organisationen und Institutionen abzeichnete, scheint die Psychotherapeutisierung der Psychoanalyse weiterhin auf dem Vormarsch. Damit einher ging insofern auch eine Veränderung unseres Leserkreises, als wir zunehmend solche Leser gewinnen konnten, die in ihren unterschiedlichen beruflichen Rollen das Unbewusste in Organisations- und Gesellschaftsstrukturen in das Zentrum ihres Denkens und Arbeitens setzen.

Die Arbeiten in diesem Sammelband zeigen, in welchem Maße Veröffentlichungen zum Unbewussten in Organisationen im Laufe der vergangenen Jahre zunehmend einen zentralen Schwerpunkt der *Freien Assoziation* bildeten.

Die Wiederveröffentlichung der in den ersten fünf Jahren in der *Freien Assoziation* erschienenen Beiträge zum Unbewussten in Organisationen mag dazu beitragen, die Lücke der Literatur ein wenig mehr zu schließen, die bislang zu diesem Themenkreis und Forschungsfeld im deutschsprachigen

Bereich im Vergleich zu der Fülle angelsächsischer Publikationen immer noch besteht. Die bislang in der *Freien Assoziation* veröffentlichten Originalbeiträge und Übersetzungen stellen damit zugleich eine wichtige Ergänzung der bereits zuvor von Wolfgang Mertens & Hans Jörg Lang (1991), Irmgard Eisenbach-Stangl & Michael Ertl (1997) und von Matthias Lohmar (2000) veröffentlichten deutschen Sammelbände sowie der kürzlich erschienenen Monographie von Christian Kinzel (2002) dar.

Die psychoanalytisch orientierte Organisationsanalyse hat sich international mittlerweile zu einer eigenen sozialwissenschaftlichen Disziplin entwickelt. Ihre Entstehung ist nicht zuletzt aus der Initiative einer kleinen interdisziplinären Gruppe von Psychoanalytikern, Organisationsforschern und -beratern zu Beginn der 80er Jahre hervorgegangen, aus der heraus wenig später die *International Society for the Psychoanalytic Study of Organizations* (ISPSO) entstanden ist. In ähnlicher Weise wie die Psychoanalyse selbst, basiert auch die psychoanalytisch orientierte Organisationsanalyse auf einer Vielzahl unterschiedlicher und zugleich überlappender Ansätze und Konzepte. Als Disziplin, Forschungs- und Arbeitsfeld wird sie von einer Vielzahl von Organisationsberatern, Wissenschaftlern, Managern und Studierenden getragen, die darum bemüht sind, unter die Oberfläche der komplexeren und eher verborgenen Dimensionen menschlichen Verhaltens in Organisationen zu schauen. Die Unterschiede ebenso wie die Gemeinsamkeiten ihrer Interessen und Sichtweisen werden beispielsweise in den verschiedenen ›Positionierungen‹ deutlich, die unlängst unter Mitarbeit eines der Herausgeber (B. S.) im ISPSO Board erarbeitet und auf der Website (www.ispso.org) veröffentlicht worden sind:

- Für viele besteht dieses wachsende Forschungsfeld vor allem in solchen Methoden und Phänomene, mit denen sich unbewusste Aspekte von Gruppen und Systemen in den Blick nehmen lassen: Ideen, Wahrnehmungen, Beziehungen und Gefühle, die sich dem Bewusstsein vor allem aufgrund der hohen Angst entziehen, mit der sie einhergehen. Dieser unbewusste Bereich ist durch irrationales Verhalten geprägt, und das Ziel einer psychoanalytischen Betrachtungsweise besteht darin, die unbewusste Logik aufzudecken, die der Irrationalität Bedeutung zu verleihen und die verborgenen Sinnbezüge offen zu legen vermag.
- Andere legen das Schwergewicht vielmehr darauf, traditionelle, in der Psychoanalyse individueller Personen entwickelte Konzepte und Theoreme auf Gruppen und größere Systeme zu übertragen. So prägen z. B. ›Übertragungen‹ und ›Gegenübertragungen‹ als Annahmen aus der Kindheit oder anderen früheren Erfahrungen auch die Art und Weise aktueller Beziehungen in Organisationen. Solche Einflüsse werden häufig im Zusammenhang

mit Fragen von Autorität und Führung deutlich. So können ›Projektionen‹ und ›projektive Identifikationen‹, die dazu dienen, bestimmte eigene Merkmale anderen zuzuschreiben, auf der Ebene von Gruppen zum Verständnis solcher Phänomene wie Idealisierung oder der Schaffung eines Sündenbocks beitragen. Dabei geht es auch um begriffliche und konzeptionelle Erweiterungen und Adaptationen psychoanalytischer Basiskonzepte wie beispielsweise von der individuellen Angstabwehr zur ›sozialen Angstabwehr‹ u.ä.

- Andere wiederum sehen in der psychoanalytischen Betrachtungsweise von Organisationen die Möglichkeit, unsere geringe ›Bandbreite‹ des Bewusstseins zu erweitern, aufgrund derer wir gewöhnlich nur einen Bruchteil der Informationen menschlicher Erfahrungen berücksichtigen. Indem Subjektivität, Träumen, Gefühlen und Phantasien mehr Aufmerksamkeit und Bedeutung zugemessen wird, ist es möglich, die Lücke zwischen bloßen Annahmen und dem, was tatsächlich geschieht, zu verringern und so ein zugleich komplexeres und umfassenderes Bild von dem zu gewinnen, wodurch die Realität von Organisationen geprägt ist. Innerhalb dieses Ansatzes wird oft besonderes Gewicht auf die Vielschichtigkeit und Ambivalenz menschlicher Motivation gelegt und die ›soziale‹ Konstruktion unserer Institutionen betont.
- Schließlich kann der Fokus einer psychoanalytischen Betrachtungsweise von Organisationen sowohl das individuelle Verhalten in Arbeitsrollen sein als auch das Gruppenverhalten in Teams, Komitees, Sitzungen sowie jede der vielen anderen Weisen, auf die Individuen gemeinsam an einer Aufgabe arbeiten. Das Hauptaugenmerk kann dabei auch auf solche größeren sozialen Systeme gerichtet sein wie beispielsweise Unternehmen, Behörden, Stiftungen, öffentliche, soziale oder regionale Einrichtungen; und auch die Gesellschaft selbst sowie internationale Beziehungen und Konflikte können Gegenstand einer solchen Analyse sein.

Berater greifen auf diese Ansätze und Einsichten bei ihrer Arbeit mit Organisationen ebenso zurück wie Manager, die ein tieferes Verständnis für die Systeme erwerben möchten, in denen sie arbeiten, oder Sozial- und Organisationswissenschaftler, die sich um ein besseres Verstehen der Welt der Arbeit bemühen. Interdisziplinarität und das ausdrückliche Interesse an Erfahrungen, die verschiedene Professionen in Management, Beratung und Forschung machen, bilden wesentliche Triebfedern für ein tieferes Verstehen der psychosozialen Dynamik von Organisationen.

Die Bedeutung, die dabei der *International Society for the Psychoanalytic Study of Organization* für dieses Feld inzwischen zukommt, wird auch insofern durch die Autoren und die Herausgeber der *Freien Assoziation* repräsentiert, als neun der dreizehn in diesem Band vereinten Autoren und zwei der Herausgeber Mitglied der ISPSO sind. Und wenngleich die Anzahl der deutschen Mitglieder bislang noch relativ gering ist, so erhoffen wir uns nicht zuletzt von der Tatsache, dass das jährliche Symposium der ISPSO 2004 in Coesfeld stattfinden wird, dass die Erforschung unbewusster Aspekte und Dynamiken in Organisationen auch hierzulande eine noch größere Resonanz finden und auch weitere Autoren ermutigen wird, die *Freie Assoziation* als Forum für ihr Arbeiten und Denken in Betracht zu ziehen.

Die Gliederung für die Beiträge in diesem Sammelband kann dem Leser durch die Auswahl der ›Schwerpunkte‹ eine erste Orientierung geben – wobei sich gerade Fragen der Theorie bzw. der Beratung durchweg auch in anderen Beiträgen finden. Die Zusammenfassungen der Artikel vermitteln erste Eindrücke der jeweiligen Beiträge. Die Auswahl der Beiträge, die wir für die *Freie Assoziation* getroffen haben, ist sicherlich insofern ›einseitig‹, als sie unsere ›Lesart‹ des Unbewussten in Organisation widerspiegelt. Während einer der Beiträge (Bowles) eine Jungianische Sichtweise enthält, fehlen bisher eine Reihe anderer psychoanalytischer Ansätze; auch französischsprachige Autoren sind bislang nicht vertreten. Wir würden uns wünschen, dass diese ›Einseitigkeit‹ in den nächsten Jahren überwunden werden kann und wir in unserer Zeitschrift eine ähnliche Breite von Ansätzen veröffentlichen können, wie oben aufgezeigt. Im Anhang dieses Bandes finden sich eine (relativ kurze) Bibliographie deutschsprachiger Titel zu Fragen des Unbewussten in Organisationen sowie Hinweise auf einschlägige Zeitschriften, Bibliographien und relevante Internetseiten.

Die Idee, die bisher erschienenen Beiträge in dieser Form erneut zu veröffentlichen und einem breiteren, über die bisherigen Abonnenten hinausgehenden Leserkreis zur Verfügung zu stellen, entstand im Zusammenhang mit dem Verlagswechsel der *Freien Assoziation* vom Daedalus Verlag in Münster zum Psychosozial-Verlag in Gießen zum Jahresbeginn 2003. Der Sammelband soll nicht nur den Beiträgen zum Unbewussten in Organisationen eine breitere Leserschaft erschließen, sondern zugleich diesem Themengebiet eine weitergehende Resonanz in dem Sinne ermöglichen, dass die Analyse und das Verstehen unbewusster Dynamiken und Prozesse in Organisationen auf seiten der ›Studierenden‹ wie der ›Autoren‹ an Bedeutung, Tiefe und Umfang zunehmen wird.

So sehr wir uns über die Unterstützung unseres neuen Verlegers, Hans-Jürgen Wirth, freuen, so deutlich ist dieser Sammelband zugleich auch ein Zeichen unseres Dankes an Joachim Herbst, den Inhaber des Daedalus Verlages. Durch seine fortlaufende Unterstützung, seine Toleranz und den Wagemut hat er ganz entscheidend dazu beigetragen, dass unsere Zeitschrift mittlerweile zu dem deutschsprachigen Organ für freie Assoziationen einer psychoanalytischen Organisations- und Kulturanalyse geworden ist. Dass wir uns dabei von Beginn an darum bemüht haben, eine Vielzahl englischer Veröffentlichungen einem breiteren Leserkreis in deutscher Übersetzung zugänglich zu machen, wäre ohne seine großzügige finanzielle Unterstützung für die Übersetzungen kaum möglich gewesen. Arndt Ahlers-Niemanns technischer Hilfe ist es zu verdanken, dass wir die Vorlagen aus der Zeitschrift für die Buchversion aufbereiten konnten; Martin Jäckel hat die Verzeichnisse erstellt. Nicht zuletzt danken wir auch den Autoren, deren Beiträge wir hier wieder veröffentlichen können.

Als Herausgeber werden wir uns auch in Zukunft darum bemühen, Beiträgen zum Unbewussten in Organisationen in unserer Zeitschrift einen breiten Raum zu gewähren; damit hoffen wir zugleich, dass wir die Voraussetzung dafür schaffen können, diesem Sammelband in nicht allzu ferner Zukunft eine ›Fortsetzung‹ folgen lassen zu können. Wir sind froh darüber, dass Klaus Gourgé uns nun in seiner Rolle als Redaktionsleiter bei der Herausgabe der Zeitschrift unterstützen wird. Für die Zukunft der *Freien Assoziation* wünschen wir uns vor allem ein breites Leser- und Autorenspektrum, das Kultur- und Organisationsanalyse als selbstverständlichen und unverzichtbaren Teil einer zeitgemäßen Psychoanalyse begreift. Sodann, dass die *Freie Assoziation* Spiegel und Dokument der gegenwärtigen psychosozialen Dynamik in Organisationen wie in der Gesellschaft sein möge. Weiterhin, dass die internationale Verbundenheit mit ausländischen Forschern und Gleichgesinnten fortbestehen und zunehmen möge. Und schließlich, dass die Zeitschrift so auch in den nächsten Jahren dazu beitragen wird, einiges von dem bislang nicht gedachten und unhinterfragt Gewussten im Kontext sozialer Systeme und Kultur denkbar und fragwürdig erscheinen zu lassen.

Burkard Sievers, Dieter Ohlmeier, Bernd Oberho ff, Ullrich Beumer
Juni 2003

Literatur

Eisenbach-Stangl, Irmgard & Ertl, Michael (Hg.) (1997): Unbewusstes in Organisationen. Zur Psychoanalyse von sozialen Systemen. Wien (Facultas Universitätsverlag).

Kinzel, Christian (2002): Arbeit und Psyche. Konzepte und Perspektiven einer psychodynamischen Organisationspsychologie. Stuttgart (Kohlhammer).

Lohmer, Mathias (Hg.) (2000): Psychodynamische Organisationsberatung. Konflikte und Potentiale in Veränderungsprozessen. Stuttgart (Klett-Cotta).

Mertens, Wolfgang & Lang, Hans Jörg (1991): Die Seele im Unternehmen: Psychoanalytische Aspekte von Führung und Organisation im Unternehmen. Berlin (Springer Verlag).

Psychoanalyse und Organisation

Einige Überlegungen zur Sozioanalyse

Alastair Bain

Zusammenfassung: Dieser Beitrag zeichnet die Entwicklung der Sozioanalyse nach, angefangen bei den von Bion, Bridger u.a. durchgeführten Northfield Experimenten während des Zweiten Weltkrieges über die darauffolgende Entwicklung bis hin zur Gegenwart. Der Aufsatz geht von Bions Konzept der ›Container und Contained‹-Transformation aus, um die Eigenart und die Entwicklung der Sozioanalyse zu erforschen.

Im Jahr 1996 lud ich die Teilnehmer des ersten »sozioanalytischen Beratungsprogramms« des AISA (Australian Institute of Socio-Analysis) dazu ein, ihre jeweiligen Vorstellungen davon aufzuzeichnen, was sie unter »Sozioanalyse« verstehen. Zu meiner großen Überraschung schienen alle zu wissen, was damit gemeint ist, obwohl der Begriff zum damaligen Zeitpunkt innerhalb von AISA so gut wie überhaupt nicht verwendet wurde. Publikationen zu diesem Thema, die den Begriff in unserem Sinne gebrauchten, gab es schon gar nicht. Wenn mich irgendjemand danach fragt, was ich mache, und ich ihm antworte, ich sei Sozioanalytiker, dann scheint er ebenfalls zu verstehen, was das bedeutet. Da aber anscheinend alle so genau wissen, was gemeint ist, können wir dieses Rätsel getrost auf sich beruhen lassen. Mir verbleibt dabei jedoch die schwierige Aufgabe, Ihnen, die mit Sicherheit wirklich alles darüber wissen, dieses Konzept zu erklären.

1. ›Container und Contained‹ als organisatorische Vorstellung

Als ich damit begann, mir Gedanken darüber zu machen, wie ich der Sozioanalyse in diesem Beitrag auf den Grund kommen könnte, begannen mir eine Reihe ungeordneter Gedanken im Kopf herum zu schwirren: die Anfänge der Sozioanalyse im Rahmen der Northfield Experimente während des Zweiten Weltkriegs; Bions Untersuchungen zum Gruppenverhalten an der Tavistock Klinik in den 40er Jahren; das »Glacier Experiment«, ein frühes Forschungsprojekt, das vom Team des Tavistock Institute durchgeführt wurde; und so weiter und so fort, bis zum heutigen Stand der Dinge. Darüber hinaus kamen mir eine Reihe von Begriffen in den Sinn, die für die Sozioanalyse von großer Bedeutung sind: das Unbewusste, Spaltung, Projektion, projektive Identifikation, Übertragung, Gegenübertragung, Primäraufgabe, soziale Systeme, sozio-technische Analyse, Grenzen, Rollen, wechselseitige Abhängigkeit,

Aktionsforschung, Handlungslernen (action-learning), Organisation des Denkens, Handlungsautorität, Entwicklung von Handlungsbewusstsein, Selbstmanagement in Rollen, »Nicht-Wissen«, Primärprozess innerhalb einer Organisation, geheime Grundannahmen »Abhängigkeit«, »Kampf/ Flucht« »Paarbildung«, »Oneness« und »Me-ness«.

Wahrscheinlich überrascht es nicht, dass mir so viele Konzepte, Ideen, Theorien und die bedeutenden Leistungen der Sozioanalyse seit ihrem Entstehen durch den Kopf gingen; denn die Sozioanalyse ist ja aus dem Zusammenfluss bestimmter Disziplinen entstanden, und wir haben gerade erst damit begonnen, uns darüber Klarheit zu verschaffen, was alles zu diesem Forschungsansatz gehört. Meines Erachtens zählen dazu die folgenden Disziplinen: die Psychoanalyse, der Group Relation Ansatz des Tavistock Institute, das Denken in sozialen Systemen, soziales Träumen sowie ›Organisational Behaviour‹, d. h. die sozialwissenschaftliche Untersuchung des Verhaltens in Organisationen.

Um diese Fülle von Ideen ordnen zu können, die mir beim Gedanken an die Sozioanalyse in den Kopf kamen, suchte ich nach einem Ordnungsprinzip. Also nach dem, was Bion, in Anlehnung an einen Ausspruch von Poincaré, eine »ausgewählte Tatsache« genannt hat. Für Bion entspringt eine solche »ausgewählte Tatsache« aus dem Material einer psychoanalytischen Sitzung und wird als Ansatzpunkt bzw. als Wegweiser verwendet, um diesem Material Sinn zu verleihen und eine Interpretation zu ermöglichen. Die »ausgewählte Tatsache«, die ich in meiner Darstellung der Sozioanalyse verwenden möchte, ist Bions Konzept von ›Container‹ und ›Contained‹, dem - wie die anderen bereits erwähnten sozioanalytischen Konzepte - in der Theorie und Praxis der Sozioanalyse ein entscheidender Stellenwert zukommt. Soviel ich weiß, hat Bion das Konzept von ›Container‹ und ›Contained‹ erstmals in den frühen 60er Jahren verwendet, als er in *Lernen durch Erfahrung* (1962/1990) und in *Elemente der Psychoanalyse (1963/1992)* darüber schrieb. Ursprünglich dienten diese Begriffe dazu, bestimmte Phänomene der Psychoanalyse zu ergründen. Später weitete Bion den Gebrauch dieses Ansatzes auf Gruppen- und institutionelle Phänomene aus, die er in *Attention and Interpretation* (1970) beschrieben hat.

Ich lege Wert darauf, zu betonen, dass die Container der Sozioanalyse, die ich im folgenden beschreiben werde, ganz persönlicher Art sind. Ich werde also das beschreiben, was ich damit meine, wenn ich an Sozioanalyse und deren Bedeutung für mich denke. Es würde mich überraschen, ja sogar mit Besorgnis erfüllen, wenn andere ebenfalls erfahrene Sozioanalytiker genau dasselbe in ihren Containern für die Sozioanalyse hätten – wenngleich wir sicherlich auch einiges gemeinsam haben. Keinesfalls möchte ich hier den Eindruck erwecken, eine endgültige Hypothese vorzulegen. Meiner Ansicht nach befinden wir uns in der Sozioanalyse noch in einer Suchphase, die gerade erst begonnen hat.

Worum geht es also bei dem Konzept von ›Container und Contained‹? Die Idee ist einerseits ganz einfach, andererseits jedoch nur schwer fassbar. Es ist nicht schwer, ihre Bedeutung auf physischer Ebene darzustellen. Wenn ich mit meiner Hand mein Handgelenk packe, dann ist die Hand der Container und das Handgelenk das, was ›contained‹ ist, d. h. gehalten wird. Wenn ich zu fest zugreife, dann ist der Container zu eng, d. h. die Durchblutung wird gestoppt. Wenn ich zu schwach zugreife, dann kann mir das Handgelenk leicht entgleiten oder den Container auflösen. Auf mentaler Ebene kann eine Tavistock Group Relations Konferenz mit ihrer Primäraufgabe, den unterschiedlichen Veranstaltungen, den Teilnehmern, der Zeit und dem Raum ein Container für die Erfahrung sein, die dort stattfindet. Wenn Sie und ich an dieser Konferenz als Teilnehmer (oder als Berater) teilnehmen, dann sind auch wir Container für das, was es zu containen gibt. Es besteht also eine Interdependenz zwischen unserer individuellen Erfahrung in unserer Rolle als Teilnehmer oder Berater und der kollektiven Erfahrung im Rahmen der Konferenz.

Für Bion (1970) existieren drei mögliche Beziehungen zwischen Container und Contained: eine *parasitäre*, bei der einer von beiden (entweder der Container oder der, der contained wird) auf Kosten des anderen existiert, wobei letztendlich einer von beiden zerstört wird; eine *kommensurative*, wobei Container und Contained in Harmonie miteinander existieren, ohne sich dabei gegenseitig zu beeinflussen; und eine *symbiotische* Beziehung, die zur beidseitigen Fortentwicklung führt. Das Wesentliche an diesem Konzept ist die Möglichkeit einer Umwandlung des Containers zum Contained. Faszinierend daran ist die dynamische und beziehungsrelevante Bedeutung dieses Vorgangs, der ebenso wie für Individuen auch für Paare, Familien, Gruppen, Organisationen, Gemeinschaften, die Gesellschaft, die Welt und den Kosmos zu Wachstum führen kann. Dieses Konzept lässt sich auch zur Beschreibung eines Wachstumsprozesses in der Aktionsforschung und in der sozioanalytischen Beratung anwenden, wie ich es vor kurzem in meinem Artikel »Gesellschaftliche Defensivstrategien gegen organisatorisches Lernen« (Bain 1998) getan habe. Darin stelle ich die These auf, dass der Transformationsprozess bzw. die Co-Evolution, die zwischen dem organisatorischen Container und dem Contained während der sozioanalytischen Beratung abläuft, als Maßstab für organisatorisches Lernen verwendet werden kann.

Im Folgenden werde ich die Begriffe ›Container und Contained‹ auf vierfache Weise verwenden:

- Als Ideen, Hypothesen, Konzepte, Gedanken und Theorien, die als Container für die Praxis der Sozioanalyse bzw. des sozioanalytischen Denkens in

Betracht kommen, bzw. alternativ als das, was contained wird, wenn man an sozioanalytische Konzepte und Theorien denkt.
- Als Design bzw. Methodologie für Untersuchungen, z. B. im Zusammenhang mit Beratungen, Aktionsforschung oder, um das Verhalten kleiner Gruppen zu erforschen bzw. um eine Tavistock Group Relations Konferenz oder eine Matrix Sozialer Träume zu gestalten.
- Die Institution als Container zur Anregung bzw. Ausführung sozioanalytischer Projekte, wie z. B. das Tavistock Institute oder das AISA.
- Das Individuum als Container der sozioanalytischen Erfahrung.

Diese vier Aspekte des Containers bzw. des Contained der Sozioanalyse sind von einander abhängig: sozioanalytische Ideen und Theorien, Design und Methodologie, die Institution sowie das Individuum als Container der sozioanalytischen Erfahrung. Sie alle tragen zum sozialen Wachstum bei. In der nun folgenden Darstellung kann ich selbstverständlich nicht allen dieser vier Aspekten angemessen Rechnung tragen. Ich werde mich daher auf einige Skizzierungen beschränken.

2. Ursprünge der Sozioanalyse: Die Northfield Experimente

Ich werde einige der Elemente dessen, was ich als ›Container für Gedanken‹ der Sozioanalyse bezeichnen möchte, kurz darstellen, wobei ich darunter eine Art von Kürzel für Ideen, Hypothesen, Konzepte, Theorien usw. verstehe. Dabei ist die Geschichte von Bedeutung, denn sie hilft in der gegenwärtigen Kultur der geheimen Grundannahme »Me-ness« sich zu vergegenwärtigen, dass Ideen und Konzepte, die in unserer heutigen Praxis gang und gäbe sind, von anderen über Jahre hinweg hart erkämpft worden sind. Wie es ein Kollege einmal so treffend formulierte: Wir stehen auf den Schultern von anderen, von denen einige Riesen waren – und zumindest einer ein Genie. Gleichzeitig ist es aber auch wichtig, sich in Erinnerung zu rufen, dass einige der Gedankengänge und Konzepte, die wir heute für selbstverständlich halten, in den 40er Jahren einfach nicht denkbar waren, nicht einmal von einem Genie wie Bion. Der Grund dafür liegt darin, dass der Container für das Denken solcher Gedanken einfach noch nicht zur Verfügung stand und erst durch spätere Forschungsleistungen geschaffen werden konnte.

Meines Erachtens nach hat die Sozioanalyse ihre Wurzeln in dem ersten Northfield Experiment, das Bion und Rickman (1943) durchführten und das Bion (1946) später erneut im *Bulletin of the Menninger Clinic* beschrieben hat. Northfield war ein Militärkrankenhaus in den englischen Midlands, in dem Soldaten behandelt wurden, die psychiatrische Probleme hatten – natürlich mit dem Ziel, sie wieder an die Front schicken zu können. Hier war Bion für den Bereich »Militärisches Training und Rehabilitation« zuständig. Die Problematik, mit der sowohl das Krankenhaus als auch die britische Armee zu kämpfen hatten, war die Tatsache, dass ein immer größerer Anteil von Patienten ins Zivilleben statt an die Front entlassen wurde.

Unmittelbar zuvor hatte Bion bei der Planung und Verwaltung des »War Office Selection Boards« (WOSB) mitgewirkt, wo er die ebenso geniale wie einfache Idee hatte, Offiziere bei der Arbeit an den verschiedensten Aufgaben zu beobachten. Führungsaufgaben, Gefolgschaft, Zusammenarbeit, Wettbewerbsverhalten usw. konnten dort unmittelbar verfolgt werden. Diese Idee wurde zum zentralen Moment aller Auswahlverfahren, die heute weltweit verwendet werden. Darum soll es mir hier aber nicht gehen. Vielmehr möchte ich mich mit dem Konzept der »Person in einer Gruppe« befassen, welches Bion ebenso wie z. B. Harold Bridger, der am zweiten Northfield Experiment beteiligt war, mit nach Northfield nahmen. Dazu schreibt Tom Main (1977, S. 7):

> »Konfrontiert mit einer Station von neurotischen Soldaten, die nach Ansicht der Heeresführung auf eine Weise schlampig, undiszipliniert, faul und schmutzig waren, die über eine medizinische Definition von Krankheit hinausging, erkannte Bion deren Verhaltensweisen nicht als Ausdruck massiver individueller Krankheitsbilder, sondern als Resultat der Kollusion einer Gruppe mit den Forderungen des Krankenhauspersonals, das gesund und diszipliniert zu sein hatte, während die Patienten als krank und unordentlich galten. Beim täglichen Rundgang durch die Abteilung sagte er diesen Patienten jedes Mal, dass er die Nase von ihnen voll habe und sich von nun an weigere, für ihr delinquentes Verhalten Verantwortung zu übernehmen, sie deswegen zu behandeln oder zu disziplinieren. Es sei schließlich ihr Verhalten und werde von ihnen, und nicht von ihm, an den Tag gelegt. Er habe nicht vor, sie dafür zu bestrafen, doch werde er sie nicht mehr auf der Station besuchen. Stattdessen stehe er jeden Vormittag in seinem Dienstzimmer zum Gespräch zur Verfügung, allerdings nur für solche Soldaten, die sich sauber und anständig angezogen präsentierten. In den darauffolgenden Wochen legten es die Soldaten darauf an, ihn auf die Probe zu stellen. Die Abteilung wurde immer verdreckter. Tagelang blieben die Betten ungemacht, unentschuldigte Fehlzeiten und Trunkenheit nahmen zu, was die gesamte Belegschaft aufregte und verärgerte. Es herrschte das Chaos, aber Bion hatte seinen D.S.O., seinen Tapferkeitsorden als Offizier im Ersten Weltkrieg, nicht umsonst erhalten, und er ließ sich nicht von seinem Plan abbringen. Nach einigen Tagen begann eine immer größer werdende Zahl anständig gekleideter Soldaten in seinem Dienstzimmer zu erscheinen und einige der Patienten baten ihn sogar, dem Chaos ein Ende zu setzen. Bion weigerte sich standhaft, ihre Entrüstung und ihre

> soldatischen Ideale zu übernehmen. Stattdessen besprach er es mit ihnen als ihr ›Problem‹ und ermöglichte es ihnen so, den verinnerlichten Konflikt zwischen Untauglichkeit und Effizienz in sich selbst anzuerkennen. Allmählich begannen sie, Verantwortung für sich und ihre Mitpatienten zu übernehmen sowie eigene Diskussionsgruppen und Putzgruppen zu gründen und Disziplin einzuführen. Sauberkeit und Ordnung waren nicht mehr von oben verordnet, sondern entwickelten sich aus dem Innern der Gruppe heraus. Das militärische Über-Ich, das nicht länger auf eine höhere Instanz projiziert wurde, kehrte zur niedrigeren Ordnung zurück, und Bions Abteilung wurde zur effektivsten im gesamten Krankenhaus.«

Aus dieser Beschreibung, wie auch aus dem Artikel von Bion und Rickman (1943) und aus Bions (1946) Artikel im *Bulletin of the Menninger Clinic*, lässt sich schließen, dass Bion sein Hauptaugenmerk auf die Eigenschaften der Gruppe als Ganze richtete. Die Gruppe besaß eine Eigendynamik und war nicht lediglich nur ein Aggregat von Individuen. Er betrachtete das Verhalten in seiner Krankenhausabteilung im Hinblick auf die Spannungen, die sich innerhalb der Gruppe entwickelten, die, wie Main bemerkt, »nicht das Ergebnis massenhaft auftretender individueller Krankheitsbilder waren, sondern sich vielmehr aus der Kollusion zwischen einer Gruppe und den Anforderungen eines Krankenhauses ergaben, bei der das Personal anständig und diszipliniert, die Patienten hingegen krank und chaotisch zu sein hatten«. Während Bion (1971) später in seinem Werk *Erfahrungen in Gruppen* die Bedeutung des Unbewussten im Gruppenverhalten herausgearbeitet hat, basierte seine Arbeit beim Northfield Experiment darauf, Hypothesen über den Einfluss des Unbewussten auf der Gruppenebene zu erstellen.

Auf diese Weise schuf Bion nicht nur Neuerungen, die heute die Grundlagen der Sozioanalyse darstellen. Auch sein beachtlicher Mut muss hier Erwähnung finden, mit dem er soziale Phänomene (das Verhalten auf der Krankenhausabteilung) aus der Perspektive des »Nicht-Wissens« betrachtete – zumal in einer militärisch geprägten Umgebung, in der »Nicht-Wissen« geradezu undenkbar und »Wissen« bzw. regelbezogenes Handeln die Norm waren. Der Mut, an einer psychologischen Wahrheit festzuhalten – und dies oftmals angesichts zunehmender Feindseligkeiten – gehört zu den wesentlichen Attributen eines Sozioanalytikers. Beim Betrachten des Northfield Experiments lässt sich darüber hinaus noch ein weiteres Charakteristikum der Sozioanalyse erkennen: die subversive Einstellung zur herrschenden Ordnung.

Aus Bions Experiment in Northfield werden zugleich die Wurzeln der Sozioanalyse in der Psychoanalyse deutlich: die aus der Psychoanalyse bekannte Haltung der Exploration; die Aufmerksamkeit für Projektionen, Spaltung und die Gefühle, die übertragen werden; sowie der Mut, die psychologische Wahrheit zu verfolgen. Gleichzeitig stellt Bions Vorgehensweise, bei der das Hauptaugenmerk auf dem Verhalten von Gruppen (sowohl der Patienten als auch des Personals) gelegt wurde, einen Brückenschlag zu der sich zu diesem Zeitpunkt entwickelnden Praxis und Theorie der Beziehungen von Gruppen (Group Relations) dar.

Nach nur sechs Wochen wurde Bion in Northfield gekündigt – und das, obwohl sein Experiment auf der Krankenhausabteilung ausgesprochen erfolgreich gewesen war. Main zufolge geschah dies, weil er zu wenig auf das »System der höheren Ordnung« – die Militärbehörde, der das Krankenhaus unterstand – geachtet hatte, d. h. auf den seinem Experiment folgenden unvermeidlichen Zusammenstoß zwischen dem »System der niedrigeren Ordnung«, dessen Kultur sich in der Folge des Experiments verändert hatte, und einem »System höherer Ordnung«, das nicht von Anfang an in das Experiment mit einbezogen worden war. Bridger (1985, S. 96-97) erwähnt noch einige weitere Gründe für den Abbruch des Experimentes, stimmt aber mit Main darin überein, dass Bion dem »höheren Ordnungssystem« zu wenig Beachtung geschenkt hatte und nicht die notwendige Sanktionierung bzw. Unterstützung für sein Experiment eingeholt hatte. Diese Einsicht ist ebenfalls ein entscheidendes Element in unserer heutigen Praxis der Sozioanalyse; darüber hinaus trug sie zum Erfolg des zweiten Northfield Experiments bei. Dank Bridger und Main liegen uns die Konzepte vor, mit denen wir mit der Gemeinschaft als Ganzer arbeiten können, ebenso wie das Konzept bzw. das Management der therapeutischen Gemeinschaft, und nicht zuletzt auch die Bedeutung des »Übergangsraums« (›transitional space‹) für Projekte des »Handlungslernens« (›action-learning‹) für Therapie und Entwicklung.

Sowohl Bridger als auch Main beanspruchen die Urheberschaft für das Arbeiten »mit der Gemeinschaft als Ganzer« (Main 1977, S. 11) bzw. der »Institution als Ganzer« (Bridger 1985, S. 98) – und höchstwahrscheinlich wohl zu recht. Soweit es mir gelungen ist, die einzelnen Teile beider Konzepte zusammenzutragen, beschreiben sie zwei zeitweilig nebeneinander ablaufende Prozesse, den Begriff des Arbeitens mit der »Gemeinschaft als Ganzer« bzw. der »Institution als Ganzer«.

Die erste Innovation wurde von Bridger in seiner Rolle als »Sozial-Therapeut« des »Krankenhauses als Gesamtinstitution« (Bridger 1985, S. 102) eingeführt. Er hatte die großartige Idee, alle Betten sowie die anderen Möbel und Geräte aus dem Zentrum des Krankenhauses zu entfernen und so eine »Lücke« zu schaffen (ebd., S. 102). Dieser Raum sollte einen »Club« darstellen. Fragte ein Patient, wann dieser denn eröffnet würde und wozu er dienen solle, so antwortete Bridger, »Dann, wenn sie alle es wollen«, bzw. »Wozu sollte er Ihrer

Meinung nach denn da sein?«. Es dauerte eine ganze Weile, bis die Soldaten wirklich verstanden, was er da sagte. Der Höhepunkt war eine Protestversammlung, zu der Bridger herbeizitiert wurde. Er schreibt dazu:

> »Der Protest bestand darin, … ihn mit der Frage zu konfrontieren, warum wir zu Kriegszeiten Raum und öffentliche Gelder verschwenden würden – Raum und Geldmittel, die so vielen guten Zwecken dienen könnten! Ich stimmte den Soldaten zu und schlug vor, zusammen zu erarbeiten, was man am besten damit anfangen könne und wie wir vorgehen sollten, da wir damit ja machen konnten, was wir wollten« (ebd., S. 104).

Daraufhin wurden alle möglichen Vorschläge gemacht: eine Zeitung herauszugeben, mit den Austin Motor Works zusammenzuarbeiten, für ein Kaufhaus Spielzeug zu reparieren, um damit Bargeld für gute Zwecke und Krankenhausaktivitäten zu verdienen, eine Theatergruppe zu gründen oder Arbeitsgruppen in Schreinerei, Maurerarbeit, Metallverarbeitung usw. Main beschreibt dies als »Therapie durch Aktionsgruppen« (ebd., S. 10). Bridger verweist weiterhin auf den Wert dieser Innovation:

> »Ohne einen detaillierten Bericht abzugeben, ist es schwer, die enorme Energie bzw. die zielgerichteten Fähigkeiten zu beschreiben, die sich entwickeln können, wenn es gelingt, mit Hilfe therapeutischer Einsichten, die sich aus der Behandlung herleiteten, die transitorische Umgebung bzw. Erfahrungswelt herzustellen und diese mit einer sozialen Aufgabe und Befriedigung durch Identifikation mit institutionellen Formen, Infrastrukturen und Aktivitäten zu verbinden« (ebd., S. 104).

All diese Einsichten ergaben sich aus der Konfrontation mit dem leeren Raum. Der »Club« wurde weder von Sozialtherapeuten, Krankenschwestern, Psychiatern noch sonst irgend jemand besucht, der wusste, wofür er gedacht war. Stattdessen war es den Patienten überlassen, in Eigenregie zu entscheiden, wozu er gebraucht werden sollte und mit ihnen an der Umsetzung zu arbeiten. Wenngleich ich auch bezweifle, dass dieser Begriff damals schon existierte, so greift diese Idee eines »Übergangsraums« für eine Gruppe Winnicotts späterer psychoanalytischer Entdeckungen vor.

Bridgers Innovation bestand darin, therapeutisch mit Hilfe von Aktivitätsgruppen im ganzen Krankenhaus zu arbeiten. Mains Innovation zielte darauf ab, direkt an den Spannungen zu arbeiten, die das Krankenhaus als Gesamtgemeinschaft betrafen, d. h. er arbeitete aus der Perspektive der Menschen in ihren gewöhnlichen Rollen im Krankenhaus. Die größte Spannung bestand vielleicht zwischen dem therapeutischen Personal unter der Leitung von Main und der Militärführung, die für administrative Aufgaben zuständig war und von dem befehlshabenden Offizier geleitet wurde. Laut Main ließ Bridger immer auch bestimmte Mitglieder des nicht-therapeutischen Personals an den Besprechungen teilnehmen (Main 1977, S. 12), wobei die Spannungen zwischen dem militärischen und dem therapeutischen System bei diesen Diskussionen jedoch nicht thematisiert wurden. Das Militär wurde vom therapeutischen Personal größtenteils als überflüssig bzw. reaktionär empfunden. Diese Spaltung und die damit zusammenhängenden Spannungen zwischen den jeweiligen Subsystemen wurde direkt auf die Beziehung zwischen Main und dem befehlshabenden Offizier übertragen und führten fast täglich zu Auseinandersetzungen. Main musste ständig an das Schicksal von Bion denken, dem er auf alle Fälle entgehen wollte.

Main (1977, S. 11) schreibt weiter:

> »Eines Abends wurde mir schlagartig klar, dass ich die gesamte Gemeinschaft, das ganze Personal ebenso wie alle Patienten als ein konflikthaftes größeres System betrachten musste, das es zu behandeln galt«.

Und aus dieser Erkenntnis heraus begannen sowohl das Militärpersonal als auch das therapeutische Personal und die Patienten – manchmal sogar der befehlshabende Offizier – gemeinsam daran zu arbeiten, die Spannungen im System zu verstehen. Der »Container« für diese Arbeit, und somit das, was »contained« werden konnte, hatte sich dahingehend verändert, dass sie das System als Ganzes umfassten. Das war die Einsicht, die Main Bions erstem Experiment hinzufügen konnte.

Bridgers Innovation lässt sich gewissermaßen als eine neue Art des »nach außen« Sehens verstehen, wohingegen Mains Innovation darin bestand, auf eine neue Weise nach »innen« zu schauen. Beides war für den Erfolg des zweiten Northfield Experiments von entscheidender Bedeutung und trug zum Verständnis des Containers in der heutigen Sozioanalyse bei. Für diejenigen, die mit den Group Relations Konferenzen vertraut sind, die Harold Bridger initiiert hat und die sich von den Tavistock-›Leicester‹-Konferenzen unterscheiden, wird auffallen, dass Bridgers Konferenzen in gleichem Maße Gewicht auf diesen Blick »nach außen« legen, wie die Leicester-Konferenzen den Blick »nach innen« betonen. Erst in der heutigen Zeit gehen beide Ansätze getrennte Wege. Zur Zeit der Northfield Experimente waren sie noch eng miteinander verbunden.

- Der Beitrag, den die Northfield Experimente zum Container der Sozioanalyse geleistet haben, sieht wie folgt aus:

- Die »Berater«-rolle zur Beobachtung von Gruppen und institutionellen Phänomenen, die mit der in der Psychoanalyse verwendeten zwar vergleichbar, aber nicht identisch ist.
- Das Arbeiten mit Gruppen- und institutionellen Spannungen. (Meiner Erfahrung nach liegt der sozioanalytischen Beratung stets ein sozialer Schmerzzustand innerhalb des Klientensystems zugrunde – unabhängig, ob dieser bemerkt wird oder nicht).
- Die Aufmerksamkeit für und die Erarbeitung von Hypothesen und Interpretationen über das unbewusste Geschehen auf der Ebene der Gruppe.
- Das Arbeiten mit einer Haltung des »Nicht-Wissens«, wobei darauf geachtet wird, welche Gefühle in einem selbst hervorgerufen werden.
- Die Verwendung psychoanalytischer Ideen wie Projektion und Spaltung im Rahmen einer Gruppe bzw. eines institutionellen Umfeldes.
- Der Mut, die psychologische Wahrheit zu suchen.
- Die Untersuchung der Dynamik, die dem dargestellten Problem zugrunde liegt; z. B. Mains Beziehung zum befehlshabenden Offizier.
- Die Notwendigkeit, vom »höheren Ordnungssystem« sanktioniert und langfristig unterstützt zu werden, um ein Experiment innerhalb eines Subsystems durchführen zu können.
- Die Bedeutung eines »Übergangsraums« für die Therapie sowie für Handlungsprojekte und Entwicklungen, der Menschen – in diesem Falle Patienten – in die Lage versetzt, ihre eigene Autorität auszuüben.
- Das Konzept des Arbeitens mit »der Institution als Ganzer« bzw. »der Gemeinschaft als Ganzer«.

3. Der institutionelle Container

Auch wenn ich mich hier auf Bion, Bridger und Main als diejenigen beschränkt habe, die die Grundlagen der Sozioanalyse schufen, darf doch nicht unerwähnt bleiben, dass sie ihre Arbeit zusammen mit anderen ausgesprochen talentierten Kollegen in Northfield und anderswo durchgeführt haben. Im Rahmen eines Seminars an der Tavistock Klinik fragte ich Bion einmal, ob er eine Gruppe brauche, um die Gedanken zu denken, die er hatte. Die Tatsache, dass ich seit zwanzig Jahren immer wieder die gleiche Frage stelle, mag sicherlich ihren Grund darin haben, dass ich mich nicht mehr daran erinnern kann, was er damals auf meine Frage tatsächlich geantwortet hat.

Wie immer seine Antwort auch gelautet haben mag, die Gruppe bzw. der institutionelle Container für die Erfahrungen und das Denken sind für die Praxis, das Denken neuer Gedanken und für das Wachstum von entscheidender Bedeutung. Darin liegt auch die Bedeutung des Tavistock Instituts, das 1947 gegründet wurde. Hier ist nicht der Ort, die institutionelle Geschichte des Tavistock Instituts mit all seinen Fehden, Spaltungen, Errungenschaften, Richtungsänderungen und häufigen Auseinandersetzungen zu ergründen.

Jedoch möchte ich hier betonen, welch immensen Wert es hat, Menschen, die eine gemeinsame Aufgabe haben, unter einem Dach zusammen zu bringen. Worin besteht nun dieser Wert? Vielleicht ist die Wahrscheinlichkeit größer, dass ein neuer Gedanke entsteht, wenn eine ganze Reihe von Denkern an einem Problem arbeitet. Die Geschichte des Tavistock Instituts der 40er und 50er Jahre scheint dies zumindest nahezulegen: Bions Entdeckung der Grundannahmen und der Arbeitsgruppe; das Glacier Projekt, ein von Jaques (1951) geleitetes Aktionsforschungsexperiment; die Entdeckung der sozio-technischen Systemanalyse durch Trist und Bamforth (1951) und seine späteren Weiterentwicklungen durch Miller und Rice (1967), Emery und andere; die Konzeption und Durchführung der ersten »Leicester« Konferenz 1957 (Trist und Sofer 1959); und die Arbeiten von Isabel Menzies (Menzies 1970), die auf die Arbeiten von Elliot Jaques (1955) zu sozialen Abwehrstrategien in Organisationen folgten.

In der Entstehungszeit des Tavistock Institute wurde vorausgesetzt, dass sich jeder Mitarbeiter einer persönlichen Psychoanalyse unterzog. Soweit ich weiß, gab es auch Bemühungen, zusammen an den inneren Spannungen und der Dynamik des Institutes zu arbeiten. Ich könnte mir vorstellen, dass diese Tatsache, sowie eine gemeinsame Aufgabe, die institutionellen Bedingungen für diese immense Kreativität schufen. Ohne diese Art von Institution hätten diese Entwicklungen möglicherweise nicht stattgefunden – zumindest nicht am Tavistock Institut. Als ich 1968 dem Institut beitrat, bestand die Auflage, eine Psychoanalyse zu absolvieren, nicht mehr. Auch die Bereitschaft der Mitarbeiter, an den inneren Spannungen und der Dynamik zu arbeiten, existierte selbst innerhalb der einzelnen Abteilungen nicht mehr. Die Abteilung, der ich beitrat, war das »Centre for Applied Social Research« (CASR). Zur Leitung gehörten Ken Rice, Isabel Menzies, Eric Miller, John Hill, und Bob Wishlade. Damals gab es durchaus Spannungen, und ich erinnere mich daran, dass ich als Neuling die Chuzpe besaß, vorzuschlagen, dass wir vielleicht einen Berater bräuchten, der mit uns daran arbeitete. Mir wurde unmissverständlich mitgeteilt, dass der einzig Berater, der dafür in Frage käme, Bion sei, der sich jedoch zu dieser Zeit in Kalifornien aufhielt. Es überrascht sicherlich nicht, zu erfahren, dass das CASR nicht mehr lange existierte.

Der Grund, weshalb ich dies alles hier so relativ ausführlich behandle, liegt darin, dass ich darauf hinweisen möchte, wie wichtig der sozioanalytische ›Gesundheitszustand‹ einer Institution für ein produktives Arbeitsumfeld und das Denken neuer Gedanken ist. Innerhalb von AISA haben wir diese Chance noch, und wir müssen sie sorgfältig pflegen. Trotz unserer zahlreichen Fehler und Schwächen versuchen wir, an unserer eigenen Dynamik in Gesprächen auf der Leitungsebene, durch Entwicklungs- und Mitgliederkonferenzen zu arbeiten.

4. Das Wachsen von ›Container und Contained‹ in der Sozioanalyse

Jede einzelne Entdeckung in der Sozioanalyse hat den Container der Sozioanalyse bzw. dessen, was darin contained werden kann, also was erfahren, gefühlt und gedacht werden kann, vergrößert. Ein Sozioanalytiker, der in den späten 40er Jahren am Tavistock Institute arbeitete, nachdem Bion seine grundlegenden Artikel in *Human Relations* publiziert hatte, hätte nicht mit einer Gruppe arbeiten können, ohne Bions Hypothesen über die Grundannahmen irgendwie im Kopf zu haben. Desgleichen veränderte die Entdeckung sozio-technischer Systeme durch Trist und Bamforth die Sichtweise von Sozioanalytikern.

Zusammen mit den Ideen von Kurt Lewin und den Erfahrungen des National Training Laboratories (NTL) in den USA, floss dieses Gedankengut zur Arbeit mit Gruppen in die Konzeption der ersten »Leicester« Group Relations Konferenz ein, die vom Tavistock Institut und der Leicester Universität 1957 gemeinsam veranstaltet wurde (Trist und Sofer 1959, S. 9-12). Diese Konferenz, so wie spätere Weiterentwicklungen, wie z. B. die Großgruppe (Turquet 1974) und der ›Institutional Event‹, veränderten den Container für die Untersuchung und Erfahrung von Gruppen-, Inter-Gruppen- sowie institutioneller Phänomene und des Selbst als Teil davon. Während die »Leicester« Konferenzen, wie auch unsere AISA Konferenzen, stets die möglichen Vorteile für die Arbeit der Teilnehmer betont haben, ist diese Erfahrung für viele – nicht zuletzt auch für mich selbst – dann am größten gewesen und hat einen nachhaltigen Einfluss auf das ganze Leben gehabt, wenn sie selbst Teilnehmer waren. Diese Erfahrung kann zu persönlichen Veränderungen führen – und tatsächlich ist dies häufig der Fall.

Weitere Entwicklungen des Containers der Sozioanalyse in jüngerer Zeit sind die Entwicklung des Konzepts der Primäraufgabe durch Ken Rice und Eric Miller (Miller und Rice 1967), die Organisatorische Rollen-Analyse durch Bruce Reed (1976) und andere Wissenschaftler des Grubb und des Tavistock Instituts. Weiterhin müssen der von Gordon Lawrence entwickelte ›Praxis Event‹ Erwähnung finden (1985), das Soziale Träumen, das Gordon Lawrence in den 80er Jahren wieder entdeckte (Lawrence 1989, 1998a, vgl. 1998b), die Konzeption und Erfahrung der Internationalen Konferenz zur »Erforschung globaler sozialer Dynamik«, die AISA 1993 durchführte (Bain 1999), das Konzept des Primärprozesses, das David Armstrong in den 90er Jahren entwickelte (Armstrong 1995) sowie die geheime Grundannahme Me-ness, die von Gordon Lawrence und mir in der Folge der ersten AISA Konferenz in Perth 1991 entdeckt worden ist (Lawrence, Bain und Gould 1996).

5. Gegenwärtige Entwicklungen zum Container in der Sozioanalyse

Gouranga Chattopadhyay war es, der darauf hinwies, dass alle Grenzen von Menschen gemacht werden (Chattopadhyay 1999). Wenn wir uns das Wachstum der Container der Sozioanalyse und das, was also in ihnen contained werden kann, anschauen, dann wurde jedes Mal die Grenze, die gezogen wurde, aufgrund von auf Erfahrung basierender Intuition bzw. Wissen dessen neu festgelegt, was vorher gewesen war. Die eindrucksvollste Grenzveränderung wurde vielleicht durch die Erfindung des Sozialen Träumens bewirkt bzw. durch die Matrix, in der diese Träume geboren und erforscht werden. Daraus hat sich eine neue Art der Verbundenheit entwickelt, wie sie bei den bis dahin existierenden Containern nicht möglich gewesen war. Was sich hier abzuzeichnen scheint – und zwar sowohl bei den Group Relations Konferenzen als auch beim Sozialen Träumen – ist das Entstehen individueller und kollektiver Wirklichkeiten, bei denen die Grenzen, die wir zwischen uns selbst als Individuen und der Gruppe bzw. der Matrix ziehen, sich verändern bzw. durchlässiger werden. Die Vorstellung vom Individuum als von anderen Individuen unterscheidbar und getrennt, wie sie derzeit in der westlichen Welt existiert, mag nicht mehr aktuell sein. Es gibt genügend Anzeichen vom Sozialen Träumen her, dass solche Grenzziehungen in bezug auf Träume – aber auch in bezug auf Gruppen und organisatorische Dynamiken – keinesfalls zutreffen. Ich denke, die Implikationen dieser Feststellung für unser Verständnis menschlicher Identität sind immens. (Im Rahmen der ersten wissenschaftlichen Konferenz von AISA 1998 haben wir uns ausführlicher mit diesem Thema befasst.)

Unsere Arbeit mit dem Sozialen Träumen sowie unsere zunehmende Einsicht, welche Bedeutung die Erforschung von Werten in gegenwärtigen Organisationen hat – wie sie sich beispielsweise im Thema der »Lorne« Konferenz widerspiegelte, die 1997 von Susan Long organisiert worden war – haben dazu geführt, dass wir der Spiritualität größere Aufmerksamkeit beimessen, wie sie sich für den Einzelnen am Arbeitsplatz und innerhalb von Organisationen ergibt. Es ist vielleicht kein Zufall, dass ein AISA Seminar zum Thema »Spiritualität in Organisationen«, das 1997 von Larry Osborne organisiert wurde, so erfolgreich war. Bei unserer Arbeit handelt es sich zunehmend darum, diese Grenze zu erforschen. Und die »Lorne« Konferenz von 1998, die von Gouranga Chattopadhyay geleitet wurde, hat diesen Prozess nur noch weiter geführt. Zum ersten Mal wurde eine völlig andere Technik zur Erforschung von Grenzen und »Grenzenlosigkeit« eingeführt, nämlich Yoga.

›Die Durchlässigkeit und das Verändern von Grenzen‹ – irgendwie gefällt mir dieser Gedanke. Aber es bedarf eines gewissen Maßes an Mut, diesen Gedanken als Sozioanalytiker weiter zu verfolgen. Dabei meine ich besonders den Mut, die eigenen inneren Widerstände gegen diese Erfahrung zu überwinden. Wenn es uns gelingt, diesen Zustand der Grenzenlosigkeit zu erlangen, dann lässt sich dieser naturgemäß nicht beschreiben, und meine Hypothese lautet, dass es dort weder Container noch Contained gibt.

6. Das Individuum als Container für sozioanalytische Erfahrung

Wie bereits erwähnt, kann das Individuum als Container für sozioanalytische Erfahrungen fungieren – aber auch bei Group Relations Konferenzen, bei der Aktionsforschung und in der sozioanalytischen Beratung sowie für jede Art sozioanalytischer Fragestellung wie z. B. dem Sozialen Träumen. Diese Tatsache ist von entscheidender Bedeutung, wenn man in der Rolle des Mitglieds bzw. des Beraters dieser Aufgabe nachgeht. Kurz gesagt, das, was sich aus der Perspektive des Beraters beispielsweise in der kleinen Gruppe einer Group Relations Konferenz nicht von den Mitgliedern containen lässt, mag in der Rolle des Beraters contained und erfahren werden. Ob dies jedoch contained werden kann oder nicht, hängt von den Qualitäten ab, die der Berater in seiner Rolle mitbringt.

Shunryu Suzuki, ein buddhistischer Mönch der Zen Tradition, sagte einmal, dass die Qualität des Seins in der Handlung bestehe. Er schreibt:

> »Wenn man etwas tut, wenn man sich voll Selbstvertrauen auf eine Handlung fixiert, dann wird die Handlung selbst zum Geist. Wenn man sich auf die Qualität des Seins konzentriert, dann bereitet man sich damit auf eine Handlung vor« (Suzuki 1970, S. 105).

In dem von mir angeführten Beispiel ist es möglich, dass dem Berater dadurch deutlich wird, was sich nicht in der Gruppe selbst containen lässt, dass er sich seiner eigenen Erfahrung und den in ihm ausgelösten Gefühlen gewahr wird. Im Laufe der Zeit kann der Berater so eine Hypothese oder eine Interpretation anbieten, die es den Gruppenmitgliedern ermöglicht, sich selbst darüber gewahr zu werden, was sie zuvor nicht containen konnten. Etwas technischer ausgedrückt: Das, was zuvor im Unbewussten abgespalten und auf die Beraterrolle projiziert worden war, wird nun durch Gewahrwerden introjiziert.

Dies führt zu einem Wachstum, sowohl unter den Gruppenmitgliedern, als auch auf Seiten des Beraters. Dies gilt in gleicher Weise auch für Beratung und Aktionsforschung.

Wenn es also die Art der Präsenz des Sozioanalytikers ist, die zur Transformation des Containers und des Contained beiträgt, worin besteht dann deren Qualität? Ein Sozioanalytiker befasst sich mit den verschiedensten Aufgaben, wenn er als Berater bei einer Group Relations Konferenz oder in Organisationen tätig ist. Im Rahmen dieser Darstellung, will ich mich hier auf die Aspekte dieser Präsenz beschränken, wie sie von einem Berater bei Group Relations Konferenzen verlangt werden. Vor einigen Jahren, bildeten Susan Long, Bryan Gray, Suzanne Ross, Allan Shafer und ich eine Arbeitsgruppe, um ein Ausbildungsprogramm für AISA Konferenzberater zu entwickeln. Ein Teil unserer Arbeit bestand darin, unsere Vorstellungen davon zu erarbeiten, was es bedeutet, ein guter Berater zu sein. Im Folgenden habe ich einige unserer damaligen Überlegungen zusammengestellt und einige weitere hinzugefügt:

1. Sich an die Aufgaben- und Zeitgrenzen halten.
2. Eine Fähigkeit, die Aufgabe mit persönlicher Autorität zu füllen.
3. Eine Fähigkeit, sich selbst in den verschiedensten Rollen authentisch zu managen.
4. Eine Fähigkeit, mit anderen Beratern als Teil einer Gruppe zusammenzuarbeiten.
5. Einen mentalen Zustand des »Nicht-Wissens«.
6. Der Zustand des »Nicht-Wissens«, der durch das Leben im Augenblick entsteht.
7. Ein Gefühl für persönliche Grenzen und dafür, was der Gruppe bzw. der Organisation gehört.
8. Aufmerksamkeit für die Gefühle, die in einem ausgelöst werden.
9. Gefühle und Gedanken auf kreative Weise so zusammenführen zu können, dass es den Teilnehmern möglich wird, Selbstverantwortung für ihr Lernen zu übernehmen.
10. Die Fähigkeit, sowohl auf Gruppen- als auch auf Organisationsebene dynamisch zu denken und mit unbewussten Prozessen zu arbeiten, die oftmals psychotisch sind.
11. Die Fähigkeit, Projektionen umzuwenden und sie zurückzugeben.
12. Die Fähigkeit, Furcht zu empfinden, Schmerz zu ertragen, zu zweifeln und mit der eigenen Verrücktheit vertraut zu sein.
13. Die Fähigkeit, auf kreative Weise die Details verwandter Themenbereiche oder Phänomene zusammenzubringen, um so eine Beobachtung, eine

Hypothese oder eine Interpretation zum richtigen Zeitpunkt anbieten zu können.
14. Der Mut, das, was unsagbar ist, auszusprechen und der Wahrheit eine Stimme zu verleihen.
15. Leichtigkeit der Berührung.
16. Sinn für Humor.
17. Mitgefühl.
18. Die Fähigkeit, aus Fehlern und Erfahrungen zu lernen.
19. Die Fähigkeit, alles, was hier aufgelistet ist, zu vergessen und sich an die Arbeit zu machen!

Zum Abschluss dieses Teiles über die Rolle des Individuums als Container für die sozioanalytische Erfahrung möchte ich von einem Erlebnis sozioanalytischer Beratung berichten, das uns einen Einblick aus der Sicht einer Klientengruppen gibt.

Vor nicht allzu langer Zeit verbrachte ich 13 Wochen in einer großen nichtstaatlichen Organisation, die psychisch Kranke betreut. Dieses Projekt war Teil eines fortlaufenden Beratungsprogramm und meine Aufgabe war es, mit einem der Programmteams zu arbeiten. Am Ende der 13 Wochen stellte ich den Teilnehmern die Aufgabe, durch Zeichnungen darzustellen, wie sie als Individuen mit den anderen Teilnehmern zusammengearbeitet hatten. Ein Teammitglied zeichnete uns sechs als deutlich definierte Formen, wie kleine Felsbrocken, die sich innerhalb des Containers befanden, der ausgesprochen lebendig war. Die Frau, die diese Zeichnung angefertigt hatte, besaß ein beachtliches künstlerisches Talent und ihre Arbeit war ausgesprochen schön. Jeder der fünf Teammitglieder war darin durch eine andere Farbe gekennzeichnet und miteinander verbunden. Nur meine Figur war etwas größer und in grau gezeichnet (jemand wies darauf hin, dass dies meine Haarfarbe sei) – aber ohne die Farben des Teams.

Bei der Diskussion erwähnte die Person, die diese Zeichnung gemacht hatte, dass die Bedeutung von Beratung für sie darin liege, größere Nähe und Verständnis zwischen den Gruppenmitgliedern herzustellen, so dass gewissermaßen jeder ein Teil des anderen werde. Das betraf für sie aber nicht mich als den Berater. Mein Kommentar dazu war, dass mich dies an einen Katalysator bei einer chemischen Reaktion erinnere, der dazu notwendig sei, die Elemente umzuwandeln, selbst aber keine Veränderungen zeige. Es gab noch mehrere andere Zeichnungen, die diese Sichtweise implizierten. Als Berater ist man zwar »da« und von Bedeutung, aber nicht »Teil« der Gruppe. Andere Zeichnungen stellten den Berater als jemanden dar, der etwas »hält«, das nötig ist, damit das, was in der Gruppe passieren soll, auch passiert. Meiner Meinung nach kann man die Rolle des Sozioanalytikers nicht als Katalysator verstehen, der von dem Prozess unberührt bleibt. Aus eigener Erfahrung kann ich sagen, dass ich oftmals stark von dem beeinflusst wurde, was in der Gruppe vorging. In der Tat kann ich mir nicht wirklich vorstellen, wie es anders möglich wäre. Dennoch ist an der Katalysator-Metapher etwas dran, aber darüber hinaus können doch die Gefühle und Gedanken des Beraters in den individuellen und den Gruppentransformationsprozess integriert und auf diese Weise unsichtbar werden. Und das ist gut so.

Ein anderes Mitglied des Teams, mit dem ich arbeitete, zeichnete dunkle, vage, ineinander verwickelte Formen, die die Klienten, die Arbeit der Einrichtung und ihre Bedrohung darstellen sollten. All das floss in die Seite eines ziemlich großen »V« oder einer trichterartigen Form, die er »Container« nannte. (Ich kann mich nicht daran erinnern, jemals das Wort Container während der Beratung verwendet zu haben.) Er identifizierte diese Form mit sich selbst bzw. mit den anderen Gruppenmitgliedern. Die Idee dazu war ihm während der Beratung gekommen. Der Container hatte eine gewisse Klarheit und mit seiner Hilfe konnten einige der Probleme, Anliegen und die Bedrohung (die er als unförmige Gebilde darstellte) klarer erkannt werden; sie waren, wenn man so sagen will, fokussiert. Die Arbeit des Beraters hatte dazu beigetragen, diesen Container zu formen, und durch ihn wurde die Fähigkeit der Teilnehmer gesteigert, klarer zu sehen.

In den beiden von mir hier erwähnten Zeichnungen kommt ein Container vor. Und bei beiden wird ein Transformationsprozess dargestellt. Etwas ist jetzt präsent und aktiv, was zu Beginn der Beratung noch nicht existierte. Die Container könnte man als die Verbindung zwischen den Individuen, der Gruppe und der Außenwelt beschreiben.

7. Schlussbemerkung – und Neuanfang

Die Sozioanalyse hat nunmehr eine Geschichte von 50 Jahren und erst jetzt beginnen wir damit, sie aufzuzeichnen. In der Broschüre der allerersten Wissenschaftlichen Konferenz von AISA 1998 war zu lesen, dass »AISA Sozioanalyse als die Aktivität der Erforschung, Beratung und der Aktionsforschung definiere, wobei Methoden und Theorien, die aus der Psychoanalyse, dem Group Relations Ansatz, des Denkens in sozialen Systemen und des ›Organisational Behaviour‹ stammen, verwendet werden.« Soweit ich weiß, hat AISA nie den Versuch unternommen, die Sozioanalyse zu definieren. Ich kann nur sagen, dass ich eine vorläufige Definition vorgegeben hatte. Im Anschluss an die Arbeit an diesem Beitrag würde ich auch das Soziale Träumen mit hinzurechnen wollen. Gleichwohl bleiben eine Reihe offener Fragen: Was heißt es eigentlich »Methoden und Theorien, die sich aus der Psychoanalyse herleiten, zu kombinieren und zu verknüpfen?« Welche Methoden? Welche Theorien? Was für eine Verknüpfung? Wenn wir jedoch daran festhalten, dass alle irgendwie intuitiv wissen, worum es bei der Sozioanalyse geht, dann, so denke ich, werden wir letztendlich auch die Antworten auf diese Fragen finden!

Ich für meinen Teil lege gar keinen so großen Wert auf Antworten; für mich besteht der Geist der Sozioanalyse eher darin, immer bessere Fragestellungen zu entwickeln. Und ich hoffe, dass wir stets eine »Lücke« im Sinne von Bridger finden werden können, die wir auf unerwartete Weise füllen können. Sowohl wir als Sozioanalytiker als auch die Sozioanalyse als Disziplin befinden uns stets in einem Prozess des Werdens.

Während eines Treffens einer kleinen Gruppe, die sich damit befasste, zu entscheiden, ob AISA eine Webseite im Internet entwickeln soll, begannen wir unlängst damit, uns mit den Werten von AISA auseinander zusetzen. Dabei sind mir drei Werte in Erinnerung geblieben: (1.) Suche nach Wahrheit, (2.) Integrität, (3.) Verbundenheit. In Australien befinden wir uns in der glücklichen Lage, die Sozioanalyse zu entwickeln und dafür angemessene professionelle Trainings- und Qualifikationsmaßnahmen zu entwerfen. Um dabei erfolgreich sein zu können, werden wir alle drei Werte benötigen, und dazu noch den Mut, eine »Lücke« in unserem Denken zu schaffen und sowohl nach »innen« als auch nach »außen« zu schauen – wie beim zweiten Northfield Experiment. Dabei mögen wir zwar nicht über solche Genies wie Freud oder Bion verfügen; aber wenn es uns aufgrund unserer gegenseitigen Verbundenheit gelingt, die Geistesblitze, die der eine oder andere von uns ab und zu hat, zu verwenden, dann werden wir trotzdem erfolgreich sein.

Aus dem Englischen von Kathie J. von Ankum und Burkard Sievers

Literatur

Armstrong, David (1995): The Analytic Object in Organisational Work. Vortrag beim ISPSO Symposium. London: 7.–9. Juli 1995.

Bain, Alastair (1998): Social Defences against Organisational Learning. In: Human Relations 51, 3.

Bain, Alastair (1999): On Being Frozen in Time. In: French, R. & Vince, R. (Hg.): Group Relations, Management and Organisation. Oxford (Oxford University Press).

Bion, Wilfried R. (1946): The Leaderless Group Project. In: Bulletin of the Menninger Clinic, 10, 3, S. 77–81.

Bion, Wilfried R. (1961): Experiences in Groups and Other Papers. London: Tavistock Publications. Dt.: (1971): Erfahrungen in Gruppen und andere Schriften. Stuttgart (Klett).

Bion, Wilfried R. (1962): Learning from Experience. London: Heinemann. Dt.: (1990): Lernen durch Erfahrung. Frankfurt (Suhrkamp).
Bion, Wilfried R. (1963): Elements of Psycho-analysis. London (Heinemann). Dt.: (1992): Elemente der Psychoanalyse. Frankfurt (Suhrkamp).
Bion, Wilfried R. (1970): Attention and Interpretation. London (Tavistock Publications).
Bion, Wilfried R., Rickman, J. (1943): Intra-group Tensions in Therapy. In: Lancet, 27, November.
Bridger, Harold (1985): Northfield Revisited. In: M. Pines (Hg.): Bion and Group Psychotherapy. London (Routledge & Kegan Paul)
Chattopadhyay, Gouranga (1999): The Illusion of Identity. In: Socio-Analysis 1,1.
Emery, Fred & Trist, Eric (1965): The Causal Texture of Organizational Environments. In: Human Relations, 18.
Jaques, Elliot (1951): The Changing Culture of a Factory. London (Tavistock Publications).
Jaques, Elliot (1955): Social Systems as a Defence against Persecutory and Depressive Anxiety. In: Klein, M., Heinmann, P. & Money-Kyrle, R. (Hg.): New Directions in Psycho-analysis. London (Tavistock Publications).
Lawrence, W. Gordon (1985): Beyond the Frames. In: Pines, M. (Hg.): Bion and Group Psychotherapy. London (Routledge & Kegan Paul).
Lawrence, W. Gordon (1989): Ventures in Social Dreaming: The first experience. In: Changes, 7, 3.
Lawrence, W. Gordon (Hg.) (1998a): Social Dreaming @ Work. London (Karnac).
Lawrence, W. Gordon (1998b): Soziales Träumen und Organisationsberatung. In: Freie Assoziation 1, S. 277–303.
Lawrence, W. Gordon, Bain, Alistair & Gould, Larry (1996): The Fifth Basic Assumption. In: Free Associations, Bd. 6, Teil 3 (Nr.37), S. 28–55.
Main, Tom (1977): The Concept of the Therapeutic Community: Variations and Vicissitudes. In: Group Analysis, 10, Suppl.
Menzies, Isabel (1970): The Functioning of Social Systems as a Defence Against Anxiety. London (Tavistock Institute of Human Relations). Dt.: (1974): Die Angstabwehr-Funktion sozialer Systeme. Ein Fallbericht. In: Gruppendynamik 5, S. 183–216.
Miller, Eric und Rice, Kenneth (1967): Systems of Organisation. London (Tavistock Publications).
Reed, Bruce (1976): Organisational Role Analysis. In: C. L. Cooper (Hg.): Developing Skills in Managers. London (Macmillan), S. 89–102.
Suzuki, Shunryu (1970): Zen Mind: Beginner's Mind. New York / Tokyo (Weatherhill).
Trist, Eric & Bamforth, K. W. (1951): Some Social and Psychological Consequences of the Long-Wall Method of Coal-Getting. In: Human Relations, 4, 1, S. 3–38.
Trist, Eric & Sofer, C. (1959): Exploration in Group Relations. Leicester (Leicester University Press).
Turquet, Pierre (1974): Leadership: The Individual and the Group. In: Gibbard, G. S., Hartmann, J. J. & Mann, R. D. (Hg.): Analysis of Groups. San Francisco: Jossey Bass, S. 349–371.

Psychoanalyse jenseits der Therapie

Dieter Ohlmeier

Zusammenfassung: Die Bedeutung der psychoanalytischen Wissenschaft in nicht-therapeutischen Arbeitsfeldern wird anhand einiger Beispiele und unter besonderer Berücksichtigung der Supervision dargestellt. Damit wird die Reduktion der Psychoanalyse auf eine lediglich klinisch-therapeutische Methode zurückgewiesen, ebenso aber auch ihre rein theoretische Anwendung in Frage gestellt. Besonderes Augenmerk gilt den im Umgang mit der Psychoanalyse häufig zu beobachtenden Abwehrmechanismen: Idealisierung und Verkleinerung, Rationalisierung und modische Anpassung als Wahrnehmungseinschränkungen unbewusster psychischer Prozesse.

Über Psychoanalyse in nicht-therapeutischen Arbeitsfeldern, also ›jenseits der Therapie‹, zu schreiben, erscheint nicht unkompliziert, weil das Thema schwer abgrenzbar, schwer auf einige Fixpunkte reduzierbar ist, aber auch, weil es im Verfasser zahlreiche subjektive Erinnerungen und Empfindungen auslöst. So dachte ich etwa an meine erste Begegnung mit psychoanalytischer Literatur anlässlich des mittlerweile denkwürdigen Fischer-Taschenbuchbandes aus dem Jahre 1953, Freuds *Abriss der Psychoanalyse* und *Das Unbehagen in der Kultur*, meines Wissens die ersten Freud-Schriften, die nach 1945 in Deutschland wieder gedruckt wurden. Warum hatte ich mich ausgerechnet für diese schwierigen, späten Freud-Texte interessiert und sie gleichsam als eine Einführung in die Psychoanalyse genommen? Es war das Neue, mit dem ich hier, und noch dazu in einer durchaus unvertrauten Sprache und Denkweise, konfrontiert war – das Neue im Sinne des Nicht-Erwähnten und des Nicht-Gelehrten in Schule, Elternhaus, in sonstigen Kreisen oder Lektüren. Schon das Wort ›Psychoanalyse‹, geschweige denn die Inhalte, waren weitgehend unbekannt, ja unerhört, womit von Anfang an auf den Charakter des Verdrängten, des Verleugneten und Verschwiegenen hingewiesen ist. Zweitens war es sicher das Geheimnisvolle, das von der Beschäftigung mit Fragen der Sexualität und insbesondere auch der Aggressivität und Destruktivität im Unbewussten ausging. Es muss sich um ein Interesse für das Unheimliche destruktiver und libidinöser Triebkräfte, die Unheimlichkeit und Unfassbarkeit des Sterbens und des Todes eingeschlossen, handeln, das die Psychoanalyse im Anfänger auslöst. Außerdem führte es zu Enttäuschung und Verwunderung, ja zur Korrektur von ›Idealvorstellungen‹ von Wissenschaft: dass im

Medizin- und Psychologiestudium anderes als das bei Freud Gelesene gelehrt wurde, und dass Psychiatrie und Psychologie hiervon offenbar nicht berührt waren oder berührt werden wollten.

Psychoanalyse - Medizin - Laienanalyse

Freud hat immer wieder Gedanken zur Entwicklung einer ›Psychoanalytischen Hochschule‹ geäußert, besonders explizit 1918 (Freud 1919), als in Budapest für Sandor Ferenczi der erste universitäre Lehrstuhl für Psychoanalyse eingerichtet wurde. Freud selbst hatte während seiner Zugehörigkeit zur Wiener Universität, für Neuropathologie habilitiert, niemals eine psychoanalytische Professur im engeren Sinne inne, obwohl er seine Lehrfreiheit dazu nutzte, psychoanalytische Vorlesungen – *Vorlesungen zur Einführung in die Psychoanalyse* – zu halten. Lehrstühle für Psychoanalyse, also Ankerplätze für Psychoanalyse als Hochschulfach oder gar als Ansatzpunkte für die Entwicklung einer ›psychoanalytischen Hochschule‹, waren jedoch damals und sind auch heute extreme Seltenheiten, Ausnahmen – in merkwürdigem Gegensatz zu dem Gewicht, das wir der Psychoanalyse als einer ›Basiswissenschaft‹ vom Unbewussten zuweisen. Eine psychoanalytische Hochschule wäre, Freuds Gedanken folgend, keine berufsspezifische Einrichtung für Mediziner und Ärzte - im Gegenteil: Freud mahnte, dass Ärzte ihr medizinisch-biologisches Wissen und Verständnis, das ihren Umgang mit Patienten prägt, erst einmal ›verlernen‹ müssten, um Analytiker zu werden. Für Psychologen könnte dies heute in ähnlicher Weise gelten. Andererseits könnte zur ›Verteidigung‹ der Ärzte gesagt werden, dass die Erfahrung mit menschlichen Krankheiten, die Einsicht in die Grundlagen der körperlichen Kondition, das Erleben der Hilflosigkeit angesichts schwerer Erkrankungen und Sterbesituationen und das Vertrautsein mit körperlich begründeter Not und Angst, sie in besonderer Weise in die Lage versetzen, Psychoanalyse zu lernen. Ärzte könnten in ihrer psychischen Disposition, einschließlich also der Erfahrung mit Hilflosigkeit und Sterben bei ihren Patienten, auf die Beschäftigung mit dem Unbewussten durchaus eingestellt sein, wenn sie denn zahlreiche biologistische und rationalistische Denk- und Wahrnehmungsweisen, die sie in ihrem Studium gelehrt bekommen haben, verlernen. Im übrigen macht Freud deutlich, dass das Erlernen der Psychoanalyse ein eigenständiger wissenschaftlicher – und persönlicher – Bildungsgang sei, den Laien, also Nicht-Ärzte ebenso gut oder vielleicht sogar unbelasteter durchlaufen könnten als Mediziner.

Psychoanalyse als Wissenschaft

Als Wissenschaft können wir die Psychoanalyse auf dreifache Art definieren: Als erstes wäre zu diskutieren, ob wir ihr die Eigenschaften einer ›Basiswissenschaft‹ zuerkennen wollen – unter der Voraussetzung, dass man ›die‹ Wissenschaften, mit einer zugegebenermaßen wissenschaftstheoretisch etwas künstlichen und nicht voll überzeugenden Begründung, in angewandte und in Grundlagenwissenschaften unterteilen kann. In der Medizin, als eine medizinische Wissenschaft betrachtet, haben wir eine zusammengesetzte, anwendungsorientierte, vielfach keineswegs basiswissenschaftlich ausgerichtete Form des Arbeitens und Denkens vor uns. Die Psychoanalyse ist nach einer zentralen Definition die Wissenschaft vom menschlichen Unbewussten und seinen Abkömmlingen, einschließlich der Erforschungswege unbewusster psychischer Vorgänge. Dadurch ist sie nach meiner Ansicht als Basiswissenschaft definiert, als ein selbständiges wissenschaftliches Paradigma.

Zweitens ist die Psychoanalyse aber auch eine klinische Wissenschaft: sie erforscht und beschreibt die Struktur, Diagnostik und Therapie psychischer Erkrankungen im weitesten Sinne. Hierzu zählen nicht nur im engeren Sinne die Psychoneurosen, sondern auch schwere Persönlichkeitsstörungen, psychotische Erkrankungen und auch sogenannte ›alloplastische‹ Erkrankungen, d. h. Verhaltensstörungen aller Art. Als klinische Wissenschaft ist die Psychoanalyse vielleicht am bekanntesten geworden. Hier hat auch der öffentliche Widerstand, der ›Denkwiderstand‹ gegen sie am stärksten angesetzt, um sie in ein klinisches Getto als eine Unterabteilung der Psychiatrie abzudrängen und sie auf diese Art ihres Charakters als einer Basiswissenschaft und auch – das ist die dritte Definition der Psychoanalyse – als einer kritischen Kultur- und Gesellschaftswissenschaft zu berauben.

Dieser Widerstand aus den Reihen der Öffentlichkeit und der Wissenschaft diente dazu, der Psychoanalyse ihre Reichweite, ihre Allgemeingültigkeit zu bestreiten. Es ist auch hier wichtig, auf die unbewussten Determinanten eines Widerstandes hinzuweisen: Die Ablehnung oder Abwertung der Psychoanalyse kommt meist im Gewande der ›Uninformiertheit‹ oder der Geringschätzung einher. Nach der gegenwärtigen Renaissance einer biologischen Psychiatrie, die schon als überwunden gegolten hatte, wird dem Psychoanalytiker heute am liebsten nur die ›Zuständigkeit‹ für Neurosen zugestanden, jedoch nicht für die ›großen‹ psychiatrischen Krankheiten. In einer aberwitzigen, abwehrbedingten Wendung wird die Definition der Psychoanalyse als einer Kulturwissenschaft in diesem Kontext eher ›gegen‹ sie verwendet, werden ihre Anwendungen im nicht-klinischen Feld in ihrer Bedeutsamkeit verkleinert.

Freuds Definition der Psychoanalyse

Zur Beantwortung der Frage »Was ist Psychoanalyse?« gab Freud drei Definitionen: Die Psychoanalyse ist erstens eine Beobachtungsmethode, also ein wissenschaftliches Beobachtungsinstrument zur Entschlüsselung unbewusster seelischer Vorgänge. Sie ist zweitens ein wissenschaftliches Theoriekorpus der Entwicklung und Struktur der menschlichen Persönlichkeit als Individuum und im Kollektiv, und zwar in Gesundheit und Krankheit. Drittens ist die Psychoanalyse eine Therapiemethode; aber nicht als Therapie vor allem sollte sie sich empfehlen, sondern als eine Wissenschaft vom Unbewussten, denn als Therapie wäre sie – einem Worte Freuds folgend – lediglich eine »Dienstmagd der Medizin« und fände ihre Ablage in den Lehrbüchern der Psychiatrie.

Damit ist herausgestellt, dass das bloße oder überwiegende Verständnis der Psychoanalyse als einer Therapiemethode zu kurz greift. Wir müssen uns sogar fragen: Ist die Psychoanalyse überhaupt eine Therapie, wenn wir darunter eine zielgerichtete und wirtschaftliche Symptombeseitigung oder -besserung im medizinischen Sinn verstehen? In der psychoanalytischen Therapie werden die Krankheitszeichen als solche und direkt nicht zum Ziel der Behandlung. Das Verschwinden der Symptome, gleichsam ihr Überflüssigwerden, wird eher als eine erfreuliche ›Begleiterscheinung‹ des psychoanalytischen Prozesses verstanden. Direkte Lebenshilfe ist ebenfalls nicht beabsichtigt. Dagegen handelt es sich um einen größere Lebensabschnitte umfassenden und begleitenden Bildungs- und Erkenntnisprozess; in dem besonderen Rahmen der psychoanalytischen Situation findet eine Rekapitulation, eine Revision des persönlichen Lebensprozesses im Spiegel der Übertragungsbeziehung statt. Ein solcher Prozess soll es möglich machen, unbewusste, bisher nicht bekannte oder nur verzerrt erkannte Persönlichkeitsanteile und -inhalte kennen zu lernen und auf diesem Wege eine größere ›Integration‹ (einschließlich des Eitragens und Fruchtbarmachens von intrapsychischen Gegensätzlichkeiten) zu ermöglichen. Durch Psychoanalyse ist direkt noch kein Hunger gesättigt worden, kein noch so bedauerter Begabungsmangel, keine Kreativitätsmisere behoben worden. Allerdings können Hemmungen, Blockierungen vorhandenen kreativen Potentials beseitigt werden, so dass letzten Endes, auch ohne dass etwas ›hinzugefüttert‹ wird, das Potential des Analysierten anwächst. Aber eine Therapie in engerem (z. B. medizinischem) Sinne ist die Psychoanalyse nicht. Es geht in der Tat um mehr und um anderes als um eine Symptombeseitigung. Das berührt übrigens die schwierige Frage, dass wir angesichts des heutigen Krankenversicherungswesens oftmals genötigt sind, Kompromisse in bezug auf die Vollständigkeit einer psychoanalytischen Behandlung einzugehen, um sie – gemäß einer schon von Freud aufgestellten Forderung – möglichst vielen Menschen und Schichten zugänglich machen zu können.

Psychoanalytische Erfahrung als Grundvoraussetzung psychoanalytischen Arbeitens

Man kann theoretisch aufs schönste über Psychoanalyse reden, aber es ist wichtig, sich darauf zu besinnen, dass kein Lesen, kein Diskutieren und sich Informieren eine zutreffende und ausreichende Einsicht in das Unbewusste und damit auch in das Wesen der Psychoanalyse als Theorie und Forschungsmethode geben kann. Notwendig ist zum Verständnis dieser Wissenschaft eine eigene psychoanalytische Erfahrung. In seinen *Vorlesungen zur Einführung in die Psychoanalyse* wies Freud (1917) seine Hörer immer wieder darauf hin, dass auch die noch so eindrucksvoll und mit hoher theoretischer Formulierungskraft anhand von praktischen Beispielen vorgetragenen Mitteilungen kein echtes Verstehen bewirken können - wenn nicht aufgrund eigener Erfahrung die Deutbarkeit des Unbewussten praktiziert worden ist. Zumindest anhand der Deutung eigener Träume müssten die Hörer eine Überzeugung von der Existenz ihres eigenen psychischen Unbewussten gewinnen. Vorher hätten sie zwar ein Wissen, aber kein Sensorium, keine wirklichen Erkenntnismöglichkeiten für die reale Existenz unbewussten psychischen Lebens.

Die psychoanalytische Selbsterfahrung ergibt außer der Gewinnung psychoanalytischer Erkenntnis, psychoanalytischen Wissens eine besondere Sensibilität, eine besondere Empfindlichkeit, ja Empfindsamkeit. In der Tat sind Psychoanalytiker oder solche, die eine Analyse gemacht haben, sehr empfindliche und oft auch verletzbare Menschen. In manchen Fällen pflegt man sich deswegen über sie zu belustigen, sich über sie zu ärgern oder sie auch zu fürchten. Ich meine aber, dass diese spezifische Empfindsamkeit eine Notwendigkeit (und eben keineswegs eine besondere Schwierigkeit) bei Analytikern ist; sie ist für ihre Arbeitsfähigkeit unabdingbar. Sie geht einher mit stärkeren Abgrenzungsbedürfnissen und -fähigkeiten, einer verstärkten Konzentration auf abgrenzbare und übersichtliche Situationen. Dies ist nicht mit Arroganz zu verwechseln, nicht mit einem stolzen Bewusstsein der ›Unangreifbarkeit‹ – im Gegenteil: Die Empfindlichkeit, die erhöhte Sensibilität für psychische Schwingungen im Gegenüber und in der eigenen Persönlichkeit hat sich durch die eigene analytische Erfahrung in einem entscheidenden Maße differenziert und verfeinert. Dem »wilden Heer« der Psychoanalytiker (nach einer satirisch gefärbten Bemerkung Freuds zu G. Groddeck) anzugehören, bedeutet ein Denken, das sich nicht lediglich an äußeren Fakten orientiert oder sich in bürokratisch eingeengte Schuhkartons einsortieren ließe, sondern das ein Konstituens psychoanalytischen Selbstbewusstseins ist.

Psychoanalyse in nicht-therapeutischen Feldern

Freud hat die Psychoanalyse zunächst als Kliniker und Arzt, also zur Behandlung psychisch Kranker, begründet; erst später, nachdem sich über eine therapeutische Technik hinaus eine psychologische Theorie der Persönlichkeit abzeichnete, die durchaus ›überindividuell‹ anwendbar war, fügten sich die theoretischen Erkenntnisse zu einer umfassenden Kulturtheorie. Diese Erweiterung, dieser qualitative Sprung machte die Psychoanalyse überhaupt erst zu einer Wissenschaft sui generis, einer ›Basiswissenschaft‹, die zugleich eine klinische als auch eine Kultur-Theorie ist. Wer also seit dem Erscheinen von Freuds Schriften *Massenpsychologie und Ich-Analyse* (1921), *Die Zukunft einer Illusion* (1927), *Das Unbehagen in der Kultur* (1930) die Psychoanalyse als Krankenbehandlung anwendete, konnte von den kulturell-gesellschaftlichen Implikationen des klinischen Tuns nicht mehr absehen. Untrennbar war in der klinischen psychoanalytischen Situation der individuelle Genesungsprozess mit einem kulturellen Prozess verbunden – und zwar sowohl auf seiten des Patienten, als auch in der Anschauung, dem Wissen und dem ›Gedankenhorizont‹ des Analytikers. Eine Reduzierung auf rein klinische Bereiche oder eine Aufspaltung in einerseits therapeutische, andererseits – davon abgehobene – kulturtheoretische Orientierungen erscheint als im Ansatz unmöglich. Das bedeutet auch, dass die Anwendung der Psychoanalyse als Kulturforschung nicht ohne die Erfahrung der konkreten psychoanalytischen Behandlungssituation möglich ist. ›Abgehobene‹ psychoanalytische Kulturtheoretiker, die die klinische psychoanalytische Situation nicht kennen und nicht praktiziert haben, dürfen wir ebenso einseitig, ja ›einäugig‹ nennen wie jene analytisch orientierten Kliniker, die die Psychoanalyse zu einer »Dienstmagd der Medizin« reduzieren. Es hat bis heute nicht an solchen Reduktionsversuchen in der einen oder anderen Richtung gefehlt – handelt es sich doch auch hierbei um Formen des Widerstandes, den die Psychoanalyse hervorruft, weil sie in ihrer Arbeit am Einzelschicksal eines Menschen immer auch dessen Stellenwert im kulturellen Entwicklungsprozess der Menschheit erblickt.

Diese Tatsache gibt der Psychoanalyse auch eine unübersehbare politische Dimension: Stein des Anstoßes für viele, vielleicht für alle Gesellschaftsordnungen, insbesondere diktatorische und streng hierarchisch regulierte. Es erscheint von fataler Logik bestimmt, dass Psychoanalyse und Psychoanalytiker in Diktaturen fast automatisch zu ›Staatsfeinden‹ werden müssen, da ihr

Wahrnehmen, Denken, Theoretisieren und (klinisches) Handeln notwendig als subversiv erlebt werden.

Ich beschränke mich im folgenden auf einige mir besonders wichtig erscheinende Forschungs- und Anwendungsfelder der Psychoanalyse im nichttherapeutischen Bereich. Zunächst seien die Pädagogik sowie die Sozialpädagogik/Sozialarbeit genannt, wobei auch die Arbeit in Kindergärten und im Vorschulbereich nicht vergessen werden darf. Hierfür stehen Namen von Psychoanalytikern wie Anna Freud (1931), Siegfried Bernfeld (1969) und Nelly Wolffheim (1930); Wolffheims Buch über *Psychoanalyse und Kindergarten* ist auch heute noch fast vergessen und unbekannt. Für das Gesamtgebiet dieser Anwendungen gab es die in der Nazi-Zeit verbrannte und untergegangene *Zeitschrift für psychoanalytische Pädagogik*, die in dieser Form im Nachkriegsdeutschland nicht wieder begründet worden ist und durch Periodika z. B. zur Kinder- und Jugendlichen-Psychotherapie nicht ersetzt werden konnte und sollte. Wir vermögen kollektive gesellschaftliche Widerstände darin zu erblicken, dass genannte Anwendungsgebiete der Psychoanalyse keinen verbindlichen Ort in der Wissenschafts- und Publikationslandschaft der letzten Jahrzehnte gefunden haben. Worum es geht, ist nicht nur, dass die pädagogische Methodik oder gar schulische Lehr- und Lerninhalte psychoanalytisch bereichert oder erweitert werden müssten – auch wenn es von Vorteil wäre, die psychoanalytische Wissenschaft in ihren Grundbegriffen auch auf den Schulen zu vermitteln. (Ich kann die Meinung einer bekannten Leiterin eines psychoanalytisch orientierten Verlages nicht unbedingt teilen, als sie mir sagte: »Heutzutage hat doch jeder gebildete Mensch eine Analyse hinter sich«. Hier scheint mir eine Wunscherfüllungsphantasie an die Stelle der Realität getreten zu sein.) Zu bemerken ist, dass in den Schulen kaum etwas von der psychoanalytischen Wissenschaft zu hören ist – aber der Akzent müsste vielmehr darauf liegen, ›Lehrpersonen‹ (also Lehrer, Sozialarbeiter, Erzieher) mit sich selbst vertraut zu machen, also mit der eigenen psychischen Wirklichkeit, damit sie Zugang zu der psychischen Wirklichkeit der ihnen anvertrauten Kinder und Jugendlichen erhalten. Sie sollten vertraut sein mit der Möglichkeit, in Beziehungsstrukturen zu denken, die Wirkungskräfte von Übertragung und Widerstand (die ja nicht nur im engeren therapeutischen Feld vorkommen) zu kennen, eine Einsicht in das Wirken des Wiederholungszwanges oder die Ursachen des Agierens von Triebimpulsen zu entwickeln. Sie müssten wissen, dass sich im Verhalten einer Schülergruppe oder Schulklasse die Interaktion der Kinder mit ihren Eltern und Geschwistern spiegelt und wiederholt. Im Wissen um diese Zusammenhänge wäre eine andersartige, gleichsam zentriertere Vermittlung des Lehrstoffes möglich und eine veränderte persönliche Haltung der Lehrenden gegenüber ihren Schülern.

Bei der Literaturforschung stoßen wir auf andersartige Probleme. Es hat geradezu den Anschein einer Mode, dass von germanistischer Seite seit Jahrzehnten eine psychoanalytisch orientierte Literaturinterpretation vielfach praktiziert wird, allerdings oft in einer sehr kurz gegriffenen, stark theoretischen und oftmals ungenügend vertieften Art. Auf der anderen Seite ist es uns auch bei den Psychoanalytikern ein durchaus vertrautes Phänomen, dass sie, gleichsam ›abgehoben‹ von ihren vertrauten Erkenntniswegen, auf dem Gebiete der Literaturwissenschaft dilettieren.

Die Literaturforschung ist seit jeher ein legitimes, wichtiges Objekt und wahrlich kein Stiefkind des psychoanalytischen Forschungsinteresses. Hierbei wendet sie sich entweder der Person und Biographie des Hervorbringenden, also des Künstlers, zu, um an ›hervorragenden Individuen‹, die aufgrund ihrer besonderen Konstitution und ihres Schicksals exemplarisch die Darstellung menschlicher Konflikte und Entwicklungen im Werk zum Ausdruck bringen, psychische Entwicklungsprozesse zu studieren. Im Vorwort zu Marie Bonapartes Monographie *Edgar Poe* (1934) schrieb Freud: »Dank ihrer Deutungsarbeit versteht man jetzt, wie viel von den Charakteren seines Werkes durch die Eigenart des Mannes bedingt ist, erfährt aber auch, dass diese selbst der Niederschlag starker Gefühlsbindungen und schmerzlicher Erlebnisse seiner frühen Jugend war. Solche Untersuchungen sollen nicht das Genie des Dichters erklären, aber sie zeigen, welche Motive es geweckt haben und welcher Stoff ihm vom Schicksal aufgetragen wurde. Es hat einen besonderen Reiz, die Gesetze des menschlichen Seelenlebens an hervorragenden Individuen zu studieren.« Oder wir machen die Entwicklung und Lösung menschlicher Konflikte im Werk selbst zum Gegenstand unserer Aufmerksamkeit, betrachten das Werk also als den überindividuellen Ausdruck der Conditio humana. Nach einer glücklichen Unterscheidung von K. R. Eissler (1963) nennen wir dies die ›exopoetische‹ und die ›endopoetische‹ psychoanalytische Annäherungsweise an ein literarisches Werk.

Wenn der psychoanalytische Forscher sich auf endopoetischem Wege mit dem literarischen Werk beschäftigt, wird er sich bemühen, Triebkonflikte und ihre Auswirkungen in der Selbst- und Objektwelt, wie sie sich in der literarischen Gestaltung darstellen, herauszuarbeiten und mit seinen Erfahrungen aus der klinischen Praxis in Verbindung zu bringen. Insofern ist der Leseprozess in Vergleich zu setzen mit einem psychoanalytischen Prozess. Ohnehin lässt uns der Prozess des Lesens nicht so zurück, wie wir vor der Lektüre waren: Die Kenntnisnahme eines literarischen Werkes hinterlässt, und wenn auch nur partiell und passager, Veränderungsspuren in der Psyche des Lesers.

Dies mag sogar ein Qualitätszeichen für literarische Werke sein: Inwieweit sie einen psychischen Prozess im Leser auszulösen vermögen, und die

›Entschlüsselung‹, also die endopoetische analytische Auswertung, würde sich vor allem auf die Frage konzentrieren, welche Bilder, Assoziationen und Erinnerungen im Leser ablaufen, welche Wahrnehmungsweisen, welche neuartigen und zusätzlichen Assoziations- und Phantasieräume sich für den Rezipienten ergeben. Ohne eine überstrapazierte Parallelisierung vornehmen zu wollen, könnte man in der ›Interaktion‹ zwischen Werk und Leser Übertragungs- und Gegenübertragungsvorgänge ausmachen, deren Beachtung und Deutung der psychoanalytischen Entschlüsselung eines literarischen Werkes dienen kann (Ohlmeier 1985).

Die Nähe von Literatur und Psychoanalyse wurde schon durch die bekannte Aussage Freuds, seine Krankengeschichten läsen sich wie Novellen, betont. Andererseits hat – neben anderen Dichtern – der Wiener Zeitgenosse Freuds, Arthur Schnitzler, mit dem Freud übrigens keine nähere persönliche Berührung hatte, in seinen Romanen, Novellen und Dramen Menschen in ihrer unbewussten Konfliktdynamik dargestellt und eigentlich literarische ›Krankengeschichten‹ geschaffen. Freud und die Psychoanalytiker schufen eine Theorie, eine wissenschaftliche Systematisierung – aber sie haben das Unbewusste und die von ihm ausgehenden Konflikte nicht ›erfunden‹.

Es sei die Bemerkung angefügt, dass uns die Beschäftigung mit Literatur lehrt, wie schwierig und tabuiert die methodisch-wissenschaftliche Erforschung solcher menschlicher ›Basisaffekte‹ wie Neid und Gier, aber auch die Vorgänge des Krankseins und Sterbens immer noch sind, über die wir wohl durch die Dichtung (noch dazu mit der ›Lustprämie‹ des literarischen Genusses beschenkt) zum Nach- und Miterleben veranlasst werden, die aber in der psychoanalytischen Forschung und Theoriebildung eher unterrepräsentiert erscheinen. Eine weitere Anmerkung scheint notwendig: Im Zuge der 68er Bewegung, die ja nicht nur eine studentische Bewegung war, erfuhr besonders das kultur- und gesellschaftskritische Potential der Psychoanalyse eine massive Belebung – und Idealisierung. Von der Psychoanalyse wurde erwartet, sie könne einen wichtigen Beitrag zur Befreiung des Menschen erbringen, insbesondere auch im Wege der Befreiung von sexuellen Tabus. Im Grunde handelte es sich aber nicht nur um einen Revisionsversuch verkrusteter Sexualmoral, einen Befreiungsimpuls in Richtung autoritärer Gesellschaftsstrukturen, sondern um ein Innewerden der psychischen Geschichte unserer Gesellschaft, insbesondere eine Erinnerung und Durcharbeitung deren faschistischer, und d. h. in Deutschland: nationalsozialistischer Vergangenheit, die oftmals unbewusst und scheinbar selbstverständlich weitergelebt wurde.

Trotz allen Zuwachses an kritischem Bewusstsein, trotz deutlicher Veränderungstendenzen in Politik, Verwaltung und Privatleben, sehen wir heute mit einer gewissen Ernüchterung oder gar Enttäuschung (die ja stets die Kehrseite der Idealisierung ist) auf dieses kollektive Befreiungsvorhaben zurück. Man hatte die Psychoanalyse ›überschätzt‹, ja eigentlich missverstanden, wenn man von ihr in einem großen Entwurf sexuelle und politische Befreiung erhoffte und forderte.

Hier mag der Begriff des ›Umarmungswiderstandes‹ nützlich sein, um zu kennzeichnen, dass Psychoanalytiker sich im Glanze ihrer unverhofft gewonnenen Popularität sonnten, ohne vielleicht zu bemerken, dass den Abwehrmechanismen gegen sexuelle und destruktive Triebimpulse nicht mit einer Willenserklärung, sozusagen mit einem einzigen großen ›Befreiungsschlag‹ beizukommen war – sondern dass es geduldiger psychoanalytischer Arbeit mit einzelnen Menschen oder Kleingruppen bedurfte, um ein Stück auf diesem Wege voranzuschreiten. Ein psychoanalytischer Prozess lässt sich nicht dadurch ersetzen, dass man eine ›Idee‹ von Psychoanalyse auf seine Fahne schreibt.

Psychoanalyse und Supervision

Der psychoanalytische (Aus-)Bildungsgang beruht auf drei Pfeilern: der persönlichen Analyse (›Lehranalyse‹), die den Zugang zum eigenen Unbewussten, ja zunächst die Überzeugung vom Vorhandensein und den Manifestationsformen eines solchen, bahnen soll; zweitens der theoretischen Information, die – neben der psychoanalytischen Theorie selbst – eine gute Kenntnis der Mythologie, Geschichte, Kultur-, Gesellschafts- und Zeitgeschichte, aber auch von wichtigen Werken der Dichtung und Literatur vermitteln will. Dritter ›Pfeiler‹ ist die praktische Einübung in die Behandlungstechnik, die nicht nur aus der Indikationsstellung und Behandlungsmethodik besteht, sondern die ein Vertrautwerden mit der psychoanalytischen Situation und mit der psychoanalytischen Haltung bedeutet – sie entwickelt sich unter Supervision, oder im Sprachgebrauch der psychoanalytischen Ausbildungsinstitutionen: anhand ›kontrollierter‹ Analysen.

In der Form der sogenannten ›Kontrollanalysen‹ ist kontinuierlich supervidierte Arbeit und Erfahrung also ein konstituierender Teil der psychoanalytischen Ausbildung. Auch wenn wir den Begriff und das Anwendungsfeld von Supervision erweitern und auf Gebiete ausdehnen, die nicht im engeren Sinne eine psychoanalytisch-therapeutische Kompetenz erfordern oder anzielen, erscheinen mir einige Grundeigenschaften des psychoanalytischen Supervisionsbegriffes brauchbar, ja notwendig.

Was ist Supervision? Es ist die Entbindung, die Freisetzung der sowohl ›technischen‹, also auf das jeweilige Berufsfeld bezogenen, notwendigen Fähigkeiten, als auch der emotionalen Voraussetzungen zur Arbeit in einem bestimmten Berufsfeld - bzw. die Arbeit an der Auflösung, dem Durchsichtigmachen der

Hemmungen und Verständnisschwierigkeiten, die sich dem Einsatz der spezifischen Fähigkeiten entgegenstellen. Dieser anwendungsorientierte Definitionsversuch ist allgemein genug, um ihn auf unterschiedlichste Bereiche beziehen zu können: Supervision von Lehrern, Sozialarbeitern, Managern, Therapeuten usw.

Was ist Supervision nicht? Supervision ist nicht ›Übersicht‹, und zwar weder in der direkten Bedeutung dieses Wortes als einer Art kollegialer Besprechung aus der Vogelperspektive noch eine ›souveräne‹ Ausstattung des Supervisanden mit theoretischen und/oder praktischen Handlungsanweisungen, noch dazu aus der Position der fachlichen Überlegenheit des Supervisors. Supervision ist auch keine pädagogische Veranstaltung, kein Unterricht in Methoden. Auch direkte Ratschläge sollten in der Supervisionssituation nicht oder nur mit kritischer Zurückhaltung erteilt werden. Supervision ist auch kein kollegiales Gespräch, bei dem dann ein Partner die Rolle des Erfahreneren oder Überlegeneren annähme.

Vielmehr vergleiche ich die Supervisionssituation mit der psychoanalytischen Situation, also den Sinn der Supervision mit dem Sinn der Psychoanalyse. Psychoanalyse ist ja geradezu dadurch definiert, dass sie keine direkte Aufklärung, keine Beratung, keine Erteilung irgendwelcher Lebensratschläge, aber auch keine Bewertung – vor allem keine moralische und sicher auch keine leistungsorientierte – vermittelt. Was also in der analytischen Situation zur Sprache kommt, unterliegt und entspricht eben gerade nicht dem (vielleicht) Erwarteten oder Gehofften, nämlich praktische Ratschläge und Bewertungen zu erhalten.

Natürlich ist der Supervisand nicht ein Analysand, und auf jeden Fall nicht ein Patient oder Klient. Die gleichen ›Freiheitsgrade‹, die zur Entfaltung eines persönlichen Raumes beitragen sollen, die eine durch Wertungen unverstellte Sicht auf die psychische Realität ermöglichen wollen, werden in der Supervisionssituation dem Supervisanden eingeräumt, ja zugemutet, so wie dem Analysanden in der analytischen Situation. In diesem Zusammenhang soll ein Missverständnis, das sich häufig einschleicht und beobachtet werden kann, nicht verschwiegen werden: dass manche Supervisanden Patienten werden möchten, und dass mancher Supervisor dazu tendiert, aus seinen Supervisanden Patienten zu machen oder sie doch situations- oder zeitweise in eine Patientenrolle zu drängen – mag dies nun bewusst geschehen oder unbewusst ›unbemerkt‹ unterlaufen. Eine Supervisionssituation ist grundsätzlich keine (verdeckte) Therapiesituation. Diese Differenzierung vorzunehmen, ist wichtig gerade vor dem Hintergrund der oben angesprochenen Parallelen zwischen der psychoanalytischen und der supervisorischen Situation.

Ist der Supervisor kein Therapeut, so ist er ebenfalls nicht Lehrer, wobei ja der Supervisand zum ›Schüler‹ würde. Der Supervisand befindet sich nicht in einer Schülerposition, und wenn es so wäre, so ist daran zu arbeiten, warum es so gekommen ist. Schon gar nicht sollte der Supervisand in infantilisierter Weise ›mit großen Augen und Ohren‹ geradezu abhängig auf die Stimme des ›Meisters‹ horchen; jede Form der psychischen Abhängigkeit (die auch eine hierarchische Abhängigkeit einschließt) verbietet sich für supervisorische Arbeit. Es wird in keiner Weise verkannt, es soll im Gegenteil betont werden, dass Abhängigkeitswünsche, Unterwerfungswünsche, regressive Bedürfnisse beim Supervisanden häufig auftauchen können – ebenso wie Herrschaftsansprüche, und seien sie noch so freundlich in ›väterlichen‹ oder ›mütterlichen‹ supervisorischen Haltungen aufgehoben, beim Supervisor keinen Platz haben sollten. Der Supervisand ist nicht Kind, Jünger, Patient; der Supervisor ist nicht Therapeut, Lehrer und schon gar nicht Guru.

In zugegeben recht apodiktischer, dafür aber deutlicher Form war davon die Rede, was Supervision nicht ist. Was ist sie aber dann? Wir wollen von der Psychoanalyse zunächst einmal absehen, und einige Eigenschaften der Vorgehensweise des Sokrates einbeziehen. Die sokratische Dialogführung ist uns vor allem durch Platons Werk vertraut (Th. Gomperz, 1925). Sokrates war – nach allem, was wir von ihm wissen – Rationalist. Er forderte verstandesgemäßes Nachprüfen aller aufgestellten Behauptungen. Der Rückgriff auf das Überprüfbare und das Berücksichtigen des für den rationalen Verstand Zugänglichen war im sokratischen Dialog, nach allen Irrtümern und Irrwegen des Denkens, der entscheidende Zielpunkt. Deswegen darf man das sokratische Vorgehen auch als ein skeptisches bezeichnen, denn Sokrates misstraute der vordergründig oft faszinierenden Gewandtheit der damaligen (aber auch heutigen?) modernen Weisheitslehre, der der Sophisten. Unser modernes Sophistentum mag im schnellen Gebrauch von Formelhaftigkeit, Schnellfertigkeit und ›modischen‹ Denkschemata bestehen – in einem Vernachlässigen der Differenziertheit des Denkens, der unbewussten Anteile von Denkinhalten und ›Fakten‹, der abwehrbedingten Wahrnehmungs- und Denkeinschränkungen, ja geradezu der Identifizierung mit geläufigen und ›überkommenen‹ Abwehrhaltungen.

Man darf Sokrates auch einen Utilitaristen nennen, denn er forderte, dass alles Philosophieren (erweiternd könnte man sagen: alles Psychologisieren) zu Wertungen, ja Deutungen führen solle, und dass diese Wertungen und Deutungen praktikabel sein, d. h. ihre Anwendbarkeit erweisen müssten. Gut klingendes Geschwätz, unverbindlich in einen ›luftleeren‹ Raum geäußert, wäre unnütz; auf die psychische Realistik dagegen kommt es an, also die Erkenntnis, dass Deutungen und Klärungen von Sachverhalten immer in einem psychischen, individuellen und/oder interaktionellen Feld ihren Sinn und ihre Anwendung finden.

Wenn vom sokratischen Dialog die Rede ist, wird damit dem Sprechen eine wichtige Rolle zugeteilt. Es handelt sich um ein sprachliches Zueinander und Miteinander, denn die Erkenntnis der Wahrheit (so komplex uns der Begriff ›Wahrheit‹ auch erscheint) fließt niemandem aus einsamem Nachdenken und Grübeln allein zu. Einsam gewonnene Positionen, Meinungen und Überzeugungen müssen – ein entscheidender Punkt jeder Supervisionsarbeit – im Gespräch, im Dialog geprüft werden. Supervision ist also ein verbaler Interaktionsprozess. Deswegen sollten mitgebrachte oder gar vorgelesene schriftliche Protokolle auch mit Vorsicht bewertet, ja eigentlich zurückgewiesen werden. Der Supervisand wird darum gebeten, selber das Wort, seine Sprache zu finden, und zwar möglichst nicht in einer vorher festgeschriebenen und vorbereiteten Weise. Das Geschriebene und Vorbereitete entzöge sich dem sokratischen Dialog, verhält sich zu seinem Entwicklungsfluss wie sperrige und sich verhakende Barrieren aus Baumstämmen, die der Fluss mit sich führt.

Sokrates berühmter Satz: »Ich weiß, dass ich nichts weiß« bedeutet keineswegs eine Negierung des Wissens, als ob etwa jedes Wissen als solches ein Nichtwissen sei. Gemeint ist vielmehr, und das lässt sich auf die Supervisionssituation mit ebenso gutem Recht anwenden, die sorgfältige Prüfung jedes vermeintlich ›feststehenden‹ Wissens, insbesondere jedes Vorurteils, jeder abwehrbedingten Denkeinschränkung, Intellektualisierung oder Rationalisierung, aller modischen Formulierungen. Kein Wissen wird als angeblich feststehendes gelten- und stehengelassen.

Erkenntnis kann und muss im Gespräch, im Dialog entbunden werden. Das prüfende Vorgehen des Sokrates, seine Art des Freisetzens von Wissen, gleicht, worauf auch Platon hinweist, der Hebammenkunst, der Entbindung. Es handelt sich vor allem um die Entbindung von latent vorhandenem Wissen, das zunächst oft noch nicht formuliert werden kann, und dessen vorgeformter oder schriftlich mitgebrachter Form zu misstrauen ist. Es ist also auch nicht unbedingt eine Neuproduktion von Wissen gefragt, sondern das latente Wissen ist aus der Ahnung, aus der oftmals noch nicht in Worte fassbaren Anmutung, aus der Ermunterung zum Äußern der Affekte, Assoziationen und Bilder in der Supervisionssituation zu schöpfen. Hierbei kommt es auf die Beharrlichkeit und Folgerichtigkeit der Wahrnehmung und Aktivität des Supervisors an. Sokrates nannte als ein Ziel seiner Dialogführung ›Continentia‹, Kontinenz, also das Achten auf die Wahrung der Zusammenhänge und Verknüpfungen auch zunächst scheinbar unwichtiger oder ›nicht zusammengehöriger‹ Gedächtnis- und Wahrnehmungsanteile. Zusätzlich bedeutet Kontinenz hier auch Verlässlichkeit sowie Einheitlichkeit des ›Settings‹. Auch hier hilft uns der Vergleich mit der psychoanalytischen Situation, die durch ›Continentia‹, nämlich durch Verlässlichkeit und Einheitlichkeit des Settings gekennzeichnet ist. Ein psychischer Raum, ein Phantasie-, Verknüpfungs- und ›Möglichkeitsraum‹ (potential space) entwickelt sich nur dann, wenn eine abgegrenzte und klar definierte, verlässlich stattfindende Situation (also eben nicht ein Gespräch ›zwischen Tür und Angel‹) vorgegeben ist. Es erscheint mir besonders wichtig, auf diese gesicherten Bedingungen gerade bei Anfängern und Studierenden der Supervision hinzuweisen, die oftmals glauben, Supervisionsgespräche entwickelten sich doch ›leichter‹ und ›lockerer‹ im Spazierengehen oder einem zufällig zur Verfügung stehenden Raum, oder gar zu einem eher zufällig oder ›von Fall zu Fall‹ vereinbartem Zeitpunkt. Ebenso genau und ernst wie in der klassischen psychoanalytischen Situation sollten die supervisorischen Sitzungen zu vorher verabredeter Zeit und Dauer in einem verbindlichen Raum stattfinden, und zwar mit absoluter Zuverlässigkeit, eben Kontinenz.

Sokrates war auch ein Gegner unzulässiger Generalisierungen und Formeln. Gerade das ›Zweifelloseste‹, das ›Gängigste‹ machte er zum Gegenstand seiner Dialoge, problematisierte es und versuchte, die ›wahre Bedeutung‹, den Sinn hinter der Fassade der Dinge und Redensarten herauszuheben. Dies auch dann, wenn – wie so oft –, das Bemühen zunächst ein vergebliches sein sollte und die Suche nach dem immer wieder entspringenden Bild, dem sich dem Verständnis immer wieder entziehenden Bedeutungssinn mehrfach wieder aufgenommen werden muss. Wir sind keine ›Versteh-Maschinen‹, müssen nicht auf alles sofort eine Antwort finden, brauchen vielfach Zeit. Weder als Therapeuten, noch als Supervisoren werden wir vorgefertigte Merksätze vermitteln wollen, die sich als Besserwisserei entlarven (Lippenmeier, 1998).

Gomperz (1925) wies darauf hin, dass Sokrates als höchste moralische Forschertugend die unerschöpfliche Geduld bezeichnet habe. Sie vereinigt sich im sokratischen Denken und Sprechen mit einem der ›höchsten intellektuellen Vorzüge‹, nämlich der unbedingten Vorurteilslosigkeit. Geduld und Vorurteilslosigkeit sind die Kennzeichen der in diesem Sinne verstandenen supervisorischen Gesprächsweise, und kein Satz ist so selbstverständlich und allgemeingültig, dass man ihn nicht, sobald ein Bedenken oder Gegenargument auftaucht, von Grund auf neu zu erörtern und auf seine Stichhaltigkeit hin zu prüfen hätte. Keine Behauptung ist so paradox oder anstößig, dass man ihr nicht volles und williges Gehör zu schenken und die zu ihren Gunsten sprechenden Gründe sorgfältig aufzuspüren hätte, gerade wenn es sich, wie so oft im Supervisionsprozess, um unbewusste Inhalte handelt. Keine Untersuchung, mag sie auch noch so unbequem sein, darf im Gespräch vermieden, keine Meinung, möge sie auch noch so unerwünscht erscheinen, darf »niedergeschrieen, niedergehöhnt oder niedergescholten« werden (Gomperz, 1925).

So ließe sich eine supervisorische Haltung, ein supervisorisches ›Klima‹ kennzeichnen, das auf durchaus kühler, aber unentwegter und ›kontinenter‹

Gelassenheit beruht. Dabei bleiben wir uns bewusst, dass unser Blick auf die sokratisch-platonische Dialogführung zunächst nicht auf ihre Anwendung in einer supervisorischen oder psychoanalytischen Hochschule gerichtet war – nach meiner Meinung lässt er sich aber ohne Schwierigkeiten auf unser Arbeitsfeld übertragen. Erfahrungen mit der psychoanalytischen Vorgehensweise lassen uns ein weiteres Moment hinzuziehen. Auch wenn hier nicht von den verschiedenen Stadien und Inhalten eines Supervisionsprozesses die Rede sein kann, lässt sich doch, auch hierin im Grunde den griechischen Denkern folgend, sagen, dass in einer Supervisionssituation ›das Dritte‹ zum Gegenstand und Ziel der Arbeit wird.

›Das Dritte‹ erscheint uns hier als ein psychisches Prinzip, das die getrennte Wahrnehmung und Behandlung des ›Supervisionsobjektes‹ (Patient, Gruppe, Team, Organisation, Schulklasse etc.) möglich macht, d. h. die Aufhebung oder kritische Auflösung von Verschmelzungsprozessen zwischen ›Supervisionsobjekt‹ und Supervisand durch einen ›Dritten‹, nämlich den Supervisor. Das ›Dritte‹ wird durch den Supervisor repräsentiert, ja geradezu verkörpert. Wir sprechen deswegen auch von einen ›supervisorischen Dreieck‹: die Arbeit des Supervisors repräsentiert die Auflösung und Trennung der Zweierbeziehung zwischen Supervisand und Supervisionsobjekt.

Durch das Eingreifen des ›Dritten‹ wird erst eine Sprach- und Reflexionsebene eingeführt. Das ›Dritte‹ ist also die durch den Supervisor ermöglichte und vermittelte Fähigkeit der Versprachlichung und damit Denkermöglichung, darüber hinaus: der Verwissenschaftlichung der Supervisionssituation, die durchaus im Sinne des von Sokrates formulierten skeptischen Utilitarismus – im Gegensatz zu einer symbiotischen oder identifikatorischen Verschmelzung von Supervisionsobjekt und Supervisand – zu verstehen ist oder sich doch als Verstehensaufgabe stellt. Mindestens in diesem Punkte lassen sich Analogien zwischen dem supervisorischen und dem psychoanalytischen Prozess erkennen, auch ohne dass wir eine fahrlässige Gleichsetzung vornehmen.

Literatur

Bernfeld, S. (1969): Antiautoritäre Erziehung und Psychoanalyse. Ausgewählte Schriften Bd. 1–3. Frankfurt a. M.

Bonaparte, M. (1934): Edgar Poe. Eine psychoanalytische Studie. 3 Bde. Wien.

Eissler, K. R. (1963): Goethe. Eine psychoanalytische Studie. 2 Bde. Basel / Frankfurt a. M. 1983.

Freud, S. (1917): Vorlesungen zur Einführung in die Psychoanalyse. GW Bd. XI, Frankfurt a. M.

Freud, A. (1931): Einführung in die Psychoanalyse für Pädagogen. (3. Aufl.) Bern / Stuttgart 1956.

Freud, S. (1919): Soll die Psychoanalyse an den Universitäten gelehrt werden? GW Nachtragsband. Frankfurt a. M. 1987.
Freud, S. (1921): Massenpsychologie und Ich-Analyse. GW Bd. XIII. Frankfurt a. M.
Freud, S. (1927): Die Zukunft einer Illusion. GW Bd. XIV. Frankfurt a. M.
Freud, S. (1930): Das Unbehagen in der Kultur. GW Bd. XIV. Frankfurt a. M.
Freud, S. (1938): Abriss der Psychoanalyse. Frankfurt a. M. 1953 (Fischer) und GW Bd. XVII. Frankfurt a. M.
Gomperz, Th. (1925): Griechische Denker. 3. Bde. Berlin u. Leipzig.
Lippenmeier, N. (1998): persönl. Mitteilung.
Ohlmeier, D. (1985): Das psychoanalytische Interesse an literarischen Texten. In: Hörisch, J. & Tholen, G. Ch. (Hg.): Eingebildete Texte. Affairen zwischen Psychoanalyse und Literaturwissenschaft. München (Fink).
Ohlmeier, D. (1989): Auf dem Weg zu einer psychoanalytischen Hochschule. In: Bareuther, H., Busch, H.-J., Ohlmeier, D. & Plänkers, T. (Hg.): Forschen und Heilen. Auf dem Weg zu einer psychoanalytischen Hochschule. Frankfurt a. M.
Wolffheim, N. (1930): Psychoanalyse und Kindergarten. Wien.

Psychoanalyse und Organisation

Zur Bedeutung unbewusster Sozialisation in Organisationen

Hansjörg Becker

Zusammenfassung: Der Autor untersucht einige Fragen, die mit der Anwendung der Psychoanalyse in Bezug auf das Verständnis sozialer Organisationen in Zusammenhang stehen. Voraussetzung für die Anwendung der psychoanalytischen Methode ist dabei, dass die aus dem klinischen Kontext stammende familialistische Deutungsperspektive durch eine organisationsbezogene ersetzt wird. Diese veränderte Einstellung der Methode gibt den Blick frei auf unbewusst ablaufende Sozialisationsprozesse in Organisationen, in deren Verlauf individuelle psychische Konflikte aktiviert werden und im sozialen Kontext organisationstypische Bedeutungen annehmen. Unbewusste Sozialisation in Organisationen bildet ein irrational anmutendes, schwer durchschaubares Beziehungsgeflecht, das der offiziellen, »legitimen« Organisation wie ihr eigener Schatten folgt. Psychoanalytische Aufklärung dieses Schattensystems wirft ein Licht auf die Bedeutung unbewusster Beziehungen jenseits der Familie.

I. Psychoanalytische Arbeit in Organisationen: Klinisch-familialistische oder organisationsbezogene Deutungsperspektive?

Wenn ich mich als Psychoanalytiker mit Organisationen beschäftige statt mit Patienten, wenn ich also davon ausgehe, dass meine Methode auch in einem ganz anderen Kontext als in dem ihr angestammten etwas zu erkennen oder bewirken vermag, so bedarf es dazu methodologischer Vorbemerkungen. Wie kann man überhaupt von Unbewusstem in Organisationen sprechen? Ist nicht der Begriff des Unbewussten, wie Freud ihn verstanden hat, untrennbar mit dem Individuum verkoppelt? Entspricht es nicht der klinischen Erfahrung, dass die unbewussten Kräfte des Seelenlebens in der ganz individuellen und eigenen Geschichte einer Person verwurzelt sind? Widerspricht es nicht dieser Erfahrung, wenn wir vom Unbewussten in einer Organisation oder gar, was auch vorkommt, vom Unbewussten einer Organisation sprechen? Der ersten Formulierung – Unbewusstes in Organisationen – ist der Vorzug einzuräumen, lässt sie doch genügend Spielraum für die gerade formulierten Bedenken. Man kann sich vorstellen, dass sich das Unbewusste einer oder mehrerer Personen im Zusammenhang einer sozialen Organisation anders verhält als in der Intimität der psychoanalytischen Zweiersituation. Das, was man zu sehen bekommt, ist also abhängig von dem Kontext, in dem man es betrachtet.

Das Unbewusste kann man auch beschreiben als eine Vielzahl von psychischen Tendenzen, Gegentendenzen, Wünschen, Widersprüchen, Blockaden oder – in einem anderen Wort – von Bedeutungen, die in ebenso unüberschaubarer Weise miteinander verbunden sind. Was man von diesem Bedeutungsgeflecht beobachten kann hängt ab

- von der angewandten Methode und
- von dem Kontext, in welchem diese Methode angewandt wird.

So betrachtet ist es naheliegend, anzunehmen, dass die Intimität der analytischen Zweiersituation andere psychische Tendenzen begünstigt, als etwa die Atmosphäre einer therapeutischen Gruppe; und dass die Anwendung der gleichen Methode – nämlich der Psychoanalyse – in einer Teamsupervision, in einem Forschungsinterview oder bei der Beratung des Führungsstabes eines Unternehmens wiederum andere Gesichtspunkte des seelisch Unbewussten erkennen lässt. Wir können also unsere Methode in verschiedenen Zusammenhängen anwenden, ohne ihre Grundpositionen aufzugeben, und die Frage nach dem Unbewussten in Organisationen lässt sich dann genauer stellen.

- Zunächst kann man fragen: Wie fühlen, denken und verhalten sich Menschen im Kontext und unter dem Einfluss einer bestimmten Organisation?
- Dann kann man diese Frage umkehren und fragen: Was tun die Individuen, wie tragen die einzelnen Personen unbewusst zum Bestehen und Funktionieren (oder zum Nichtfunktionieren) ihrer Organisation bei?
- Schließlich sind diese beiden Perspektiven – die von der Organisation auf das Individuum und die vom Individuum auf die Organisation – in einem weiteren Schritt aufeinander zu beziehen.

Es geht also um die Frage nach der *Beziehung der Einzelnen zu ihren Organisationen – und umgekehrt.* Es ist übrigens dieselbe Frage, die Sigmund Freud in seiner Arbeit über »Massenpsychologie und Ich-Analyse« (1921) beschäftigt hat. Vereinfacht ausgedrückt könnte man sagen, es gehe darum, etwas von dem zu erforschen, was die Menschen jenseits ihrer familiären Bindungen zusammenhält, um den Kitt in den Fugen menschlicher Organisationen; und diese Frage ist aus theoretischen Erwägungen ebenso bedeutsam wie aus praktischen Überlegungen hoch aktuell.

Wenn wir akzeptieren, dass auch unsere Methode der Psychoanalyse partiell kontextabhängige Ergebnisse liefert, das heißt, dass sie abhängig von der Situation ist, in der sie angewandt (hergestellt) wird, dann folgt daraus, dass wir genauer untersuchen müssen, was Psychoanalytiker machen, wenn sie ihre Methode in – oder auf – Organisationen anwenden.

Kann man überhaupt die psychoanalytische Methode, die aus der Anwendung in der klinischen Dyade stammt, so modifizieren, so formulieren, dass sie dem veränderten »Gegenstand«, dem Unbewussten in Organisationen gerecht wird? Einige Resultate, die ich in anderen Arbeiten dazu entwickelt habe, will ich benennen (z. B. Becker 1995).

Es muss klar sein, dass das Aufspüren von unbewusster Bedeutung, also die Deutungsarbeit – und das ist immer der Kern dessen, was man als Psychoanalytiker tut – im Kontext einer Organisation einen anderen Bezugspunkt als in der klinischen Situation hat. Das psychoanalytische Deuten, das im Kern auf eine Übertragungsbeziehung abzielt, hat immer einen Referenzpunkt außerhalb der aktuellen Beziehungssituation, die gedeutet werden soll, gewissermaßen einen »archimedischen Punkt«. In der klinischen Situation ist dies in der Regel irgendeine Theorie aus der Entwicklungspsychologie, eine Metapsychologie usw. Deutungen haben auch dann einen solchen Hintergrund, auf den sie sich beziehen, wenn dieser Bezug implizit bleibt. Für die psychoanalytische Arbeit in Organisationen hat dann zu gelten, dass eine *Theorie normaler und gestörter menschlicher Organisationen* den Deutungshintergrund, den Referenzpunkt abgibt.

Dies ist meine erste und entscheidende Behauptung und Forderung für die psychoanalytische Arbeit in Organisationen, und ich will sie deshalb noch einmal mit anderen Worten formulieren: Die Referenztheorie (der Bezugspunkt, die theoretische Hintergrundannahme etc.) für die psychoanalytische Deutungsarbeit in Organisationen ist – in jedem Falle – eine Theorie menschlicher Organisationen; und ich beeile mich hinzuzufügen: und nicht etwa eine Theorie individueller Krankheit und Gesundheit oder eine Entwicklungspsychologie! Allerdings trifft man gelegentlich auf die Ansicht, dass sich in menschlichen Organisationen im wesentlichen familiale Muster herstellen, eine Auffassung, die ich nicht nur für zu schlicht, sondern auch für falsch halte und die sich übrigens keineswegs mit der Ansicht Freuds deckt, der von einem Widerspruch zwischen Familie und Kultur ausgeht. Ich zitiere dazu Mario Erdheim, der schreibt: »Er (gemeint ist Freud; d. V.) vertrat keineswegs die Meinung, die ihm oft, aber fälschlicherweise zugeschrieben wird, nämlich dass die Familie den Kern oder die Zelle der Kultur bilde« (1982, S. 277).

Freud selbst äußerte sich im »Das Unbehagen in der Kultur« darüber sehr eindeutig:

> »Wir haben bereits erraten, dass es eine der Hauptbestrebungen der Kultur ist, die Menschen zu großen Einheiten zusammenzuballen. Die Familie will aber das Individuum nicht freigeben. Je inniger der Zusammenhalt der Familienmitglieder ist, desto mehr sind sie oft geneigt, sich von anderen abzuschließen, desto schwieriger wird ihnen der Eintritt in den größeren Lebenskreis. Die phylogenetisch ältere, in der Kindheit allein bestehende Weise des Zusammenlebens wehrt sich, von der später erworbenen kulturellen abgelöst zu werden« (1930, S. 462-463).

Auch wenn sich Freud in seiner klinischen Arbeit ganz überwiegend mit den in der Kindheit entstehenden familialen Beziehungen und ihren Schicksalen beschäftigte, war ihm offensichtlich klar, dass es in dem, was er »Kultur« nannte, eine mächtige Gegenströmung zu den in der Kindheit erworbenen Bindungen gibt. Jeder Ansatz für eine psychoanalytische Arbeit in Organisationen muss diesem Umstand Rechnung tragen. Organisationen sind ein Teil der Kultur, nicht der Familie! Daraus ergibt sich die Forderung, dass sich die psychoanalytische Arbeit in Organisationen vor einem – im Kontrast zur klinischen Perspektive – veränderten Hintergrund abzuspielen hat.

An dem Beispiel aus einer Supervision möchte ich anschaulich machen, was ich mit dieser These meine.

Es ist die erste Supervisionssitzung eines Teams von zehn Mitarbeitern einer Werbeagentur. Sie findet in einem Raum statt, der sich zwar inmitten eines riesigen Großraumbüros befindet, von diesem aber nach zwei Seiten durch lichttransparente Glasbausteine abgetrennt ist. Wenn man aus der geschützten Intimität eines psychoanalytischen Sprechzimmers kommt, kann einem die Situation ungewohnt, ungeschützt vorkommen. Für die Mitarbeiter der Agentur hingegen ist ein solcher Raum eher ungewohnt geschlossen. Dennoch wird zugleich die Frage aufgeworfen, wie geschützt die Supervision eigentlich sei, wie sehr »die Agentur« – so sprachen die Mitarbeiter von dem großen Unternehmen, bei dem sie angestellt waren – Zugriff auf das hier Gesprochene habe. Ein heftiges Misstrauen gegen den Supervisor wurde bald spürbar. Eine ihrer ersten Fragen war, ob ich mit der Personalabteilung sprechen würde? Welchen Auftrag ich eigentlich von dort bekommen habe? Tatsache war, dass ich vom Chef der Personalentwicklung für diese Supervision engagiert worden war.

Die erste Sitzung mit dem Team sollte dazu dienen, das Arbeitsbündnis näher zu klären, aber das Team wollte davon im Augenblick gar nichts wissen. Im Moment jedenfalls war die Gruppe nicht bereit, eigene Vorstellungen über die Zusammenarbeit zu entwickeln. Im Mittelpunkt der ersten Sitzung standen vielmehr offenes Misstrauen, unverhüllte Ablehnung gegen »die Agentur«

und schließlich gegen den Chef der Personalentwicklung, der »die Agentur« dem Team gegenüber gleichsam vertrat. Das Auftreten eines Supervisors wurde sehr ambivalent aufgenommen und mit der Frage verknüpft, ob er nun auf der Seite des Teams oder auf der Seite der Agentur stünde! Besonders vier jüngere und sehr engagierte Teammitglieder betonten mit besonderem Nachdruck, dass sie überhaupt keinen Sinn in einer Supervision sehen könnten. Nachdem sich das Misstrauen so deutlich artikuliert hatte, wechselte die Gruppe das Thema und beschwerte sich einhellig darüber, dass gerade dieses Team, das eine besonders schwierige Aufgabe habe (das war auch der Anlass für die Supervision!), von »der Agentur« so schlecht behandelt worden sei. Man fühlte sich im Vergleich zu anderen Teams irgendwie am Rande stehend, unzureichend informiert und innerhalb der Agentur schlecht ausgestattet mit Prestige und Ansehen.

Für mich war klar, dass sich in der Gruppe gleich zu Beginn der Arbeit paranoid gefärbte Ängste und irrationale Befürchtungen artikulierten, dass »die Agentur« gerade dieses Team schlecht behandeln würde. Der irrationale Charakter dieses Vorgangs tritt noch deutlicher hervor, wenn man weiß, dass nur dieses Team von der Agentur eine Supervision erhielt, weil man um den besonders schwierigen Charakter seiner Arbeit wusste. Weiter wird deutlich, dass Befürchtungen bestanden, »die Agentur« und der Supervisor hätten sich – gleichsam hinter dem Rücken des Teams – auf irgendwelche finsteren Dinge geeinigt, die sich vordergründig in dem Gedanken ausdrückten, der Supervisor könnte das hier Gesprochene an »die Agentur«, vertreten durch die Leute der Personalentwicklung, verraten. Entscheidend ist dabei, dass sich offenbar ganz spontan eine Gefühlseinstellung in dem Team zeigt, die von Angst, Misstrauen und Feindseligkeit geprägt ist. Ich kann nun – als Psychoanalytiker – grundsätzlich auf zwei Wegen an dieses Phänomen herangehen:

Aufgrund meiner klinischen Erfahrung und meines theoretischen Wissens sind mir solche Phantasien nicht unvertraut. Sie stammen, psychogenetisch betrachtet und bestimmten klinischen Theorien zufolge, aus sehr frühen Objekt- und Teilobjektbeziehungen, in denen negative Selbstaspekte und aggressive Triebimpulse auf projektivem Wege abgewehrt werden mit der Folge, dass man die Objekte, auf oder in die man projiziert hat, in diesem Falle die Agentur und der Supervisor, als böse und bedrohlich erlebt. Man könnte vermuten, dass Agentur und Supervisor in einer unbewussten Phantasie dieses Teams wie ein bedrohliches Elternpaar erlebt werden.

Ich könnte annehmen, dass diese spontane Einstellung zur Supervision eine Abwehr darstellt, die sich gegen eine Arbeitshaltung richtet. Auch dafür finden sich sowohl im aktuellen Material als auch in der Theorie Rechtfertigungen. Diese Deutung der Phänomene ist zwar nicht falsch, ähnliche Überlegungen würde ich auch in einer therapeutischen Gruppe anstellen. Das Problem ist nur: Dieses Team ist keine therapeutische, sondern eine Supervisionsgruppe im Kontext einer bestimmten Organisation! Ich kann mich nicht damit begnügen, eine bestimmte, in dieser Gruppe vorherrschende psychische Abwehr zu beschreiben. Vielmehr muss ich diese, an sich richtige Beobachtung und Beschreibung auf den bestimmten Hintergrund beziehen, der die Existenz dieses Teams begründet. Und das ist kein klinischer oder therapeutischer Zusammenhang sondern, ein Unternehmen, eine Organisation, eine Werbeagentur.

Ich kehre noch einmal kurz zum Fallbeispiel zurück. Es ist noch zu erwähnen, dass es über die Einführung der Supervision zwischen dem Leiter der Personalentwicklung und dem Team keine ausreichende Verständigung gegeben hatte. Ersterer war von einem Qualifikationsmangel des Teams und der Einzelnen im Hinblick auf ihre kommunikativen Fähigkeiten ausgegangen. Aber das hatte er nur dem Supervisor gesagt! Das Team seinerseits erlebte den Leiter der Personalentwicklung wenig unterstützend, ihren Fähigkeiten gegenüber misstrauisch und entwertend, aber das haben sie, später, auch nur dem Supervisor gesagt!

Man könne daraus den Schluss ziehen, dass am Beginn der Supervision der Arbeitsauftrag nicht hinreichend geklärt worden sei, aber das ist nur ein Teil des Problems. Es ist mein Eindruck, dass die anfänglich geäußerten Gefühle von Angst und Misstrauen die Folge einer Störung in der Organisation und nicht umgekehrt, ihre Ursache, waren! Dass der Leiter der Personalentwicklung mit diesem Team nicht gesprochen, sondern diese Funktion an einen Supervisor delegiert hatte, zeigt eine Störung in der Organisation an, die ihrerseits jene Unsicherheiten und Ängste hervorgebracht oder zumindest begünstigt hatte, die sich in der ersten Supervisionssitzung zeigten.

Ich kehre also mit dieser Sichtweise gewissermaßen die klassische, die klinische Perspektive um und verlagere die zu untersuchende Störung aus dem Individuum oder aus einem Team heraus in die Organisation. Diese Perspektive macht zweierlei deutlich:

- Zum einen verlangt sie nach einer Theorie normaler und gestörter Organisationen (und ich füge hinzu: dies kann keine psychoanalytische Theorie sein) und
- zum anderen markiert sie einen Schritt von der psychoanalytischen Supervision zur Organisationsberatung!

An dieser Stelle möchte ich mich noch einmal der oben formulierten Frage stellen: *Was machen Psychoanalytiker in Organisationen?* Eine erste und vorläufige Antwort könnte lauten:

1. *Sie untersuchen die unbewussten Arbeitsbeziehungen* im Kontext einer bestimmten Organisation.
2. Sie benutzen dabei ihre klinische Erfahrung zum Aufspüren und zum differenzierten und qualifizierten *Diagnostizieren von Störungen dieser Arbeitsbeziehungen.*
3. Sie *interpretieren* diese Arbeitsbeziehungen *vor dem Hintergrund der Organisation.*

Mit dieser Antwort ist auch deutlich geworden, dass ich die Frage »Was machen Psychoanalytiker in Organisationen?« im Sinne von »Was sollen Psychoanalytiker in Organisationen machen?« verstehe. Die Berechtigung dazu leite ich aus einer weiteren Überlegung her. Wenn nämlich, statt der organisationsbezogenen, eine klinisch-familialistische Deutungsperspektive eingenommen wird, kommt es nach meiner Erfahrung zur Fortsetzung der Störung in die Supervision hinein. Selbst »richtige« Deutungen besitzen keine verändernde Potenz, wenn sie im falschen Kontext angewandt werden.

Ein aufmerksamer und kritischer Leser könnte an dieser Stelle folgenden Einwand geltend machen: Zwar seien unsere Ausführungen von einer gewissen theoretischen Geschlossenheit, man könne jedoch mit einigem Recht bezweifeln, ob sie auch der praktischen Erfahrung gerecht würden.

Denn wird nicht gerade von Psychoanalytikern beschrieben, dass gesellschaftliche Institutionen, Organisationen und andere soziale Gruppen im Unbewussten ihrer Mitglieder als archaische Eltern-Bilder in Erscheinung treten?

- Wie lässt sich erklären, dass so häufig Geschwister-Rivalitäten zwischen gleichrangigen Angehörigen einer Organisation auftreten?
- Wie kommt es, dass hierarchisch Vorgesetzte im Unbewussten so oft wie die Eltern der individuellen Kindheit erlebt werden?
- Ist also schließlich nicht in dem, wie eine Organisation unbewusst von ihren einzelnen Mitgliedern erlebt wird, das ganze Panoptikum der früh-infantilen Familie präsent?
- Und lässt sich daraus nicht endlich die Forderung ableiten, dass sich die psychoanalytische Arbeit in Organisationen gerade auf diese, den Analytikern so vertraute Ebene beziehen sollte?

Die Bedenken unseres fiktiven Kritikers haben schon allein deshalb eine gewisse Plausibilität, weil sie sehr nahe an der praktischen Erfahrung formuliert sind. Schon aus diesem Grunde können wir sie nicht einfach beiseite schieben. Vorläufig möchte ich diese imaginäre und vorweggenommene Kritik mit zwei Argumenten entkräften:

Die geschilderten Beobachtungen sind zwar keineswegs falsch, aber sie enthalten bereits wesentliche Elemente einer Interpretation! Sie sind bereits Deutungen der praktischen Erfahrungen, die in eine ganz bestimmte Richtung gehen. Am Beispiel der oben beschriebenen Szene aus der Supervision einer Werbeagentur wird deutlich, dass das Material bereits sehr frühzeitig unter einer ganz bestimmtem, nämlich einer familialistisch-klinischen Perspektive interpretiert worden war. Meine anfängliche Hypothese, dass es sich bei den Äußerungen der Teammitglieder um eine projektive Verarbeitung archaischer Elternimagines handele, war bereits deutend entstanden. Was wir wahrnehmen, ist immer auch die Folge interpretierender Wahrnehmungsgewohnheiten. Als Psychoanalytiker kann ich meine lange geübten und einsozialisierten Wege des Erkennens nicht einfach verlassen. Wahrnehmungseinstellungen haben auch ein professionstypisches Gepräge.

Schließlich möchte ich den Psychoanalytiker und Organisationstheoretiker Elliot Jaques zum Zeugen meiner These benennen. Jaques war Mitbegründer des Londoner Tavistock Institute of Human Relations. Er veröffentlichte eine Arbeit mit dem Titel »Social Systems as Defense Against Persecutory and Depressive Anxiety« (1955). Sein Ansatz begründete in Großbritannien eine jahrzehntelange und fruchtbare Forschungs- und Interventionstätigkeit von Psychoanalytikern in Organisationen. Im Jahre 1995, also 40 Jahre später, veröffentliche Jaques einen Aufsatz mit dem lapidaren Titel: »Why the Psychoanalytical Understanding of Organisations is Dysfunctional.« Er vertritt hier eine Auffassung, die seinen gesamten ursprünglichen Ansatz auf den Kopf – oder auf die Füße, je nach Perspektive – stellt, nämlich (S. 343), »dass es die schlecht organisierten sozialen Systeme sind, die psychotische Ängste hervorrufen, und nicht umgekehrt die psychotischen Ängste, die die Organisation destabilisieren«! Das heißt aber auch, dass die Existenz gemeinsamer, unbewusster Phantasien in einer Organisation noch lange nicht bedeutet, dass zwischen diesen Phantasien einerseits und den Funktionen einer Organisation und ihren Störungen andererseits, überhaupt irgendeine kausale Beziehung besteht; und selbst wenn eine solche bestünde, wäre noch nicht bestimmt, in welcher Richtung sie verlaufen würde.

Man sieht, dass ich mit meinem Versuch einer Gegenkritik nicht sehr weit gekommen bin, denn die Evidenz der Erfahrung, auf die sich der fiktive Kritiker beruft, ist nicht so leicht zu entkräften. Deshalb werde ich später noch einmal auf die schwierige Frage zurückkommen, warum einerseits die Beobachtung richtig ist, dass auch in Organisationen unbewusste Phantasien von Bedeutung sind, die individualtypische, infantile Wünsche und Ängste auszudrücken scheinen, andererseits aber die psychoanalytische Deutungsarbeit auf einen anderen theoretischen Rahmen, nämlich auf eine Theorie der Organisation, bezogen sein soll.

Zur Lösung dieses Widerspruchs muss ich einen Umweg einschlagen. Er führt über die Frage, von welcher Art die unbewussten Arbeitsbeziehungen sind, von denen weiter oben schon die Rede war.

II. Unbewusste organisationstypische Sozialisation in Organisationen

Wenn man für eine gewisse Zeit in exzentrischer Position, etwa als Berater oder Supervisor in Organisationen gearbeitet hat, bekommt man den Eindruck, dass ganz bestimmte Haltungen typisch und charakteristisch sind für diese bestimmte Organisation oder Teilorganisation. Eine Organisation hat gleichsam einen »Charakter«, den sie auch über lange Zeiträume mit großen personellen Fluktuationen hinweg aufrechterhalten kann.

In der Supervision in einer psychiatrischen Klinik, wo ich viele Jahre lang zwei therapeutische Teams supervidiert habe, wurde mir dies besonders deutlich. Ich konnte bemerken, dass man in dieser Klinik auf eine ganz bestimmte Art mit Patienten, Kollegen und mit der Öffentlichkeit umzugehen pflegte. Es ließ sich bald erkennen, dass diese Art – und eine Reihe von Schwierigkeiten, die diese Teams in der Arbeit behinderten – in einem Zusammenhang mit der Dominanz einer gemeinsamen (vorbewussten) Größenphantasie stand. Man schien in dieser Klinik ganz fraglos davon auszugehen, dass die eigenen therapeutischen Qualitäten erheblich über denen aller anderen Kliniken in der Region angesiedelt seien. Obwohl es interessant sein könnte, über die zahlreichen möglichen Bedeutungen eines solchen Befundes nachzudenken, möchte ich hier einen Gesichtspunkt herausstellen. Als ich erst einmal auf die Rolle der Größenphantasien und der daraus resultierenden Selbstüberschätzung aufmerksam geworden war, konnte ich beobachten, wie diese sich gleich einem roten Faden durch die gesamte Institution und alle ihre Hierarchien hindurch zog. Es war, als seien die Größenphantasien wie ein Charakterzug, wie ein Erkennungszeichen in die professionelle Haltung der Einzelnen und der ganzen Organisation eingewoben.

Als ich mich näher mit diesem Phänomen beschäftigte, stieß ich auf eine Publikation, die der Gründungsdirektor dieser Klinik nach seinem Weggang verfaßt hatte (W. Leuschner 1985). In einem Rückblick beschrieb er, wie es, nach einer euphorischen Gründungsphase der Klinik, zur Ausbildung eines institutionalisierten Abwehrsystems in Gestalt eines regressiven Rückzugs der Mitarbeiter in Größenphantasien kam. Diese Arbeit bezog sich auf Vorgänge, die etwa zehn Jahre vor meiner Supervisionstätigkeit lagen! Inzwischen waren die Mitarbeiter aus der Anfangszeit längst weggegangen, aber eine Einstellung, eine Haltung in der Organisation hatte die Personen überdauert. Dieser Befund ist nur zu erklären, wenn man annimmt, dass in einer Organisation bestimmte Stile und Haltungen tradiert werden. Die Sache wird noch interessanter, wenn man bedenkt, dass die Vermittlung, die Tradierung solcher Haltungen und Einstellungen einerseits eine äußerst komplexe Angelegenheit ist, der eine ebenso vielschichtige interpersonale Aktivität entsprechen muss, andererseits in der Organisation niemand etwas davon zu wissen scheint.

Wie ist es aber möglich, dass Haltungen, Ideologien, Einstellungen, bestimmte Attitüden und Denkgewohnheiten in einer Organisation weitervermittelt werden? Wie funktioniert diese Tradierung im einzelnen? Man kann auch die gleiche Frage in umgekehrter Perspektive stellen, als vom Individuum her, dann lautet sie: Wie wird aus einer beliebigen Person ein typischer Angehöriger der Organisation? Wie kommt es, dass man sagen kann, diese oder jene Haltung sei charakteristisch für eine Organisation?

Ich gehe davon aus, dass solche Haltungen in Organisationen nicht auf gemeinsame primäre Charaktereigenschaften der beteiligten Personen zurückzuführen sind, sondern *in der Organisation hergestellt, erworben und kultiviert* werden. Andererseits haben solche organisationstypischen Haltungen große Ähnlichkeit mit Abwehrvorgängen. Damit meine ich, dass sie bei der individuellen und kollektiven Verarbeitung von psychischem Konfliktstoff wirksam sein können.

In einer schon klassisch zu nennenden Untersuchung hat die englische Psychoanalytikerin Isabel Menzies in den frühen fünfziger Jahren den Pflegedienst eines großen Krankenhauses untersucht. Ein wesentliches Ergebnis ihrer Arbeit war die These, dass Organisationen, oder, wie sie es nannte, soziale Systeme, eine »Abwehr gegen Angst« darstellen. Dieser Befund gab dann auch ihrer Arbeit den Titel: »The Functioning of Social Systems as Defense Against Anxiety« (Menzies 1960). Diejenigen Haltungen und Verhaltensschablonen, welche die Arbeit und die Effektivität des Pflegedienstes offensichtlich so sehr behinderten, dass sie Anlass zu einer umfassenden Beratung wurden, waren bei näherem Betrachten in einem anderen Kontext sinnvoll und zwar dergestalt, dass sie bei der psychischen Verarbeitung ganz bestimmter Ängste hilfreich waren. So betrachtet, kann man also durchaus von einem Zusammenhang zwischen sozialen Systemen – sprich Organisationen – und individueller Abwehr sprechen. Auch das Konzept der »Interpersonalen und Institutionalisierten Abwehr« von Mentzos bewegt sich auf dieser Grenzlinie zwischen individueller Konfliktverarbeitung und der Organisation (Mentzos 1976). Abwehr im eigentlichen Sinne wird aber nur dann aktiviert, wenn Angst oder ein anderer Affekt eine intrapsychische Gefahr signalisieren. Die Abwehrmechanismen in ihrer ursprünglichen Definition richten sich immer nach innen, sie hemmen oder unterdrücken Affekte, Wünsche und Gedanken, um ein ganz bestimmtes inneres Gleichgewicht zu erhalten. Die Gefahren, die dieses Gleichgewicht bedrohen sind psychischer, innerer Natur. Obwohl es nicht unüblich ist, können wir also den Begriff der Abwehr nicht umstandslos für die psychische Auseinandersetzung mit äußeren Einflüssen verwenden.

Es gibt aber eine Richtung in der Psychoanalyse, die sich diesem Problem systematisch gestellt hat: die Ethnopsychoanalyse. Einer ihrer Begründer, Paul Parin, hat sie auch als »vergleichende Psychoanalyse« bezeichnet. Sie untersucht die psychische Abwehr im Hinblick auf die Einwirkungen kultureller, gesellschaftlicher und sozialer, das heißt, äußerer Vorgänge auf die Individuen. Ein Kernstück der ethnopsychoanalytischen Theoriebildung ist das Konzept der unbewussten Anpassungsmechanismen, das in einer Analogiebildung zu dem Begriff der Abwehrmechanismen entwickelt wurde. Es wurde von Paul Parin (1977) eingeführt und beschreibt unbewusste Ich-Funktionen, deren Aufgabe darin besteht, im Ich für einen Zustand relativer Konfliktfreiheit zu sorgen. Anpassungsmechanismen sollen, vereinfacht ausgedrückt, mit den Einflüssen der sozialen (äußeren) Realität geradeso fertig werden wie die Abwehrmechanismen nach innen in Richtung auf unerwünschte Triebe und Affekte. Die Anpassungsmechanismen helfen dem Individuum, die Konfliktspannung mit der sozialen Umwelt zu reduzieren. Dafür wird einerseits immer ein Stück Individualität preisgegeben, aber, wie zum Ausgleich dafür, erhält das Individuum – auf dem Wege der Identifizierung – ein Stück Rollenidentität (man könnte auch sagen: kulturelle, soziale, institutionelle, professionelle oder, bezogen auf unser Thema, organisationstypische Identität, je nach dem Ausschnitt aus dem sozialen Kontext, den man gerade untersucht).

Dieses Konzept der Anpassungsmechanismen hat für unsere Zwecke den Vorteil, dass es erlaubt, Vorgänge in der äußeren, sozialen Realität in eine Beziehung zu unbewusst psychischen Prozessen zu setzen; und umgekehrt ermöglicht es eine annähernde Bestimmung der psychischen Wertigkeit sozialer Vorgänge. Genau genommen handelt es sich um eine Reihe von Ich-Funktionen, die auch darin der Abwehr ähneln, dass sie unbewusst und automatisch ablaufen. Wie die Abwehrmechanismen sind sie zu einem ganzen Ensemble, zu einer Struktur zusammengefügt, die nun aber nicht wie die Abwehr, spezifisch für eine bestimmte Person, sondern typisch für eine Kultur, eine Subkultur oder eben eine Organisation ist. Anpassungsmechanismen bringen also psychische Strukturen hervor, die man als *kulturspezifische Ich-Varianten* bezeichnen kann, die sich in subkulturellen Zusammenhängen weiter ausdifferenzieren.

Vom Unbewussten in Organisationen zu sprechen bedeutet also für Psychoanalytiker, die Tätigkeit der psychischen Abwehr unter der adaptiven Perspektive zu betrachten und zwar adaptiv im Hinblick auf soziale Einflüsse.

Mit dieser Konstruktion ist dann sowohl den Möglichkeiten der Psychoanalyse als auch den Erfordernissen einer Theorie der Organisation Rechnung getragen.

Was ich weiter oben als organisationstypische Haltungen und Einstellungen beschrieben habe, sind also Erwerbungen, die infolge des Zusammenwirkens von Anpassungsmechanismen zustande gekommen sind. Ich gehe davon aus, dass es sich bei diesen adaptiven Vorgängen in Organisationen nicht um einmalige Akte handelt, sondern dass sie vielmehr andauernd im Sinne eines permanenten *Sozialisationsprozesses* wirksam sind. Der ganze Vorgang läuft auf die – objektive und subjektive – Zugehörigkeit der Einzelnen zur Organisation hinaus, was im Falle des Gelingens und des Nicht-Gelingens für beide, Organisation und Individuum folgenreich ist. Wer erfolgreich einsozialisiert wurde, funktioniert nun – objektiv – im Sinne ihrer primären Aufgaben und bekommt – subjektiv – ein Gefühl der Zugehörigkeit, der Sicherheit und schließlich der Identität, die dann, sekundär, durchaus ganz individuelle Bedeutung annehmen kann.

Die unbewusste Sozialisation in Organisationen unterscheidet sich von den bewussteren Formen des Lernens und des Sich-Einfügens. Ihre wesentlichen Elemente sind affektiv gesteuert, und sein ganzes Gewicht erhält der Prozess durch die emotionale Bedeutung, die die Arbeit und das Arbeiten für uns haben. Der gleichrangigen Bedeutung von Sexualität und Arbeit war sich Freud sehr bewusst als er die Wiederherstellung der Liebes- und der Arbeitsfähigkeit zu zentralen und ebenbürtigen Zielen der psychoanalytischen Behandlung erklärt hat.

Ich möchte nun, nach diesen abstrakten und allgemeinen Ausführungen über die Bedeutung unbewusster Sozialisations- und Anpassungsprozesse in Organisationen, anhand eines Beispiels erläutern und anschaulich machen, wie ich mir die Elemente und den Fortgang dieses andauernd wirksamen Prozesses vorstelle. Es handelt sich dabei um die Mikroanalyse einer Sequenz aus einer Supervisionssitzung und schließlich um den Versuch, den Ablauf in einzelne Schritte aufzuteilen.

In der Teamsupervision einer psychiatrischen Station wurde davon berichtet, dass ein Patient sich beinahe umgebracht hätte. Schreck und Erleichterung waren noch allen anzumerken. Ein junger Schüler, der gerade vor wenigen Monaten seine Ausbildung begonnen hatte, war mit der Betreuung eines schwer selbstmordgefährdeten Patienten beauftragt worden. Zwei Wochen war er während seiner ganzen Arbeitszeit mit diesem Kranken zusammen gewesen. Der Schüler war übrigens in der besagten Supervision nicht zugegen. Bald war deutlich, wie sehr alle Anwesenden unter einem schlechten Gewissen litten, weil sie einen so unerfahrenen Schüler überfordert hatten. Es fiel die Bemerkung: »Irgendwann muss er es doch kapieren, wie es hier läuft, dann besser gleich!« Allgemeines Nicken! Offenbar gab es einen unterschwelligen Konsens darüber, dass es notwendig und richtig sei, einen Neuling gleichsam ins kalte Wasser zu werfen. Ich wurde neugierig und fragte, wie das denn bei den einzelnen Mitarbeitern in ihrer eigenen Ausbildung gewesen sei.

Jetzt kam eine etwas verkniffene Heiterkeit auf. Jeder konnte eine Geschichte zum Besten geben, in der er irgendwie in die Irre geführt, durcheinander gemacht und dann alleine gelassen wurde. Für viele hatte ihre Ausbildung in der Psychiatrie offenbar mit einem großen Schrecken begonnen, der nicht nur durch die Konfrontation mit den Kranken verursacht, sondern auch durch eine spezielle »Behandlung« durch die erfahrenen Mitarbeiter hervorgerufen worden war. Ich begann zu begreifen, dass das, was die erfahrenen Schwestern und Pfleger dem Schüler zugemutet hatten, etwas war, das sie in ihrer eigenen Ausbildung selbst durchgemacht hatten.

Zur nächsten Sitzung hatte ich den Schüler dazugebeten. Er war ein etwas schüchterner, aber freundlicher und einfühlsamer junger Mann, den das Ganze sehr mitgenommen hatte. Er schilderte, wie er im engen Kontakt mit dem schwer suizidalen Patienten sich immer verlorener vorgekommen sei und das Gefühl einer Bewährungsprobe bekam, die er vermutlich nicht überstehen würde. Er wurde selbst deprimiert, zweifelte an seiner Berufswahl, hatte Alpträume von seiner Arbeit und träumte sogar einmal, er selbst solle sich umbringen. Ganz offensichtlich war dieser Schüler in eine psychische Krise geraten. Dies war um so bemerkenswerter, als er bislang in seinem Leben solche extremen Gefühlszustände nicht kannte und zu seinem Leben im Ganzen optimistisch eingestellt war.

Im Laufe des Gesprächs wurde der Schüler dann immer energischer und sagte schließlich voller Zorn, dass er sich im Grunde von dem ganzen Team völlig alleine und ohne jeden fachlichen Rat gelassen fühle. Das war für mich um so erstaunlicher, als gerade dieses Team seine beruflichen Pflichten sehr ernst zu nehmen pflegte. Manchmal hatte der junge Mann das Gefühl gehabt, er solle regelrecht »fertiggemacht« oder »verrückt gemacht« werden, indem man ihn zu einem Patienten schickte, ihm aber nicht deutlich sagte, was er dort eigentlich tun solle. Die ganze Situation verschärfte sich noch dadurch, dass er nicht wagte, mit irgend jemandem über seine Probleme zu sprechen, denn er fürchtete, man würde ihn selbst für krank oder für unfähig halten.

Wenn ich das, was der Schüler von seiner aktuellen Erfahrung, und die älteren Mitarbeiter der Station von den Anfängen ihrer eigenen Ausbildung berichteten, näher betrachte, so lässt es sich auf zwei Punkte reduzieren:

1. Das sichere Gefühl dafür, was richtig und was falsch sei, was man tun und lassen muss, war bei dem jungen Mann weitgehend verlorengegangen,

ebenso das Gefühl, dass er selbst gesund sei und die Patienten krank. Es war also zu einer *Desorientierung* gekommen.
2. Alle Mitarbeiter hatten das Gefühl gehabt, dass dies irgendwie »absichtlich« mit ihnen gemacht werde.

Um nun zu einem theoretischen Verständnis des ganzen Vorgangs zu gelangen, gehe ich davon aus, dass es sich bei den beschriebenen Abläufen nicht einfach um ein Versagen des Teams oder bloß um Mängel eines Ausbildungssystems handelt, sondern um eine zwar unbewusste, aber absichtsvolle und zielgerichtete Handlungsstrategie, die Teil des Prozesses der beruflichen und organisationstypischen Sozialisation ist.

Die Schüler werden zunächst einer zwar begrenzten, aber deutlich fühlbaren psychischen Desorganisation ausgesetzt. Zu diesem Zweck werden sie dem chaotisierenden und desintegrierenden Einfluss einer psychiatrischen Station ausgeliefert, ja, sie werden gleichsam dort hineingestoßen. Auch scheint es mir, dass ganz bestimmte soziale Techniken angewandt werden, um dieses Ziel zu erreichen. Wenn man etwa einem Unerfahrenen aufträgt, er möge sich verständnisvoll und einfühlend um einen psychisch Schwerkranken kümmern, so führt dies zwangsläufig in eine Sackgasse, denn der Neuling ist mit nichts anderem ausgerüstet als dem Instrumentarium seiner Alltagserfahrung, mit seinem gesunden Menschenverstand. Ich kann jetzt den Gedanken erwägen, es sei ein erster Schritt in einer beruflichen und organisationsspezifischen Sozialisation, eine partielle psychische Desorganisation herbeizuführen. Sie besteht darin, dass alte und bewährte Handlungsstrategien und Lösungswege insuffizient gemacht werden. Der Lernende wird ganz gezielt in eine Regression geführt oder gestoßen, an deren Ende die alten Identifikationen, welche unbrauchbar geworden sind, gleichsam abgeschüttelt oder zumindest deaktiviert werden. Psychische Haltungen und Bewältigungsstrategien, die bisher bei der Verarbeitung von Konflikten und bei der Problemlösung ganz automatisch funktionierten, sind jetzt unwirksam. Die Folge ist ein Zustand der Hilflosigkeit in dem die betreffende Person nicht mehr autonom agieren, sich nicht mehr auf bewährte Modalitäten von Erkennen und Handeln beziehen kann. Vielmehr ist sie jetzt auf Hilfe von außen angewiesen.

Dieser mehr oder weniger deutlich erzwungene Prozess führt – psychoanalytisch betrachtet – in eine *Regression*, das heißt, in eine psychische Bewegung, in der zu entwicklungspsychologisch früheren Formen der Konfliktbewältigung Zuflucht gesucht wird. Diese hat allerdings wiederum den Nachteil, dass sie die Hilflosigkeit verstärkt und so in einen Circulus vitiosus hineinführt, in dem Hilflosigkeit, Desorganisation und Regression sich gegenseitig verstärken. In diesem Zustand aktiv herbeigeführter Hilflosigkeit stellt sich das ein, was man psychoanalytisch ausgedrückt als Übertragungsbereitschaft bezeichnen kann. Damit meine ich eine durch Hilflosigkeit gesteigerte Sehnsucht nach rettenden Objekten oder Umständen. In diesem Zustand entwickelt sich dann eine große Empfänglichkeit für Ratschläge, Hilfestellungen und Anordnungen.

Die innere Bereitschaft, neue Identifizierungsangebote anzunehmen, ist auf ein Höchstmaß gestiegen. Jetzt ist das Individuum bereit, alles anzunehmen, was man ihm an Ratschlägen und professionellen Hilfestellungen an die Hand gibt, wenn diese nur geeignet sind, den Zustand der Orientierungslosigkeit zu beenden. Mit den Ratschlägen der Erfahrenen wird aber mehr vermittelt als nur spezifische Fertigkeiten und Kenntnisse, vielmehr werden ganze Haltungen gleichsam angeboten, mit denen man sich identifizieren kann. In der oben beschriebenen Szene sagte der Stationspfleger zu dem Schüler: »Du darfst niemals zeigen, wenn Du vor einem Patienten Angst hast!« Der informative Gehalt einer solchen Äußerung ist ja nicht nur fragwürdig, sondern auch äußerst gering. Entscheidend ist dabei aber, dass eine bestimmte Haltung vermittelt oder genauer gesagt, zur Schau gestellt wird. Es ist so, als wollte der Stationspfleger sagen: »So macht man es bei uns«! Diese Haltung wird dann vom geschwächten und auf Hilfe wartenden Ich per Identifikation aufgenommen.

Der gesamte Vorgang lässt sich nunmehr schematisieren und in *sechs Schritte* unterteilen:

- Eine umschriebene und spezifische psychische *Traumatisierung*, die zur psychischen Desorganisation führt mit der Folge einer
- partiellen *Ich-Regression*, die dazu führt, dass bislang erworbene Identifizierungen insuffizient und deshalb preisgegeben werden. Daraus folgt ein Prozess der
- *Desozialisierung*. Das ist ein Vorgang, mit dem die Sozialisation im Grunde umgekehrt wird. Erworbene Haltungen werden deaktiviert. Es kommt zu einer zirkulären Verstärkung von Hilflosigkeit, Regression und Desorganisation. Der so erreichte Zustand zieht eine Wunsch- und Erwartungshaltung nach sich, die man in psychoanalytischer Terminologie als
- *Übertragungsneigung* bezeichnen kann.
- *Das Objekt der Übertragung ist die Organisation.*
- Die *Identifikationsangebote* der Organisation (das sind die Haltungen der erfahrenen Mitarbeiter und Kollegen) können dann rasch und ohne wesentliche Hindernisse angenommen werden, und die durch den oben beschriebenen Prozess der Desozialisierung entstandenen Lücken werden schnell durch die neuen Haltungen kompensatorisch aufgefüllt.

Die neu erworbenen Haltungen sind aber nichts anderes als Teile organisationsspezifischer Rollenideologien, Bausteine der zukünftigen organisationstypischen Identität. Der gesamte Vorgang erinnert an den Prozess der Initiation. Er verläuft in analogen Schritten und ist, wie dieser, Teil der Enkulturation. Er steht im Dienste der Tradierung und entzieht sich in aller Regel der Reflexion, er gehört zum Unbewussten in der Organisation.

Ich möchte noch einmal auf den fünften Punkt zurückkommen, nämlich auf meine These, dass die Organisation das Übertragungsobjekt ist. Übertragung zielt ja auf die Wiederbelebung früher Elternimagines ab. Ich gehe nun davon aus, dass in dem beschriebenen Zustand der Regression ein inneres Bild der Organisation, der man angehört, aufscheint, in dem diese persönliche Züge annimmt. Dieser Vorgang ist auch die Grundlage für die häufige Beobachtung, dass Organisationen von ihren Angehörigen tatsächlich unbewusst wie Elternfiguren erlebt werden können. Im psychischen Erleben der einzelnen kann es also durchaus so sein, dass in bestimmten Schichten die Organisation frühe Objekte vertritt oder zu vertreten scheint. Was ich hier beschreibe ist eine Stelle in der Entwicklung, in der die Stränge der primären, familiären Sozialisation mit denen der sekundären, kulturellen gleichsam verlötet werden.

Mit diesem Blick auf das Unbewusste in Organisationen, kann ich mich noch einmal der fiktiven Kritik stellen. Ihre Einwendungen bezogen sich ja auf die Forderung, dass die Deutungsarbeit unbewusster Prozesse in Organisationen sich – im Unterschied zur klinischen Arbeit – auf eine anderen Referenzpunkt, eine andere Hintergrundtheorie beziehen sollte. Dem hielt die Kritik die Erfahrung entgegen, dass die unbewussten Phantasien der Einzelnen in Organisationen ebenso von infantilen Wünschen und Ängsten geprägt seien wie in jedem anderen Zusammenhang.

Jetzt, mit unserem neu gewonnenen Verständnis für den Prozess der unbewussten Sozialisation in Organisationen können wir erkennen, wie die Linien der individuellen Entwicklung, des Unbewussten im eigentlichen Sinne, und die Erfahrungen in der Kultur in einem Punkt zusammenlaufen. *Sozialisation in Organisationen ist der Ort, an dem unbewusst gewordene Erfahrungen aus der frühen Kindheit wieder aktualisiert, jetzt aber in einem neuen, nämlich dem sozialen Kontext, neu organisiert werden.*[1] Die dabei auf den Plan gerufene psychische Abwehr richtet sich aber nicht nach den Bedürfnissen eines individuellen Gleichgewichts, sondern wird von der Organisation in einem adaptiven Sinne gesteuert. Dabei werden ganz bestimmte Abwehroperationen begünstigt, wie etwa identifikatorische Vorgänge, andere hingegen werden vermutlich gehemmt. Im Prozess der unbewussten Sozialisation haben sie den unbestrittenen Vorteil, dass sie schnell und automatisch ablaufen und rasche Veränderungen in den oberflächlichen Einstellungen der Individuen ermöglichen.

Gleichzeitig werden sie im Unbewussten verankert, so dass der Eindruck persönlicher Identität entstehen kann. Aber diese Verankerung kann in der Regel ebenso rasch, wie sie hergestellt wurde, wieder gelöst werden und damit neuen Entwicklungen Platz machen. Aus dieser großen Plastizität menschlicher Möglichkeiten hat sich ein Sozialisationstyp entwickelt, wie er in unserer Zeit als besonders leistungsfähig gilt: anpassungsfähig, flexibel und stets bereit, neue Aufgaben nicht nur zu übernehmen, sondern sich darüber hinaus auch mit ihnen zu *identifizieren.*

In einer Untersuchung über die Träume von Medizinstudenten während des Präparierkurses, hat die Frankfurter Ärztin und Psychotherapeutin Christine Linkert (1989) den Zusammenhang zwischen der Aktualisierung unbewusster Konflikte und der beruflichen Sozialisation aufgezeigt. Sie versteht diese Veranstaltung als zentrale Initiation der Mediziner. »Der Präparierkurs scheidet Mediziner von Nichtmedizinern. Hier müssen die künftigen Ärztinnen und Ärzte ihre Fähigkeit unter Beweis stellen, das Überschreiten von Tabugrenzen aushalten zu können, angesichts dieser großen Belastung handlungsfähig zu bleiben und erlernte Techniken sinnvoll umzusetzen« (Linkert 1993, S. 137). In einer späteren Arbeit über »Die Initiation der Medizinstudenten« beschreibt die Autorin den ganzen Vorgang in einer so dichten und präzisen Art, dass ich sie hier ausführlicher zitieren möchte:

> »Im großen Anatomiesaal, in dem Leiche an Leiche aufgebahrt ist, stehen jeweils zwölf Studenten und Studentinnen um eine noch abgedeckte Leiche herum. Das Tuch wird vom Professor entfernt, ein toter, weißlich nackter, übel nach Formalin riechender Körper kommt zum Vorschein. Man spürt die Kälte des Saales, kalt, damit die Leichen trotz Formalins nicht zu schnell in Verwesung übergehen. Der Körper wird mit einem Stift vom Professor in mehrere Quadranten eingeteilt, entlang derer er die Haut tief einritzt, die schließlich von den Studenten abpräpariert werden soll. Alle bekommen ihren Teil der Leiche zugewiesen.
>
> Dieser Schnitt in den noch unversehrten Körper ist wohl der entscheidende: Das Subjekt wird zum Objekt, der Schnitt, der später Heilung bringen soll, zerstört; der Körper ist sadistischen Angriffen ausgeliefert; damit ist das Tabu der Leichenschändung gebrochen.
>
> Passiv müssen die Studenten den Schnitt des Professors an der Leiche ertragen. Jetzt setzen körperliche Reaktionen, wie Schweißausbrüche, Übelkeit, Ohnmacht, aber auch Flucht und Angst, verbunden mit heftigen Affekten und Phantasien, ein. Trotzdem müssen alle dies schließlich überwinden und beginnen, den Körper zu zerschneiden, in ihn einzudringen, Teile herauszuholen und minutiös zu präparieren.

> Unterschiedliche Bewältigungsstrategien zur Verdrängung setzen bei den Studenten ein. So steigt der Alkoholkonsum vor, während und nach dem Kurs immens. Rund um den Präpariertisch blühen sexuelle Anspielungen und Witze, die sich auf die Leiche, auf die Kommilitoninnen und Kommilitonen beziehen. Inhalt der Witze sind genital-sexuell gemeinte Phantasien, besonders aber auch solche oral-kannibalistischer Art, bis hin zu anal getönten Themen der Verdauung, Vernichtung und Tod inbegriffen.
>
> Manche Studentinnen und Studenten eignen sich auch schnell einen gewissen Aktionismus und einen pseudoprofessionellen Umgang an. Andere phantasieren über das Vorleben der Leiche.
>
> Mit der Zerstückelung der Leiche einhergehend formiert und stabilisiert sich allmählich die Abwehr ... Zunehmend zeigen sich ein neu gewonnenes Selbstbewusstsein und Stolz ... Es ist gepaart mit Omnipotenz- und Machtphantasien, der Entwicklung perfektionistischer Präparationstechniken und dem Gefühl, jetzt zur Ärzteschaft dazu zu gehören« (a. a. O., S. 137f.).

Ich habe diesen Absatz so ausführlich zitiert, weil er die Bedeutung eines Geschehens hervortreten lässt, das ansonsten nur unter einer rationalen Logik, als Veranstaltung zum Erlernen anatomischer Zusammenhänge, erscheint. Ich gehe aber davon aus, dass erst durch die Darstellung beider Gesichtspunkte die Organisation des Medizinstudiums angemessen beschrieben werden kann. Und ich behaupte weiter, dass im Grunde für alle Organisationen gilt, dass sie zwei Gesichter haben. In einem Aufsatz über »Konfliktverarbeitung in Psychiatrischen Institutionen« (Becker 1991) habe ich sog. offiziöse, d. h. inoffizielle, aber gleichwohl von der offiziellen Institution geduldete Subkulturen beschrieben und ihnen eine zentrale Funktion im Prozess der beruflichen Identitätsbildung zugeordnet.

Später (Becker 1995) habe ich diesen Ansatz weiter verfolgt und verschiedene »Orte« innerhalb einer Organisation beschrieben, die im Dienste der unbewussten Sozialisation stehen. So kann man Mythen und Legenden unterscheiden, Geschichten also, die erzählt, kolportiert und variiert werden und deren Sinn man nur versteht, wenn man begreift, dass das Erzählen eine Funktion hat, die über den informativen Gehalt der Geschichte hinaus reicht.

Man kann weiter informelle Subkulturen benennen. Das sind die in einem sozialen Verband mehr oder weniger geduldeten Einrichtungen, die nicht den primären Aufgaben der Organisation dienen, ja sogar diesen manchmal im Wege stehen. Hier wie dort werden die organisationstypischen Muster, Ideologien und Denkstile immer wieder aufs Neue erzeugt, modifiziert und regeneriert, oder – wenn nötig – durch andere ersetzt.

Für die angemahnte Theorie menschlicher Organisationen bedeutet dies, dass sie mit der Beschreibung der primären Aufgaben einer Organisation und der Logik, mit der sie diese Ziele erreicht, nicht vollständig sein kann. Was ihr fehlt, ist der Zugang zu dem, was der englische Organisationstheoretiker Ralph D. Stacy (1997) als das »Schattensystem« bezeichnet hat. Er geht davon aus, dass jede Organisation zweifach bestimmt werden muss. Das »legitime System« besteht aus »Beziehungen, die

- formal und bewusst von den mächtigsten Mitgliedern einer Organisation, oder
- in Übereinstimmung mit bekannten, stillschweigend akzeptierten und innerhalb der Organisation weithin befolgten Regeln geknüpft wurden« (a. a. O., S. 4).

Das Schattensystem ist hingegen völlig anders geartet. Es wird »spontan und informell von einzelnen Kommunikationspartnern in die Wege geleitet ...« es ist »... eine Art Schatten des legitimen Systems«. Stacy scheint , obwohl er es eingehend beschreibt, wenig mit diesem System anfangen zu können, so dass er es lediglich als ein »Sammelsurium aus kollektiven und völlig individuellen Wahrnehmungs- und Verhaltensprinzipien« kennzeichnet. »Das Schattensystem dient vielmehr der Befriedigung unzähliger anderer Bedürfnisse und Zwecke, die häufig ziemlich schwer zu durchschauen sind« (a. a. O., S. 5f.).

In dieser Beschreibung entdecken wir Beziehungsmodalitäten, die den Eindruck des Irrationalen und Unkontrollierbaren machen. Die psychoanalytische Arbeit in Organisationen erkennt darin aber infantile Wünsche und Beziehungsmuster. Obwohl sie den Eindruck des Individuellen machen, gehören sie zu einem fortwährend ablaufenden, unbewussten Sozialisationsprozess. Das Schattensystem einer Organisation ist ein sich spontan bildendes Geflecht solcher organisationstypischer, identitätsbildender Beziehungen. Es bildet den Ort in einer Organisation, an dem und durch den sich unbewusste Sozialisation abspielt. Es umfasst die Gesamtheit eines Netzwerks von unterschwelligen Beziehungen, das zu den primären Aufgaben einer Organisation in einem bislang noch ungeklärten Verhältnis steht. Es kann eine wichtige Aufgabe psychoanalytischer Arbeit in Organisationen sein, dieses Verhältnis auf seine verborgene Rationalität hin zu erforschen. Ein möglicher Gewinn bestünde darin, dass Unverstandenes in Organisationen nicht mehr länger als Irrationales mystifiziert und abgewehrt werden müsste.

Anmerkung

[1] In dieser Formulierung werden die Umrisse einer Theorie deutlich, die Mario Erdheim in seiner Arbeit über »Die gesellschaftliche Produktion von Unbewusstheit« (1985) entworfen hat.

Literatur

Becker, Hansjörg (1991): Konfliktverarbeitung in Psychiatrischen Institutionen. In: Psychiatrische Praxis 18, S. 149–154.

Becker, Hansjörg (1995): Angewandte Psychoanalyse in der Teamsupervision als Forschungsansatz. Zur Ethnopsychoanalyse Psychiatrischer Institutionen. In: Ders. (Hg.): Psychoanalytische Teamsupervision. Göttingen / Zürich (Vandenhoek & Ruprecht).

Erdheim, Mario (1982): Die gesellschaftliche Produktion von Unbewusstheit. Frankfurt a. M. (Suhrkamp).

Freud, Sigmund (1921): Massenpsychologie und Ich-Analyse. In: GW Bd. 13, S. 73–161.

Freud, Sigmund (1930): Das Unbehagen in der Kultur. In: GW Bd. 14, S. 419–506.

Jaques, Elliot (1955): Social Systems as Defense Against Persecutory and Depressive Anxiety. In: Klein, Melanie, Heimann, Paula & Money-Kyrle, R. (Hg.): New Directions in Psychoanalysis. London (Maresfield Reprints).

Jaques, Elliot (1995): Why the Psychoanalytical Approach to Understanding Organisations is Dysfunctional. In: Human Relations 48, S. 343–349.

Leuschner, Wolfgang (1985): Psychiatrische Anstalten – ein institutionalisiertes Abwehrsystem. Teil I und II. In: Psychiatrische Praxis 12, S.111–115 (I) und S. 149–153 (II).

Linkert, Christine (1989): 75 Träume von Medizinstudenten während des Präparierkurses: Eine psychoanalytisch orientierte empirische, qualitative und quantitative Untersuchung. Med. Diss., Frankfurt a. M.

Linkert, Christine (1993): Die Initiation der Medizinstudenten. In: Körper, Krankheit und Kultur. Ethnopsychoanalyse Bd. 3.

Menzies, Isabel (1960): The Functioning of Social Systems as a Defense against Anxiety. An Empirical Study of the Nursing Service of a General Hospital. In: Human Relations 13, S. 95–121.

Mentzos, Stavros (1976): Interpersonale und institutionalisierte Abwehr. Frankfurt a. M. (Suhrkamp).

Parin, P. (1977): Das Ich und die Anpassungsmechanismen. In: Psyche 31, S. 481–515.

Stacy, Ralph D. (1997): Unternehmen am Rande des Chaos. Komplexität und Kreativität in Organisationen. Stuttgart (Schäfer-Poeschel).

Wer bin ich bei der Arbeit?

Ein Beitrag zur Identifikation und Identität bei der Arbeit

Susan Long

Zusammenfassung: In diesem Beitrag wird im Rückgriff auf Freuds ursprüngliche Überlegungen zur Identifikation der Frage nachgegangen, inwieweit die Identität bei der Arbeit auf der Identifikation mit der Aufgabe beruht. Dabei wird davon ausgegangen, dass der Mensch als Berufstätiger eine Aufgabe nur dann kreativ wahrzunehmen vermag, wenn er seinen Begierden Beschränkungen und Grenzen auferlegt. In Anlehnung an Lacan und Girard wird in diesem Prozess dem Symbolischen Vater deshalb eine wichtige Rolle auf der primitiven Ebene eingeräumt, weil er unbewusst zur Integration von Gewalt und Sexualität beiträgt. Diese theoretischen Überlegungen werden an dem Fallmaterial eines Forschungsprojektes verdeutlicht. Die Untersuchung fand in einer Strafanstalt statt, in der die bisherige Identität der Gefängnisbeamten aufgrund einer sich verändernden Aufgabenstellung in Frage gestellt war. Anhand des Fallmaterials wird das Rollenverständnis der Beamten im Kontext der Institutionsdynamik daraufhin untersucht, ob sie Unterstützung benötigten. Dabei werden insbesondere die Ängste verdeutlicht, die durch die Rolle des Gefängnisbeamten ausgelöst werden. Diesem Fallmaterial kommt im Kontext der dargestellten Theorie der Identifikation insofern eine besondere Bedeutung zu, als es die Rolle verdeutlicht, die Gefängnissen im Zusammenhang mit der gesellschaftlichen Institution des Rechts und der rechtlichen Autorität von Richtern (als Symbolischen Vätern) zukommt.

Schließlich wird die Identität bei der Arbeit daraufhin hingehend betrachtet, wie sie mit der Fähigkeit bzw. Unfähigkeit einhergeht, andere in ihrem Anderssein anzuerkennen und auf sie einzugehen, um sich so mit dem Anderen zu identifizieren und mit ihm zu verhandeln, ohne dabei die eigene Einzigartigkeit im Kontext einer Gruppe oder einer Institution zu verlieren.

Einleitung

In den Interviews, die wir zu Beginn eines Forschungsprojekts durchführten, in dem wir an der Swinburne University gemeinsam mit dem Public Correctional Enterprise (CORE) – der für Straftäter zuständigen Organisation des Justizministeriums des australischen Bundesstaates Victoria – arbeiteten, ging es uns auch um einen Aspekt der Arbeitsidentität. Dabei stellten wir unseren Interviewpartnern in der Organisation die Frage: »Für wen arbeiten Sie eigentlich, Ihrer Meinung nach?« Wir waren deshalb an den Antworten auf diese Frage interessiert, weil wir erkannt hatten, dass diese sehr vielschichtige Organisation unterschiedliche Ansatzpunkte zur Identifikation bot. Beispielsweise hätten die Mitarbeiter die Ansicht vertreten können, dass sie für CORE, das heißt, für das Unternehmen insgesamt arbeiteten. Aber sie hätten auch der Meinung sein können, dass sie nur für einen Teilbereich arbeiteten, z. B. für die Gefängnisse, die Resozialisierungsanstalten, die Zentralverwaltung oder die Gefängnisindustrie. Sie hätten sich aber auch enger mit einem bestimmten Standort identifizieren können, etwa mit einem bestimmten Gefängnis auf dem Lande oder mit einem einzelnen Resozialisierungsbüro.

Diese unterschiedlichen Identifikationsmöglichkeiten erschienen uns deshalb wichtig, weil das Unternehmen relativ neu ist und erst vor kurzem seine Eigenständigkeit erhielt, es vielleicht bald als gesetzlich verankerte Einrichtung Unabhängigkeit erlangt und weil es Menschen zusammenführt, die zuvor im Hinblick auf ihr Rollenverständnis weiter voneinander entfernt waren. Auch unterliegt die Organisation dadurch enormen Veränderungen, dass viele ihrer Einrichtungen verkauft worden sind und die Politik der Regierung darauf abzielt, einen großen Prozentsatz der Gefangenen in privaten Gefängnissen unterzubringen. Im Zuge des durch den Wettbewerb um Gefängnisbetten veränderten Klimas sah sich die Organisation zur Konzentration auf spezialisierte Einrichtungen veranlasst: zum Beispiel solche, die für die Aufnahme spezifischer Gefangenenpopulationen geeignet sind wie etwa Drogen- oder Sexualstraftäter oder besonders auffällige Gefangene. CORE hat auch damit begonnen, ein verändertes Rollenmodell für die Resozialisierungshelfer und Gefängnisbeamten zu entwickeln, die das unmittelbare »Dienstleistungspersonal« darstellen. Die veränderten Rollen sind auf ein individuelles Case-Management für Straftäter ausgerichtet, das allerdings innerhalb der Organisation ganz unterschiedlich verstanden, erfahren und umgesetzt wird.

Bei der Arbeit an dem Aktionsforschungsprojekt zur Entwicklung und Unterstützung einiger dieser Veränderungen ging die Forschungsgruppe davon aus, dass der Untersuchung der Rollenidentität eine ausschlaggebende Bedeutung zukam. Wo suchte die Belegschaft bei all den Veränderungen nach einer dauerhaften Identität? Wer waren sie jetzt bei der Arbeit? Und wie unterschieden sie sich von denjenigen, die sie vor den Veränderungen waren? Wenn die Veränderung – aus welchen Gründen auch immer – gefordert oder als notwendig erkannt wurde, wie könnten sie während des Veränderungsprozesses arbeiten, ohne dabei zum Einen übermäßig rigide zu werden oder sich bloß an der Vergangenheit zu orientieren, oder aber zum Anderen insofern übermäßig labil zu werden, als sie bisherige Traditionen einfach aufgeben würden? Wie war es möglich, ihre Identität auf sinnvolle Weise neu zu gestalten?

Die Antworten, die wir auf unsere Fragen bekamen, waren recht unterschiedlich. Während einige meinten, sie würden für CORE arbeiteten, fühlten andere sich weitaus mehr dem Standort verbunden, an dem sie arbeiteten, und sahen CORE eher als die Zentrale der Bürokraten. Ein Gefängnisbeamter sagte ganz spontan, er arbeite für »die Jungs in Blau, die er jetzt in seiner Schicht antreffe«, während ein anderer den Direktor seines Gefängnisses nannte. Auf die Frage »Für wen arbeiten Sie eigentlich, Ihrer Meinung nach?« wurden uns folgende Identifikationsmöglichkeiten genannt:

- Ganz allgemein für den Öffentlichen Dienst;
- für CORE als Organisation (obgleich die Organisation insgesamt sowohl wegen der kurzen Zeit ihres Bestehens als auch aufgrund der Schwierigkeit, sie als integriertes Ganzes wahrzunehmen, nur wenigen als Quelle der Identifikation erschien);
- für bestimmte Standorte oder Abteilungen der Organisation;
- für die jeweilige Einrichtung (z. B. die Resozialisierungshilfe) und die damit verbundenen Rollen;
- für die Vorgesetzten der eigenen Organisation (insbesondere das obere Management an einem Standort oder in einer Abteilung der Organisation, mit denen man sich identifiziert);
- für die unmittelbare Arbeitsgruppe (manchmal für eine ganz konkrete Arbeitsgruppe, ein andermal auch für eine bestimmte Gruppierung wie »die Jungs in Blau«).

Einzelne Beamte konnten ihr Interesse an ihren Rollen bei der Arbeit ebenso klar identifizieren, wie jene Aspekte der Organisation oder der Rolle, die sich auf ihre Arbeitsbedingungen oder -abläufe störend auswirkten. Allerdings wurde die Frage nicht in dem Sinne interpretiert, dass sie geantwortet hätten, für sich selbst und ihre eigenen Interessen zu arbeiten, obschon vielen die Arbeit eher als ein bloßer Job erschien. Entgegen dem in der Literatur beschriebenen zunehmendem Trend zum Narzissmus im gesellschaftlichen oder organisatorischen Kontext (Lasch 1979; 1995; Kets de Vries 1989; Lawrence u.a. 1996), wurde die Frage »Für wen arbeiten Sie eigentlich, Ihrer Meinung nach?« zumindest auf interpersonaler, wenn nicht auf Gruppenebene beantwortet. Man mag das ökonomisch in dem Sinne verstehen, dass die Frage dahingehend interpretiert wurde, wer der eigentliche Arbeitgeber ist. Indes war jedem einzelnen unserer Interviewpartner klar, dass er rechtlich wie ökonomisch über das öffentliche Resozialisierungsunternehmen CORE vertraglich an den

Staatsdienst gebunden ist. Die Frage »Für wen arbeiten Sie eigentlich, Ihrer Meinung nach?« war jedoch für sie weder eine rechtliche Angelegenheit noch die eines ökonomischen Vertrages, sondern vielmehr eine Angelegenheit der Identität, des Engagements, der Pflicht, von Angst und Loyalität, des Fleißes, der sichtbaren Kompetenz; kurz gesagt, eine Angelegenheit sozio-emotionaler Verbundenheit. Die Frage regte die Befragten dazu an, sich in einem System von Identifikationsmöglichkeiten zwischen Aufgabe, Rolle, Gruppe und Person zu verorten. Allgemein akzeptiert war die zugrundeliegende Annahme, dass man für andere arbeitet oder sich mit einer kollektiven Tätigkeit identifiziert.

In diesem Beitrag geht es um die Idee eines Systems von Identifikationsmöglichkeiten und den sich daraus ergebenden Identitäten. »Wer ich bei der Arbeit bin«, so wird hier behauptet, hängt stark von diesem System ab, das seinerseits wiederum dadurch geprägt ist, wie die Mitglieder der Organisation gemeinsam und auch wechselseitig die Erfahrung des Systems und seine Rollen verinnerlicht haben. Vor allem aber behaupte ich, dass die Dynamik der Identifikation an der Basis eines solchen Systems für das Leben der Gruppe und Organisation von zentralerer Bedeutung ist als die Dynamik der Beziehungen, die auf Freundschaft und Zuneigung beruhen. Mit anderen Worten: Menschen als Berufstätige sehen sich vorwiegend in einer Dynamik der Identifikation und nicht primär in einer der Objekt-Libido, obwohl gegen die Arbeit und die Aufgabe gerichtete Impulse jederzeit dann auftreten können, wenn die Objekt-Libido dominiert. Das heißt nichts anderes, als dass der Mensch als Arbeiter zivilisiert und imstande ist, seine Begierden zu zügeln.

Die Frage »Wer bin ich bei der Arbeit«, ist – obzwar unablässig dem Druck persönlicher Begierden ausgesetzt (vor allem dem Verlangen, zu haben, zu besitzen und zu verschlingen) – in hohem Maße von der Fähigkeit abhängig, andere in ihrem Anderssein zu erkennen, auf sie einzugehen und sich mit dem Anderen zu identifizieren, ohne dabei die eigene Einzigartigkeit zu verlieren. Das steht, denke ich, im Einklang mit Bions (1961) Idee der Arbeitsgruppe.

Bevor ich auf die Frage »Wer bin ich bei der Arbeit?« wieder zurückkomme, ist es notwendig, auf einige psychoanalytische Theorien zur Identifikation näher einzugehen. So entsteht ein begrifflicher Kontext und eine gewisse gemeinsame gedankliche Grundlage für meine These. Sie lautet, einfach gesagt, wie folgt: Eine primitive Projektion des Vaters dient als wichtige Identifikationsfigur bei der Arbeit. Dies wird im folgenden Abschnitt weiter ausgeführt.

Freud: Sekundärer Narzissmus, Identifikation und Identität

Freud (1921) entwickelte eine Gruppentheorie, die auf der Identifikation der Mitglieder mit dem Gruppenleiter und folglich miteinander basiert. Indem er diese Dynamik sowohl mit der Hypnose als auch mit dem Verliebtsein vergleicht (die beide mit einer zeitweiligen Aufgabe des Ichs zu Gunsten eines Ideals einhergehen), argumentierte Freud, dass jedes Gruppenmitglied den Leiter/die Leiterin an die Stelle seines Ich-Ideals setzt und danach strebt, entweder so wie er/sie zu sein oder jene Eigenschaften zu erwerben, die die Anerkennung des Leiters/der Leiterin finden. Die Mitglieder identifizieren sich dann insofern miteinander, als jedes einzelne Mitglied sich an dieser gemeinsamen Identifikation als Ziel orientiert.

Dabei gilt es zwei Prozesse zu unterscheiden: Erstens wird der Leiter/die Leiterin oder die Leitidee mit dem Ich-Ideal des Mitglieds identifiziert. Zweitens identifizieren sich die verschiedenen Gruppenmitglieder über ihr Ich miteinander, weil sie sich über ein gemeinsames Ziel oder Schicksal identifizieren. Wichtig ist dabei, dass der Leiter/die Leiterin und andere Mitglieder nicht unbedingt geliebt werden. Sie können auch gehasst oder als gleichgültig betrachtet werden. Darüber hinaus sei daran erinnert, dass die Identifikation selten vollständig erfolgt. Meistens geschieht sie partiell und betrifft spezifische Gewohnheiten, Ansichten oder geistige Haltungen, die dem Ich und seinem Ideal dienen. Für Freud ist es klar, dass der Prozess der Identifikation unabhängig von der Objekt-Libido ist, obwohl beide oft gemeinsam auftreten oder sich auch getrennt ergeben können. Diese Unterscheidung ermöglicht die Entwicklung einer explizit sozialen statt einer bloß interpersonalen Psychologie (Long 1992). Sie erlaubt mithin die Entwicklung sozioanalytischer Ideen.

Diese Gruppentheorie wurde von Freud durch seine Arbeit am sekundären Narzissmus entwickelt, der als Eigenliebe betrachtet wird, wenn die Objekt-Libido scheitert – wie sie ja stets irgendwo scheitern muss. Wenn die anderen nicht all unsere Begierden erfüllen können, wenden wir uns selbst zu. Wir selbst können das Objekt unserer Begierden werden – daher der Hinweis auf den Mythos des Narziss, der sich ins eigene Spiegelbild auf der Wasseroberfläche verliebte. Im sekundären Narzissmus wird das nach innen gewandt, was ursprünglich nach außen, d. h. auf andere Personen gerichtet war. Freud sah in ihm die Basis des Ich-Ideals. Vielleicht birgt die Redensart »Wenn du willst, dass etwas gut gemacht wird – tu es selbst« die Idee, dass der Andere immer scheitern wird, so dass es sich auszahlt, sich selbst zum Ideal zu erheben.

Die Bewegung libidinöser Begierden zu äußeren Objekten und dann zurück zum Selbst ist ein bedeutsamer Prozess, wenn auch keine bloße Umkehrung des primären Narzissmus. Die Identität des »Selbst« oder Ich ist nicht die gleiche wie das Selbst oder das Ich des primären Narzissmus oder der Autoerotik. Der Umstand, einmal einen »Anderen« begehrt zu haben, verändert das Wesen der Libido, zumindest in Bezug auf ihr Objekt. Das Ich wird jetzt als ein »Anderer« geliebt. Dies wird beispielsweise in dem Aphorismus deutlich: »Hat man einmal geliebt, ist man auf immer verändert«. Ich halte es für notwendig, sich dieser Unterscheidung zwischen primärem und sekundärem Narzissmus bewusst zu sein, wenn wir über narzisstische Tendenzen bei Arbeitern, Leitern und in der Gesellschaft sprechen. Beim primären Narzissmus liegt kein Erkennen des Anderen vor; der Andere wird zur Erweiterung des Selbst und auf ausbeuterische und mechanistische Weise erfahren. Das ist der Narzissmus der paranoid-schizoiden Position, den Klein (1946) beschrieben hat. Da der sekundäre Narzissmus das Lieben und daher das Erkennen des Selbst einschließt, bildet er die Grundlage des sozialen Lebens. Er geht mit dem Erreichen der depressiven Position im Sinne Kleins einher, wenngleich diese Position immer auch nur zeitweilig oder sporadisch erreicht wird. So wie der Andere wegen seiner Komplexität und seines Andersseins als Ganzer erkannt und geliebt wird, erreicht auch das Selbst eine Integrität oder Ganzheit, wenn sich die Libido nach innen wendet. Der sekundäre Narzissmus, für immer vom Hauch des Andersseins umweht, ist der Schlüssel zur sozialen Identität:

Identität ermöglicht das Erkennen einer Person bzw. einer Gruppe selbst dann, wenn das nur für die Person oder die Gruppe selbst gilt. Eben dieses Erkennen, dieser Blick von außen auf das Subjekt oder, genauer gesagt, dieser Blick auf das Subjekt als Anderem, ist der Angelpunkt der Identität (Long 1992).

Die Bedeutung einer dynamischen Bewegung zwischen sekundärem Narzissmus und Objekt-Libido kann gar nicht unterschätzt werden. Indem man die Fähigkeit behält, andere zu lieben, das heißt, anzuerkennen, dass, obgleich die äußere Wirklichkeit und das Anderssein der Anderen nicht ideal sein mögen, sie dennoch »gut genug« sind (Winnicott 1958), ermöglicht einem die Liebe zum Selbst als Anderem die vollständigere Identifikation mit dem Anderen. Sie ermöglicht eine Transzendierung des primären narzisstischen Selbst, indem sie sich aus dem Rahmen des Selbst herausbewegt. Eine solche Eigenliebe ermöglicht eine Identifikation des Anderen mit dem Selbst und daher auch die Möglichkeit einer Zusammenarbeit (ungeachtet der Tatsache, dass Zusammenarbeit mitunter – angesichts unerwünschter Realitäten – auch in Form von Kollusion erfolgen kann).

Spätere psychoanalytische Autoren haben Freuds Theorie aufgegriffen und verschiedene Aspekte seiner Ideen weiterentwickelt (Bion 1961; Lacan 1977; Slater 1966). An dieser Stelle ist es für meine Argumentation erforderlich, die Grundlagen einer Theorie des Lebens in Organisationen zu umreißen, die auf der Dynamik des sekundären Narzissmus, der Identifikation und Identität basiert. Im nächsten Schritt soll gezeigt werden, wohin uns solch eine Theorie führt.

Bei seiner Suche nach einer Gruppenpsychologie stieß Freud, wie erwähnt, auf die Untersuchung von primärem und sekundärem Narzissmus, die beide für die Identifikation von grundlegender Bedeutung sind. Dies führte ihn nicht zuletzt dazu, die Idee der primären Einverleibung (des In-sich-Hineinnehmens des Anderen) als eine dem Ödipuskomplex vorausgehende Dynamik anzuerkennen. Obgleich er sonst nicht wieder auf diese Idee zu sprechen kommt, sagt Freud im Abschnitt seines Buches zur Gruppenpsychologie über die Identifikation, dass die erste Identifikation mit dem Vater geschieht. Damit schuf er insofern ein Paradox, als er in seinen Schriften über den Ödipuskomplex die Identifikation als Ergebnis einer komplexeren (insbesondere sexuellen) Identifikation darstellte und nicht als zentrale Dynamik, die dem Ödipuskomplex vorausgeht.

Vor allem auf dem Hintergrund ihrer klinischen Praxis haben Klein und andere Vertreter der »Objekt-Beziehungs-Theorie« die früh-libidinöse Entwicklung und die Beziehungen zwischen Mutter und Säugling untersucht. Der Vater tauchte dabei hauptsächlich als ödipaler Rivale auf oder, wie im Falle Winnicotts, als Garant einer Halt gebenden Umwelt für Mutter und Kind. Aber die Rolle des Vaters kann in diesen frühen Jahren durchaus komplexer sein. Ich vertrete in diesem Beitrag die Ansicht, dass ein Teil der Fähigkeit des Vaters, diesen »Halt« zu gewähren, aus seiner symbolischen Position herrührt, aus der heraus er Erfahrungen des gewaltsamen Besitzens und der sexuellen Begierde integriert. Das heißt, der Vater kann die Impulse auf symbolische Weise zusammenhalten, die die Säugling-Mutter-Dyade zu zerreißen drohen. Dieser Gedanke wird später wieder aufgegriffen werden.

Lacan und die französische Sozial-Psychologie

Während die Ideen der »Objekt-Beziehungs-Theorie« im englischsprachigen Bereich weithin geteilt werden, sind dort die Ideen der französischen Denker, die entweder innerhalb der psychoanalytischen Tradition stehen oder aber von ihr beeinflusst sind, noch weithin unbekannt. Gingen die englischen Analytiker von der Rolle der Mutter aus, so räumten ihre französischen Kollegen dem Vater weiterhin eine zentrale Position ein. Diesem Gedanken möchte ich nun im Folgenden weiter nachgehen, zumal Freud selbst ja davon ausgeht, dass man sich zuerst mit dem Vater identifiziert.

Lacan (1977) greift diesen Gedanken auf. Für ihn ist der Vater der Garant des Gesetzes und insbesondere des Inzestverbotes. Damit ist seine symbolische Position in der ödipalen Konfiguration umschrieben. Überdies betrachtet Lacan den Ödipuskomplex als das zentrale Organisationsprinzip sozialer Beziehungen. Als Struktur hält er alle anderen Beziehungen zusammen. Der Ödipuskomplex strukturiert die Beziehung zwischen Mutter und Säugling schon bevor das Kind den eigenen Ödipuskomplex überwunden hat. Dies ist nach Lacan in dem Symbolischen Bereich der Erfahrung begründet. Menschliche soziale Systeme sind Systeme aus Symbolen – beispielsweise der Verwandtschaft, der Sprache oder der Kultur. Diese Systeme halten das soziale Gefüge zusammen und – durch die Vermittlung sozialer Agenten – werden Mutter und Säugling so innerhalb des sozialen Gesetzes gehalten. Die symbolische Position des Vaters, der das Gesetz vertritt, ist historisch selbst dann universal, wenn die Mutter ihr Kind ihrem eigenen internalisierten Symbolischen Vater vorstellt. Wenn diese Position sich innerhalb unserer modernen Familienmythen verschiebt oder ihre Bedeutung verliert, dann durchleben wir tatsächlich bewegte Zeiten.

Symbolische Systeme wirken sich in dem Bereich aus, den Lacan das Imaginäre nennt. Das Imaginäre Register der Erfahrung könnte man sich als über die Psychologie des bewussten Ich vermittelte alltägliche Erfahrung denken. Der Vater, der das Gesetz vertritt, ist der Symbolische Vater. Auch ein Vater kann das Gesetz übertreten. Er kann (im Imaginären Bereich) als Übeltäter erfahren werden. Man mag ihn hassen – oder lieben. Er mag ein guter Vater sein – oder ein schlechter. Das Symbolische und das Imaginäre sind zwar verschiedene, aber gleichwohl verwandte Bereiche der Erfahrung. Ich denke, das Symbolische vertritt die Dynamik, die Freud in seiner sozialen Theorie zu verstehen suchte; das Imaginäre vertritt den Bereich interpersonaler Psychologie. Obwohl Winnicott primär von einer interpersonalen Psychologie ausgeht, steht seine Idee vom Vater als Garanten der sozialen Umwelt, innerhalb derer Mutter und Kind sich trotz der Tatsache entwickeln können, dass die Mutter durch ihre Mutterschaft besetzt und somit »verrückt« ist, der Lacanschen Sozialpsychologie näher. Was trägt nun der Begriff des Symbolischen zu Freuds Auffassung bei, dass man sich zuerst mit dem Vater identifiziert?

Zur Beantwortung dieser Frage müssen wir auf einen weiteren Begriff Lacans zurückgreifen, den Begriff des »desire« (der Begierde). Während Freuds Libido-Begriff gewöhnlich mit »wish« oder »impulse« ins Englische übersetzt wird, spricht man im Französischen von »désir«. Gewiss ist »désir« ein packendes und sinnliches Wort. Im Vergleich dazu erscheint der englische Begriff des »wish« eher als eine Art »Wischiwaschi«. In der klassischen ödipalen Konfiguration, begehrt, nach Lacan, das Kind die Mutter, während der Vater dies untersagt. Die Mutter gehört ihm. Der Vater, der das Inzestverbot vertritt, spricht offen oder verhüllt Drohungen gegen die Begierde des Kindes aus. Dem unterliegt wiederum die Begierde der Mutter in Bezug auf den Vater sowie die Begierde des Kindes, von der Mutter begehrt zu werden – möglicherweise auch die Begierde eines oder beider Elternteile in Bezug auf das Kind. All diese unterschiedlichen und widerstreitenden Begierden führen in jeder Familie auf je unterschiedliche Weise zum Ausagieren des Ödipuskomplexes.

Wie bereits erwähnt, haben Freuds Untersuchungen der Identifikation ihn zu dem Paradox geführt, dass die Identifikation mit dem Vater einerseits dem Ödipuskomplex vorausgeht, sie andererseits aber ein Ergebnis der Lösung dieses Komplexes ist. Dabei erscheint die vorgeschlagene Lösung, nach der die Identifikation immer partiell ist, eher als unzureichend; möglicherweise entsteht die Identifikation mit dem Vater sowohl vor als auch nach dem Auftreten des Ödipuskomplexes. Wie dem auch sei, Freuds Theorie der Lösung des Ödipuskomplexes stützt sich stark auf die unbewusste Entscheidung des Kindes, die Rivalität zu Gunsten einer kooperativen Identifikation aufzugeben, und zwar nicht bloß wegen einer vorhergehenden liebenden Identifikation mit dem Vater, sondern auch wegen der narzisstischen Bedrohung der Kastration. Soweit die frühere liebende Identifikation stattgefunden hat, kann darauf zurückgegriffen werden; die stärker prägende und unbewusste Identifikation ist jedoch auf den Rivalen oder den erlebten Aggressor bezogen. Was hat es also mit dieser frühen Identifikation auf sich?

Ein anderer französischer Denker, Girard (1977), beantwortet diese Frage dahingehend, dass Freud zwar an der Schwelle der Untersuchung der frühen Identifikation gestanden habe, aber den damit verbundenen Konsequenzen ausgewichen sei, indem er sich schließlich dafür entschieden hat, seine Theorie vom Ödipuskomplex und dessen Lösung durch Identifikation beizubehalten. Girard meint, dass Freud sich deshalb dafür entschieden hat, weil er nicht darauf verzichten wollte, die Libido-Theorie als zentrale Theorie der Psyche aufzugeben. Das hat Freud von dem entfernt, was Girard als ausschlaggebendes Kriterium der frühen Identifikation mit dem Vater betrachtet. Diese Identifikation stellt keine Lösung der Rivalität dar, sondern verschärft sie. Sie beruht auf der von Girard beschriebenen Dynamik der Mimesis (Anpassung), derentsprechend das Kind sich über die Begierde mit dem Vater identifiziert. Das heißt, das Kind begehrt das, was der Vater begehrt, nämlich die Mutter. Dem liegt die Annahme zugrunde, dass menschliche Begierde von ihrem Ursprung her mimetisch ist. So will das Kleinkind beispielsweise das Spielzeug haben, das das andere Kind hat; die kleine Schwester will das tun, was die ältere Schwester tut, der Bewohner eines Einfamilienhauses will es den Nachbarn gleichtun. Oder wie Lacan es ausdrückt: »Die Begierde ist die Begierde das Anderen«. Diese Vorstellung findet sich in ähnlicher Weise bei Freud, der von hysterischen Identifikationen zwischen Gleichaltrigen spricht, die alle das gleiche Objekt begehren. Sein Beispiel der Internatsschülerinnen, die sich alle hysterisch mit einem Mädchen identifizierten, das einen Liebesbrief erhalten hatte (weil sie selbst allzu gerne diesen Brief erhalten hätten), lässt sich durchaus mit ähnlichen Dynamiken der Massenidentifikation bei Popkonzerten vergleichen.

Girard hat eine soziale Dynamik wechselseitiger und eskalierender Gewalt aufgezeigt, die ihre Lösung in der Wahl eines Sündenbocks findet. Kurz gefasst, heißt das: Sobald ein Gewaltakt verübt wird, fordert die Gruppe Rache. In modernen Gesellschaften, in denen die Institutionalisierung des Gesetzes Rache durch Bestrafung und andere Methoden fordert, kommt der persönlichen Rache keine große Bedeutung bei. In primitiven Gesellschaften hingegen steht die persönliche oder die von Gruppen verübte Rache womöglich im Vordergrund. Das kann auch dann der Fall sein, wenn die Institutionalisierung der Bestrafung nicht im Rahmen eines etablierten Gesetzes entwickelt wurde, das allgemein gültige Werte verkörpert, oder wenn Gruppen außerhalb jenes Gesetzes handeln, bzw. wenn sich das Gesetz selbst in einem Auflösungsprozess befindet. In solchen Situationen provoziert Rache eine noch stärkere Rache und auf Gewalt wird mit Gegengewalt reagiert. Girard versteht diesen Prozess als Mimikry bzw. Mimesis, in der Täter und Opfer einander in einem anscheinend endlosen Tanz zunehmender Gewalt spiegeln.

Die Gewalt erfasst nicht nur die ursprünglichen Akteure, sondern auch ihre Familien und andere Verwandte oder soziale Gruppierungen; dies ist ein Muster, wie es etwa der klassischen Erzählung von Romeo und Julia zugrunde liegt. Der Prozess beschleunigt einen Zusammenbruch des Gesetzes und anderer sozialer Werte – und wird dadurch zugleich wieder beschleunigt. Es entsteht eine soziale Krise. Opferung oder die Wahl eines Sündenbocks sind nach Girard dann die Mechanismen, durch die diese Krise gelöst wird. Ein solches Opfer wird von der Gruppe ausgewählt, um alle Gewalt der Gemeinschaft zu tragen. Alle Parteien stimmen der Opferung zu, und ist sie einmal geschehen, bedarf es keiner weiteren Rache mehr. Obwohl die Auswahl des Opfers bewusst ist und bestimmten sozialen Regeln unterliegt, bleiben der soziale Prozess dieser »Opferkrise« selbst und seine wahre Bedeutung der Gemeinschaft verborgen und unbewusst (ein ähnlicher Prozess wird in der gruppendynamischen Literatur als Wahl eines Sündenbocks beschrieben – siehe Long 1992; Slater 1966).

Was hat diese Form der Mimesis mit der Identifikation mit dem Vater zu tun? Die frühen Phasen der Gewalt werden durch die mimetische Begierde, das Verlangen, das zu besitzen, was der andere hat, ausgelöst. Die Wurzeln der Gewalt liegen, nach Girard, in unreflektierter Mimesis, die in dem Maße in einen unausweichlichen Konflikt mündet, wie die Begierden der Individuen sich auf ein gemeinsames Objekt zentrieren (Webb 1993, S. 155).

Obwohl Girards Argumentation neben literarischen und religiösen auch auf historischen und soziologischen Quellen beruht, räumt er ihr eine für die Menschheit generell gültige Bedeutung ein, wobei er nur selten geschlechtsspezifische Versionen dieser Dynamik berücksichtigt. Vielleicht sind sie für seine These nicht wichtig, aber durch sie reiht sich seine Theorie in das Paradox ein, das Freud im Zusammenhang von Identifikation und Identität, dem Gesetz, der Autorität und dem Vater kreiert hat.

Der Vater

In der Verknüpfung von Girards Arbeiten mit denen Freuds gehe ich von dem Bindeglied aus, das der Vater darstellt. Wenn unsere Begierde die Begierde des Anderen ist, dann ist der Vater der Andere, dessen Begierde eine herausragende Bedeutung zukommt. Dabei mag es für die Gewalt seines Wunsches zu besitzen von sekundärer Bedeutung sein, dass es die Mutter ist, die er begehrt; gleichwohl ist es ein Wunsch, mit dem sich der Säugling schon wegen seiner eigenen überlebensnotwendigen Begierde, die Brust der Mutter zu besitzen und sie sich einzuverleiben, leidenschaftlich identifiziert.

Vielleicht ist es eine Verkürzung, von der Stärke väterlicher Begierde in dem Sinne zu sprechen, als sei sie einmalig oder herausragend. Mütterliche oder feminine Begierde umfasst einen vergleichbaren Anspruch auf Stärke, Macht und die Fähigkeit zu erwerben und besitzen. Tatsächlich wird weibliche Habgier in manchen Theorien als primitiver und umfassender gesehen (Dinnerstein 1976; Sayers 1986). Ich denke, die Differenz zwischen maskuliner und femininer Begierde ist weiterer Untersuchungen wert, die aber über den Umfang dieses Beitrags hinausgehen würden. Ich spreche hier von der Begierde des Vaters, die die maskuline Dimension primärer narzisstischer Projektionen symbolisiert. Dabei stelle ich die Hypothese auf, dass diese Begierde mit der Begierde des »Herrn«, verbunden, wenn auch nicht deckungsgleich ist, wie sie von Hegel beschrieben wird, wenn er von der Dialektik von Herr und Knecht spricht. Die Beziehung zwischen Herr und Knecht als solche ist historischer und psychisch primitiver Natur oder ein Mythos (Sievers 1994), der der Vorstellung von Arbeit zugrunde liegt. Es ist eine Beziehung zwischen Eigentum und Unterwerfung, eine Beziehung, in der der Herr fordert und der Knecht gezwungen ist zu dienen, um seinem Herrn zu gefallen. Obwohl dies nur ein Aspekt männlich-weiblicher Beziehungen ist, kommt diese Beziehung doch im Mythos der Urszene zum Ausdruck, wo das Kind von der Phantasie der aggressiven Inbesitznahme der Mutter durch den Vater gefesselt ist. Die Verbindung zwischen väterlicher Aggression und Sexualität, von der bereits gesprochen wurde, wird deshalb zu einem herausragenden Identifikationsmoment, weil in ihr die vom Säugling an der Brust erfahrenen Begierden konvergieren. Das heißt, es konvergieren die Begierden zu verschlingen und zu besitzen wie auch befriedigt zu werden.

Vielleicht ist eine solche Identifikation insofern vor allem defensiv, als sie – ähnlich der von Bick beschriebenen Verteidigung durch eine zweite Haut oder Winnicotts falscher Selbstverteidigung - dem Säugling hilft, sich selbst zusammenzuhalten. Indes mag eine solche Identifikation insofern eine adaptive Verteidigung ermöglichen, als sie den Säugling befähigt, der phantasierten verschlungenen und verschlingenden Brust durch Beherrschung, d. h. durch Arbeit zu entkommen. Arbeit symbolisiert dann sowohl die Identifikation mit als auch die Abhängigkeit vom Vater.

Die Identifikation mit der väterlichen Begierde spiegelt sich auch in den Arbeitsbeziehungen wider, in denen der Arbeitgeber als Vater, wenn auch als wohlwollender Vater, identifiziert wird. Sievers (1994, S. 15) beschreibt eine für moderne Organisationen und Institutionen kennzeichnende Dynamik, aufgrund derer jene, die gewöhnlich als Arbeiter bezeichnet werden, auf verächtliche Weise als Eigentum des Unternehmens und des Managements betrachtet werden – eine Kollusion, bei der die Arbeiter in ihrer Identifikation mit dem Unternehmen diese Sichtweise häufig selbst dann bestätigen, wenn dies einer Infantilisierung und einer Lebenslüge gleich kommt. Dass Manager von den ihnen Unterstellten als ihren Leuten, reden, scheint eher die Regel als die Ausnahme. Die darin zum Ausdruck kommende Grundannahme ähnelt nur allzu sehr der des Vaters/Königs in Bezug auf seine Untertanen. Die wechselseitige, oftmals tröstliche Lüge besteht darin, dass das Unternehmen unsterblich, sein Management allwissend und die Arbeiter entbehrlich sind. Unseren Interviewpartnern fiel es leicht, die Frage »Für wen arbeiten Sie eigentlich, Ihrer Meinung nach?« in Bezug auf bestimmte Andere in der Hierarchie zu beantworten, weil ein solches Verständnis den tief verankerten Grundannahmen über die Organisation entspricht. Viel schwerer ist es jedoch, sich als Teil einer kollektiven Arbeitsanstrengung zu empfinden, wo jeder für alle anderen in der Organisation arbeitet. Die emotionale Realität, mit der wir konfrontiert sind, sieht trotz aller Appelle, der allgemeinen Vision beizupflichten, meist anders aus.

Eine weitere Annäherung an das Problem des Vaters kommt in religiösen Einstellungen zum Ausdruck. Girard (1986) meint, Gott, der Vater des Alten Testaments, werde als derjenige gesehen, der Rache und Opfer für die Sünden der Menschen verlangt und einfordert. Die Kreuzigung Christi erscheint als Gipfel einer solchen Forderung. In Girards Lesart stellt sich die Geschichte des Neuen Testaments nicht als Erfüllung der Opferkrise, sondern als Offenbarung ihrer Dynamik und Anzeichen dafür dar, dass die Menschen durch Gewaltlosigkeit ihrer scheinbaren Unausweichlichkeit entkommen könnten. Girard hält dies für die eigentliche christliche Botschaft, die der institutionalisierten Christenheit deshalb entgangen sei, weil sie die Ansicht eines rachsüchtigen

Gottes nicht aufzugeben vermochte. In der Beziehung zu Gott als dem rachsüchtigen Vater spielt sich die mimetische Dynamik ab. Sich der defensiven Dynamik auszusetzen, ist nur in der Beziehung zu Gott als Leibhaftigem, als Sohn, als Verwundbarem möglich.

In der Einleitung dieses Aufsatzes heißt es: »Die Frage, wer ich bei der Arbeit bin, ist – obzwar unablässig dem Druck persönlicher Begierde ausgesetzt (vor allem dem Verlangen, zu haben, zu besitzen und zu verschlingen) – in hohem Maße von der Fähigkeit abhängig, andere in ihrem Anderssein zu erkennen, auf sie einzugehen und sich mit dem Anderen zu identifizieren, ohne dabei die eigene Einzigartigkeit zu verlieren.« In Anlehnung an Freud und die Psychoanalyse sowie im Rückgriff auf französische Autoren und deren Analyse der Begierde habe ich darzustellen versucht, dass das Leben in Gruppen und Organisationen auf der Dynamik der Identifikation beruht. Darüber hinaus ist es wichtig zu verstehen, wie die Dynamik sich am Arbeitsplatz entfaltet und wie wir in Richtung einer Dynamik, die zur unabhängigen Entwicklung des Selbst und zur Achtung vor dem Anderen befähigt, über sie hinausgehen können. Das heißt, zu erkunden, wie wir von einer Position des primären Narzissmus zu einer der dynamischen Balance zwischen sekundärem Narzissmus und Objekt-Libido kommen können.

Zu begehren heißt assimilieren – den Anderen aufnehmen, als besitze er keine eigene Substanz. Nach einem Jahrhundert der Psychoanalyse ist noch immer strittig, ob die Begierde primär sexueller oder aggressiver Natur ist; erotisch oder konsumierend. Ich habe hier argumentiert, dass der Vater wegen seiner symbolischen Fähigkeit, das Erotische und das Gewaltsame zusammenzubringen, das erste Modell der Identifikation ist. Natürlich ist er der Vater des primären Narzissmus oder der paranoid-schizoiden Position; in sozialer Terminologie ist er der symbolische Vater/Herr/König. Im Gegensatz dazu kann der Vater der depressiven Position durchaus ein »sensibler New-Age-Typ« sein, der mit den primitiven Projektionen ringt, denen er ausgesetzt ist.

Wer den Anderen nur als Modell zur Identifikation hat, kommt mit ihm überein, das heißt, ändert sich, um der Andere zu werden und keine eigene Substanz zu haben. Melanie Klein schildert in ihrem Artikel (1955) die interessanterweise von dem Franzosen Julien Green verfasste Geschichte eines jungen Mannes, der sich nach einem Pakt mit dem Teufel in andere Leute verwandeln kann. Während Klein die dabei auftretenden psychotischen Ängste deutet und sich auf die Beziehung zur Mutter konzentriert, würde Girard die Geschichte wohl eher im Sinne der Identifikation mit dem Vater deuten, wofür es ebenfalls Anhaltspunkte gibt. Piaget, der in seinen Theorien auf biologische Metaphern über Lernen und Entwicklung zurückgriff, sah die Identifikation ebenfalls als primäre, der Übereinkunft dienende Dynamik.

Sich anzupassen heißt Assimilierung und Übereinkunft in eine Balance zu bringen, so dass beide sich in gegenseitige Achtung voreinander verwandeln. Anpassung erfordert, dass sowohl das Selbst als auch der Andere ihr Anderssein wie auch ihre Subjektivität behalten. Diese Position habe ich als dynamische Balance zwischen sekundärem Narzissmus und Objekt-Libido bezeichnet.

The ›institution-in-experience‹: Die Institution, wie sie sich in der Erfahrung darstellt

Im Folgenden befasse ich mich mit der Art und Weise, wie sich Arbeiter mit ihren Arbeitsgruppen und Organisationen identifizieren. Das tun sie, so behaupte ich, über die Institution, wie sie sich in der Erfahrung darstellt. Identifikation und Mimesis funktionieren über das Symbolische Feld, das heißt, über das, was die Institution für die Gesellschaft als Ganze repräsentiert, und auch über das Imaginäre Feld, das heißt, über die Psychodynamik direkter Erfahrung.

Armstrong (1991, 1997) hat die Idee der »institution-in-the-mind«, der Institution, wie wir sie im (Hinter-)Kopf haben, entwickelt. Das bezieht sich auf die Vorstellung, die man von der Institution hat, deren Mitglied man ist. Dieser Begriff hat sich besonders für die Arbeit mit Menschen im Rahmen der »Organisatorischen Rollenanalyse (ORA)« als nützlich erwiesen (Reed 1976; Hutton und Quine 1992; Beumer und Sievers 2000). ORA befähigt Rollenträger dazu, herauszufinden, wie sie ihre organisatorische Rolle finden, schaffen und annehmen. Die Methode ermöglicht es den Rollenträgern in Zusammenarbeit mit einem Berater die Dynamik ihrer eigenen Rolle bei der Arbeit in ihrer jeweiligen Arbeitsorganisation zu untersuchen. Dabei ist es erforderlich, herauszufinden, wie Rollenträger ihre Organisation erfahren. Wie man eine Rolle annimmt, ist bewusst oder unbewusst davon abhängig, wie die Organisation gesehen wird, wie man glaubt, dass andere in ihr handeln, welche emotionale Dynamik von Rolleninhabern im Auftrag der Organisation übernommen wird und so fort.

Zusammen mit einem Kollegen habe ich den Begriff »institution-in-experience«, d. h. der »Institution, wie sie sich in der Erfahrung darstellt« geprägt (Long & Newton 1997), um die umfassenden emotionalen wie auch kognitiven Aspekte zu beschreiben. Wir sind daran interessiert, die Institution, wie sie sich in der Erfahrung der Rolleninhaber darstellt, zu untersuchen.

Ich möchte dies näher erläutern. Der Tavistock Tradition der Gruppen- und Organisationsanalyse im Sinne von Miller und Rice (1967) folgend, wird die »Aufgabe« als zentrale Überlebenskategorie betont. Die Primäraufgabe ist jene Aufgabe, die es zu erledigen gilt, damit die Organisation überlebt (Rice 1963). Diese Tradition verdankt Bion (1961) die Formulierung der Gruppenaufgabe, die Verbindung von Aufgabe und Realität und die Idee des »Realitätshasses« in psychotischen Mechanismen. Gruppen und Organisationen werden so verstanden, dass sie sich in einer unausweichlichen Konfrontation mit der Realität und den Aufgaben befinden, die allein schon deshalb realistische, neurotische und psychotische Ängste erzeugen, weil die reale Arbeit einer sozialen Realität ausgesetzt ist, die Ängste hervorruft und auslöst. Wegen der so provozierten Ängste ziehen die Realität und die Aufgabe Hass auf sich, und die Mitglieder der Organisation mobilisieren soziale Abwehrhaltungen und Verhaltensweisen, die gegen die Aufgabe gerichtet sind, um der Angst zu entgehen (Menzies Lyth 1988). Solche Abwehr kann letztlich für die Organisation dysfunktional sein. Die Mitglieder müssen wieder zu ihrer Arbeitsrealität vordringen und die hervorgerufenen Ängste wahrzunehmen vermögen, um die Funktionalität wiederherzustellen.

Ebenso wichtig wie die Aufgabe ist die Autorität. Jede organisatorische Rolle hat ihre eigene Autorität für die Ausführung der Aufgabe. Eine individuelle Abwehrhaltung besteht darin, die eigene Autorität aufzugeben und sich bei den notwendigen Entscheidungen und Handlungen an anderen Rollen zu orientieren (Hirschhorn 1988). Eine weitere soziale Abwehr kann in der Entwicklung einer solchen Organisationskultur zum Ausdruck kommen, in der die Autorität für die Aufgaben unklar gehalten, nicht anerkannt oder nicht aufrecht erhalten wird.

Aufgabe und Autorität sind mit Rollen innerhalb der Organisation verbunden. Das System von Aufgabe, Rollen und Autorität gewährleistet den Kontext für die Arbeit. In einem Gefängnis zum Beispiel

- besteht das Aufgabensystem darin, Straftäter einzusperren und ihnen Arbeit und Rehabilitationsprogramme zur Verfügung zu stellen;
- sind die Rollen des Gefängnisbeamten, Programmanbieters, des für die Arbeitsmaßnahmen zuständigen Beamten, Verwaltungsbeamten, Managers und des Gefangenen auf diese Aufgabe bezogen; und
- die spezifische Autorität dieser Rollen ist von der Aufgabe abgeleitet.

Auf der symbolischen Ebene sind Aufgabe, Rollen und Autorität nicht nur Ausdruck des Rechts der Gesellschaft, Bestrafung und Vergeltung auszuüben, sondern auch des gesellschaftlichen Anliegens, Prozesse der Wiedergutmachung, des Heilens und Vergebens zu ermöglichen. Auf der imaginären Ebene wird die »Institution-in-experience« durch die emotionalen Beziehungen der Menschen in diesem System konstituiert; sie haben Einfluss darauf, wie sie einander wahrnehmen und wie sie angesichts der für ein Gefängnis als totaler Institution typischen Zwänge und Restriktionen interagieren. Dies ist ein

Beispiel dafür, was ich damit meine, wenn ich davon spreche, dass Identifikation und Mimesis sowohl über das symbolische Feld, nämlich über das, was die Institution unbewusst für die Gesellschaft als Ganze repräsentiert, als auch über das imaginäre Feld, nämlich durch die Psychodynamik direkter interpersonaler Erfahrung, stattfinden. Die unbewusste Repräsentation der Gesellschaft geschieht aufgrund inner-psychischer Erfahrungen, die die unbewusste, von Bion als »nicht-sinnliche« bezeichnete Erfahrung einschließt. Die unmittelbare interpersonale Erfahrung der imaginären Ebene ist die, die Bion als »sinnliche« Erfahrung bezeichnen würde. Die Identifizierung mit der Aufgabe, der Rolle und der Autorität tragen zur Identität der Mitglieder im Arbeitssystem bei. Auch die Identifizierung der Mitglieder untereinander, die über die gemeinsamen Ziele, Zwecke und Erfahrungen geschieht, trägt zu dieser Identität bei. Die Identität, die man bei der Arbeit hat, ist sowohl Teil des unbewussten symbolischen als auch Teil des bewussten imaginären Systems der Arbeitsbeziehungen.

Bei unseren Interviews mit den im Gefängnis Beschäftigten meinte einer der älteren Mitarbeiter, dass es seiner Ansicht nach niemals wirklich klar sei, wer am meisten institutionalisiert ist – die Gefangenen oder die Gefängnisbeamten. Eine ähnliche Ansicht wurde auch von anderen Gefängnisbeamten vertreten. Auch bemerkten wir eine Reihe von Parallelen zwischen den Erfahrungen, die die Beamten von sich selbst und denen, die sie über die Gefangenen berichteten. Als wir sie auf die deutlichen Parallelen hinwiesen, meinten viele unserer Interviewpartner, dass sie das so noch nie gesehen hätten. Zum Beispiel unterstellten einige Gefängnisbeamte (mit einem gewissen Zynismus, der mit Verachtung gepaart war) den Häftlingen insofern eine Art Opportunismus, als sie Bildungsangebote oder Fördermaßnahmen für bestimmte Straftäter allein deshalb wahrnähmen, um früher entlassen zu werden und nicht um sich tatsächlich zu bessern. Später im Interview, als sie nach der Bedeutung der Weiterbildung für die Belegschaft gefragt wurden, machten sie selbst jedoch keinen Hehl daraus, dass sie an den Weiterbildungsprogrammen, zu denen sie regelmäßig eingeladen wurden, selbst dann, wenn sie die Kurse nicht besonders hilfreich fanden, aus dem bloßen Grunde teilnehmen würden, um befördert zu werden. Dabei wurde das instrumentelle Motiv der Beamten aus ihrer Sicht durchaus als eine vernünftige Reaktion auf das System verstanden, während die Motive der Häftlinge als bloßer Widerstand und Verlogenheit interpretiert wurden. Niemand wäre auf die Idee gekommen, dass die Dynamik dieser beiden instrumentell motivierten Verhaltensmuster sich deutlich ähneln. Dennoch scheint es, dass sich jede Rollengruppe auf unbewusster Ebene zutiefst mit der anderen identifiziert. Girard würde das als unbewusste Mimesis bezeichnen. Insofern, als beide Gruppen auf der bewussten Ebene alles daran setzen, die Unterschiede zwischen ihren Rollen aufrechtzuerhalten, muss es eine deutliche Verwunderung, um nicht zu sagen Verwirrung erzeugen, wenn sie dennoch Ähnlichkeiten erkennen.

In unserem Projekt geht es um die Arbeit angesichts einer sich verändernden Aufgabe. Den Gefängnisbeamten wird jetzt nicht mehr nur abverlangt, an die Sicherheit zu denken, vielmehr müssen sie als Case-Manager mit Gefangenen arbeiten, Straftätern durch Programme und Unterstützung helfen, damit sie neue und konstruktive Wege für ihr Leben im Gefängnis und hoffentlich auch außerhalb finden. In einer Situation, in der unabdingbar nur geringes Vertrauen besteht, ist dies für die Beamten ganz allgemein und insbesondere für diejenigen recht schwierig, die noch nach der alten Schule ausgebildet sind, die nichts anderes kannte als Einsperren und extreme Kontaktvermeidung. Die mit diesen Veränderungen einhergehende interpersonale Dynamik fordert von den Beamten neue Einstellungen und Fertigkeiten. Die Behandlung der Gefangenen als Individuen mit Bedürfnissen hat bereits Früchte getragen, die zum Beispiel darin zum Ausdruck kommen, dass ,verglichen mit den privaten Gefängnissen, in denen offensichtlich die Bedürfnisse der Gefangenen nicht berücksichtigt werden und in denen allein aus einem deutlichen Profitmotiv heraus gearbeitet wird, die Institution einfacher zu leiten und die Selbstmordrate gesunken ist. Dennoch stellt, wie einer der Gefängnisbeamten sagte, die Tatsache, »Menschen einzusperren, einen von Natur aus aggressiven Akt dar«. Auf symbolischer Ebene muss die Aufgabe eines Gefängnisses stets Vergeltung und Strafe als Auftrag der Gesellschaft beinhalten bzw. dazu beitragen, dass dieses Anliegen erfüllt wird.

Was in den von der Regierung betriebenen modernen Gefängnissen besonders auffällt, ist das geringe Gewicht, das, zumindest auf der offiziellen organisatorischen Ebene, der jeweiligen Art des Verbrechen beigemessen wird. Die Philosophie besteht darin, alle Gefangenen gleich zu behandeln. Während einerseits viele Gefängnisbeamte gar nicht an der Art des Verbrechens interessiert sind und davon ausgehen, dass »ein Verbrecher halt ein Verbrecher ist«, sind andererseits gerade schwere Verbrechen auf der informellen Ebene nur allzu gut bekannt. Der jeweiligen Art des Verbrechens wird eher in einem allgemeineren Sinne Rechnung getragen, etwa durch die Art der Verurteilung oder durch die Einweisung der Gefangenen in Spezialeinrichtungen für Drogen-, Sexual- oder gewöhnliche Straftaten. Die besonderen Details eines Verbrechens werden zwar dokumentiert aber eher restriktiv behandelt, beispielsweise in den einzelnen Unterlagen der Pläne für das Case-Management, die gesondert aufbewahrt werden und den Gefängnisbeamten normalerweise nicht zugänglich sind, oder der Einblick bleibt auf therapeutische Zwecke beschränkt, wobei die Verschwiegenheit dann durch professionelle Therapeuten gewährleistet wird. Details, die beispielsweise Auskunft über das mögliche Motiv eines Verbrechens, über das Maß an bzw. das Fehlen von Reue oder die Unschuld des Opfers bzw. dessen Verstrickung in den Tatvorgang geben könnten, bleiben unter Verschluss. Diese Details werden als Teil der Autorität des Richters (Vaters) und der Gerichte verstanden, nicht aber als Teil des Strafvollzugs. Rechtsprechung und Vollzug sind voneinander getrennte Institutionen.

Inwieweit ein Verurteilter und Inhaftierter sich innerhalb des Vollzugs entwickelt, hängt jedoch in hohem Maße von seinem Verhalten in der Anstalt ab. Die Gefangenen werden in Bezug auf ihr Wohlverhalten und nach der Bereitschaft beurteilt, an Programmen teilzunehmen, was es ihnen dann gegebenenfalls erlaubt, außerhalb der Anstalt in der Landwirtschaft zu arbeiten, in den halboffenen Vollzug zu wechseln oder auch auf Bewährung entlassen zu werden. Im Gefängnis wird der Häftling beurteilt, nicht das Verbrechen, das ihn dorthin brachte.

Die Frage muss offen bleiben, ob die Kenntnis der jeweiligen Art des Verbrechens innerhalb der Institution auf seiten des Gefängnispersonals oder der Mitgefangenen tatsächlich zu persönlicher Vergeltung Anlass gibt. Die Details der Tat unter Verschluss zu halten, dient der Abwehr solcher Ausschreitungen, wobei diese Form der Abwehr aller Wahrscheinlichkeit nach sinnvoll ist. Zugleich bedeutet dies jedoch, dass der Impuls zu privater Vergeltung, der so sozial unter Kontrolle gehalten wird, zu einem emotionalen Teil des unbewussten Lebens im Gefängnis wird. Er wird Teil der unbewussten »Institution-in-experience«. Als Forscher in diesem Projekt waren wir uns darüber bewusst, dass jeder und jede von uns emotional jeweils unterschiedlich auf die Erfahrungen reagierte, die wir bei unserer Untersuchung machten. Einer hatte paranoide Ängste, einer spürte starken Ekel und einer von uns reagierte mit in einer Art fasziniertem Voyeurismus. Als ich einen der Direktoren nach diesen Gefühlen fragte, bestätigte er, dass das System im Laufe der Zeit auch bei ihm diese Gefühle hervorgerufen habe. Ich bin der Ansicht, dass diese Gefühle sich auf das Verbrechen und nicht direkt auf den Verbrecher beziehen. Vielleicht beziehen sie sich auf die Verknüpfung von Verbrechen und Verbrecher.

In der modernen Einstellung zu Therapie und Rehabilitation finden sich deutliche Anzeichen dafür, dass das Verbrechen vom Verbrecher getrennt wird. »Hasst die Sünden, nicht den Sünder« lautet das Motto dieser Einstellung. Es ist eine Einstellung, die aus der Forderung nach Sündenvergebung des Neuen Testaments zu erklären ist, wie sie sich in der westlichen Kultur seit dem 19. Jahrhundert besonders deutlich herausgebildet hat. So humanistisch der Versuch auch erscheinen mag, die Person institutionell von ihrem Verbrechen zu trennen, so werden die Gefühle der Institutionsmitglieder gegenüber dem Verbrechen doch durch die Institution nur unterdrückt und tauchen in der

Alltagserfahrung wieder auf. Aber für die Beamten, die diesen Erfahrungen ausgesetzt sind, gibt es nur wenig emotionale Unterstützung. Eine solche Unterstützung geht weit über das hinaus, was beim Training neuer Fertigkeiten vermittelt wird, und schon davon gibt es ohnehin wenig genug. Das System verhält sich so, als würden solche Gefühle gar nicht existieren.

Folgt man den oben beschriebenen theoretischen Vorstellungen zur Identifikation, so verwundert es nicht allzu sehr, dass selbst die Beamten, die diese neueren Einstellungen gegenüber den Gefangenen teilen, auf deren unbewusste wie bewusste Feindseligkeiten dann mit mimetisch eskalierender Gewalt reagieren, wenn ihnen keine Gelegenheit geboten wird, diese Dynamiken zu hinterfragen und zu verstehen zu versuchen. Das führt möglicherweise zu Ärger, Depressionen oder einem Angriff auf die Aufgabe selbst, Reaktionen, die trotz überaus guten Willens immer wieder vorkommen. Einerseits ist der Strafvollzug, solange er paramilitärisch organisiert ist, in der Tat eine Kampf-/Flucht-Organisation auf der Suche nach einem Feind. Da der Strafvollzug jedoch nicht das Militär ist, gibt es keine richtigen, anerkannten Feinde, sondern nur Sündenböcke. Andererseits wird das Gefängnis, sofern es therapeutisch-rehabilitierenden Grundsätzen folgt, zu einer Abhängigkeits-Organisation. Da die Beamten jedoch keine Götter sind, müssen sie mit ihren eigenen persönlichen Reaktionen auf die Aufgabe zurecht kommen. Wenn sie sich jedoch dazu verführen lassen, sich wie »Götter« zu gebärden, so werden sie noch anfälliger dafür, eine solche Rolle einzunehmen, bei der sie unbewusst die auf Vergeltung und Erlass (der Sünden) ausgerichteten Anteile übernehmen, die auf der symbolischen Ebene mit der Aufgabe verbunden sind.

Wer bin ich bei der Arbeit?

Am Ende meines Beitrags kehre ich zur Frage nach der Identität bei der Arbeit zurück. Ich habe dargelegt, dass das Gruppenleben auf Identifikationen beruht. Durch die Identifikation mit der Aufgabe können Rollen systemisch und in Verbindung mit den Realitäten der Aufgabe entwickelt werden. Freundschaften und Liebe, Feindschaften und Hass entstehen als Teil der interpersonalen Beziehungen bei der Arbeit. Solche sozialen Objektbeziehungen sind wichtig, wenn man sich auf die emotionalen Auswirkungen einlässt, die mit den Ängsten einhergehen, die mit der Aufgabe verbunden sind. Die Organisation wird jedoch durch den Prozess der Identifikation zusammengehalten. Darüber hinaus habe ich aufgezeigt, wie der Symbolische Vater diesen Identifikationen auf der primitiven Ebene zugrunde liegt. Um nicht als allzu sexistisch zu erscheinen, wäre es vielleicht angemessen, diese Funktion (des Symbolischen Vaters) als ein »Containing-Prinzip«, als ein Halt gebendes Prinzip, als etwas, »was mächtige und widerstreitende Kräfte zusammenhält« bzw. als »das soziale Gesetz« zu bezeichnen. Insofern jedoch, als solche Funktionen oft bei den Vätern liegen, mag es für moderne Männer selbst dann sinnvoll sein, ihre eigene Rolle im Licht einer solchen Diskussion neu zu finden, wenn Männer und Frauen andererseits darum bemüht sind, mütterliche und väterliche Funktionen untereinander auf neue Weise aufzuteilen.

Ich habe auch untersucht, wie mimetische Identifikationen zu Rivalitäten um ein und dasselbe Objekt führen. Es scheint unausweichlich, dass das Leben in Organisationen voller Rivalitäten steckt, vor allem dann, wenn die begehrten Ressourcen knapp werden. Aus Girards Theorie wird deutlich, wie begehrte Ressourcen am Ende immer knapp werden, weil die Menschen das begehren, was vom Anderen begehrt wird, vor allem von jenen, die die scheinbar allmächtige Position des Symbolischen Vaters übernehmen. Die Dynamik der Rivalität führt zur Eskalation von Gewalt und der Notwendigkeit eines Sündenbocks. Diese Dynamik ist sowohl innerhalb von Organisationen als auch zwischen Organisationen offensichtlich.

Die Beantwortung der Frage, wer ich bei der Arbeit bin und was meine Identität ist, hängt sehr stark davon ab, wie ich in das System der Identifikationen, Rivalitäten und Ressourcen eingebettet bin. Es hängt auch davon ab, wie ich mit den Gefühlen umgehe, die obgleich sie am Arbeitsplatz bewusst geleugnet werden doch in mir durch die Art der Aufgabe geweckt werden. Diese sind Teil meiner Institution, wie sie sich in der Erfahrung darstellt. Ich kann mir über meine Rolle und deren Autorität insoweit klar sein, als es das System zulässt und ich bereit bin, an solch einer Klärung zu arbeiten. Ersteres erfordert eine Klarheit der Aufgabe und eine kollektive Übereinkunft über Werte und Kultur; Letzteres ist eine Frage des persönlichen Mutes.

Girard (1977) stellt die Frage: »Wie kann gewaltfreie Liebe die mimetische Rivalität so beenden, dass ein Sündenbock nicht erforderlich ist?« Für mich erfordert Liebe zunächst die Fähigkeit, das »Anderssein« anderer anzuerkennen und zuzulassen. Das ist insbesondere deshalb nicht einfach, als diese Fähigkeit sich den starken und primitiven organisatorischen Mythen konfrontiert sieht, die den Symbolischen Vater, seinen Wunsch zu besitzen, und unsere Impulse, uns mit ihm zu identifizieren, umgeben. Um wirklich den »Anderen« zu erkennen, bedarf es vielleicht der Fähigkeit, unsere eigene Mitschuld an der Schaffung eines primitiven Vaters und der Identifikation mit ihm zu erkennen. Mit einer Erkenntnis des Andersseins geht die Fähigkeit einher, zu verhandeln statt zu fordern. Verhandlung erfordert die Erkenntnis des Andersseins. Mit einem bloßen Spiegel des Selbst kann man nicht verhandeln. Und die Verhandlung ist auch die Grundlage für gute Arbeits- und Rollenbeziehungen. Rollen sind nicht statisch, sondern werden ständig um kollektive Aufgaben herum mit anderen in anderen Rollen ausgehandelt. Das führt mich zu dem Schluss, dass meine Identität bei der Arbeit ausgehandelt werden muss. Ich kann sie nicht als Selbstverständlichkeit betrachten.

Aus dem Englischen von Jörg W. Rademacher und Burkard Sievers

Literatur

Armstrong, David (1991): The Institution in the Mind: Thoughts about the nature of organisational role analysis. London (The Grubb Institute).

Armstrong, David (1997): The ›Institution in the Mind‹: Reflections on the Relation of Psycho-Analysis to Work with Institutions. In: Free Associations 7, 1 (Nr. 41), S. 1–14.

Beumer, Ullrich & Sievers, Burkard (2000): Einzelsupervision als Rollenberatung. Die Organisation als inneres Objekt. In: Supervision (3), S. 10–17.

Bion, Wilfred R. (1961): Experiences in Groups. London (Tavistock Publications). Dt. (1971/1990): Erfahrungen in Gruppen und andere Schriften. Stuttgart (Klett-Cotta).

Dinnerstein, D. (1976): The Rocking of the Cradle and the Ruling of the World. New York (Harper & Row).

Freud, Sigmund (1921): Group Psychology and the Analysis of the Ego. London (The Hogarth Press and the Institute of Psycho-Analysis) 1949. Dt.: Massenpsychologie und Ich-Analyse. S. A., Bd. 9, S. 61, 65–134.

Girard, René (1977): Violence and the Sacred. Baltimore (Johns Hopkins University Press). Dt.: (1999): Das Heilige und die Gewalt. Frankfurt (Fischer).

Girard, René (1986): The Scapegoat. Baltimore (The John Hopkins University Press).

Hirschhorn, Larry (1988): The Workplace Within: Psychodynamics of organizational life. Cambridge, MA (MIT Press).

Kets de Vries, Manfred F. R. (1989): Prisoners of Leadership. New York: Wiley. Dt.: (1990): Chef-Typen. Zwischen Charisma und Chaos, Erfolg und Versagen. Wiesbaden (Gabler).

Klein, Melanie (1946): Notes on Some Schizoid Mechanisms. In: Klein, Melanie (Hg.): Developments in Psychoanalysis. London (The Hogarth Press). Dt. (1983): Bemerkungen über einige schizoide Mechanismen. In: Klein, Melanie: Das Seelenleben des Kleinkindes. Stuttgart (Klett-Cotta), S. 131–163.

Klein, Melanie (1955): On Identification. In: Klein, Melanie, Heimann, Paula & Money-Kyrle, R. (Hg.): New Directions in Psycho-Analysis London (Tavistock Publications), S. 309–345.

Lacan, Jacques (1977): Écrits. London (Tavistock Publications). Dt. (1973): Schriften. Olten (Walter).

Lasch, Christopher (1979): The Culture of Narcissism. American Life in an Age of Diminishing Expectations. New York (W. W. Norton & Co). Dt. (1995): Das Zeitalter des Narzissmus. Hamburg (Hoffmann und Campe).

Lasch, Christopher (1995): The Revolt of the Elites and the Betrayal of Democracy. New York (W. W. Norton & Co.). Dt. (1995): Die blinde Elite. Macht ohne Verantwortung. Hamburg (Hoffmann und Campe).
Lawrence, W. Gordon, Bain, A. & Gould, L. (1996): The Fifth Basic Assumption. In: Free Associations, 6, (3), (Nr. 37), S. 28–55.
Long, Susan D. (1992): A Structural Analysis of Small Groups. London / New York: (Routledge).
Long, Susan D. & Newton, John (1997): Educating the Gut. socio-economical aspects of the learning organizations. In: The Journal of Management Development 16, (4), S. 284–301.
Menzies-Lyth, Isabel (1988): Containing Anxiety in Institutions. Selected Essays. London (Free Association Books).
Miller, Eric J. & Rice, A. Kenneth (1967): Systems of Organization. The control of task and sentient boundaries. London (Tavistock Publications).
Reed, Bruce (1976): Organisational Role Analysis. In: C. Cooper (Hg.): Developing Social Skills in Managers. London (MacMillan), S. 89–102.
Rice, A. Kenneth (1963): The Enterprise and its Environment. London (Tavistock Publications).
Sayers, J. (1986): Sexual Contradictions. Psychology, Psychoanalysis and Feminism. London (Tavistock Publications).
Sievers, Burkard (1994): Work, Death and Life Itself. Essays on management and organization. Berlin (de Gruyter).
Slater, P. E. (1966): Microcosm. Structural, Psychological and Religious Evolution in Groups. New York (Wiley & Sons). Dt. (1978): Mikrokosmos. Eine Studie über Gruppendynamik. Frankfurt a. M. (Fischer).
Webb, E. (1993): The Self Between. From Freud to the New social Psychology of France. Seattle (University of Washington Press).
Winnicott, Donald W. (1958): Collected Papers. Through Paediatrics to Psychoanalysis. London (Tavistock Publications). Dt.: Von der Kinderheilkunde zur Psychoanalyse. Aus den »Collected Papers«. Frankfurt a. M. (Fischer).

Das Denken in Organisationen

Das Denken im Spiegel der Organisationen

Das Endliche und das Unendliche – Das Bewusste und das Unbewusste

W. Gordon Lawrence

Zusammenfassung: Ausgehend von Bions Unterscheidung zwischen Sphinx und Ödipus im Leben von Gruppen untersucht der Autor die Beziehung und Interaktion von Ödipus und Sphinx in Organisationen. Lawrence geht von der Hypothese aus, dass alle Organisationen insofern »Denkprodukte« sind, als dass sie zunächst von Menschen gedacht und auf diese Weise ins Sein gebracht werden. Sie entstehen aus der Kultur oder aus der inneren Welt von Individuen. Diese Arbeitshypothese basiert darauf, dass dieses »Gedankenprodukt«, das die Organisation ins Sein bringt, durch vier Typen des Denkens auf seiten der Rolleninhaber in Organisationen zustande kommt. Das »Gedankenprodukt« ist das Ergebnis eines konvergierenden Systems aus: Denken als Sein; Denken als Werden; Denken als ungedachtes Wissen, und Denken als Träumen.

Diese vier Typen können als Prisma verstanden werden. Jedes Denken wird durch diese vier Flächen wie das Licht gebrochen, das in Wellenlängen aus dem Prisma austritt. Die psychoanalytische Arbeit mit Organisationen unterscheidet sich von allen anderen Vorgehensweisen dadurch, dass diese Form der Organisationsberatung alle vier Typen umfasst. Dieses holistischere Erkenntnisinstrument ermöglicht es, die Grenzen zwischen dem Bewussten und dem Unbewussten sowie dem Endlichen und dem Unendlichen zu verdeutlichen und mit ihnen zu arbeiten. Es schafft zugleich einen systematischeren Zugang für die Einsicht, ob die durch das psychotische Denken in einer Organisation konstituierte Wirklichkeit eher in der Sphinx oder im Ödipus begründet liegt.

> »Bislang war alles, womit wir uns befasst haben, letztlich darauf ausgerichtet, das Unternehmen zu verbessern. Meine Theorie hingegen geht davon aus, dass die Menschen zu der Einsicht gelangen werden, dass dies nicht das Wesentlichste ist. Entscheidend ist es, das Bewusstsein eines jeden Menschens zu fördern. *Das Unternehmen wird zum Mittel, zum Werkzeug, um das Bewusstsein der Menschen weiterzuentwickeln.* Die Bewusstseinsförderung wird zum ersten Ziel, nicht das Wachstum des Unternehmens selbst, das aber natürlich ebenfalls eine hohe Zuwachsrate aufweisen wird« (James E. Liebeg 1994, S. 148 – Hervorhebung: W.G.L.).

Das Denken denken

Wir befinden uns am Scheideweg auf dem Weg zur Denkenden Gesellschaft, die wir erreichen werden, sobald wir die kapitalistische Industriegesellschaft überwunden haben. Das mag noch ein paar Jahre dauern. Dieser Übergang gründet sich auf den Paradigmenwechsel, den wir alle als Kommunikation oder Information wahrnehmen. In Folge der wissenschaftlichen und technologischen Entdeckungen, die sich aus der Quantenphysik ergeben haben, wächst die Technologie exponentiell an. Die Denkende Gesellschaft, die abwechselnd als Wissende, Lernende oder Kreative Gesellschaft bezeichnet worden ist, ist eine Gesellschaft, in der der Geist als das höchste gesellschaftliche Gut angesehen wird. Immer weniger bewegen wir Atome, wie es noch in der Industriegesellschaft der Fall war. Statt dessen bewegen wir Informationsteilchen, die sich aus dem Denken ableiten.

Wenn Bion im Kontext der Gruppe zwischen Ödipus und Sphinx unterscheidet, lenkt er unsere Aufmerksamkeit zum einen auf das Individuum und seine privaten, inneren, imaginierten Welten, zum anderen gleichzeitig aber auch auf dessen Fähigkeit, zu denken und seiner Welt eine öffentliche Dimension zu verleihen (Bion 1961, S. 8). Zwischen Ödipus und Sphinx besteht eine symbiotische Beziehung, und eben diese Symbiose ist es, mit der ich mich hier eingehender beschäftigen möchte. Ich beginne mit »Sphinx«, und stelle davon ausgehend die Frage nach dem Denken. Im weiteren werde ich dann kurz die Verbindung zwischen Sphinx und Ödipus andeuten – die beide als Kürzel zu verstehen sind (vgl. Lawrence 1997).

Zwei Vorbemerkungen sind mir dabei wichtig:

- Ich möchte die Bedeutung von Denken als gebrochenes Denken verdeutlichen, denn Wissen, das sich aus Erfahrung speist, ist nicht einfach eine Ansammlung von Denken »da draußen«, das man sich aneignen muss; es ist vielmehr sowohl »da draußen« als auch »hier drinnen«, da es kontinuierlich geschaffen wird. Das Denken wird in beide Richtungen gebrochen, weil Sphinx und Ödipus in einer wechselseitigen Beziehung zueinander stehen. Die eine kann nicht ohne den anderen existieren.
- Als menschliche Wesen sind wir denkende Zusammenhänge. Wir denken als völlige Ganzheit – nicht nur mit einem Teil unserer Körper oder unseren Eigenschaften oder geistigen Fähigkeiten. David Bohm hat vorgeschlagen, dass »der Körper, das Gefühl, der Intellekt, der Reflex und das Artefakt jetzt als ein ununterbrochenes Feld sich gegenseitig informierender Gedanken verstanden werden können« (Lee Nichol, Vorwort zu Bohm 1992, S. XI – Hervorhebung im Original). Damit unterstützt er A. N. Whiteheads

Ansicht, die dieser in seinem Werk *Science and the Modern World* zu Papier gebracht hat, wonach das Universum aus reinem Geist und Gedanken besteht.

Die hier vorliegende Arbeit ist Spekulation. Und ich spekuliere in der althergebrachten Form der Arbeitshypothese. Zweifellos werde ich mich stark oder weniger stark täuschen, aber das Risiko muss ich eingehen, um etwas Neues zu entwickeln. Und das Risiko, dass Sie als Leser nicht mit mir übereinstimmen, gehe ich gerne ein, weil auf diese Weise das, was man die Wahrheit nennen mag, durch weitere Diskussionen gefunden werden kann.

1. Denken und Bewusstsein

Erfahren–Fühlen–Denken – das alles sind Prozesse, die unser Bewusstsein und unser Wesen entscheidend bestimmen. Ohne Bewusstsein können wir weder denken noch Wissen produzieren. Das Bewusstsein selbst ist jedoch von selbstbezogener oder selbstreflexiver Natur. Searle hat es so formuliert:

> »*In der Tat ist es genau die Subjektivität des Bewusstseins, die dieses auf entscheidende Weise unsichtbar macht.* Wenn wir versuchen, uns ein Bild vom Bewusstsein eines anderen zu machen, so zeichnen wir diese Person gewissermaßen (vielleicht mit einer Sprechblase, die aus ihrem Kopf herauswächst). *Wenn wir versuchen, unser eigenes Bewusstsein zu zeichnen, dann zeichnen wir das, dessen wir uns selbst bewusst sind. Wenn das Bewusstsein die grundlegende epistemische Basis für die Realität sein soll, dann können wir der Realität des Bewusstseins auf diesem Wege nicht näher kommen*« (Searle 1992, S. 95, zitiert nach Polkinhorne 1998, S. 57 – Hervorhebung im Original).

Die Strategie der Wissenschaft besteht darin, die Welt als ein Phänomen zu betrachten, das »da draußen« ist. Diese Strategie, die Wirklichkeit als objektiv zu verstehen, prägt die grundsätzliche wissenschaftliche Einstellung seit der Aufklärung. Wenn der Geist sich auch ein gewisses Maß an Abstand bewahren muss, weil die Ergebnisse der Wissenschaft (mit ihren Messungen) mit dem intersubjektiven Konsensus übereinstimmen müssen, so ist diese Einstellung doch fatal für die Philosophie und die Geisteswissenschaften. Wie Polkinhorne es formuliert: »Das Bewusstsein ist nicht die epiphenomenale Zierde einer grundsätzlich objektiven und materiellen Realität; es ist unser Zugang zur Wirklichkeit. Die Weigerung, es ernst zu nehmen, unterminiert das gesamte metaphysische Experiment« (Polkinhorne 1998, S. 58).

Das Bewusstsein ist es, das es uns erlaubt, unsere Erfahrungen unserer Umwelt als »in einem Stück« zu erfahren und das Bewusstsein »hat die Eigenschaft der ungebrochenen Ganzheit« (Zohar 1990, S. 63), die es uns erlaubt, eine Einheit bzw. «distinktive Unteilbarkeit unserer Gedanken, Wahrnehmungen, Gefühle, etc. wahrzunehmen. Ohne die gäbe es keine Erfahrung, wie wir sie kennen und kein Ich, das Erfahrungen macht« (ebd. S. 60).

Wenn das Bewusstsein - als subjektives Gefühl - auch in unserem Kopf existiert, so hängt es paradoxerweise doch auch von der Tatsache ab, dass wir soziale Wesen sind. Hierbei handelt es sich, denke ich, um den »Sozialismus«, den Bion hervorhebt (Bion 1992, S. 122), wenn er über »Narzissmus vs. Sozialismus« in Gruppen spricht bzw. der Kontroverse zwischen den egozentrischen und soziozentrischen Impulsen des Individuums. In der Tat schaffen wir uns unsere Welten aus unserer Subjektivität mit. Wir tun dies, indem wir denken. Und wir tun dies mit Überzeugung, da wir spüren, dass andere Denkende existieren, die unsere Welt mit uns teilen. Die Objektivität, so lautet meine These, ist im wesentlichen eine inter-subjektive Übereinkunft.

2. Organisationen als Gedankenprodukte

Organisationen sind ein Beispiel, an dem sich Macht und Stärke des Denkens untersuchen lassen. Organisationen können in der Tat ebenso als »Gedankenprodukte« verstanden werden wie ein Roman, ein Gedicht oder eine Skulptur (McKellar 1968, S. 77). Irgendjemand hatte die Idee, ein Geschäft aufzumachen oder einen Service anzubieten. Das Denken der daran beteiligten Menschen muss in Bezug auf das sich wandelnde wirtschaftliche Umfeld von Bedeutung bleiben. Das Denken ist sowohl für die Kontinuität »da draußen« als objektive, allgemein akzeptierte Tatsache als auch »hier drinnen« als subjektive Erfahrung wichtig.

3. Formen des Denkens

Konzentrieren wir uns zunächst auf die Sphinx. Meine Arbeitshypothese ist zunächst einmal, dass es vier Denkformen gibt, von denen jede eine spezifische Funktion hat.

Man kann sich diese vier Formen als die vier Seiten einer Pyramide vorstellen. Die Grundfläche der Pyramide, ein Rechteck, kann der Methode, der Art und Weise oder dem Denkvorgang zugeordnet werden. Ein geschriebener Text unterscheidet sich von einem Dialog, einer Konversation, einem Theaterstück oder einem Roman. Entsprechend wird sich die Qualität des Denkens unterscheiden, da diese auf unterschiedlichen Denkungsarten beruht, die den Inhalt des Denkens verändern.

Es gibt also, so können wir vermuten: zuerst, das Denken als Sein; dann das Denken als Werden; ferner das Denken als Träumen; und schließlich das Denken als »ungedachtes Wissen« (Bollas 1987; 1989).

Mein einziger Vorbehalt dabei ist, dass ich nicht glaube, dass dies die einzig möglichen Formen sind. Vielleicht wird sich die Pyramide eines Tages in eine vielseitige Sphärenkugel ausweiten lassen – eine dreidimensionale Version von Bions ›O‹. Ob die Menschheit dann wohl den Geist Gottes haben wird? Aber das muss Spekulation und Phantasterei bleiben!

Denken als Sein bezieht sich auf all jenes Denken, das jemals gedacht worden ist und hat mit dem Leben in der Welt, so wie wir es wahrnehmen, zu tun. Die Substanz dieses Denkens ist das Wissen, das durch dieses Denken geschaffen wird, also die Kultur.

Diese Art des Denkens (Sein) war höchstwahrscheinlich die erste von Menschen geschaffene Denkform, durch die sie den Sinn der Welt, in der sie lebten, zu ergründen versuchten. Wenn wir in der Gegenwart denken, dann sind wir notwendigerweise auch in der Vergangenheit und der Zukunft befangen. Aber schon die Vorstellung von grammatischen Tempora mit ihren Regeln sind ein Produkt des Denkens.

Eine wesentliche Dimension dieser Denkform ist die Art und Weise, in der die Wissenschaft die Welt der Naturereignisse sieht. Kurz gesagt, während unser Verständnis der Psychoanalyse sich auf eine frühere Version der wissenschaftlichen Methode gründet, die auf einer Kartesianischen, Newtonschen mechanischen Konstruktion fußt, leben wir heutzutage in einer Welt, die als durch die Quantenphysik bestimmt wahrgenommen wird.

Die Objektivität der Quantenphysik erfordert eine ganz andere Orientierungform in der Welt der Natur und damit eine neue Art, die Wirklichkeit der statischen Welt zu erfassen. Hinter der Statik der Vorkommnisse in unserer Welt befindet sich eine verborgene Welt der sub-atomaren Physik. In dieser Welt lässt sich jede Materie genauso gut als festes Teilchen wie als Welle beschreiben. Diese Dualität der Welle/des Teilchens ist als »Komplementärprinzip« beschrieben worden. Die Welle und das Teilchen verhalten sich komplementär zueinander; Materie ist entweder das eine oder das andere. Nur wenn wir beide berücksichtigen, können wir ein vollständiges Bild der Wirklichkeit bekommen. Dies führt jedoch zu einer Welt der Unsicherheit und des Zweifels. Es war Heisenberg, der festgestellt hatte, dass man eine Welle oder ein Teilchen sehr wohl messen bzw. festhalten kann, hingegen nicht beide gleichzeitig.

Dabei müssen wir als Arbeitshypothese im Kopf behalten, dass Materie und Geist ein und dasselbe sind. Beide bestehen aus dem selben grundlegenden »Zeug«. Beide folgen den gleichen Spielregeln. Zwischen beiden besteht eine

Kongruenz. Obwohl es sich bei beiden um Wahrscheinlichkeiten handelt, sind die Spielregeln für beide doch die gleichen.

Das Denken als Werden ist das Denken, durch das wir unsere Befindlichkeit ändern. Wenn man so will, dann ist dieses Denken immer auf die Zukunft gerichtet und speist sich aus einem Gefühl der Frustration, des Wunsches nach Veränderung oder einer Vorstellung von Schicksal. Obwohl ich diese beiden Denkformen hier getrennt diskutiere, durchdringen sie sich doch gegenseitig. Wenn wir an das Sein denken, denken wir doch auch immer daran, was die Wirklichkeit noch werden könnte.

Alle Fortschritte in den Naturwissenschaften, all die mit den verschiedensten Künsten in Zusammenhang stehenden schöpferischen Kräfte, haben ihre Wurzel im Werden. Sowohl Denken als Sein als auch Denken als Werden sind Teil des Bewusstseins, aber beide haben ihren Ursprung auch im unbewussten/unendlichen Aspekt des Geistes bzw. im Unendlichen.

Ich frage mich, ob die jüdische Entdeckung/Erfindung von Jahwe den historischen Ort markiert, an dem das Denken an das, was möglich ist, seinen Anfang nahm. Was ich damit sagen will ist: es muss ein symbolisches, transzendierendes Objekt gegeben haben, das aus der subjektiven Welt geschaffen wurde, damit die Zukunft gedacht und die Vorstellung von der Perfektionierung der Menschheit immanent werden konnte. Aber all das ist Spekulation.

Wenn Bion vom »Schatten, den die Zukunft vor sich herwirft« schreibt, dann habe ich das immer wörtlich, im metaphorischen Sinne verstanden. Es gibt allerdings auch eine Betrachtungsweise aus der »Quantenperspektive«, mit der man diesen Prozess des Werdens verstehen kann. Fred Wolf (1994) hat ihn, fußend auf Fred Hoyles Theorie, beschrieben. Ich gebe seinen Gedankengang hier in vereinfachter Form wieder.

Die Quantenphysik gründet sich in einem mathematischen Kontext nicht wahrnehmbarer Existenzen. Sie ist kein beobachtbares materielles Feld. Ihre grundlegende Einheit ist die Funktion der Quantenwelle. Wir müssen uns die Wellen als »da draußen« im Raum vorstellen. Es bedarf eines Sprungs unserer Vorstellungskraft, um zu sagen, dass ein Ereignis tatsächlich stattfinden wird. In jedem Fall ist sie eine Wahrscheinlichkeitsfunktion, die festlegt, wie wahrscheinlich es ist, dass ein spezifisches Ereignis zu einer bestimmten Zeit und an einem bestimmten Ort stattfinden wird. Damit ein Ereignis stattfindet, muss es ein dieses anregendes Ereignis geben. Dieses Ereignis sendet Quantenwellen in eine bestimmte Richtung. Darüber hinaus gibt es etwas, was man als das Antwort- oder Echoereignis bezeichnet. Dieses Antwortereignis (das erhoffte zukünftige Ereignis) ist tatsächlich ein Ereignis, das in der Zukunft stattfinden wird. Deshalb sendet es zeitlich gesehen rückwärtige Wellen aus.

Trotz aller Sonderbarkeit ist das Entscheidende hier, dass zwei Ereignisse notwendig sind, damit ein Ereignis stattfinden kann. Man nennt dies auch die »transaktionale Interpretation« (John Cramer). Das Bewusstsein ist die Beziehung zwischen zwei Ereignissen via dieses Antwortangebots oder Echos. Hierbei handelt es sich um einen quantenphysikalischen Mechanismus.

Eine Art und Weise, auf die man sich die Spannung zwischen Teilchen und Wellen innerhalb der Wellen/Teilchen-Dualität vorstellen kann, ist, sie als Spannung zwischen dem Sein und dem Werden zu verstehen.

Denken als Träumen ereignet sich in dem Traumraum, der auf unwirkliche Weise von den uns wichtigen Menschen und Ereignissen in unserer Vergangenheit und Gegenwart bevölkert wird. Bion zufolge sind alle Träumer Denker. Ihr Denken hat die Qualität eines Primärprozesses. Und ebenso wie es Gedanken gibt, die auf der Suche nach einem Denker sind, gibt es auch Träume auf der Suche nach einem Träumer. Gewiss entspringen Träume dem Unbewussten oder dem Unendlichen bzw. der Vorstellungswelt. Wir träumen im Schlaf. Dabei stellt uns der Traum durch Bilder, gleichsam »blitz«artig, den Bezug zwischen uns und unserer Umwelt dar, unserer Vergangenheit ebenso wie unserer Gegenwart. Der Traum ist eine Metapher, die uns, hat man ihre Bedeutung durch Assoziationen und Erweiterungen entschlüsselt, eine Hypothese über den tatsächlichen Status unserer Beziehung zu bestimmten Bereichen unserer gesellschaftlichen Umgebung formulieren lässt. Aus ihr lassen sich Theoreme über unsere Lebenssituation abstrahieren. Der Traum ist eine reale Erfahrung, die eine konstante Synthese zwischen unserem Zustand der Beziehung, des Bezogenseins zu unserer Umwelt, herstellt.

Der Traum führt uns in ein Paralleluniversum ein, das neben dem Universum und der uns bekannten Wirklichkeit existiert. Dieses Paralleluniversum funktioniert nicht auf der Basis kausaler Beziehungen. Es arbeitet vielmehr, wie Jung zeigen konnte, mit Synchronizität. Synchronizität existiert, wenn zwei von einander getrennte Ereignisse beobachtet werden können, die aber als miteinander in Zusammenhang stehend verstanden werden bzw. Einfluss auf andere Ereignisse haben. Wie Jung es beschreibt, gibt es so etwas wie einen bedeutsamen Zufall bei Ereignissen, die räumlich und/oder zeitlich voneinander getrennt sind. Dabei handelt es sich um die Zufallsbeziehung zwischen subjektiven und objektiven Ereignissen, die sich nicht kausal erklären lassen. In seinem Aufsatz »Synchronizität: ein a-kausales Verbindungsprinzip« (vgl. Jung 1993, S. 96), hat er auf diese Tatsache hingewiesen. Wolfgang Pauli, ein Mitarbeiter Jungs, war der Überzeugung, dass das Unbewusste für die Theoriebildung über die Materie weit entscheidender sei, als von der Physik bislang zugestanden worden ist (Wolf 1994, S. 285).

Beim Traumprozess gibt es einmal den Träumenden, der den Traum träumt, und dann den Träumer, der den Traum versteht (Ogden 1993, S. 235). Der Traum kommt aus der Psyche, die man sich als eine Art »schwarzes Loch« vorstellen kann. Ist der Traum einmal in Worte gefasst, beginnen wir mit dem Prozess des Ringens um die »implizite Bedeutung« (Ullman 1975, S. 9) dessen, was im Traum selbst explizit war. Auf diese Weise betreten wir ein paralleles Universum, das jenseits des uns selbstverständlichen Bildes der Wirklichkeit liegt.

Das Träumen kommt aus dem Quantenreich, das zwischen den Dingen (Ereignissen), die miteinander in Beziehung stehen und den geistigen Bezügen, die zwischen ihnen existieren, liegt. Diese Bezüge können akausal sein, sind aber in der Regel assoziativ (Matte-Blanco 1988). Der Traumprozess ist also sozusagen das Ergebnis des Quanten-Ichs, da es sowohl unser bewusstes als auch unser unbewusstes geistiges Terrain abdeckt – ein Vorgang, den wir im Alltagsleben als unmöglich empfinden würden.

Die klassische Psychoanalyse versteht den Traum primär als Teil des ödipalen Bereichs und interpretiert ihn dementsprechend. In dem hier gewählten Denkzusammenhang verstehe ich den Traum jedoch auch als ein Sphinx-Projekt, das seinen Beitrag zum epistemophilischen Trieb des Menschseins leistet. Wenn ein Träumender als Staatsbürger einen Traum hat, dann wissen wir, dass es sich um einen »sozialen Traum« handelt.

Diesen Gedanken habe ich bereits in Social Dreaming@Work (Lawrence 1998 a; vgl. 1998b) dargelegt, wo ich den Träumenden, der seinen Traum versteht, als Matrix für den Menschen überhaupt beschrieben habe.

In diesem Buch machen sich meine Kollegen und ich dafür stark, das soziale Träumen als eine anerkannte Methode der Aktionsforschung in Organisationen zu akzeptieren. Unsere These ist, dass jeder Mensch, der Mitglied einer Organisation ist, Träume hat. Diese Träume stehen in Bezug zum Sein, zum Werden und zum ungedachten Wissen. Sie bieten eine neue Sichtweise auf die Organisation, indem sie das unbewusste, bildhafte Leben ihrer Mitglieder in ihrer Rolle als Organisationsmitglieder anzapfen. Indem wir an diesen Träumen arbeiten und Assoziationen benutzen, können wir Einblick in die Entwicklungsmöglichkeiten gewinnen, auch wenn wir dabei (oftmals laterale) Einsichten bieten und auf diese Weise die von jedermann geteilte rationale und logische Gestalt zerstören.

Das soziale Träumen hat die Natur des Containers, in dem der Traum aufbewahrt wird, verändert. In der klassischen Psychologie ist dieser Traumcontainer die Dyade, die die Art und Weise festlegt, in der der Traum aufbewahrt wird. Ist dieser Container die Matrix (also eine Gruppe von Menschen), verändert sich der Trauminhalt. Die Vorstellung vom Container ist für den

Gedanken der Matrix wesentlich, denn auf diese Weise werden wir in ein weiteres Feld der Träume und des Träumens überhaupt sowie in Assoziations- und Amplifikationsquellen eingeführt.

Das Träumen ist für unsere Existenz ebenso wichtig wie das Denken als Sein, ja sogar wie das Denken als Werden und, in der Tat, wie das Denken als ungedachtes Wissen. Aber aufgrund unserer charakteristisch rational-logischen Weltansicht ist das Träumen entwertet und als halluzinatorisch und tangential für die Lebenspraxis erachtet worden.

Das Denken als ungedachtes Wissen können wir uns, so meine Hypothese, sowohl als Quantenwelle als auch als Quantenpartikel vorstellen. Das Denken geht stets in Wellenform vor sich. Aber sobald wir es untersuchen, wird es zum Partikel. Dabei spielt der Beobachter eine entscheidende Rolle. Wenn man so will, entwickelt sich das Denken so, wie es James Joyce in seinem Ulysses auf so brilliante Weise dargestellt hat. Der Traumvorgang geht, während wir schlafen, weiter und wird gelegentlich als Traum erinnert. Die dröhnende Verwirrung unseres Geistes hört nie auf und wird periodisch als eine Gedankenwelle oder ein Gedankenpartikel erinnert. Beide können weder gleichzeitig gemessen noch untersucht werden.

Es gibt Denken und Gedanken, zu denen wir nur begrenzt Zugang haben, die uns aber durch zwischenmenschliche Kommunikation zugänglich werden, wenn wir uns dieser zugänglich machen. Dieses eben ist das ungedachte Wissen, so wie Christopher Bollas es beschreibt. Grob gesprochen ist das ungedachte Wissen das, was auf einer gewissen Ebene gewusst wird, aber noch nie gedacht oder in Worte gefasst worden ist und daher nicht für weiteres Denken zur Verfügung steht.

Bollas definiert diese Form des Denken wie folgt:

> »Die vererbten Dispositionen, die das wahre Selbst ausmachen, sind eine Art Wissen, welches nicht zuvor gedacht worden ist, obwohl es bereits ›da‹ ist und im Leben des Neugeborenen arbeitet, das dieses Wissen mit sich bringt, während es wahrnimmt, ordnet, erinnert und die Objektwelt benutzt. Diese Form des Wissens habe ich ›ungedachtes Wissen‹ genannt (Bollas 1987), um u.a. das zur Verfügung stehende Wissen über unser wahres Selbst zu benennen« (Bollas 1989, S. 10).

Durch die Erfahrung der Übertragung und Gegenübertragung ermöglicht uns die Psychoanalyse eine Annäherung an dieses verfügbare, ungedachte Wissen. Mit Hilfe der gewöhnlichsten Gegenübertragung verschaffen wir uns Zutritt zu diesem ungedachten Wissen. Das ist der »Zustand des Noch-nicht-Wissens, aber Schon-Erfahrens« (Bollas 1987, S. 203).

Obwohl die Übertragung eine Grundlage der Psychoanalyse darstellt, indem sie das Verständnis der therapeutischen Dyade fördert, ist meine These, dass diese Gefühle ebenfalls als wesentliches Element eines jeden gesellschaftlichen Kontexts vorhanden sind. Es handelt sich dabei um die unbewussten Kräfte, die, gefühlsschwanger und zeitweilig gegenwärtig, bei jedem menschlichen Kontakt vorhanden sind. Sie teilen uns mit, was es ist, was wir und was Andere schaffen. Aber dieses Wissen kann auch destruktiv sein.

Eine projektive Identifikation kommt zustande, wenn Individuen sich dissoziieren bzw. Teile ihrer Psyche »abspalten«, die sie nicht zügeln können und daher an den Anderen abgeben. Der/die Andere erfährt diese dann als sein/ihr Eigenes. Mit dieser Kurzzusammenfassung der zahlreichen Arbeiten zur Übertragung, Gegenübertragung und projektiven Identifikation möchte ich lediglich anregen, dass auf diesem Wege ein Aspekt der Wirklichkeit gewusst werden kann, der bis dahin in der Wirklichkeit eingebettet (sprich zugedeckt, unzugänglich) gewesen ist. Dieser Gedanke ist vergleichbar mit der implizierten Ordnung, von der Bohm spricht.

Als Psychoanalytiker konzentriert sich Bollas auf das Individuum. Aber ich glaube, dass das ungedachte Wissen auch auf ein Gesellschaftssystem oder eine Organisation bezogen werden kann, d. h. es ist ein Sphinx-Projekt. Dieses Wissen ist es, dass nur selten durch Denken wahrgenommen wird und unausgesprochen bleibt. Dennoch bewirkt es, wird es einmal wahrgenommen, einen entscheidenden Unterschied für das Leben der Organisation bzw. des gesellschaftlichen Systems.

Das ungedachte Wissen ist das im Anfang Begriffene, weil es in der Sprache und der Gesellschaft untergeht, die normalerweise als Kanäle des Wissens fungieren würden. So schreibt Bollas: »Die Phantasie ist die erste Verwirklichung des ungedachten Wissens im geistigen Leben. Sie bedeutet zu Denken, was da ist« (Bollas 1987, S. 279). Worauf Bollas hier hinweist, ist die Bedeutung der Phantasie beim Aufspüren des bereits existierenden ungedachten Wissens, d. h. diese postuliert die Existenz dessen, was da ist. Die Bedeutung der Phantasie liegt also in deren imaginierter Repräsentation der Wirklichkeit, die faktisch existiert (wenn das nicht zu seltsam klingt). Dazu gehören Denkformen, die aus der Fähigkeit des menschlichen Geistes zur Imagination, Illusion und Halluzination entspringen.

Sowohl das Denken als Träumen als auch das Denken als ungedachtes Wissen verweisen auf die Existenz des Quanten-Ichs, also dem Ich, das aufgrund von Beziehungen existiert. Dieses kommt durch Interaktion in die Welt. Die Vorstellung, wir seien autonom ist ein Irrtum und entspringt unserer narzisstischen Befangenheit.

Was wir mit Sicherheit sagen können - und dies ist eine Erfahrung aus unserer Beratungspraxis mit Organisationen - ist, dass das ungedachte Wissen, sobald es an die Oberfläche kommt, einen bleibenden Unterschied macht. Ein solches ungewusstes Wissen könnte es z. B. in einem Familienbetrieb sein, dass eine Managementposition speziell für den Schwiegersohn geschaffen worden ist. Alle wissen, dass er aufgrund seiner Position in der Familie ausgewählt worden ist. Er nimmt seine Stellung nicht aufgrund seines eigenen Verdienstes ein. Er musste sich nie um diese Stelle bewerben. Dieses ungedachte Wissen wird aber nie ausgesprochen. Ein Ergebnis davon ist die Fabrikation eines Lügenmärchens. Dieses handelt von der Kompetenz und Qualifikation des Schwiegersohns. Es besteht ein heimliches Einverständnis zwischen den Mitarbeitern am unteren Ende der Organisationshierarchie, die in der Organisation des Familienbetriebs überleben wollen. Auf diese Weise werden immer mehr Lügen fabriziert. Ich verweise hier auf das Leugnen des ungedachten Wissens, das zur Aussprache von Unwahrheiten führt. Die Verbreitung solcher Unwahrheiten ist ein verschwörerischer Prozess, der auf der gemeinsamen Neigung beruht, der Konfrontation mit den unbequemen, ungenießbaren, unaussprechlichen Aspekten der Wirklichkeit auszuweichen. Dies geschieht, um das schlechte Gefühl bzw. den Schmerz zu vermeiden, der beim Benennen von ungedachtem Wissen entstehen kann.

Wenn also Denken als Sein und Denken als Werden dazu tendieren, ihren Ursprung im bewussten Denken zu nehmen, obwohl sie noch immer vom Unbewussten oder Unendlichen beeinflusst werden, entspringen das Denken als Träumen bzw. das ungedachte Wissen aus dem Unbewussten oder Unendlichen.Wenngleich das Unbewusste in der Vergangenheit vorwiegend negativ gesehen worden ist, möchte ich hier die Behauptung aufstellen, dass es auch positive Aspekte hat. Aber durch das Triebmittel des Traums, besonders des sozialen Traums, werden Denken als Sein und Denken als Werden bereichert und dadurch wirklichkeitsnäher, genauso wie auch durch den Kampf, das ungedachte Wissen dem Denken zugänglich zu machen und es zum Teil unseres Bewusstseins werden zu lassen. Wenn ich hier das Wort ›Kampf‹ verwende, dann meine ich den Kampf mit unseren Abwehrmechanismen.

4. Modalitäten des Denkens

Im Folgenden möchte ich mich zunächst den Modalitäten des Denkens zuwenden, die dem Denken als solchem inhärent sind; später dann der psychischen Struktur. Die Denkmethode, die wir in jeder der vier Denkformen (Denken als Sein, Werden, Träumen sowie ungedachtes Wissen) verwenden, verkompliziert, was eigentlich relativ einfach erscheint. Wir können uns den

Denkprozess auf zwei Weisen vorstellen. David Armstrong (1998) trifft diese Unterscheidung, wenn er sagt, dass es zwei Varianten des Denkens gibt: Denken I und Denken II.

Bei ersterem kommt das Denken aus dem Denkprozess und verdankt seine Existenz dem Denkenden. Epistemologisch gesprochen existiert das Denken vor dem Gedanken. Solches Denken bzw. der Gedanke können als Exegese vorgebracht werden, durch rationale Argumentation, die vom Zuhörer oder Leser erwartet, dass es von ihm gerechtfertigt oder zurückgewiesen wird. Um es noch einmal zu sagen, das Denken existiert vor dem Gedanken.

Beim Denken II existieren der Gedanke sowie die Gedanken epistemologisch gesehen vor dem Denken. Bion (1970) formuliert diese Idee folgendermaßen: Gedanken existieren, ohne einen Denkenden, der von einem Denkenden empfangen werden muss (vgl. Armstrong 1992). Solche Gedanken existieren einfach; sie sind entweder wahr oder falsch. Sie kommen aus dem Nicht-Gewussten, dem Unendlichen, aus keinem Gedanken und werden als Frustration, als Rätsel wahrgenommen.

Diese Formulierung reflektiert in gewisser Weise Peter McKellars Theorie, der zufolge zwei Denkweisen existieren: A-Denken und R-Denken. Von Eugen Bleuler (1857-1939) übernimmt er den Terminus »Autismus«, um das Denken zu bezeichnen, »das Phantasie beherrscht, selbstgeschaffen und unkorrigiert von Bezügen zur realen Außenwelt« existiert (McKellar 1968, S. 78). McKellar verwendet die Bezeichnung A-Denken, um »Phantasien, Träume, Alpträume, visionäre Aktivitäten, hypnotische Vorstellungen, Halluzinationen und ähnliches« zu bezeichnen (ebd., S. 78).

Diesem stellt er das R-Denken gegenüber, welches das »Denken, das im gesunden, erwachsenen Wachzustand vorherrscht, und zwar in den logischsten, realistischsten und vorurteilsfreiesten Augenblicken (bezeichnet). Dazu gehören auch realistische Einschätzungen in Bezug auf Beweise, kritische Beurteilungen, und logisch zutreffende Inferenzen« (ebd.).

A- und R-Denken, Denken II und I können als Grundlage für die vier Denkformen, die ich benannt habe, verstanden werden.

Psychische Struktur

Indem wir die zur Sphinx komplementären Perspektive einnehmen und uns auf Ödipus konzentrieren, können wir nun den Ort psychischer Strukturen betrachten, der das Denken konstruiert, oder, wie ich es vorzugsweise ausdrücken würde, refraktiert. So können wir das Ego und das Ich innerhalb der Pyramide der vier Denkformen positionieren, wobei die Denkmethoden deren Grundfläche darstellen würden.

Was gedacht wird, sei es, epistemologisch gesehen, vor oder nach der Tatsache des Denkens, hängt von der Innenwelt, vom Leben bzw. vom Individuum ab. Nicht immer geht das Denken der vier Formen daher bewusst vor sich. Wir wissen, heutzutage zumindest, dass das Unbewusste – das, obwohl stets vorhanden, nur selten benannt wurde – von jeher entscheidend für die menschliche Wahrnehmung gewesen ist, seit Freud darauf aufmerksam gemacht und, »es in den Vordergrund moderner intellektueller Auseinandersetzungen gestellt hat« (Tarnas 1991, S. 422).

Wie ich meine, hat Bion Freuds fundamentale Aussage – dass nämlich das Unbewusste zeit-, ort- und grenzenlos ist – richtig erfasst, indem er darauf hinweist, dass die Polarität von bewusst vs. unbewusst neu formuliert werden müsse, um dem analytischen Denken Rechnung zu tragen. Bion war der Ansicht, dass diese Polarität durch die von endlich vs. unendlich ersetzt werden müsse, sprich »aus der Leere und dem formlosen Unendlichen gewonnen werden müsse« – ein Zitat von Milton (Symington 1996, S. 8).

Jede der vier Denkformen hat eine dynamische Erscheinungsform, von der jede einen dynamischen Vorgang darstellt, basierend auf dem, was im Innenleben des Denkenden vor sich geht, der die verschiedenen Denkformen einsetzt. Jeder Inhalt eines Gedankens ist eine Reflexion der Wirklichkeit und eine Variante der potentiellen Wahrheit. Dabei sind beide jedoch von der individuellen Psyche geformt, die die äußere Wirklichkeit auf der Basis der Wirklichkeit konstruiert, die in der inneren Welt konstruiert wird. Die innere Welt wird also mit der Existenz des Endlichen-Unendlichen zu kämpfen haben, oder, traditioneller ausgedrückt, mit dem Gegensatz zwischen bewusst und unbewusst. Dieser zweigleisige, partizipatorische Vorgang (was außen ist, ist innen und umgekehrt), konstituiert das ungeteilte Ganze. Man könnte sagen, dass das Denken hier wie ein elektromagnetisches Feld operiert, an dem alle menschlichen Wesen beteiligt sind.

Es gibt die Theorie, dass wir in unserem Geistesleben verschiedene psychische Positionen einnehmen. Jetzt befinden wir uns auf dem Gebiet des Denkens, das von der Psyche initiiert wird. Als menschliche Wesen leben wir gleichzeitig in einer doppelten Umgebung.

Wir sind, wenn man so will, ein Kontext innerhalb eines Kontexts. Diese doppelte Umgebung kann als » ... interne und externe, psychische und materielle, unbewusste und tief in der physischen Existenz und daher bewusst, wie auch tief durch menschliche Beziehungen bzw. all die Restriktionen der Sozialkultur beeinflusst« verstanden werden (Guntrip 1961. S. 351 f.).

Die Verbindungen zwischen dem Innen und dem Außen werden von der Psyche hergestellt. Auf subjektive Weise interpretiert diese fortlaufend die Wirklichkeitserfahrung. Genauer gesagt, die Psyche tendiert dazu, die Wirklichkeit fehl zu interpretieren, um sich vor Schmerz zu schützen und das Lustgefühl zu verstärken. Das bedeutet, dass der Einfluss der Wirklichkeit ungünstige oder unerwünschte Gefühle in uns hervorrufen könnte, die wir gern vermeiden möchten. Deshalb haben Menschen die Tendenz, die Wirklichkeit zu finden, die ihnen Vergnügen und Wohlgefühl bereitet.

Tatsächlich bietet sich uns die Wirklichkeit nicht in Form roher Vernunftdaten dar. Sie wird vielmehr durch die Phantasie vermittelt. Oder wie Joan Riviere es formuliert hat: »Das Phantasieleben des Individuums ist die Form, durch die reale interne und externe Umwelterfahrungen für das Individuum interpretiert und repräsentiert werden. Unter dem Einfluss des Lust-Schmerzprinzips werden sie vervollständigt« (Riviere 1952. S. 41).

Alles Denken als Sein ist zunächst einmal in der Phantasie verankert. Darüber hinaus können wir davon ausgehen, dass die elementare und primitive Funktion der Psyche das Gefühl sowie die Wahrnehmung der Wirklichkeit kontinuierlich fehlinterpretiert, um die Psyche vor den unangenehmen Aspekten der Realität zu bewahren. Sie gibt vor, dies zu tun, um eine ausgewogene Beziehung zur externen Wirklichkeit herzustellen, hat aber tatsächlich das Ziel, eine schmerzfreie Existenz zu erreichen. Die ernüchternde Feststellung ist hier, dass sogar zivilisierte Menschen, zumindest die Mehrzahl von ihnen, ihre Denkprozesse stets so ausrichten, dass die unangenehmen Aspekte der Realität vermieden werden können.

Es gibt zwei psychische Positionen, die, wie ich glaube, stets darauf ausgerichtet sind, in dem Sinne mit der Realität in Verbindung zu bleiben, dass sie darauf abzielen, die wahre Natur der Dinge zu erkennen. Ich spreche hier von der depressiven Position und der tragischen Position. Symington (1986) theoretisiert über letztere. Als Erwachsene ist unser Denken über die reale Welt tiefgreifend durch unsere Erfahrungen bestimmt, die sich zwischen paranoid-schizoiden (im wesentlichen also in der Phantasie begründeten) und depressiven Positionen (basierend auf der Akzeptanz der Wirklichkeitskälte, die uns deprimiert und, in ihrer realistischsten Ausprägung, tragisch ist) hin- und herbewegen.

Die andere Position, also die paranoid-schizoide, entfernt uns hingegen vom Wirklichkeitszustand. Stets werden wir dazu verführt, mit der Wirklichkeit in Kontakt zu kommen, wenn wir nervös sind und lustvolle Lösungen finden wollen. Genau dann wollen wir von den Auswirkungen und Komplikationen der Kenntnis dessen, was die Wirklichkeit enthüllen würde, wenn sie Schmerz verspricht, nichts wissen. Hier sehen wir also, dass das Unbewusste oder das Unendliche mit in Betracht gezogen werden muss. Der Wunsch, die Wirklichkeit nicht zu kennen, nimmt die Form der Zerstörung jedweder Denkprozesse an, was charakteristisch für die Psychose ist.

Eine Arbeitshypothese könnte sein, dass die nicht-psychotische Persönlichkeit sich immer im Unbewussten befindet. Der Zusammenstoß mit den schicksalhaften Lebensläufen führt zur psychotischen Persönlichkeit. Das damit in Verbindung gebrachte Denken kann korrigiert werden, es kann wieder mit der Realität in Berührung gebracht werden, sobald das Individuum sein Denken vor dem Unbewussten oder Unendlichen, also vor der nicht-psychotischen Persönlichkeit, rettet[1].

Diese Lesart ist eine unkomplizierte Version des psychoanalytischen Denkens. Gleichwohl hoffe ich, zeigt sie ausreichend, dass das Denken von Anfang an Teil unseres Lebens ist und demonstriert darüber hinaus, dass das Denken durch die Innenwelt gebrochen, in die Außenwelt projiziert wird.

Die Erweiterung des Möglichkeitsraums durch Denken

In der Gesellschaft:

Denken erweitert stets den Raum des Möglichen. Die Problematik, der sich denkende Personen gegenübergestellt sehen, besteht darin, dass sie sich stets in einem Seinszustand an der Grenze ihres eigenen Verständnisses befinden. An diese Grenzen zu stoßen ermutigt sie, aus dem Unendlichen, aus dem, was nicht gewusst ist, aus dem Traum sowie aus dem Reich des ungedachten Wissens, zu schöpfen.

Denken gibt Wissenschaft, Kunst, Literatur, Philosophie, Soziologie, Psychologie, der Psychoanalyse, Management, Accounting, Musik, ja, tatsächlich allen Disziplinen ihre Wissenssubstanz, ihre wissenschaftliche Präsenz.

Zugleich ist Denken aber auch etwas Gewöhnliches. Uns allen geht ständig eine Ulysses-artige, dröhnende interne Konversation über alle Lebenssituationen und das In-der-Welt-Sein durch den Kopf. Einiges davon wird banal sein oder sogar so trivial, dass wir es gar nicht wahrnehmen. Anderes wird von einer Art sein, die einen Unterschied bewirkt im Hinblick darauf, was wir in der Zukunft denken werden, und, was noch entscheidender ist, etwas, das, wenn es erst einmal ausgesprochen ist, andere dazu anzuregen vermag, ihre Denkweise zu verändern. Denken und Bewusstsein sind miteinander verknüpft, denn sie sind selbstreflexive, sich gegenseitig befruchtende Tätigkeiten.

Alles Denken findet innerhalb eines Ökosystems statt und Informationskräfte aus der Außenwelt, die mit der Realität unserer Innenwelt in Beziehung treten, sind es, die es uns erlauben, zu denken. Denken ist ein Produkt der Symbiose zwischen Menschen und ihren Ökosystemen, die auf der Ebene der Gattungswesen stattfindet und zu dem umfassenderen Phänomen »Leben« beiträgt.

Meine Hypothese besagt, dass jedes lebendige Ganze, gleich ob menschlich oder nicht, einen Traumprozess bzw. einen Proto-Traumprozess durchläuft, um auf diese Weise seine Beziehung zu seiner Umgebung zu erproben bzw. durchzuarbeiten. Ich möchte vorschlagen, dass dieses Proto-Träumen am Beginn des Evolutionsprozesses steht. Ganz gleich auf welch minutiöse Weise, der Organismus ergründet durch Traumbilder und Traumarbeit seine ökosystemische Nische. Gewiss, der primitive Organismus ist nicht der Sprache mächtig, denkt aber in Metaphern darüber nach, wie er das, was möglicherweise seine Nische sein könnte, erweitern kann.

Denken ist so grundlegend, so wesentlich, so selbstverständlich, so mondän, so elementar, dass wir uns nie wirklich Gedanken über dessen Ort in der menschlichen Sphäre machen. John Wheeler hat verdeutlicht, auf welche Weise der Raum des Möglichen durch Denken erweitert werden kann. Seine These lautet, dass »die Welt keine riesige Maschine sein kann, die von irgendeinem kontinuierlichen physikalischen Gesetz vorgefasst worden ist«. Stattdessen schlägt er vor, dass wir »uns das physikalische Universum wie ein gigantisches Informationsverarbeitungssystem denken sollen, dessen Endprodukt noch nicht feststeht«. Wheeler prägte den Ausspruch »it from bit«, damit will er sagen, »dass jedes es – also jedes Partikel, jedes Kraftfeld, ja sogar das Zeit-Raum-Verhältnis – sich uns letztlich in Form von ›bits‹ (bytes) von (Gedanken-)Information darstellt« (Davies & Gribbin 1991, S. 300f.).

Das Universum ist jedoch mehr als ein Informationsverarbeitungssystem. Aufgrund unserer kulturbedingten Faszination mit dem Computer konzentrieren wir uns in der Informatik fast ausschließlich auf die Nachrichten, die in sogenannten »bit strings« kodiert sind (Cohen & Stewart 1995, S. 290). Diese Ausrichtung auf die Software bewirkt, dass wir die Notwendigkeit übersehen, auch der Hardware Beachtung zu schenken. Damit meine ich das menschliche Wesen als Ganzheit, als Kontext. Information ist erst dann Information, wenn wir den Prozess des Denkens anwenden. Erst dann hat Information Bedeutung, die in unserem Leben einen Unterschied bewirkt. Wir können also sagen, dass das Universum eine riesige Denkmaschine ist, dessen Endprodukt von einem stetigen Entdeckungsprozess geprägt ist.

Indem wir das physikalische Universum erfahren wollen, bringen wir es mit all seinen unterschiedlichsten Eigenschaften erst in die Welt. Das Denken ist entscheidend für unser Sein und natürlich verwandelt es konstant die Wirklichkeit.

In der Organisation:

Dies können wir auch in Organisationen feststellen. Wenngleich Menschen in Unternehmen weiterhin so handeln, wie sie es in der Vergangenheit getan haben, befinden sie sich doch auch in einem Übergangszustand, indem sie sich in Bezug auf das, was sie sind zu dem, was sie dabei sind zu werden, verwandeln. Die Geschäftswelt unserer Tage existiert in einer Welt des »corporate environment«, das durch die Beteiligung von Managern in ihrer Umwelt als Ökosystem »in die Welt gebracht wird«.

Die Denkmuster der daran beteiligten Manager werden sowohl A-Denken als auch R-Denken beinhalten, auch wenn dies nach außen hin nicht bemerkbar ist. Auch die Phantasie wird im Leben einer Organisation stets eine Rolle spielen, und zwar sowohl in Bezug darauf, wie die Wirklichkeit konstruiert wird als auch als Beweismaterial für das ungedachte Wissen. Allerdings existieren aufgrund der Natur und Qualität des Denkens spezifische Einschränkungen.

In dieser Hinsicht sind Bohms Gedanken über das Denken am kreativsten. Seine Theorie besagt, dass alles, was in unserem materiellen Universum existiert, in der Erinnerung eingebettetes Denken ist. Er erkennt, dass, das, was an der Welt falsch ist, in unserem fragmentierten Denken begründet ist. Wir errichten Grenzen, wo tatsächlich eine enge Verbindung besteht. Auf diese Weise schaffen wir falsche Abgrenzungen und falsche Einheiten. Die Fragmentierung ist das Resultat des vom Gefühl und vom Körper abgetrennten Denkens und Gedankens. All dies verorten wir im menschlichen Geist.

Meines Erachtens stellt der menschliche Geist den Kontext dar, aus dem heraus und mit dem wir denken. Somit ist der menschliche Geist, der in der physischen Wirklichkeit nicht existiert, das Ergebnis kontextuellen Denkens. Wir denken bzw. wir haben den menschlichen Geist in die Welt gedacht. Wir denken das Denken und den Körper als etwas unterschiedliches und auf diese Weise erfahren wir sie auch als unterschiedlich, weil wir sie als verschieden von einander denken.

Denken heißt Teilnehmen. In dem Augenblick, in dem wir denken, nehmen wir an dem, worüber wir nachdenken, teil. Wir nehmen also an diesem Phänomen teil. Dies ist ein zweigleisiger Prozess. Denken und Gedanken haben sowohl eine äußerliche als auch innerliche Wirkung auf uns. Die Aktionsforschung hat diese Tatsache in den Mittelpunkt ihrer Betrachtungen gestellt.

Wir haben den Eindruck, dass die Welt ein Chaos ist. Tatsächlich sagen wir aber damit aus, dass sowohl Gedanken als auch Denken in einem chaotischen Zustand sind. Bohm schreibt: »Wir alle sind es. Und deshalb ist die Welt ein Chaos. Denn das Chaos der Welt kehrt zurück und steuert zum Chaos der Gedanken bei« (Bohm 1992, S. 14).

Ab und zu finden wir eine Ordnung in diesem Chaos, die einen Sinn ergibt und, wenn wir Glück haben, unseren Kriterien für logisches und ethisches Denken entspricht. Das Problem dabei ist, dass wir an dem geordneten Denken festhalten können, allerdings um den Preis, uns dem chaotischen Denken zu verschließen, das hinter dieser vermeintlichen Ordnung liegt und die Quelle der Kreativität ist.

Ein weiterer wesentlicher Aspekt des Gedankens ist, dass »der Gedanke nicht weiß, dass er etwas tut, und dann gegen das, was er tut, ankämpft. Er will nicht wissen, dass er etwas tut«. Das Denken verabscheut das Ergebnis, das es produziert. Es will unangenehme Ergebnisse vermeiden, obwohl es so, wie gehabt, weiterdenkt. Bohm bezeichnet dies als »durchgehaltene Inkohärenz« (Bohm 1992, S. 10 f.). Ich selbst habe einige aus der Psychoanalyse abgeleitete Theorien aufgestellt, warum diese durchgehaltene Inkohärenz stattfindet.

Denken, im Sinne eines andauernden Zustands verstanden, entspringt aus ererbten Gedanken. Einen neuen Gedanken zu denken heißt, dass wir in uns all die relevanten Gedanken tragen, die gedacht worden sind und in der Lage sind, daraus einen neuen Gedanken zu formen, da wir die Phänomene anders sehen und einen Riss in dem Denken wahrnehmen, das bisher gedacht worden ist. Winnicotts Theorien (1971) über »das Spiel« kommt hier eine entscheidende Bedeutung zu.

Ich habe hier einen groben Überblick über die Komplexität von Denken und Gedanken gegeben und im Einzelnen dargestellt, wie Denken entsteht. Es erscheint mir sinnvoll für die Beratungspraxis, da ich die in dem, diesem Artikel vorangestellten Zitat ausgesprochene Überzeugung teile, dass das Unternehmen der Zukunft mit »dem Bewusstsein in jeder einzelnen Person wachsen wird«. Das Denken zu fördern, ist ein Weg, auf dem wir dorthin gelangen können. Selbstverständlich ist dieser sehr viel komplexer, als ich ihn hier habe darstellen können.

Aus dem Englischen von Katharina von Ankum

Anmerkung

[1] Ich danke William Halton, der diese These neulich bei einem Bion Lesekurs formuliert hat. Sie steht in Übereinstimmung zu Fairbairns Theorie über das Ego (Fairbairn 1952; vgl. Klein 1946), wie ich sie verstehe.

Literatur

Armstrong, David (1992): Names, Thoughts and Lies: The Relevance of Bion's Later Writings for Understanding Experiences in Groups. In: Free Associations, 3(2), Nr. 26.

Armstrong, David (1998): Thinking Aloud: Contributions to Three Dialogues. In: Lawrence, W. G. (Hg.) (1998): Social Dreaming @ Work. London (Karnac Books).

Bion, Wilfred R. (1961): Experiences in Groups. London: Tavistock Publications. Dt.: (1990): Erfahrungen in Gruppen und andere Schriften. Frankfurt/M. (Fischer Taschenbuch-Verlag).

Bion, Wilfred R. (1970): Attention and Interpretation. London (Tavistock Publications).

Bion, Wilfred R. (1992): Cogitations. London (Karnac Books).

Bohm, David (1992): Thought as a System. London (Routledge).

Bollas, Christopher (1987): The Shadow of the Object. London: Free Association Books. Dt.: (1997): Der Schatten des Objekts. Stuttgart (Klett-Cotta).

Bollas, Christopher (1989): Forces of Destiny. London (Free Association Books).

Cohen, J & Stewart, I. (1995): The Collapse of Chaos. London: Penguin Books. Dt.: (1997): Chaos und Antichaos. München (Deutscher Taschenbuch-Verlag).

Davies, P. & Gribbin, J. (1991): The Matter Myth. London: Penguin Books. Dt.: (1996): Auf dem Weg zur Weltformel. München (Deutscher Taschenbuch-Verlag).

Fairbairn, W. R. D. (1952): Psychoanalytic Studies of the Personality. London (Tavistock Publications).

Guntrip, H. J. S. (1961): Personality Structure and Human Interaction: London (Hogarth).

Joyce, James (1939): Ulysses. London (Faber & Faber). Dt.: (1996): Ulysses. Frankfurt/M. (Suhrkamp).

Jung, Carl G. (1993): The Basic Writings of C. G. Jung. New York (The Modern Library).

Klein, Melanie (1946): Notes on some Schizoid Mechanisms. In: Klein, M.: Envy and Gratitude. London (Hogarth). Dt.: (1998): In: Klein, M.: Gesammelte Schriften. Stuttgart (frommann-holzboog).

Lawrence, W. Gordon (1997): Centering on the Sphinx for the Psychoanalytic Study of Organizations. Vortrag auf der Jahrestagung »The International Society for the Psychoanalytic Study of Organizations (ISPSO)« 1997. http://www.sba.oakland.edu/ispso/html/1997Lawr.htm

Lawrence, W. Gordon (Hg.) (1998a): Social Dreaming @ Work. London (Karnac Books).

Lawrence, W. Gordon (1998b): Soziales Träumen und Organisationsberatung. Freie Assoziation 1, S. 304–328; wieder in diesem Band.

Liebig, J. E., (1994): Merchants of Vision. San Francisco (Berret-Koehler).

Matte-Blanco, I. (1988): Thinking, Feeling, and Being. London (Routledge).

McKellar, Peter (1957): Imagination and Thinking. New York (Basic Books).

McKellar, Peter (1968): Experience and Behaviour. Harmondsworth (Penguin Books).

Ogden, T. J. (1993): The Matrix of the Mind. New Jersey (Jason Aronson).
Polkingthorne, J. (1998): Beyond Science. Cambridge (Canto).
Riviere, Joan (1952): On the Genesis of Psychical Conflict in Early Infancy. In: Klein, Melanie u.a.: Developments in Psycho-Analysis. London (Hogarth).
Symington, N. (1986): The Analytic Experience. New York (St. Martin's Press).
Symington, J. & Symington, N. (1996): The Clinical Thinking of Wilfred Bion. London (Routledge).
Tarnas, R. (1991): The Passion of the Western Mind. London: Pimlico .Dt.: (1997): Idee und Leidenschaft. Frankfurt a. M. (Rogner und Bernhard, Zweitausendeins)
Ullman, M. (1975): The Transformation Process in Dreams. In: The American Academy of Psychoanalysis (New York), 19, (2), S. 8–10.
Winnicott, D. W. (1971): Playing and Reality. London: Tavistock Publications. Dt.: (1995): Vom Spiel zu Kreativität. Stuttgart (Klett-Cotta).
Wolf, F. A. (1994): The Dreaming Universe. New York: Simon & Schuster. Dt.: (1997): Die Physik der Träume. München (Deutscher Taschenbuch-Verlag).
Zohar, D. (1990): The Quantum Self. London: Flamingo.

Kooperation und Konflikt: Zwei Seiten ein und derselben Medaille

Susan Long

Zusammenfassung: Dieser Beitrag geht der Frage nach, wie Konflikte am Arbeitsplatz contained, gemanaged und durchgearbeitet werden können. Konflikte lassen sich nicht dadurch lösen, dass sie vermieden werden; das trägt eher dazu bei, dass sie verlagert werden. Konflikte können gelegentlich so verstanden werden, wie sie zu Tage treten und können direkt gelöst werden. Obwohl sie manchmal auch auf ein offenkundiges Problem verweisen, so können sie jedoch andererseits auch dazu beitragen, eine Problemstellung zu verschleiern, die woanders im System virulent ist. Dabei kann das eigentliche Problem unterdrückt oder verdrängt werden und so auf andere Weise zum Vorschein treten –zum Beispiel in der Form von Arbeitsunfällen oder verminderter Leistung. Auch unsere eigenen inneren Konflikte, die wir beispielsweise mit Veränderungen in Organisationen oder mit der Aufgabe haben, die uns gestellt ist, können davon tangiert werden. Diese inneren Konflikte können durch Projektionen und Introjektionen in Intergruppen- oder institutionellen Konflikten zum Ausdruck kommen. Bei dem Versuch, Konflikte am Arbeitsplatz zu verstehen, müssen wir sie als Symptome für Probleme in einem größeren Systemkontext betrachten. Dabei kann eine kooperative Kultur dazu beitragen, diese Probleme zu explorieren und die Konflikte, in denen sie sich manifestieren, durchzuarbeiten, anstatt sie zu verlagern.

Einführung

In diesem Beitrag gehe ich auf die Ursachen von Konflikten in solchen soziotechnischen Systemen ein, die als »Arbeitsorganisationen« bezeichnet werden. Dabei lege ich eine psychodynamische und systemische Betrachtungsweise zugrunde. Ich werde aufzeigen, wie miteinander konfligierende Interessen, Werte und Ansprüche auf einer systemischen Ebene (z. B. zwischen Abteilungen oder Gruppen) als symptomatisch für einen Konflikt auf einer anderen systemischen Ebene verstanden werden können. Dies impliziert, dass Konflikte am Arbeitsplatz eine unvermeidbare Folgen von Verlagerungen sind. Das bedeutet ganz einfach gesagt, dass – wie immer auch ein Konflikt auf den ersten Blick erscheinen mag – er zugleich auch auf einer anderen Ebene stattfindet. Wenn er zwischen zwei Menschen zu Tage tritt und als unlösbar erscheint, dann kann man davon ausgehen, dass er – systemisch betrachtet – auch irgendwo anders vorhanden ist. Vielleicht besteht dieser Konflikt zwischen zwei anderen Personen, zwischen zwei Gruppen (die diese beiden Personen repräsentieren) oder zwischen der Organisation und Teilen ihrer Umwelt.

In diesem Beitrag werde ich auch darauf eingehen, wie ein Konflikt contained und bearbeitet bzw. aufgearbeitet werden kann. Die hier angebotene Perspektive der Untersuchung und der Bearbeitung von Konflikten, geht davon aus, dass das, was in einem System als offensichtlich erscheint, ursächlich durchaus mit der Dynamik eines anderen Systems verbunden sein kann, in dem eine Lösung möglich ist. Darin liegt das Besondere einer systemischen Betrachtungsweise. Sie erlaubt es, angesichts eines unlösbar erscheinenden Konflikts von der Annahme auszugehen, dass der Konflikt in einem anderen Kontext untersucht und aufgearbeitet werden kann. Ein Konflikt kommt gewöhnlich auf eine Weise zum Ausdruck, die auf andere weitgehend unentdeckte und von seinem eigentlichen Ursprung oft weit entfernte Anlässe oder Ursachen verweist. In dem Maße, wie diese verstanden werden, müssen diese Konflikt nicht notwendiger Weise auf eine unbestimmte Dauer fortbestehen. Die Vorstellung von der Verlagerung (eines Konflikts von einer Ebene oder einem Subsystem einer Organisation auf andere) ist für eine dynamische Analyse von Konflikten in Organisationen ebenso grundlegend wie für ein Verständnis dafür, wie Konflikte gelöst werden können.

Konflikte zu verstehen, erfordert zugleich ein Verständnis der sozialen Dynamik von Zusammenarbeit im Bereich der Arbeit, denn Konflikt und Kooperation stellen die beiden Seiten ein und derselben Medaille dar. Genauer gesagt, sind beide Teil eines Netzes dynamischer Prozesse, die dann auftreten, wenn Menschen auf organisierte Weise zusammen arbeiten. Der Kooperationsgedanke wird gegen Ende dieses Beitrags aufgegriffen.

Ich werde den Ausdruck »soziotechnisch« in einem allgemeineren Sinne verwenden. Er beschreibt die Systeme der Organisation, die die sozialen und technischen Aspekte der Arbeit zusammenführen. »Sozial« bezieht sich dabei auf Systeme in, zwischen und unter Menschen und geht davon aus, dass Individuen die sozialen Beziehungen zunächst verinnerlichen und dann innerhalb der Kultur inszenieren, in der sie leben, agieren und arbeiten. Kurz gesagt, nehmen sie formelle und informelle Rollen an und handeln dann aus diesen Rollen heraus. »Technisch« bezieht sich auf die besondere Weise, wie die Arbeit bewerkstelligt wird. Es bezieht sich auf »Technik« und beinhaltet oft solche technischen Ausrüstungen wie maschinelle und elektronische Einrichtungen. Dabei kann es sich manchmal auch einfach nur um ein System technischer Fertigkeiten handeln, wie sie z. B. im Rahmen des Lehrens oder der Beratung zum Ausdruck kommen.

In der Schnittstelle des human-technischen Systems liegt nicht zuletzt deshalb die Hauptquelle von Konflikten am Arbeitsplatz, weil beide Systeme komplexe Anforderungen an die Kommunikation stellen. Das soziale System umfasst Gedanken und Emotionen, wobei fühlende Menschen technische System erschaffen. Aber die soziotechnische Schnittstelle ist eingebettet in spezifische Arbeitsaufgaben. Vieles von dem, was ich später ausführen werde, bezieht sich darauf, wie Konflikte entstehen, wenn wir Arbeitsaufgaben übernehmen. Das schließt auch den Umgang mit Befürchtungen und Ängsten ein, wenn Aufgaben übernommen werden.

Die Kosten der Konflikte am Arbeitsplatz

In zunehmendem Maße werden wir uns des Preises bewusst, den wir für Konflikte am Arbeitsplatz zu zahlen haben. Dieser Preis ist nicht einfach nur eine wirtschaftliche Größe, sondern auch ein emotionaler Preis, den Individuen, Familien und die Gemeinschaft als ganze zu tragen haben. So kommt die Auswirkung ungelöster Konflikte am Arbeitsplatz zum Beispiel auf folgende Weise zum Ausdruck:

- persönlicher Stress und angegriffene Gesundheit
- Zusammenbrechen zwischenmenschlicher Beziehungen
- Absinken der Moral
- unzureichende Teamarbeit
- verringerte Produktivität
- Stress in der Familie
- Unklarheit über Zwecke und Zusammenhänge der Organisation
- unzureichende soziale Abwehrsysteme (Paine 1982; Menzies 1988a; Hirschhorn 1988).

Darüber hinaus werden verfestigte systemische Konflikte zu einem inszenierten Teil der Organisationskultur (Stapley 1996). Sie werden zu einem Teil dessen, wie die Dinge in der Organisation nun mal sind und somit als gegeben hingenommen. So gehen Manager beispielsweise häufig schlichtweg davon aus, dass es jedes Mal dann unvermeidbar Konflikte gibt, wenn es um die Ressourcenverteilung für die einzelnen Abteilungen geht. Es ist für sie eine unumstößliche Annahme, dass die Ressourcen begrenzt sind, dass man um sie kämpfen muss und dass sie als Ware anzusehen sind, die nur in beschränktem Umfang zur Verfügung steht. Der alljährliche Kampf um Ressourcen wird damit zu einem Bestandteil der Kultur. Genau dies aber erschwert die Möglichkeiten einer Kooperation, die kreativere Verteilungsschlüssel oder gar den Zugang zu neuen Ressourcen ermöglichen könnte.

Konfliktdynamik als Herausforderung

Konfliktverlagerung

Ganz gleich, wo auch immer der Ort oder Ursprung des Konfliktes liegen mag, so wird er doch oft als schmerzhaft empfunden und ruft Ängste hervor. Die Reaktion in Organisationen besteht dabei oft darin, Konflikte aufgrund der damit einhergehenden Störungen zu vermeiden. So weist Argyris (1990) zum Beispiel darauf hin, dass Organisationsmitglieder bei dem Versuch, Konflikte zu vermeiden, die unterschiedlichsten Abwehrstrategien verfolgen. Die Theorie der sozialen Abwehr zeigt deutlich, dass Organisationskulturen eher auf der Reduktion von Ängsten als auf der Erfüllung der ihnen eigenen Aufgaben basieren (Menzies-Lyth 1988a; Hirschhorn 1988; Krantz 1998). Chapman (1999) beschreibt, wie Aufgaben und Rollen durch eine systematische Konfliktvermeidung korrumpiert werden können.

Konflikte lösen sich jedoch nicht einfach dadurch auf, dass sie vermieden werden; sie werden verlagert. Die mit der Verlagerung einhergehende Dynamik impliziert zwei Möglichkeiten:

1. Offenkundige, unmittelbar erfahrbare und beobachtbare Konflikte können ein Symptom für verborgene Probleme darstellen. Eine solche Annahme verweist auf bewusste/unbewusste bzw. offensichtliche/verdeckte Prozesse. Manchmal sind Konflikte gerade das, als was sie erscheinen und können so unmittelbar angegangen werden. Bei anderer Gelegenheit scheinen Konflikte zwar ein offensichtliches Problem zu verdeutlichen, verdecken aber zugleich »irgendetwas anderes irgendwo« im System. Konflikte können auch auferlegt oder unterdrückt werden und so als Probleme in einem anderen Kontext erscheinen – z. B. als Unfälle am Arbeitsplatz oder als Leistungsminderung.
2. Die verschiedenen systemischen Ebenen innerhalb der Organisation können unterschiedliche Aspekte eines Konfliktes verkörpern oder enthalten. Dies weist auf solche Dynamiken wie Spaltung, die Suche nach Sündenböcken, Schuldzuweisungen und die Vereinfachung komplexer Situationen im Sinne eines Schwarz-Weiß-Denkens hin. Nur wenn die unterschiedlichen Positionen – beispielsweise durch einen Dialog der konfligierenden Rolleninhaber – wieder zusammengebracht werden können, können die Konflikte gelöst oder zumindest in einem kreativen Spannungsverhältnis gehalten werden.

Dabei ist es wichtig, im Auge zu behalten, dass diese Prozesse sich auch gegenseitig beeinflussen. Was etwa offensichtlich und eindeutig vom Individuum (als einer Systemebene) empfunden wird, kann auf der Ebene der Organisation verborgen sein. Es gibt viele Beispiele dafür, dass Individuen sich einer Reihe unterschiedlicher informellen Normen am Arbeitsplatz unterwerfen müssen, die nicht ansprechbar sind oder sich einer weiteren Diskussion entziehen (Archer 1999) – beispielsweise trotz der wiederholten Betonung der Wichtigkeit der Familie immer mehr und mehr Zeit im Büro zu verbringen und somit nur wenig Zeit für die Familie zu haben.

Was ein Konflikt von größerer sozialer Reichweite sein kann, kann durchaus als zwischenmenschlicher Konflikt wahrgenommen werden. Viele interkulturelle Unterschiede werden auf diese Weise ausgetragen. Auch ist es denkbar, dass das Individuum (oder einige Individuen) etwas nicht mehr als einen ursprünglich inneren Konflikt empfinden, weil er nach außen getragen und in der Organisation festgeschrieben wird. Weiter unten werde ich hierzu ein Beispiel aus dem Rehabilitationsbereich beschreiben. All dies sind Beispiele für Verlagerungen.

Die Verlagerung geschieht durch Prozesse der Internalisierung (Introjektion) und der Externalisierung (Projektion) der dabei relevanten Gedanken und Gefühle. Ein Individuum nimmt seinerseits Gedanken und Gefühle von außen auf und macht sie zu seinen eigenen. Gedanken oder Gefühle, die unerwünscht sind, weil sie Schmerz oder Konflikt hervorrufen, werden manchmal aus dem Bewusstsein verbannt und so verleugnet. Dies kann als Projektion geschehen, indem davon ausgegangen wird, dass eine andere Person das Gefühl hat. Das sind normale psychologische Prozesse, die allerdings dann problematisch werden, wenn die betreffenden Individuen aufgrund ihrer Introjektionen und Projektionen Annahmen treffen, die nicht an der Realität überprüft wurden. In Organisationen können diese individuellen Prozesse auf der Ebene von Gruppen ablaufen, indem die Gruppenmitglieder gemeinsam Gedanken oder Gefühle internalisieren oder externalisieren (Menzies-Lyth 1988b). Diese Dynamik kann dazu führen, dass die Ursache des Konflikts vorübergehend übersehen oder geleugnet wird. Aber ungeachtet der Verschiebung von Konflikten und Ängsten können diese, wenn sie tief in die Kultur der Organisation eingebettet sind, nur durch eine Untersuchung und Aufarbeitung gelöst werden.

Unterschiedliche Systemebenen von Konflikten

Konflikte können auf den folgenden Ebenen auftreten:

- zwischen Individuen
- in Individuen
- innerhalb oder zwischen Gruppen oder Untergruppen

- auf der Ebne der Organisation als ganzer
- auf einer institutionellen Ebene zwischen unterschiedlichen Gruppen, die verschiede Normen und Wertsysteme verkörpern.

Zwischen Individuen

Konflikte treten zwischen Individuen offen oder verdeckt auf. Obwohl auf dieser Ebene eine Lösung in dem Versuch zu liegen scheint, das Verhältnis zwischen den betroffenen Parteien zu verbessern (der Art und Weise, in der die Leute miteinander umgehen), kann sich diese Sichtweise als zu vereinfachend erweisen. Generationen von Human Relations-Beratern hatten damit weitaus weniger Erfolg als es auf den ersten Blick erscheint. In der Managementliteratur sind eine Unzahl an Möglichkeiten beschrieben worden, Konflikte am Arbeitsplatz durch teambildende Maßnahmen zu lösen, die unmittelbar versuchen, zwischenmenschliches Vertrauen und Kommunikation zu verbessern. Sie reichen von Massagen bis hin zu Outdoor-Aktivitäten, von Simulationen und Spielen bis hin zu ›gruppentherapeutischen‹ Übungen. Das Problem vieler solcher Workshops, in denen diese Methoden Anwendung finden, liegt jedoch darin, dass obgleich sich die Menschen außerhalb der Arbeitssituation wahrscheinlich besser kennen und verstehen lernen mögen, dies jedoch nur geringe Auswirkungen auf ihr Verhalten am Arbeitsplatz hat, sobald der Druck durch die Aufgabe und die eigene spezifische Rolle in den Interaktionen wieder die Oberhand gewinnt.

Im Gegensatz zu derartigen Lösungen gehe ich hier vielmehr davon aus, dass verbesserte zwischenmenschliche Beziehungen (einschließlich solcher Phänomene wie Vertrauen, Kommunikation und Teamwork – die alle von modernen Managementgurus als Vorraussetzung für hervorragende Arbeit propagiert werden) nur Nebenprodukte guter Rollenbeziehungen sind. Grundsätzlich resultieren die meisten Konflikte bei der Arbeit nicht so sehr daraus, dass Menschen sich mögen oder nicht mögen, sondern vielmehr aus den unterschiedlichen Weisen, wie die Menschen zu ihrer Arbeit stehen und sie ausüben. Ein Gefühl des Miteinanders entsteht aufgrund solcher Faktoren wie Nähe, gefühlter Ähnlichkeit und – vor allem – aus dem Erleben einer Verbundenheit, erfolgreich an einer gemeinsamen Aufgabe zu arbeiten. Die wichtigen Beziehungen zwischen Menschen – oder besser gesagt zwischen Rollen – sind eine Frage sorgfältiger Verhandlungen. Vertrauen ist eine Frage z. B. des Vertrauens darauf, dass die anderen in ihrer Art verlässlich sind, wie sie eine gemeinsame Aufgabe angehen. Dies erfordert, dass die Inhaber spezifischer Rollen ein klares Verständnis davon haben, wer was wann und wie macht. Dieses Verständnis schließt auch Grenzen des Verhaltens sowie Entscheidungen darüber ein, wie Aufgaben und Rollen voneinander abgegrenzt werden.

Diese Grenzen können nicht einfach vorausgesetzt werden, sondern müssen im Arbeitsprozess immer wieder neu ausgehandelt werden.

Die Vorstellung, dass es sich bei einem Konflikt eher um ein *Symptom* (das etwas anderes überdeckt) als um etwas handelt, das man dadurch direkt angehen könnte, dass man den Menschen zeigt, wie sie besser miteinander zurecht kommen, erlaubt neue Wege der Konfliktlösung. Dabei ist allerdings zu bedenken, dass eine kooperative Zusammenarbeit der Menschen eher ein Nebenprodukt ist, das durch erfolgreiche Arbeit erreicht wird. All dies soll nicht ein angemessenes Maß der Weiterentwicklung zwischenmenschlicher Fähigkeiten abwerten. So ist z. B. eine Kommunikationsfähigkeit eine grundlegende Voraussetzung für das Selbstmanagement in Arbeitsrollen. Gleichwohl reicht eine entsprechende Fortbildung für die Reduzierung von Konflikten am Arbeitsplatz nicht aus.

Innerhalb von Individuen

Eine weitere Form des Konflikts ist die, die innerhalb des Individuums erfahren wird. Ein solcher Konflikt kann akut gefühlt werden, und man kann darunter leiden, unabhängig davon, ob dies nach außen hin ausgedrückt wird oder nicht. Der Konflikt kann unbewusst auftreten und auf ganz unterschiedliche Weise zum Ausdruck kommen. Individuen können unter Depressionen, Ängsten oder körperlichen Symptomen leiden, wobei jedes dieser Symptome sowohl zu einer Verringerung der Freude an der Arbeit als auch zu den offensichtlichen Organisationsproblemen führen kann wie verminderter Produktivität, Ansteigen des Krankenstandes, hoher Personalfluktuation und Fernbleiben vom Arbeitsplatz. Was dabei jedoch oft übersehen wird, ist, dass ein Konflikt, den ein Individuum als solchen wahrnimmt, nicht zugleich auch ein Konflikt des Individuums sein muss (Armstrong 1997). Das bedeutet, dass das Individuum Konflikte an Stelle anderer oder stellvertretend für andere, Gruppen oder die Organisation als ganzer wahrnimmt. Das wird beispielsweise darin deutlich, dass Organisationsmitglieder manchmal unwissentlich als Sündenböcke für Probleme oder Konflikte herhalten, die nicht ausschließlich ihre eigenen sind. Systemisch gesehen, kann der Konflikt sehr wohl ein Teil des soziotechnischen Systems sein, der bisher nur im Arbeitsleben weniger Individuen seinen Ausdruck fand. Man denke nur daran, dass die meisten Gleichstellungsbeauftragten in Organisationen Frauen sind. Muss das bedeuten, dass Frauen dazu tendieren, das Problem der Ungleichbehandlung der Geschlechter und die damit einhergehenden Konflikte für die gesamte Organisation auf sich zu nehmen oder zu repräsentieren?

Wenn sie als innerlich erlebt werden, können Konflikte das Ergebnis einer Wertekollision zwischen der Person und den Anforderungen sein, die mit der

Rolle einhergehen. Ein klassisches Beispiel ist etwa ein Zeuge Jehovas, der Medizin studiert und sich mit dem Problem der Bluttransfusion auseinandersetzen muss. Wenn Mitarbeiter nicht hinreichend über die Fähigkeit verfügen, um deutlich zu machen, wie beispielsweise das Verhalten anderer sie beeinflusst, oder um ihre inneren Konflikte zu artikulieren und zu bearbeiten, kann dieser Konflikt ungelöst fortbestehen oder in andere Bereiche der Arbeit verlagert werden. Persönliche Beratung oder eine Fortbildung in interpersonellen Fähigkeiten können bei der Lösung und Deeskalation solcher Konflikte hilfreich sein. In der Regel kann aber davon ausgegangen werden, dass eine starke Animosität zwischen Personen oder das, was als ein ausschließlich persönliches Problem eines bestimmten Individuums betrachtet wird, ein *Symptom* für Spannungen auf einer anderen Ebene ist (Obholtzer & Zagier Roberts 1994). Selten sind Konflikte am Arbeitsplatz einfach nur ein Abbild eines persönlichen Problems oder der Animosität zwischen unterschiedlichen Persönlichkeiten, wenngleich dies auch ein nicht unbedeutender Teil des Konfliktes sein mag. Oft spiegeln solche Konflikte die Unklarheiten und Spannungen wider, die zwischen den vorgegebenen Aufgaben und Rollen und ihrer tatsächlichen Ausführung entstehen (Hirschhorn 1988).

Innerhalb oder zwischen Gruppen

Manchmal sind die Konflikte innerhalb von Gruppen (zwischen Untergruppen) sowie zwischen Gruppen die, die am deutlichsten im Alltag von Organisationen zum Ausdruck kommen. Sehr oft ist es dabei einfach, auf »Die« zu zeigen, die so anders sind als »Wir«. Die ist eine Dynamik, in der nur die negativen Eigenschaften der »anderen« Gruppe und die positiven der eigenen Gruppe zur Geltung kommen. Dies dient dazu,, die eigene Integrität und Identität selbst für den Fall zu wahren, dass viele Gruppenmitglieder davon überzeugt sind, dass diese Spaltung von Gruppen tatsächlich eine Simplifizierung einer weitaus komplexeren Wirklichkeit bedeutet. Die Aufspaltung in »gut« und »böse« ist eine allzu einfache Fiktion, die etwa bei Rivalitäten zwischen unterschiedlichen Organisationseinheiten oder – in verstärktem Maße – in Kriegszeiten zu eskalieren droht (Sievers 2000). Auch ein größenwahnsinniger Diktator kann die Massen dadurch für sich gewinnen, dass er eine Spaltung fördert, wie sie für den Nationalismus kennzeichnend ist. Manchmal bedienen sich auch Führungskräfte in Organisationen – ganz gleich auf welcher Organisationsebene – des gleichen Musters, wenn ihre Politik von einem »divide et impera«, von »teile und herrsche« geprägt ist.

Bei der Analyse von Konflikten in Untergruppen oder innerhalb von Gruppen ist es wichtig, diese Spaltungsdynamik im Auge zu behalten. Dann stellt sich die Frage, was der unbewusste oder der verborgene Gewinn ist, der aus der Spaltung einer komplexen Situation in zwei vereinfachte Teile gezogen wird. Ebenso wie ein Konflikt zwischen zwei Individuen einen viel größeren Konflikt widerspiegeln kann, können auch Untergruppen ein Problem repräsentieren, das weit über sie hinausreicht.

Eine Antwort auf diese Frage mag darin liegen, dass die Spaltung dazu dient, Veränderungen zu vermeiden. Ein beruhigender status quo kann in Gefahr sein. Der Intergruppenkonflikt kann eine Art Ablenkung bedeuten, um so die Aufmerksamkeit von einem anderen Problem abzulenken, das, wenn es ernst genommen würde, eine Organisationsveränderung erforderlich machen würde. Das folgende Beispiel mag dies verdeutlichen:

Ein Konflikt zwischen der internen IT-Abteilung und der Fachabteilung eines Unternehmens spiegelte ein eher generelles Problem innerhalb der Organisation wider. Das Ausgangsproblem (d. h. das Problem, das zuerst benannt wurde, als die Konfliktsituation angesprochen wurde) war die Schwierigkeit der IT-Gruppe, die Software rechtzeitig an die Fachabteilung weiterzugeben. Immer wenn der vorgegebene Zeitplan nicht eingehalten wurde, entstanden entsprechende Anschuldigungen und Schuldzuweisungen. Dabei könnte die IT Funktion und deren »Unfähigkeit, vereinbarte Termine einzuhalten« als das eigentliche Problem verstanden werden. Ein weit gewichtigeres Problem in dieser Organisation war jedoch die Abwesenheit der Gruppenleiter von ihren Teams. Die Teams kamen deshalb weniger gut zurecht, weil die Gruppenleiter ständig für besondere Projekte abgezogen wurden. Dieser Aspekt der Kultur konnte deshalb nicht gesehen werden, weil Einverständnis darüber bestand, dass der Konflikt zwischen der IT Funktion und den eigentlichen Geschäftseinheiten bestand. Die jeweiligen Gruppenleiter unterhielten bei einem hierarchisch höher angesiedelten Projekt gute Beziehungen zu einander, während ihre Teams sich mit den Spannungen, Schuldzuweisungen und Ängsten allein gelassen fühlten, die mit der Nichteinhaltung von Terminen einhergingen. Die erforderlichen Verhandlungen zwischen den Gruppenleitern fanden möglicherweise deshalb nicht statt, weil sie so ihre Beziehungen innerhalb des speziellen Projektes konfliktfrei halten konnten. Indessen kamen sich die Teammitglieder verlassen vor; ihnen fehlte die Autorität, neue Arbeitsbeziehungen für ihre unterschiedlichen Funktionen auszuhandeln.

Innerhalb der Organisation als ganzer

Konflikt auf der Ebene der ›Organisation als ganzer‹ (organisation-as-a-whole) können als Konflikte zwischen Gruppen, Untergruppen oder als individuelle Konflikte ihren Ausdruck finden. Gerade weil es letztlich die Individuen sind, die denken, fühlen und allgemein die Auswirkungen der Organisationsdynamik zu spüren bekommen, ist es schwer, das Konzept der Organisation als ganzer zu verstehen. Vielleicht ist der alltagssprachliche Begriff der Organisationskultur leichter zu verstehen. Aber die Organisation als ganze ist mehr als nur Kultur. Der Begriff ›Organisation als ganze‹ beschreibt ein System in dem Sinne, dass eine Veränderung in einem beliebigen seiner Teile Auswirkungen auf seine anderen Teile hat. Niemand wird als einzelner je in der Lage sein, das Ganze zu sehen. Organisationsmitglieder können Dinge bewusst nur aus ihrer eigenen Rollenperspektive oder vielleicht aus der Perspektive eines Teams wahrnehmen, das Teil des Ganzen ist. Konflikte, die z. B. aus dem Verhältnis der Organisation als ganzer zu ihrer Umwelt resultieren, können daher nicht allein von einer einzigen Position aus betrachtet werden.

Konflikte können im System so auftreten, dass die Akteure in der Organisation der Dynamik ihrer Handlungen zwar nicht gewahr werden, ihre Wirkungen dennoch aber sehr wohl spüren – entweder persönlich oder als Gruppe. Ich möchte dies am Beispiel einer Rehabilitationseinrichtung verdeutlichen. Aufgrund politischer Entscheidungen auf Regierungsebene musste diese Organisation ihre Aufgaben ändern. Seit dem Zweiten Weltkrieg hatte sie Rehabilitationsprogramme für Behinderte angeboten. Während diese Dienste ursprünglich auf Militärangehörige beschränkt waren, erstreckte sich die Rehabilitation später auf solche Personen, die sich ihre Behinderungen am Arbeitsplatz zugezogen hatten. Die übergreifende Aufgabe umfasste sowohl Rehabilitationsmaßnahmen, mit denen Menschen wieder in das Arbeitsleben zurück gebracht werden konnten als auch solche Maßnahmen, die es dauerhaft Behinderten ermöglichten, in ihrem Alltag besser zurecht zu kommen. Die politischen Veränderungen zielten darauf ab, den Erfolg der Organisation daran zu beurteilen und zu bemessen, wie hoch die Zahl der Patienten war, die wieder in eine passende Beschäftigung gebracht wurden.

Als wir in einer Phase unseres Aktionsforschungsprojektes die Mitarbeiter befragten, beschrieben viele von ihnen ihre eigenen inneren Konflikte, die mit dieser Veränderung einhergingen. Für die dort tätigen Psychologen und Sozialarbeiter hatte diese Veränderung dazu geführt, dass sie ihre eigenen Fähigkeiten auf neue Weise einsetzen mussten; sie gerieten in Konflikt mit ihren eigenen professionellen Werten, von denen sie bislang dabei ausgegangen waren, Menschen zu helfen, ihr Leben in einem weiteren Sinne zu verbessern. Dies war besonders für Klienten in ländlichen Gegenden wichtig, wo die Chancen auf eine angemessene Beschäftigung minimal waren. Die Vertreter dieser Berufsgruppen fürchteten, dass es ihnen künftig nicht mehr möglich sein sollte, ihren behinderten Klienten bei der Entwicklung solcher Fähigkeiten für das alltägliche Leben zu helfen, die ihnen letztlich ein Minimum an Selbständigkeit ermöglichte, um beispielsweise eine eigene kleinen Farm zu bewirtschaften. Wenn es nicht schnell genug zu einer angemessenen

Beschäftigung kam, gab es keine Zuschüsse mehr. Sie sahen sich vor die Frage gestellt, wie sie unter den veränderten Bedingungen ihre Fähigkeiten einsetzen könnten. Viele von ihnen waren sich durchaus darüber im klaren, dass die von seiten der Regierung vertretene Absicht, die Arbeitslosigkeit zu reduzieren, mit unausweichlichen Veränderungen einhergehen würde. Auch die Manager erlebten einen Konflikt. In gleicher Weise, wie die Veränderung ihre eigenen Werte in Frage stellte, bedeutete auch die veränderte Aufgabe eine Veränderung der Monopolstellung, die die Organisation bislang in dieser Region innehatte. Die Privatisierungspolitik der Regierung ging mit einer bislang unbekannten Differenzierung zwischen Dienstleistern und Geldgebern einher, was nicht zuletzt dazu führte, dass eine Vielzahl privater Rehabilitationseinrichtungen entstanden und als Konkurrenten auftraten. Die Gespräche, die wir im Rahmen dieses Aktionsforschungsprojektes führten, trugen dazu bei, dass viele der in dieser Einrichtung Tätigen ihre eigenen, mit dieser Veränderung einhergehenden, konfligierenden Gedanken und Gefühle zum Ausdruck brachten.

Die Interviews machten deutlich, dass viele der Mitarbeiter ursprünglich oder immer noch einen inneren Konflikt in Bezug auf die Veränderung der Aufgabe hatten. Als dann schließlich die Organisation über die persönliche und zwischenmenschliche Ebenen hinaus (auf der Organisationsebene) untersucht wurde, wurde uns als Forschungsteam deutlich, wie sehr der interne Konflikt auf recht rigide Weise nach außen getragen worden war. Wir konnten deutlich machen, dass – abgesehen davon, dass die Individuen bei der Befragung einen inneren Konflikt einräumten – sich die Organisation in ihrer öffentlichen Kommunikation und ihren offiziellen Meetings und Strategiediskussionen so verhielt, als bestehe der Konflikt zwischen Gruppen von Menschen. Es wurde zwischen denen unterschieden, die die Veränderungen unterstützten und jenen, die ihnen Widerstand leisteten. Das Management war der Überzeugung, dass die Organisation das »tote Holz herausschneiden« müsste, weil einige Mitarbeiter den Veränderungsprozess aufhielten. Bei den Sitzungen zur Planung des Wandels wie auch bei anderen Meetings galt es als politisch inkorrekt, Zweifel über die neue Arbeitsweise zu äußern. Darüber hinaus hatte sich nach einiger Zeit in diesem Wandlungsprozess für viele Leute, die zunächst einen inneren Konflikt verspürt hatten, dieser Konflikt nun aufgelöst, und sie waren sich der Position sicher, die sie inzwischen eingenommen hatten.

Was war hier passiert? Es scheint, dass ein interner Wertekonflikt zu einem externen Konflikt geworden war. Anstatt weiterhin schmerzvolle innere Spannungen ertragen zu müssen, hatten die Leute Stellung bezogen. Wie sich aus den Interviews erkennen ließ, gab es die »Guten« und die »Schlechten«. Obgleich sie sich der inneren Spannung bewusst waren, sprachen die Mitarbeiter von denen, die »für den Wandel« waren und denen, die dagegen waren. Während die meisten die Trennung zwischen diesen beiden Gruppen betonten, sah sich interessanter Weise keine einzige Person selbst in der Gruppe der »Widerständler«. Wenngleich einige auch gewisse Zweifel äußerten, so waren die wahren »Widerständler« doch immer irgendwo anders.

Es ist keine Frage, dass die Mitglieder einer Organisation die Auswirkungen ihrer internen Konflikte spüren, wie sie z. B. mit Veränderungen ganz allgemein oder mit der der besonderen Aufgabe einhergehen, die sie auszuführen haben. Dies Gefühl nimmt in dem Maße ab, wie der Konflikt externalisiert wird. Es ist leichter einer anderen Person oder Gruppe eine bestimmte Position zuzuschreiben, weil man dann umso einfacher die andere Position beziehen kann. Frei von eigenen inneren Spannungen kann man dann umso leichter die opponierende Gruppe entsprechend diskriminieren. Dies kann auf eine politisch korrekte Weise geschehen, die auf seiten der Organisation eine Illusion aufrecht erhält. Diese Illusion kommt beispielsweise wie folgt zum Ausdruck: »Kollektiv gesehen haben wir keinen Zweifel an der Aufgabe, die wir zu erfüllen, oder an den Veränderungen, die wir zu vollziehen haben. Wir können uns daher guten Mutes auf unsere Arbeit stürzen und vielleicht werden wir ja auch noch diese ›Dinosaurier‹ los, die sich uns nicht anschließen wollen.«

So wird der Konflikt dann auf einer Organisationsebene ausgetragen, wobei die Leitung eventuell noch eine bessere »schlechte« Gruppe außerhalb der Organisation finden kann. Die Dynamik veränderte sich von einem internen Wertekonflikt hin zu einem Kampf mit einem ausgemachten externen Feind. Dies mag möglicherweise als eine gute Lösung erscheinen. Man wird weniger von Zweifeln über die Arbeit geplagt und ist in der Lage, die Arbeit fortzusetzen. Aber ich bin davon überzeugt, dass der Verlust darin besteht, dass dadurch, dass viele Mitarbeiter zu Sündenböcken gemacht wurden, sie in die Arbeitslosigkeit getrieben wurden, weil sie »Widerstand« geleistet haben und ihnen unterstellt wurde, sie seien nicht zu Veränderungen bereit. Dadurch, dass sie gehen, verliert die Organisation viel von ihrem akkumulierten Wissen. Auch wissen wir nur allzu gut, dass, wenn das »tote Holz« einmal ausgemerzt worden ist, das Problem nicht wirklich beseitigt ist. Interne Zweifel haben keinen Ort mehr, auf den sie projiziert werden können. Es gibt niemanden, der die schlechten internen Gefühle auf sich nehmen kann – nicht einmal in der Phantasie. In der Regel taucht eine neue Außengruppe oder ein neuer Sündenbock auf. Ich gehe davon aus, dass sich die Organisation der mit der Veränderung der Aufgabe und der Organisation selbst einhergehenden internen Konflikte der Mitarbeiter stellen muss. Es ist notwendig, solche Prozesse zu ermöglichen, in denen dieser Konflikt besprochen und bearbeitet werden kann. Es ist durchaus denkbar, dass das Konzept des »Widerstands gegen

Veränderungen in der Organisation« selbst ein Phänomen ist, das letztlich aus einer kollektiven Abwehr interner Konflikte resultiert. Das Verstehen der Dynamik, durch die die interne Spannung kollektiv externalisiert wird, mag deshalb für die Arbeit mit Widerständen sehr viel angemessener sein als solche Methoden, die die Widerständler nach Art einer organisatorischen Hexenjagd auszumachen versuchen.

Die Rehabilitationseinrichtung lief Gefahr, Mitglieder zu verlieren, die solche Werte vertreten, die schon jetzt für die künftige Arbeit wichtig sein könnten, so sie denn in die neue Aufgabe und in die neuen Werte integriert werden können.

Auf institutioneller Ebene

Ein Konflikt kann innerhalb einer Organisation auch deshalb auftreten, weil die Arbeitspraxis, die organisatorischen Werte, die strategischen Optionen und Entscheidungen des Managements unabdingbar mit Konflikten einhergehen, die auf einen größeren sozialen Kontexte verweisen. Wir sprechen hier von einer institutionellen Ebene, auf der einige sehr grundlegende Annahmen über die Natur der Arbeit inszeniert werden (Sievers 1994).

Der soziale, ökonomische, politische und selbst der klimatische Kontext von Organisationen hat Einfluss darauf, wie Menschen miteinander arbeiten. Unterschiedliche Stakeholder der Organisation vermitteln diesen Kontext. So stellen z. B. Anteilseigner, Lieferanten, Kunden, Mitglieder des Aufsichtsrates, Angestellte, politische Instanzen und Familien jeweils deutlich wahrnehmbare Interessengruppen dar. Jede Gruppe hat ihre eigene Perspektive, was besondere Spannungen mit sich bringt. Man kann sich vorstellen, wie es zu Konflikten zwischen den Anteilseignern und dem Management in einem Unternehmen kommen kann; oder ein Konflikt eines Mitarbeiters, der – obwohl er kleine Kinder, eine berufstätige Ehefrau und Spannungen innerhalb der Familie hat – gefragt wird, länger zu arbeiten.

Jede Interessengruppe ist so Teil einer weiteren Kultur, von der das Unternehmen umgeben ist. Viele Sozialwissenschaftler haben darauf hingewiesen, wie wichtig es ist, davon auszugehen, dass Organisationen (einschließlich ihrer jeweiligen Kontexte) eine eigene Kultur (oder genauer gesagt, eine Subkultur) haben (Smircich 1983; Ouchi 1985; Schein 1990). Man kann dies unter Bezugnahme auf einige dominante Metaphern verstehen (Morgan 1986). Diese Metaphern haben auf eine eher unausgesprochene Weise Einfluss auf die Art und Weise, wie die Menschen arbeiten. So mag beispielsweise davon die Rede sein, dass eine Organisation wie eine große Familie ist. Oder auf den Fluren mag immer wieder davon gesprochen werden, was diese Firme für ein Saftladen ist. Diese Metaphern stellen einen Container bzw. einen psychischen Raum dar, in dem sich ein Denken und Fühlen entwickeln und verändern kann.

Vor allem in westlichen Gesellschaften ist das Verhältnis von Produzenten und Konsumenten stark emotionalisiert worden (Long 1999). Diese Partnerschaft oder diese Paarung, wie man auch sagen kann, wurde zur zentralen Metapher oder zum zentralen Paradigma für die menschlich-sozialen Verhältnisse außerhalb der Familie. Sie dominiert mehr und mehr den sozialen Kontext des Arbeitsplatzes; mit besonderem Nachdruck betont sie das Vorherrschen einer Marktwirtschaft und die Praxis des ökonomischen Rationalismus innerhalb der Wirtschaft.

Die Massenproduktion von Waren und die Entwicklung weitreichenderer Kommunikationsnetzwerke haben dazu geführt, dass sich die Zahl der in der Produktion beschäftigten Arbeiter gegenüber solchen verringert hat, die in den Industrien beschäftigt sind, die den neu entstandenen Konsumentenmarkt bedienen. Das hat dazu geführt, dass das Dienstleistungsgewerbe insofern eine tragende Rolle eingenommen hat, als darin in den westlichen Industrien mehr Menschen als im Bereich der Produktion beschäftigt sind.

Diese Entwicklung kann insofern als paradox bezeichnet werden, als der Dienstleistungssektor, in dem Maße wie er gewachsen ist, immer mehr die Rhetorik der Produktion übernommen hat. So stellten sich in den 1990-igern z. B. Banken und Universitäten eher als Lieferanten von Finanz- und Bildungs-Produkten, denn als Dienstleister dar. Universitäten haben eher Produktmanager als Kursleiter. Und selbst die Dienstleistungen, die früher von seiten der Regierung sozusagen als öffentliche Dienstleistungen zur Verfügung gestellt wurden, werden heute viel eher durch private Unternehmen bereitgestellt, was dazu geführt hat, dass die Dienstleistungen des medizinischen, Rehabilitations- und Ausbildungsbereichs und selbst des Strafvollzugs im Rahmen eines wirtschaftlichen Kontextes »geliefert« werden. All dies hat dazu beigetragen, die Kunden in den Vordergrund zu stellen, die nun vor allem als Konsumenten von Gütern und Diensten verstanden werden.

Viele Rollen, die früher recht komplex waren – Rollen wie die des Patienten, Studenten oder Bürgers – werden heute als sehr einfach ausgegeben. Alle sind zu »Kunden« geworden. Der leidende Patient, der lernende Student und der Bürger, der seinen Platz im Prozess der demokratischen Entscheidungsfindung einnimmt, tauchen nun in erster Linie als Konsumenten im sozialen System auf. In diesem Kontext werden Ärzte, Lehrer und Politiker in erster Linie zu Produzenten. Obgleich die komplexeren Aspekte dieser Rollen in der alltäglichen Arbeit dieser Berufe nach wie vor unverzichtbar sind, werden sie in der breiteren sozialen Vorstellung weithin ausgeblendet. Die Metapher des wirtschaftlichen Marktes dominiert dort, wo eigentlich die Sozialpolitik gefragt wäre.

Inwiefern ist dieser Kontext für das Problem der Konflikte am Arbeitsplatz wichtig? Die dominierende Produzenten-Konsumenten-Metapher stellt den sozial-emotionalen Kontext der Arbeit dar. Wir werden zu der Annahme gezwungen, dass es bei der Arbeit hauptsächlich darum geht, etwas – seien es Güter oder Dienstleistungen – für einen Kunden oder Konsumenten zu produzieren. Wie oberflächlich dabei die Sichtweise größerer sozialer Probleme immer auch ist, so basiert der geschäftliche Kontext doch in erster Linie auf dem finanziellen Erfolg des Produzenten, der sich die Kunden und damit einen Markt erhalten muss. Diese Annahme bietet dann den Rahmen oder Container, innerhalb dessen wir über die Arbeit nachdenken können. Für viele ist die Lieferanten-Konsumenten-Paarung, die der Marktmetapher zu Grunde liegt, der richtige Blickwinkel für die Arbeit und ermöglicht die Hoffnung geschäftlicher Erfolge. Es wird auf immer größere und bessere Märkte gesetzt. Diversifizierung und Produktionszuwächse sind erstrebenswerte Indikatoren für Wachstum und nationalen Wohlstand.

Derartig grundlegenden sozialen Annahmen, wie die gerade beschriebene Paarung, bieten den konzeptionellen Rahmen oder den Container für das Denken. Wilfred Bion (1961) verdanken wir den grundlegenden Beitrag für das Verständnis der der Dynamik von Gruppen zugrundliegenden geheimen Grundannahmen. Er hat deutlich gemacht, wie das Verhalten von Gruppenmitgliedern auf tiefliegenden unbewussten Annahmen über die Gruppe selbst und ihre Leitung beruht. Er geht dabei von drei wesentlichen Grundannahmen von Gruppen aus. Eine hat er als Flucht/Kampf bezeichnet, bei der die Gruppenmitglieder sich so verhalten, als bestünde der Sinn ihres Zusammenseins darin, entweder gegen einen Feind von innen oder aber vor allem von außen zu kämpfen. Eine zweite Grundannahme nennt er»Abhängigkeit«, bei der die Gruppenmitglieder so handeln, als seien sie einfach und allein deshalb zusammen, um einem Führer zu folgen, der das Denken für sie übernimmt. Die dritte Grundannahme ist die der »Paarbildung«, wobei die Gruppenmitglieder sich so verhalten, als brächte ein Paar einen Messias oder eine entsprechende Idee hervor, die sie von ihren gegenwärtigen Problemen befreien kann. Während inzwischen weitere Grundannahmen beschrieben worden sind, die sich auf vor allem auf Gruppen und Organisationen beziehen (Turquet 1974; Lawrence, Bain & Gould 1996; Schneider & Shrivastava 1988), kann bei der hier dargestellten Grundannahme oder Metapher der Paarbildung davon ausgegangen werden, dass sie auch für den weiteren gesellschaftlichen Kontext von Bedeutung ist.

Während ich den Leser dazu anregen möchte, sich ausführlicher mit der faszinierenden und zugleich sehr praxisorientierten Literatur zur Gruppendynamik in der Tradition Bions ausführlicher auseinander zu setzen, möchte ich hier die Aufmerksamkeit auf einen Hauptaspekt des Verhaltens im Sinne der Grundannahmen lenken. Er besteht darin, dass die Mitglieder einer Gruppe, die sich entsprechend einer dieser Grundannahmen verhalten, es zugleich vermeiden, an der von ihnen übernommenen Aufgabe zu arbeiten. Die Annahme basiert ferner darauf, dass ihre eigene Gültigkeit dabei nicht überprüft wird; sie wird als gegeben angenommen. Derzeit ist es schwer, über Organisationen anders als in den Begriffen der Produzenten-Konsumenten-Paarung zu denken. Es wird als gegeben hingenommen, dass alle Organisationen in erster Linie Unternehmen sind, ganz gleich, ob es sich dabei um Schulen, Krankenhäuser, Gefängnisse oder Unternehmen im ursprünglichen Sinne handelt. Mittlerweile ist selbst eine kleine Abteilung innerhalb eines größeren Unternehmens dazu angehalten, jede andere Abteilung innerhalb des gleichen Unternehmens als Kunden zu betrachten.

Eine soziale Grundannahme schafft den Rahmen für die Entwicklung und den Ausdruck von Werten und das Ausleben von Emotionen. Dominiert z. B. das Lieferanten-Konsumenten-Paar das Denken am Arbeitsplatz, dann wird beispielsweise Führung im Sinne einer Markterweiterung statt im Sinne einer Qualitätsförderung beurteilt.

Wir müssen uns klar darüber sein, dass professionelle oder kommunale Dienstleistungen ebenso wie auch solche Dienste, die als nicht gewinnorientiert verstanden werden, heutzutage in erster Linie durch die Metapher der Produzenten-Konsumenten-Paarung geprägt sind, wobei die dabei zugrunde liegenden Werten vor allem oder gar ausschließlich solche Werte sind, die für die Geschäftswelt gelten. Dies hat z. B. für das Gesundheitssystem im katholischen Bereich insofern erhebliche Konflikte hervorgerufen, als die Werte der religiösen Orden, die diese Einrichtungen betreiben, ständig mit den Werten der Geschäftswelt in Einklang gebracht werden müssen. Ein anderes Beispiel ist das Schulsystem im Staat Victoria in Australien. Indem immer mehr »Geschäfts-Werte« übernommen wurden, stieg die Autorität von Direktoren und Ausschüssen, die ihnen für eine Vielzahl von Aufgaben eingeräumt worden ist. Dabei kann die Konkurrenz um verbesserte Ausbildungsergebnisse durchaus (unbewusst?) dazu beitragen, Mittel und Wege zu finden, um sich solcher Schüler zu entledigen, die nur wenig Erfolg zu versprechen scheinen. Dabei läuft die Aufgabe, Generationen von Schülern »auszubilden«, Gefahr, korrumpiert zu werden.

Weil der Markt (die Produzenten-Kunden-Paarung) das gegenwärtige Denken in der Arbeitswelt bestimmt, werden die Spannungen, die gewöhnlich in diesem sozialen Rahmen gehalten werden, in unseren Organisationen ausgelebt. Dies scheint ein deutlicher Hinweis darauf zu sein, dass die eigentlichen Konflikte vor allem zwischen den Gruppen der Hauptproduzenten und denen der Kunden auftreten werden. Dies wäre ein Fall von struktureller Begrenzung. Der Beweis hierfür findet sich in der deutlichen Zunahme organisierter Konsumentenvertretungen in allen industriellen Bereichen zu Ende des vergangenen Jahrhunderts. Das jüngste Beispiel hierfür ist die Notwendigkeit, Konsumentengruppen an der politischen Entwicklung in solchen Dienstleistungsbereichen wie der Psychiatrie oder dem Strafvollzug zu beteiligen (Wadsworth & Epstein 1998). Die Konflikte zwischen Konsumentengruppen und Produzenten haben zugenommen.

Auf eine verdecktere oder subtile Weise kann dieser Paarungs-Rahmen dazu beitragen, dass Konflikte innerhalb von Organisationen in zunehmendem Maße auf dem Hintergrund von Produzenten-Konsumenten-Belangen so strukturiert werden, wie sie in der jeweiligen Zeit erlebt werden. So gab es z. B. in den 1950igern und 1960igern eine zunehmende funktionale Trennung innerhalb von Organisationen. Die neue Sichtweise des Kunden hatte begonnen (Du Gray & Salaman 1992), und große Verkaufsabteilungen entstanden neben Produktionsabteilungen, die dann die Dienste spezieller Personalabteilungen in Anspruch nahmen. Zwischen den unterschiedlichen Organisationsfunktionen kam es zu Intergruppenkonflikten, die durch Fragen der Tätigkeitenabgrenzung, Problemen mit der Logistik sowie insofern durch das jeweilige Verständnis der eigentlichen Hauptaufgabe der Organisation geprägt waren, als unterschiedliche Funktionen das »Kerngeschäft« des Unternehmens aus ihrer eigenen ganz besonderen Perspektive heraus definiert werden. Bei dem Versuch, diese Konflikte zu reduzieren, hatte das Management funktionaler Strukturen in den Augen leitender Manager, Organisationsberater und -forscher die oberste Priorität.

Für die 1980iger und 1990iger stand dann eine Bewegung hin zur Matrix- oder Projektorganisation im Vordergrund, die von dem Bemühen geleitet war, die bisherigen Organisationsformen umzugestalten, die sich – aufgrund der internen Abschottung einzelner Funktionsbereiche und nicht zuletzt wegen ihrer Distanz zum Kunden – zunehmend als funktionale »Silos« erwiesen hatten. Die funktionalen Silos dienten eher den jeweiligen Eigeninteressen der jeweiligen Funktionsbereiche als dass sie auf die Interessen des Marktes ausgerichtet waren. Es gab eine Bewegung hin zu Teams mit übergreifenden Funktionen, die als flexibler betrachtet wurden und eher in der Lage waren auf die Kundenbedürfnisse einzugehen. In diesem Zusammenhang ergaben sich Konflikte z. B. zwischen denen, die in diesen neuen Strukturen arbeiten wollten und denen, die nicht zu den entsprechenden Veränderungen bereit oder »in der Vergangenheit stecken geblieben« waren. Andere Konflikte traten zwischen unterschiedlichen multidisziplinären oder multifunktionalen Teams auf. Willshire (1999) beschreibt die Konflikte zwischen unterschiedlichen Teams im Bereich der Psychiatrie. Jedes Team sollte sich auf unterschiedliche Aspekte der Aufgabe konzentrieren, wobei jedoch einige Teams in zunehmendem Maße miteinander konkurrierten und ähnliche Aufgaben übernahmen.

In Zusammenfassung dieses Abschnittes lässt sich sagen, dass der soziale Kontext der Arbeitsorganisation wichtig für das Verständnis der Art der Konflikte ist, die auftreten können. Dieser soziale Kontext wird durch eine dominante symbolische Metapher vermittelt. Ich habe hier deutlich zu machen versucht, dass die Produzenten-Konsumenten-Paarung die gegenwärtig dominanteste Metapher ist. Meiner Ansicht nach hat diese Metapher einen deutlichen Einfluss auf unser Denken und Fühlen bei der Arbeit. Sie stellt den Kontext für unsere Werte bei der Arbeit dar. Es entstehen unterschiedliche strukturelle Konfigurationen innerhalb der Arbeitsorganisationen, die zu der dominanten Metapher passen, und jede einzelne dieser Konfigurationen stellt einen internen organisatorischen Kontext dar, der die Art der jeweiligen Konflikte prägt, die dabei auftreten können. Allem voran jedoch hat die dominante Metapher einen deutlichen Einfluss auf die Art und Weise, wie die Aufgaben von den Mitarbeitern und anderen Interessensgruppen verstanden, strukturiert und wofür sie benutzt werden.

Die Theorie sozialer Abwehr: Zu einer Erklärung der Konfliktdynamik

Nachdem wir nun gesehen haben, dass Konflikte, die auf einer Systemebene in einer Arbeitsorganisation zum Ausdruck kommen, das Ergebnis verdeckter Konflikten auf einer anderen Ebene sein können, ist es an der Zeit, eine Theorie zu untersuchen, die diese Dynamik zu erklären versucht. In den vergangenen 30 Jahren hat die Literatur zur Theorie der sozialen Angstabwehr deutlich zugenommen. Ebenso wie ein Individuum eine innere psychologische Abwehr gegen Ängste aufbaut, kann auch eine Organisation in ihrer eigenen Struktur und Kultur Abwehrformen gegen die Ängste aufbauen, die mit der Aufgabe einhergehen, die sie sich gestellt hat. In diesem Zusammenhang ist das Konzept der Soziotechnik wichtig. Wenn wir allein das soziale System betrachten, dann tendieren wir dazu, an Persönlichkeiten und ihre Interaktionen zu denken. Beziehen wir die Aufgabe und die damit einhergehenden technischen Anforderung mit ein, dann wird deutlich, dass wir es mit einem System von Rollen zu tun haben. Bevor ich einige Schlüsse aus dieser Theorie ziehen werde, möchte ich ein Beispiel ausführlicher beschreiben.

Menzies-Lyth (1988a) untersuchte die Aufgabe der Krankenschwester innerhalb eines Londoner Lehrkrankenhauses. Die Aufgabe der Krankenpflege bringt Krankenschwestern in engen physischen und psychischen Kontakt mit kranken und manchmal auch mit sterbenden Patienten. Dies ist an sich schon stressvoll genug. Der organisatorische Kontext nun, der Krankenschwester und Patient zusammen bringt, lässt den Patienten hilflos und von der Schwester abhängig erscheinen – ähnlich wie ein Säugling von seiner Mutter abhängig ist. Die Krankenschwester muss eine sehr persönliche und intime Pflege leisten. Das Potter Fernsehmusical »The Singing Detective« stellt einen Patienten in einer solchen Abhängigkeitsbeziehung dar. Eine Szene zeigt, wie er, trotz größter Anstrengung, nicht in der Lage ist, beim Waschen seines Körpers seine sexuelle Reaktion zu kontrollieren. Menzies-Lyth zeigt, dass dies nicht ausschließlich auf seiten des Patienten geschehen muss. Primitive emotionale und sexuelle Empfindungen werden unbewusst in beiden, dem Patienten und der Krankenschwester, hervorgerufen. Darüber hinaus ist die pflegerische Aufgabe oft eine Frage von Leben und Tod. Dies leistet vor allem dann Ängsten in Bezug auf Verantwortung Vorschub, wenn Komplikationen auftreten und unmittelbare Entscheidungen über die Behandlung getroffen werden müssen. Die Krankenschwester muss in der Lage sein, auf ihre eigene persönliche Abwehr zurückzugreifen, um mit all den Gefühlen und Ängsten umgehen zu können, die dabei auftreten können.

Die zusätzliche Einsicht, die Menzies-Lyth zu dem von ihr gezeichneten Bild beiträgt, ist die, dass das Krankenhaus als System selbst eine zusätzliche Abwehr für die Krankenschwester gewährt. Die Art, wie die pflegerische Aufgabe organisiert wird, bietet eine solche »soziale« Abwehr. Die Organisationsstruktur und -kultur setzt eine Distanzierung zwischen Krankenschwester und Patient voraus. Die Schwestern (und Ärzte) kennen einen Patienten eher aufgrund seiner Krankheit (die Leber in Bett sechs) als als ganze Person. Die Verantwortung der Schwestern erstreckt sich eher auf eine bestimmte Funktion als auf eine ganze Person. Dies verhindert Intimität. Es lässt allerdings dann eine Reihe weiterer Probleme entstehen, wenn Patienten sich wie Fremde behandelt vorkommen und die Mitarbeiter sich schuldig fühlen, weil sie zu wenig Zeit für psychologische Zuwendung haben. Aufgrund der sozialen Abwehr gegenüber der Angst, in einer lebensbedrohlichen Situation Fehler zu begehen, wird die Zuständigkeit für die einzelnen Aufgaben in dem Sinne rigide geregelt, dass die Autorität, auch nur die einfachsten Entscheidungen zu treffen, den langjährigen Mitarbeitern vorbehalten bleibt. Jüngeren Schwestern wird unterstellt, dass sie nicht fähig sind, Verantwortung für ernste Entscheidungen zu übernehmen. Sie werden in ihrer Arbeit wie Kinder behandelt. Das führt dazu, dass sie in größerem Maße auf die Abwehrstruktur angewiesen sind, die von seiten der Organisation angeboten wird. Das erklärt auch die rigide Hierarchie, die Menzies-Lyth in dem Krankenhaus vorgefundenen hat, das sie untersuchte.

Andere Sozialwissenschaftler haben die organisatorischen Abwehrsysteme in anderen Organisationen untersucht (Hirschhorn 1988; Wastell 1996; Krantz 1998). Dabei ist folgendes deutlich geworden:

Erstens zeigte sich, dass jede einzelne soziotechnische Aufgabe mit den ihr eigenen Ängste verbunden ist. Das mag als selbstverständlich erscheinen, wenn man nur die folgenden Beispiele betrachtet: medizinische Dienste, die Arbeit in Gefängnissen, die Unterrichtung Heranwachsender oder das Entdecken und das Erhalten von Märkten. Aber alle Aufgaben sind auch mit mehr oder weniger ähnlichen Ängsten verbunden. Da ist beispielsweise die Angst, die damit einhergeht, einen Manager über die eigenen Fehlern zu unterrichten oder Kollegen gegenüber zuzugeben, dass man nicht weiß, wie ein Teil der eigenen Arbeit verrichtet wird. Dies sind die alltäglichen Ängste, denen man dann begegnet, wenn Menschen sich gegenseitig in ihren Rollen fordern, was allerdings auch mit Befürchtungen und Ängsten vor Vergeltung einhergehen kann. Manchmal mag die Furcht einzig und allein auch nur darin bestehen, nicht akzeptiert oder geschätzt zu werden.

Zweitens entwickeln sich innerhalb der Organisation defensive Strukturen und Kulturen. Dies hilft den Mitgliedern dabei, sich selbst gegen diese Ängste zu wehren. Einige Strukturen helfen den Mitgliedern z. B. dabei, sich gegenseitig aus dem Weg zu gehen, um so die Angst vor einem offenen Konflikt zwischen den Rolleninhabern zu vermeiden. Andere helfen den Mitgliedern dabei, das Zusammentreffen mit Kunden zu vermeiden. Es ist überflüssig zu sagen, dass solche soziale Abwehr nicht gerade einer verbesserten Kommunikation förderlich ist, auch kann sie zu Folgeproblemen führen, die dann eben so viel, wenn nicht sogar noch mehr Angst als das ursprüngliche Problem verursachen.

Drittens können die Abwehrstrukturen in einer Organisation sich mit einer vom Individuum bevorzugten Form der Abwehr decken oder auch nicht. Eine Krankenschwester, die ihre eigenen Ängste vor Intimität und Tod eher dadurch zu lösen versucht, dass sie andere herausfordert anstatt einer Autorität Folge zu leisten, würde sicherlich nicht gut in die Organisationskultur passen, die Menzies-Lyth beschrieben hat. Wenn sie sich dazu entschließen würde, zu bleiben, träte sicherlich ein Konflikt zwischen ihrer Art, die Probleme anzugehen, und der der anderen auf. Normalerweise tendieren Organisationen dazu, diejenigen anzuziehen, die zu ihrer Kultur passen. Insofern tendieren sie dazu, ihre Kulturen zu reproduzieren. Das Ergebnis mag insofern positiv erscheinen, als es zu einer Reduzierung von Konflikten führen kann. In der Tat bedeutet dies jedoch zugleich auch eine Verminderung der kreativen Unterschiede, die eine Organisation für den Erfolg benötigt.

Viertens – was im vorliegenden Kontext von besonderer Bedeutung ist – gehen Abwehrstrukturen auch mit der Tendenz einher, komplexe Situationen zu spalten, um sie so zu vereinfachen und Konflikte von einem Subsystem oder System auf ein anderes zu verlagern.

Folgerungen für die Arbeit mit Konflikten am Arbeitsplatz

Konflikte am Arbeitsplatz treten dann auf, wenn man nicht mit unterschiedlichen Interessen (Wünschen), Ängsten und Befürchtungen umgehen kann. Während solche Differenzen vom Charakter der Beteiligten abhängen können, ist der Konflikt größtenteils an der Grenze zwischen dem sozialen und dem technische System angesiedelt. D. h. ein Konflikt rührt von unterschiedlichen Interessen und Ängsten her, die mit der Weise, wie Aufgaben strukturiert und angegangen werden, einhergehen. Man kann sogar soweit gehen, zu sagen, dass das Individuum generell eine Art zeitlich begrenzter Container für soziale Dynamik ist, aber darauf bin ich an anderer Stelle ausführlicher eingegangen (Long 1992).

Wenn ein Konflikt auftritt, versuchen die Menschen normalerweise ihn individuell oder kollektiv zu vermeiden oder zu umgehen. Dies ist zumindest die Norm am Arbeitsplatz. Der Konflikt wird als störend für die Organisation und die Arbeit angesehen, es sei denn, er stellt einen letzten Ausweg angesichts verschärfter Bedingungen dar. Eine sehr kraftvolle Methode der Vermeidung, die in diesem Kapitel beschrieben wurde, ist die soziale Abwehr, die unbewusst innerhalb der Organisation sowohl auf struktureller als auch auf kultureller Ebene errichtet wird. Diese Abwehr funktioniert aufgrund der soziodynamischen Prozesse der Spaltung, Projektion, Introjektion und Verschiebung. Eine solche Dynamik führt dazu, dass Konflikte in soziotechnischen Systemen an anderer Stelle ausgedrückt werden können, als dort, wo sie ihren Ursprung haben. (Es sei daran erinnert, dass ein soziotechnisches System sowohl so klein sein kann, wie eine Einzelperson in ihrer Rolle, die einer Aufgabe nachgeht, als auch so groß wie ein Unternehmen als ganzes.)

Der unbewusster Umgang mit einem Konflikt kann auch dazu führen, dass dieser als ein Teil der Organisationskultur institutionalisiert wird. Auf diese Weise werden Konflikte als gegebene Arbeitsweisen hingenommen. Allerdings werden diese Konflikte und der damit verbundene Stress von den beteiligten Personen bewusst wahrgenommen, während die eher kollektive Reaktion der Organisation auf den Konflikt unbewusst geschieht.

Natürlich können die Menschen ihre Interessen und Ängste tarnen oder verheimlichen. Vielleicht ist dies Teil eines politischen Schachzuges, um bewusst Macht zu erlangen (Morgan 1986). Organisationsmitglieder glauben oft, dass das Festhalten an Geheimnissen in der Organisation für sie nützlich sein werde. Dem mag die Hoffnung zugrunde liegen, dass durch das Zurückhalten eigener Interessen und Wünsche im Sinne einer »verborgenen Tagesordnung« der Gegner unvorbereitet ist, wenn Grundsatzentscheidungen getroffen werden müssen. Insofern können Konflikte eher implizit sein und unterdrückt werden, was sich in einer verminderten Zusammenarbeit der konfligierenden Parteien äußert. Dies mag eine angemessene Strategie sein, wenn es um den Umgang mit einem Konkurrenzunternehmen geht, aber innerhalb eines Unternehmens kann es eben so sehr destruktiv sein.

In einer weniger skrupellosen Art können Gruppen ihre Probleme und Konflikte dann vor ihren Managern verstecken, wenn sie die peinliche Situation umgehen möchten, die entstehen würde, würden sie den Eindruck erwecken, versagt oder auch nur Probleme zu haben (Argyris 1990). Solche Wege mit Konflikten umzugehen werden zu einem defensiven Teil der Organisationskultur. Sie führen zu Verteidigungsmanövern, in denen die Akteure versuchen, Konflikte und Ängste dadurch zu vermeiden, dass sie diese nicht kommunizieren. Dies kann zu mangelhafter Kommunikation zwischen den Teilen der Organisation führen, die auf eine gemeinsame Kommunikation angewiesen sind, um ihren Aufgaben nachzukommen.

Ein kreativer Umgang mit Konflikten geht nicht mit solchen automatischen oder tiefverwurzelten Verteidigungsstrategien einher, wie sie oben beschriebenen worden sind. Er umfasst die Arbeit mit den auftretenden Konflikten bevor sie destruktiv werden und setzt eine Umwelt voraus, in der konfligierende Interessen und Ängste eher untersucht als vermieden werden.

Angenommen, dieses Argument sei stichhaltig, was sind dann die Folgerungen für die Arbeit mit Konflikten am Arbeitsplatz? Ich schlage zumindest das Folgende vor:

Offene Konflikte sollten nicht nach ihrem äußeren Anschein verstanden werden.

Individuen oder Subsysteme sollten daraufhin betrachtet werden, was sie für andere Systeme oder die Organisation als ganze darstellen. Eine solche Einstellung erforderte einiges an Reife auf Seiten der Beteiligten. Auf dem Höhepunkt des Konflikts wogen die Emotionen gewöhnlich hoch und führen zu gegenseitigen Schuldzuweisungen. Manager und Teams brauchen eine Möglichkeit, über den Konflikt in dem Sinne nachdenken zu können, dass dieser als mögliche Verschiebung verstanden werden kann.

Jedes soziotechnische System erfordert eine sorgfältige Betrachtung.

Jedes soziotechnische System, von der individuellen Rolle hin zum größeren Unternehmen mit seiner Umwelt, macht eine sorgfältige Betrachtung in Bezug auf die Konflikte der Interessen und Ängste erforderlich, denen sie Auftrieb verleihen. Dies erfordert mehr als ein bloßes Verständnis des technischen oder Aufgabensystems an sich. Worin auch immer die ›rationale‹ Arbeitsteilung bestehen mag, Konflikte lassen sich an der soziotechnischen Schnittstelle ausmachen. Oft entdeckt eine Organisation dies erst, nachdem es z. B. zu einem Reengineeringsprozess des IT Systems gekommen ist und die besten technischen Lösungen dennoch viele Probleme an der soziotechnischen Schnittstelle hervorrufen. Eine Diagnose der Organisation (Bain 1976), die die Struktur, Kultur und Arbeitsweise beachtet, ist eine sinnvolle Vorgehensweise, sich einem Verständnis darüber anzunähern, wie Konflikte an der soziotechnischen Grenze auftreten können. Eine weitere damit verbundene Methode der Aufarbeitung der Implikationen dieser Schnittstelle kann in der organisatorischen Rollenanalyse und ihrer erweiterten Form eines Rollendialogs gefunden werden (Long, Newton & Chapman 1999). Trauriger Weise kommen Organisationen gewöhnlich erst dann zu solchen Diagnosen und Arbeitsweisen, nachdem sie bereits lähmende Probleme erfahren haben. Oft entschließen sie sich dann dazu, mit solchen Beratern zu arbeiten, deren Hauptaufgabe darin besteht, diese als problematisch angesehenen Teile der Organisation zu entfernen. Im Gegensatz dazu sollte das gesunde Unternehmen des 21. Jahrhunderts sich zu einer regelmäßigen Kontrolluntersuchung und zu fortlaufender präventiver Arbeit in Form von Rollendialogen zwischen den Schlüsselbereichen entschließen.

Die Interessen und Ängste jedes Subsystems oder Systems innerhalb der Organisation sollten einen Raum haben, in dem sie auf legitime Art zum Ausdruck gebracht werden können.

Steht ein solcher Raum nicht zur Verfügung, dann werden die Konflikte sicherlich eher vermieden und verschoben oder kommen auf destruktive Weise zum Ausdruck (Jaques 1989). Dieser Raum allein kann schon die Möglichkeit gewähren, Probleme mit seinem Manager oder mit den Kollegen in einem angemessenen Rahmen zu bearbeiten. Arbeitet man an den Grenzen der eigenen Rolle in Bezug zu anderen Rollen, so erfordert dies einen konstanten Prozess von Verhandlungen, des Ausgleichs von Unterschieden und des Auffindens von Möglichkeiten der Zusammenarbeit. Hier können zwischenmenschliche Fähigkeiten hilfreich sein. Gleichwohl sind sie Teil eines größeren Bildes. Eine Rolle ist nicht statisch. Neue Aufgaben oder neue Wege, auf denen sich alte Aufgaben darstellen, bedeuten, dass die Kommunikation, Verhandlung und Zusammenarbeit mit anderen über die zu lösenden und mit einander verbundenen Aufgaben ein fortwährendes Unterfangen ist. Mehr noch sollten leitende Manager in Organisationen, die eine zentrale Hierarchieebene der Verantwortlichkeit darstellen, mit der Arbeitsweise in Kontakt bleiben, mit der die Menschen an ihre Aufgaben herangehen,. Das bedeutet, mit der Dynamik in Kontakt zu bleiben, die in diesem Beitrag erörtert worden ist. Immer weniger ist Management ein bloßer Steuerungsprozess. Es schließt sehr viel mehr das Bewusstein für ein komplexes Netzwerk soziotechnischer System ein sowie die Fähigkeit, zur richtigen Zeit am richtigen Ort zu intervenieren (Senge 1990, Long & Newton 1997).

Paradoxer Weise ist eine kollaborierende Organisationskultur nicht das Gegenteil einer konfligierenden Kultur.

Tatsächlich müssen die Organisationsmitglieder zusammenarbeiten, sollen die Konflikte zum Vorschein kommen und im Sinne einer positiven Lösung bearbeitet werden (Zagier Roberts 1994; Stokes 1996). Es ist ein Irrglaube, annehmen zu wollen, dass kollaborative Kulturen keine Konflikte beinhalten. Vielleicht ist dies insofern eher eine typisch australische Fehldeutung, als wir zu einer falschen Gleichmacherei neigen. Manchmal ist eine Pseudodemokratie eher der verkappte Versuch, die tatsächlich vorhandenen Unterschiede zu ignorieren, die unterschiedlichen Interessen ebenso wie die verschiedenen Fähigkeiten und die jeweilige Autorität. Das führt zu einer Kultur, in der Konflikte weder offen gelegt noch gelöst werden können.

Eine Organisationskultur der Kooperation hängt von der Entwicklung reifer Arbeitsbeziehungen ab (Long, Newton & Dalgleish, 2000). Solche Arbeitsbeziehungen lassen sich wie folgt umschreiben:

Deutlich ausgehandelte Aufgaben und Rollen. Deutliche Grenzen, Abgrenzungen, Übereinstimmungen und Verfahrensweisen sind grundlegend für eine kollaborative Kultur. Eine solche Deutlichkeit und Sorgfalt in der Kommunikation und Verhandlung sind ein wichtiger Ausdruck des Respekts gegenüber anderen. Konflikte können dann besser verstanden, untersucht und gelöst werden.

Die Fähigkeit aus Erfahrung und Handlung zu lernen. Dies bedeutet, in der Lage zu sein, aus den Erfahrungen zu lernen, die bei der eigenen Arbeit gemacht werden.

Die Fähigkeit, eine solche Arbeitsumwelt zu schaffen, die für die Arbeit förderlich ist und es erlaubt, Emotionen zuzulassen. Eine solche Umwelt, bietet die notwendige Unterstützung, die es möglich macht, die eigenen Bedenken über Aufgaben und Rollen zu äußern und auf die der anderen einzugehen.

Solche reifen Arbeitsbeziehungen bieten die Voraussetzung dafür, dass Konflikte untersucht und erörtert werden können. Diese Voraussetzung lässt sich jedoch nicht leicht erreichen; sie setzt einen »Raum der Reflektion« voraus, in der die Menschen gemeinsam ihre Verantwortung gegenüber den Aufgaben, ihren Rollen und der Dynamik von Gruppen überprüfen können. Ohne eine solche Voraussetzung verfestigen sich defensive Vermeidungen und Konflikte tendieren dazu, institutionalisiert zu werden. Die Realität des Arbeitsplatzes ist ebenso durch solche Emotionen wie Neid, Scham, Rivalität und Wut als auch durch positivere Gefühle geprägt. Viele dieser Emotionen sind durch die jeweilige Aufgabe bedingt (Flynn 2000). Sie können entweder im sozialen System des Arbeitsplatzes bearbeitet oder aber auf destruktive Weise negiert werden, was oft dazu führt, dass sie mehr oder weniger eskalieren. Ein Arbeitsplatz, der von

Kooperation geprägt ist, ist die Voraussetzung dafür, dass die Ursachen und Ausdrucksweisen von Konflikten und der damit einhergehenden Emotionen nicht ignoriert werden müssen.

Schluss

In diesem Beitrag habe ich die Eigenschaften und Bedingungen von Konflikten in Organisationen, ihre Kosten sowie die Herausforderungen untersucht, die mit der Dynamik von Konflikten einhergehen. Die Darstellung der Theorie der sozialen Abwehr hat zu einem besseren Verständnis der Konfliktdynamik beigetragen. Am Ende habe ich einige Möglichkeiten und Voraussetzungen für den Umgang mit Konflikten und ihre Bearbeitung skizziert.

Jede dieser Empfehlungen zeigt eine Möglichkeit des Umgangs mit Konflikten auf, die weit über die bloße Beseitigung oberflächlicher Symptome oder Patentlösungen hinaus geht. Sie basieren darauf, dass Organisationen ihren Konflikten eine Bedeutung beimessen, sie ernst nehmen und bereit sein müssen, sich nicht allein darauf zu beschränken, wie diese Konflikte sich äußern. Eine Untersuchung organisatorischer Konflikte kann zu einem besseren Verständnis der soziotechnischen Schnittstelle beitragen. Das führt uns zu dem Kernpunkt der Arbeit, die in einem Unternehmen getan wird. Und genau hierauf muss die Aufmerksamkeit gerichtet werden, wenn die Organisation ihre Zwecke so kreativ und effektiv wie möglich erreichen soll. Um die Kosten andauernder Konflikte am Arbeitsplatz zu verstehen, müssen wir zunächst ihre Symptome erkennen.

Übersetzung von Claudia Schmidt und Burkard Sievers

Literatur

Archer, M. A. (1999): Authentic Teaming: Undiscussables, Leadership and the Role of the Consultant. Unveröffentlichte Dissertation, Ontario Institute for Studies in Education, University of Toronto.

Argyris, Chris (1990): Overcoming Organizational Defences. Needham Heights: Allyn and Bacon.

Armstrong, David (1997): The Recovery of Meaning. Vortrag auf dem Symposium der International Society for The Psychoanalytic Study of Organisations, New York.

Bain, Alastair (1976): Presenting Problems in Social Consultancy: Three case histories concerning the selection of managers. In: Human Relations, 29.7, S. 643–657.

Bion, Wilfred R. (1961): Experiences in Groups London Tavistock Publications. Dt: (1971): Erfahrungen in Gruppen und andere Schriften. Frankfurt/M. (Suhrkamp).

Chapman, Jane (1999): Hatred and Corruption of Task. In: Socio-Analysis 1,2, S. 127–150.

Du Gay, P. & Salaman, G. (1992): The Cult[ure] of the Customer. In: Journal of Management Studies 29, 5, S. 615–633.

Hirschhorn, Larry (1988): The Workplace Within: Psychodynamics of organizational life. Massachusetts (MIT Press).

Jaques, Elliot (1989): Requisite Organization: The CEO's guide to creative structure and leadership. U.S.A. (Cason Hall and Co.).

Krantz, James (1998): Anxiety and the New Order. In: Edward Klein, Gabelnick, F. & Herr, P. (Hg.): The Psychodynamics of Leadership Madison. (Psychosocial Press), S. 77–108.

Lawrence, W. Gordon, Bain, Alastair & Gould, Larry (1996): The Fifth Basic Assumption. In: Free Associations, 6, 3 (37), S. 28–55.

Long, Susan D. (1992): A Structural Analysis of Small Groups. London (Routledge).

Long, Susan D. & Newton, John (1997): Educating the Gut: Socio-emotional aspects of the learning organisation. In: The Journal of Management Development 16, 4, S. 284–301.

Long, Susan D. (1999): The Tyranny of the Customer and the Cost of Consumerism: An analysis using systems and psychoanalytic approaches to groups and organisations. In: Human Relations, 52, 6, S. 723–743. Dt.: (2000): Preis und Tyrannei der Kundenorientierung: Eine Gruppen- und Gesellschaftsanalyse aus systemischer und psychoanalytischer Sicht. In: Freie Assoziation 3, S. 9–34; wieder in diesem Band.

Long, Susan D., Newton, John & Chapman, Jane (1999): Bridging the Tensions: Organisational role analysis with members from the same organisation. Vortrag auf dem Symposium der International Society for The Psychoanalytic Study of Organisations, Toronto.

Long, Susan D., Newton, John & Dalgleish, James (2000): In the Presence of the Other: Developing working relations for organisational learning. In: Klein, Edward, Gabelnick, B. B. & Herr, F. A. (Hg.): Dynamic Consultation in a Changing Workplace. Madison (Psycho-social Press), S. 161–192.

Menzies Lyth, Isabel (1988a): Containing Anxiety in Institutions. London (Free Association Books).

Menzies Lyth, Isabel (1988b): A Psychoanalytic Perspective on Social Institutions. In: Bott Spillius, Elizabeth (Hg.): Melanie Klein Today: Developments in theory and practice. Bd. 2: Mainly practice. London (Routledge), S. 284–299. Dt: (1991): Eine psychoanalytische Betrachtung sozialer Institutionen. In: Bott Spillius, E. (Hg.): Melanie Klein Heute. Entwicklungen in Theorie und Praxis. Bd. 2: Anwendungen. Weinheim (Verlag Internationale Psychoanalyse), S. 379–400.

Morgan, Gareth (1986): Images of Organization. California (Sage Publications). Dt.: (1997): Bilder der Organisation. Stuttgart (Klett-Cotta).

Obholtzer, Anton & Zagier Roberts, Vega (1994): The Troublesome Individual and the Troubled Institution. In: Obholtzer, A. & Zagier Roberts, V. (Hg.): The

Unconscious at Work: Individual and organizational stress in the human services. London (Routledge), S. 129–138.

Ouchi, W. G. (1985): Organizational Culture. In: Annual Review of Sociology 11, S. 457–83.

Paine, W .S. (1982): Job Stress and Burnout. Newbury Park (Sage Publications).

Schein, Edgar H. (1990): Organizational Culture. In: American Psychologist, 45, 2, S. 109–119.

Schneider, S. & Shrivastava, P. (1988): Basic Assumption Themes in Organizations. In: Human Relations, 41, 7, S. 493–515.

Senge, Peter (1990): The Fifth Discipline: The art and practice of the learning organization. U.S.A.: Doubleday. Dt.: (2001): Die fünfte Disziplin. Kunst und Praxis der lernenden Organisation. Stuttgart (Klett-Cotta).

Sievers, Burkard (1994): Work, Death and Life Itself: Essays on management and organization. Berlin (de Gruyter).

Sievers, Burkard (2000): Competition as War: Towards a socio-analysis of war in and among corporations. In: Socio-Analysis 2, 1, S. 1–27. Dt.: (2001): Konkurrenz als Fortsetzung des Krieges mit anderen Mitteln. Eine sozio-analytische Dekonstruktion. In: Schreyögg, Georg & Sydow, Jörg (Hg.): Emotionen und Management. In: Managementforschung, 11,Wiesbaden (Gabler-Verlag), S. 171–212.

Smircich, Linda (1983): Concepts of Culture and Organizational Analysis. In: Administrative Science Quarterly, 28, S. 339–358.

Stapley, Lionel (1996): The Personality of the Organisation: A psycho-dynamic explanation of culture and change. London (Free Association Books).

Stokes, Jon (1996): The Unconscious at Work in Groups and Teams: Contributions from the work of Wilfred Bion. In: Obholtzer, Anton & Zagier Roberts, Vega (Hg.): The Unconscious at Work: Individual and organizational stress in the human services. London (Routledge), S. 19–27.

Turquet, Pierre M. (1974): Leadership: The individual and the group. In: Gibbard, J. J., Hartmann, J. & Mann, R. D. (Hg.): Analysis of Groups: Contributions to theory, research and practice. London (Jossey Bass), S. 349–371.

Wadsworth, Y. & Epstein, M. (1998): Building in Dialogue Between Consumers and Staff in Acute Mental Health services. In: Systemic Practice and Action Research, 11, 4, S. 353–379.

Wastell, D. (1996): The Fetish of Technique: Methodology as a social defence. In: Info. Systems J. 6. S. 25–40.

Willshire, L. (1999): Psychiatric services: Organizing Impossibility. In: Human Relations, 52, 6, S. 775–804.

Zagier Roberts, Vega (1994): Conflict and Collaboration: Managing inter-group relationships. In: Obholtzer, Anton & Zagier Roberts, Vega (Hg.): The Unconscious at Work: Individual and organizational stress in the human services. London (Routledge), S. 187–196.

›Psychotische Organisation‹ als metaphorischer Rahmen zur Sozio-Analyse organisatorischer und interorganisatorischer Dynamiken

Burkard Sievers

Zusammenfassung: Die von Melanie Klein aufgezeigte Erfahrung psychotischer Ängste kann nicht nur als Phänomen frühkindlicher Entwicklung verstanden werden. Psychotische Ängste stellen zum einen einen unausweichlichen Teil der Erfahrung des Erwachsenen dar; zum anderen kommt es im Falle schwerer Persönlichkeitsstörungen zu einer pathologischen Fixierung, bei der die Spaltungen und Fragmentierungen von einer omnipotenten narzisstischen Persönlichkeitsstruktur beherrscht werden.

Während sich die *pathologische Organisation* der Theorie der Objektbeziehungen ausschließlich auf die individuelle Organisation des Ichs bezieht, wird hier der Versuch unternommen, die *psychotische Organisation* als einen metaphorischen Rahmen der Sozio-Analyse psycho-sozialer Dynamiken von Organisationen zu verstehen. Diese Betrachtungsweise erstreckt sich auf drei verschiedene organisatorische Ebenen: auf die intraorganisatorische Dynamik von Krankenhäusern, auf die interorganisatorischen Beziehungen einer feindlichen Unternehmensübernahme sowie auf die zunehmende Dominanz der Unternehmenswertsteigerung in einem globaleren Kontext.

Einleitung

In der letzten Zeit habe ich mich wiederholt damit beschäftigt, wie man Verrücktheit und andere psychotische Prozesse in Organisationen verstehen kann (Sievers 1993, 1994, 1995, 1998 a/b). Im Gegensatz zu den herkömmlichen und mehr traditionellen Begriffen der Organisationsforschung und –theorie sind Verrücktheit und Psychose für mich zu Leitmetaphern geworden, die mir ein angemesseneres und sinnvolleres Verständnis dessen ermöglichen, was ich in organisatorischen Kontexten in meinen unterschiedlichen Rollen als Hochschullehrer, Berater und gelegentlich als Manager erlebe. Angesichts der Tatsache, dass die Theorie und Praxis von Organisationen die Irrationalität organisatorischer Wirklichkeit weitgehendst ausklammert und unberücksichtigt lässt, ist mir daran gelegen, der psycho-sozialen Dynamik von Organisationen ein stärkeres Gewicht einzuräumen (Sievers 1999).

In dem hier folgenden Beitrag möchte ich einige der Überlegungen aus einem größeren Arbeitskontext darstellen, in dem ich den Begriff der *psychotischen Organisation* als einen metaphorischen Rahmen zur Analyse organisatorischer Dynamiken verwende. Im Anschluss an eine kurze Erläuterung dieses Begriffes werde ich ihn auf drei verschiede organisatorische Kontexte anwenden, auf die innere Welt einer Organisation, auf die Beziehungen zwischen Organisationen sowie auf den mehr globalen Kontext, innerhalb dessen institutionelle Investoren und Unternehmen in einer Optimierung des Shareholder Value (Unternehmenswertsteigerung) gefangen zu sein scheinen. – Da mir daran gelegen ist, ein mögliches Missverständnis zu vermeiden, möchte ich bereits an dieser Stelle betonen, dass ich den Begriff der Psychose nicht in der pathologisierten Reduktion verwende, der er gerade innerhalb der Psychiatrie erlegen ist. Wie im weiteren Verlauf der Arbeit deutlich werden wird, gehe ich von einem Psychoseverständnis aus, wie es beispielsweise schon recht früh von Melitta Schmideberg (1930), der Tochter Melanie Kleins, in ihrem Beitrag zur ›Rolle psychotischer Mechanismen innerhalb der Kulturentwicklung‹ dargestellt worden ist; im Unterschied zu ihr teile ich jedoch nicht die Annahme, dass der Fortschritt der Zivilisation notwendigerweise mit einer deutlichen Verringerung psychotischer Ängste einhergeht (ebd., S. 415).

Nachdem Elliot Jaques (1995a/b) dem psychoanalytischen Ansatz seine Eignung für ein Verständnis von Organisationen mit großer Vehemenz abgesprochen hat, mag möglicherweise der Eindruck entstehen, dass das Unterfangen, psychotische Prozesse in Organisationen verstehen zu wollen, letzten Endes antiquiert, wenn nicht gar nutzlos oder unsinnig ist. Das folgende Bemühen um ein vertieftes Bewusstwerden und Verstehen von psychotischen Ängsten und der durch sie in und zwischen Organisationen ausgelösten Dynamiken mag daher auf diesem Hintergrund mehr oder weniger als der verzweifelte Wunsch eines Wissenschaftlers verstanden werden, allein deshalb alles als einen Nagel zu betrachten, weil das einzige Werkzeug, das ihm zur Verfügung steht, ein Hammer ist. Dass ich mich dennoch von meinem Vorhaben nicht habe abhalten lassen, kann als ein Beleg dafür verstanden werden, dass ich statt von dem Ende einer Psychoanalyse der Organisation eher davon überzeugt bin, dass eine solche Disziplin sich erst zu entwickeln beginnt und durchaus eine Zukunft haben wird (Elieli 1994; Eisold 1997; Erlich 1998; Lawrence 1997). Ich bin davon überzeugt, dass das Aufzeigen psychotischer Dynamiken in und zwischen Organisationen dazu beitragen kann, über eine allzu vordergründige Vorstellung von Normalität hinauszugelangen, die in der Mehrzahl der Fälle eher »eine ›rationale‹ Verrücktheit (Lawrence 1995b), eine ›Verrücktheit der Normalität‹ (Hoggett

1992, 73), eine ›Pseudo-Normalität‹ (McDougall 1974, S. 444), eine ›oberflächliche Gesundheit‹ (LaBier 1986, S. 62) bzw. eine ›Pathologie der Normalität‹ (Gruen 1987, 20) fördert und am Leben erhält« (Sievers 1996, S. 53; vgl. Lawrence 1998a/b).

Obgleich die beiden folgenden Hinweise für viele auch als selbstverständlich erscheinen mögen, möchte ich doch zweierlei betonen: Bei meinen Überlegungen geht es mir weder um die private, ganz persönliche innere Welt bestimmter Individuen, noch betrachte ich Psychose hier als eine Krankheit, die es psychotherapeutisch zu behandeln gilt. Was ich mit ›organisatorischer Psychose‹ meine, mag mit der Frage umschrieben werden, ob und wenn ja, mit welchem Ausmaß organisatorische Dynamiken durch unbewusste psychotische Reaktionen auf die organisatorische Umwelt beeinflusst oder gar ausgelöst werden können. Diese psychotischen Reaktionen als Ausdruck der ihnen zugrunde liegenden Ängste sollen »als sozial und gerade nicht individuell induziert« verstanden werden (Lawrence 1995a, S. 17; vgl. Lawrence & Armstrong 1998).

Psychotische Ängste

Obgleich Freud vor allem in seinen späteren Schriften »davon überzeugt war, dass wir alle eine Neigung zur Psychose haben« (O'Shaughnessy 1992, S. 89), ist es vor allem der Arbeit von Melanie Klein zu verdanken, dass die Erfahrung psychotischer Ängste als normaler Teil der Kindheitsentwicklung verstanden wird und gleichermaßen jenen Teil unserer Erwachsenenwelt prägt, der in diesen frühen Kindheitserfahrungen begründet ist (Klein 1987; 1999 a/b). Psychotische Ängste als eine grundlegende Dimension der Kindheitsentwicklung wie der menschlichen Entwicklung und somit des Lebens ganz allgemein zu verstehen, trägt zweifellos zu einer Entpathologisierung der Psychose und der mit ihr einhergehenden Ängste bei (Young 1994, S. 73 ff.; Tarnopolsky, Chesterman & Parshall 1995). Andererseits verringert jedoch eine solche Annahme von Normalität in keiner Weise die Schmerzen und das Leiden, die gewöhnlich mit der Erfahrung des Verfolgtseins sowie der Angst vor Vergeltung und Vernichtung einhergehen. Das Aufzeigen der Intensität und des Ausmaßes, mit dem der Säugling normalerweise mit psychotischen Ängsten und der Reaktion aggressiven Sadismus besetzt ist, mag oft genug als eine bloße Fiktion oder als eine extreme Übertreibung erscheinen, die den Schluss nahe legt, dass diese ›Theorie‹ in erster Linie ein Ausdruck und Beweis der Perversität ihrer Verfasserin ist. Und einer solchen Kritik war Klein in der Tat von vielen ihrer zeitgenössischen psychoanalytischen Kollegen ausgesetzt (Young 1994, S. 79 f.).

Die bereits angesprochene Entpathologisierung der Psychose innerhalb des Kleinianischen Ansatzes geschieht insofern eher indirekt, als Melanie Klein mit ihrer präödipalen Fokussierung der frühkindlichen Entwicklung schon sehr früh eben jene sadistischen und psychotischen Tendenzen und Konstellationen als typisch für die normale Entwicklung aufgezeigt hat, die bislang als Merkmal psychisch Kranker in späteren Entwicklungsstadien betrachtet wurden. Klein geht davon aus, dass diese psychotischen Erfahrungen und Tendenzen im Verlauf der normalen Entwicklung in das Ich integriert und mit weniger destruktiven, libidinösen Elementen ins Gleichgewicht gebracht werden. Von einer pathologischen Entwicklung einmal abgesehen, bei der diese Integration und Stabilisierung partiell oder grundsätzlich misslingt, ist der normale Erwachsene nicht davor gefeit, immer wieder in diese primitiven psychischen Zustände zu regredieren und sich mit den für die psychotische Position typischen Abwehrmechanismen – Verleugnung, Spaltung, exzessiven Formen der Projektion und Introjektion, entsprechenden Identifizierungen und Idealisierungen sowie Omnipotenz und Aggressivität bis hin zum Sadismus – der zugrunde liegenden unbewussten Ängste und Phantasien zu erwehren.

Dem mit dem Kleinianischen Ansatz weniger vertrauten Leser mag eine kurze Verdeutlichung der beiden psychischen Positionen helfen, die Melanie Klein ihrem Verständnis der frühkindlichen Entwicklung zugrunde legt: Die erste, frühe Phase dieser Entwicklung ist durch die von ihr so bezeichnete *paranoid-schizoide* Position geprägt, in der die Hauptangst darin besteht, »dass das verfolgende Objekt oder die verfolgenden Objekte in das Ich eindringen und nicht nur das Idealobjekt, sondern auch das Selbst überwältigen und vernichten können« (Segal, 1983, S. 45). Unter den schon erwähnten Abwehrmechanismen, die gegen diese paranoide Vernichtungsangst entwickelt werden, nehmen Projektion und Introjektion eine vorrangige Bedeutung ein. Die damit einhergehende Spaltung in gute und schlechte Objekte ist mit einer verstärkten Idealisierung des Idealobjektes verbunden. »Dadurch soll dieses von dem verfolgenden Objekt ferngehalten und vor Schaden bewahrt werden. Eine derart extreme Idealisierung ist außerdem mit einer magischen, omnipotenten Leugnung gekoppelt. Wird Verfolgung unerträglich, kann sie vollständig geleugnet werden. So eine magische Leugnung beruht auf einer phantasierten Totalvernichtung der Verfolger« (ebd., S. 46). Während das Erleben des Kindes in den ersten zwei, drei Monaten in der paranoid-schizoiden Position ausschließlich von Verfolgungsängsten und dem damit einhergehenden circulus vitiosus von Vergeltung und Rache bestimmt ist, werden diese psychotischen Ängste im Verlauf der normalen Entwicklung des Säuglings mit den für die sich anschließende *depressive* Position charakteristischen Gefühlen von Liebe, Sorge, Schuld, Verantwortung und dem Wunsch nach Wiedergutmachung verarbeitet und integriert. »In der depressiven Position wird das Objekt trotz seiner bösen Aspekte geliebt, wogegen in der paranoid-schizoiden Position das Gewahrwerden böser Aspekte das gute Objekt abrupt in einen Verfolger verwandelt. So kann die Liebe in der depressiven Position erhalten und zur Grundlage der psychischen Stabilität werden« (Hinshelwood 1993, S. 203 ff.).

Gleichwohl bleiben die frühen Ängste der paranoid-schizoiden Position stets ein Teil der Psyche. Insofern, als sie gewissermaßen in das Unbewusstsein eingeprägt sind, bleiben sie – metaphorisch gesprochen – die vorherrschende Währung, mit der der Erwachsene die Realität der äußeren Welt bewertet. Obwohl Organisationen »in erster Linie so gestaltet sind, um das bewusste Erlebnis psychotischer Ängste zu vermeiden, ... laufen psychotische Prozesse doch immer wieder aufs Neue Gefahr, zu Tage zu treten« (Young 1994, S.156).

Es sei noch einmal betont, dass diese beiden psychischen Positionen nicht derart missverstanden werden dürfen, als handele es sich dabei um eine Entwicklung im Sinne von Phasen, wobei die depressive Position die Überwindung der paranoid-schizoiden bedingen würde. Vielmehr sind beide Positionen auch für den normalen Erwachsenen fortwährend latent präsent. Während der zunehmende Erwerb und die Stabilisierung der depressiven Position auch als Reife verstanden wird, ist unter bestimmten objektiven wie subjektiven Begleitumständen der Regress in die paranoid-schizoide Position, d. h. die paranoide Abwehr der depressiven Ängste, selbst für den Erwachsenen eine mehr oder weniger alltägliche Erfahrung. »Das Erreichen der depressiven Position ist kein sicherer Entwicklungsschritt, sondern eine lebenslange Aufgabe« (Hinshelwood 1993, S. 208).

Psychotische Organisation

Bei meinem Versuch, psychotische Phänomene in Organisationen zu benennen und zu beschreiben, hat sich mir der Begriff der *pathologischen Organisation* als nützlich erwiesen, wie er in der Kleinianischen Psychoanalyse entwickelt worden ist. Obgleich dieser Begriff sich ursprünglich auf den engeren Kontext individueller Ich-Organisation bezieht, so ermöglicht seine Anwendung auf soziale Organisationen doch weiterreichende, über eine soziologische bzw. sozialpsychologische Betrachtungsweise (Müller-Lyer 1914; Dreitzel 1972; Türk 1976) hinausgehende Einsichten.

Der Begriff der pathologischen Organisation ist von einer Reihe psychoanalytischer Autoren verwendet worden, die sich um ein besseres Verständnis schwerer Persönlichkeitsstörungen bemüht haben (Hinshelwood 1993, S. 546ff.; vgl. Wildberger 1997). So betont O'Shaughnessy (1990) beispielsweise mit ihrem Begriff der *Abwehrorganisation* die pathologische Fixierung, die sich bei

Kindern beobachten lässt, denen aufgrund eines schwachen Ichs und der Erfahrung extremer Verfolgungsängste der Übergang in die depressive Position misslingt; ihre Ich-Entwicklung stagniert in den für die paranoid-schizoide Position typischen Abwehrmechanismen. Eine solche Stagnation führt entweder zu einem unreifen psychischen Gleichgewicht zwischen der paranoid-schizoiden und der depressiven Position oder zu einer extrem narzisstischen Persönlichkeitsstruktur, die von omnipotenten Abwehrmechanismen unter der Vorherrschaft des Todesbetriebes geprägt ist. Im Rückgriff auf Bions (1990) Unterscheidung von psychotischen und nicht-psychotischen Persönlichkeitsanteilen und der Spaltung, die damit einhergeht, haben Meltzer (1968) und Money-Kyrle (1969) den inneren Kampf zwischen den gesunden und den kranken Teilen des Selbst beschrieben, der in der Regel dazu führt, dass letztere in die äußere Welt projiziert werden (Segal 1990). Statt von einer Spaltung in gute und schlechte Teile geht Steiner (1979; 1982; 1990 a/b; 1993) andererseits davon aus, dass pathologische Organisationen in erster Linie durch eine *Liaison von Fragmenten* unter der Dominanz einer omnipotent narzisstischen Persönlichkeitsstruktur geprägt sind, die als solche das Ergebnis misslungenen Spaltens ist.

Wie Ernst Simmel (1980, S. 288) deutlich gemacht hat, sind es diese Dominanz narzisstischer Eigenliebe und der darin enthaltene Größenwahn, die den Psychotiker davor bewahren, im Kampf mit der Realität Niederlagen einzugestehen. Die Unfähigkeit, Schuld zu erleben und zuzulassen, wird durch Aggressivität ersetzt.

Während Steiner die pathologische Organisation einerseits als einen Ausdruck von Destruktivität betrachtet, stellt sie andererseits den Versuch dar, einen Teil der für primitive Destruktivität typischen Bedrohungen zu binden: In dem Maße, wie die pathologische Organisation dem Individuum die Abwehr von Trauer- und Schuldgefühlen ermöglicht, schützt sie vor der Erfahrung der depressiven Position. Vor allem jedoch ist es die Negierung von Abwehr gegenüber der Erfahrung von Trauer, die die für die pathologische Organisation typische Liaison von Fragmenten zugleich bedingt und aufrecht erhält. Wie Hinshelwood (1993, S. 552) betont, schafft diese »Liaison eine komplexe Situation, in der die gesunden Teile der Persönlichkeit veranlasst werden, sich wissentlich auf eine Kollusion mit bestimmten Zielen einzulassen, die sie als destruktiv empfinden; sie werden somit auf perverse Weise als Gesundheit *ausgegeben*«.

Wie bereits in dem Titel dieses Beitrags zum Ausdruck gebracht, schlage ich die *psychotische Organisation* als einen metaphorischen Rahmen für die Sozio-Analyse (Bain 1998) von Organisationen vor. Obwohl ich dem Begriff der Psychose gegenüber wegen des traditional klinisch-pathologischen

Verständnisses vor allem in bezug auf soziale Phänomene einige Vorbehalte habe (vgl. Young 1994, S. 76 ff.), ist es andererseits vor allem das Verständnis psychotischer Ängste als eines Zwischenzustandes der paranoid-schizoiden und der depressiven Position, der mich dazu veranlasst hat, auf den Begriff der psychotischen Organisation zurückzugreifen. In dieser Begriffswahl sehe ich mich vor allem von dem italienischen Psychoanalytiker Fornari (1975) ermutigt, der in seiner *Psychoanalyse des Krieges* bereits viele der Erkenntnis vorweggenommen hat, die später in der Theorie der pathologischen Organisation entwickelt wurden.

So wie Bion und der frühe Jaques (1953; 1955; vgl. Menzies 1974) geht Fornari von der wichtigen Rolle aus, die die oben genannten Abwehrmechanismen gegenüber psychotischen Ängsten in bezug auf die Gesellschaft und ihre Institutionen spielen. Mit der Annahme, dass die psychotische Dimension in dem Leben von Gruppen ihren deutlichsten Ausdruck im Kriegsgeschehen findet, betont Fornari die Unfähigkeit, zu trauern, d. h. die paranoide Trauerbewältigung als die ausschlaggebende Dynamik von Krieg als psychotischem Beispiel sozialer Organisation. Im Vergleich etwa zu Steiner (1979, S. 389; 1990a; 1993), dessen Betrachtungsweise sich auf die Vermeidung von Trauer in der pathologischen Organisation des Borderlinepatienten – und damit des Individuums – beschränkt, schließt Fornaris Analyse der psychotischen Dimensionen des Krieges eine grundlegende Beziehung zwischen dem Individuellen und dem Sozialen ein. Im Gegensatz zu Steiner, der von einer Liaison der Fragmente und der Vorherrschaft einer omnipotenten narzisstischen Persönlichkeit ausgeht, liegt Fornaris Theorie eine pathologische Fixierung und Stagnation in der paranoid-schizoiden Position und der damit einhergehenden Abwehrmuster zugrunde – ähnlich dem, was O'Shaughnessy (1990) wenig später als Abwehrorganisation bezeichnet hat.

Dass ich die psychotische Organisation als *metaphorischen Rahmen* verwende, hat einen eher pragmatischen Grund; so wichtig sie mir grundsätzlich auch erscheint, möchte ich hier von einer weitergehenderen epistemologischen Diskussion darüber absehen, ob oder in welchem Maße aus der Psychoanalyse des Individuums abgeleitete Begriffe und Theorien auf den breiten Kontext sozialer Organisationen übertragen oder übersetzt werden können. Im vorliegenden Zusammenhang möchte ich mich auf die Einsichten beschränken, die sich möglicherweise aus der Annahme gewinnen lassen, soziale Organisationen und insbesondere Unternehmen seien psychotische Organisationen (Morgan 1997).

In ähnlicher Weise, wie Patienten mit schweren Persönlichkeitsstörungen oftmals gar nicht als psychotisch erscheinen, sondern vielmehr den Eindruck erwecken, dass sie ihre Störung in einem gewissen Grade stabilisiert haben, scheint es, dass auch soziale Organisationen, allen voran gewinnorientierte Unternehmen, die in ihnen vorherrschende Angst hinter einer zwar eigenartigen, gleichwohl aber normalen Erscheinungsweise nach außen hin verbergen. Als externer Beobachter oder Berater von Großunternehmen kann ich mich oftmals des Eindrucks nicht erwehren, dass diese Organisationen in dem mehr oder weniger verzweifelten Versuch gefangen sind, den enormen Druck und die Bedrohung von seiten der äußeren Welt der Märkte und Mitbewerber abzuwehren, während sie gleichzeitig darauf versessen sind, diese Umwelt mit einem hohen Maß an Aggressivität, Sadismus und Destruktivität zu beeinflussen und zu beherrschen. Bei solcher Gelegenheit scheint es mir, dass die Dynamik dieser Organisationen in einem Verhalten und in einer Denkweise verhaftet sind, die für die paranoid-schizoide Position kennzeichnend sind. Angesichts des fortwährenden Kampfes um Spitzenleistung, Wachstum, Überleben und größere Marktanteile scheint für die depressive Position und die mit ihr einhergehenden Ängste nur eine beschränkte und oftmals sogar gar keine Kapazität zu sein. In dem Maße, wie die Sorge um gute Objekte der inneren und äußeren Welt fehlt, scheint die vorherrschende Aggressivität und Destruktivität dann keinen Raum für die Erfahrung von Schuld, das Verlangen nach Liebe, Trauer oder Wiedergutmachung zu lassen, die Ausdruck der depressiven Position wären. Die äußere Welt und Realität wird entsprechend der inneren psychotischen Ängste und der damit einhergehenden Abwehr gestaltet und reduziert.

Totalitäres Bewusstsein

Bei anderer Gelegenheit habe ich herauszuarbeiten versucht, in welchem Maße sowohl der Gründungsmythos als auch die gegenwärtige Geschäftspolitik eines großen deutschen Automobilherstellers unbewusst durch Krieg und Kampf beeinflusst sind und beherrscht werden (Sievers 1998b). Hier möchte ich auf ein Beispiel aus der Literatur zurückgreifen, um zu verdeutlichen, in welchem Maße die interne Realität einer Organisation von einer psychotischen Dynamik bestimmt wird: Lawrence's (1995a) beeindruckende Analyse, wie die Rolleninhaber im britischen Gesundheitswesen – allen voran das Management – von einem totalitären Bewusstsein gefangen sind.

In dem Maße, wie die jüngsten radikalen Veränderungen im National Health System das Gesundheitswesen unter enormen politischen und ökonomischen Druck gesetzt haben, sehen sich die darin tätigen Menschen in einer bislang unbekannten Weise enormem Stress und Ängsten ausgesetzt. Das führt dazu, dass das Management verstärkt unter Druck gerät, solche Managementstrukturen zu entwickeln, die Planbarkeit, Sicherheit und Steuerung ermöglichen. Das Management sieht sich so legitimiert und gezwungen, die im Unternehmen üblichen Instrumente zur Profitabiltitätssteigerung zu übernehmen, d. h. Kosten- und Mitarbeiterreduzierung und den Produktionsprozess von Gesundheit dadurch zu optimieren, dass die Verweildauer der Patienten im Krankenhaus verringert wird; auf diese Weise werden die Bettenkapazität erhöht und der Durchlaufprozess beschleunigt.

Diese Bemühungen sind von der Phantasie geleitet, dass sich durch ein verstärktes Controlling die Grenzen effektiver managen lassen und sich so die Ängste und die aus der Umwelt resultierenden Unsicherheiten, wenn schon nicht beseitigen, so doch zumindest erfolgreich bewältigen lassen. Durch eine solche vermeintlich instrumentelle Professionalität identifiziert sich das Management letztlich bewusst wie unbewusst mit der Rolle des Chirurgen, der oftmals gar keine andere Wahl hat, als Teile des menschlichen Körpers zu entfernen oder zu amputieren, um so die Gesundheit und das Leben eines Patienten zu retten. Zugleich führen die aus der Sorge um das Überleben der Institution und die Zukunft des eigenen Arbeitsplatzes resultierenden psychotischen Ängste dazu, dass das Management projektiv mit der Rolle des Retters identifiziert wird und diese Projektionen nur allzu willfährig introjiziert. Dabei ist kaum auszuschließen, dass sich die entsprechenden Rollenträger mit den eigenen individuellen psychotischen Anteilen verstricken, was letztlich wiederum dazu führt, dass diese Manager kollektiv eine autoritäre Organisationskultur propagieren, die auf seiten der im Krankenhaus Beschäftigten schließlich zu totalitären Bewusstseinsstrukturen führt.

In dem Maße, wie diese psychotische Dynamik das Gesundheitswesen beherrscht, werden diese Organisationen von einer Liaison der Fragmente bestimmt, wie Steiner sie im Falle der pathologischen Organisation des Individuums beschreibt: Die zugrunde liegende Destruktivität wird hinter einer Maske von Gesundheit verborgen. Welche Auswirkungen dies für die Kultur von Krankenhäusern hat, beschreibt Lawrence (1995a, S. 11) recht unverhohlen:

> »Eine solche Organisationskultur verringert die Fähigkeit, zu denken und das Einfühlungsvermögen, was wiederum dazu führt, dass die Rollenträger kaum noch in der Lage sind, darüber nachzudenken, wie sie die Aufgaben ihrer Institution wahrnehmen, welcher Qualitätsvorstellungen und Methoden sie sich dabei bedienen, welche Bedeutung der Institution in bezug auf die Umwelt zukommt und wie die Managementstruktur sie schließlich dazu verleitet, ihre professionellen Werte und die ihrer Arbeit in der Institution zugrunde liegenden Überzeugungen zu desavouieren. Die eigentliche Komplexität der Gesundheitsfürsorge wird auf die kommerziellen Anforderungen einer Unternehmenskultur reduziert. Das führt dazu, dass die Menschen sich nur noch in dem engen Vorstellungsrahmen bewegen, in dem es ausschließlich um Vorrangigkeit und

> Kurzfristigkeit geht. Die Realität wird auf Gewinn und Verlust reduziert. Indem die Rollenträger psychisch verstärkt mit der Furcht vor Arbeitslosigkeit zu kämpfen haben, verengt sich ihr Fokus auf das eigene Überleben. Insoweit sie von der inneren, politischen Realität der Institution gefangengenommen und absorbiert werden, wird schließlich die sehr viel weiter gehende Frage nach der Bedeutung und dem Stellenwert von Spiritualität in der Institution irrelevant.«

Die Einrichtungen des Gesundheitswesens sind soziale Abwehrsysteme gegen die Angst vor Tod und Sterben (Menzies 1974). Dies hat in besonderem Maße für das britische National Health System seit 1948 gegolten. Umso mehr dessen Rolleninhaber die Wünsche und Hoffnungen der Briten introjiziert hatten, dem Tod aus dem Wege zu gehen, desto weniger waren sie und die Regierung schließlich in der Lage, die Finanzierung für ein Gesundheitssystem aufrechtzuerhalten, das über lange Zeit hinweg eine internationale Spitzenstellung inne hatte.

Was Lawrence in dieser Arbeit über das englische Gesundheitssystem und die dort schließlich gewählten Problemlösungen schreibt, unterscheidet sich kaum von der deutschen Situation, die in jüngster Zeit von den verschiedenen Gesetzen zur Gesundheitsreform beherrscht wird. So hieß es beispielsweise unlängst in der FAZ (5.1.1998): »Die deutschen Krankenhäuser haben angesichts ihrer wirtschaftlichen Lage keine andere Wahl, als noch stärker kaufmännisch zu denken und ihre Kosten zu senken«. Nach Aussage des Präsidenten der Deutschen Krankenhausgesellschaft liegt die Zukunft der Krankenhäuser im individuellen Leistungswettbewerb; »auch Ärzte und Pflegekräfte müssten künftig Managementverantwortung tragen« (ebd.).

Der von Lawrence beschriebenen Situation

> »lag die Überzeugung zugrunde, dass sich alle Probleme ausräumen lassen, wenn man nur Krankenhäuser und andere Einrichtungen wie Unternehmen betrachtet, die der Ökonomie der Märkte unterliegen. Kurz gesagt, die gegenwärtige kapitalistische Denkweise wurde als Lösung für ein Problem gewählt, das auf grundlegende Weise sozial ist. Ein Teil dieser Lösung bestand darin, Management einzuführen. Das würde die Situation retten. All dies war von der Überzeugung geleitet, dass sich Krankenhäuser dann am besten managen lassen, wenn man sie genauso wie eine Keksfabrik, ein Elektrizitätswerk oder einen Schlachthof bewirtschaftet« (Lawrence 1995a, 12 f.).

Was für manche als der eher zynische Versuch dieses Autors verstanden werden mag, sich von einer anders kaum erträglichen Realität zu distanzieren, ist im vorliegenden Falle jedoch kaum übertrieben. Ich erinnere mich nur allzu gut, wie aufgebracht Lawrence war, als er als Berater bei der Einstellung von

Krankenhausmanagern auf eine Reihe von Bewerbern stieß, die aufgrund umfangreicher Rationalisierungen als Schlachthofmanager freigestellt worden waren. Auch viele andere Bewerber unterschieden sich nicht allzu sehr davon. Sie waren alle von der Vorstellung geleitet, dass es beim Management eines Krankenhauses in erster Linie darum geht, einen Durchlaufprozess von Patienten zu bewerkstelligen und sie anschließend entweder als genesen oder als Leiche wieder loszuwerden. Die Wirklichkeit und der Sinn der Organisation werden so auf finanzielle, ökonomische Aspekte reduziert (vgl. Knights & Morgan 1991, S. 260). »Phänomene, die sich nicht ... auf Zahlen reduzieren lassen, sind ... nicht handhabbar und demnach der Betrachtung nicht würdig« (Bowles 1998, S. 261 f.). Überleben wird damit zu einer bloßen Gewinn-Verlust-Rechnung, und die Zukunft eines Krankenhauses lässt sich so ganz einfach auf die Formel bringen: »entweder bleibt es am Markt oder es verschwindet« (Lawrence 1995a, S. 13).

Eine ausführlichere Darstellung und Analyse, wie das Krankenhausmanagement in dem Versuch, die paranoid-schizoiden Ängste abzuwehren, sich mehr und mehr in einer entsprechenden psycho-sozialen Dynamik verstrickt und sie zugleich als Teufelskreis perpetuiert, würde sicherlich den Rahmen dieser Arbeit sprengen. In dem Maße, wie das Management im Gesundheitswesen selbst zur wichtigsten und endgültigen Repräsentanz organisatorischer Gesundheit und des Überlebens wird, wird es unbewusst von seiten des medizinischen und des Pflegedienstes, der Patienten (und ihrer Angehörigen) sowie von der kommunalen Umwelt zugleich zum Objekt unzähliger Projektionen von Tod und Todesangst. Aber insofern diese Projektionen wiederum den psychotischen Zustand der Rolleninhaber widerspiegeln und auf ihre eigenen abgespaltenen Ängste vor Krankheit, Leiden, Verzweiflung und Vernichtung treffen, ist ein Management, das diese psychotischen Ängste bei sich selbst entweder latent oder dezidiert negiert, nicht in der Lage, ein entsprechendes Containment zu gewähren. Insofern aber, als die Leugnung dieser Ängste keine sehr tragfähige Abwehr gegenüber der Phantasie und Erfahrung des Verfolgtseins darzustellen vermag, wird das Management letztlich kaum eine andere Möglichkeit sehen, als auf paranoid-schizoide Weise darauf zu reagieren. Spaltung als die vorherrschende Dynamik dieser Position legt die Versuchung und Verführung nahe, sich mit einem idealisierten Unternehmensmanagement zu identifizieren, das dann die einzige Lösungsmöglichkeit individuellen wie organisatorischen Überlebens darstellt.

Es erweckt den Anschein, als habe das Management gar keine andere Wahl, seine Zuflucht in Rigidität, Verdinglichung und schließlich dem Terror totalitären Bewusstseins zu suchen, wenn dieser Teufelskreis psychotischer Reaktionen und Projektionen in einer Einrichtung des Gesundheitswesens einmal begonnen hat. Dies ist vor allem das Ergebnis wechselseitiger kollusiver sozialer Prozesse, »die mit der sozialen Abwehr psychotischer Ängste einhergehen und Manager so sehr viel mehr zu paranoiden und schizoiden Reaktionsformen greifen lassen, als sie es in anderen Situationen tun würden« (Lawrence 1995a, S. 17 f.).

Dass das Management im Gesundheitswesen in der paranoid-schizoiden Position gefangen ist und den psychotischen Teil oder das Subsystem einer Organisation verkörpert, hat jedoch noch weitreichendere Konsequenzen. Insofern, als das Management sich selbst als die eigentliche organisatorische Autorität versteht und die eigentliche Entscheidungsgewalt beansprucht, die durch das Fremdbild der anderen bestätigt wird, führt dies dazu, »dass Abhängigkeitskulturen entstehen. Sie neigen zur Überkontrolle, zur Vermeidung vermeintlich unnützer Ausgaben und schaffen schließlich eine Atmosphäre in der Organisation, die Eigeninitiative verhindert. Der zwanghafte Wunsch nach Kontrolle – und das Verlangen, Unsicherheit und Unvorhersehbarkeit auszuschließen – führen zu einer Organisation, die zunehmend totalitäre Züge annimmt« (ebd., S. 18). »Das daraus resultierende totalitäre Bewusstsein der Organisationskultur wird akzeptiert, weil es vorübergehend von den psychotischen Ängsten befreit« (Lawrence 1998b, S. 64).

In dem Maße, wie eine solche politische Konsequenz notgedrungen jede Form von Transzendenz der finanziellen Zwänge, des Kostenbewusstseins und der Effizienz zu erübrigen scheint, schließen ein von totalitärem Bewusstsein geleitetes Management und eine entsprechend geprägte Organisation jede Notwendigkeit für Spiritualität aus, gemeinsam eine Sinnposition am Leben zu erhalten, durch die sich – zumindest in der Vergangenheit – Einrichtungen des Gesundheitswesens von Reparaturbetrieben oder Schlachthöfen unterschieden haben.

Interorganisatorische Psychose

Psychotische Dynamiken haben nicht nur einen starken Einfluss auf die interne Welt einer Organisation, ihre Hauptprotagonisten und die Art, wie sie die Primäraufgabe in eine bloße Überlebensstrategie reduzieren. In welchem Ausmaß psychotische Ängste und die damit einhergehende psycho-soziale Dynamik sich auf die größere Ebene einer zunehmend globalen Ökonomie auszuwirken vermögen, wurde mir unlängst, im Frühjahr 1997 anlässlich des allerersten deutschen Versuches einer feindlichen Übernahme deutlich.

Nachdem beide Unternehmen über annähernd hundert Jahre hinweg miteinander in der Stahl- (und Kohle-)Industrie konkurriert hatten, versuchte Krupp mit Hilfe zweier deutscher Großbanken die Aktienmehrheit von Thyssen zu erwerben, um so den weitaus größeren Konkurrenten auf dem deutschen und internationalen Markt zu übernehmen. Obgleich diese feindliche Übernahme schließlich aus einer Reihe von Gründen scheiterte, so übertrafen doch die Zahl und die Heftigkeit der Reaktionen, die dieser Versuch auf seiten von Unternehmern, Mitarbeitern, Gewerkschaftsvertretern, Politikern und den Medien fand, bei weitem das bisher gewohnte Maß der jüngeren deutschen Industrie- und Wirtschaftsgeschichte. Diese Reaktionen können als ein Ausdruck dafür verstanden werden, inwieweit diese feindliche Übernahme – ein Schachzug, der im Vergleich zu den USA in Deutschland bislang unbekannt war – unbewusste Zerstörungsphantasien und -ängste sowohl auf seiten der Arbeitgeber wie der Arbeitnehmer ausgelöst hatte. Es schien fast so, als stünde nun nach dem Ende des Kalten Krieges und der Bedrohung aus dem Osten der Feind in der Form feindlicher Übernahmen und Fusionen im eigenen Lande. Gerhard Cromme, der Vorstandsvorsitzende von Krupp und Hauptinitiator dieser Übernahme, wurde öffentlich als verantwortungsloser Manager attackiert, der – den American Raiders der achtziger Jahre nicht unähnlich – kein anderes Interesse als seinen eigenen Machtgewinn verfolgte, indem er das Risiko auf sich nahm, seinen größten Konkurrenten zu zerfleddern und im Ruhrgebiet so ein neues Dallas zu schaffen.

Dafür, dass es in Deutschland bisher keinen nennenswerten Versuch einer feindlichen Übernahme gegeben hatte, sowie für den Misserfolg dieses Vorhabens gibt es eine Reihe von Gründen. Außer der vorherrschenden Rolle, die die deutschen Großbanken in der Wirtschaft spielen und den intensiven finanziellen Verbindungen zwischen Unternehmen (Scott 1997, S. 4 ff., 17; Black u. a. 1998, S. 206 ff.), hat vor allem das bisherige an den (Wohlfahrts-)Staat gebundene Rentensystem in Deutschland dazu beigetragen, dass das in Pensions- und Investmentfonds angelegte und flotierende Kapital noch relativ gering ist. Die im folgenden Teil deutlicher dargestellte Tendenz zur Unternehmenswertsteigerung mit den entsprechenden exzessiven Konsequenzen wird sich sicherlich auch in Deutschland zunehmend verstärken; im Vergleich zu den USA oder Großbritannien ist sie bislang jedoch noch nicht dominant.

Dass dieser Versuch einer feindlichen Übernahme, wie gesagt, in Deutschland ohne Beispiel war, hat nicht nur in besonderem Maße zu einem Überraschungseffekt beigetragen, sondern gibt zugleich einen besonderen Anlass, die mit dieser und möglicherweise der überwiegenden Mehrzahl feindlicher Übernahmen einhergehenden psychotischen Dimensionen gewahr zu werden. In diesem Fall treten die Ängste und die damit einhergehenden Abwehrmechanismen insofern besonders deutlich zutage, als sie gerade noch nicht hinter einer allgemeinen Businessroutine der Normalität verdeckt werden, deren zugrunde liegende Verrücktheit als Rationalität verstanden wird.

In dem vorliegenden Fall wurde sowohl durch die Reaktion der Thyssen-Mitarbeiter als auch durch die der Politiker und Medien deutlich, dass der Begriff einer ›unfreundlichen Übernahme‹, der üblicherweise in diesem Zusammenhang benutzt wird, in der Tat ein Euphemismus ist, der dazu dient, die tatsächlich zugrunde liegende Gewalt, Aggression und Destruktivität zu verschleiern und zu mystifizieren (Stein 1995, 1997, 1999). Insofern erscheint es auch durchaus angemessen, dass dieser Übernahmeversuch von seiten der Öffentlichkeit von Beginn an als ›feindliche Übernahme‹ bezeichnet wurde und so ein Gespür von Kampf und Krieg verdeutlichte, d. h. die grausame und destruktive Aggression des Angreifers und die Furcht der Opfer, von ihren Verfolgern zerstört zu werden.

Obgleich Gerhard Cromme und Dieter Vogel, die beiden Vorstandsvorsitzenden, über einige Jahre hinweg miteinander rivalisiert hatten, so wäre es doch viel zu einfach, den versuchten Coup vorwiegend oder gar ausschließlich im Rahmen eines privaten Rachefeldzuges zu interpretieren. Er kann zweifellos nur im größeren Kontext einer sich global entwickelnden Businesslogik und der damit mehr und mehr einhergehenden virtuellen, um nicht zu sagen, fiktiven Unternehmenskonstellationen angemessen verstanden werden. In diesem speziellen Fall kommt auch der Tatsache eine besondere Bedeutung zu, dass die beiden Protagonisten vorwiegend wohl unbewusst eine lange Konkurrenzgeschichte der beiden Konzerne ausagiert haben, die vor mehr als hundert Jahren begann, als diese beiden Unternehmen von den Stahlbaronen Alfred Krupp und August Thyssen in der ersten bzw. der zweiten Hälfte des 19. Jahrhunderts gegründet wurden. Obgleich keines der beiden Unternehmen mehr in Familienbesitz ist, so sind ihre jeweilige Geschichte und Entwicklung doch in hohem Maße durch den fortwährenden Kampf der ursprünglichen Gründer und ihrer Nachfolger um die Vormachtstellung an der Ruhr und auf den internationalen Märkten geprägt. Alfred Krupp und seinen Nachfolgern kommt eine maßgebliche Rolle in der industriellen Revolution in Deutschland zu; Krupp wurde zu einem der führenden Waffenproduzenten in Europa und hat diese Stellung bis zum Ende des 2. Weltkrieges gehalten. Obwohl August Thyssen sein Imperium in erster Linie durch Akquisitionen und Aufkäufe von Unternehmen und ganzer Landstriche aufgebaut hatte (Treue 1966), hielt dies die Thyssen AG doch nicht davon ab, den Kruppschen Übernahmeversuch mit scheinheiliger Unschuldigkeit als einen unfassbaren und beispiellosen Skandal hinzustellen. Dass entsprechende Übernahmen die Unternehmensdynamik von Thyssen von Beginn an geprägt hatten, konnte so nur allzu leicht verleugnet werden. Die Geschichte von Thyssen ist durch ein Maß an Gier geprägt, mit der der Gründer und sein zeitweiliger Geschäftspartner, Hugo Stinnes (Treue 1966, S. 73 f.), zahllose Unternehmen entweder durch Fusion oder durch feindliche

Übernahme inkorporiert haben. Stinnes selbst, der sich 1910 von August Thyssen im Streit getrennt hatte, war allgemein als ein ›Firmenjäger‹ bekannt, der es aufgrund finanzieller Spekulationen und Manipulationen schließlich zu einer Aktienbeteiligung an 4554 Unternehmen gebracht hatte (N. N. 1997, S. 98; Chandler 1990, S. 509).

Während Krupp über Jahrzehnte hinweg eine Vorrangstellung eingenommen hatte, zeigte Thyssen vor allem nach dem Zweiten Weltkrieg die höheren Wachstumsraten was Größe, Umsatz und Gewinn betrifft. In den letzten Jahren haben beide Konzerne aufgrund der strukturellen Veränderungen im Kohle- und Stahlgeschäft mit ganz erheblichen Schwierigkeiten zu kämpfen gehabt, und es war mehr und mehr deutlich geworden, dass Krupp die nächste Zukunft nicht überleben würde, wenn es sich nicht in irgendeiner Form mit Konkurrenten zusammenschloss, ähnlich wie es bereits 1992 geschehen war, als Krupp Hoesch übernommen hatte.

Die Tatsache, dass Cromme, der Vorstandsvorsitzende der Krupp-Hoesch AG, 1992 nach dieser Fusion zum Manager des Jahres gekürt worden war, wird sicherlich den Druck noch erhöht haben, dem er sich in seiner Managementrolle ausgesetzt gesehen hat. Die bloße Vorstellung, dass jemand, der die Topmanagementrolle eines weltrenommierten Konzerns wie Krupp mit der dezidierten Absicht übernommen hatte, dieses Unternehmen erfolgreich ins nächste Jahrtausend zu führen und in dieser neuen Position einen so vielversprechenden Start vorgelegt hatte, schließlich keine andere Wahl haben könnte als bei seinem größten Konkurrenten um Übernahme vorstellig zu werden oder gar Konkurs erklären zu müssen, mag wohl für jeden untragbar gewesen sein – für Cromme selbst, für seine Managementkollegen bis hin zur Krupp-Belegschaft und selbst für die breitere Öffentlichkeit. Angesichts der tödlichen Bedrohung Krupps – wie Crommes selbst – scheint sich der Vorstandsvorsitzende gezwungen gesehen zu haben, nicht nur als Deutscher sondern als Weltmeister aufzutreten. Um seine Weltklasse zu beweisen, wird er sich veranlasst gesehen haben, sich auf das Spiel einzulassen, das anderenfalls andere Global Players mit ihrem Konkurrenten Thyssen gespielt hätten. Mit Hilfe der Banken entwarf Cromme ein raffiniertes, geheimes Szenario, das es ihm in einer Art *fait accomplie* erlauben würde, Thyssen den Todesstoß zu versetzen. Dies hätte nicht nur ein Ende der Rivalität zwischen Cromme und Vogel bedeutet, sondern – metaphorisch gesehen – zugleich den Bruderkampf der beiden Stahlbarone Alfred Krupp und August Thyssen in der Weise beendet, dass der ältere von beiden schließlich gesiegt hätte.

Diese Skizze der ersten bekannt gewordenen deutschen feindlichen Übernahme enthält bereits eine Reihe von Hinweisen für die Dominanz psychotischer Tendenzen und Dynamiken sowohl auf seiten von Krupp-Hoesch als auch in der interorganisatorischen Beziehung der beiden Konkurrenten. Die Strukturveränderungen auf den internationalen Kohle- und Stahlmärkten hatten dazu geführt, dass beide Unternehmen in den letzten Jahrzehnten ums Überleben zu kämpfen hatten. Während sie in der Vergangenheit der siebziger und frühen achtziger Jahre noch relativ gut miteinander als Konkurrenten ausgekommen waren und angemessene Marktanteile behaupten konnten, hat sich diese Situation in der jüngsten Vergangenheit dramatisch verändert. Da keines der beiden Unternehmen mehr zu den zehn führenden Stahlproduzenten auf dem Weltmarkt gehörte, waren sie auf ihre alte Rolle als Rivalen zurückgeworfen. Im Vergleich zu Thyssen produzierte Krupp nur die Hälfte an Stahl; es hatte seit langem – und offensichtlich endgültig – seine führende Position abtreten müssen und sah sich einer fast hoffnungslosen Situation ausgesetzt. Da die Gewinne unter den Herstellungskosten lagen, machte Krupp erhebliche Verluste im Stahlbereich. Erforderliche Investitionen waren allzu lange zurückgestellt worden. All dies wird schließlich zu der psychotischen Eskalation bei Krupp beigetragen und die Todesangst genährt haben, in absehbarer Zeit von Thyssen übernommen zu werden.

Auf dem Hintergrund der eingangs skizzierten psychotischen Ängste und der mit ihnen einhergehenden typischen Abwehrmechanismen lässt sich die von Cromme initiierte feindliche Übernahme insofern als Verleugnung der tatsächlichen Bedrohung und der damit verbundenen Vernichtungsängste verstehen, als die Sicherung der Unternehmenszukunft von Krupp ausschließlich in der Zerstörung und Einvernehmung des langjährigen, als ›Verfolger‹ erlebten, Konkurrenten gesehen wurde. Angesichts der unverkennbaren elementaren Bedrohung, anderenfalls selbst eines Tages von diesem Verfolger übernommen und geschluckt zu werden, wurden die mit der von Krupp geplanten Übernahme deutlich einhergehende Aggressivität, die Destruktivität und der Sadismus hinter der Strategie einer vermeintlich rationalen Unternehmenspraxis verborgen. Die tatsächliche Ambivalenz einer solchen Strategie, die neben dem mit der geplanten Lösung angestrebten Zugewinn und Erfolg zweifellos auch in der Zerschlagung eines traditionsreichen Konzerns von Weltgeltung und in der Vernichtung zahlloser Arbeitsplätze zu sehen ist, wurde durch Spaltung negiert. Indem die intendierte Lösung als ein ideales Allheilmittel betrachtet wurde, dessen wahrscheinlich selbstzerstörerischen Anteile ignoriert wurden, konnte der innere Konflikt auf seiten Krupps und die Furcht vor dem eigenen Untergang externalisiert und in Aggressivität nach außen verwandelt werden. Im Unterschied zu Thyssen, das als böses, zu vernichtendes Objekt erschien, übernahmen die Banken, die sich zur Mitwirkung an diesem Coup bereiterklärt hatten, die Rolle von guten, idealisierten Objekten. Nicht zuletzt werden der Versuch der feindlichen Übernahme und die damit einhergehenden Omnipotenzphantasien auch von dem unbewussten Verlangen begleitet gewesen sein, sich für die in jahrzehntelanger Konkurrenz erfahrenen Kränkungen durch Vergeltung zu rächen. Wie psychotische Ängste ganz allgemein, so können auch die diesem Übernahmeversuch zugrunde liegenden Ängste als ein Ausdruck der Aktivitäten des Todestriebes verstanden werden (Hinshelwood 1993, S. 175).

Was schließlich noch zur psychotischen Eskalation beigetragen haben mag, ist die Tatsache, dass Cromme sich in der Vergangenheit mehrfach vergeblich darum bemüht hatte, eine akzeptable Fusionslösung der beiden Giganten auszuhandeln. Es scheint, dass Cromme derart in die Ecke des Todes getrieben, in seiner Topmanagementrolle kaum eine andere Wahl gehabt hat als zu einer psychotischen Lösung zu greifen, die darin bestand, den Rivalen in der Hoffnung zu attackieren, ihm seinerseits einen tödlichen Stoß zu versetzen. Angesichts des Realitätsverlustes ist auch die Einseitigkeit und Rigidität nicht allzu überraschend, mit der diese Strategie verfolgt wurde; sie sind ein weiterer Ausdruck von Psychose, die nur allzu oft mit dem Verlust an Denkfähigkeit und intuitivem Gespür einhergeht. Und insofern, als der Realitätsverlust der Psychose gewöhnlich von einem hohen Maß an Narzissmus begleitet ist (Fromm 1968, S. 66), kann angenommen werden, dass bei Cromme das narzisstische Potential der Topmanagerrolle zugleich mit der sozialen Dynamik kollidierte, durch die Krupps Geschichte von seiten ihrer Gründer und früheren Eigentümer nachhaltig geprägt worden ist (Bärsch 1983; Calogeras 1989).

Die Annahme, dass der beabsichtigten Übernahme eine hochgradig psychotische Dynamik zugrunde lag, wird weiter gestärkt durch das Maß an Destruktivität, auf dem die finanzielle Strategie dieses Coups basierte. Der Erwerb der Aktienmehrheit von Thyssen war auf neun Milliarden DM veranschlagt, die sich jedoch sozusagen von selbst getragen hätten. Bevor Crommes Rivalen überhaupt von seiner Strategie erfahren hatten, »hatten die Banker ihr Opfer im Computer längst seziert und ausgeweidet« (N. N. 1997, S. 95). Neben den durch die Fusion der beiden Stahlproduktionen erhofften Einsparungen sollte der größte Teil des Gewinns aus dem Verkauf kleinerer Unternehmen, Aktien und Immobilien von Krupp und Thyssen bestritten werden. Die Sprache, die in diesem Zusammenhang zum Ausdruck kommt, das Sezieren und das Ausweiden, erinnern mich nicht nur an Lawrences (1995a) Beschreibung der Managementrekrutierung in einem Krankenhaus, auf die ich oben eingegangen bin; sie löst zugleich Assoziationen zu den frühkindlichen Attacken auf den Leib der Mutter in frühen psychotischen Angstzuständen aus, wie sie Melanie Klein (1987) beschrieben hat. Von der unbewussten Phantasie geleitet, dass die Mutter den Säugling wegen seiner aggressiven Impulse, sie zu töten und zu berauben, verfolgen werde, löst diese

Aggression Angst aus: »vor einer Vergeltung der Mutter, aber auch des Vaters, dessen Penis sich im attackierten mütterlichen Körper befindet, und deshalb ebenfalls angegriffen wird« (Hinshelwood 1993, S.167).

In ähnlicher Weise, wie der Säugling danach verlangt, den Körper der Mutter und die darin enthaltenen (künftigen) Babies zu zerstören, war Crommes Strategie und die seiner Banken darauf ausgerichtet, das Mutterunternehmen von seinen Töchtern zu trennen und sie entweder durch Verkauf oder durch Schließung einer ungewissen Zukunft zu überlassen. Die unerschütterliche Gewissheit, mit der diese Strategie geplant wurde, kann als Idealisierung der omnipotenten destruktiven Teile des Selbst verstanden werden (H. Rosenfeld 1990a, S. 142; vgl. 1990b). All dies bleibt hinter der rationalen Sprache und ihrer vermeintlichen Evidenz verborgen: »Wenn Wachstumsträger und ›cash provider‹ optimal kombiniert sowie Randaktivitäten bereinigt werden, steigen die Ertragskraft und der Unternehmenswert nachhaltig. ... Dabei gibt es keine ›heiligen Kühe‹« (Cromme 1998).

Der tatsächliche Ausgang dieses Versuchs einer unfreundlichen Übernahme macht schließlich die schwerwiegenden Fehler und das Scheitern der ihm zugrunde liegenden psychotischen Strategie deutlich. Nicht zuletzt aufgrund einer Intervention der nordrhein-westfälischen Landesregierung gelang es schließlich, die Stahlaktivitäten der beiden Unternehmen in eine neugegründete Thyssen-Krupp-Stahl AG zu fusionieren. Aus dem, was bislang öffentlich bekannt wurde (Rieker 1997), wird ersichtlich, dass Thyssen bereits lange vor dem gescheiterten Übernahmeversuch selbst eine eigene Strategie zur Fusion der beiden Stahlgiganten entwickelt hatte und dass Thyssen einen Großteil davon gegenüber Krupp hat durchsetzen können. Das hat dazu geführt, dass Krupp nicht nur eine zweitrangige Rolle in dem neuen Joint Venture spielt, sondern aufgrund seiner veralteten Produktionsanlagen auch einen höheren Kostenanteil zu tragen hat.

Im nachhinein entsteht der Eindruck, dass die nachhaltigen Reaktionen der Öffentlichkeit und die Angriffe auf Krupp-Hoesch und insbesondere auf Cromme ebenfalls von einer psychotischen Dynamik geleitet waren. Es scheint, als habe die unvorhergesehene Reaktion von seiten weiter Teile der deutschen Öffentlichkeit den psychotischen Versuch zum Scheitern gebracht, der Todesangst durch eine Vernichtung des Verfolgers zu begegnen. Angesichts der Kakophonie an Reaktionen und Verurteilungen von seiten der Umwelt hat sich die ausgeklügelte Strategie schließlich als undurchführbar erwiesen.

Andererseits kann man jedoch davon ausgehen, dass der eigentliche Grund, der eine ansonsten durchaus übliche Unternehmensstrategie im vorliegenden Fall hat scheitern lassen, darin bestand, dass diese Strategie – aus welchen Gründen und auf welchen Wegen auch immer – ganz einfach zu früh bekannt geworden ist. Es wäre durchaus denkbar, dass dieser Versuch einer ersten deutschen unfreundlichen Übernahme erfolgreich verlaufen wäre, wenn er tatsächlich bis zu dem Zeitpunkt geheimgehalten worden wäre, zu dem die Vorbereitungen abgeschlossen und der Aufkauf der Aktien gelungen wäre. Ein solcher Übernahmeversuch, der ja – wie beschrieben – mit einem hohen Maß an Unbewussten psychotischen Ängsten und deren Abwehr verknüpft war, wäre im Falle eines Erfolges wohl eher als der Beweis betrachtet worden, dass die bislang als selbstverständlich betrachtete Annahme, die deutsche Situation erlaube keine unfreundliche Übernahme im amerikanischen Stil, sich letztlich doch als falsch erwiesen hätte.

Eine Zeit lang sah es so aus, als wäre die neu gegründete Thyssen-Krupp-Stahl AG die endgültige, erfolgreiche Lösung eines Kampfes, der durch die beabsichtigte unfreundliche Übernahme im Frühjahr 1997 ausgelöst worden bzw. eskaliert war. Kaum ein halbes Jahr später erweckte diese Lösung jedoch vielmehr den Eindruck eines Vorspiels eines weitaus umfangreicheren Dramas. Sehr viel weiterreichende Überlegungen für eine Gesamtfusion der beiden Konzerne wurden erstmalig von Günter Vogelsang, dem siebenundsiebzigjährigen Ehrenvorsitzenden des Thyssen-Aufsichtsrats, und Berthold Beitz, dem vierundachtzigjährigen Vorsitzenden der Krupp-Stiftung, gemacht, die 51 % der Krupp-Hoesch-Aktien besitzt. Was anfangs so aussah, als ließe es sich aufgrund der offenkundig überwältigenden ökonomischen Logik relativ kurz bewältigen, ist inzwischen eher zu einer Art Abenteuer geworden. Während es zwischenzeitlich schon fast so aussah, als würde diese Fusion wieder verworfen, weil sie in einem Desaster zu enden schien, wurde die detaillierte Ausarbeitung der Fusion dann auf ein Jahr bis zum Herbst 1998 verlängert; mittlerweile ist die Rede davon, dass sie in diesem Frühjahr [1999] beendet sein soll.

Psychosis Unlimited

Wie anfangs bereits erwähnt, beschränken sich psychotische Dynamiken keineswegs nur auf die innere Welt einer Organisation oder auf deren unmittelbare Umweltbeziehungen zu Konkurrenten, Lieferanten oder Kunden. Mehr und mehr scheinen psychotische Phänomene und Dynamiken auch die weitere Unternehmenswelt in einem globalen Kontext zu bestimmen. Wenngleich sich dies auch für die internationalen Finanzmärkte in besonderer Weise aufzeigen ließe, auf denen tagein – tagaus unvorstellbare Finanzvolumen hin und her geschoben werden und sich die Nachrichten über Booms und dramatische Krisen die Hand reichen, möchte ich im folgenden die Aufmerksamkeit auf die verstärkte Tendenz zur Shareholder-Value-Optimierung richten, in die institutionelle Investoren und Großunternehmen zunehmend und unausweichlich verfangen sind.

Je mehr ich die dramatischen Veränderungen zu verstehen versuche, die Organisations- und Managementtheorien bislang als Folge der Unternehmensumwelten und ihrer Turbulenzen verstanden haben, desto mehr sehe ich mich mit der Beschränktheit meines eigenen Wissens und der Unfähigkeit konfrontiert, diese neuen Erscheinungsweisen angemessen zu verstehen und zu analysieren. Ich bin auch in zunehmendem Maße über die offenkundige Brutalität und Destruktivität erschrocken, mit der Organisationen – und insbesondere Unternehmen – von den gigantischen internationalen Investment- und Pensionsfunds auf einen bloßen Warencharakter reduziert werden.

Ausgehend von der Überzeugung, dass sich der Gewinn eines Unternehmens nicht länger als das adäquate Maß für den Erlös betrachten lässt, den die Aktionäre für das von ihnen investierte Geld erhalten, geht die Shareholder-Value-Orientierung davon aus, dass der Cash Flow, die sogenannte Bruttoertragsziffer, als ein angemesseneres Kriterium der Rentabilität verstanden werden muss (Rappaport 1995; Black u. a. 1998). Im Gegensatz zu der bislang geltenden Ansicht, dass der Wert eines Unternehmens über den monetären Gewinn hinaus in dem Beitrag besteht, den es zur nationalen Volkswirtschaft und dem Lebensunterhalt seiner Mitarbeiter leistet sowie in der Sinnhaftigkeit seiner Produkte und seinem Verantwortungsbewusstsein im Umgang mit den Ressourcen, reduziert die zunehmende Shareholder-Value-Orientierung die Weltwirtschaft mehr und mehr auf ein monopolyähnliches internationales Geldspiel. Während vor zwei Jahrzehnten noch die Menschen als das eigentliche Produkt der Arbeit betrachtet wurden (Herbst 1974; Sievers 1990), sieht es heute so aus, als würde die Arbeit in einer kaum mehr fernen Zukunft nur noch als ein Mittel für das Geld betrachtet werden, das an die Aktionäre überwiesen wird, nachdem zuvor alle anderen Kosten, einschließlich der für die Arbeit abgezogen worden sind.

Was mir dabei in dem gegenwärtigen Zusammenhang zu schaffen macht, sind die Midas ähnlichen Vorstellungen, denen gemäß ein Unternehmen in dem Moment zu Gold – oder zumindest zu Geld – wird, wo es von seinen Aktionären und den institutionellen Investoren berührt wird. Die ausschließlich monetäre Orientierung des gegenwärtig vorherrschenden Aktienkults geht mit einem zunehmenden Realitätsverlust durch Verdinglichung einher. Insoweit Geld nicht nur zu einem Wert in sich selbst, sondern schließlich zum eigentlichen und endgültigen Wert wird, der alle anderen Werte als bloße Ideologien erscheinen lässt, verliert das Geld seine symbolische Qualität, »es wird beinahe wie ein eigenständiges Ding behandelt« (Menzies Lyth 1988). »Der Glaube an die Kräfte des Marktes und den Kapitalismus hat Manager zu der

Überzeugung veranlasst, dass ihre Institutionen einzig und allein dem Zweck dienen, Geld zu machen bzw. es einzusparen. Diese Primäraufgabe hat die Vorstellung ersetzt, dass Unternehmen in erster Linie an der Aufgabe orientiert sind, Arbeit zu erbringen« (Lawrence 1998b, S. 68). Mag die Reduzierung des Unternehmenswertes auf einen vermeintlich objektiven Geldwert im Kontext der Shareholder-Value-Debatte auch als eine besondere Errungenschaft betrachtet werden, so erscheint sie innerhalb eines weiteren Rahmens jedoch vielmehr als Reduzierung einer weitaus komplexeren Wirklichkeit. Für Aktionäre allgemein und ganz besonders für die gigantischen Investment- und Pensionsfunds wird jede weitere Qualität eines Unternehmens überflüssig. Wie Fromm (1977; vgl. Harsch 1995, S. 95) jedoch deutlich gemacht hat, kann der im Midas-Mythos zum Ausdruck kommende Wunsch, alles in Geld zu verwandeln, als Destruktion verstanden werden.

Die zunehmende Vorherrschaft der Shareholder-Value-Orientierung geht auch mit nachhaltigen Veränderungen der Bedeutung und des Sinns von Management und Arbeit einher. In dem Maße, wie jüngere Generationen von Topmanagern gar keine andere Wahl mehr haben, als sich dem triumphalen Fortschritt des Aktienkultes zu beugen, verlieren sie nicht nur ihre unternehmerische Freiheit, die sie bislang vor allem gerade in Deutschland hatten; indem sie den Glauben teilen, dass die wichtigste Aufgabe eines Unternehmens darin besteht, den Interessen der Aktionäre zu entsprechen und sie ihre Unternehmensstrategie so auf die Erzielung des höchst möglichen Unternehmenswertes ausrichten, werden sie mehr und mehr zu bloßen Gefolgsleuten der führenden institutionellen Investoren und deren Management.

Die vorherrschende Shareholder-Value-Orientierung verstärkt zugleich einen hohen Rationalisierungsgrad in dem Sinne, dass Arbeitsplätze entweder abgebaut oder ins Ausland verlagert werden, wo die Lohnkosten geringer sind. Diese Tendenz geht mit einer zunehmenden Entwertung der Arbeit einher. Angesichts der rapide wachsenden Weltbevölkerung und dem Verschwinden von Handelsbarrieren laufen wir mehr und mehr Gefahr, dass ein Großteil menschlicher Arbeit extrem billig wird. »Und wer wie Dreck bezahlt wird, landet früher oder später auch dort« (Afheldt, in Martens 1996, S. 21).

Im Unterschied zu der vorherrschenden Einschätzung der fortschreitenden Globalisierung durch die Global Players und ihre Hohen Priester, die neoliberalen Ökonomen, scheinen mir die zunehmende Tendenz einer Shareholder-Value-Optimierung und die Vorherrschaft der Finanzmärkte mit einer Globalisierung psychotischer Ängste einherzugehen, die von den verschiedensten Bezugssystemen und deren Rolleninhabern unbewusst gemanaged, aufrechterhalten und verstärkt werden.

Anstatt Geld als ein an sich neutrales Mittel oder Bewertungsinstrument zu sehen, bin ich davon überzeugt, dass der Geldtransfer im Zusammenhang der institutionellen Investoren solange nicht adäquat verstanden werden kann, als wir uns nicht um ein besseres Verständnis der *Übertragungen* bemühen, die vorwiegend unbewusst mit diesen *Transfers* einhergehen. Die Hypothese, mit der ich in zunehmendem Maße beschäftigt bin, bezieht sich auf die psychotische Dynamik, die mit dem in die Funds investierten Geld einhergeht bzw. diesem sozusagen zugrunde liegt. In dem Maße, wie individuelle Anleger vor allem von Pensionsfunds mit ihren Anlagen zugleich auch einen Teil ihrer Ängste, ihrer Gier und ihrer Phantasie unbeschränkten Wohlstands in die institutionellen Investoren projizieren und verlagern, fühlt sich das Management dieser institutionellen Anleger nicht nur in seiner Rolle als ›Treuhänder‹ mobilisiert, innerhalb derer es für seine Anleger tätig wird; es übernimmt vielmehr einen Teil dieser unbewussten Phantasien und Ängste durch Introjektion. Indem es sich selbst in seinen Managementrollen als Vertreter und Anwalt unzähliger Anleger legitimiert, unterliegt es nicht nur der Gefahr, sich in seine eigenen psychotischen Ängste zu verstricken, sondern sieht sich darüber hinaus mobilisiert, die introjizierten Phantasien und Ängste seiner Anleger zusammen mit dem Geld zu transferieren, das die institutionellen Anleger als Großaktionäre wiederum in die Unternehmen und Konzerne investieren.

Insofern, als psychotische Ängste mit einer Veränderung des Denkens im Sinne der Reduzierung der Denkfähigkeit, der Überkonkretisierung und Rigidität einhergehen und im Bionschen Sinne so eher zu Nicht-Denken führen, kann angenommen werden, dass die privaten wie die institutionellen Investoren unbewusst auf solche (Unternehmens-)Strategien zurückgreifen, die in erster Linie dazu angetan sind, die zugrunde liegenden psychotischen Ängste zu reduzieren bzw. zu negieren. Indem die institutionellen Investoren eine Shareholder-Value-Optimierung in den Unternehmen favorisieren, die sie über ihre Anteile kontrollieren, verstärken sie in zunehmendem Maße die Verfolgungs- und Vernichtungsphantasien bei deren Management und Belegschaft und nähren deren Furcht, sich den Aktionären ausgeliefert zu sehen. Die Rigidität und Brutalität, mit der die Strategien zur Cash-Flow-Steigerung verfolgt und umgesetzt werden, werden hinter einer Rationalität verborgen, die für das psychotische Denken typisch ist: Es ist das *Denken* der Märkte, das keine andere Wahl lässt als den Aktionären den erforderlichen Tribut zu zahlen (z. B. Black u. a. 1998, S. 8).

Obgleich ich zugestehen muss, dass meine Versuche, die Implikationen der zunehmenden Globalisierung für die Zukunft unserer Unternehmen und Organisationen zu erfassen, oft genug mit der Erfahrung von Ungenügen und Verzweiflung einhergehen, so bin ich gleichzeitig doch davon überzeugt, dass eine zunehmende Anzahl der eigentlichen Akteure und Spieler in dem Weltmonopoly das Spiel auch nicht nur annähernd zu verstehen scheint, an dem sie zu dem ausschließlichen Ziel teilnehmen, ihr Kapital und ihre Macht zu vermehren. Dabei kommt es mir so vor, als sei Schumpeters (1993, S. 138) berühmte Feststellung, dass der »Prozess der ›schöpferischen Zerstörung‹ (creative destruction) das für den Kapitalismus wesentliche Faktum« sei, nicht nur als ein Freibrief für rationale Zerstörung dient, sondern mehr und mehr zu einer ›zerstörerischen Schöpfung‹ (destructive creativity) pervertiert wird.

Statt eines Schlusses

Die bisherigen Überlegungen werden unausweichlich als eine Skizze oder als ein Torso erscheinen. Dennoch hoffe ich, dass meine Gedanken zur psychotischen Organisation und deren Anwendung auf drei verschiedene Organisationsebenen – der intra-, interorganisatorischen und globalen Ebene – sowohl die generelle Bedeutung eines solchen Vorhabens verdeutlicht als auch einen Einblick haben vermitteln können, womit ich mich in einem umfassenderen Kontext gegenwärtig auseinandersetze. Angesichts des derzeitigen Durcheinanders und der weit verbreiteten Euphorie in der Weltwirtschaft scheint mir der Aussage, die ein deutscher Journalist (N. N. 1998, S. 88) kürzlich in bezug auf die Weltaktienmärkte getroffen hat, eine viel weiterreichende Bedeutung zu haben, dass nämlich die gegenwärtigen Tendenzen eher ein Fall für den Psychoanalytiker denn für den Ökonomen seien. Wenn man diesen Hinweis nicht im Sinne einer psychotherapeutischen Behandlung missversteht, was in diesem Kontext sicherlich unsinnig wäre, dann sehe ich darin eine wichtige Bestätigung meiner Auffassung, die offensichtlich psychotischen Dynamiken in unseren gegenwärtigen Organisationen und in der zunehmenden Globalisierung der Märkte verstärkt zum Gegenstand psychoanalytischer Organisationsforschung zu machen. Ich habe die Hoffnung, dass meine Überlegungen auch weitere Wissenschaftler dazu anregen und ermutigen mögen, sich auf diese Reise in bislang noch weithin unbekannte Gebiete oder gar Kontinente zu begeben. Eine solche Reise in das Herz organisatorischer Dunkelheit und Schattenseiten stellt den Forscher vor ähnliche Probleme wie seine Vorgänger, die wissenschaftlichen Reisenden und Entdecker vergangener Jahrhunderte: Es gibt keine verlässlichen Landkarten und auch nicht allzu viele gleichgesinnte Gefährten, die bereit wären, die Anstrengungen eines solchen Abenteuers auf sich zu nehmen.

Die Ermunterung zu einer solchen Reise in die Dunkelheit geht mit dem Wissen um Licht und Zwielicht sowie der Überzeugung einher, dass es auch andere Dimensionen gegenwärtiger organisatorischer Wirklichkeit gibt, die nicht nur offenkundiger sind, sondern die zu untersuchen vermutlich auch mehr Spaß machen wird. Insofern, als die hier verwendete Metapher der psychotischen Organisation wie jede andere Metapher auch auf der Gewissheit beruht, dass jede Sichtweise zugleich auch beschränkt ist, mag der Begriff der psychotischen Organisation gemeinsam mit anderen Konzepten und Metaphern dazu beitragen, eine ganzheitlichere und insofern auch ›wahrere‹ Vorstellung davon zu gewinnen, was es bedeutet, in Organisationen zu arbeiten und zu leben.

Hans Fronius: Die Maske des Roten Todes

Die hier vorgeschlagene Sichtweise organisatorischer Wirklichkeit zu verwerfen oder zu negieren, würde eher dem vergeblichen Versuch entsprechen, der Pest zu entkommen, den Edgar Allan Poe (1958) vor mehr als hundertfünfzig Jahren in seiner ›Maske des Roten Todes‹ so eindrücklich beschrieben hat. In dieser Erzählung beschreibt Poe den Versuch Prinz Prosperos, der sich – irgendwann im Mittelalter – zusammen mit tausend Rittern seines Hofes und deren Frauen in die Abgeschiedenheit eines seiner befestigten Schlösser zurückgezogen hat, um so der Pest zu entfliehen, die sein Land verwüstete. Ohne sich weiter darum zu kümmern, was in der äußeren Welt vor sich ging, lebten sie in Vergnügen, Luxus und Sicherheit. Nach einem halben Jahr jedoch, während eines Maskenballs von unerhörter Pracht, brach die völlig ausgeschlossene und verzweifelt negierte Wirklichkeit jedoch über Prinz Prospero und seine Gäste herein und brachte das Fest zu einem jähen Ende. Eine neue, nicht eingeladene Gestalt in einem blutverschmierten Leichengewand entlarvte sich als der Rote Tod. »Und Finsternis und Verwesung und der Rote Tod, den sie sorgsam auszuschließen versucht hatten, herrschten schrankenlos über allem« (ebd., S. 62).

In weiten Teilen gibt es soviel Übereinstimmung zwischen Poes Sprache in dieser Erzählung und der psychoanalytischen Terminologie zur psychotischen Organisation, dass man die beiden Texte – trotz ihres total unterschiedlichen Charakters als Erzählung bzw. als wissenschaftliche Literatur und der ganz anderen Zeit ihrer Veröffentlichung – fast als austauschbar betrachten könnte. Poes ›Maske des Roten Todes‹, die er ja lange Zeit, bevor die Psychoanalyse sich zu einer eigenen wissenschaftlichen Disziplin entwickelt hatte, geschrieben hat, erscheint mir als ein Meisterwerk einer ›Fallstudie‹ zur psychotischen Organisation. Diese Erzählung berichtet davon, wie die Mitglieder einer Organisation ihre zwanghaften Kontrollwünsche und die Absicht gemanaged haben, Unsicherheit, Unvorhersehbarkeit und den Tod auszuschließen. Dadurch, dass sie sich in das befestigte Schloss zurückzogen, haben sie den erschreckenden Teil der Wirklichkeit abgespalten, vor dem sie fliehen wollten. »Mit solchen Vorsichtsmaßregeln konnten die Höflinge der Ansteckung trotzen. Die Außenwelt mochte für sich selbst sorgen. Inzwischen wäre es Torheit, nachzugrübeln und sich Gedanken zu machen« (ebd., S. 9 ff.). Von ihrer eigenen Todesangst getrieben, ließen sie jede weitere Anteilnahme für ihre guten Objekte der inneren wie der äußeren Welt vermissen. Und selbst die für einen psychotischen Zustand oftmals kennzeichnende Destruktivität und Aggression kommt in Prinz Prospero zum Ausdruck: Als er den ungeladenen Eindringling überwältigen und töten will, fällt er in seinen eigenen Dolch und endet so schließlich durch Selbstzerstörung. Da sie all jene hinter sich gelassen hatten, die sie liebten und die ihnen anvertraut waren, hatte sich auch das Verlangen erübrigt, sowohl deren Tod als auch den ihrer Gefährten zu betrauern, als schließlich alle der plötzlichen tödlichen Katastrophe erlegen waren.

Indem ich meinen Beitrag zur psychotischen Organisation mit Poe's Erzählung beende, laufe ich Gefahr, als Schwarzmaler missverstanden zu werden, der ein düsteres Bild hoffnungsloser Verzweiflung zeichnet. Für mich bedeutet Poe's ›Maske des Roten Todes‹ in diesem Zusammenhang jedoch vielmehr eine

Herausforderung. Nur wenn wir individuell wie kollektiv davon überzeugt sind, dass wir der Bedrohung, die das Land verwüstet, entfliehen und sie so unbeschadet überleben könnten, laufen wir Gefahr, völlig unzureichenden Lösungen aufzusitzen; dann kann es sehr wohl sein, dass der Versuch, die unverkennbare Irrationalität und die psychotischen Dynamiken in unseren Unternehmungen und der Welt der Wirtschaft zu ignorieren, schließlich doch von uns allen Besitz ergreift. Prinz Prospero und seine tausend Gäste mögen vor allem eine Lehre für uns sein, dass ein extremer Realitätsverlust, die Unfähigkeit, zu denken und die Abwehr, zu trauern sowie die Vernachlässigung der externen Umwelt kein adäquater Weg sein kann, um der Todesangst und -furcht zu begegnen.

Und obgleich mich ein gehöriges Maß an Ratlosigkeit und auch Verzweiflung überkommt, wenn es um die Frage geht, wie denn die in vielen unserer heutigen Organisationen und Unternehmen vorherrschende psychotische Dynamik überwunden werden kann, so gehe ich dennoch zugleich von der Hoffnung aus, dass der andere metaphorische Rahmen, nämlich die depressive Position, nicht bloß ein illusionärer akademischer Trost ist, sondern vielmehr einen Weg aus den gegenwärtigen Verwüstungen aufzuzeigen vermag. Dass Verzweiflung eine der nur schwer zu ertragenden Gegenübertragungen in der Arbeit mit psychotischen Patienten ist (D. Rosenfeld 1992, S. 17), gilt in ähnlicher Weise sicherlich für die Arbeit mit psychotischen Organisationen bzw. deren psychotischen Teilen. Die Fähigkeit, diese Verzweiflung und andere erschreckende Erfahrungen auszuhalten, zu containen, zu diagnostizieren und zu interpretieren, ist sicherlich eine der Grundvoraussetzungen und Stärken, derer es in der Arbeit mit psychotischen Organisationen bedarf – unabhängig davon, ob dies in der Rolle des Wissenschaftlers, des Beraters oder des Managers geschieht.

Literatur

Bain, Alastair (1998): On socio-analysis. Vortrag AISA's Inaugural Scientific Conference, Canberra, January 24–26, 1998. Dt.: Einige Überlegungen zur Sozionanalyse. In: Freie Assoziation 4, (2001), S. 135–154; wieder in diesem Band.

Bärsch, Hans Georg (1983): 140 Jahre Verhaltensleitsätze bei Krupp. In: Wunderer, Rolf (Hg.): Führungsgrundsätze in Wirtschaft und öffentlicher Verwaltung. Stuttgart (C. E. Poeschel), S. 264–278.

Bion, Wilfred R. (1990): Zur Unterscheidung von psychotischen und nicht-psychotischen Persönlichkeiten. In: Bott Spillius, Elizabeth (Hg.): Melanie Klein Heute. Entwicklungen in Theorie und Praxis. Bd. 1: Beiträge zur Theorie. München: (Verlag Internationale Psychoanalyse), S. 75–99.

Black, Andrew, Wright, Philip, Bachman, John E. & Davis, John (1998): In search of shareholder value. Managing the drivers of performance. London (Pitman Publishing).

Bowles, Martin (1998): Der Management-Mythos. Seine Ausprägung und Unzulänglichkeit in gegenwärtigen Organisationen. In: Freie Assoziation 1, S. 245–275; wieder in diesem Band.

Calogeras, Roy C. (1989): Die Krupp-Dynastie und die Wurzeln des deutschen Nationalcharakters. Eine psychoanalytische Kulturstudie. München (Verlag Internationale Psychoanalyse).

Chandler, Alfred D., Jr. (1990): Scale and scope. The dynamics of industrial capitalism. Cambridge, Mass. (The Belknap Press of Harvard University Press).

Cromme, Gerhard (1998): »Es gibt keine heiligen Kühe mehr«. Wettbewerbsfähigkeit im globalen Umfeld. Die Unternehmensstrategie von Krupp. In: Frankfurter Allgemeine Zeitung 17. 8., Nr. 189, S. 25.

Dreitzel, Hans-Peter (1972): Über die Möglichkeiten einer Pathologie des Sozialen. In: Ders.: Die gesellschaftlichen Leiden und das Leiden an der Gesellschaft. Vorstudien zu einer Pathologie des Rollenverhaltens. Stuttgart (Ferdinand Enke), S. 1–30.

Eisold, Kenneth (1997): Psychoanalysis today: Implications for organizational applications. In: Free Associations 6, 2, 38, S. 174–191.

Elieli, Rina Bar-Lev (1994): Psychoanalytic thinking and organizations. In: Psychiatry 57, S. 78–91.

Erlich, Shmuel (1998): The search for the subject and the psychoanalytic study of organizations. Vortrag, Symposium ›The International Society for the Psychoanalytic Study of Organizations‹, Jerusalem. (http://www.sba.oakland.edu/ispso/html/1998/Erlich)

Fornari, Franco (1966/1975): The psychoanalysis of war. Bloomington (Indiana University Press).

Fromm, Erich (1968): Die Seele des Menschen. Ihre Fähigkeit zum Guten und zum Bösen. Stuttgart (Deutsche Verlagsanstalt).

Fromm, Erich (1977): Anatomie der menschlichen Destruktivität, Reinbek (Rowohlt).

Gruen, Arno (1987): Der Wahnsinn der Normalität. Realismus als Krankheit: eine grundlegende Theorie zur menschlichen Destruktivität. Kempten (Kösel).

Harsch, Wolfgang (1995): Die psychoanalytische Geldtheorie. Frankfurt/M. (Fischer Taschenbuch Verlag).

Herbst, P. G. (1974): Socio-technical design. Strategies in multidisciplinary research. London (Tavistock).

Hinshelwood, Robert D. (1993): Wörterbuch der Kleinianischen Psychoanalyse. Stuttgart (Verlag Internationale Psychoanalyse).

Hoggett, Paul (1992): Partisans in an uncertain world. The Psychoanalysis of Engagement. London (Free Association Books).

Jaques, Elliott (1953): On the dynamics of social structure. In: Human Relations 6, S. 3–24.

Jaques, Elliott (1955): Social systems as a defence against persecutory and depressive anxiety. In: M. Klein u. a., New directions in psycho-analysis. The significance of infant conflicts in the patterns of adult behaviour. London (Tavistock), S. 478–498.

Jaques, Elliott (1995a): Why the psychoanalytic approach to understanding organization is dysfunctional. In: Human Relations 48, S. 343–349.
Jaques, Elliott (1995b): Reply to Dr. Gilles Amado. In: Human Relations 48, S. 359–365.
Klein, Melanie (1987): Die Psychoanalyse des Kindes. Frankfurt/M. (Fischer).
Klein, Melanie (1999a): Die Welt der Erwachsenen und ihre Wurzeln im Kindesalter. In: Melanie Klein. Gesammelte Schriften (GSK III) Stuttgart (frommann-holzboog).
Klein, Melanie (1999b): Theoretische Betrachtungen über das Gefühlsleben des Säuglings. In: Klein, Melanie: Gesammelte Schriften (GSK III) Stuttgart (frommann-holzboog).
Knights, David, Glenn Morgan (1991): Corporate strategy, organizations, and subjectivity: A critique. In: Organization Studies 12, S. 251–273.
LaBier, Douglas (1986): Modern madness. The emotional fallout of success. Reading, Mass. (Addison-Wesley).
Lawrence, W. Gordon (1995a): The seductiveness of totalitarian states-of-mind. In: Journal of Health Care Chaplaincy 7, October, S. 11–22.
Lawrence, W. Gordon (1995b): Social dreaming as a tool of action research. Vortrag, Symposium ›The International Society for the Psychoanalytic Study of Organizations‹, London.
Lawrence, W. Gordon (1997): Centring of the Sphinx for the psychoanalytic study of organizations. Vortrag. Symposium ›The International Society for the Psychoanalytic Study of Organizations‹, Philadelphia. (http://www.sba.oakland.ed/ispso/html/1997Lawr.htm)
Lawrence, W. Gordon (1998a): Soziales Träumen und Organisationsberatung. In: Freie Assoziation 1, S. 304–328; wieder in diesem Band.
Lawrence, W. Gordon (1998b): Unconscious social pressures on leaders. In: Klein, Edward B., Gabelnick, Faith, Herr, Peter (Hg.): The psychodynamics of leadership. Madison, Conn. (Psychosocial Press), S. 53–75.
Lawrence, W. Gordon, David Armstrong (1998): Destructiveness and creativity in organizational life: Experiencing the psychotic edge. In: Parthenop Bion, Talamo, Borgogno, Franco, Merciai, Silvio A. (Hg.): Bion's legacy to groups. London (Karnac), S. 53–68.
Martens, Erika (1996): Ein Zug ohne Bremsen. In: Die Zeit 31, S. 20–21.
McDougall, Joyce (1974): The psychosoma and the psychoanalytic process. In: International Review of Psychoanalysis 1, S. 437–459.
Meltzer, Donald (1990): Panik, Verfolgungsangst, Furcht – Zur Differenzierung psychotischer Ängste. In: Bott Spillius, Elizabeth (Hg.): Melanie Klein Heute. Entwicklungen in Theorie und Praxis. Bd. 1: Beiträge zur Theorie. München (Verlag Internationale Psychoanalyse), S. 288–298.
Menzies, Isabel E. P. (1974): Die Angstabwehr-Funktion sozialer Systeme. Ein Fallbericht. In: Gruppendynamik 5, S. 183–216.
Menzies Lyth, Isabel E. P. (1988): Thoughts on the maternal role in contemporary society. In: Dies.: Containing anxiety in institutions. Selected Essays. Vol. I. London (Free Association Books), S. 208–221.

Money-Kyrle, Roger (1969): On the fear of insanity. In: Ders.: (1978): The collected papers of Roger Money-Kyrle. Perth (Clunie), S. 434–441.
Morgan, Gareth (1997): Bilder der Organisation. Stuttgart (Klett-Cotta).
Müller-Lyer, F. (1914): Soziologie der Leiden. München (Albert Langen).
N. N. (1997): Crash im Revier. In: Der Spiegel 13, S. 92–101.
N. N. (1998): »Euphorischer Nebel«, In: Der Spiegel 8, S. 88–89.
O'Shaughnessy, Edna (1990): Klinische Untersuchung einer Abwehrorganisation. In: Bott Spillius, Elizabeth (Hg.): Melanie Klein Heute. Entwicklungen in Theorie und Praxis. Bd. 1: Beiträge zur Theorie. München (Verlag Internationale Psychoanalyse), S. 367–390.
O'Shaughnessy, Edna (1992): Psychosis: Not thinking in a bizzare world. In: Anderson, Robin (Hg.): Clinical lectures on Klein and Bion. London (Tavistock/Routledge), S. 89–101.
Poe, Edgar Allan (1958): Die Maske des Roten Todes. Heidenheim (Erich Hoffmann Verlag).
Rappaport, Alfred (1995): Shareholder Value. Stuttgart (Schäffer-Poeschl).
Rieker, Jochen (1997): Der Stahlkumpel. In: Manager-Magazin, September, S. 64–66.
Rosenfeld, David (1992): The psychotic aspects of the personality. London (Karnac Books).
Rosenfeld, Herbert (1990a): Sackgassen und Deutungen. Therapeutische und antitherapeutische Faktoren bei der psychoanalytischen Behandlung von psychotischen, Borderline- und neurotischen Patienten. München (Verlag Internationale Psychoanalyse).
Rosenfeld, Herbert (1990b): Zur Psychopathologie psychotischer Zustände: Die Bedeutung der projektiven Identifizierung für die Ich-Struktur und die Objektbeziehungen der psychotischen Patienten. In: Bott Spillius, Elizabeth (Hg.): Melanie Klein Heute. Entwicklungen in Theorie und Praxis. Bd. 1: Beiträge zur Theorie. München (Verlag Internationale Psychoanalyse), S. 148–173.
Schmideberg, Melitta (1930): The role of psychotic mechanisms in cultural development. In: International Journal of Psychoanalysis 11, S. 387–418.
Schumpeter, Joseph A. (1993): Kapitalismus, Sozialismus und Demokratie. Tübingen (Francke Verlag).
Scott, John (1997): Corporate business and capitalist class. Oxford (Oxford University Press).
Segal, Hanna (1983): Melanie Klein. Eine Einführung in ihr Werk. Frankfurt/M. (Fischer Taschenbuch Verlag).
Segal, Hanna (1990): Die Depression des schizophrenen Patienten. In: Bott Spillius, Elizabeth (Hg.): Melanie Klein Heute. Entwicklungen in Theorie und Praxis. Bd. 1: Beiträge zur Theorie. München (Verlag Internationale Psychoanalyse), S. 63–74.
Sievers, Burkard (1990): Zombies or people – What is the product of work? Some considerations about the relation between human and nonhuman systems in regard to the socio-technical systems paradigm. In: Turner, Barry A. (Hg.): Organizational symbolism. Berlin (de Gruyter), S. 83–93.

Sievers, Burkard (1993): Auf der Suche nach dem Theater. Organisationen als Theater für die Dramen der Kindheit und der Arbeit. In: Gruppendynamik 24, S. 367–389.
Sievers, Burkard (1994): Work, death, and life itself. Essays on management and organization. Berlin: de Gruyter.
Sievers, Burkard (1995): Die Schlacht am Lerchenfeld. Mythos als Metapher. In: Volmerg, Birgit, Leithäuser, Thomas, Neuberger, Oswald, Ortmann, Günther & Sievers, Burkard: Nach allen Regeln der Kunst. Macht und Geschlecht in Organisationen. Freiburg (Kore), S. 172–204.
Sievers, Burkard (1996): Accounting for the caprices of madness. Narrative fiction as a means of organizational transcendence. Arbeitspapiere des Fachbereichs Wirtschaftswissenschaft. Bergische Universität Wuppertal, No. 176; wieder in: Goodman, Richard A. (Hg.): (1999), Modern organizations and emerging conundrums. Exploring the postindustrial subculture of the third millennium. Lanham (Lexington Books), S. 126–142.
Sievers, Burkard (1998a): Verrücktheit in Organisationen. In: Freie Assoziation 1, S. 113–133.
Sievers, Burkard (1998b): Some thoughts on the socio-analysis of war in and among corporations. Manuskript, Bergische Universität Wuppertal; vgl. Sievers (2001).
Sievers, Burkard (1999): Das Management psychosozialer Dynamik und unbewußter Prozesse in Organisationen. In: Pühl, Harald (Hg.): Handbuch 3 ›Supervision und Organisationsentwicklung‹. Leverkusen (Leske & Budrich), S. 260–273.
Sievers, Burkard (2001): Konkurrenz als Fortsetzung des Krieges mit anderen Mitteln. Eine sozio-analytische Dekonstruktion. In: Schreyögg, Georg & Sydow, Jörg (Hg.): Emotionen und Management. Managementforschung 11. Wiesbaden: Gabler, S. 171–212.
Simmel, Ernst (1980): Antisemitismus und Massen-Psychopathologie. In: Dahmer, Helmut (Hg.): Analytische Sozialpsychologie. Vol. I, Frankfurt/M. (Suhrkamp), S. 282–317.
Stein, Howard F. (1995): Domestic wars and the militarization of American biomedicine. In: Journal of Psychohistory 22, S. 406–415.
Stein, Howard F. (1997): Euphemism in the language of managed care. In: Journal Oklahoma State Medical Association 90, S. 243–247.
Stein, Howard F. (1999): Todesvorstellungen und die Erfahrung organisatorischen Downsizing oder: Steht Dein Name auf Schindlers Liste. In: Freie Assoziation 2, S. 155–185; wieder in diesem Band.
Steiner, John (1979): The border between the paranoid-schizoid and the depressive position in the borderline patient. In: British Journal of Medical Psychology 52, S. 385–391.
Steiner, John (1982): Perverse relationships between parts of the self: A clinical illustration. In: International Journal of Psycho-Analysis 62, S. 241–252.
Steiner, John (1990a): Pathological organisations as obstacles to mourning. In: International Journal of Psycho-Analysis 71, S. 87–94.
Steiner, John (1990b): Die Wechselwirkung zwischen pathologischen Organisationen und der paranoid-schizoiden und depressiven Position. In: Bott Spillius, Elizabeth

(Hg.): Melanie Klein Heute. Entwicklungen in Theorie und Praxis. Bd. 1: Beiträge zur Theorie. München (Verlag Internationale Psychoanalyse), S. 408–431.
Steiner, John (1993): Psychic retreats. Pathological organization in psychotic, neurotic and borderline patients. London (Routledge).
Tarnopolsky, Alex, Chesterman, L. Paul, Parshall, Alice M. (1995): What is psychosis? In: Free Associations 5, 4, 36, S. 536–566.
Treue, Wilhelm (1966): Die Feuer verlöschen nie. August Thyssen-Hütte 1890–1926. Düsseldorf (Econ-Verlag).
Türk, Klaus (1976): Grundlagen einer Pathologie der Organisation. Stuttgart (Enke).
Wildberger, Helga (1977): Pathologische Organisationen. In: Kennel, Rosemarie, Reerink, Gertrud (Hg.): Klein – Bion. Eine Einführung. Tübingen (edition diskord), S. 126–139.
Young, Robert M. (1994): Mental space. London (Process Press).

In Sachen verschwundener Autor: Von der Parapraxis über die Poesie zu einem Einblick in die Organisationsforschung

Howard F. Stein

Zusammenfassung: Der Autor zeigt die Bedeutung der Gegenübertragung im Rahmen der Organisationsforschung und -beratung auf. Der Beitrag beginnt mit der Parapraxis, dem Fehler des Autors, nämlich seinem »Vergessen«, dass er selbst Co-Autor eines Buches über Downsizing war. Die Bearbeitung dieser Parapraxis führte zu Einsichten über die Dynamik der Arbeitsplätze, die nicht nur in den Vereinigten Staaten einem dramatischen sozialen Wandel unterliegen. Dabei werden die eigenen emotionalen Reaktionen des Beobachters oder des Beraters auf die Arbeitssituation als entscheidende Daten betrachtet. Die Gedichte, zu denen der Autor durch seine unmittelbare Erfahrung in Organisationen angeregt wurde, sind nicht nur eine Ergänzung des narrativen Materials und der Felddaten, sondern unmittelbares kulturelles Material, das auch an das Klientensystem als Feedback zurückgegeben werden kann. In diesem Beitrag geht es dem Autor um ein Verständnis der Phänomenologie und Psychodynamik gegenwärtiger Organisationen, die durch Verfolgungsangst, Bedrohung, und Verlust geprägt sind und häufig mit Todesvorstellungen einhergehen. Diese Arbeit geht von einer im weiteren Sinne ethnographischen und objektbeziehungsorientierten Betrachtungsweise aus.

Am liebsten möchte ich einfach still sein
Aber mein Schweigen wäre Lüge.

Am liebsten würde ich einfach gehen
Aber meine Schritte zertrampeln.

Jerzy Ficowski (1995, S. 122)

Logik und Predigten sind nie überzeugend,
die Feuchte der Nacht
treibt sich mir tiefer in die Seele.

Walt Whitman (1992, S. 44)

Der Mensch denkt, Gott lacht.

Jiddischer Aphorismus

Einleitung

Beim ersten Symposium der ,International Society for the Psychoanalytic Study of Organizations (ISPSO), an dem ich 1992 teilnahm, ermahnte Laurent Lapierre seine Zuhörerschaft mit dem wiederholten Ausruf »Projektion, Projektion, Projektion!«, die er zu einem der Hauptprinzipien menschlicher Existenz erklärte. Was die Organisation am Arbeitsplatz betrifft, so gilt weiterhin das Prinzip plus ca change, plus c'est la même chose (je mehr sich die Dinge oberflächlich verändern, desto weniger hat eine grundlegende Veränderung stattgefunden). In diesem Beitrag möchte ich zwar nicht die Melodie, doch aber die Tonart dieses Einwands ändern: Gegenübertragung, Gegenübertragung, Gegenübertragung! lautet m. E. das grundlegende Organisationsprinzip allen menschlichen Wissens. Sein Netz umspannt die Astronomie ebenso wie die Organisationspsychologie, die Beratung ebenso wie die Zoologie. Der Wissende ist Teil des Wissens, Teil dessen, was gewusst wird und was ungewusst bleiben muss. Der Wissende ist zugleich das beste (nämlich die Einsicht) und das schlimmste (d. h. die Verzerrung), auf alle Fälle aber das einzige Instrument menschlichen Wissens.

Zumindest auf dieser epistemologischen Ebene lässt sich selbst die Dichotomie zwischen »Natur-« und »Sozialwissenschaft« bzw. »weicher« und »harter« Wissenschaft nicht mehr aufrechterhalten. Auch astronomische und geologische Debatten über Kosmologie sind letztlich Diskussionen darüber, ob es einen Gott gibt, bzw. über die Abwesenheit desselben – oder zumindest über metaphysische und ödipale Grundannahmen über den Ursprung oder das Schicksal der Welt. Sie alle sind belastet mit Projektion, Projektion, Projektion. Jedwedes Wissen ist subjektives Wissen und alles, was wir über etwas wissen, ist gleichbedeutend damit, wie wir davon erfahren haben. Das Wissensinstrument ist Teil des Wissens selbst. Das Selbst ist Teil der Methode, Teil der Theorie, Teil der Intervention. Methodologie ist – um einen Gedanken von W. R. Bion aufzugreifen – nichts anderes als die Abstraktion von der Fähigkeit oder Unfähigkeit, aus der Erfahrung zu lernen. Das Lernen und die Beratung in einer Organisation sind davon keinesfalls ausgenommen. Die Frage bleibt immer dieselbe: Was fangen wir damit an, wer und was wir sind – je nachdem ob wir Zugang zu oftmals beunruhigenden Informationen haben oder die Angstzustände nicht ertragen können, die ein solcher Zugang bei uns hervorrufen würde (Devereux 1967; Boyer 1993, 1999).

Seit Beginn meiner beruflichen Tätigkeit habe ich mich sowohl mit der unbewusst als auch mit der bewusst wahrgenommenen Bedeutung von Gruppenzugehörigkeit bzw. Gruppenidentität befasst. Ich begann meine berufliche Laufbahn in den späten sechziger Jahren als medizinischer Anthropologe, wobei der Schwerpunkt meiner Arbeit auf dem Verständnis der Auswirkungen der Ethnizität (oft auch als »Nationalität« bezeichnet) auf die Arzt-Patienten-Beziehung und den Verlauf klinischer Arbeit lag. Im Laufe der folgenden 30 Jahre galt mein Interesse der Bedeutung von Gruppen in klinischen Dyaden und entsprechenden Arbeitsbeziehungen sowie der Organisation der Arbeit und der damit in Zusammenhang stehenden kulturellen Phänomene; es erstreckte sich sowohl auf professionelle Disziplinen wie Allgemeinmedizin, Verhaltensforschung, Psychiatrie und innere Medizin, als auch auf den institutionellen Kontext von Abteilungen, Krankenhäusern und Kliniken.

Heutzutage bestimmen »Managed Care«, Downsizing, Rationalisierung, Umstrukturierung, Outsourcing, Verschlankung bzw. Neudefinition von Tätigkeiten sowie autonome Arbeitsgruppen die »Gruppen«existenz im überfüllten Wartezimmer des Arztes ebenso wie die deutsche, polnische oder afroamerikanische Identität des Patienten. Darüber hinaus sind diese Identitäten Teil einer umfassenderen nationalen, ja sogar internationalen Vorstellungswelt und sprengen die Grenzen organisatorischer Subkategorien. Dem Organisationsforscher und -berater steht eine Fülle von Material zur Verfügung, die er/sie bei der Erforschung der Gegenübertragung verwenden kann. In diesem Beitrag untersuche ich meine eigene »subjektive« Erfahrungswelt mit Hilfe meiner organisationsbezogenen Parapraxis und Poetik, um zu »objektiveren« Einsichten über den Hass, die Gewalt und die eher dunkleren Seiten der Arbeitswelt zu gelangen. Mein Beitrag ist Teil meiner persönlichen und beruflichen Aufzeichnungen, mit denen ich das zu sehen und zu spüren versuche, was sehr wohl da ist, jedoch als solches nicht wahrgenommen werden soll (Bollas »ungedachtes Wissen«, 1989).

Letztlich handelt es sich bei dem Diskurs dieses Beitrags nicht um Arbeitsorganisationen, sondern um Wissen, Nicht-Wissen, sowie um Widerstand gegen Wissen und Erfahrung. Es geht darum, was gewusst bzw. nicht gewusst werden kann, was gewusst oder nicht gewusst werden könnte und was gewusst oder nicht gewusst werden darf. Dabei geht es um eine in Epistemologie eingebettete Ontologie, wobei die Psychoanalyse wie ein Ariadnefaden durch das Labyrinth der verschiedenen Ebenen führt. Bei den verwendeten Diskursen handelt es sich um die Frage bzw. das Rätsel der enigmatischen Sphinx (Lawrence 1997). Was ist ein Mann/eine Frau? Sowohl in Bezug zu sich selbst, als auch in Bezug zu anderen? Und auf welche Weise hat Wissen mit diesen Beziehungen zu tun? Was ist – angesichts der Gegenübertragung – unser Datenmaterial? Wo befinden sich diese Daten? Wer sind diese Daten? Nur die anderen? Wenn wir davon reden, Daten zu »analysieren«, wessen Daten sind dann gültig? Die der Klienten? Die der Beobachter? Und wenn wir behaupten, dass diese Daten intersubjektiv sind, wie kommt es dazu?

Dieser Beitrag handelt von der Gegenübertragung, weil er von nichts anderem handeln könnte: Er konzentriert sich auf die Schnittstelle, an der Wissen, Wissender und die Beziehung zwischen Wissenden zusammenkommen. Wenn überhaupt, so ist es ein Versuch, eine Landkarte des Denkens zu zeichnen und so zum Kartographen des geistigen Raums zu werden (Young 1994; Stein 1987; Stein & Niederland 1989), und d. h. auch, die Odyssee von der Erfahrung zum Gedanken nachzuvollziehen.

Erster Schritt

Von Sigmund Freud bis zu L. Bryce Boyer und Thomas Ogden hatten viele Psychoanalytiker die Fähigkeit und den Mut, ihre eigenen Pathologien als Wegbereiter für ihre psychoanalytischen Theorien zu verwenden. Z.B. in »Eine Erinnerungsstörung auf der Akropolis« (1936) beschreibt Freud seine momentane Erfahrung des Realitätsverlusts anlässlich seiner Besichtigung der Akropolis in Athen. Er sagt sich selbst, dass dieser Ort tatsächlich existiert, und zwar genau so, wie er es in der Schule gelernt hatte. Der vorübergehende Eindruck, dass das, was er sah, unwirklich sei und somit ein Gefühl des Wirklichkeitsverlustes, war, wie Freud erkannte, Ausdruck seiner Überzeugung, dass er aufgrund seiner Ergebenheit an seinen Vater nicht über dessen Lebensleistungen hinausgehen dürfe. (Gewissermaßen sagte er sich also: Wie ist es möglich, dass ich hier bin? Wenn ich doch nicht hier sein darf, dann kann ich auch nicht hier sein.) Tatsächlich war er ja aber bereits weit über seinen Vater hinausgewachsen. Seine zeitweilige Wahrnehmungsverzerrung war ein Aufflammen der Defensivkräfte, die sich gegen die Tatsache richteten, dass er sich tatsächlich auf der Akropolis befand.

Freuds vorübergehende Pathologie ermöglichte ihm eine reiche Einsicht in seine eigene Psyche – vergleichbar der Analyse seiner eigenen Träume, die er drei Jahrzehnte zuvor unternommen hatte. Heutzutage würden wir im Diskurs der Objektbeziehungen sicherlich vermuten, dass es sich bei dieser perzeptiven Parapraxis auch um ein intersubjektives Überbleibsel der frühen Beziehung zwischen Jakob und Sigmund Freud handelte. Auf alle Fälle ist *die Pathologie des sich selbst beobachtenden Beobachters ebenso zu einem Königsweg ins Unbewusste geworden, wie der Traum des Patienten* (siehe auch Erikson 1964). Mein Beitrag nimmt seinen Anfang mit meiner eigenen Pathographie, also einer Erfahrung meines eigenen Wirklichkeitsverlustes, die ich als Signifikator für das »Innenleben« von Arbeitsorganisationen behandeln werde. In dieser kurzen Einführung stelle ich die These auf, die ich im Laufe der Diskussion immer wieder aufgreifen werde: Nämlich, dass das innere Erleben einer Organisation durch den Arbeitnehmer, Berater und

Beobachter ein entscheidender Wegweiser zur Organisation »selbst« ist: Zu ihrer Struktur, ihren Vorgehensweisen, ihren Werte usw..

Im März 1998 war ich damit beschäftigt, die Bibliographie für ein Manuskript zusammenzustellen, das ich soeben fertiggestellt hatte. Eine der ersten Eintragungen lautete: *Die Menschlichen Kosten eines Managementfehlers: Organisationsbedingtes Downsizing im General Hospital* (Allcorn, Baum, Diamond & Stein 1996). Der Artikel war von vier Koautoren verfasst worden, von denen ich mich aber nur an drei namentlich erinnern konnte: Seth Allcorn, Howell Baum und Michael Diamond. Ich geriet total in Panik. Schrecken überfiel mich. Ich hatte das Gefühl, dass ich tot umfallen würde. Dieses Gefühl war vollkommen überwältigend. Dabei war der »emotionale« Effekt zugleich auch ein »physischer«. Schnell wandte ich mich von meinem Computer ab und rief Michael Diamond an, einen psychoanalytisch orientierten Theoretiker und engen Freund, der ebenfalls Organisationsberater ist. Er konnte den bibliographischen Hinweis sehr schnell vervollständigen. Ich selbst war der »fehlende« vierte Autor, an den ich mich nicht mehr erinnern konnte. Ich selbst war es, der verschwunden war. Und so bat ich ihn, mir dabei zu helfen, zu verstehen, was da soeben vor sich gegangen war.

Ich war verwirrt, »verrückt«, außer mir. Michael Diamond und ich rekonstruierten den folgenden Tathergang: mein zeitweiliger Erinnerungsschwund (eine Parapraxe, ein »Freudscher Versprecher« des Wirklichkeitsverlusts) war Ausdruck der unerträglichen Erkenntnis, dass ich (1) symbolisch gesehen bereits tot war; (2) mein Erleben mehrerer »Beinahe-Entlassungen« sowie die ständige Notwendigkeit der vorangegangenen Jahre, meine berufliche Position immer wieder neu zu definieren, eine Art Todeserfahrung bei lebendigem Leibe darstellte; und (3) ich in gewisser Weise oder zumindest teilweise das Gefühl hatte, bereits verschwunden zu sein. Ich war bereits tot, vermisst, sogar für mich selbst.

Anders ausgedrückt: Als Reaktion auf meine private und professionelle Existenz am Rande des Todes, hatte ich mich selbst zuerst »tot gemacht«, umgebracht. Auf diese Weise hatte ich zumindest die Kontrolle über den Eintritt meines Todes und über meine letzte Tat behalten. Wenigstens würde ich selbst es sein, der sich durch diesen letzten Akt zerstörte. Ich wäre mein eigener Henker. Ich würde der passiven Viktimisierung Herr werden, indem ich aktiv zum Aggressor gegen mich selbst würde (Freud 1920). Dennoch gelang es mir nicht, meinen Schrecken und meinen Horror angesichts dieser Alternative in Grenzen zu halten. Mit dem Selbstvertrauen eines Zwangsneurotikers hatte ich die projektive Identifikation gegen mich selbst wiederholt, die bislang gegen mich gerichtet gewesen war. Durch meine symbolische Handlung erfüllte ich den Wunsch der Organisation: Das gesamte Ethos verschwinden zu lassen, abzutöten und es durch ein sich selbst negierendes zu ersetzen (Erikson 1968). Mein individuelles, persönliches Symptom ließ sich also auf die von mir verinnerlichte Institution zurückführen. Mein extremer Fall von »Gegenübertragung« war nicht nur mein persönlicher »Traum«: Er war ein beispielhafter Fall eines »funktionierenden Sozialen Traums« (Lawrence 1998). Er vermittelte lebenswichtiges Wissen über die Organisation. Meine fiktive Tat war ihr »ungedachtes Wissen« (Bollas 1989). Und dieses würde sich (wiederholt) nur an (m)einer Tat ablesen lassen.

Im Rahmen meiner tagtäglichen Arbeit als Lehrer an einer Klinik, als interner Berater und Organisationsberater fungiere ich sozusagen als »Container« und »Aufenthaltsort« für Phantasien, Wünsche, Hassvorstellungen und Zwiespältigkeiten anderer. Auf einmal konnte ich mich selbst nicht mehr zusammenhalten – und dazu gehörte auch alles, was ich in mir barg. Ich hatte das Gefühl, mich aufzulösen, auseinander zu fallen (Ogden 1989). Ich musste mit Michael Diamond sprechen, um mich von ihm (durch unser Gespräch) wiederherstellen zu lassen, mir eine neue Haut wachsen zu lassen und auf diese Weise den »Sozialen Traum« zu verstehen, den ich da geträumt hatte. In eben diesem Augenblick wurde mir klar, dass sich, obwohl ich weiterhin gut »funktionierte« und an meinem Arbeitsplatz »produktiv« war, doch ein entscheidender Teil von mir angesichts des rücksichtslosen Downsizings, der zahlreichen Beinahe-Entlassungen sowie des dauernden Hinterfragens meines Wertes für die Organisation, für die ich arbeitete, abhanden gekommen war. Außerdem wurde mir (wieder einmal) deutlich, dass die Ausübung einer Rolle oftmals einen wesentlichen Anteil am Selbsterkennungsprozess darstellt (sie geht ihr gleichsam voraus) und dass dieser oftmals intersubjektiv erlangt wird. Wir sind nicht nur Container für einander und beherbergen uns nicht nur gegenseitig, sondern – um mit Plato zu sprechen – wir vervollständigen uns auch wechselseitig.

Unser Telefongespräch war gleichsam eine Nottherapie; es überzeugte mich wiederum davon, wie machtvoll – und dabei oft beängstigend – der Effekt unserer unbewussten Reaktionen auf unser Selbstverständnis ist. Diese Episode vermittelte mir einen nicht gerade angenehmen Einblick in die inneren Vorgänge, die Sozialforscher und Berater angesichts von Downsizing, Umstrukturierungen, Outsourcing, Verschlankung und ähnlichen Managementstrategien unserer Zeit überwiegend bei anderen zu untersuchen pflegen

Die soeben beschriebene, sowohl individuelle als auch organisationsbezogene Szene soll mir als Ausgangspunkt für diesen Beitrag dienen. Dabei erklärt diese Szene selbst gar nichts: Sie verklausuliert nur etwas, ruft Assoziationen hervor, verdichtet, was wesentlich ist – genau wie ein Traum oder ein Gedicht. Was war mit mir passiert? Was hatte ich mir selbst angetan? Worin bestand das Verhältnis zwischen meinem Innersten und meinem Äußersten? Im Folgenden möchte ich versuchen, ein paar Antworten auf diese Fragen zu finden und dabei die Beziehung zwischen dem, was wir gewöhnlich als Individual-, Gruppen- bzw. Sozialpsychologie bezeichnen, darzulegen.

In diesem Zusammenhang bedarf es noch einer weiteren Anmerkung: Der symbolische Tod, den ich oben beschrieben habe, muss als entwicklungspsychologische Verbesserung angesichts des tatsächlichen Todes zwei Jahre zuvor verstanden werden. Ab Mai 1997 musste ich zwölf Monate lang wegen Suizidgefahr und schwerer Depressionen im Krankenhaus zubringen. Dieses »Ereignis« hatte sowohl persönliche als auch berufliche Ursachen. Ich selbst war der Traum, der an meinem Arbeitsplatz geträumt wurde. Mein Leben war das Problem – das, was ich verkörperte. Mein Tod war dessen unaussprechliche Lösung. Ich habe lange gebraucht, um meinen Todeswunsch als den Wunsch anderer, dass ich sterben möge, zu dekodieren und genauer zu verstehen, wessen Wunsch das ist und wofür er steht. Handlung – also Rollenspiel – war mein erster, präsymbolischer Fingerzeig. Ich musste handeln, bevor ich verstehen konnte; (wiederholtes) Tun war ein Meilenstein auf dem Weg zum bewussten Wissen.

Je mehr ich mich darum bemühe, die letzten Jahre sowohl in Bezug auf mein Privatleben als auch auf mein Berufsleben zu ergründen, desto mehr leuchtete mir emotional ein, dass meine Erfahrung eher ein Beispiel für »Soziales Träumen am Arbeitsplatz« ist (Lawrence 1998) als Ausdruck meiner idiosynkratischen Geschichte und Pathologie. Wie sehr ich mich auch darum bemüht habe, sie überwiegend als Trauerarbeit anlässlich des Todes meines Vaters im März 1996 zu verstehen, so konnte dies doch nur eine partielle und irgendwie »forcierte« Erklärung sein. Dies den Mitgliedern der ISPSO, meinen Kollegen und Freunden mitzuteilen, ist mir ein besonderes Bedürfnis. Zumal, nachdem ich nach fünfjähriger ununterbrochener aktiver Teilnahme an ISPSO Symposia zwei Jahre lang ausgefallen bin. Darüber hinaus ist dieses Eingeständnis aber auch Teil unserer Beziehung sowie Teil meines eigenen Heilungsprozesses. Die Heimlichtuerei sowie das an ihr Festhalten sind Teil der Todesfalle. Weder bin ich eine idealisierte Insel auf sich selbst bezogenen Wissens, noch ein selbstgebastelter Container.

Sowohl meine Pathologie als auch mein »Versprecher« – beide lassen sich als »Inszenierung« [enactment] verstehen (vgl. Dervin 1996; Stein 1986) – haben einen wesentlichen Anteil an meiner fortdauernden Entdeckungsreise, die sowohl persönliche als auch organisationsbezogene und kulturelle Einsichten verfolgt. Sie liefern Datenmaterial, das Aufschluss über die Schnittstelle zwischen Kultur und individueller Persönlichkeit, Organisation und Ich gibt. Der mentale Raum, in dem sich diese Daten befinden, gehört zur Gruppenpsychologie, ohne die meine »individuelle« Psychopathologie sinnlos bleibt, es sei denn als Gruppenprojektion und Rechtfertigung.

Trotz meiner sogenannten »Produktivität« in Lehre und Forschung ist mir seitens meiner Abteilung sowie von Kollegen und Vorgesetzten wiederholt mitgeteilt worden, dass (1) weder ich selbst noch meine Arbeit Anerkennung verdienen; (2) mein Schreibstil und meine Themen lediglich einige wenige Ärzte in den USA interessieren; (3) ich aufhören solle, über »Kultur« zu reden, da dies irrelevant bzw. unverständlich sei; (4) ich bestenfalls zu einer Randgruppe an meiner Universität bzw. auf dem Gebiet der Allgemeinmedizin gehöre; (5) ich Nutznießer der Ärzte sei, deren Einkommen mich mitunterstützten; (6) ich aufhören solle zu schreiben und stattdessen lieber die Ärzteschaft bei deren Publikationen unterstützen solle, auch wenn dies bedeute, als ghost writer für andere zu schreiben und dabei selbst namentlich unerwähnt zu bleiben; (7) ich keine Daseinsberechtigung hätte, da ich nichts oder nur wenig für die Praxis tue; (8) ich nur wenig oder kein Anrecht auf administrative oder technische Unterstützung meiner Arbeit hätte; (9) ganz gleich, was ich tue, meine Arbeit doch nicht mit »richtiger« Arbeit zu vergleichen sei; (10) ich Teil einer jüdischen Verschwörung sei, deren Ziel es sei, die Wissenschaft und die USA zu dominieren. All dies wurde entweder öffentlich, mit der Gewichtigkeit offizieller Autorität ausgesprochen oder auch hinter meinem Rücken gesagt. Im letzteren Fall wurde mir deutlich gemacht, dass, falls ich jemand von dem eben Gesagten erzählen sollte, derjenige, der es gesagt hat, selbstverständlich alles weit von sich weisen würde. Hierbei handelt es sich weniger um eine »Arbeitsbeschreibung« (was sie ja überwiegend offiziell auch nicht sein könnte), sondern um eine stillschweigende »Rolle« innerhalb der Organisation, der eine »psychosoziale Identität« eingehaucht wird. Es ist nicht möglich, sie von sich zu weisen.

Diese mir aufoktroyierten »Fakten« über die Wirklichkeit wiegen schwerer, ja sie machen sogar solche Tatsachen zu Nichte wie z. B. meine Auszeichnung mit dem »Friend of Medicine Award« der Oklahoma State Medical Association 1992 (ein alljährlich vergebener Preis für einen Nicht-Mediziner in Anerkennung seiner Leistungen für die medizinische Versorgung des Bundesstaates); für meine Auszeichnung mit dem Recognition Award 1998, der höchsten, die von der Society of Teachers of Family Medicine vergeben wird, bzw. den Omer C. Stewart Memorial Award in Applied Anthropology, den ich 1999 von der High Plains Society for Applied Anthro-pology erhalten habe; das gilt auch für meine zahlreichen Publikationen, die von der STFM Buchhandlung an herausragender Stelle erwähnt und beworben wurden. Realität wird also durch die Wirklichkeit am Arbeitsplatz definiert, oktroyiert und durchgesetzt.

Als ob es um Leben oder Tod ginge, verwandelte ich (1) das »Gespielte«, (2) das nur durch Handlung »Sagbare« und (3) das »ungedachte Wissen« ins Vorstellbare, Denkbare und durch Worte Vermittelbare. Ich begann damit, mich davon zu überzeugen, dass ich tot sei – oder es zumindest sein sollte – und kam schließlich zu der Erkenntnis, dass hier, also in dieser Organisation bzw. in unserer Kultur überhaupt, etwas am Absterben bzw. bereits tot ist. Aus der Abgestorbenheit in mir selbst heraus eröffnete sich mir der Blick auf eine weitaus größere Totenlandschaft.

Die Gleichsetzung dessen, was ich als »deren Wunsch« bzw. »meine Tat(en)« erfuhr, wurde mir in Gedanken und in Worten erst nach deren Inszenierung [enactment] klar. In diesem Falle zumindest war meine »Darstellung« [enactment] eher ein Vorspiel zum Gedanken als ein Hindernis. Ich musste es tun, bevor ich es wissen konnte – damit ich es wissen konnte. Wie sich herausstellt, ist ein solch scheinbar zufälliges, anekdotisches Wissen tatsächlich ein systematisches Wissen. Lebendiges kulturelles Wissen kann tatsächlich durch Gegenübertragungs-Handlungen des Beraters erlangt werden. An anderer Stelle habe ich bereits dargelegt (Stein 1996), auf welche Weise Gedichte, die ich, nachdem ich mich einer regionalen, ethnischen oder organisatorischen Kultur ausgesetzt hatte, geschrieben hatte, Datenmaterial boten, und zwar nicht nur über die Kultur selbst, sondern auch über mich. Diese Gedichte gebe ich Kollegen, Patienten und Studenten als Teil meines intersubjektiven Bemühens, kulturelles Wissen zu vertiefen.

Ausgangspunkt in dieser Organisationsstudie ist die gesellschaftliche Tatsache meines Todes. Mir ist es lieber, diese zu untersuchen, als ihr auszuweichen. Ich will deren Auswirkungen ebenso untersuchen wie deren Grenzen. Ich will herausfinden, was in denen, die sich diesen Tod wünschen, abgetötet wird, und zwar nicht nur in demjenigen, der die Tat vollbringt. In seinem Aufsatz *Dostojewski und die Vatertötung* (1928) verweist Freud darauf, dass es im Roman *Die Brüder Karamazow* gleichgültig sei, »wer die Tat wirklich ausgeführt hat; für die Psychologie kommt es nur darauf an, wer sie in seinem Gefühl gewollt und, als sie geschehen, willkommen geheißen hat« (1928, S. 189). Damit macht Freud eine Aussage über Gruppenpsychologie, über unbewusstes Delegieren und Komplizenschaft. So erkläre ich mir die Tatsache, dass, auch wenn ich derjenige war, der ermordet wurde bzw. der Mörder in meiner eigenen Organisationsgeschichte war, diese (symbolische) Tötung doch bei weiten Teilen erwünscht und willkommen gewesen war – auch wenn dies durch das medizinische Modell der »endogenen« Depression verleugnet bzw. rationalisiert worden war.

Am Anfang meiner Untersuchung steht die Gegenübertragung, am Ende ein Portrait des amerikanischen Arbeitsplatzes und der Kultur, an der das Arbeitsleben Anteil hat. *Die Arbeitsplatzstudie, die mit meiner eigenen inneren Umnachtung begonnen hatte, führt ins Herz der Finsternis der Organisation.* Tatsache ist, dass das, was viele meiner Kollegen und Vorgesetzten am

Arbeitsplatz (sowohl in der Vergangenheit als auch in der Gegenwart) zu »Hirngespinsten« meinerseits erklärt hatten, in Wirklichkeit in meinen Kopf hineinprojiziert worden war, damit Tod und Zerstörung von ihnen nicht bewusst erlebt werden mussten. Meine Studie zur Finsternis in der Organisation ist auch eine Studie der Untersuchung der Psychogeographie (Stein 1987; Stein & Niederland 1989): D. h. sie befasst sich mit der Frage, wie Dinge und Menschen im objektiven Raum Phänomene des Innenraums verkörpern und ausleben.

Der Leser mag die Tatsache, dass ich meine gesellschaftlichen Daten aus meiner Imagination oder »Intuition« schöpfe, in Frage stellen. Angesichts zunehmend totalitärer Arbeitsumfelder, die durch Strategien und Theorien Orwellscher Provenienz geschaffen wurden, muss man aber zunehmend aus dem eigenen Inneren schöpfen. Wie soll man denken können, wenn man es doch gar nicht soll? In solch verfolgungsorientierten Kampf/Flucht Situationen ist das Vertrauen in sich selbst der beste Wirklichkeitsmaßstab. Was Rosenfeld (1947, S. 126) über seine Schwierigkeiten mit der Analyse von Schizophrenen schreibt, trifft oftmals auch auf organisationsbezogenes und kulturelles Wissen zu: »Unsere Gegenübertragung ist häufig unser einziger Maßstab«.

»Wunde des Überlebenden«

Wenn niemand sie bemerken will
Die Grausamkeit
Hat dann der Überlebende
Eine Wunde?

Wenn ich schreien würde
Und niemand mich hören würde
Hätte ich dann
Überhaupt geschrieen?

Zweifacher Art ist meine Qual:
Durchlöchert ist meine Haut
Durchlöchert ist meine Zeit.
Ich spreche im Namen der Sterbenden
Und für die Toten.
Nehmt wenigstens doch
Meinen Schrei wahr!

Nichts ist passiert,
Du antwortest flüsternd –
Nichts.
Deine Brutalität
Ist nur Traum.

Wenn niemand sie sieht,
Die Grausamkeit,
Hat der Überlebende
Dann eine Wunde?

Gegenübertragung, Poesis und organisatorisches Wissen

Jeder Sozialwissenschaftler wird von epistemologischen Fragen wie diesen verfolgt: Wie wissen wir, was wir zu wissen behaupten? Wie können wir individuelle und gruppenbezogene (kulturelle) Abläufe vermitteln? Wie verleihen wir unseren Interpretationsweisen von Gruppenexistenzen Gewicht? Was ist bzw. wo befindet sich kulturelles Wissen? In diesem Beitrag untersuche ich die Frage nach der Quelle, dem »Ort« unseres Datenmaterials. Dieses findet sich »in« anderen, »in« uns selbst (d. h. in uns als Beobachtern oder angewandten Sozialwissenschaftlern) und »in« unserer emotionalen Reaktion auf andere. In meinem Beitrag unternehme ich nun den Versuch, das Innenleben dieses Prozesses aufzuzeichnen. Dabei stelle ich die Theorie auf, dass Subjektivität in Wirklichkeit Inter-Subjektivität ist (Boyer 1999; Ogden 1989; Mitchell 1993; Stein 1994) und darüber hinaus einen Leitfaden auf dem Weg zu einer nicht erfassbaren Objektivität darstellt, was das Verständnis und die Zusammenarbeit mit anderen angeht. Dabei sind die Frage nach dem Wissen und die Frage nach dem Verstehen (bzw. Missverstehen) miteinander verknüpft. Wie man sich bei seiner Tätigkeit als Anthropologe oder Berater fühlt, hat entscheidenden Anteil daran, was für »Datenmaterial« man über die Organisation bzw. die ethnische Gruppe, mit der man zusammenarbeitet, sammelt.

In diesem Geiste berufe ich mich auf Blaise Pascal und dessen Erörterung über das menschliche Wissen bzw. das Wissen überhaupt. Wenngleich weitaus weniger berühmt und einflussreich in der westlichen philosophischen Ideologie als Rene Descartes, ist es doch Pascal, der uns einen fantastischen prä-Freudianischen Aphorismus geliefert hat: »Das Herz hat seine Gründe, von denen die Vernunft keine Ahnung hat.« Aufgabe der psychoanalytischen Ausbildung, der Therapie sowie der ethnographischen Forschung ist es, den Zugang unserer offiziellen, bewussten VERNUNFT zu den oftmals beunruhigenden, unbewussten GRÜNDEN unseres Herzens (oder unserer Leber, unserer Galle, unseres Bauchs) zu erweitern. Nach klassisch psychosomatischer Manier weiß mein Organismus oft schon viel früher Bescheid als das sprachliche Bewusstsein. Der Intellekt folgt also dem Herzen. Ich habe mittlerweile gelernt, mich auf diese organischen Fingerzeige so zu verlassen, als ob mein ethnographisches Wissen bzw. mein Leben davon abhinge. Manchmal sind sie das einzige, wonach ich mich richten kann (Boyer 1993, 1999; Ogden 1989). Sie stellen »Fleisch« gewordenes Wissen dar: Womit bzw. wodurch wir wissen, lässt sich nicht von dem trennen, was wir wissen (bzw. nicht wissen) .

Wilfred Bion hat sich mit diesem Thema bereits in seinen Arbeiten zur Gruppendynamik auseinandergesetzt. Bion (1959, S. 134) argumentiert folgendermaßen: Die auf Gegenübertragung beruhende Reaktion (die emotionale Reaktion) des Beobachters einer Gruppe ist eine wesentliche Informationsquelle über die Gruppe selbst. Oftmals ist diese »Gegenübertragung« – d. h. die emotionale Reaktion des Beobachters oder Therapeuten – die einzig vorhandene Informationsquelle. Mein Ausgangspunkt – der zugleich phänomenologisch, methodologisch und theoretisch ist – ist ein wegweisender Passus bei Bion, der in seinem Werk *Erfahrungen in Gruppen* zu finden ist. Obwohl er aus dem Zusammenhang der Gruppentherapie heraus spricht, reichen seine Erkenntnisse doch hin zu einem weitaus umfassenderen Verständnis anderer Menschen. Die Beweislage von Interpretationen hinterfragend, lenkt er die Aufmerksamkeit des Lesers auf »Deutungen, deren stärkste Anhaltspunkte nicht in den in der Gruppe beobachteten Fakten liegen, sondern in den subjektiven Reaktionen des Analytikers« (1959, S. 134; dt.: 1971, S. 108). Er fährt fort:

> »In der Gruppenbehandlung (müssen) viele Deutungen, darunter die wichtigsten, auf Grund der persönlichen Gefühlsreaktionen des Analytikers gegeben werden. Ich glaube, diese Reaktionen hängen von der Tatsache ab, dass der Analytiker in der Gruppe sich auf der Empfängerseite des Verhältnisses befindet, das Melanie Klein (1946) als ›projektive Identifikation‹ bezeichnet hat und dass dieser Mechanismus in Gruppen eine sehr bedeutende Rolle spielt. Nun scheint mir das Erlebnis der Gegenübertragung eine ganz bestimmte Eigenschaft zu haben, die den Analytiker in die Lage versetzen müsste, zu unterscheiden, wann er Objekt seiner projektiven Identifikation ist und wann nicht. Der Analytiker hat das Gefühl, so manipuliert zu werden, dass er eine Rolle – die schwer zu erkennen sein mag – in der Phantasie eines anderen Individuums spielt. Hindern kann ihn daran nur etwas, das ich in der Erinnerung nur als einen zeitweiligen Verlust des Einblicks bezeichnen kann; man steht unter dem Eindruck starker Empfindungen und glaubt zugleich ihre Existenz sei hinreichend durch die objektive Situation

gerechtfertigt, ohne dass man auf eine umständliche Erklärung ihrer Ursache zurückgreifen müsse. ... Ich glaube, das hauptsächliche Erfordernis für den Analytiker in der Gruppe ist die Fähigkeit, das betäubende Gefühl der Realität von sich abzuschütteln, das eine Begleiterscheinung dieses Zustandes ist« (Bion 1959, S. 134f.; dt.: 1971, S. 108f.).

In diesem Beitrag beschreibe ich meine häufig auftretende Erfahrung des (1) zeitweiligen Erkenntnisverlustes begleitet von (2) »starken Gefühlswallungen« und (3) meinem Glauben an objektive, externe Ursachen für diese Gefühle. Ich habe das Gefühl, »verrückt zu werden«, neben mir zu stehen, von fremden Gedanken und Gefühlen »besessen« zu sein. In solchen Augenblicken der Überfremdung habe ich, im wahrsten Sinne des Wortes, »den Verstand verloren«, Ich habe mir angewöhnt, diese unangenehmen, oftmals beängstigenden Erfahrungen als wichtige Wegweiser zu zwischenmenschlichen und organisationsbezogenen Realitäten zu registrieren und damit auch in Bezug auf unsere Zivilisation überhaupt zu verstehen. Da diejenigen, mit denen ich zusammenarbeite (als Mitarbeiter, Vorgesetzte, Untergebene, Klienten oder Berater) das, von dem ich weiß, dass sie es tun, leugnen es zu tun, muss ich häufig auf meine oft gewaltsamen internen emotionalen Reaktionen als Erklärungsmuster für das, was dort vorgeht, rekurrieren (Sievers 1999; Stein 1999a).

An dieser Stelle möchte ich nun zwei Formen, die das Gefühlsleben annimmt, besonders betonen: (1) Die momentane Reaktion, die Tatsache, dass »egal, was die anderen sagen, ich doch meinen eigenen emotionalen, selbst physischen Reaktionen auf die Organisation trauen muss«, und (2) ein Gedicht, das ich als Reaktion auf eine Situation schreiben würde, als Teil meiner Bemühungen, die Außenwelt auf dem Weg über die Innenwelt zu verstehen. In letzterem Fall ist das Gedicht in mindestens demselben Maße ein intersubjektives Projekt wie die erstere Reaktion: Beide verkörpern die Organisation in mir selbst, weswegen ich sie in der Folge als organisatorische Daten zu verwenden versuche.

»Dichtungen«

Ich rede mit dir –
Ich versuche zu reden –
Du sagst, du hörst zu,
Du sagst, du redest.

Aber ich sehe nur
Die Mauer aus Stein.
Die Zeit, die du verwendest, sie abzudichten
Während wir reden.

Ich gehe weiter
In die Wand hinein;
Du bestehst darauf
Es gäbe kein Hindernis.

In diesem Zusammenhang sind nun die Arbeiten von Gordon Lawrence, David Armstrong, Robert Young und anderen zum »Sozialen Träumen« von entscheidender Bedeutung (Lawrence 1998). Ihre Arbeiten zum mentalen Raum in Arbeitsorganisationen reichen weit über meine eigenen Studien zur Psychogeographie (Stein 1987; Stein & Niederland 1989) und zur Kultur als Traum bzw. Traumarbeit und Träumen hinaus (Stein 1994). Sie alle befassen sich mit der impliziten Ordnung der Kultur, auf der alle Aspekte der Gesellschaft (sowie der in ihr geleisteten Arbeit) beruhen. Das Soziale Träumen, die Gruppenphantasie (deMause 1982), sie sind der Königsweg zur unbewussten Struktur unserer Kultur.

Ich erwache aus einem Traum, der nicht ganz mein eigener ist und war – der aber doch ein obligatorischer Traum war, den ich für den meinigen halten und auf den ich entsprechend reagieren sollte. So behauptet Lawrence z. B., dass es »Träume gäbe, die auf der Suche nach einem Träumer sind« (1998a, S. 8; vgl. 1998b). Er stellt die Hypothese auf, dass der Traum beim Sozialen Träumen »zur Matrix gehört und nicht zum Individuum« (ebd.). Entsprechend argumentiert David Armstrong, dass »der Sinn des Traums das ›Andere‹ sei«: Eine Art Heimsuchung, etwas, das über das persönliche Konstrukt hinausgeht, einer Erfahrung eine Stimme verleiht, die nicht nur die eigene ist« (1998, S. XX). Darüber hinaus »gibt es keinen bevorzugten Ort für emotionale Erfahrungen: Diese sind nicht immer und vielleicht sogar niemals alleiniges Eigentum des Individuums« (ebd.).

Lawrence schreibt, dass »Soziales Träumen weder Gebrauch noch Wert der Träume in der klassischen psychoanalytischen Tradition in Frage stellt, sondern vielmehr, Bions Arbeit mit Gruppen entsprechend, bestätigt, dass nämlich Träume auch eine soziale Dimension haben, wenngleich es auch einen Träumer geben muss, damit sie ihren Ausdruck finden können« (1998a, S. 125). In ihrer Schlussbemerkung schlagen W. Gordon Lawrence, Marc Maltz & E. Martin Walter dann vor, dass »es überwältigendes Beweismaterial dafür gibt, dass

Träume nicht nur dem Träumenden gehören, sondern auch Teil des größeren Kontextes sind, zu dem der Träumer gehört – nämlich dem Platz, der dem Träumer in seinem täglichen Leben sowie in seinen persönlichen und professionellen Rollen zugewiesen wird« (1998a, S. 180). Der erste Schritt zu dieser Erkenntnis ist das Erwachen aus dem eigenen organisationsbezogenen und kulturell unvermeidlichen Traum und dem Träumen (LaBarre 1972).

»Träumen«

Träume
Ich träumte
Ich wurde geträumt

Ich war dein Traum
Ich habe deinen Traum geträumt
Ich bin in deiner Nacht gewandelt

Jetzt bin ich erwacht.

Zweiter Schritt:

Die Phänomenologie des leergeräumten Büros

Die nun folgende Geschichte stammt aus einem Beratungsgespräch mit Betty, der Leiterin der Finanzabteilung einer Computerfirma, das Anfang der 90er Jahre stattfand. Ich habe sie aus Notizen, die ich mir während bzw. nach unserem Gespräch gemacht hatte, rekonstruiert. Wenn sich »Leiden« quantifizieren ließe, würde ich sagen, dass es mir ebenso schwer fiel, der Erzählung meiner Klientin zuzuhören, wie es ihr schwer gefallen sein muss, sie zu erzählen. Immer wieder sah ich mich mit dem Wunsch konfrontiert, mich aus dem Staub zu machen, d. h. mit meinem eigenen Wirklichkeitsverlust (»So etwas passiert einfach nicht, selbst wenn es passiert.«). Auf dem Umweg über meine innere Erfahrung des Erzählten setzte mich meine Gegenübertragung über die Erfahrung der Sprecherin in Kenntnis (Devereux 1967).

Meine Organisationsgedichte innerhalb des folgenden Textes sollen eine Art Zeugenkommentar, keinesfalls jedoch eine Interpretation darstellen. Mir war wichtig, Unmittelbarkeit zu bewahren und diese nicht durch eine defensiv verwendete Abstraktion zu zerstören. Die Gedichte sind eine Art griechischer Chor innerhalb des dramatischen Geschehens. Mit Winnicott gesprochen (Winnicott 1958, 1965), besetzen die Gedichte den mentalen »Übergangsraum«, der zwischen meiner Klientin, mir selbst und der Welt der Organisation lag. Damit sind sie – und zugleich wiederum auch nicht – Teil des Datenmaterials. Sie sind sowohl Gegenübertragung als auch Kommentar – und andererseits wiederum auch nicht. Meine poetischen Assoziationen angesichts dieses Materials – des Informationsmaterials sowie anderer Daten über die Organisation – sind beide Produkt der Imagination des Dichters und des Beratungsgesprächs – und somit auch der Organisation. Die Gedichte sind »ich« und zugleich auch »nicht ich«. Sie besetzen den »Spiel«raum (Winnicott 1971; Stein 1996) einer organisatorischen Beratung und Untersuchung.

»Vergangenen Montag ist etwas total Seltsames passiert. Freitag war ich krank. Als ich am Montagmorgen ins Büro kam, war das Büro neben mir völlig leergeräumt. Nur noch der Schreibtisch, ein Stuhl, der Computer und ein paar Aktenschränke und Regale sowie der Papierkorb waren da. Sonst war alles leer. Ich kann es immer noch nicht glauben; wenngleich heute auch schon Freitag ist. Es kommt mir vor, als sei da ein Loch im Büro. Ich habe den Mann zehn Jahre lang gekannt. Er war einer von unseren Buchhaltern. Ein stiller Typ, der immer nur seine Arbeit gemacht hat. Es schien fast so, als sei er ständig da gewesen und hätte ununterbrochen gearbeitet. Er war ein Computergenie und immer, wenn einer ein Computerproblem hatte, konnte er zu ihm kommen. Wir sind – bzw. vielleicht sollte ich besser sagen waren, weil er ja nicht mehr da ist – eigentlich nicht befreundet, aber wir haben an vielen Projekten zusammengearbeitet. Er gehörte sozusagen zum Inventar.»

»Stoff und Löcher«

Löcher im Stoff.
Ein paar Löcher im Originalbezug.
Eng gewebt das Material, die Löcher vernachlässigbar
Kleine Löcher, erkennbare Löcher,
Größer werdende Löcher, ausfransender Stoff,
Klaffende Löcher, zerfetzter Stoff,
Aufgelöster Stoff, verschwindender Stoff,
Schreiender Stoff, lachende Löcher,
Schweigender Stoff, schweigende Löcher.

»Mir ist so unheimlich, Howard. Ich fühle mich wie gelähmt. Ich gehe immer wieder ins Büro nebenan und warte drauf, dass er doch noch auftaucht. Vielleicht bilde ich mir ja nur ein, dass er weg ist, und er ist es gar nicht. Aber der Raum ist so leer. Ich hab davon gehört, dass so etwas in anderen Firmen passiert ist. Dass Leute einfach wegrationalisiert werden. Aber bei uns ist das noch nie vorgekommen. Mir ist fast so, als sei er verschwunden. Als sei er nie da gewesen. Und ich bin wirklich nicht sentimental.

Wir hatten keine Affäre miteinander – falls Sie das denken sollten. Ich kann mir einfach nicht vorstellen, dass die das machen – und, dass sie es so gemacht haben. Ich hab mich in der Firma umgehört und alle haben mir dasselbe erzählt. Es ist nämlich nicht nur ihm passiert. Es ist überall vorgekommen, Howard. Fast 500 Leute sind an einem Tag entlassen worden.«

»Zu gut angezogen«

Mach mir keinen Vorwurf,
Weil ich
So einen dicken Mantel trage.

Was weißt du schon
Von der beißenden Kälte
Auf meiner Gänsehaut?

Wie könntest du auch hören
Was ich zu sagen hätte? –
Wie könnte ich wissen,
Wo ich anfangen soll?

»Um 9 Uhr früh am Freitag tauchten auf einmal überall im Betrieb Sicherheitsbeamte auf und gingen zu den Büros und den Arbeitsplätzen der Leute, die entlassen werden sollten. Sie geleiteten sie in das riesige Auditorium über dem Konferenzzentrum. Sie haben ihnen nicht mal gesagt, warum sie dorthin gehen sollten. Außer, dass es sich um eine wichtige Mitteilung handele. Nachdem alle im Auditorium waren, gingen sie und schlossen die Türen ab.»

»Büroraum«

Was sie sagen: ich nehme zu viel Platz weg;
Was sie meinen: ich nehme überhaupt Platz ein.
Ich bin, wer und wo
Du sein willst – ausbreiten
In meiner Bürohaut, willst du dich.

Aber du sagst es nicht so –
Nur, dass ich mich beeilen soll
In ein kleineres Büro
In ein entfernteres Büro
Am Ende des Flurs, die Treppe runter
Dahin, wo der Pfeffer wächst.

»Könnte er nicht wenigstens noch seine Sachen
mitnehmen?«
Fragst du in der Versammlung, ohne mich
anzuschauen,
Später kommst du zu mir, um dich zu entschuldigen.

Ich gehe, du gehst mich;
Ich geh dir aus dem Weg,
Ich kann dir nicht aus dem Weg gehen.
Weiter und weiter entferne ich mich,
Aber nie weit genug.

Der Raum ist ein Gleichnis
Für unser beider Tod,
Und dir ist lieber,
Dass ich zuerst gehe –
Aber sagen tust du nur,
Wir haben keinen Platz.

»Nach dem, was mir erzählt wurde, kam dann der Geschäftsführer und hielt eine kleine Ansprache. Dass die Firma gesundgeschrumpft werden müsse, um überleben zu können und weiter wettbewerbsfähig zu bleiben. Er sagte, sie sollten es nicht persönlich nehmen und dankte ihnen für ihre Mitarbeit.»

»Die Ordnung«

Du befiehlst mir, nichts zu träumen
Als deinen Befehl;
Du fragst nicht, du befiehlst nur;
Mit deinen schweren Stiefeln
Zertrampelst du meinen Traum.

Warum marschierst du so besessen vorwärts –
Um auch deinen Traum aufzuhalten,
Indem du auf mir rumtrampelst?
Ist denn der Tod meines Träumens
Der Garant deiner Ordnung?

»Die Sicherheitsbeamten geleiteten sie an ihre Arbeitsplätze zurück, halfen ihnen dabei, ihre persönlichen Sachen zusammenzupacken, brachten sie dann zum Verwaltungsbüro, wo sie ihre Schlüssel abgeben mussten und ihr letztes Gehalt ausgezahlt bekamen. Die Polizei begleitete sie zu ihren Autos und danach sahen sie die Firma nie wieder. Sie sollten nie wieder zurückkommen. Einfach weg waren sie. Einfach so. Ich nehme an, man hatte Angst, sie würden die Computer sabotieren oder Material stehlen. Ich will mir nicht einmal vorstellen, wie das passiert ist. Es war wie eine Razzia, Howard.»

»Fensterlos«

Dieser Raum hat keine Fenster,
Kein Licht dringt von draußen herein,
Keine Luft.
Die Jahreszeiten vergehen,
Aber wir merken nichts davon.

Wir arbeiten in unseren Parzellen.
Stellen uns den Herbst vor.
Alle tragen wir
Religiöse Amulette,
Die die Sonne darstellen.
Dieser Ort ist nichts als Stein,
Dunkles Glas und Stahl.

Er hat keine Fenster.
Er braucht keine Fenster.
Es gibt nichts zu sehen.

»Ich habe mich erkundigt, aber niemand weiß, wo sie hingekommen sind. Keine Adresse, keine Telefonnummer. Es ist seltsam. Als ob sie einfach verschwunden wären. Und man fragt sich, ob man selbst als nächster dran ist. Man versucht, nicht daran zu denken. Wenn du noch mehr arbeitest, dann behalten sie dich vielleicht. Dabei ist das lächerlich. Wir wissen ja alle, dass das nicht stimmt. Aber man muss sich einfach einreden, dass man einen Wert für sie hat, Howard.»

Kurze Diskussion

Obwohl es sich bei dieser Organisationserzählung um ein bestimmtes, individuelles Erlebnis handelt, kann sie doch auch als Beispiel für eine kulturelle Klasse bzw. ein Genre von Erfahrungsberichten verstanden werden. Sie ist sowohl von der Thematik her repräsentativ als auch kulturell typisch. M. E. lässt sie die Schlussfolgerung zu, dass das so weit verbreitete Interpretationsmuster der »sozialen Konstruktion der Wirklichkeit« wesentlich durch etwas erweitert werden muss, was ich die soziale Destruktion der Sinngebung nennen möchte. In diesem Zusammenhang ist »sozial« gleichbedeutend mit zwanghaft, aufdringlich und verpflichtend. Das, was Theodore Schwartz (1973) als »paranoides Ethos« bezeichnet hat, nimmt in der Organisationskultur der Vereinigten Staaten erschreckende Formen an. Darüber hinaus nimmt es, als Folge der wirtschaftlichen Globalisierung, Liberalisierung und Privatisierung sowie der Erhebung des Shareholder Value zum höchsten menschlichen Gut, auch international zu (Sievers 1999).

In seiner jüngsten Studie zum Problem des Wissens am Arbeitsplatz unterscheidet Lawrence (1997, S. 9) zwei Denkmodi: »Denken, um mit der Wirklichkeit in Kontakt zu bleiben« (diese Form bezeichnet er als R+) und »Denken, um nicht mit der Wirklichkeit in Kontakt zu bleiben« (diese Form bezeichnet er als -R). Letzteres entsteht durch das, was W. R. Bion als »katastrophische Veränderung« bezeichnet hat, d. h. einen Wandel, der durch tiefgreifende Regressionen zu quälerischen, psychotischen Angstzuständen führt (damit gleicht seine Argumentationsweise der von Devereux 1955). »-R« entsteht, um der desorganisierenden Erfahrung solch psychotischer

Angstzustände auszuweichen. Lawrence Argument hilft uns zu verstehen, auf welche Weise und warum Sinnloses entsteht:

> »Dieser Ausweichprozess wird durch den sowohl intern als auch extern empfundenen Hass auf die Wirklichkeit motiviert. Dieser liegt darin begründet, dass die Wirklichkeit als »katastrophisches Chaos vollkommener Unvorhersehbarkeit« (Rayner 1995, S. 159) konstruiert und empfunden wird. Diese Erfahrungswelt auszuschöpfen, würde heißen, die psychischen Grenzen zwischen dem, was mit Sicherheit als endlich gedacht werden kann und dem Unendlichen zu durchbrechen. Es existiert ein Hass auf die Fähigkeit zu denken. Daher muss jeglicher Denkvorgang, der zu einem R+-Zustand führen könnte, verleugnet werden. Gefühlsmäßig entspringt dies dem Angstzustand, dass, wenn R+ existierte, die daraus folgende Realitätserfahrung so überwältigend wäre, dass sie unvermeidbar würde. Das Gefühl entsteht, dass sie den Denkenden, der es wagt, die Realität in all ihrer Komplexität wahrzunehmen, völlig überwältigen, ja sogar vernichten würde. *Daher muss sie zerstört oder, genauer gesagt, der menschliche Wunsch, Sinn zu stiften, muss nicht nur unterdrückt werden, sondern auch auf sadistische Weise ausgelöscht werden. Durch Konkretisierung und Symbolentleerung wird der Sinn zerstört. Die Wirklichkeit wird vereinfacht«*
>
> (1997, S. 10; meine Hervorhebung, HFS).

Innen- und Außenwelt verschwimmen ineinander. Soziale Wirklichkeit und interne Repräsentation intensivieren und spiegeln sich gegenseitig. Gesellschaftlicher Raum wird zum quälerischen Raum, der entscheidend durch die Doktrin der »bottom line« einer erfolgreichen Geschäftsführung rationalisiert wird. So wird die Arbeitswelt zu einer schizoiden Landschaft, die von entseelten, ausbeutbaren, disponiblen Wesen bevölkert wird. Der Arbeitsplatz wird menschenleer. Aufgabe der Gegenübertragung des Beobachters bzw. des Beraters ist es nun, die Schreckensempfindung in der Übertragung des Klienten zu erkennen und einzudämmen. An diesem Punkt beginnt die therapeutische Tätigkeit und zu diesem kehrt sie oftmals zurück. Es ist eine Frage der Fähigkeit, das nachzuempfinden, was unerträglich, aber darum nicht weniger real ist.

Das semantische Gewebe des Downsizing, Outsourcing, Umstrukturierens sowie der Verschlankung am Arbeitsplatz besteht aus der Gestik und Wunschsprache, die hinter der euphemistischen Rede versteckt ist. Dabei verdeckt das Wort die Tat, die es durchzuführen hilft. Das Wort ist die große Lüge über die Tat, die tatsächlich erfolgt: Z.B. ein unvorstellbares Maß an Zerstörung im Namen wirtschaftlicher Notwendigkeiten. Dabei steht das Wort »business« für Brutalität, aber dieser Code darf nicht entschlüsselt werden.

»Halloween Maske«

An Halloween nehme ich meine Maske ab,
Genau wie du, denke ich,
Obwohl keiner von uns es zugibt.
Stattdessen behaupten wir, eine aufzusetzen.

An Halloween verwenden wir
Verkleidung, Maske und Make-up,
Um, für alle sichtbar,
Das gewöhnliche »wahre Selbst« zu verhüllen.

»Ist doch bloß eine Maske«, sag ich zu dir;
»Dahinter ist mein Gesicht.«
Mein Gesicht,
Ist jedoch die Maske des Alltags –
Als ob ich sagen würde »Ich trage keine
Maske, außer an Halloween.«

Wem spiele ich da etwas vor,
Mit meinem »Trick or Treat,«
Wenn ich, einmal im Jahr,
Wenn die Hexen fliegen,
Meine Maske abnehme?

Nie sollst du fragen:
Welches ist das Gesicht?
Welches ist die Maske?

In den Pausenräumen und Fluren der Unternehmen sind andere – gegenteilige – Worte zu hören, die die Horrorgeschichten hinter der Kriegsbemalung der offiziellen Arbeit erzählen. Unsere Welt ist unterteilt in metaphorische Nazis und Juden, Nazis und Slawen, Nazis und Zigeuner, die zeitweiligen Übermenschen und die, die dazu verurteilt sind, Unmenschen zu sein. Es ist eine Welt, in der der Fall vom triumphierenden Nazi zum entrechteten, geopferten Juden schnell und steil sein kann.

In diesem fiebergeschüttelten Markt sind letztlich alle entbehrlich. In dieser Welt werden an einem bestimmten Tag Hunderte von Menschen zusammengetrieben und in gigantische Auditorien gepfercht, von Sicherheitsbeamten eingesperrt und davon in Kenntnis gesetzt, dass sie an diesem Tag alle im

Namen der Gesundheit und der fortdauernden Existenz der Firma entlassen sind, bei Büroschluss ihre persönlichen Sachen eingesammelt und ihre Schlüssel abgegeben haben müssen, und dann zu ihren Autos geführt werden. Keinem kann man trauen. Die Getreuen von gestern sind die Saboteure von morgen.

Der Arbeitsplatz ist eine Welt endloser Listen und Selektionen für die Weiterbeschäftigung oder die Arbeitslosigkeit, des Schlangestehens für denselben oder einen anderen Job, der Unsicherheit, ob die eigene feste Stelle zum Zeitarbeitsplatz werden wird (Stein 1999b). Es ist eine Welt voller verschlossener, dicker, hoher Silos und eine Welt schneller, vollgestopfter Züge. Besser, auf diesen Zug aufzuspringen, als am Bahnhof zurückzubleiben und womöglich einen späteren Zug nehmen zu müssen, der ein noch schlimmeres Ziel hat. Der Business Jargon vom Downsizing, Reengineering und Managed Care ist angefüllt mit Bildern und Gefühlen des Holocausts: Gigantische Todeskammern; sadistische Dr. Mengeles, die die Nackten nach rechts oder links weisen; die Stickigkeit von Zügen; der Transport der sozial Toten an den Ort des biologischen Tod-Machens. Brutalität im grauen Anzug.

»Geschichtenerzählen – oder auch:
Erzählung voller Fehler«

Ich erzähle die falsche Geschichte,
Ich erzähle das falsche Ende,
Den falschen Anfang,
Die falsche Mitte,
Die falsche Moral,
Die falsche Lehre.

Ich erzähle die Geschichte
Im falschen Rhythmus,
Im falschen Tonfall,
Im falschen Metrum,
Im falschen Reim.

Ich gebe der Geschichte
Den falschen Helden,
Den falschen Bösewicht,
Den falschen Narren,
Den falschen Inhalt,
Die falsche Form.

Was immer für eine Geschichte ich erzähle,
Es ist die falsche.
Vielleicht gibt es keine richtige –
Oder vielleicht
Soll sie ja falsch sein.

Organisatorischer Horror, Organisatorische Unwirklichkeit und Gegenübertragung

Was fängt nun ein Organisationsforscher oder ein Berater mit einer Erzählung wie der obigen an? Zunächst einmal: Zuhören. In therapeutischen Gesprächen in Organisationen wie dem oben dargestellten ist die erste Pflicht des Beobachters und Beraters, das Unerträgliche auszuhalten, eine Zeugenfunktion für den Sprecher auszuüben, um so als Auffangort für dessen Erfahrung zu fungieren und diese somit ernst zu nehmen. »Das ist passiert. Es ist wirklich passiert«. Das ist der Kantsche und Freudsche Imperativ für den Berater und Beobachter angesichts solcher Brutalität. Die wesentliche Rolle des psychodynamisch orientierten Beobachters und Beraters besteht darin, die innere Erfahrung zu bestätigen, dass »business as usual« tatsächlich nichts weiter ist als ein Euphemismus für Grausamkeit. D. h., die eigene Gegenübertragung dazu zu verwenden, die psychische Realität des Klienten zu bestätigen. Aus einer dynamischen Perspektive bedeutet dies, das Gegenteil von dem Freudschen Versprecher, den ich zu Beginn meines Beitrags zitiert hatte. Aufgabe ist es, zu integrieren statt zu desintegrieren, wahrzunehmen anstatt zu entrealisieren, ins Gedächtnis zurückzurufen anstatt zu verdrängen. Dies bedeutet, die eigene Autorschaft selbst der schrecklichsten Gefühle und Phantasien zu akzeptieren. Als Forscher, Theoretiker oder Berater kann man andere nur in dem bestätigen, was man sich selbst »aneignen« kann.

Ich möchte einen Vergleich anführen, der in die Kategorie dessen passt, was man als funktionale und psychodynamische Äquivalente bezeichnen könnte. In *The Drowned and the Saved* beschreibt Primo Levi (1988, S. 54f.) eine besonders grässliche Szene aus Auschwitz, die aus einem Bericht von Miklos Nyiszli, einem ungarischen Arzt und Überlebenden der letzten Sonderkommandos, stammt. Zwischen den Vergasungen spielten SS Mitglieder und jüdische Häftlinge, die Mitglieder der Sonderkommandos waren, zusammen Fußball, schlossen Wetten ab und hoben gemeinsam einen. Das Schicksal beider Gruppen war letztlich natürlich ein völlig anderes. Die jüdischen Mitglieder des Kommandos, die »Krematoriumsraben« blieben doch Juden und sahen ihrem jüdischen Schicksal, selbst ermordet zu werden, entgegen. Wie Primo Levi es beschreibt, in den Veteranen des Todeskommandos sah die SS

> »gewissermaßen Kollegen, die mittlerweile ebenso unmenschlich geworden waren wie sie selbst, und, wenn auch nur durch das ihnen aufgezwungene Komplizentum, mit ihnen gemeinsame Sache machten. Nyiszli berichtet also von einem Fußballspiel zwischen der SS und dem SK (Sonderkommando), das er während einer »Arbeits«pause beobachtete, also einem Match zwischen den SS-Offizieren, die das Krematorium bewachten und der Gruppe von Häftlingen, die zum Sonderkommando gehörten. Weitere SS-Männer und die übrigen Mitglieder des Sonderkommandos schauen zu; sie unterstützen die eine oder die andere Seite, applaudieren und feuern die Spieler an, als ob diese nicht vor den Toren der Hölle, sondern auf dem Dorfrasen spielen würden« (1988, S. 54f.).

In den USA und der zunehmend globalisierten Wirtschaft gibt es zwar keine Todeslager. Wohl aber gibt es symbolische Parallelen dazu. Zunehmend setzt sich eine amerikanische Kultur des »Todes durch die bottom line« durch. Geschäftsführer und oberstes Management machen über die überflüssigen Arbeitnehmer ähnliche Bemerkungen wie Hans Frank, der Nazi Gouverneur von Polen, sie über die Juden gemacht hatte: »Ich will nur, dass die Juden verschwinden«.

Obige Szene lässt sich, was ihren Geist und ihre Symbolik angeht, auf die Verhältnisse der nordamerikanischen Geschäftswelt übertragen. An nationalen Feiertagen wie Thanksgiving oder Weihnachten veranstalten Firmen opulente Ess- und Trinkgelage und verteilen sogar Geschenke an ihre Angestellten. Manchmal wird ein Partyservice engagiert. Manchmal findet auch ein Rollentausch zwischen Firmen- oder Krankenhauspersonal statt. Dieses eine Mal sind es die Manager, die bedienen anstatt bedient zu werden. In diesem Fall wird das »Hauptgericht«, Schinken oder Truthahn an eine Prozession hunderter, ja tausender von Angestellten, die in der Schlange stehen, ausgeteilt. Der Geschäftsführer oder ein anderer leitender Angestellter hält eine kurze Ansprache, wünscht allen alles Gute und vermittelt Festtagsstimmung. Vielleicht werden sogar Preise oder kleine Geschenke verteilt.

Nach Neujahr und in den Monaten danach entlassen dieselben Manager dann Hunderte oder Tausende eben dieser Angestellten. Dabei herrschen Gruppenentlassungen ohne vorherige Ankündigung vor. Diejenigen, die nicht während eines spezifischen »RIFings« (eine Abkürzung für ›reduction in force‹ – Personalverringerung) gefeuert wurden, werden in der Regel »umstrukturiert« und »reengineered« und dürfen so die nächste Welle der RIFs abwarten. Manager wie Arbeitnehmer sollen nun »mit weniger

Ressourcen mehr leisten«, produktiv, effektiv, loyal und positiv sein, wo doch ihre Arbeitsmoral gleichzeitig von der Angst um die eigene Zukunft und die Überlebensschuld unterminiert wird. Es herrscht alles andere als »weihnachtliche Stimmung«. Die von mir hier gezogene Parallele zwischen diesen beiden amerikanischen Situationen und dem Fußballspiel auf dem grünen Rasen von Auschwitz ist keine Übertreibung. Die Menschen werden einfach auf die Straße gestellt und müssen sehen, wo sie bleiben.

Der weitverbreitete Wunsch, dass unerwünschte Personen einfach verschwinden sollen, stellt eine weitere Verbindung zwischen den »ethnischen Säuberungen« der jüngsten Vergangenheit (Ruanda, Bosnien, Kosovo) und ihren betrieblichen Entsprechungen durch Downsizing, RIFs und anderes her. Beide schaffen ein massives Flüchtlingsproblem und stellen auf diese Weise ein Nebenprodukt des Wunsches dar, Grenzen zu ziehen und so ein organismenartiges Überleben durch das Abstoßen unerwünschter Teile zu sichern. Die, die übrigbleiben, sind jedoch keinesfalls frei.

Die amerikanische Arbeitswelt als De-facto-Gefängnis

Der Psychiater Harold Bursztajn geht sogar so weit zu behaupten, dass es sich bei vielen Arbeitnehmern unserer Zeit de facto um eine »Gefängnisbevölkerung« handele, die an ihren Arbeitsplatz gefesselt sei, da sie oftmals ihre ärztliche Versorgung nicht frei wählen dürfe (1997a, 1997b, 1998; Bursztajn & Bordsky 1997; Bursztajn, Gutheil & Bordsky 1998; Bursztajn & Sobel 1998). Bursztajn drängt darauf, dass die Maßstäbe der Nürnberger Beschlüsse von 1947 angewendet werden, um Patienten und Arbeitnehmer, die sich in solchen de facto Gefangenschaftsverhältnissen befinden, zu schützen. Er verweist besonders auf die Notwendigkeit, Arbeitnehmern als Patienten das Recht auf freie Wahl der ärztlichen Versorgung zuzusprechen (1998, S. 985). Arbeitnehmer als Patienten werden sonst de facto zu Wirtschaftshäftlingen. In der Realität haben Arbeitnehmer so gut wie keine bzw. gar keine Wahl, was das gesellschaftliche Experiment des Downsizing, Umstrukturierens, von »Managed Care», Outsourcing, Verschlankung etc. betrifft. »In dem Augenblick, wo das Verhältnis zwischen Arzt und Patient sich endlich in Richtung gegenseitiger Verantwortlichkeit zu entwickeln begonnen hat, zerstört das System des Managed Care diese Entwicklung vom Paternalismus zur Gegenseitigkeit, indem es die Entscheidungsfreiheit beider Seiten beschneidet« (Bursztajn & Brodsky 1997 S. 4).

Des Weiteren weist Burzstajn darauf hin, dass die Arbeitsteilung zwischen »Managed Care«-Organisationen dazu geführt hat, dass Arbeitgebern »Autorität ohne Verantwortung« zugesprochen worden ist und Ärzten »Verantwortung ohne Autorität« (1997b; 1998).

> »In einer Zeit, in der viele Arbeitgeber nur einen ärztlichen Versorgungsplan anbieten, sind viele Patienten de facto Gefangene. ... 50 Jahre nach dem Erlass der Nürnberger Beschlüsse... muss das Prinzip der informierten Zustimmung auf die innovativen, experimentellen Managed-Care-Programme angewendet werden, die zur Zeit ›bessere Ergebnisse mit weniger Mitteln erzielen‹. [Darüber hinaus] werden Ärzte [in Managed-Care-Organisationen] oftmals dafür bestraft, dass sie Patienten ins Krankenhaus eingeliefert haben oder auch nur die Zustimmung dazu erfragt haben, wenn diese schließlich verweigert wird. Auf diese Weise existieren Vorschriften, die Ärzte de facto mundtot machen, und die nicht nur ärztliche Beurteilungen und Praktiken beschränken, sondern überhaupt einen sinnvollen Beratungsprozess gefährden« (1998, S. 985; zitiert mit Erlaubnis des Autors).

Was heißt dies nun für die historisch tradierte (sprich moralische) Vertrauenspflicht des Arztes, dessen Einstehen für den Patienten oder das Vertrauensverhältnis überhaupt, das nötig ist, damit sich ein Mensch – besonders unter den Abhängigkeit schaffenden Bedingungen der Krankheit – einem anderen anvertrauen kann (Katz 1984, 1996)? Patienten-alias-Arbeitnehmer werden so de facto zu Wirtschaftshäftlingen. Grundsatz Nr. 9 der Nürnberger Beschlüsse aus dem Jahr 1947 sieht das Recht eines Menschen vor, sich von einem Experiment zurückzuziehen bzw. seine Mitarbeit daran aufzukündigen, sprich, zu fliehen (nach Shuster 1997). Wie lässt sich ein solcher Grundsatz nun auf die experimentellen Arbeitsformen unserer Zeit übertragen? In der Tat haben Millionen von Arbeitnehmern wenig oder gar kein Mitspracherecht, wenn es um soziale Experimente wie Downsizing, Umstrukturieren, Managed Care oder ähnliches geht. Man könnte in diesem Zusammenhang sogar von »Gehaltsleibeigenschaft« sprechen, wobei Menschen (die sich oftmals als »Überlebende« von RIFings und Umstrukturierungen bezeichnen), am Arbeitsplatz verbleiben und sich dort festklammern oder gehen, um anderswo einen vermeintlich sicheren Arbeitsplatz anzunehmen, wobei sie einen beruflichen Abstieg in Kauf nehmen.

Gewiss, es steht ihnen »frei« zu gehen. Aber angesichts der existierenden sträflichen gesellschaftlichen Bedingungen von »präexistierenden Krankheitsbildern, finanziellen Einschränkungen«, dem hektischem Arbeitsalltag und der Tatsache »einfach durch die zur Verfügung stehende Zeit, die nötige Anstrengung oder das mögliche Verständnis eingeschränkt und überwältigt zu werden« (Bursztaijn & Brodsky 1997), stellt sich die Frage, worin denn diese »Freiheit« zu gehen eigentlich besteht. Viele Arbeitgeber, Manager, Versicherungsgesellschaften und Arztpraxen sind heilfroh, wenn sie Menschen, die irgendein Leiden haben – Arbeitnehmer, die nicht vollkommen perfekte Automaten sind

– loswerden können. Hans Frank, der Nazi Generalgouverneur von Polen, hatte mit verächtlichem Understatement behauptet: »Ich will nur, dass die Juden verschwinden.« Die Freiheit zu verschwinden (auf die Straße, in der Nacht) scheint die Art von Freiheit zu sein, die vielen amerikanischen Managern und ärztlichen Verwaltern ebenfalls vorschwebt. Bursztajn, Gutheil & Brodsky stellen im Hinblick auf das Modell der »Managed Care« in der Psychiatrie fest: »Heute müssen wir uns Sorgen darüber machen, dass die Tatsache, dass ein Mensch als tot (oder als ein Äquivalent davon) bezeichnet wird, ihn nur noch zur Entsorgung freistellt« (1998, S. 34).

Todesangst, Opfergang und das Problem des Bösen am Arbeitsplatz

Die Todesangst ist überall spürbar. Am sichtbarsten wird sie in den manischen Verteidigungsposen und Rationalisierungsmechanismen, die ihr entgegenwirken sollen. Fieberhaft versuchen wir, dem Tod auszuweichen, indem wir unsere Produktivität und unseren Profit steigern. Das Abstoßen jedes x-beliebigen Menschen, der nicht die größtmögliche Produktivität zeigt, ist Teil eines Opferrituals, das den Firmenkörper zumindest zeitweilig am Leben erhalten soll. Beim Geschäft geht es nicht nur um »reines« Geschäft, sondern auch, um den Tod, die Furcht vor dem Tod, die Unmittelbarkeit des Todes und davon, die Angst, auf das Gegenüber zu projizieren. Alle sind wir eine umkämpfte Insel unter den vertikal und horizontal integrierten Bürokratensilos der Arbeitswelt, die um uns herum in die Höhe ragen.

Mittler zwischen Leben und Tod ist das Geld. Das Anhäufen von Kapital und die Verfügbarkeit von Geld machen den Unterschied aus zwischen Leben und Tod, zwischen der Möglichkeit, seinen Lebensunterhalt zu bestreiten bzw. zu verkommen. Geld ist das symbolische Medium, durch das manche Individuen oder Gruppen die Macht über das Leben und den Tod anderer ausüben; das Medium, mit dem sie zeitweilig beweisen zu können meinen, dass sie lebendig sind, indem sie andere opfern (aus einem persönlichen Gespräch mit Hans Ebel vom 10. Januar 1999). Der Arbeitsplatz ist ein entscheidender Kulturort, an dem Macht ausgeübt wird. Die Ausübung dieser Macht ist ein Teil des in der Gesamtkultur verbreiteten Rituals, das Leben auf magische Weise durch Töten zu erhalten. Wir versuchen tatsächlich, zeitweiliges Leben (und organisatorische Wiederbelebung) durch fortdauerndes Töten zu kaufen.

In mancherlei Hinsicht, zumindest was diese Erkenntnis betrifft, ist die Pop-Kultur der USA der Wissenschaft weit voraus. Die Popularität des Cartoonisten Scott Adams und seines »Dilbert« Cartoons in Zeitungen, Büchern (1996) und jetzt auch im Fernsehen (1998) ist ein Anzeichen dafür (Stein 1998a, 1998b).

Ein weiteres ist der weitverbreitete Cartoon »Rubes« von Leigh Rubin, der am 21. Februar 1999 in den Zeitungen erschien. Die Illustration zeigt einen knapp bekleideten lächelnden Schamanen, der sein in ein Lendentuch gewickeltes Opfer am Ende einer Stange über der Öffnung eines brodelnden Vulkans mit den Worten baumeln lässt: »Dank von mir und dem ganzen Stamm, dass du den Vulkangott besänftigen willst und uns so ein weiteres Jahr Gesundheit garantierst«. Das Opfer starrt mit großen Augen in den Abgrund. Die Bildunterschrift lautete: »Wie manche Stämme ihre Gesundheitsfürsorge bestreiten«. Selbstverständlich muss man sofort daran denken, wie primitiv doch das System der »Managed Care«, des Downsizing und Reengineering letztlich ist (implizit, nicht explizit gesehen; siehe Bohm 1980).

Welchen Beitrag leistet nun diese meine Arbeit zur psychoanalytischen, organisatorischen und kulturellen Theorie? Zu behaupten, dieser Beitrag habe sich auf die Phänomenologie bzw. die Erfahrung massiver organisatorischer Veränderungen konzentriert, verlagert lediglich das zentrale Problem, dass nämlich die Theorie nur so viel Wert ist wie die Erfahrung, auf der sie beruht: D. h. die Erfahrung des Beobachters oder Beraters ebenso wie die des Beobachteten oder Klienten. Das ist m. E. nicht schwer zu erkennen: Z.B. an Thomas Ogdens »autistisch-berührender Position« im Kampf um organisatorische Struktur; an Melanie Kleins »paranoid-schizoider Position« und an Donald Winnicotts »persekutorischem Raum« angesichts massiver Angstvorstellungen und Misstrauen; sowie an Sigmund Freuds »gegenödipaler« Zerstörung der Arbeitsplatznachkommenschaft.

Aber all diese und andere Erklärungen und Teildeutungen reichen nicht als Abwehr gegen die überragende Angst und das Chaos aus, das diese Erfahrungen freisetzen. Selbst die psychohistorische Behauptung, der Hass gegen und innerhalb von Organisationen lasse sich als Verschiebung und Ausleben früher Kindheitserfahrungen und familiärer Ambivalenzen erklären, kann, selbst da nicht, wo dies zutrifft, von der realen Zerstörung ablenken, die auf symbolischer Ebene am Arbeitsplatz stattfindet.

Was wir brauchen, sind m. E. ›Sowohl-als-Auch-‹ und nicht ›Entweder-Oder-Theorien‹. Ich will hier nicht behaupten, dass das Böse, das im Namen des »business« in Organisationen angerichtet wird, völlig unverständlich ist. Genauso wenig, wie ich behaupten würde, dass der Holocaust nicht nachvollziehbar sei (Adams & Balfour 1998). Aber um ihn zu verstehen, bedarf es einer umfassenden Intelligenz des Herzens. Alles andere ist nichts weiter als ein Sich-Abwenden von der desorganisierenden Erfahrung psychotischer Energie – und von der Chance, sich von dem Trauma und seinen inneren Konsequenzen zu erholen. Was wir brauchen, ist die Ganzheit der Erfahrung, die sich hinter der Abstraktion verbirgt. Um das Problem des Bösen am Arbeitsplatz und in der Kultur größerer Gesellschaftseinheiten erfassen zu können, müssen wir wissen, wie sich dieses Böse anfühlt und wie es funktioniert (Alford 1990, 1997). Wir müssen das Triumphgefühl erfahren, angesichts des Anblicks eines anderen, der den Schrecken von uns selbst ablenkt.

Um »das Büro« bzw. »den Arbeitsplatz« zu entmystifizieren, müssen wir beim Normalen, beim Zu-Erwartenden beginnen und zulassen, dass es fremd und überraschend wird. »Das Büro« ist oftmals bizarr, gerade in seiner Verkleidung des Gewöhnlichen: Dieses Täuschungsmanöver funktioniert durch dessen Erscheinung, dessen Dissimulation, dessen Gewöhnlichkeit. Man könnte von den »alltäglichen Brutalitäten des ›Arbeitsplatzes‹ sprechen, wo die primitivsten menschlichen Triebe von Menschen in Schlips und Kragen ausgelebt werden« (Henry Ebel, in einem persönlichen Gespräch vom 22. März 1999). »Das Büro« ist in der Tat »normalerweise ein sehr sonderbarer Ort, an dem symbolische Tötungsakte und Verstümmelungen an der Tagesordnung sind. ›Downsizing‹ und die ›Sonderbehandlung‹ der Nazis sind Euphemismen, die eine gemeinsame Einordnung direkt herausfordern« (ebd.). Manchmal verdient gerade das, was wir als gewöhnlich (miss)deuten, den wahren Namen des Außergewöhnlichen. Dann mag es uns vielleicht gelingen, es als ein Problem, und nicht als eine – wenn nicht sogar die einzige – Lösung zu betrachten.

Wer ist denn dieser Howard Stein überhaupt? Die auf meiner Gegenübertragung basierende Antwort auf diese Frage sagt etwas über die Institution, den Organisationstyp, eine Kultur und ein Zeitalter aus. »Howard Stein« ist die Kondensation eines Traums in Form einer Person. »Stein« ist ein ungeträumter Traum auf der Suche nach einem Träumer, ein unerträglicher Traum auf der Suche nach einem Container. »Stein« kann und darf keine Person sein, da er ja eine Personifikation sein muss. Anders ausgedrückt: Die Personifizierung tritt an die Stelle der Person, nachdem diese ausgelöscht worden ist.

Metaphorisch gesehen ist der Zweck von »Stein«, das Wissen sowohl gedacht als auch ungedacht zu machen: Ein Kompromiss also. Dieser ist dazu da, Gedanken zuzulassen, ohne einen Denkenden außer »Stein«. Als Projektion gesehen, ersetzt »Stein« das Gedachte. Symbolisch gesprochen ist »Stein« eine Personifikation dessen, was die Nazis im »Juden« (der Jude als Abstraktion, Reifizierung) sahen. In der kataklysmischen Welt von Downsizing und Managed Care, wo jedermann ein potentieller symbolischer »Jude« ist, ist jedermann ein potentieller symbolischer »Stein«. Diese dunkle Ahnung ist der Punkt, von dem aus sich andere am Arbeitsplatz in ein dogmatisches Nicht-Wissen flüchten. Das Schicksal mit »Stein« zu teilen, wäre die schlimmste erdenkliche Beleidigung und die äußerste Gefahr. Dies würde bedeuten, andere mitten in das Erlebnis psychotischer Angstzustände zu werfen. Eine bewusste Distanzierung von »Stein« ist eine andauernde Notlösung, die die unbewusste Wahrnehmung der hier gültigen Artverwandtschaft verleugnet. Die Erkenntnis »Wir sind alle Juden« wird durch den Traum von »Stein, dem Juden« ersetzt.

Schlussfolgerungen

In diesem Beitrag habe ich mich mit dem Thema des ISPSO Symposiums von 1999 »Wie und warum tun wir, was wir tun?« im Rahmen der Gegenübertragung bei der Organisationsanalyse und -beratung auseinandergesetzt. Das Modell der Gegenübertragung ist das Zentrum unseres organisationsbezogenen (sowie des umfassenderen kulturellen) Verständnisses, eben deshalb, weil es den methodologischen und theoretischen Kern jeglichen menschlichen Verständnisses darstellt. Den Anfang machte meine persönliche Parapraxis. Danach habe ich einen Praxisfall zusammen mit Gedichten angeführt, um zu zeigen, wie Gegenübertragung zu »Wissen« werden kann – einem Wissen, das aber dennoch unvollständig bleibt.

Im Verlauf dieser Arbeit hoffe ich zu einem phänomenologischen und psychodynamischen Verständnis des modernen Arbeitsplatzes beigetragen zu haben, wo der Verfolgungswahn zunimmt, ja sogar chronische Formen annimmt; wo Drohungen, Furcht und Verlustgefühle zum festen Bestandteil der organisatorischen Landschaft geworden und Bilder des Todes allgegenwärtig sind. Ich habe, so meine ich, meine eigenen kreativen Prozesse nicht dazu verwendet, konventionellere Methoden der Datenermittlung zu ersetzen, sondern vielmehr dazu benutzt, diese zu ergänzen.

Obgleich ich mich gerne für die Schreckensvision, die ich hier ausgemalt habe, entschuldigen würde, ist mir dies nicht möglich. Ich bin zu der Erkenntnis gelangt, dass ich mich so auf meine »Subjektivität« verlassen muss, als ob mein Leben und meine Arbeit davon abhingen. Ich bin von der klassischen Position ausgegangen, dass Gegenübertragung Verzerrung ist und habe dann den Standpunkt entwickelt, dass Gegenübertragung als Fundament fungiert. Wir brauchen Raum für beides und müssen, mit Hilfe anderer, lernen, den Unterschied zu erkennen. Wir müssen aber auch akzeptieren können, dass »Inszenierung« [enactment] in manchen Fällen der einzig Weg ist, auf dem wir etwas über die Organisation erfahren können, und dass der Prozess dieses »Rollenspiels« uns Entscheidendes über die Organisation mitteilt.

In diesem Beitrag habe ich die »totalistische« Anwendung der Gegenübertragung ins Extrem geführt: Die »Subjektivität«, von der ich ausgehe, schließt meine eigene Verrücktheit (Pathologie) mit ein, meine Darstellungen, meine Verkörperungen ebenso wie meine konventionelleren und akzeptableren Symbolisierungen. Mir ist klar geworden, dass es Schlimmeres gibt als Peinlichkeit, dass Selbstenthüllung und Scham Hand in Hand gehen. Dieses »Etwas« bedeutet eine Kapitulation gegenüber dem bequemen Schwindel über die Wirklichkeit, der im Namen der Erhellung derselben betrieben wird. In meiner narzisstischen Einbildung habe ich den Wunsch, »über« all diesem zu stehen, all dies zu umfassen und es mir nicht entgleiten zu lassen. Mir ist klar geworden, dass wir nicht nur aus unseren Fehlern lernen, sondern auch durch unsere Fehler. Manchmal ist das tatsächlich oder wortwörtlich der einzige Weg, auf dem wir lernen. Unsere Fehler sind Meilensteine, nicht Umwege. Und dieses Lernen gelingt meist nicht in der Isolation des Selbst, sondern gemeinsam mit anderen. Nebenbei gesagt, das »Andere« ist in der Regel ein entscheidender Wegbereiter zur Erkenntnis bzw. zum Zugang unbekannter Seiten des eigenen Ichs (Bollas »ungedachtes Wissen«, 1989).

Vielleicht lässt sich intersubjektives »Inszenieren« zumindest in manchen Fällen als ein Stadium oder eine Phase auf dem Weg zum Wissen verstehen (vgl. Hirsch 1996). Unser analytisches Ideal ist es – und die Scham bzw. Schuld, dieses nicht zu »erreichen«, was die Handlung von einer akzeptierten Art und Weise, Wissen zu erlangen, entfernt hat. Um Freuds Ideengut (1914) meiner jetzigen These anzupassen, die Wiederholung ist oft eine Art Vorspiel bzw. eine Art Widerstand gegen Erinnerung und Gefühlsarbeit. Selbst ein solches »Vorspiel« mag die Tat auf ungünstige und vorurteilshafte Weise vom Gedanken trennen. Die Tat kann als wesentlicher Teil der Sequenz von Denken und Fühlen verstanden werden: Als eine Bewusstwerdung. Die Wiederholung (also die Erinnerung durch Handlung) mag daher ein notwendiger Schritt auf dem Weg des Erinnerns durch Gedanken, durch Gefühlsarbeit, sein.

Es ist also notwendig, die Frage »Wie wollen wir lernen?« (denken, nachdenken, fühlen) durch die Frage »Wie lernen wir?« zu erweitern. Das zeitweise Aus-der-Rolle-Fallen mag tatsächlich die einzige Art und Weise sein, auf die wir lernen, auch wenn sie vielleicht nicht unserer Idealvorstellung des Lernens entspricht. Gefühl und Handlung der Gegenübertragung können vielleicht als eine Art Zustand des Nicht-Wissens (Nicht-Denkens), aber Schon-Erfahrens verstanden werden (Lawrence 1999).

Einer der Grundpfeiler des Judentums wie auch des Christentums ist das Gebot »Du sollst Gott, deinen Herrn, lieben mit ganzem Herzen, mit ganzer Seele und mit ganzer Macht (Kraft)« (5. Buch Moses, 6:5). Als Jude habe ich dieses Gebot zuerst von meinem Vater gelernt, und zwar gerade, als ich sprechen lernte. Dieses Gebot ist auch ein Fundament der meisten Gottesdienste, der meisten Liturgien. Damals konnte ich noch nicht ahnen, wie gut diese Mahnung mehr als fünfzig Jahre später auch auf das Wissen und den Wissensprozess anwendbar sein würde. Wissen ist keinesfalls eine bloße Fähigkeit; es ist Teil einer Einstellung zur eigenen Fähigkeit als Organisationsforscher, Berater und vielleicht zum Leben überhaupt. Diese Einstellung ist Grundlage des »totalistischen« Verständnisses und des Gebrauchs der Gegenübertragung.

In der Sprache der Sozialwissenschaft und der Psychoanalyse der heutigen Zeit würden wir von einer »disziplinierten Subjektivität« sprechen, einer sorgfältig analysierten »Gegenübertragung«. Aber immer noch geht es um ein Wissen – ein Verstehen – mit ganzem Herzen, mit ganzer Seele, mit ganzer Macht. Unsere Organisationen und unsere Bemühungen, diese zu unterstützen, sind dieselbe Aufopferung wert. Vielleicht wird es uns möglich sein, an der Wiedergeburt authentischer Hoffnungen am Arbeitsplatz mitzuwirken, wenn wir erst einmal den Mut gefasst haben, uns mit der Furcht zu konfrontieren, die wir überall vorfinden (siehe Mitchell 1993). Jedwedes Bemühen, Licht ins Dunkel der Organisationen zu bringen, muss damit seinen Anfang nehmen, lange genug stillzustehen, um genug zu sehen und zu fühlen, um so die überwältigende Dunkelheit zu ertragen. Ein Anfangspunkt mag die Erfahrung des Dunkels sein, die aber nicht allein unsere eigene ist. Und manchmal müssen wir bei unserem Versuch, die Dunkelheit zu sehen, diese erst einmal »darstellen«.

»Die frühen Toten«

Wir sind die frühen Toten,
Die euch vorangegangen sind,
Um euch einen Platz zu kaufen.
Ihr habt behauptet, es gäbe
Einfach nicht genug Platz für uns beide,
Und batet uns, mit Würde zu gehen.

Ihr schreit zum Himmel
Aus zwei Gründen:
Wir haben euch durch unser Opfer enttäuscht,
Signalisiert ihr uns mit geballter Faust;
Und jetzt deuten die,
Die einst ihr wart,
Auf euch und zucken mit den Schultern,
Es sei kein Platz für euch beide.

Da ist kein Ende
Der frühen Todesfälle –
Nur Missetaten.
Die Lebenden
Wissen es nicht – nur
Die frühen Toten.

Aus dem Englischen von Katharina von Ankum

Literatur

Adams, Guy B. & Balfour, Danny L. (1998): Unmasking Administrative Evil. Thousand Oaks, CA (Sage).

Adams, Scott (1996): The DILBERT Principle: A Cubicle's-Eye View of Bosses, Meetings, Management Fads and Other Workplace Afflictions. New York: HarperBusiness (Harper-Collins). Dt.: (1997): Das Dilbert-Prinzip: Die endgültige Wahrheit über Chefs, Konferenzen, Manager und andere Martyrien. Landsberg/Lech (Verlag Moderne Industrie).

Alford, C. Fred (1990): The Organization of Evil. In: Political Psychology 11, S. 5–38.

Alford, C. Fred (1997): The Political Psychology of Evil. In: Political Psychology 18, S. 1–17.

Allcorn, Seth, Baum, Howell S., Diamond, Michael A. & Stein, Howard F. (1996): The HUMAN Cost of a Management Failure: Organizational Downsizing at General Hospital. Westport, CT (Quorum Books).

Armstrong, David (1998): Introduction. In: Lawrence, W. Gordon (Hg.): Social Dreaming @ Work. London (Karnak), S. XVII–XXI.

Bion, Wilfred R. (1959): Experiences in Groups. New York: Ballantine. Dt: (1971): Erfahrungen in Gruppen und andere Schriften. Stuttgart (Klett).

Bohm, David (1980): Wholeness and the Implicate Order. London (Routledge and Kegan Paul).

Bollas, Christopher (1989): In the Shadow of the Object: Psychoanalysis of the Unthought Known. New York (Columbia University Press). Dt: (1997): Der Schatten des Objekts: Das ungedachte Bekannte; zur Psychoanalyse der frühen Entwicklung. Stuttgart (Klett-Cotta).

Boyer, L. Bryce (1993): Countertransference: Brief History and Clinical Issues, in: L. Bryce Boyer & Peter L. Giovacchini (Hg.): Master Clinicians on Treating Regressed Patients. Vol. 2.. Northvale, N.J.: Jason Aronson, S. 1-24

Boyer, L. Bryce (1999): Countertransference and Regression. Northvale, NJ (Jason Aronson).

Bursztajn, Harold J. (1998): Review of: Schreter, Robert K., Sharfstein, Steven S. & Schreter, Carol A. (1997): Managing Care, Not Dollars: The Continuum of Mental Health Services. Washington, D.C. (American Psychiatric Press); American Journal of Psychiatry 155, July, S. 985.

Bursztajn, Harold J. (1997a): Medical Historical Perspectives Regarding Managed Care and Medical Necessity: True and False. Chairman of Symposium on Ethical Issues in Managed Health Care. American Psychiatric Association Annual Meeting, San Diego, CA, May 19.

Bursztajn, Harold J. (1997b): Medical Necessity, Managed Health Care Denial of Benefits, and the Nuremberg Code. Panel: Medical Ethics: Who Gets the Care? Moderator: Professor Uwe E. Reinhardt, Ph.D., Princeton University 250th Anniversary Symposium, Princeton, NJ, May 29.

Bursztajn, Harold J. & Brodsky, Archie (1997): The De Facto Captive Patient: Clinical and Ethical Strategies for Restoring Choice Under Managed Care. Unveröffentl. Manuskript (zit. mit Erlaubnis der Autoren).

Bursztajn Harold J, Gutheil, T. G. & Brodsky, Archie (1998): Ethics and the Triage Model in Managed Care Hospital Psychiatry, In: Psychiatric Times, 15 (9), S. 33–38.

Bursztajn Harold J., & R. Sobel (1997): Accountability Without Health Care Data Banks. In: Health Affairs 17 (6), S. 252f.

deMause, Lloyd (1982): Foundations of Psychohistory. New York (Psychohistory Press). Dt.: (1989): Grundlagen der Psychohistorie. Hg. von Aurel Ende. Frankfurt am Main (Suhrkamp).

Dervin, Dan (1996): Enactments: American Modes and Psychohistorical Models. Madison (Fairleigh Dickonson University Press).

Devereux, George (1967): From Anxiety to Method in the Behavioral Sciences. The Hague: Mouton. Dt.: (1967): Angst und Methode in den Verhaltenswissenschaften. München (Hanser).

Ebel, Henry (1999a): Persönliche Mitteilung, 10. Januar (zit. mit Einverständnis des Autors).

Ebel, Henry (1999b): Persönliche Mitteilung, 22. März (zit. mit Einverständnis des Autors).

Erikson, Erik H. (1964): Insight and Responsibility. New York (Norton). Dt.: (1966): Einsicht und Verantwortung: Die Rolle des Ethischen in der Psychoanalyse. Stuttgart (Klett).

Erikson, Erik H. (1968): Identity, Youth and Crisis. New York (Norton). Dt.: (1988): Jugend und Krise: Die Psychodynamik im sozialen Wandel. München (Klett-Cotta im Dt. Taschenbuch-Verlag).

Ficowski, Jerzy (1995): The Execution of Memory. In: Hilda Schiff (Hg.): Holocaust Poetry. New York (St. Martin's Press), S.121f.

Freud, Sigmund (1914): Remembering, Repeating, and Working Through. The Standard Edition of the Complete Psychological Works of Sigmund Freud Vol. 12. London: Hogarth Press, 1958, S. 147–156. Dt.: Erinnern, Wiederholen und Durcharbeiten. GW Bd. 10, S. 126–136.

Freud, Sigmund (1920): Beyond the Pleasure Principle. The Standard Edition of the Complete Psychological Works of Sigmund Freud. Vol. 18. London. (Hogarth Press 1955), S. 7–64. Dt.: Jenseits des Lustprinzips. GW Bd. 13, S. 1–69, (1920).

Freud, Sigmund (1928): Dostoevsky and Parricide. The Standard Edition of the Complete Psychological Works of Sigmund Freud. Vol. 21. London (Hogarth

Press 1961), S. 177–194. Dt.: Dostojewski und die Vatertötung, GW Bd. 14, S. 399–418.

Freud, Sigmund (1936): A Disturbance of Memory on the Acropolis. The Standard Edition of the Complete Psychological Works of Sigmund Freud. London (Hogarth Press 1964), S. 239–248. Dt.: Eine Erinnerungsstörung auf der Akropolis. GW Bd. 16, S. 250–257.

Hirsch, I. (1996): Observing Participation, Mutual Enactment, and the New Classical Models. In: Contemporary Psychoanalysis 332, S. 359–383.

Katz, Jay (1984): The Silent World of Doctor and Patient. New York (Free Press).

Katz, Jay (1996): The Nuremberg Code and the Nuremberg Trial: A Reappraisal. In: Journal of the American Medical Association 276, S. 1662–1666.

Klein, Melanie (1946): Notes on Some Schizoid Mechanisms. In: International Journal of Psycho-Analysis 27, S. 99–110. Dt.: Bemerkungen über einige schizoide Mechanismen. In: Melanie Klein (1983): Das Seelenleben des Kleinkindes und andere Beiträge zur Psychoanalyse. Stuttgart (Klett-Cotta), S. 131–163.

La Barre, Weston (1972): The Ghost Dance: The Origins of Religion. New York (Dell).

Lawrence, W. Gordon (Hg.) (1998): Social Dreaming @ Work. London (Karnac Books).

Lawrence, W. Gordon (1998a): Prologue. In: W. G. Lawrence (Hg.): Social Dreaming @ Work. London (Karnac Books), S. 1–8.

Lawrence, W. Gordon (1998b): Soziales Träumen und Organisationsberatung. In: Freie Assoziation (1), S. 304–328; wieder in diesem Band.

Lawrence, W. Gordon (1997): Centering of the Sphinx for the Psychoanalytic Study of Organizations, Symposium, International Society for the Psychoanalytic Study of Organizations, Philadelphia, June; http://www.sba.oakland.edu/ispso/html/1997Lawr.htm.

Lawrence, W. Gordon (1999): Thinking as Refracted in Organizations – The Finite and the Infinite/the Conscious and the Unconscious. Plenary Paper Presented at the 1999 Symposium of the International Society for the Psychoanalytic Study of Organizations, Toronto, Canada, 25 June 1999. Dt: Das Denken im Spiegel der Organisationen. Das Endliche und das Unendliche – Das Bewusste und das Unbewusste. In: Freie Assoziation 2, (1999), S. 303–322; wieder in diesem Band.

Lawrence, W. Gordon, Maltz, Marc & Walker, E. Martin (1998): Social Dreaming at Work. In: Lawrence, W. Gordon (Hg.): Social Dreaming @ Work. London: Karnac Books, S. 169–181.

Levi, Primo (1988): The Drowned and the Saved. New York: Summit Books. Dt.: (1990): Die Untergegangenen und die Geretteten. München (Hanser).

Mitchell, Stephen A. (1993): Hope and Dread in Psychoanalysis. New York (Basic Books).

Ogden, Thomas (1989): The Primitive Edge of Experience. Northvale, NJ (Jason Aronson). Dt.: (1995): Frühe Formen des Erlebens. Wien/New York (Springer)

Rayner, Eric (1995): Unconscious Logic. London (Routledge).

Rosenfeld, Herbert A. (1947): Analysis of a Schizophrenic State with Depersonalization. In: International Journal of Psycho-Analysis 28, S. 130–139. Dt.: (1981):

Analyse einer schizophrenen Psychose mit Depersonalisierungserscheinungen. In: Rosenfeld, H. A. : Zur Psychoanalyse psychotischer Zustände. Frankfurt am Main (Suhrkamp), S. 11–35.

Schwartz, Theodore (1973): Cult and Context: The Paranoid Ethos in Melanesia. In: Ethos 1 (2), Summer, S. 153–174.

Shuster, E. (1997): »Nuremberg Code«, reprinted in: Fifty Years Later: The Significance of the Nuremberg Code. In: New England Journal of Medicine 337, S. 1436–1440.

Sievers, Burkard (1999): Psychotic Organization as a Metaphoric Frame for the Socio-Analysis of Organizational and Interorganizational Dynamics. In: Administration & Society 31, 5, November, S. 588–615. Dt.: »Psychotische Organisation« als metaphorischer Rahmen zur Sozio-Analyse organisatorischer und interorganisatorischer Dynamiken. In: Freie Assoziation 2 (1999), S. 21–51; wieder in diesem Band.

Stein, Howard F. (1986): Social Role and Unconscious Complementarity. In: The Journal of Psychoanalytic Anthropology 9(3) S. 235–268.

Stein, Howard F. (1987): Developmental Time, Cultural Space. Norman, OK (University of Oklahoma Press).

Stein, Howard F. (1994): The Dream of Culture. New York (Psyche Press).

Stein, Howard F. (1996): Prairie Voices. Westport (Bergin & Garvey).

Stein, Howard F. (1998a): Euphemism, Spin, and the Crisis in Organizational Life. Foreword by Seth Allcorn. Westport, CT (Quorum Books).

Stein, Howard F. (1998b): Organizational Euphemism and the Cultural Mystifcation of Evil. In: Administrative Theory and Praxis 20(3), September, S. 346–357.

Stein, Howard F (1999a): Countertransference and Understanding Workplace Cataclysm: Intersubjective Knowing and Cultural Knowledge in Interdisciplinary Applied Anthropology. In: High Plains Applied Anthropologist 19(1), Spring S. 10–20.

Stein, Howard F. (1999b): Todesvorstellungen und die Erfahrung organisatorischen Downsizing – oder: Steht Dein Name auf Schindlers Liste? In: Freie Assoziation 2, S. 155–185; wieder in diesem Band.

Stein, Howard F. & Niederland, William G. (Hg.) (1989): Maps From the Mind: Studies in Psychogeography. Norman, OK (University of Oklahoma Press).

Whitman, Walt (1992): The Essential Whitman. Selected by Galway Kinnell. New York (Galahad Books).

Winnicott, Donald W. (1958): Collected Papers. London (Tavistock).

Winnicott, Donald W. (1971): Playing and Reality. London (Tavistock). Dt.: (1989): Vom Spiel zur Kreativität. 5. Aufl., Stuttgart (Klett-Cotta).

Winnicott, Donald W. (1965): The Maturational Processes and the Facilitating Environment. New York (International Universities Press). Dt.: (1988): Reifungsprozesse und fördernde Umwelt: Studien zur Theorie der emotionalen Entwicklung. Frankfurt am Main (Fischer).

Young, Robert (1994): Mental Space. London (Process Press).

Sozioanalyse von Organisationen

Todesvorstellungen und die Erfahrung organisatorischen Downsizings – oder: Steht Dein Name auf Schindlers Liste?

Howard F. Stein

Zusammenfassung: Die Erfahrungen, die Menschen in der organisatorischen Praxis mit Downsizing, Personalabbau, Restrukturierungen, Outsourcing und vergleichbaren Maßnahmen der Kostenreduktion machen, weichen in aller Regel stark ab von den in der Theorie propagierten Verheißungen gesteigerter Produktivität, Rationalität und Effizienz, steigender Gewinne, vermehrter Teamarbeit und einem Zugewinn an Rollenflexibilität. Die hier vorgestellten Vignetten legen es nahe, dass solche Maßnahmen der ›Personaleinsparung‹ mit der Zielsetzung, das organisatorische Überleben zu gewährleisten, weitaus weniger durch ökonomische Interessen oder Wirtschaftlichkeit, als vielmehr durch Mythen und rituelle Handlungen bestimmt sind. Downsizing wird hier als symbolische Form und Handlung untersucht, die durch Euphemismen rationalisiert und verschleiert wird. Durch das »Opfer« des Downsizings wird organisatorisches Überleben durch einen symbolischen Tod angestrebt, vernichtende soziale Veränderungen werden systematisch implementiert. Angetrieben von der Notwendigkeit, dergestalt Opfer darzubringen um einerseits schlechte Anteile von eigenen guten Anteilen abzuspalten, und andererseits organisatorische Wiedergeburt durch eine Verdrängung des Todes zu gewährleisten, wird Downsizing von den davon Betroffenen im metaphorischen Sinne häufig als Holocaust erlebt oder geschildert. In diesem Artikel wird eine Verbindung gezogen zwischen dem populären Kinofilm »Schindlers Liste« aus dem Jahre 1993 und den Schilderungen von Betroffenen solcher Personalabbaumaßnahmen, die in der Sprache des Holocausts ihren Ausdruck finden, um dem Wesenskern der bewussten und unbewussten emotionalen Erfahrung und der Bedeutung des Downsizing nachzugehen.

Einleitung: Downsizing, Ökonomie und amerikanische Kultur

Was immer die ideologischen Diskrepanzen zwischen Positivismus, Modernismus, Konstruktivismus und Postmodernismus im Detail auch sein mögen, so stimmen all diese Konzepte doch zumindest darin überein, dass die Dinge in den seltensten Fällen so beschaffen sind, wie sie uns zunächst erscheinen oder wie uns von offizieller Seite her bekundet wird. Unser Dasein wird nicht allein von optischen, akustischen und olfaktorischen Sinneseindrücken bestimmt. Das Jahrhundert der Freudschen Revolution hinterlässt uns vielmehr die Erkenntnis, dass unsere Gedanken, Gefühle und Entscheidungen zudem einem unkontrollierbaren ›Unbewussten‹ entspringen, zu welchem wir nur schwer und mehrdeutig Zugang finden. So agieren wir häufig, ohne den Grund für unser Handeln zu kennen – wenngleich wir auch darauf bestehen, dass wir unser Denken und Schicksal bewusst und rational selbst in der Hand haben. In gewisser Hinsicht – und ich werde dies zum Thema Downsizing verschiedentlich aufzeigen – entziehen sich uns die Tiefen und Weiten unserer eigenen Deutungen und Emotionen schon allein deswegen immer wieder, weil wir es unbewusst auch so wünschen.

Aus diesem Grund ist eine psychoanalytischen Perspektive auf Organisationen, wie auf gesellschaftliche und kulturelle Institutionen und Systeme im weiteren Sinne, von wesentlicher Bedeutung, sowohl im Rückblick auf die letzte Dekade, als auch als Vorausschau auf den bevorstehenden Jahr-tausendwechsel. Im vorliegenden Beitrag möchte ich ein Verständnis dafür entwickeln, inwieweit eine scheinbar so rationale Handlung wie Downsizing von unbewussten Motiven angetrieben sein kann. Ich möchte schließlich aufzeigen, dass wir viel Leiden wie auch langfristige soziale und wirtschaftliche Folgekosten vermeiden könnten, wenn wir solchen unbewussten Motiven mehr Aufmerksamkeit beimessen würden. Es liegt jedoch gerade in der Natur der unbewussten Abwehr – und hier insbesondere derjenigen, die durch einen Gruppenkonsens untermauert wird – sich einer Realitätsüberprüfung zu entziehen, um psychologische – und damit auch organisatorische – Strukturen aufrecht erhalten zu können.

Ich werde mich bemühen, mehr von der Geschichte des Downsizing zu beleuchten als in Amerika üblich und genehm ist. Wenngleich ich selbst Teil der amerikanischen Kultur bin, so kann ich mich dennoch nicht der Erkenntnisse erwehren, die ich während meiner jahrzehntelangen Arbeit als Berater und Autor innerhalb der Triade von sozialer Veränderung, Verlust und Trauer in Organisationen – und insbesondere einer ihrer häufigsten Erscheinungsformen: der Massenentlassung – gewonnen habe.

In diesem Aufsatz betrachte ich die Ökonomie als immanenten Teil unserer Kultur und nicht lediglich als eine externe Antriebskraft. Somit verstehe ich Ökonomie eher als eine umfassende ideologische Struktur von Bedeutungen und der kollektiven unbewussten Substanz solcher Strukturen innewohnend, als die These von der Ökonomie als die Antriebsfeder unserer Gesellschaft kritiklos zu akzeptieren. Wenngleich eine solche Betrachtungsweise in einigen

Kreisen geradezu als Ketzerei verstanden wird, bin ich dennoch – nicht etwa aus theoretischen Überlegungen, sondern über Folgerungen und Ableitungen aus meinen Erfahrungen im Verlauf meiner über 25jährigen praktischen Arbeit in biomedizinischen Fortbildungsinstitutionen und als Berater – zu dieser Interpretation gelangt. Meine Betrachtungsweise weicht in vielem von der hergebrachten, offiziellen und in einigen Fällen sogar geradezu obligatorischen Denkweise über amerikanische Gesundheitsinstitutionen und unternehmerische Entscheidungsfindung sowie über deren Einfluss auf unsere nationale Alltagskultur ab.

Ich verlange von meinen Lesern keineswegs, dass sie dieser, gegen jeden kulturell induzierten Glauben an die Macht des Messbaren verstoßenden Betrachtungsweise bar jeglichen Nachweises Glauben schenken; vielmehr stütze ich mich auf Fakten – Fakten, die sich allerdings von herkömmlichen Statistiken der unternehmerischen Gewinn- und Verlustrechnung durchaus unterscheiden. Ich werde unsere kulturell geprägten unternehmerischen Selbstverständlichkeitsvermutungen, wie sie sich in gängigen ›Mission-Statements‹ und Strategieplänen niederschlagen, hinterfragen, *um die Frage aufzuwerfen, warum das Top-Management unserer Organisationen bei Problemen im Bereich von Gewinn und Verlust, Produktivität oder des globalen Wettbewerbs, immer wieder einen massivem Personalabbau als erste, einzige und zumeist auch als End-Lösung (ein vom Top-Management häufig gebrauchter Begriff) vorschlagen und schließlich auch umsetzen.* Warum gerade Personalabbau? Und warum ausgerechnet zu diesem Zeitpunkt? Ich stelle diese Fragen vor einem kulturellen Hintergrund, etwa so wie ein Arzt sich fragen würde, warum ein Patient gerade diese Krankheit zu diesem Zeitpunkt entwickelt und warum er ausgerechnet jetzt in seine Sprechstunde oder in die Notaufnahme eines Krankenhauses kommt.

Ich möchte meinen Ausgangspunkt für diesen Artikel gleich einleitend darlegen: ›Downsizing‹, ›Reductions in Force‹ (RIF), ›Restructuring‹, ›Reengineering‹, ›Rightsizing‹, ›Outplacement‹, ›Outsourcing‹, und ›Trimming Fat‹ (Abspecken), um nur einige der zentralen (angloamerikanischen) Euphemismen zu nennen, sind m. E. keineswegs unternehmerische Entscheidungen, die allein nur auf ökonomische Rationalität, aufgeklärtes Eigeninteresse, Pragmatismus, Realismus, Empirismus und Objektivität zurückzuführen sind – wenngleich die Regeln amerikanischer Kultur von uns auch verlangen, solche Maßnahmen ausschließlich als derart motiviert zu betrachten (siehe Hart, 1991). Ich hoffe durch die Darstellung der folgenden fünf Vignetten aufzeigen zu können, dass Downsizing und ähnliche Maßnahmen vielmehr als euphemistische Referenzsysteme und kulturelle Rahmen zu verstehen sind, durch die wir uns in gewisser Hinsicht und in bestimmte Richtungen dirigieren lassen. Sie lassen einige

Dinge hervortreten und andere im Hintergrund verschwimmen. Ich werde beschreiben, wie Down-sizing und verwandte, vorgeblich unternehmerische Konzepte tief in unausgesprochene Werthaltungen (Arbeitnehmer als Maschinen und entbehrliche Produktionseinheiten), Einstellungen zur Zeit (eher kurzfristig als langfristig) und unbewusste Konflikte (z. B. im Zusammenhang mit Aggression, Abhängigkeit und Identität) eingebettet sind. Ich möchte darlegen, dass uns ein tieferes Verständnis für Downsizing als Entscheidungsprozeß und als Form des induzierten sozialen Wandels verwehrt bleiben wird, solange wir nicht erkennen, in welchem Ausmaß derlei unausgesprochene Werthaltungen in Bezug auf menschliches Dasein, Wohlergehen und Loyalität – um nur drei Dimensionen zu nennen – in diesem Zusammenhang eine Rolle spielen.

Downsizing ist weit davon entfernt, Höhepunkt der Rationalität, des aufgeklärten Eigeninteresses und objektiver Beurteilung zu sein, vielmehr wird es von destruktiven, irrationalen Kräften angetrieben. Selbst das *Wall Street Journal* und die *Washington Post* (z. B. Grimsley 1995) melden mittlerweile Skepsis und Bedenken gegenüber den vorschnellen Verheißungen an, die von Downsizing-Fürsprechern in der durch Geschäftsübernahmen, -aufkäufen und -fusionen gekennzeichneten Ära der achtziger Jahre gemacht wurden. Die Titelgeschichte des *Newsweek Magazin* vom 26. Februar 1996 ist sogar mit ›Corporate Killers‹ überschrieben. David M. Noers (1993) Buch trägt den recht anschaulichen und unmissverständlichen Titel: ›Healing the Wounds: Overcoming and Revitalizing Downsized Organisations‹. Gelegentlich werden auch unantastbare, kulturell unumstrittene Lösungsansätze – mindestens retrospektiv – schließlich als Bestandteil des eigentlichen Problems erkannt.

In unserem Eifer, Hierarchien abzubauen und ›horizontal einzuebnen‹ (paradoxerweise sind dies zumeist Maßnahmen, die von oben, also ›vertikal‹ durchgesetzt werden) und die Betroffenen, als überflüssiges ›Fett‹ abzuwerten, haben wir vergessen, dass wir in den siebziger und achtziger Jahren einen Zuwachs an Verwaltung und Managementebenen als Lösung und nicht als Problem betrachtet hatten. Wir konnten gar nicht genug MBAs hervorbringen und einstellen. Früher galt das mittlere Management, also genau dieses ›Fett‹, welches wir heute verachten und wegschneiden, als Hoffnungsträger. Sie sollten zum organisatorischen ›Muskel‹ wachsen und zugleich eine Schutzkraft (externalisiertes Über-Ich) sein, um Organisationen mehr Kontrolle zu ermöglichen. Heute ist diese aufgedunsene ›Fettmasse‹ unser Feind und ›Magersucht‹ die Rettung. Beide Lösungsansätze entspringen jedoch letztendlich nur unseren eigenen Organisationsideologien.

Downsizing war in Amerika während des letzten Jahrzehnts eine nicht zu ignorierende Realität und permanente Bedrohung. Es gibt kaum einen Amerikaner, dessen Leben nicht direkt oder indirekt davon betroffen oder überschattet war. Eine ganze Reihe leitender Angestellter und Arbeiter haben zwei, zuweilen sogar drei Entlassungswellen hinter sich. Viele arbeiten jetzt in zwei, drei oder sogar vier verschiedenen Jobs, um über die Runden zu kommen. Als Realität, als Erinnerung, als antizipierte Zukunft und als emotional aufgeladene Phantasie wirft Downsizing viele Schatten. Trotzdem möchte ich klarstellen, dass ich mich keineswegs an einem Aufruf zur ›Verteufelung des Downsizing‹ beteiligen will. Es gilt mir weniger, eine spezifische Form organisatorischer Veränderung per se zu desavouieren, als vielmehr auf schädliche Auswirkungen von unerkannten und abgespaltenen Einflüssen im Arbeitsleben hinzuweisen. Ich möchte in Anlehnung an die bahnbrechenden Arbeiten von Diamond (1984, 1985, 1988) und Diamond und Allcorn (1985) argumentieren, dass in unserer diversifizierten kapitalistischen Ökonomie Geschäfts- und andere Arbeitsorganisationen, ähnlich wie große ethnische Gruppen und Nationen, größtenteils unbewusst konstituiert und konstruiert werden. Downsizing ist ein ganz besonderes und gleichermaßen aktuelles Beispiel für diesen Prozess. Wirtschaft, Politik und Ökonomie sind – von der alltäglichen Verwaltung inkrementeller Veränderungen bis hin zu radikalen Veränderungs- und Wandlungsprozessen – mitnichten selbstreferenziell; vielmehr brodelt unter ihnen ein Vulkan.

Downsizing kann nicht getrennt von dem beschrieben werden, was es symbolisiert und von den bei allen Beteiligten ausgelösten Emotionen. Um es auf den Punkt zu bringen: Downsizing (und verwandte Konzepte) sind als kultureller Ausdruck der Problemdefinition und Problemlösung in der Sprache ökonomischer Notwendigkeiten zu verstehen. Während z. B. in der politischen Ökonomie der sechziger Jahre Bilder des Überflusses und der Großzügigkeit vorherrschten, sind nun die neunziger von Bildern des Mangels und der Entbehrung bestimmt, und kaum eine Ressource (Geld, Liebe, Zuneigung, Zuverlässigkeit) ist noch in ausreichendem Maße vorhanden, um für uns alle ein Überleben zu gewährleisten: Dies ist die zentrale, unausgesprochene Angst unserer Zeit.

Downsizing kann als die institutionelle Manifestation gegenwärtiger – sowohl gewaltfreier, als auch gewalttätiger – Auseinandersetzungen zwischen verschiedenen Gruppierungen innerhalb der Vereinigten Staaten verstanden werden (Stein 1990a, 1994a, 1995a). Seit 1990 ist der Kalte Krieg zwar vorbei und das ›Reich des Bösen‹, die Sowjetunion, existiert nur noch in unserer Erinnerung, doch brechen die Aggressionen, die durch diese bipolare Welt in Schach gehalten wurden, nun ungehindert hervor. Stephen S. Rosenfeld (1995) bringt z. B. in einem Artikel zum amerikanischen Verteidigungsetat den vorherrschenden Druck für eine Erhöhung des Etats auf sehr treffende Weise mit der allgegenwärtigen Verunsicherung und frei schwebender Angst in Verbindung:

> »Führende republikanische Kongressabgeordnete haben sein (Präsident Bill Clintons) Widerstreben aufgegriffen, das globale Umfeld nach Ende des Kalten Krieges, als von Gefahr und Kampf durchdrungen darzustellen. In ihrer angespannten Vorstellung ersetzt die Angst vor dem Chaos die alte Angst vor dem Kommunismus. Das Resultat ist eine ähnliche missionarische Kampfbereitschaft und eine erhöhte Bereitschaft, mehr für militärische Belange auszugeben (S. A25)«.

Wir leben mittlerweile alle in Bosnien. Unsere Äquivalente zur ›ethnischen Säuberung‹ und der ›Balkanisierung‹ werden in Bandenkriegen, in rassisch und ethnisch bedingten Auseinandersetzungen, sowie in einem skrupellosen wirtschaftlichen Wettbewerb ausgetragen – um nur drei der gegenwärtigen Erscheinungsformen zu nennen, die unser Streben zum Ausdruck bringen, das Gute ein- und das Böse auszuschließen, um in einer Ära zusammenbrechender globaler Grenzen verbindliche lokale Grenzen zu schaffen.

Historisch betrachtet würde ich Downsizing als eine Manifestation unseres internen Feldzugs gegen die anwachsende Flut innerer Bedrohung und interner Antagonisten sehen. Diese Auseinandersetzungen brachen mit dem Ende des Kalten Krieges aus und gingen mit dem emotional destabilisierenden Effekt einher, der mit dem Verlust der Vorstellung von der Sowjetunion als unserem ›Schatten‹ oder ›bösen Doppelgänger‹ ausgelöst wurde (Stein 1993, 1994a, 1995a, 1995b, 1995c, Volkan 1988), einer Vorstellung, die für Amerika lange und bewährt als Fokus für abgespaltene Aggressionen diente. Durch eine bumerangartige Wiederkehr des Verdrängten, des von uns Verleugneten und des zu unserem eigenen Seelenheil außerhalb unserer nationalen Gruppe Projizierten, finden wir uns jetzt in zerstreuten Allianzen und Oppositionen wieder, zersplittert in Lager von Verbündeten und Gegnern in Wirtschaft und Sozialwesen, in sowohl ethnische als auch politische Fraktionen geteilt. Zu unserem Unbehagen sind ›Wir‹ nun auch zum ›Anderen‹ geworden – verunsichert bezüglich unserer inneren Grenzen bemühen wir uns als Individuen und als Gruppen weiterhin, das ›Böse‹ aus unserer Mitte zu verbannen. Im Geschäftsleben wie gleichermaßen in der wissenschaftlichen Biomedizin werden diese Auseinandersetzungen gewaltfrei über Computerausdrucke und statistische Berechnungen ausgetragen. Doch der Tod und Todesphantasien sind allgegenwärtig – wie die folgenden Vignetten anschaulich bezeugen.

Bevor ich zu einer detaillierten narrativen Beschreibung von Downsizing und der Veranschaulichung durch Vignetten komme, möchte ich zunächst kurz meine Qualifikationen und Limitierungen darlegen. Meine Erfahrung stützt sich auf die aufmerksame Beobachtung der Sprache, Metaphern, Bilder,

Idiome, Emotionen und Euphemismen, die Menschen in Organisationen gebrauchen, um ihre tägliche Arbeit zu erklären, zu verstehen und zu rechtfertigen. Ein Großteil meiner Erfahrung nährt sich aus wissenschaftlicher und praktischer Arbeit im Gesundheitswesen. Fakultätssitzungen, Fall- und Lehrplankonferenzen, Teamsitzungen, Besprechungen zur Qualitätsüberprüfungen, Fachbereichs-Klausurtagungen und regionale und nationale medizinische Konferenzen sind alltägliche Begebenheiten, die jeweils einen Schlüssel zum Verstehen von Downsizingprozessen in sich bergen. Seit 17 Jahren leite ich ein Graduiertenseminar zum Thema ›Verhaltensforschung in Berufs- und Umweltmedizin‹ für Ärzte und deren Assistenten. Sie haben mir beigebracht, die Arbeitsplatzkultur genau unter die Lupe zu nehmen. Viele meiner Daten stammen aus Nachrichtenmagazinen und Zeitungen, aus medizinischen und Wirtschafts-Zeitschriften, aus den kostenlosen Magazinen verschiedener Fluggesellschaften sowie aus Fernsehen und Radio.

Letztlich gipfelten diese Erfahrungen darin, dass ich im November 1994 von der Leitung eines städtischen Krankenhauses gebeten wurde, einen dreiphasigen Downsizingprozessund die anschließende interne Reorganisation zu begleiten. In dieser Rolle habe ich eine geradezu qualvolle Vertrautheit mit den Tag für Tag anfallenden Vorbereitungen einer Massenentlassung gewonnen sowie mit den langfristigen Auswirkungen solcher Entlassungen auf die Moral und Aufgabenbewältigung der verbleibenden Mitarbeiter, die den Weg für eine Welt der verwalteten Fürsorge und Krankenhausfusionen ebnen sollten. Durch sie habe ich mehr gelernt als mir angenehm war. Für mich gibt es kein Abwenden, keine Umkehr mehr von dem, was sie mir beigebracht haben.

Ich bin meinen Lesern eine kurze Auskunft über meine Methode bzw. meinen modus operandi schuldig. Ich führe alle meine Forschungen als angewandter medizinischer und organisatorischer Anthropologe durch. Das bedeutet, dass ich meine organisatorische Beratungstätigkeit als eine Form angewandter Feldforschung einstufe. Ich weiß nie im Voraus, was ich untersuchen soll oder werde. Ich bin von Natur aus neugierig. Ich bemerke oft Unvereinbarkeiten zwischen den sozialen Realitäten, für die Menschen eintreten und denen, die ich beobachte oder die ich aufgrund der Worte, Handlungen und Emotionen anderer erschließe (Richard 1956). Viele meiner zuverlässigsten Daten gewinne ich aus meinen eigenen emotionalen Reaktionen (Gegenübertragungen) während des Beratungsprozesses. Die Subjektivität des Beobachters oder Beraters kann ein wertvolles Instrument zusätzlicher Objektivität sein, selbst wenn ihr gleichermaßen die Gefahr der massiven Verzerrung innewohnt.

›Schindlers Liste‹ als Parabel für das Downsizing von Amerika

Dieser Artikel wurde durch Steven Spielbergs Film ›Schindlers Liste‹ (1993) inspiriert. Trotz seiner historischen Ungenauigkeiten und Untertreibungen war der Film ein finanzieller Erfolg und wurde 1994 sogar mit dem Oscar für den besten Film ausgezeichnet. Mich selbst hat der Film derart aufgewühlt, dass ich ihn mir dreimal angeschaut habe – nicht zuletzt, weil er mir als amerikanischem Juden einen sicheren Kontext für die Annäherung an ein immer noch schmerzliches historisches Trauma bot. Je öfter ich mir den Film ansah, desto mehr begann ich ihn als Allegorie für das Amerika der neunziger Jahre zu sehen, und nicht nur als Quasi-Dokumentarfilm über Europa zwischen den Jahren 1933 bis 1945. Gibt es z. B. in Amerika überhaupt noch irgendwelche ›unentbehrlichen Arbeitskräfte›? Ist nicht ›das Unternehmen‹ – sei es unser eigenes oder das eines Porzellanherstellers und Lebemanns Oskar Schindler – Drama, Oper, Kino und mörderische Realität zugleich?

Ich bin mir selbstverständlich im Klaren darüber, dass die Entlassung einer großen Anzahl von Mitarbeitern natürlich nicht gleichbedeutend ist mit deren Hinrichtung durch Erschießungskommandos und der Vernichtung in Gaskammern. Ein symbolischer Mord kann einem tatsächlichen Mord genau so wenig gleichgesetzt werden, wie Äquivalenz auf einer unbewussten Ebene gleichbedeutend sein kann mit Äquivalenz auf der Realitätsebene. Ich möchte mit dem hier gezogenen Vergleich den zitierten Menschen lediglich Gehör verschaffen und dazu beitragen, dass wir uns fragen, warum so viele von ihnen ihre Erfahrung mit der katastrophalen Symbolik des Holocaust beschreiben. Ich möchte mich dafür einsetzen, dass wir ihre Darstellungen nicht voreilig als Übertreibung abtun. Wenn eine ganze Nation Downsizing als die bevorzugte Problemlösungsstrategie ansieht, werden viele Menschen ohne Hoffnung auf einen Arbeitsplatz und eine entsprechende Sozialversicherung im Regen stehen gelassen. Sie stehen vor der Bedrohung ausgelöscht zu werden, zu verschwinden, sich zu verkriechen und zu sterben.

Auf diesem Hintergrund macht die Präsenz solcher inneren metaphorischen Repräsentation des Holocausts aus psychodynamischer Sicht durchaus Sinn.

Sicherlich laufen ›ältere‹ Mitarbeiter (um die 50) am ehesten Gefahr, als entbehrlich eingestuft zu werden. Welchen Wert haben schließlich noch Loyalität, ein Wissen um die Geschichte der Institution – z. B. was früher einmal ausprobiert wurde und erfolgreich oder zum Scheitern verurteilt war? Informelles Networking oder der Umfang des Adressbuchs auf deinem Schreibtisch werden bedeutungslos, wenn dich deine Vorgesetzten und jüngeren Kollegen nur noch als ›tote Masse‹ oder der Verschlankung des Unternehmens im Wege stehenden ›Speck‹ betrachten. Können sich aber anderseits diese ›jung-dynamischen‹, billigeren Konkurrenten tatsächlich eher in Sicherheit wiegen, wenn doch das höhere Management zunehmend beginnt, ihnen all diese Boni und Vergünstigungen zu neiden?

In diesem Aufsatz beschäftigt mich meine Phantasie, in der die amerikanische Kultur zu ihrem eigenen Vernichtungslager geworden ist, in dem wir auf einen Oskar Schindler oder Daddy Warbucks (der Industrielle aus dem Broadwaymusical Annie, der sich vor eineinhalb Jahrzehnten großer Popularität erfreute) hoffen, der uns mit Jobs und Krankenversicherungen ausstattet und unsere Würde aufrecht erhält. Aber im Film konnte sogar einer mit den richtigen Papieren, eine ›unentbehrliche Arbeitskraft‹, aus dem Arbeitsprozess herausgeholt und mit einem gezielten Kopfschuss ins Jenseits katapultiert werden. In unserer Filmphantasie sind wir nun alle durch Firmenflure, Industrien und Universitäten wandelnde Juden. Sogar das Top-Management, dem in unserer Phantasie eher die Rolle der Nazifolterer und Schlächter zukommt, ist von dieser Bedrohung nicht ausgeschlossen. Wir sind sowohl Juden als auch Deutsche, wir schwanken zwischen Opfer- und Täterrolle. Es gibt kein Verstecken, kein Entkommen. Wir, die wir uns durch die Vernichtung anderer haben retten können, können schon Morgen Opfer der Vernichtung werden. Statistiken sowie Gewinn- und Verlust-Rechnungen sind Symptome, die das Deckmäntelchen entpersonalisierter Lösungen tragen. Downsizing ist zwar unblutig, aber dennoch wissen wir, dass wir eine Blutspur und eine Blutlache geschaffen haben. Symbolischer Mord impliziert den Wunsch zu töten.

Schindlers Liste ist eine Parabel. Was die Nazis den Juden angetan haben, ist ein Sinnbild dessen, was wir Amerikaner uns nun gegenseitig antun. Zuweilen ist in Filmen und anderen künstlerischen Fiktionen mehr Wahrheitsgehalt als in offiziellen soziologischen Fakten. Während des Vietnamkrieges, dessen Erinnerung uns auch nach 20 Jahren immer noch heimsucht, konnten wir Amerikaner Freund und Feind nicht mehr voneinander unterscheiden. Alle Vietnamesen wurden zu potentiell gefährlichen ›Gooks‹ – Dingen, nicht Menschen – zu depersonalisierten Bedrohungen. Heute wissen wir nun in amerikanischen Krankenhäusern, Firmen, Banken, Forschungsinstitutionen, Fabriken, Universitäten und sogar innerhalb der Regierung, von heute auf morgen plötzlich nicht mehr, wer unsere Verbündeten und wer unsere Feinde sind. Von einigen Managern habe ich bereits gehört: »Es ist nicht auszuschließen, dass die Person oder der Vorstand, dessen Personalfreisetzungen ich heute durchführe, mich morgen – ganz ungeachtet meiner Produktivität oder Loyalität – gleichermaßen feuert«. Die Lebenden werden zu überflüssigem Abfall.

Wie ein Bericht des Department of Health and Human Services (1995) aufzeigt, ist das Ausmaß der Destruktivität emotional schwer fassbar:

> »So wie die achtziger Jahre dieses Jahrhunderts als das Jahrzehnt der Fusionen und Akquisitionen in die Geschichte eingehen werden, kann man davon ausgehen, dass die neunziger Jahre als Dekade des Downsizing und der Reorganisation in Erinnerung bleiben werden. Die Entwicklung in Richtung Downsizing begann gegen Ende der achtziger Jahre, verstärkte sich während der neunziger Jahre zunehmend und betraf bald nicht nur Arbeiter, sondern auch Angestellte. Das Resultat dieser Entwicklung war ein geradezu epidemischer, durch Downsizing entstandener Verlust von Arbeitsplätzen in allen Wirtschaftsbereichen sowie erzwungene Karrierewechsel, vor allem bei Angestellten und im mittleren Management. Schätzungen zufolge haben zwei Drittel der großen amerikanischen Firmen – das sind mehr als 5000 Arbeitgeber – in der letzten Hälfte der achtziger Jahre Personal abgebaut. Zwischen 1983 und 1988 wurden circa 4.6 Millionen US-amerikanische Arbeiter entlassen, davon 2.7 Millionen (57,8 %) allein aufgrund von Stillegungen von Produktionsanlagen. Schätzungsweise 300.000 Arbeitsplätze werden allein im Bankgewerbe während der neunziger Jahre abgebaut werden, und über 200.000 Stellen werden als Teil der Bundesinitiative ›Reinvention‹ vernichtet werden« (Announcement No. 572, S. 3).

Es drängt sich die Frage auf, warum unsere Nation für beinahe ein Jahrzehnt dem Glauben aufgesessen ist, dass (a) die Hauptmotive für Downsizing ökonomischer Natur sind und dass (b) nur diejenigen, die ihre Stellen verloren haben, als Opfer zu betrachten sind. Zudem müssen wir uns wundern, dass wir (c) so lange gebraucht haben, um zu verstehen, dass Downsizing – ob innerhalb oder außerhalb des Arbeitsplatzes – ein Problem ist, das alle betrifft. Es ist kulturell bedeutend wie gleichermaßen beunruhigend, dass uns das Ausmaß dieses Leidens erst jetzt überrascht. Diese Selbstblendung führt uns – nicht unähnlich der tragischen Figur des Ödipus – zum Kern des Problems. ›Unterm Strich betrachtet‹ *können kulturelle Werte nicht mit ökonomischen Werten in einer Jahresbilanz gleichgesetzt werden.* Wir werden uns mit der gedanklichen Konstruktion dessen, was ›unterm Strich rauskommen soll‹ sehr gewissenhaft auseinandersetzen müssen. In jedem Fall ist uns ›Schindlers Liste‹ eine deutliche Warnung vor dem, was ›bottom line‹ mit unseren grundamerikanischen Werten geschieht – ein Gedanke, den ich in meiner Behandlung der Vignetten wieder aufgreifen werde.

Wir müssen sehr genau auf die Bilder, Worte und Metaphern achten, die Menschen verwenden, um ihre Gefühle zum Ausdruck zu bringen, wenn sie über Downsizing reden und ihre jeweiligen Rollen darin beschreiben. Sie sind keineswegs unwichtige Begleiterscheinungen, quasi die Verzierung auf der Torte. Wenngleich ein organisatorischer Personalabbau für gewöhnlich unblutig vollzogen wird und letztlich Parallelen zu dem, was Lucy Dawidowicz (1975) den ›Krieg gegen die Juden‹ nennt, rein sinnbildlicher Natur sind, müssen wir es trotzdem ernst nehmen, wenn vom Downsizing Betroffene die Vernichtung durch den Holocaust immer wieder als Bezugssystem verwenden, um ihre Gefühle und Erfahrungen mit Massenentlassungen zu beschreiben.

Im Endeffekt ist in diesem Prozess niemand sicher. Keiner kann wirklich ausgenommen werden, und jeder ist in gewisser Weise auch mitschuldig. In der unsicheren Welt des Downsizing sind die Grenzen verschwommen und verschieben sich ständig. Jeder ist ein potentieller Nazi und ein potentieller Jude zugleich. Es sind alle gleichermaßen dieser Gefahr ausgesetzt; festgeschriebene Rollen als Täter, Opfer oder Unbeteiligter (Hilberger, 1992) existieren nicht mehr. Die systematische Erniedrigung und Entmenschlichung von Nicht-Ariern im Holocaust (Nicht-Wir: Personen, die zu wertlosen Unmenschen gemacht wurden, den ›Anderen›) bietet sich als Sinnbild für Downsizing nicht zuletzt deshalb geradezu an, weil beide auf unbewusster Ebene – und vielleicht auch gar im Hinblick auf ihre Handlungsorientierung – ganz ähnliche Zielsetzungen erkennen lassen.

Hinzu kommt eine anderen Ebene, die wir als phänomenologische charakterisieren können: Hier geht es darum, wie die Menschen mit dem Erleben eines Downsizingprozesses umgehen und ihn verarbeiten. *Einen Downsizingprozess zu durchleben, ihn am eigenen Leibe erlebt und gespürt zu haben, ist so schrecklich, so verheerend und so regressionsfördernd, dass der Holocaust als einzig angemessenes und gerechtfertigtes Bild der Beschreibung dienen kann.* Zunächst fragt man sich: »Was ist wirklich real?« »Ist dieses wirklich innerhalb unserer Organisation passiert, uns angetan worden?« »Haben wir das wirklich getan?« Um diese Fragen wirklich beantworten zu können – ganz egal, ob als Berater, als außenstehender Beobachter oder Arbeitnehmer – muß man die Fähigkeit entwickeln, enorme Schuldgefühle, Scham, Angst, Wut, Bedauern und Trauer zu durchleben. Man spürt die durch Regression hervorgerufene Desorganisation und den verzweifelten Versuch, die innere und äußere Welt zu reorganisieren. Als nächstes stellt sich die Frage: »Welche Bilder verdichten sich dergestalt, um sowohl diese Gefühle, Wünsche und Phantasien als auch die Abwehrmechanismen zu tragen, die uns vor der Überflutung durch diese Gefühle schützen.?« Diejenigen, die auf diese Analogie zum Nazi-Holocaust bestehen, können uns einiges darüber lehren, wie den Realitätsverzerrungen des Downsizing die verschleiernden Euphemismen vom Antlitz gerissen werden können. Die Verwendung der Holocaustmetapher wird erst dann tatsächlich unzutreffend und falsch, wenn wir die Metapher wörtlich verstehen. Eine Erweiterung dieser Fragestellung ist die Suche nach der Motivation hinter der Auswahl des Holocausts und der Auseinandersetzung zwischen Nazis und Juden als zentralem Bezugsrahmen. Ich werde dieser analytischen Frage mit den folgenden Vignetten nachgehen.

Downsizing und seine Opfer

Welche Auswirkung hat es auf die Arbeitsmoral von Unternehmen, auf das Wesen und die Seele von Organisationen, wenn sie durch folgende Leitsätze geprägt sind: »Ohne Marge, keine Mission«, »Im Grunde genommen zählt nur, was im Jahresbericht unterm Strich steht«, »Erzählen Sie mir nicht, was Sie gestern für mich erreicht haben, erzählen Sie mir, wie Sie der Firma morgen nützen wollen«, oder wenn ein verunsicherter Arbeiter nach einer Serie von Entlassungen zu hören bekommt: »Was nörgeln Sie hier noch rum? Sie sind nicht gefeuert worden! Sie haben ihren Job noch, Sie sollten sich glücklich schätzen und sich um unseren zukünftigen Profit Sorgen machen!« Welche Auswirkungen hat es auf Produktivität und Gewinnspanne, wenn die ›Überlebenden‹ so oder ähnlich erniedrigt werden? Welche Auswirkungen hat es, wenn man als ›Überlebender‹ bezeichnet wird oder sich selbst so bezeichnet. Wie entwickeln sich Gewinn und Produktivität in der Realität und der Erwartung?

Wie in einer wirklichen dramatischen Inszenierung treten nun von außen die Downsizingtruppen und -beraterteams auf die Bühne und verbreiten eine von militärischen Metaphern, Wettbewerbsdenken und kriegerischem Gestus nur so strotzende Atmosphäre. Diesen Truppen fällt die symbolische Funktion von SWAT-Teams (Special Weapons and Tactics) und Spezialeinheiten zu. Ökonomische und militärische Metaphern verschmelzen. Das Geschäftsleben gleicht zunehmend einem verschleierten militärischen Einsatz, in dem nur die Tüchtigsten überleben können. Die Entwicklung einer vollkommen neuen Zukunft wird unmissverständlich an die Auslöschung des Alten geknüpft.

Ganz gleich, ob in Produktion, Vertrieb, im Sozial- und Bildungswesen oder in der öffentlichen Verwaltung: Downsizing ist die ›logische‹ kulturelle Konsequenz einer weitverbreiteten *Ausmerzung jeglicher Vergangenheit und einer arroganten, eindimensionalen und verkürzten Sicht der Zukunft.* Diese Zukunftsvisionen werden zumeist von oben von solchen Top-Managern verordnet, die von der organisatorischen Realität weit entfernt sind, und sich selbst weitgehend isoliert haben. Hinzu kommt, dass die Anteilseigner oder Hauptinvestoren oft Risikokapitalgeber sind, die nur wenig Interesse dafür aufbringen können, sich mit den jeweiligen Eigentümlichkeiten oder Gesetzmäßigkeiten eines jeweiligen Industriezweigs, in den sie sich gerade eingekauft haben, vertraut zu machen.

Downsizing ist eine institutionalisierte Lösung, die wiederum in eine weltweite Sichtweise eingebettet ist, nach der menschliches Leben nur als Bestandteil eines globalen Wettbewerbs betrachtet werden kann. Wie ein von Hobbes gezeichnetes Bild unseres sozialen Zusammenlebens (nicht nur am Arbeitsplatz), das allein von einer ›Alles-oder-Nichts-Ökonomie‹ ausgemalt wird. Ein Sozialdarwinismus also im unternehmerischen, statt in (oder zusätzlich zu) einem nationalen Gewande. Der Arbeitsplatz wird so zur Reifikation des Körpers, mit dem wir unser Schicksal symbolisch verbinden. Auf der Ebene der Phantasie gibt es in dieser Arbeitswelt keine Menschen mehr, nur noch Produkte, Produzenten (Roboter) und die von Furcht, Verlust und Tod überschatteten ersehnten Gewinne.

Wie sieht eine Weltsicht aus, in der Downsizing und Restrukturierungen dermaßen als sinnvoll gelten und gar zu Glaubensgrundsätzen erhoben werden? Angesichts der Geschwindigkeit, mit der Downsizing und Restrukturierung heute immer wieder sogleich als Patentlösung vorgeschlagen werden, möchte ich hier empfehlen, Downsizing zunächst eher als Problem, denn als Lösung zu betrachten. Aber kann sich denn eine ganze Gesellschaft derart irren (s. Edgerton 1992, Endleman 1995, La Barre 1972, Stein 1994a)? Wenn ja, in welcher Hinsicht? Ist Downsizing schon an sich immanent schlecht (dehumanisierend, herabwürdigend und destruktiv) oder liegt das Übel eher in der Art der Implementierung? Wenngleich auch nicht beabsichtigt, so haben wir doch durch diese Vorgehensweise bislang als Resultat eine psychisch verletzte, wehrlose, abhängige, abgezehrte und wütende Schar von Arbeitnehmern geschaffen. Diese Maßnahmen rechtfertigen wir dann mit einem Verweis auf die ökonomische Notwendigkeit für das Überleben des Unternehmens.

Die Euphemismen und Verschleierungen im Zusammenhang mit Downsizing erinnern an Sprachreglementierungen, wie sie von Orwell in seinem Roman *1984* dargestellt wurden; sie stellen ein vollständiges Vokabular des Selbstbetrugs dar. Die emotionale Realität besteht jedoch aus blitzkriegartig inszenierten Entlassungswellen, aus einem ›Verraten- und Verkauft-Werden‹ und sinkender Moral. Downsizing ist eine aktuelle Ausdrucksform eines Phänomens, das ich mit dem Begriff ›Ermordung des Geistes‹ beschreiben möchte: Ein allgegenwärtiger, aber bislang kaum untersuchter Akt der psychischen Gewalt am Arbeitsplatz, durch den Menschen verdinglicht werden und sich selbst auch so erleben: als Handelsobjekte oder Waren, als austauschbare Produkte und Räder im Produktionsprozess. Wer sich für ein solches ›Funktionieren‹ untauglich zeigt, landet schlicht und ergreifend auf dem Schrott. Ungeachtet der allgemeingültigen oberflächlichen Rhetorik eines ›Total Quality Managements‹, ähneln die neunziger Jahre doch eher dem in den frühen zwanziger Jahren dieses Jahrhunderts propagierten Ideal eines

Fredrick Winslow Taylors: Einer in jeder Hinsicht effizienten, kontrollierten und unpersönlichen amerikanischen Wirtschaft, die von den Prinzipien des ›Scientific Managements‹ geleitet wird. Heute gleicht sich sogar das Gesundheitswesen, mit seiner inzwischen standardisierten Architektur, Ausstattung und zwischenmenschlichen Interaktion immer mehr den Prinzipien klassischer Produktionsstätten an.

Wer sind aber nun die Opfer des Downsizing? Eine Antwort auf diese Frage wird von der Art und Weise abhängig sein, *wie* die Opferrolle definiert wird und von *wem*. Zunächst sind es doch scheinbar nur diejenigen, die entlassen werden. In offiziellen Verlautbarungen ist jedoch von Opfern überhaupt keine Rede, sondern lediglich von ökonomischen Notwendigkeiten. Anderseits gibt es kaum noch jemanden in unserer von Versorgungsansprüchen dominierten Gesellschaft, der *nicht* auf seinem Opferstatus beharrt: als Angehöriger einer ethnischen Minderheit, einer bestimmten Nation, Rasse, Altersgruppe, Klasse oder eines Geschlechts. Ich bin mir sicher, dass letztlich jeder zum Opfer wird: Topmanager und Finanzexperten wie auch das mittlere Management, das Entlassungen aussprechen muss, werden ebenso zum Opfer wie ›die Überlebenden‹ in den ›Schützengräben‹ oder die Mitarbeiter des Sicherheitsdienstes, die die Gefeuerten zu ihren Autos begleiten, um so Sabotageakte zu verhindern. Werden sie doch vorerst ›nur‹ psychologische Opfer ihrer eigenen Gleichgültigkeit, Abgestumpftheit und Verleugnung, um dann jedoch nicht selten schließlich auch selbst der eigenen gnadenlosen Revolution anheim zu fallen. Nicht wenige erfahrene, durchsetzungsstarke, selbstgerechte, draufgängerische und einschüchternde Geschäftsführer und Finanzexperten, die ich kannte, wurden zuletzt von denselben Vorständen gefeuert, von denen sie zunächst angeheuert wurden, um den Prozess des Personalabbaus in Gang zu bringen.

Erfahrungsrealität des Downsizing: Einige Vignetten

Vignette 1

Heute kommen Führungspersönlichkeiten, Wissenschaftler und Berater gleichermaßen nicht umhin, auf die weitreichende Todessymbolik aufmerksam zu werden, die sich in den Äußerungen und Erfahrungsberichten derjenigen manifestiert, die einen Restrukturierungs- oder Downsizingprozess durchlebt haben. In meiner ersten Vignette zitiere ich ein Beispiel, von dem mir ein Kollege bei einer Organisationsberater-Konferenz berichtete. Er war gegen Anfang der neunziger Jahre an einem bekannten Forschungs- und Entwicklungsinstitut tätig gewesen. Der gängige Spitzname, den man dort für den

Personalabbau fand, war ›sudden death‹ (›plötzlicher Tod‹). Diese Bezeichnung verbreitete sich innerhalb kürzester Zeit wie ein Lauffeuer.

Die unseligen Vorgesetzten, die die Kündigungen der anderen letztlich auszusprechen hatten, wurden ›angels of sudden death‹ (Engel des plötzlichen Todes) genannt, eine zynische Verdrehung der himmlischen Allegorie: Das Objekt erhoffter Erlösung wird zum Vollstrecker unverhofften Terrors. In diesem Kontext ist daran zu erinnern, dass der berüchtigte Dr. Josef Mengele, der in Konzentrationslagern ›Experimente‹ an Tausenden von Juden vornahm, ebenfalls den Spitznamen ›Angel of Death‹ (Engel des Todes) trug (Lifton 1986).

Die Kündigungen wurden alle fristlos ausgesprochen, es gab abgesehen von einigen Gerüchten keinerlei Vorwarnung. Mitarbeiter des Sicherheitsdienstes eskortierten die Entlassenen zu ihren Autos, nachdem diese ihre Kündigung entgegengenommen, ihre Schreibtische geleert und ihren Arbeitsplatz geräumt hatten. Aus Furcht vor Sabotageakten an wichtiger technischer Ausstattung oder Computern wurde allen ehemaligen Mitarbeitern, nachdem sie ihre Schlüssel abgegeben hatten und zu ihrem Wagen geleitet worden waren, fortan der Zutritt zum Gebäude verwehrt. Allein die Vorgehensweise bei diesem Personalabbau war so traumatisierend, dass die Erinnerung daran Furcht und Schrecken wach hielt und das Leben im Forschungslabor nachhaltig mit Angstphantasien terrorisierte. Dessen ungeachtet wurden jedoch alle dazu angehalten, einfach so weiterzumachen, wie bisher, bzw. doch bitte, ihre Anstrengungen zu verdoppeln. Diese Art einer ›erzwungenen Wiederherstellung von Normalität‹ basiert auf einer ›Unfähigkeit zu trauern‹ (Mitscherlich & Mitscherlich 1975) und erschwert – oder verhindert im schlimmsten Fall gänzlich – eine wirkliche innere Wiederherstellung.

Vignette 2

Die innerhalb einer Organisation verwendeten Metaphern und Gleichnisse vermitteln uns ein Verständnis dafür, wie Mitarbeiter sich selbst und ihre Situation innerhalb der Organisation wahrnehmen (Stein 1990a, 1990b, 1994b, 1995a; Stein & Apprey 1987). Gleichermaßen dienen sie als ›Königsweg‹ zum Unbewussten einer Organisation, als Zugang zu den tief verwurzelten Phantasien und Emotionen, die diesen immer wiederkehrenden Bildern zugrunde liegen.

Organisatorische Metaphern bringen eine gespaltene intrapsychische soziale Realität zum Ausdruck (Diamond 1993), sie reflektieren das Leben innerhalb der Organisation. Durch die von ihnen verwendeten Metaphern sagen uns Manager und Angestellte »wie es sich anfühlt, hier zu arbeiten«. *Downsizing, Personalabbau, Rightsizing, Restrukturierung, Reengineering, Outplacement* und *Outsourcing* sind gängige Metaphern für ›ein Zufügen oder Ertragen großer Qualen mit der gleichzeitigen Möglichkeit, größtmögliche emotionale Distanz zu diesem Leiden zu wahren‹. Durch Euphemismen, die dem Sprachgebrauch der Mechanik oder Architektur entliehen wurden, können wir uns quasi des Gewissens anderer bedienen, wir können unsere persönliche Verantwortung an die ›Organisation‹ abtreten. Das Gefühl, Schaden verursacht zu haben, können wir so möglichst klein halten, unser Verantwortungsgefühl, unsere Angst, Schuldgefühle und Scham werden so minimiert (Alford 1990). Abwehrmechanismen, die im sozialen Konsens gerechtfertigt und akzeptiert wurden, werden als solche gar nicht mehr erkannt, man hat schließlich das Gefühl, sie seien Realität. Wir ›restrukturieren‹ Menschen, die wir zu kalten, toten Objekten reduziert haben – nicht wirkliche, echte und ganze Menschen.

In einem großen, von der Katholischen Kirche getragenen städtischen Krankenhaus, das auf eine lange Tradition in der Versorgung ärmerer Bevölkerungsschichten zurückblicken konnte, wurde vom Management einseitig – ohne Rücksprache mit den Abteilungsleitern und dem medizinischen Personal – ein drastischer Personalabbau verkündet und durchgeführt. Von vielen Mitarbeitern wurde diese Massenentlassung nur noch als ›Pearl Harbor‹ bezeichnet – und das in einer Institution, dessen gesamte Hierarchie sich den vom Vatikan hochgehaltenen Werten der Würde und der Subsidiarität verpflichtet hatte (d. h. Ansiedlung von Entscheidungskompetenz und Verantwortung nicht nur bei den höchsten kirchlichen Würdenträgern, sondern auch auf den unteren Ebenen in den Kirchen, Gemeinden und Krankenhäusern). In dieser Situation war die Angst vor wirtschaftlichem Abstieg und Arbeitsplatzverlust untrennbar mit Gefühlen von Scham und Verrat verbunden, mit einer Wut und Verzweiflung, die die Zukunft des Krankenhauses auch für diejenigen überschattete, die ihren Job nicht verloren hatten.

Insgesamt waren sowohl das säkulare Forschungs- und Entwicklungsinstitut aus Vignette 1, als auch das christlich geleitete Krankenhaus von dieser kurzsichtigen ökonomischen Grundhaltung eingenommen, die ein Downsizing so attraktiv macht. Die Bildsprache der Betroffenen erzählt jedoch eine ganz andere Geschichte: Der Vergleich mit dem Überraschungsangriff auf Pearl Harbor oder das Bild vom unheilvollen Todesengel – und damit des Nazidoktors Josef Mengele – verweisen auf eine zugrunde liegende Erfahrungsrealität, die wir nicht so ohne weiteres abtun können.

Es ist nicht schwer, diese Metaphern zu entschlüsseln. Sie entziehen sich uns nur dann, wenn wir uns davor schützen wollen, sie wahr- und dadurch auch ernst zu nehmen. Ein Beispiel: Bei der Durchsicht von Abschriften verschiedener Interviews, die im Rahmen der Studie eines Downsizingprozesses in einem großen Krankenhaus gemacht worden waren (Allcorn, Baum, Diamond & Stein 1996), notierte ich mir folgende Metaphern und Gleichnisse:

»Die Gerüchteküche brodelt; Ich habe Angst, dass unsere Abteilung zum Sündenbock gemacht werden wird, falls Probleme entstehen; erwischt es diesmal mich (Entlassung)?; schwarzer Freitag, D-Day (Invasion); wie lange kann man jemanden eine Pistole an den Kopf halten, bis schließlich einer sagt: ›Schieß‹? (Reduktionen); es war wichtig zu hören, dass das Schiff nicht dem Untergang geweiht ist, und gesagt zu bekommen, das wird schon wieder; die Organisation platt machen (administrative Ebenen); wir wurden wie Schlachtvieh in der Halle zusammengetrieben (Benachrichtigung über Entlassungen); es ist, als lägen die Universität und das medizinische Zentrum unter einer Käseglocke. Die Leute wissen nicht, was da draußen passiert (Fragen der Abgrenzung); alle fühlen sich verletzlich. Alle haben das Gefühl, wir dürften so etwas (den Personalabbau), genau wie den Holocaust, nie wieder zulassen.«

Der Leser mag mir nun vorwerfen, dass ich durch eine solche Auflistung isolierter Kernmetaphern, diese aus ihrem narrativen Kontext trenne. Dem würde ich nicht widersprechen. Ich möchte den Wert des narrativen Flusses der mit Krankenhausmanagern geführten Interviews keineswegs in Abrede stellen. Anderseits kann ein solcher Kontext häufig auch verschleiern, wo es wirklich ›brennt‹. Der ›Brandherd‹ lässt sich dann am ehesten identifizieren, wenn wir die Metaphern in ihrer isolierten Form und damit in größter Annäherung an den unbewussten Kontext untersuchen. Das Durcharbeiten der oben aufgeführten Liste ist eine emotional anstrengende und überwältigende Angelegenheit. Es gibt darin keine Zuflucht, keinen Schutz vor dem völligen Ausgeliefertsein. Vielleicht fühlt es sich genau so an, in diesem Krankenhaus zu arbeiten.

Vignette 3

In einer großen städtischen medizinischen Hochschule – einem Zusammenschluss von einem Dutzend spezialisierter Krankenhäuser – entstand gegen Ende des Jahres 1994 eine Flut von Gerüchten, die besagten, dass 400 Mitarbeiter entlassen und weitere 400 unbesetzte Stellen (im medizinischen Bereich und in der Verwaltung) gestrichen werden sollten. Ein ganzer Krankenhauskomplex sollte geschlossen werden und ein Transfer dieser Mitarbeiter zu anderen Häusern war nicht möglich. Die Belegschaft dieses Hauses erfuhr Mitte Januar 1995 aus Zeitungsberichten von diesen Plänen. Ich wurde vom Management eingeladen, um zusammen mit der Personalabteilung und der Pflegedienstleitung die berufene ›Task Force‹ darin zu unterstützen, die Mitarbeiter auf diese anstehenden Veränderungen vorzubereiten und eine Nachbetreuung zu leisten. Ich bin heute noch in dieser Beraterrolle dort tätig.

Während eines ersten zweistündigen Treffens im Januar machten viele Mitglieder des Vorbereitungsstabs Äußerungen, die den in Vignette 2 angeführten Aussagen ähnelten. Ein Vergleich der Darstellungen organisatorischer Desaster wie Downsizing, wird Beratern ebenso wie Theoretikern dabei helfen können, lokalspezifische und universelle Motive zu identifizieren und zu differenzieren. In meinen Aufzeichnungen der damaligen Treffen habe ich folgende prägnanten Äußerungen festgehalten:

Ich plane ein Begräbnis für jemanden, der noch gar nicht weiß, dass er sterben wird ... Als Manager habe ich das Gefühl, es herrsche der Zweite Weltkrieg. Die Nazis sind eingerückt und verlangen von uns: ›Identifizieren sie die Juden für uns, damit wir sie wegschaffen können. Zeigen Sie uns anschließend die Zigeuner und dann die Polen‹ ... Genau so komme ich mir vor ... Wir richten ein Begräbnis aus und wissen nicht einmal, wer kommen wird ... Das hier ist mein Zuhause (Die Krankenhäuser, die Sprecherin hat Tränen in den Augen)! Das ist meine Familie! ... Krankenpflege hat etwas Nährendes und es ist schwer, sich von Menschen zu verabschieden. Wie soll also eine Krankenschwester einer anderen sagen, dass sie gefeuert ist? Ich bin doch auch Führungskraft. Wie soll ich mit weniger Mitarbeitern auskommen (und trotzdem adäquat pflegen)? Wenn ich auch jetzt nicht abgesägt werde, so gibt es doch keine Garantie, dass ich nicht beim nächsten Mal dran bin ... Ich habe große Bedenken, dass auch ich nicht mehr lange hier beschäftigt sein werde und bin dennoch gegenwärtig für das Programm zur Entlassung anderer mitverantwortlich.

Vignette 4

Das Material für dieses Beispiel stammt aus den Notizen, die ich mir während eines Treffens mit Verwaltungsangestellten eines Krankenhauses in mittleren Positionen im April 1995 gemacht habe. Obwohl die Verwaltungsangestellten die Notwendigkeit eines massiven Personalabbaus nicht in Frage stellten, hatten sie mich als Berater hinzugezogen, um den negativen Auswirkungen auf die Mitarbeiter von Anfang an entgegenzutreten und den Prozeß kurz- wie auch langfristig humaner zu gestalten. Das Treffen fand statt, nachdem die Teilnehmer zweiwöchige ›Displacement Training Workshops‹ für entlassene Mitarbeiter durchgeführt hatten. Holocaust-metaphern durchdrangen die Diskussion:

Die Leute (im Krankenhaus) warten nur darauf, dass die Nazis ankommen und die nächste Zugladung Juden fordern, die sie in ihre Lager bringen können. Wir haben jetzt drei ›Displacement Training Workshops‹ hinter uns, aber niemand kann uns sagen, was die Restrukturierung für uns bedeutet. Uns sagt ja keiner was. Die Entscheidungen werden oben getroffen, und wir sollen sie ausführen. Wir könnten die Nächsten sein, ganz egal, wie gut wir unseren Job machen.

Während des ›Downsizing Workshops‹ in der St. Gregory Kirche haben wir eine Job-Messe abgehalten, Leuten bei der Erstellung von Lebensläufen geholfen und mit ihnen Anträge für Arbeitslosengeld und andere Bezüge ausgefüllt. Wir hatten Experten da, die wirklich gute Karriereberatungen gemacht haben; es ging nicht nur darum, dass sich die Leute besser fühlen. Aber alle im Krankenhaus haben uns völlig ignoriert. Es war so, als gäbe es uns gar nicht und als hätte dieser Personalabbau nie stattgefunden. Niemand hat darüber gesprochen; niemand hat mit uns gesprochen. Es war als wollten sie nichts mit uns zu tun haben, obwohl sie natürlich genau wussten, was wir da die ganze Woche über gemacht haben. Hätte nicht einer der Ärzte anbieten können, die Pizza für die Leiter oder die Teilnehmer des Workshops zu besorgen (emphatisch, gequält)? Wir laufen hier (im Krankenhaus) herum, und die (anderen Mitarbeiter) tun so als würden sie uns nicht kennen. Niemand sieht, was wir hier machen. Die wollen das einfach nicht sehen.

Vignette 5

Die Daten in dieser Skizze stammen von den Notizen, die ich während eines Treffens mit dem mittleren Management eines Krankenhauses gemacht habe, etwa sieben Monate nach der Entlassung von 500 von insgesamt 3.500 Mitarbeitern. Es spricht eine erfahrene Krankenschwester, die mittlerweile im Pflegedienst arbeitet, über die Atmosphäre in der Personalabteilung (in deren Räumen das Treffen stattfand). Um zu unserem Konferenzraum zu gelangen, musste sie die Büroräume der Personalabteilung durchqueren:

Früher herrschte in der Personalabteilung immer gute Stimmung, das war ein Ort, an dem man sich wohl fühlen konnte. Heute ist Schluss mit Lustigsein. In der Personalabteilung ist es noch schlimmer als in den anderen Abteilungen des Krankenhauses. Die Atmosphäre ist von Hilflosigkeit, Hoffnungslosigkeit und Machtlosigkeit gekennzeichnet. Man möchte am liebsten schreien: ›Das hat auch auf mich Auswirkungen gehabt!‹ Nicht nur auf diejenigen, die heute nicht mehr da sind ... In der gesamten Personalabteilung gab es keine Gehaltserhöhung, außer für unseren Controller (der dem Krankenhausmanagement gegenüber für die Entlassungen verantwortlich war), der aufgezeigt hat, was man mit einem Computer so alles bewerkstelligen kann. Der hat eine Gehaltserhöhung gekriegt. »Sorgt dafür, dass sie (die Gekündigten) verschwinden«, war das einzige, was wir zu hören bekommen haben. ›Und wir wollen nichts mehr davon hören.‹ Es gab keinerlei finanzielle Anerkennung oder auch nur ein ›Dankeschön‹ für das, was wir geleistet haben (zweiwöchige Job-Messen, in denen allen Berufsgruppen, deren Jobs weggefallen waren, Informationen und Unterstützung zuteil wurden).

Interpretation, Implikationen und Schlussfolgerung

Wie sollen wir – als Führungskräfte, Manager, Berater, Sozialwissenschaftler oder einfach nur als Normalsterbliche – mit diesen Vignetten und der darin enthaltenen Bedeutung von Downsizingprozessen umgehen? Können sie uns dabei behilflich sein, die durch Down-sizing bedingten Auswirkungen, Prozesse und Tragweiten, die evozierten Symbole und Gefühle besser zu verstehen? Können sie uns Wesentliches über die amerikanische Kultur und die menschliche Natur vermitteln, sowie darüber, wie wir damit umgehen können? Kann es sein, dass wir – als Wissenschaftler, Ärzte und Manager – der Verantwortung für kulturelle Veränderung ausweichen, dass wir uns auf einen schizoiden Holzweg begeben haben, in der Hoffnung dort Zuflucht und Wiedergutmachung zu erlangen? Ziehen wir aus der umfassenden Vernichtung eines menschlichen Lebens überdies womöglich eine heimliche Genugtuung und Freude? Stellt Downsizing vielleicht sogar eine moderne, höchst abstrakte Form des Menschenopfers dar – nach dem Motto: Für unser Überleben muss ein anderer sterben? Sind unsere heutigen Formen des Personalabbaus und Downsizing den vormals blutigen Aztekenriten gleichzusetzen, mit denen die Wiederkehr der Sonne sichergestellt werden sollte? Vielleicht ist Downsizing durchaus auch als Ausdruck eines Bemühens zu verstehen, für uns und unsere Institution Zeit zu gewinnen, indem wir zunächst andere einen symbolischen Tod sterben lassen? (Die Vorstellung vom Überleben einer Organisation oder eines Arbeitsplatzes ist jedoch an sich schon eine Verdinglichung, Projektion und Vermenschlichung (siehe Alford 1990), ein Beispiel für die ›Gefahr falsch verstandener Konkretheit‹, denn kein Arbeitsplatz und keine Institution kann einem tatsächlichen biologischen Mechanismus gleichgesetzt werden, der eine Strecke zwischen Geburt und Tod zurückzulegen hat.)

Das hier vorliegende ethnographische Material lässt uns kaum eine andere Wahl, als auf all diese Fragen Rede und Antwort zu stehen. Es wird zunehmend deutlich, dass kein Ausmaß an Sterben und Tod uns eine Gewährleistung für ein sicheres Leben und Regeneration liefern kann. Das unternehmerische ›Projekt Unsterblichkeit‹ (Becker 1973, 1975), auch Down-sizing genannt, kann schließlich nur fehlschlagen; gleichwohl kann dieser Entwicklung gegenwärtig kaum Einhalt geboten werden: Es wird immer wieder überflüssiges ›Fett‹ oder ›Tote Masse‹ gefunden, die noch weggeschnitten werden können (hier verdichten sich zahlreiche primitive Ängste, angefangen von Vernichtung, über Trennung, bis hin zur Kastration).

Können wir das Ausmaß an Verlust, die Trauer, den emotionalen Preis, den diese spezielle Form des sozialen Wandels angerichtet hat, wirklich zur Kenntnis nehmen? Wird es uns letztlich gelingen, die Psychologie hier nicht als Verschleierungsmechanismus zu missbrauchen, sondern sie in ihrer aufklärenden Funktion tatsächlich als eine Art ›Leuchtturm‹ zu nutzen, der uns aufzeigt, wo wirkliches Unheil angerichtet wurde, und auf welchem Wege wir uns hiervon abwenden können, um bereuen und echte Trauerarbeit leisten zu können?

Die in diesem Artikel dargestellten Vignetten verweisen auf Bilder und Metaphern, denen man immer wieder begegnet, wenn man mit Menschen arbeitet, die in einen Downsizingprozess involviert sind. Als Bilder und Geschichten sind diese Darstellungen zwar *thematisch* repräsentativ für die Lebenswelten der jeweiligen Betroffenen, sie sind jedoch nicht als *statistisch* repräsentativ zu verstehen. Damit will ich zum Ausdruck bringen, dass sie als kulturelle Veranschaulichung weit über die jeweiligen Begebenheiten und Prozesse hinausreichen. Sie erzählen uns die Geschichte des modernen Amerikas durch den Blickwinkel vorherrschender Geschäftspraktiken und Sprachgepflogenheiten.

Ich habe mich in diesem Artikel darum bemüht, eine phänomenologische Ebene zu wahren, d. h. eher bei den Weltsichten und Ausführungen der Betroffenen zu bleiben, als einer weitergehenden Interpretation eines teilnehmenden Beobachters gerecht zu werden. Es lag mir daran, diese Vignetten eher für sich selbst sprechen zu lassen, als ihnen eine wie auch immer geartete psychoanalytische oder anthropologische Interpretation zukommen zu lassen (z.B sie anhand einer klassischen topographischen Betrachtungsweise zu analysieren, oder sie unter dem Blickwinkel struktureller Theorien, Objektbeziehungstheorien, der Selbst-Psychologie oder der Textdekonstruktion zu betrachten). Gleichwohl haben ja bereits Freud und Oppenheimer (1911/1958) sowie Koenigsberg (1975), Dundes (1984), Paul (1987) und Stein (1994a) darauf hingewiesen, dass Mythen, Folklore, Märchen, politische Ideologien und Legenden bereits Teile ihrer Interpretation in sich tragen. Durch Folklore könnten wir im Prinzip all das neu entdecken, was wir bereits durch die klinische Psychoanalyse, die Couch, durch freie Assoziationen und Träume gelernt haben.

Wenngleich Freuds topographisches Modell psychischer Prozesse – seine Vorstellung eines vertikal organisierten dynamischen Prozesses einschließlich der triadischen Struktur von Unbewusstem, Vorbewusstem und Bewusstem – unserer Arbeit immens nützlich ist, so erweist es sich jedoch auch von Zeit zu Zeit als irreführende Fiktion. So lassen sich ›Tiefenstrukturen‹ schließlich häufig genug bereits an der obersten Ebene unserer kulturellen Oberfläche wahrnehmen. Diejenigen, die wir im Geschäftsleben und innerhalb anderer Institutionen beobachten und beraten, erzählen jedoch oftmals gerade durch ihren Versuch zu verbergen, von den in der Tiefe ihrer Herzen begrabenen Geheimnissen.

Erfahrung und Interpretation oder Analyse (Erklärung) lassen sich nicht voneinander trennen. Warum beispielsweise vergleichen die Betroffenen ihre Downsizing-Erfahrungen viel häufiger mit dem Holocaust als mit irgend einer anderen Katastrophe? Warum werden alle entweder zu Juden in der Gaskammer, oder aber zu Nazis gemacht? Was macht diese Verblendung (oder Selbstblendung) von Managern aus, dass sie selbst auf einer rationalen Ebene den tatsächlichen ökonomischen Preis des Downsizing nicht wahrnehmen können – geschweige denn erst die menschlichen Kosten? Warum kann als einzige Problemlösungsstrategie allein die Heraufbeschwörung von Opfern eingesetzt werden? Die hier vorliegenden Downsizing-Interviews und -geschichten, sowie ihr kultureller Widerhall, liefern uns zumindest einen Ausgangspunkt und eine Richtung (Inhalt), um Antworten auf diesen Fragenkomplex zu suchen: »Wieso gerade *Opfer* (als Lösung)?« »Warum wird ausgerechnet diese Symbolik gewählt (Metaphorischer Holocaust, Juden und Nazis)?« und »Warum gerade jetzt? (Timing). *«Das Opfer ist zentrales Thema des Holocaust-Dramas: Der Wunsch, den nationalen ›Körper‹ auf geradezu magische Weise zu restaurieren und zu säubern, indem er von allen andersartigen, als bedrohlich oder als potentiell beschmutzend geltenden Elementen bereinigt wird.*

In der westlichen Welt waren Juden immer wieder Sündenböcke und Opfer, eine allzeit zur Verfügung stehende Projektionsfläche, über die ethnische, nationale oder religiöse Gruppen versuchten, ihre eigenen Panikattacken in Bezug auf ihre Gruppenidentität zu lösen (Erikson 1963). Die Auflösung von Grenzen bedroht uns gleichermaßen, wie die Freisetzung dessen, was innerhalb dieser Grenzen sicher bewahrt und aufgehoben und damit auch vor *uns* sicher gehalten wurde: Beispielsweise, die bis dato unterdrückten und abgespaltenen ›bösen‹ Anteile unseres Selbst, wie inakzeptable sexuelle oder aggressive Wünsche, Tod und Trennungs-/Abhängigkeits-Konflikte. Auf der Ebene sozialer Interaktion werden Juden – als reale Menschen wie auch als Abbild (innere Repräsentation) – zum ›Andersartigen‹, durch das wir uns redefinieren, revitalisieren und wieder zu unserem ›guten‹ Selbst zurückfinden können – ein Kampf um Identität, der sich gleichermaßen in der jüdischen Geschichte in Auseinandersetzungen um die Frage der Assimilierung, des Separatismus, der Anpassung und anderweitiger Formen der Adaptation widerspiegelt.

Lucy S. Dawidowicz (1975, S. XXIV) schreibt in ihrem Buch *Der Krieg gegen die Juden*:

»›Der Holocaust‹ ist ein Begriff, den die Juden selbst gewählt haben, um ihr Schicksal während des Zweiten Weltkriegs zu beschreiben. Der Begriff ist vom griechischem holocausto abgeleitet, mit dem das hebräische olah in der Septuaginta übersetzt wurde. Wörtlich übersetzt bedeutet es soviel wie ›das, was dargebracht wurde‹, ›das Feueropfer, das dem Herrn dargebracht wurde‹, ›Feueropfer‹ oder ›gänzlich verbranntes Opfer‹. Die Implikation ist unmissverständlich: Wieder einmal sind die Juden in ihrer Geschichte zum Opfer gemacht worden.«

Seit dem Zweiten Weltkrieg haben nicht wenige religiöse und ethnische Gruppen sich des Begriffs des *Holocaust* bedient, um die Geschichte ihrer Verfolgung und Verdrängung in die Opferrolle zu beschreiben. ›Der Tod eines anderen gewährleistet das eigene Überleben‹ – so lautet die magische Formel, aufgrund derer Individuen oder Gruppen einer unersättlich fordernden Gottheit andere Personen oder Gruppen als Opfer bringen, um für sich selbst Unsterblichkeit oder letztlich einen Aufschub in Sachen Tod zu beschwören.

Hier kommt eine kulturell-klinische Formel zur Anwendung: Die Diagnose lautet: ›Wir sterben‹; als Behandlung wird ›ein Opfer‹ gefordert. Wenn ›wir‹ befürchten, durch den Todesvirus infiziert (Introjektion) zu sterben, wird der Sog der Regression und die katastrophale Furcht vor der völligen Vernichtung (Devereux 1995) dafür sorgen, dass ›wir‹ die ›anderen‹ in einem heiligen Reinigungsritual als Opfer darbringen. In dem ›wir‹ den verderblichen Tod ausstoßen und vernichten, erhoffen ›wir‹ als Gruppe wiedergeboren zu werden. Durch das Opfer bringen ›wir‹ Ordnung (Leben) ins Chaos (Tod). Das Opfer ist hier unabwendbar Mittel zu diesem Zweck. Die Identifizierung, Absonderung und Eliminierung metaphorischer Juden am Arbeitsplatz ist eine symbolische Tat, von der sich Organisationen eine magische Erneuerung, Säuberung und Wiedergeburt durch ein Todesopfer versprechen (symbolisch wird hier der eigene Tod im Anderen untergebracht, um ihn schließlich wie einen Sündenbock zu eliminieren).

Was ist es, was heute den Archetyp (Jung) oder die unbewussten Phantasien (Freud) der Opfergabe wieder zum Leben erweckt? Wodurch entsteht an heutigen Arbeitsplätzen und im organisatorischen Gefüge dieses Verlangen nach metaphorischen Nazis und Juden? Ein Zusammenbruch der bis dato intern und intersubjektiv stabilisierenden Grenzen, eine Verschmelzung von ›Gut‹ (innen) und ›Böse‹ (außen), eine Regression angesichts überwältigender Ängste und der verzweifelte Versuch, die innere Welt zu reorganisieren, ›Gut‹ und ›Böse‹ radikal zu trennen und das ›Böse‹ außerhalb des eigenen Ichs, des eigenen sozialen Bezugsrahmens – Arbeitsplatz oder Nation – anzusiedeln (s. Klein 1946).

Seit dem Ende des Kalten Krieges steht sowohl Amerikanern, als auch dem Rest der Welt, die klar definierte Polarität von Gut und Böse, Opfer und Aggressor als innere Repräsentation (Meissner 1978), Opfer und Täter, nicht mehr problemlos zur Verfügung. Die Grenzen zwischen dem Unterdrückten und dem Unterdrücker sind fließend. Sie fluktuieren von einem Moment zum anderen. Unterscheidungen verwischen sich, die Suche nach Feindbildern beginnt, und diffuse Ängste brechen hervor. Bewusste Bilder von Juden und Nazis als Unterdrückten und deren Unterdrücker wenden sich bumerangartig gegen uns und werden ein beunruhigender Teil unserer selbst (internalisierte Objekte, die unverdaubar und unassimilierbar bleiben und aus psychoanalytischer Sicht eine quälende Präsenz darstellen). Wenn die Opferung der Juden – historisch betrachtet – ein Versuch war, die Reinheit des sozialen Körpers, die magische symbolische Fusion des Kleinkindes mit der ›guten‹ Mutter wiederherzustellen (Koenigsberg 1975), so ist dieser Lösungsansatz heute mit Angst, Scham, und Schuld, ja selbst mit Identifikation beladen. Während des Zweiten Weltkriegs führten die Amerikaner einen ›gerechten‹ Krieg gegen die Nazis und befreiten (zusammen mit den Alliierten) die Juden aus den Konzentrationslagern – nur um jetzt den Krieg gegen die Juden sowie die Angst, zum Opfer gemacht zu werden, innerhalb der Grenzen der Vereinigten Staaten internalisiert zu haben. Wir wollen Opfergaben erbringen; wir sind das Opfer. Wir wollen gut sein und Gutes tun; egal was wir tun, wir sind böse, tragen unsere eigene Schlechtigkeit und die der anderen in uns. Noch nicht einmal als loyaler Nazi oder bürokratischer Angestellter können wir uns heute unseres Überlebens innerhalb der Firma sicher sein. Wie die Vignetten auf pointierte Art und Weise zeigen, schwanken wir zwischen beiden Extremen. Aber wir sind unentrinnbar beides, unschuldiges Kind (Opfer) und schuldiger Peiniger. Am einen Tag sind wir pflichtbewusste Bürokraten und Nazis, am nächsten sind wir die Juden.

Im Geschäftsleben und anderen organisatorischen *Zusammenhängen streben wir durch eine unentwegte Darbringung von Opfern danach, Zeit zu gewinnen, um unser Überleben zu sichern und Unsterblichkeit zu erreichen* (Opfer, die das ›Schlechte‹ auf allen Entwicklungsstufen zu vernichten trachten: Indem sie uns einerseits von unseren abgespaltenen primitiven Anteilen befreien, und anderseits sowohl den gleichgeschlechtlichen konkurrierenden Elternteil und auch das rebellische Kind, das sich den Tod des Elternteils herbeiwünscht, ausmerzen sollen, sind sie gleichermaßen von präödipaler wie ödipaler Natur). Das Vokabular dieser Opferhandlungen entstammt einem ökonomischen Sprachgebrauch: Wir sind beständig im erbarmungslosen

Wettbewerb darum bemüht, Institutionen zu retten oder zu revitalisieren. In diesen Opferhandlungen bewahren wir unsere Phantasie, dass wir quasi wie durch einen Pakt durch unaufhörliche Kürzungen und Einschnitte ausreichend Sterben für unser Überleben einhandeln könnten, um unser Fortbestehen zu sichern und uns einen Überschuss an Gewinn, Arbeitsmoral und Produktivität zu gewährleisten. In diesem Pakt vereinigen sich magischer Wunsch mit magischer Tat. Aber das Wunder offenbart sich nicht, oder wenn nur für eine sehr kurze Zeitspanne. Unsere Organisationen und Nationen werden von Angst und Haß zersetzt. Psychodynamisch betrachtet, werden unsere ›bösen Elemente‹ nicht hinlänglich klar nach ›außen‹ positioniert und zementiert; wir sind letztlich ›im Inneren‹ geradezu von ihnen besessen und verfolgt. Wir verhalten uns geradezu so, als ob alle ›guten Elemente‹, alle Ehrbarkeit, Liebe, Güte, Anstand und Großzügigkeit zerstört werden müssten, weil wir es nicht vermögen, diesen unseren Ich-Idealen als Quellen der Liebe und kulturell geteilter symbolischer Werthaltungen gerecht zu werden (und von ihnen geliebt zu werden). Wir können uns unserer ›Juden‹ gar nicht schnell genug entledigen, und wir werden nie ausreichend ›Juden‹ finden, die wir noch vernichten könnten. Wie die Deutschen im Zweiten Weltkrieg verzehren wir uns selbst in unserem verzweifelten Versuch, die Juden in unserer Mitte auszurotten. Selbst die Option einer ›Negativen Identität‹ (Erikson 1968) scheint dieser Problematik unzugänglich, wünschen wir uns doch *gleichzeitig* sowohl Nazi zu sein, als auch nicht zu sein, zum Juden zu werden und es nicht zu werden. Eine symbolische Lösung ist niemals eine Endlösung, sie bleibt ambivalent und unsicher.

Die historische Angst davor, eine Jude zu sein (sogar Juden kämpfen mit ihrer kulturellen Identität), hat sich so weit entwickelt, dass wir nun alle jederzeit potentielle Juden sind. ›Wir‹ opfern nicht die ›Anderen‹ – oder, falls wir es tun, ist dies nur kurzfristig der Fall. ›Wir‹ sind die ›Anderen‹ und jeder wird zum Opfer. Wir können das ›Böse‹ nicht verbannen, ob wir nun Nazis oder Juden sind, und es gibt keine Möglichkeit und keine Hoffnung darauf, das ›Gute‹ wiederherzustellen. Anders gesagt: Das falsche Selbst triumphiert durch die Verzweiflung und mutlose Emigration des wahren Selbst. Nichts von dem was wir tun – sei es als imaginierte Juden oder Nazis – wird uns retten können, wenngleich wir uns so verhalten, als müssten wir uns oder zumindest unsere Institutionen retten. Wir haben uns selbst dazu verdammt, die Verdammten zu sein.

Wir können und dürfen uns nicht aufhalten. In dieser Welt ohne einen ›Schindler‹ gibt es keine Güte und nichts Gutes mehr, es gibt keinerlei langfristigen Gesellschaftsvertrag und wir sind alle nur noch temporäre Aushilfskräfte. Kurzum, die Grenzen zwischen Holocaust, Juden und Nazis verschmelzen

– wie in Gruppenträumen – zu einem einzigen Bild und epischem Werk, in dem Wunsch, Motivation, Phantasie, Abwehr, Beziehung und reale Welt sich vereinigen, um zu definieren, was Downsizing bedeutet und warum es als Lösungsstrategie unvermeidbar wird.

Als Therapeuten und Analytiker lernen wir durch genaues Zuhören unserer Patienten und Klienten (Individuen und Gruppen) darüber, wie wir sie am besten therapieren und beraten können, z. B. wann es besser ist zu sprechen (zu interpretieren), und wann wir uns eher in eine schweigende Präsenz zurückziehen sollten. Dieses Vorgehen sollte gleichermaßen für unsere Arbeit als Berater und Wissenschaftler in Organisationen gelten; dies umso mehr, wenn solche Katastrophenbilder vorherrschen. Wir werden lernen, was zu tun ist, wenn wir uns nur genau mit der artikulierten und gelebten Welt dieser Menschen auseinandersetzen. Es geht hier nicht darum, ein altes, aber irriges anthropologisches Diktum zu wiederholen, demzufolge ›der Ureinwohner (der beobachteten Gruppe) immer recht hat‹, vielmehr ist hier von dem Bemühen die Rede, genau hinzuhören und dadurch klarere und komplexere Strukturen der Geschichte freizulegen. Im Umkehrschluss ist es genau die Vernachlässigung der inneren und intersubjektiven Erfahrungen im Zusammenhang mit Downsizing, die unser Land in die derzeitige Problematik getrieben hat. Das Abschlachten von Unschuldigen findet seinen Ursprung in der Negierung von Bedeutungen und Gefühlen, sowohl unserer eigenen, als auch derer der anderen. Downsizing, das lange als attraktive *Lösung* galt, entpuppt sich nun als mit ungeheuren wirtschaftlichen und emotionalen Kosten beladen.

Immerhin haben wir sichergestellt, dass sich niemand auch nur kurzfristig wirklich in Sicherheit wiegen kann. In ›Schindlers Liste‹ spiegelt sich gleichzeitig unsere heiß ersehnte Wunschbiographie wie größte Horrorvorstellung: Zu den wenigen Auserwählten zu gehören, die es geschafft haben, als ›unentbehrliche Arbeiter‹ eingestuft zu werden – und selbst diese wissen letztlich um die Unsicherheit ihrer Position. Die triumphierende amerikanische Selbstverwirklichung durch harte Arbeit bleibt uns verwehrt. Die Rücksichtslosigkeit, mit der Downsizing implementiert wird, verrät unfassbare Wut, Sadismus, Raffgier und Rachsucht, um nur einige Gefühle und Motive zu nennen. Sie bilden ›unterm Strich‹ den Boden, auf dem alles, was bisher als Elemente der amerikanischen Kultur hochgehalten wurde, ausgerottet wird, eine Art ›Verbrannte-Erde-Strategie‹, die wir uns selbst gegenüber anwenden. Downsizing ist Teil einer sozialen Ästhetik, die keinen Platz hat für einen Wohltäter-Kapitalisten wie Oskar Schindler, seine protektive Liste oder überhaupt irgend eine geschützte Elite ›unabkömmlicher Arbeiter‹. Dieser gnadenlose, jeglicher Gefühlsregung entbehrende Ethos bewirkt jedoch glücklicherweise erste Anzeichen von Widerstand – nicht im Freudschen Sinn, sondern im Sinne von

Opposition. Immer mehr Amerikaner artikulieren eine gesunde Abneigung und eine noch heilsamere Reue gegenüber diesem Alptraum, den wir im Namen wirtschaftlicher Effizienz und Nivellierung zugelassen haben – auf einer gewaltfreien Basis.

Im Westen haben wir aufgrund einer, durch eine calvinistisch-protestantische Arbeitsmoral (Weber 1930) geprägten kapitalistischen Ethik schon lange mit einer gewissen Engstirnigkeit daran geglaubt, dass die irdischen Früchte und Erfolge unserer Arbeit letztlich ein wohlwollendes Zeichen des Herrn sind, dass sich persönliche Leistung in sozialem Aufstieg niederschlägt und wir unseren Status durch harte Arbeit überwinden könnten. Es bleibt eine der finstersten Leistungen der Nazis, diese Arbeitsmoral umgewertet und die in den Arbeitslagern eintreffenden Verdammten mit der Inschrift ›Arbeit macht frei‹ begrüßt zu haben. Die ausgeprägte Verzweiflung – gepaart mit einer ›Identifikation mit dem Aggressor‹ – ließ die ohnehin verlorenen Gefangenen den Lügen ihrer Peiniger Glauben schenken.

Es entspricht der grauenhaften Realität Amerikas, für sich und seine Nachfolger eine Welt geschaffen zu haben, in der es niemandem mehr gelingen wird, auf Schindlers Liste gesetzt zu werden, selbst dann nicht, wenn ein wohlmeinender Geschäftsführer oder ein Vorstandsmitglied verspricht, doch einige wenige zu verschonen. Die Unbarmherzigkeit von Downsizingprozessen, des Personalabbaus sowie der langen Liste begleitender Euphemismen trägt dieselbe Handschrift wie die in Bergen-Belsen über dem Eingangstor angebrachte Maxime ›Arbeit macht frei‹ – und zwar in einer Offenheit, die kaum in Frage zu stellen ist. In dieser Welt des computerisierten, stilisierten, bürokratisierten und ökonomisch rationalisierten Hasses *dient Arbeit lediglich dazu, Tod zu produzieren.* Weiter kann man sich von der Arbeitsmoral eines hoffnungsfrohen Münchhausen kaum entfernen, der daran glaubt, man könne sich am eigenen Schopf aus dem Sumpf ziehen.

In Firmen und größeren Gesellschaften, die vom Ethos des Downsizing und der ständigen Angst vor weiteren Veränderungen ergriffen sind, ist die enthusiastische Hinwendung zur Arbeit und einer gesteigerten ›befreienden‹ Produktivität letztlich als Identifikation mit dem Aggressor und als kurzfristiger, adaptiver Realitätsverlust zu verstehen. Es ist dies eine Verleugnung, die lähmende psychotische Angst mindert. Sie verbindet die Omnipotenz der Gedanken mit der Omnipotenz des Handelns: »Wenn ich nur hart genug arbeite und produktiv genug bin, kann mir nichts passieren«, versucht man sich einzureden, um die kognitive und affektive Dissonanz nicht aufbrechen zu lassen. Man bemüht sich, nicht zu sehen, was man eigentlich bereits schon weiß. Dieser Arbeitsglaube entspricht einem regressiven magischen Denken, in dem das Ich davon bestochen und überzeugt wird, man könne sich durch harte

Arbeit vor seinem eigenen Schicksal bewahren – trotz der überwältigenden Beweise für entgegengesetzte Annahmen, denn beinahe jeder ist ersetz- und austauschbar. Eine größere Entsprechung zu den Hoffnungen der in europäischen Konzentrationslagern verdammten Juden, ist schwer zu finden. Diese Art der Anpassungsleistung beinhaltet eine tragische Ironie: Eine solch kurzfristig wirksame Abwehr verwehrt Einflussmöglichkeiten im Hinblick auf langfristige Entwicklungen und beteiligt sich sogar daran, einen Kreislauf der Hilflosigkeit zu etablieren.

Personalabteilungen und Outplacement-Beratungen müssen sich zunehmend der Aufgabe stellen (psychologisch betrachtet wird hier delegiert und auf sie projiziert), wie sie Menschen loswerden können – nur in zweiter Linie können sie sich der Frage widmen, wie für diese freigesetzten Menschen neue Arbeit gefunden werden kann. Diejenigen, die eine Auswahl zu treffen haben, müssen sich emotional mit dieser unschönen Aufgabe einrichten, ihre Arbeit (inklusive der eigenen aggressiven Impulse) zu rationalisieren. Sie sind sich für gewöhnlich bewusst, dass sie im Auftrag des Management und der ›Organisation‹ eine Aufgabe erledigen, die dem Ausheben von Massengräbern für die ›noch-nicht-aber-bald‹ Toten symbolisch sehr nahe kommt. Sowohl Gefühle als auch die Stimme des Verstandes müssen hier zum Schweigen gebracht werden. Die kurzfristige Wiedergeburt der Organisation und vorübergehende Profitzuwächse werden – wenn auch nur symbolisch – durch den Tod genährt.

Die Wahl zwischen denjenigen, die freigesetzt werden und denjenigen, die bleiben dürfen, wird immer mit Individuen verbunden bleiben, die sich nicht auf eine Zahl reduzieren lassen – ungeachtet aller Möglichkeiten, sich hinter Rationalität, Objektivität und Notwendigkeit sowie computerisierter Entpersonifizierung zu verschanzen. Routinierte Entschuldigungen wie »Bitte nehmen Sie es nicht persönlich« oder »Das hat doch nichts mit Ihrer persönlichen Qualifikation zu tun« sind Versuche, sich selbst hinters Licht zu führen, um sich so von der eigenen Tat zu distanzieren. Oberes und mittleres Management ebenso wie Beratungsfirmen empfehlen oder suchen immer wieder ganz bestimmte Leute aus, um ›Down- oder Rightsizing-Komitees‹ zu besetzen. Dieser Arbeit kann eine gewisse Ähnlichkeit mit den Aufgaben von KZ-Ärzten nicht abgesprochen werden, die nach Ankunft der Viehwaggons die Ankommenden entweder auf die linke oder rechte Seite zu sortieren hatten: Entweder zum Tode bestimmt, oder – zumindest noch kurzfristig – arbeitsfähig.

Enttäuscht darüber, dass sich der amerikanische Traum, das von den zu Märtyrern erhobenen Kennedys und Martin Luther King Jr. verkörperte amerikanische nationale Ideal sich nicht einmal annähernd verwirklichen lässt, haben sich die meisten Amerikaner seit den 60er Jahren gänzlich von diesem Leitbild verabschiedet. Das Land der unbegrenzten Möglichkeiten ist längst zum Land des unbegrenzten Opportunismus geworden (Stein & Hill 1977). Zwar haben wir keine Zyklon-B-Gaskammern, keine Krematorien und keine Schornsteine, aus denen der Geruch verbrannten menschlichen Fleisches entweicht, wir haben keinen Stacheldraht und keine Wachtürme, die unsere Todeslager umgeben. Aber lassen wir uns nicht darüber hinwegtäuschen: Bei unserem Downsizing geht es keineswegs in erster Linie allein um wirtschaftlichen Wettbewerb oder Fortbestand. Sein tiefster Kern kreist um den Tod, um den Sieg und Triumphzug über den Tod (Lifton 1979; Wangh 1986). Hier geht es um einen endlosen Kreislauf des Opferns, um die ›Organisation‹ am Leben zu erhalten, sie zu säubern, sie profitabel und wettbewerbsfähig zu halten, indes alle in ihr Beschäftigten auf die eine oder andere Weise von ihr aufgefressen werden. Der unverkennbare Geruch von versengtem menschlichen Fleisch liegt in der Luft.

Aus dem Englischen von Nicola Wreford-Howard

Anmerkung des Autors

Viele der in diesem Artikel zum Ausdruck gebrachten Ideen verdanken ihre Existenz und Überprüfung langen Telefongesprächen mit Michael Robin, M.S.W., dem ich hiermit meinen Dank aussprechen möchte. Gleichermaßen bin ich einem anonymen Rezensenten dieses Artikels zu Dank verpflichtet, der mich drängte die »Aber-warum?«-Entscheidung des Opfers und der Holocaust-Symbolik im Downsizing näher zu erläutern.

Literatur

Alford, C. Fred (1990): The organization of evil. In: Political Psychology, 11(1), S. 5–27.

Allcorn, Seth, Baum, Howell, Diamond, Michael A. & Stein, Howard F. (1996): The human cost of a management failure: Organizational downsizing at General Hospital. Westport, CT (Quorum).

Becker, Ernest (1973): The denial of death. New York. Dt.: (1976): Dynamik des Todes. Die Überwindung der Todesfurcht – Ursprung der Kultur. Olten (Walter).

Becker, Ernest (1975): Escape from evil. New York (Free Press).

Dawidowicz, L. (1975): The war against the Jews. New York. Dt.: (1979): Der Krieg gegen die Juden. München.

Department of Health and Human Services, Public Health Service, Centre for Disease Control, National Institute for Occupational Health (1995): Prevention of stress and health consequences of workplace downsizing and reorganisation (Announcement No. 572). Atlanta, GA.

Devereux, Georges (1955): Charismatic leadership and crisis. In: Psychoanalysis and the Social Sciences, 4, S. 145–157.
Diamond, Michael A. (1984): Bureaucracy as externalised self-system: A view from the psychological interior. In: Administration & Society, 16 (2), S. 195–214.
Diamond, Michael A. (1985): The social character of bureaucracy: Anxiety and ritualistic defence. In: Political Psychology, 6 (4), S. 663–679.
Diamond, Michael A. (1988): Organisational identity: A psychoanalytic exploration of organizational meaning. In: Administration & Society, 20 (2), S. 166–190.
Diamond, Michael A. (1993): The unconscious life of organizations: Interpreting organizational identity. Westport, CT (Quorum Books).
Diamond, Michael A. & Allcorn, Seth (1985): Psychological responses to stress in complex organizations. In: Administration & Society, 17 (2), S. 217–239.
Dundes, A. (1984): Life is like a chicken coop ladder: A portrait of German culture through folklore. New York. Dt.: (1985): Sie mich auch! Das Hintergründige in der deutschen Psyche. Weinheim (Beltz).
Edgerton, R. (1992): Sick societies: Challenging the myth of primitive harmony. New York (Free Press).
Endleman, R. (1995): Relativism under fire: The psychoanalytic challenge. New York: (Psyche Press).
Erikson, Erik H. (1963): Childhood and society. New York. Dt.: (1995): Kindheit und Gesellschaft. Stuttgart (Klett-Cotta).
Erikson, Erik H. (1968): Identity, youth and crisis. New York. – Dt.: (1998): Jugend und Krise. Die Psychodynamik im sozialen Wandel. Stuttgart (Klett-Cotta).
Freud, S. & Oppenheim, D. E. (1958): Dreams in folklore. New York (International University Press).
Grimsley, K. D. (1995): The downside of downsizing: What's good for the bottom line isn't necessarily good for business. In: The Washington Post National Weekly Edition (1995, November 13–19), S. 16–17.
Hart, P. (1991): Irving L. Janis' victims of groupthink. In: Political Psychology, 12 (2), S. 247–278.
Hilberg, R. (1992): Perpetrators, victims, bystanders: The Jewish catastrophe 1933–1945. New York (Harper Collins).
Klein, Melanie (1946): Notes on some schizoid mechanisms. International Journal of Psychoanalysis, 27, S. 99-110; Dt.: (1983): Bemerkungen über einige schizoide Mechanismen. In: Das Seelenleben des Kleinkindes und andere Beiträge zur Psychoanalyse. Stuttgart (Klett-Cotta).
Koenigsberg, R. (1975): Hitler's ideology: A study in psychoanalytic sociology. New York (The Library of Social Science).
La Barre, W. (1972): The ghost dance: The origins of religion. New York (Dell).
Lifton, R. J. (1979): The broken connection: On death and the continuity of life. New York. Dt.: (1986): Der Verlust des Todes. Über die Sterblichkeit des Menschen und die Fortdauer des Lebens. München/Wien (Hanser).
Lifton, R. J. (1986) The Nazi doctors. New York. Dt.: (1993): Ärzte im Dritten Reich, Stuttgart (Klett-Cotta).
Meissner, W. W. (1978): The paranoid process. New York (Aronson).

Mitscherlich, Alexander & Mitscherlich, Margarete (1975): The inability to mourn: Principles of collective behaviour. New York (Grove). Dt.: (1967): Die Unfähigkeit zu trauern. Grundlagen kollektiven Verhaltens. München (Piper).

Noer, D. M. (1993): Healing the wounds: Overcoming an revitalizing downsized organisations. New York (Jossey-Bass).

Paul, R. A. (1987): The question of applied psychoanalysis and the interpretation of cultural symbolism. In: Ethos, 15 (1), S. 82–103.

Richards, A. I. (1956): Chisungu. London (Faber & Faber).

Rosenfeld, S. S. (1995): Where to cut defence. Washington Post (1995, November 17), S. A 25.

Spielberg, Steven (Director), Molen, G. R. & Lustig, B. (Producer) (1993): Schindler's List (Film). L. A. (Universal Pictures).

Stein, Howard F. (1990a): American medicine as culture. Boulder, CO (Westview).

Stein, Howard F. (1990b): In what systems do alcohol/chemical addictions make sense? Clinical ideologies and practices as cultural metaphors. In: Social Science and Medicine, 30 (9), S. 987–1000.

Stein, Howard F. (1993): Organizational psychohistory. In: The Journal of Psychohistory, 21 (1), 97–114.

Stein, Howard F. (1994a): The dream of culture. New York (Psyche Press).

Stein, Howard F. (1994b): Listening deeply: An approach to understanding and consulting in organizational culture. Boulder, CO (Westview).

Stein, Howard F. (1995a): Domestic wars and the militarization of biomedicine. In: The Journal of Psychohistory, 22 (4), S. 406–415.

Stein, Howard F. (1995b): The rupture of innocence: Oklahoma City, April 19, 1995. In: Clio's Psyche (A quarterly of the Psychohistory Forum), 2 (1), 1, S. 12–15.

Stein, Howard F. (1995c): When the heartland is no longer immune: The April 19, 1995 bombing of the Oklahoma City Federal Building. In: Psychohistory News: Newsletter of the International Psychohistorical Association, 14 (3), S. 2–4.

Stein, Howard F. & Apprey, M. (1987): From metaphor to meaning: Papers in psychoanalytic anthropology. Charlottesville (University Press of Virginia).

Stein, Howard F. & Hill, R. F. (1977): The ethnic imperative: Exploring the new white ethnic movement. University Park (Pennsylvania State University Press).

Volkan, Vamik D. (1988): The need to have enemies and allies. Northvale, N. J. (Jason Aronson).

Wangh, M. (1986): The nuclear threat: Its impact on psycho-analytic conceptualisations. In: Psychoanalytic Inquiry, 6 (2), S. 251–266.

Weber, Max (1930/1993): Die protestantische Ethik und der ›Geist‹ des Kapitalismus. Bodenheim (Athenäum-Hain-Hanstein).

Preis und Tyrannei der Kundenorientierung: Eine Gruppen- und Gesellschaftsanalyse aus systemischer und psychoanalytischer Sicht

Susan Long

Zusammenfassung: In diesem Aufsatz wird davon ausgegangen, dass ein organisatorischer Diskurs über Kundenorientierung den vorangegangenen Diskurs über Abhängigkeit ablöst. Dieser Diskurs fördert ein ökonomisches Handlungsrational und geht mit der Reduzierung vieler komplexer gesellschaftlicher Rollen auf den bloßen Begriff des ›Kunden‹ einher. Darüber hinaus dienen die aus der Kundenorientierung und dem ökonomischen Rationalismus resultierenden Praktiken weithin der organisatorischen und sozialen Abwehr gegenüber den Ängsten, die aus der Unsicherheit und den Veränderungen einer Welt resultieren, die in zunehmendem Maße von globalen Märkten dominiert wird, auf denen der Kunde ›König‹ ist. Sechs Arbeitshypothesen werden dargestellt, die darüber Aufschluss geben, wie diese neuen sozialen Abwehrmechanismen operieren. Belegt werden diese Hypothesen aus der Erfahrung der Autorin in partizipatorischen Aktionsforschungsprojekten. Die Argumentation in diesem Artikel führt abschließend zu einer Auseinandersetzung mit dem neuen ›Kunden/Anbieter-Paar‹, das nach Ansicht der Autorin eine wichtige Bedeutung innerhalb des Kundendiskurses einnimmt; sie schlägt vor, dieses ›Paar‹ als ein ›Übergangspaar‹ im Kontext weitreichenderer organisatorischer Veränderungen zu betrachten.

Einleitung

Die von mir hier vorgelegte These besagt, dass der Diskurs über die Kundenorientierung den ihm vorausgegangenen organisatorischen Diskurs der Abhängigkeit ablöst. In der Folge werde ich mich auf den Diskurs, der sich um die Begriffe ›Kundenorientierung‹ und ›ökonomischer Rationalismus‹ rankt, konzentrieren, und zwar in der Form, in der er in unserer westlichen Gesellschaft am weitesten verbreitet ist. Hintergrund dafür ist die tiefe Verwurzelung eines solchen Diskurses im zeitgenössischen Bewusstsein, wie es sich in Organisationen manifestiert. Dieser Kundendiskurs motiviert wirtschaftliche Beweggründe für menschliches Verhalten und wird wiederum selbst durch diese motiviert. Solche Verhaltensmuster schützen die Elite innerhalb von Organisationen (insbesondere Manager, Strategen, Firmeninhaber, sowie Personen, die das

Potenzial haben, sich in der Gesellschaftsstruktur nach oben zu bewegen) vor den Ängsten, die aus den Unsicherheiten und Veränderungen in einer Welt entstehen, die zunehmend von Weltmärkten beherrscht wird. Im Bewusstsein der Notwendigkeit, abgeschlossene und insulare Formen organisatorischen Lebens zu überwinden und sich mittels komplexester Technologien dem 21. Jahrhundert zuzuwenden, haben Organisationen den ›Kunden‹ wiederentdeckt und favorisieren so das Gegensatzpaar Hersteller/Kunde.

Die Kundenorientierung und der ökonomische Rationalismus schützen alle Organisationsmitglieder vor den Ängsten, die mit dem Verlust früherer institutioneller Werte einhergehen, die noch stärker aus Nationalstaaten und ortsbezogenen Gemeinschaften erwachsen waren. Dahinter steckt der Versuch, die Trauer über den damit einhergehenden Verlust zu überwinden. Der Diskurs um den Kunden erhält den Glauben an die Souveränität des Individualismus aufrecht, indem er jedem das Gefühl gibt, dass er, obwohl als Arbeitnehmer von einer Institution ausgebeutet, dennoch als Kunde frei sein kann.

Der konzeptuelle Schwerpunkt meiner Untersuchung wird auf dem sozioanalytischen Ansatz liegen, da dieser über eine rationale Betrachtungsweise hinausreicht und sich an denjenigen unbewussten Kräfte orientiert, die Menschen in Organisationen kollektiv motivieren.

Kundenorientierung und ökonomischer Rationalismus als Abwehr von Unsicherheit

Die Argumentationslinie dieses Teils stützt sich auf die wissenschaftliche Tradition, soziale Systeme als Abwehrmechanismen gegen Ängste zu verstehen (Menzies-Lyth 1988, 1989; Hirschhorn 1988), wobei gleichzeitig klar ist, dass eine solche Analyse der Abwehrmuster auch eine historische Analyse mit umfassen muss, da diese Abwehrmechanismen sich mit der Zeit verändern und damit sowohl adaptive als auch defensive Funktionen wahrnehmen. Grundsätzlich geht diese Wissenschaftstradition davon aus, dass alle organisatorischen Aufgaben Ängste hervorrufen. Mit Hilfe organisatorischer Strukturen und Prozesse, die diese Ängste unterbinden sollen, schützen wir uns vor ihnen, allerdings oftmals um den Preis, die gesellschaftlichen Realitäten, die diese Ängste hervorgerufen haben, nicht genau zu untersuchen. Eine solche soziale Abwehr stellt eine Notlösung dar, die unbewusst und ohne groß nachzudenken ergriffen wird. Krantz (1996) argumentiert überzeugend, dass in postmodernen Organisationen mehr denn je eine Auseinandersetzung im Hinblick auf deren systemische Abwehrmechanismen gegen Ängste nötig ist. Wenn zutrifft, was von vielen behauptet wird, dass nämlich die strukturellen Abwehrmechanismen gegen aufgabenbezogene Ängste und insulare Kulturen, die aus den Abhängigkeitsstrukturen traditionellerer Organisationen erwachsen sind, im heutigen Umfeld nicht mehr greifen, dann stellt sich die Frage: Welche neuen Abwehrmechanismen stehen uns zur Verfügung?

Obwohl die Geschichte der Kundenorientierung als voll entwickeltem Organisationsprinzip des gesellschaftlichen Lebens bis zum Beginn der industriellen Revolution zurückreicht (McKendrick u.a.. 1983; Knights & Morgan 1993; Lasch 1995), zeigt sich, dass Arbeitsorganisationen den Schwerpunkt ›Kunde‹ erneut für sich entdeckt haben. Unsere postmoderne Epoche legt den Schwerpunkt auf den Dienstleistungsbereich. Die Denkmuster dieses Dienstleistungsbereiches haben nun auch in andere Wirtschaftssektoren Einzug gehalten, die sich ebenfalls auf den Kunden/die Kundin konzentrieren. Darüber hinaus ist die neue Kundschaft keinesfalls unerfahren oder naiv. Ganz im Gegenteil. In der Regel gehört sie einem größeren Betrieb an, der selbst eine Wirtschaftsmacht darstellt. Oder sie rekrutiert sich aus einer Behörde und ist sich ihrer Rechte nur allzu bewusst. Auch die unternehmerischen Beziehungen zu dieser Kundschaft sind keinesfalls einfach. Am erfolgreichsten ist eine kooperative Beziehung, innerhalb derer Hersteller und Kunde gemeinsam daran arbeiten, die Kundenansprüche im Kontext der Gesamtsituation zu definieren. Auf den ersten Blick, so scheint es zumindest, richtet sich die Beziehung Hersteller/Kunde auf den Prozess des rationalen Austausches und den Dienst am gut informierten Kunden (Knights & Morgan 1993).

Dieses Paradigma verwenden auch Du Gay & Salaman (1992), für die die Konzentration auf den Kunden den Hauptbeweggrund für Managementinterventionen innerhalb von Organisationen darstellt. Ihre Argumentation basiert darauf, dass die Motivation der Arbeitsgesellschaft auf zunehmende Innovation und ›Marktführung‹ ausgerichtet ist, und dies in einem Umfeld, in dem sich Wertvorstellungen und Verhaltensmuster des Kunden radikal verändert haben. Ihre Untersuchung befasst sich mit der Entwicklung dessen, was sie als neuen ›Unternehmensdiskurs‹ bezeichnen (S. 617). Hier erlangt der Kunde ›Souveränität‹ aufgrund einer Unternehmensumwandlung, die als Reaktion auf die Marktwirtschaft stattgefunden hat. Darüber hinaus haben sich Organisationen umstrukturiert, um sich diesem Diskurs anzupassen, »so dass jetzt ganze Abteilungen sich so verhalten, als seien sie Handelnde in einem Markt« (S. 619). Theorien von Foucault (1979) bis Abercrombie (1991), von Populärwissenschaftlern wie Peters und Waterman (1982) bis hin zum wissenschaftlichen soziologischen und philosophischen Diskurs von Rose (1990), basieren auf dem Standpunkt, dass das Paradigma von Kunde/Hersteller nicht nur die Arbeitswelt, sondern auch die Arbeitsabläufe verändert hat, indem die Macht über die Produktionsmittel auf den Kunden übergegangen ist und, was noch entscheidender ist, dass die Wahrnehmung des Selbst innerhalb der Organisationen sich verändert hat. Diese Analysen konzentrieren sich überwiegend auf eine Beschreibung der sich wandelnden Unternehmensideologien als Folge strategischer Veränderungen, die zugleich mit einem komplexen Gemisch von Sozialdeterminismen einhergehen. Es scheint, als hätten die Unternehmensstrategen im Bewusstsein des sich immer stärker verbreitenden Kundenbewusstseins von diesem Wissen profitiert und so ihre Organisationen dem angepasst, was gemeinhin als die Realität des Marktes wahrgenommen wird.

Ich bin allerdings der Ansicht, dass man auch die Basis dieses scheinbar so rationalen Austauschprozesses genau betrachten und ihn ebenso aus einer historischen psycho-dynamischen Perspektive analysieren muss wie aus der vorherrschenden Perspektive des gesellschaftlichen Austauschs oder der gesellschaftlichen Macht. Obwohl ich Du Gays und Salamans Ansichten in Sachen Unternehmensdiskurs teile, bin ich doch auch der Überzeugung, dass wir es hier nicht nur mit impliziten ideologischen Manipulationen organisatorischer Eliten und taktischen Umsetzungen größerer sozialer Prozesse zu tun haben. Vielmehr ist hier auch eine zutiefst unbewusste Dynamik sozialer Abwehrmechanismen am Werk. Darüber hinaus haben die aus der Kundenorientierung und dem ökonomischen Rationalismus erwachsenen Praktiken, zumindest in den Bereichen, in denen sie vorherrschen bzw. exzessiv auftreten, hohe Kosten im menschlichen Bereich verursacht. Dazu gehören auf individueller Ebene die Einschränkung psychologischer Freiheit, kreativer Kapazität und der Möglichkeit, aus der Erfahrung zu lernen; gefördert werden also persönlich defensive Verhaltensmuster, die sich auf persönlicher Ebene zerstörerisch auswirken; auf gesellschaftlicher Ebene führt diese Entwicklung ebenfalls zu einem Verlust an Freiheit, Kreativität und Lernfähigkeit innerhalb unserer Betriebe sowie anderer sozialer Institutionen.

Der entscheidendste Kostenfaktor ist jedoch der Preis, den wir für den Rückgang an Führung bezahlen. Dieser drückt sich in narzisstischen sozialen Abwehrmechanismen aus, indem sich Individuen aus dem Gemeinschaftsleben ausschließen und ihrer Organisation mit einer ausschließlich instrumentellen Haltung begegnen. Unter solchen Voraussetzungen löst sich Führungsverhalten vom Arbeitsprozess ab, denn Führung setzt eine fortdauernde psychologische Gruppe voraus, mit der man arbeitet – und eben keine Pseudo-Gruppe.

Wie funktioniert der Abwehrprozess?

In sechs Arbeitshypothesen werde ich nun die Verfahrensweise dieser neuen sozialen Abwehrmechanismen der Kundenorientierung und des ökonomischen Rationalismus vorstellen und diskutieren. Ich stelle zunächst jeweils eine Hypothese auf und liefere dann die ihr zugrunde liegende Argumentation sowie die Beweisführung für diese These nach. Ein Großteil des verwendeten Beweismaterials stammt aus gemeinsamen Aktionsforschungsprojekten, bei denen ich als Forscherin mit den daran beteiligten Organisationen, die um Veränderung innerhalb ihres Betriebes bemüht waren, zusammengearbeitet habe.

Beide der hier zur Diskussion stehenden Organisationen sind staatliche Behörden, die sich mit den Bestrebungen der Regierung von Victoria konfrontiert sehen, die zur Verfügung gestellten Dienstleistungen zu privatisieren und auf Wirtschaftlichkeit auszurichten. Im einen Fall handelt es sich um eine Rehabilitationseinrichtung, deren Aufgabe überwiegend darin besteht, Arbeitsplätze für Behinderte zu finden. Bei der anderen handelt es sich um eine staatliche Vollzugsanstalt, die sich angesichts der Tatsache, dass die Regierung 48 Prozent aller Gefangenen in privaten Gefängnissen unterbringt, in bezug auf ihre Wirtschaftlichkeit und Effektivität als erfolgreich erweisen muss. Gemeinsam mit meinem Forschungsteam war es unsere Aufgabe, mit den Organisationen daran zu arbeiten, zum einen die derzeitige Dynamik ihrer Organisation besser zu verstehen, und zum anderen, sich über die zu erwartenden Veränderungen im klaren zu werden und schließlich den Wandlungsprozess zu durchschauen, dem sie sich zu unterziehen hatten, um zu überleben und vielleicht sogar, in diesem neuen Wettbewerbskontext zu gedeihen. Zu diesem Prozess gehörte, dass Mitglieder der Organisation ihre eigenen Organisationen analysierten und dann über die notwendigen Veränderungen entschieden. Dieser Prozess wurde durch eine Steuergruppe initiiert, die für die Gesamtorientierung der Forschungsarbeit verantwortlich zeichnete. Erster Schritt war eine vom universitären Team durchgeführte Organisationsdiagnose, die von der Steuergruppe als Grundlage für weitere Aktionsforschungsmaßnahmen bzw. Lernprojekte mit begleitender Evaluierung verwendet wurde. Die Steuergruppe befasst sich ebenfalls mit der internen Dynamik des Projekts, da dieses ja ein Mikrokosmos desselben darstellt.

Im Kontext dieses gemeinsamen Projektes mussten beide Organisationen lernen, im Rahmen des neuen Diskurses der Kundenorientierung zu denken, obwohl das Personal ursprünglich auf Professionalität und Abhängigkeit vom öffentlichen Dienst hin ausgebildet worden war. Sie mussten eine Position finden, aus der heraus sie die Eigendynamik der Organisation im Rahmen der sich herauskristallisierenden Zwänge würden untersuchen können, anstatt blind einer politischen Vorgabe zu folgen.

Hypothese 1: Kundenorientierung führt zur Vereinfachung von Rollen und den ihnen zugeordneten Aufgaben. Auf diese Weise erfolgt eine grundlegende Veränderung der Beziehung des Individuums zur Gruppe und zur Institution.

Kundenorientierung als zentraler oder beherrschender Wert führt dazu, dass zahlreiche komplexe organisatorische und gesellschaftliche Rollen unter dem Oberbegriff ›Verbraucher‹ zusammengefasst werden. Dies zeigt sich z. B., wenn die verschiedensten Rollen wie ›der Patient‹ als ›einer, der leidet‹ oder ›der Student‹ als ›einer, der lernt‹ oder ›der Staatsbürger‹ als ›Mitglied eines Staates‹ als ›Kunden‹ bezeichnet werden.

Auf diese Weise werden im Umfeld der Kundenorientierung zahlreiche Aspekte einer Rolle verleugnet oder minimiert (man könnte auch sagen verdrängt, da sie ja doch unterschwellig noch vorhanden sind). Zum Beispiel kann das Leiden eines Patienten leicht ignoriert werden, wenn er oder sie im derzeitigen medizinischen Versorgungssystem hauptsächlich Wunderheilmittel verabreicht bekommt oder in das Kostenminimierungssystem einer Versicherungsgesellschaft eingepasst wird. Der Lernprozess eines Studenten wird minimiert, wenn das Hauptanliegen eines Studienprogramms darin besteht, in kürzester Zeit zu einem Abschlussgrad zu führen und Studenten so zu Kunden eines Lernpakets werden, anstatt einer Lernerfahrung ausgesetzt zu sein, bei der sie sich mit dem Lehrmaterial auseinandersetzen müssen.

Dies soll nun nicht heißen, dass der ›Kunden‹-Aspekt des Patienten oder des Studenten vernachlässigt werden soll. Schlechter Service stellt nie eine gute Geschäftsmethode dar. Er spornt auch nicht zu qualitativ hohen Leistungen an oder festigt den guten Ruf einer Organisation oder eines Betriebes. Allerdings hat sich der bis dato minimale Kundenaspekt vielfach zum Hauptfaktor der jeweiligen Rolle ausgewachsen, so dass diese von anderen Rollen kaum noch zu unterscheiden ist und damit faktisch bedeutungslos wird (Bion 1962).

Hierbei handelt es sich keinesfalls um bloße Semantik. Die Neuzuweisung von Rollen innerhalb einer Kundengesellschaft resultiert in potentiellem und tatsächlichem Verlust der Lernerfahrung, die die viel umfassendere Rolle des Patienten, Studenten oder Staatsbürgers umfasst. Ein Mensch, der nicht vor die Herausforderung des ›Lernen Lernens‹ gestellt worden ist, das zur Rolle des Studenten gehört, wird vielleicht feststellen, dass sein Ausbildungsprogramm sehr schnell veraltet bzw. dass er nicht die nötige Erfahrung besitzt, um innerhalb eines speziellen Arbeitsumfeldes zu lernen. Es überrascht nicht, dass unter diesen Voraussetzungen viele Industriezweige eine Universitätsausbildung für überflüssig halten und ihre eigenen Ausbildungs- und Trainingsprogramme ausarbeiten. Dieses Schwergewicht auf Jobtraining führt dazu, dass immer weniger Unterstützung für nicht berufsbezogene Ausbildungsgänge vorhanden ist. Und dies, obwohl wissenschaftliche Disziplinen, wie Philosophie oder Geschichtswissenschaft, der Industrie viel zu bieten haben, insbesondere solchen Managern, die zunehmend in multikulturellen Umfeldern arbeiten.

Paradoxerweise kann dieses Lerndefizit auch die Erfahrung des Kunden betreffen. Die heutige Rhetorik des Dienstes am Kunden nimmt diese Rolle häufig auf minimalistische Weise wahr, so dass der Kunde zum ›Teil-Objekt‹

wird, anstatt als ganze Person mit komplexen Ansprüchen, Wertvorstellungen und Wünschen verstanden zu werden. Nicht genug, dass ein Teil als Ganzes wahrgenommen wird wie bei einem Metonym, das die Ganzheit ersetzt. Die komplexe Rolle des Kunden wird darüber hinaus zunehmend als in einer kollaborativen Beziehung zum Produzenten stehend wahrgenommen. Aber diese Kollaboration ist häufig eher eine Formsache und hat wenig Substanz.

Diese Rollenveränderungen betreffen auch Ärzte, Lehrer und Regierungen, die den oben beschriebenen Rollen auf organisatorischer und gesellschaftlicher Ebene entsprechen. Werden letztere parallel dazu also einfach zu ›Anbietern‹ und was heißt das? Und werden diese gesellschaftlichen Institutionen, indem sie zu verdrängten Rollenaspekten in Bezug gesetzt werden, in der Folge selbst minimalisiert und verdrängt? Wird beispielsweise ein ›Staatsbürger‹ oder ›Steuerzahler‹ hauptsächlich zum ›Kunden‹ öffentlicher Dienstleistungen, dann kann man davon ausgehen, dass für diesen nur die Endleistung, nicht der Regierungsprozess oder dessen Wertmaßstäbe von Bedeutung sind. Die Praxis folgt dieser Haltung und die Idee einer verantwortlichen Demokratie geht verloren (Lasch 1995).

Ein Beispiel für eine solche Umorientierung findet sich in der staatlichen Rehabilitationseinrichtung, bei der ich im Rahmen eines gemeinsamen Aktionsforschungsprojekts tätig war. Diese Organisation ist dabei, zu einer etablierten Autorität in einem heftig umworbenen Markt zu werden, wogegen sie zuvor fast eine Monopolstellung bei Sozialhilfeempfängern einnahm. Damit befindet sie sich im Einklang mit der politischen Zielsetzung der Regierung, die Anbieter (gleich ob privat oder staatlich) von ihren staatlichen Sponsoren zu trennen. Dies geschieht in der Hoffnung, durch den stärkeren Wettbewerb größere Effizienz zu erreichen und die politische Linie bei der Unterstützung von Behinderten von der Dienstleistung für diese zu trennen. Im Verlauf dieses Prozesses hat sich also die Primäraufgabe der Organisation verändert.

Obwohl sie zunehmend enger mit Versicherungsanstalten und anderen Organisationen auf dem Gebiet der Präventiv- und Rehabilitationsfürsorge zusammenarbeiteten, wurde den Managern und professionellen Dienstleistungsanbietern dieser Organisation doch klar, dass sie ihre Hauptkundschaft besser ›bedienen‹ müssen. Allerdings hat sich in den letzten Jahren die Ausrichtung des Kundendienstes geändert. Unter ›Rehabilitation‹ versteht man heute überwiegend den Versuch, Klienten, von denen viele Langzeitarbeitslose mit chronischen körperlichen oder psychischen Behinderungen sind, Arbeitsplätze zu verschaffen. Auf das Erreichen dieses Ergebnisses konzentriert sich das Fundraising, da Arbeitsplatzbeschaffung zum einzig wirklichen Maßstab der Rehabilitation geworden war. Dieser Schwerpunkt ist beispielhaft für die vereinfachte oder verengte Rolle des Anbieters in einer Organisation. Der Klient wird zum Kunden einer Serviceleistung und als solcher nimmt er auch eine vereinfachte Rolle ein, indem die umfassenderen Bedürfnisse der Rehabilitation unter ›Dienst am Kunden‹ zusammengefasst werden.

Über die offensichtlich veränderten Wertmaßstäbe hinaus hat diese Rollenverengung ganz unmittelbare Auswirkungen auf pragmatische Aspekte der Organisation. Zum Beispiel ist es wichtig, zu wissen, ob der Klient einen Arbeitsplatz bekommt, den er auch ausfüllen kann. Wie wird diese Fähigkeit gemessen? Trägt der Klient lediglich zu einer scheinbar erfolgreichen Statistik bei und benötigt schließlich weitere Unterstützung, weil der Arbeitsplatz nicht langfristig zur Verfügung stand oder weil er nicht der richtige war? Ein umfassenderes Verständnis von Rehabilitation würde auch Maßnahmen mit einbeziehen, die es dem Klienten erlauben, Selbstvertrauen zu gewinnen und in Zukunft selbst eine Stelle zu finden. Natürlich hofft man, dass dieses Ziel dennoch erreicht wird, aber der Druck, unmittelbare Vermittlungserfolge vorweisen zu können, mag sich in dieser Hinsicht negativ auswirken.

Hand in Hand mit diesem Wandel von der umfassenderen Idee des ›Klienten‹ zum verengten ›Kunden‹-Begriff geht eine Veränderung der Rolle des Anbieters. Dieser Wandel hat dazu geführt, dass sowohl in der Theorie als auch in der Praxis die Vorstellung von ›Fall-Management‹ vorherrscht. Bei diesem ›Fall-Management‹ überwachen Fachkräfte den Fortschritt eines Klienten, indem sie Ressourcen anzapfen, die ihm dabei helfen, Arbeit zu finden. Gleichzeitig stehen immer weniger Ressourcen für die Persönlichkeitsentwicklung des Klienten zur Verfügung. Darüber hinaus ist die Rolle des Fall-Managers – auch wenn dieser die seiner beruflichen Disziplin entsprechenden Kenntnisse mit einbringt – eher von allgemeiner Art und identifiziert diesen eher mit dem auf Arbeitsplatzsicherung ausgerichteten Managementprozess als mit einem bestimmten Berufsstand oder spezifischen professionellen Wertmaßstäben.

Ein Ergebnis dieser Umorientierung auf organisatorischer Ebene ist, dass manche Arbeitnehmer, die sich weiterhin eher mit ihrem beruflichen Hintergrund als mit ihrer Rolle als Fall-Manager identifizieren, als ›veränderungsunwillig‹ eingestuft werden und so auf der Führungsetage schlecht angeschrieben sind. Ein psycho-dynamischer Ansatz sieht vor, dass diese Individuen, wenn auch unbewusst, diejenigen Mitglieder der Organisation mitrepräsentieren, die ihre zuvorige Identifikation bewusst aufgegeben haben, und damit die Aspekte professioneller Identität, die der Organisation weiterhin nützlich sind, aufrechterhalten, auch wenn solche Identifikationen in diesem veränderten Umfeld abgelehnt werden. Diese Hypothese ist durch individuelle Forschungsinterviews bestätigt worden. Die Managementstrategie, »den Stall auszumisten«, wie ein Manager sich ausdrückte, führt allem Anschein nach mit Sicherheit zu einem Verlust organisatorischer Kreativität, wenngleich sie auch dazu gedacht war, genau das Gegenteil zu erreichen.

Hypothese 2: Die Kundenorientierung entpuppt sich als sozio-dynamische Struktur, die einem Narzissmus zweiten Grades nahe kommt.

Angesichts der Veränderungen, was sowohl die Bedeutung als auch den Inhalt von Rollen anbetrifft, stellt sich die Frage: Worin besteht der Wert dieser Kundenorientierung? Ich möchte hier die These aufstellen, dass es sich bei der Kundenorientierung um eine gesellschaftliche Orientierung handelt, die der individuellen Dynamik des Narzissmus zweiten Grades nahe kommt, zumindest was deren klassische Definition angeht (Freud 1914). Der primäre Narzissmus besteht lediglich aus Selbstinteresse und -faszination. Der sekundäre Narzissmus begegnet dem Ich ›als ob‹ es ein anderer sei. Er tritt dann auf, wenn wir bereits erfahren haben, dass andere existieren und nachdem wir bereits andere geliebt und uns zu anderen Menschen in Beziehung gesetzt haben. Es ist unvermeidlich, dass uns andere von Zeit zu Zeit enttäuschen. Also ziehen wir uns wieder auf die Eigenliebe zurück – daher sekundärer Narzissmus. Das Ich wie einen anderen zu lieben, bedeutet aber, eine Liebe zu erfahren, die bereits von gesellschaftlichen Kategorien beeinflusst worden ist. Nun beinhalten aber sowohl die soziale Dynamik der Kundenorientierung als auch der sekundäre Narzissmus eine Konzentration auf das Ich oder das Selbst – sprich, der Kunde ist König. Beide bemühen sich um die Erfüllung einer Begierde, die innerhalb des gesellschaftlichen Umfelds geprägt, wenn nicht gar von diesem geweckt worden ist. Darüber hinaus zeigt Freuds Konzept des sekundären Narzissmus deutlich, dass der Entzug des libidinösen Interesses von anderen auf das ›Ich‹ (Objekt-Libido verwandelt sich in Ego-Libido – S. 75) in eine Veränderung der Beziehung des Subjekts zur Realität mündet. Tatsächlich existierende komplexe Zusammenhänge werden zugunsten von monolithischen Weltanschauungen oder Selbsttäuschung beiseitegeschoben (Freud 1924). Dasselbe ließe sich über die Beziehung des Kunden zur Institution sagen. Wie ich bereits gezeigt habe, resultiert die Beschränkung komplexer Rollen auf die eindimensionale Rolle des Kunden in einer Veränderung der Rollenbeziehungen; zudem werden diese oftmals von einer Werbeindustrie unterstützt, deren Geschäft die Illusion ist.

Angesichts dieser parallelen Psychodynamik von Kundenorientierung und Narzissmus kann eine Untersuchung narzisstischer Abwehrmaßnahmen gegen die Unsicherheit ein klareres Licht auf die Kundenorientierung als Abwehrhaltung werfen. Mit raschen Veränderungen und dem Zusammenbruch zahlreicher institutioneller Werte geht in der Regel ein zunehmendes Gefühl von Unsicherheit und Angst einher, ein Infrage-Stellen der eigenen Identität sowie Desillusionierung und Schmerz.

In unserer Arbeitswelt haben derartige Umwälzungen in den letzten Jahren zu einem narzisstischen Abwehrmechanismus gegen derartige

Gefühlsregungen geführt. Psychologisch macht sich dies durch Isolation, Rückzug, instrumentelle Arbeitseinstellungen (Miller 1993) und ein Gefühl bemerkbar, ›das System schlagen‹ zu müssen, bevor es einen selbst schlägt. Auf gesellschaftlicher Ebene zeigt sich dies in der Kundenorientierung als primärem Wert, der Akzeptanz hoher Arbeitslosigkeit, in zunehmender Privatisierung sowie in einer Zunahme von Rechtsstreitigkeiten.

In der Vergangenheit konnte die Abhängigkeit von Organisationen oder vom Staat viele dieser Angstzustände mildern. Die Menschen vertrauten darauf, eine Arbeit zu finden, die sie ein Leben lang würden ausüben können. Oder sie erwarteten, dass die Regierung jedwedes Maß an Arbeitslosigkeit als Problem ansehen und Lösungen dafür anbieten würde. Heutzutage sind solche Abhängigkeiten weitaus weniger verfügbar. Um den Schmerz von »turbulenten Umwelten« zu mindern, wie Emery und Trist sich ausdrücken (1965), haben sich viele auf eine ›Zuerst-komme-ich‹-Position zurückgezogen (Lawrence, Bain & Gould 1996). Die Habgier wird zur motivierenden Kraft, und viele institutionalisierte Barrieren dagegen – wie z. B. die ins Regierungssystem eingebauten Kontrollsysteme oder die Ausbildungswege, die das Arbeitsleben organisieren – fallen weg.

Noch entscheidender ist aber, dass die gesellschaftlichen Abwehrmechanismen gegen Schmerz und Anomie zugenommen haben. Oberflächlich gesehen täuschen diese Autonomie vor. Bei näherem Hinsehen entpuppen sie sich jedoch als ›Individualismus‹, der der Gruppe gegenüber kaum rechenschaftspflichtig ist. Solche narzisstische Abwehr geht mit dem Verlust von tatsächlichem Selbstvertrauen, Kreativität und Lernen einher (Bowlby 1988). Paradoxerweise zerstören sie eine viel kreativere individuelle Autonomie; eine, die sich aus einer verantwortungsbewussten Gruppenmitgliedschaft speist, innerhalb derer sich persönliche Autorität entwickeln kann. Für die Gruppe bedeutet dies, dass sie zur Pseudo-Gruppe verkommt. Der Preis, den das Individuum bezahlt, ist der Verlust des Bezugs zu einer komplexen Realität.

Als Beispiel für eine solche Pseudo-Gruppe soll uns der berühmt-berüchtigte BOOT-Prozess dienen, durch den die Infrastruktur von Gemeinden, z. B. beim Straßenbau, privatisiert wird. In diesem Fall bauen Privatgesellschaften die Straßen, die ihnen dann auch gehören, wenngleich sie sie auch im Auftrag des Staates betreiben. Wirft das Projekt Profit ab, gewinnt die Firma. Geht das Projekt daneben oder verursacht Kosten, zahlt der Steuerzahler. Geschaffen wird hier eine Pseudo-Gruppe von Steuerzahlern, die nur zu dem Zweck existiert, ein Privatunternehmen zu fördern, und nicht etwa aktive, kreative Staatsbürger repräsentiert. Auf diese Weise werden sowohl der individuelle Steuerzahler als auch die Gemeinschaft ausgebeutet.

Hypothese 3: Neben der narzisstischen Abwehr, die sich auf gesellschaftlicher Ebene durch Kundenorientierung ausdrückt, existiert das Argument des ökonomischen Rationalismus. Dieses ist in sich schon defensiv; es wird als bewusste Rationalisierung konstruiert, um eine individualistische Position des Subjekts aufrechtzuerhalten.

Der zentrale Wert des ökonomischen Rationalismus, wie er in der Vorherrschaft wirtschaftlicher Angelegenheiten zum Ausdruck kommt, erscheint oft als nichts weiter als eine bewusste Rationalisierung der Kultur des Individualismus, wie oben beschrieben. In der Regel wird er mit eher konservativen, weniger auf Gemeinschaft ausgerichteten politischen und wirtschaftlichen Überzeugungen in Zusammenhang gebracht (Pusey 1991). Angesichts der Verunsicherung durch den Verlust zahlreicher bis dato stabiler Institutionen kommt es vor, dass dieser auch als Abwehrmechanismus von Gruppen oder der Gesellschaft gegenüber der Angst vor dem wirtschaftlichen Niedergang fungiert. Der ökonomische Rationalismus ist zur treibenden Kraft für die Umwandlung zahlreicher staatlicher Dienstleistungsbetriebe in Unternehmen geworden, ebenso wie für deren Etablierung auf einem deregulierten Markt. Dabei soll der Anschein erweckt werden, dass dieser der Angst vor tatsächlichen oder imaginären Defiziten bzw. öffentlichen Verlusten entgegenwirken könne. Wie so viele andere soziale Abwehrmechanismen produziert jedoch auch dieser Nebeneffekte, die die Angst selbst tatsächlich noch verstärken. Die Erhebung von ›Wirtschaftlichkeit‹ zum zentralen Prinzip ist an und für sich bereits ein verunsichernder Prozess. Der Ausdruck ›bottom line‹ klingt zwar hartgesotten; in der Realität sind Finanzmärkte aber erschreckend wackelig, besonders dann, wenn sie von tatsächlichen Vermögenswerten abgekoppelt worden sind (Sykes 1994) oder, wie man im Dienstleistungsbereich sagen würde, wenn sie sich von den notwendigen sozialen Aufgaben entfernt haben.

Zum Beispiel ergaben die Untersuchungen der bereits erwähnten staatlichen Rehabilitationseinrichtung, dass diese ›bottom-line‹-Orientierung das Personal zwar zu größerem Engagement bezüglich der Vermittlung von Arbeitsplätzen bewegt, dabei aber gleichzeitig von anderen notwendigen Veränderungen auf strategischer Ebene abgelenkt hat. Beispielsweise hat sich, was die geographische Verteilung der Zentren betrifft, eine Art ›Dorfmentalität‹ entwickelt. Fall-Managern, die von Zeit zu Zeit vom Dienst ›an der Front‹ befreit werden müssen, um sich neue Fähigkeiten anzueignen oder um an der Entwicklung der Organisation zu arbeiten, wird diese Abwesenheit kritisch vorgehalten, da sie sich negativ auf die Vermittlungsstatistik vor Ort auswirkt. Aus diesem Grund mag z. B. der Manager einer Region Fall-Manager davon abhalten, Tätigkeiten zu übernehmen, für die eine überregionale Zusammenarbeit förderlich wäre. Obwohl dieses Problem durch eine Umstrukturierung der Region und der Rollen angegangen wird, liegen die Probleme doch tiefer. Ganz gleich wie das interne Management aussehen wird, der Wettbewerb auf dem offenen Markt wird unzweifelhaft dazu führen, dass die Organisation einen Großteil ihrer Arbeit an andere Anbieter verliert. Kreativität seitens der direkten Dienstleistungsanbieter ist gefragt, zumal alle Anzeichen darauf hindeuten, dass die Organisation sich mit den schwierigsten Fällen auseinandersetzen müssen wird, sprich mit den arbeitslosen Behinderten, die schwer vermittelbar sind. Dies wird sich für eine Organisation als Problem erweisen, die in erster Linie wirtschaftlich überleben muss. Wie ein Mitarbeiter es ausdrückte: »Wie soll man mit geistig Behinderten Geld verdienen?«

Soll die Organisation überleben, so muss sie über die bloße Wirtschaftsmentalität hinausdenken. Noch wichtiger aber ist der Hinweis darauf, dass sich unsere Gesellschaft bei der Unterstützung schwerbehinderter Arbeitsloser nicht nur auf ein auf Wirtschaftlichkeit hin orientiertes System stützen kann. Das Hauptargument meines Beitrags besteht darin, zu zeigen, dass, wenn diese Aufgabe überwiegend mit wirtschaftlichen Maßstäben gemessen wird, ethische und kreative Fähigkeiten der Organisationsmitglieder (die für das gesetzte Ziel ebenfalls eine wichtige Ressource darstellen), hintangestellt werden. Diese Gefahr besteht, wenn eine Organisation sich auf konservative Denkmuster festlegt, die nur darauf abzielen, positive Statistiken zu produzieren. Darin besteht das Risiko für diesen neuen Anbieter, das Gespann von gesetzgebender Körperschaft/Konsument (Staat). Wenn nur die privaten Unternehmer als Gewinner aus diesem Prozess hervorgehen, dann werden die am schwersten Behinderten die Verlierer sein. Und ihre Familien werden auf noch weniger Ressourcen zurückgreifen können als bisher.

Hypothese 4: Der ökonomische Rationalismus verwechselt die Methode – d. h. ein starkes wirtschaftliches Resultat zu erzielen – mit dem Ziel und den Werten der Gemeinschaft bzw. der Organisation. Er verwechselt also Methode und Zweck. Ein entscheidendes Vehikel für eine solche Methodik ist der Managerismus (managerialism).

Beim ökonomischen Rationalismus handelt es sich ja tatsächlich, ebenso wie beim Kundendenken, um eine Philosophie, die instrumentell orientiert ist. In diesem Klima blüht eine neue Variante des Managerismus, dessen oberstes Ziel es ist, Geld zu sparen bzw. zu verdienen. In vielen Situationen hat dies dazu geführt, dass der tatsächliche Wert der in unseren staatlichen Organisationen zum Wohle der Gesellschaft geleisteten Arbeit aufs Spiel gesetzt wird. Die Unterscheidung zwischen den eigentlichen Werten – wie sie als Primäraufgabe einer Organisation firmieren – und der wirtschaftlichen Notwendigkeit, findet in der modernen Management-Philosophie und -ausbildung ihren deutlichen Ausdruck. Dabei erscheinen Manager als austauschbar; d. h., ein guter Manager kann jede organisatorische Aufgabe übernehmen, ganz gleich ob er einen Hintergrund auf einem bestimmten Gebiet hat oder nicht. Gewiss hat es auch Vorteile, wenn jemand eine Managementposition übernimmt, der von außen kommt und eine neue Perspektive einbringen kann. Dennoch scheint es mindestens ebenso wichtig, dass diese Person dazu in der Lage und willens ist, sich über die spezifischen Aufgaben der Organisation in Kenntnis zu setzen und deren Wertmaßstäbe kennen zulernen. Das Konzept des Allround-Managers kam im Zusammenhang mit dem Abschlussgrad des MBA auf, bei dem es sich ebenfalls um einen ausgesprochen konsumierbaren Aspekt des Managements handelt.

Die Vorstellung vom überall einsetzbaren Allround-Manager hat mehr mit der Kultur des unabhängigen Individuums zu tun als mit der des Teamplayers; und ich sage das, obwohl das Konzept der Teamarbeit heute zu einem der wichtigsten Managementkonzepte gehört. In vielen Fällen besteht die Gefahr, dass der Manager lernt, die politisch korrekte Rolle des Teamplayers lediglich zu spielen, dabei aber gleichzeitig eine Position der Unabhängigkeit und Stärke bewahrt – da es ihm um seine Beförderung zu tun ist. In der Regel werden Individuen ausgezeichnet, nicht Teams.

Dasselbe könnte man vom Großunternehmer behaupten. Wiederum geht es dabei um den persönlichen Vorteil, oder was als solcher wahrgenommen wird. In diesem Fall besteht der Vorteil für das Individuum in der Eigenwerbung. Ob es sich dabei um eine symbiotische Beziehung (zwischen Individuum und Organisation) handelt – wie jene es sehen, die sich auf kreative Karriereentwicklung am Arbeitsplatz bzw. zwischen zwei Beschäftigungen konzentrieren (Waterman u.a. 1994) oder eine parasitäre Abhängigkeit, bei der Individuen die Firma auf zerstörerische Art und Weise benutzen, wie es während der 80er Jahre oft der Fall war, als Firmen als Pfand in einem Finanzspiel ohne tatsächliche Einlagen missbraucht wurden (Sykes 1994) – das hängt von vielen Faktoren ab, wozu nicht zuletzt ein echtes Bemühen um die Erfüllung der Primäraufgabe der Organisation – und nicht nur schlichter Profit – gehören.

Darüber hinaus hat Managerismus mit Verwaltung, Abläufen und Effizienz zu tun, die häufig auf Kosten von Visionen, Führung und Handwerk gehen (Krantz & Gilmore 1990). Dem Konzept des Managerismus liegt die Vorstellung zugrunde, dass das Management vorrangig eine Kontrollfunktion ausübt und somit deutlich getrennt von Tätigkeiten, Funktionen oder Fähigkeiten existiert, die es managt. Ein solcher Schwerpunkt entfernt die Organisation oft von der Erfüllung ihrer Primäraufgabe und lässt sie langfristig weniger kreativ und überlebensfähig werden. Verliert man die Primäraufgabe aus den Augen, z. B. die Behandlung von Patienten, die Erziehung von Kindern oder die

Ausbildung von Studenten, das Angebot von Serviceleistungen für Bürger etc., dann muss die Organisation notwendigerweise scheitern (und zwar auch bei dem Teil ihrer Aufgabe, der tatsächlich den Kunden dienen soll).

In ihrer Analyse einiger künstlerischer Organisationen konnte Creese (1998) zeigen, dass erfolgreichere Organisationen, was das Management betrifft, dazu in der Lage waren, detaillierte Kenntnisse und ein wirkliches Verständnis für Kunst mit allgemeineren Aspekten des Managements zusammenzubringen. Long (1993) und Rain, Long & Ross (1992) verweisen ebenfalls auf die Notwendigkeit, ein Gleichgewicht zwischen intimer Kenntnis der Primäraufgabe einer Schule oder eines Krankenhauses und allgemein übertragbaren Managementfähigkeiten zu bewahren. Der ökonomische Rationalismus vertritt eine einseitigere Position, ebenso wie die Karrieren zahlreicher Firmenchefs unserer Zeit, die problemlos von einer Organisation zur anderen, von einer Firma zur nächsten überwechseln können, da der Schwerpunkt auf den Aspekten der Organisation liegt, die gleichgemacht werden können – d. h. dem Management auf wirtschaftlichem Gebiet.

Hypothese 5: Statt wie früher auf einer Abhängigkeitsbeziehung zu beruhen, basieren Arbeitsorganisationen jetzt auf instrumentellem Individualismus.

Werfen wir einen historischen Blick auf das Jahrhundert, das hinter uns liegt, so können wir Folgendes feststellen: Zu den etablierten Modellen für Arbeitsorganisationen gehören die Bürokratie (Weber 1946), die autoritäre Hierarchie (sowohl auf staatlichem als auch auf privatem Sektor; Jaques 1989) und die Sozietät (wie man sie in den gehobenen Berufen, also z. B. an Universitäten, in Praxen oder Kanzleien und in kirchlichen bzw. Gemeindegruppen findet).

Jede dieser Formen neigte dazu, sich als Abhängigkeitsobjekt für ihre jeweiligen Mitglieder zu etablieren. War man erst einmal der Organisation beigetreten, so bot diese ihren Mitgliedern Schutz in Form von Sicherheit des Arbeitsplatzes bzw. des beruflichen Aufstiegs innerhalb der Organisation. In der Folge entstand bei den Mitgliedern ein Gefühl von Loyalität. Selbstverständlich blieben Wirtschaftskrisen nicht ohne Folgen, aber in der Regel konnte ein Arbeitnehmer damit rechnen, seine Karriere überwiegend in einem Betrieb verfolgen zu können. Diese Abhängigkeit hat natürlich auch ihre Nachteile. Solche Praktiken, die davon ausgingen, dass die Arbeiter weniger vertrauenswürdig, weniger umsichtig und verantwortungsvoll seien als diejenigen, die auf höheren hierarchischen Ebenen tätig sind (Chattopadhyay 1995), unterstützten diese Abhängigkeit auf zyklische Weise. Und je mehr diese Haltung vorherrschte, desto wahrscheinlicher wurden Arbeitskämpfe. Das Gegensatzpaar Management/Gewerkschaft war exemplarisch für diese Kluft innerhalb des Abhängigkeitsmodells. Jaques (1955) grundlegende Studie über die Spaltung zwischen

Management und Arbeiterschaft der Glacier Metal Company ist ein klassisches Beispiel dafür. Wenngleich Hierarchien durchaus angemessen sein mögen, wenn es um die Erledigung spezifischer Aufgaben geht, existieren diese doch häufig nur, um den eigenen Status zu festigen oder um andere interne psychologische Dramen im Arbeitsleben ausleben zu können.

In dem Maße, in dem sich diese Organisationsformen entwickelten und dabei eine Abhängigkeitskultur unter ihren Mitgliedern entstehen ließen, entwickelten sich auch deren weitere Umwelten und übten Druck auf diese aus, sich zu verändern. Emery und Trist (1965) beschreiben diese veränderte Umwelt nicht mehr als einfach, stabil und vorhersehbar, sondern vielmehr als turbulent. Die Umweltveränderungen charakterisierten sie zunächst als solche, die den Wettbewerb fördern, später dann aber, nachdem diese wettbewerbsfähigen Organisationen selbst die Landschaft bestimmten, als solche, die eine zunehmende Kooperation fördern. In der Nachkriegszeit verstärkten sich Rhetorik, Diskurs und Praxis der Kundenorientierung zunehmend. Philosophien und Praktiken der freien Marktwirtschaft, Werbung, das Erschließen überseeischer Märkte sowie neue Technologien, all dies trat mit nie zuvor gesehener Vehemenz zu Tage. Die Kundenorientierung als Wert füllte die Leere aus, die durch den Verfall der Religion innerhalb einer Gesellschaft entstanden war, die noch immer überwiegend auf große Organisationen vertraute. Angesichts der zunehmenden Notwendigkeit flexibler Organisationen erschienen solche Abhängigkeitskulturen zunehmend als Anachronismus. In neuester Zeit zeigt sich angesichts der Entmachtung des Staates durch Privatisierung ein weiterer Verlust größerer Institutionen und der von ihnen vertretenen Wertmaßstäbe (Spicer u.a. 1966).

Wenn also der Kundendiskurs zunehmend den Abhängigkeitsdiskurs ersetzt hat, dann besteht die Notwendigkeit, die sich aus diesem Kundendenken entwickelnden Werte zu untersuchen und zu verstehen bzw. einige der Fehlschlüsse, die diesen Wertvorstellungen zugrunde liegen, zu analysieren. Man schaue sich z. B. folgende Argumentation von Ohmae (1990) an:

> »Mehr als alles andere unterminiert der ständig anschwellende Informationsfluss, dem die Bürger ausgesetzt sind, die Absicht von Regierungen, den Anschein zu erwecken, als ließen sich ihre nationalökonomischen Interessen mit denen ihrer Bürger in Einklang bringen. Je besser Leute informiert sind, desto mehr wollen sie ihre Wahl selbst treffen. Und um so weniger wird ihre Wahl mit den Grenzlinien zusammenfallen, die Jahre zuvor auf irgendwelchen Landkarten eingetragen worden sind. Damit haben wir noch eine weitere Variante, unsere heutige grenzenlose Welt zu beschreiben. Aber diese Entwicklung hat einen entscheidenden Nebeneffekt – der oftmals übersehen wird: Dieser Informationsfluss schafft selbst

nichts Neues. Er diskriminiert weder in bezug auf Geschmack noch in Bezug auf Auswahl. Statt dessen ermöglicht er es den vielen Geschmackvarianten, die weltweit existieren, endlich eine konkrete Ausdrucksweise zu finden« (S. 185).

»Je besser die Leute informiert sind, desto besser wissen sie Bescheid, was in der Welt vor sich geht. Und umso mehr wollen sie all die Dinge haben, die das Leben angenehm und unterhaltsam gestalten. Und um so mehr wollen sie dabei ihre eigene Auswahl treffen« (S. 193).

Ohmae fordert ferner, dass Regierungen keine Dienstleistungen zur Verfügung zu stellen hätten, sondern sich vielmehr darauf beschränken sollten, eine politische Linie festzulegen. Diese Forderungen basieren auf folgenden Annahmen:
- Konsumenten sind wählerisch, wenn sie Informationen bekommen;
- Marketing ist Informationsvermittlung;
- Individueller Konsum ist wichtiger als der Besitz wesentlicher Ressourcen und Dienstleistungen durch die Gemeinschaft oder die Bürger.

Darüber hinaus verbergen sich dahinter noch weitere Annahmen. Diese zu hinterfragen, sähe folgendermaßen aus:
- Ich habe freie Wahl. Tatsächlich werden Begierden künstlich erweckt und ergreifen von uns Besitz. Sie unterliegen nicht unserem Willen. Die jeweiligen persönlichen Begierden zu entdecken, ist eine Lebensaufgabe, keine Grundvoraussetzung im Leben. Diese Lektion lehrt die Psychoanalyse (Lacan 1977; Bion 1961). Des weiteren erhebt sich die komplexe Frage, wer die Begierde schafft bzw. welche Rolle moderne Unternehmen dabei spielen (Knights & Morgan 1993; Deleuze & Guattari 1983).
- Wettbewerb ist gleichbedeutend mit Qualitätssteigerung und Preissenkung. Dahinter stecken die Ungleichheiten des globalen Wettbewerbs, bei dem Arbeit und Menschen unterschiedliche Wertschätzung erfahren. Der Mythos will es, dass der Wettbewerb derzeit in einem politisch und wirtschaftlich freien und neutralen Umfeld stattfindet.
- Der Kapitalismus macht uns alle zu potentiellen Unternehmern und ermöglicht es uns, unser Geld in produktive kreative Tätigkeiten umzusetzen. Aber das Geld folgt dem ökonomischen Imperativ, mehr von sich selbst zu produzieren und nicht etwa der Reproduktion des Werts, der der Aktivität inhärent ist, in die investiert wurde. Das Interesse von Investoren ist primär pekuniärer Art. Es gilt dem pekuniären Gewinn des Unternehmens, nicht dem Produkt oder der Dienstleistung, die es vertreibt. Umso mehr trifft dies zu, wenn es sich bei den Shareholdern wiederum um Firmen handelt, die das Wohl ihrer eigenen Shareholder im Kopf haben – und nicht um Privatleute.

- Je mehr Produktion und Konsumption, desto besser. Und wie sieht es mit der natürlichen Umwelt aus oder mit dem containment und dem Eindämmen von Gier (Lasch 1979)? Wie es scheint, stehen die Wertvorstellungen der Konsumentengesellschaft mit dem unabhängigen Individuum in Zusammenhang – und eben nicht mit der Gemeinschaft. Auf der Basis der Psychoanalyse bzw. der allgemeinen Sozialpsychologie lässt sich aber argumentieren, dass dieses Individuum ein Mythos ist (Stack-Sullivan 1950; Lacan 1977). Noch wahrscheinlicher ist es, dass das Subjekt, als das er oder sie erscheint, entweder eine von der Gemeinschaft getrennte Person ist, die sich von dieser auf gegenabhängige Weise zurückgezogen hat. Oder es handelt sich um eine Person, die die grundlegende Bezogenheit nicht anerkennt, d. h. eine Person, die sich zu anderen als ›Anbieter‹ oder ›Konsument‹ in eine scheinbar für beide Seiten vorteilhafte Beziehung setzt, anstatt eine mehrschichtige Beziehungsstruktur aufzubauen, die auf zusätzlichen moralischen Fundamenten ruht, wie z. B. Loyalität, Hingabe, Sorge usw. Gemeinschaftsbeziehungen, die sich unter einer solchen Ideologie entwickeln, werden rein wirtschaftlich definiert und instrumentalisiert, anstatt sich durch gemeinsame Arbeit weiterzuentwickeln, bei der aus gemeinsamer Erfahrung Vertrauen entsteht.

Miller (1995) schreibt: »Da Beschäftigung zunehmend als unverlässlich wahrgenommen wird und die ›Organisation‹ nicht länger als sicherer Container gilt, der institutionellen Schutz vor Ängsten bietet, findet das Phänomen des psychologischen Rückzugs immer weitere Verbreitung. Statt Abhängigkeit entwickelt das Individuum sehr vielmehr instrumentelle Beziehungsformen«.

Zunehmende Globalisierung sowie Unsicherheit über die Zukunft belässt Menschen innerhalb ihrer Arbeitsverhältnisse in einem weitaus verletzbareren Zustand als bisher. Anstatt sich mit ihren äußerst realen Abhängigkeiten auseinander zusetzen, haben sich viele auf eine Pseudo-Unabhängigkeit zurückgezogen, die von den vorherrschenden Ideologien des Anbieter-/Kundendiskurses unterstützt wird. Dennoch befinden wir uns an einem historischen Wendepunkt, an dem Interrelationen von entscheidender Bedeutung sind. Hier ist John Bowlbys (1988) Bindungstheorie von Bedeutung. Ist ein Kind an eine wichtige Bezugsperson (z. B. seine Mutter) gebunden, dann vollzieht sich der Trennungsprozess in drei Stadien – Protest, Rückzug und schließlich einer Form von Pseudoanpassung, bei der das Kind eine misstrauische und distanzierte Haltung einnimmt, die durch eine oberflächliche Form des In-Beziehung-Stehens verdeckt wird. Letztendlich ist die Anpassung grundlegend instrumentell.

Passt dieses Bild auf unsere Gesellschaft? Sind wir moderne Bürger auf traumatische Art und Weise von den Institutionen getrennt worden, auf die wir bislang vertrauen konnten und die jetzt ein Identifikationsvakuum hinterlassen haben? Vielleicht benötigen wir mehr Zeit, um den Übergang von der Abhängigkeit verloren gegangener Institutionen zu einer neuen Demokratie herzustellen (Lasch 1995). Ich möchte hier vorschlagen, dass die Befindlichkeit in der Kundengesellschaft eine instrumentalisierte und oberflächliche Beziehungsform ist, durch die eine tiefere Angst über nicht durchgearbeitete Abhängigkeitsverhältnisse verdeckt wird. Die Vorstellung, dass wir alle unabhängige Kunden seien, dass der Markt weise sei, dass der Staat nur Gesetze verabschieden und keine Dienstleistungen anbieten solle, mag aufgrund ihrer Vordergründigkeit tatsächlich in den traditionellen Institutionen mitsamt ihren ausgehöhlten traditionellen Werten nicht mehr einzubinden sein. Wie kann man dann aber solche Ideen fassen, damit sie letztlich verändert werden können, anstatt sich brutal durchzusetzen? Wie mag der neue Container für diese Gedanken und eine solche Geisteshaltung aussehen?

Hypothese 6: Das Gespann Kunde/Anbieter hat sich als bedeutender Signifikator innerhalb des Kundendiskurses etabliert.

Bislang habe ich mich auf den Standpunkt gestellt, dass die soziale Dynamik des Kundendenkens der Psychodynamik des Narzissmus vergleichbar ist. Als solche stellt sie einen narzisstischen sozialen Abwehrmechanismus gegen die Ängste und Unsicherheiten der postmodernen Organisationen dar. Der Diskurs des Kundendienstes und des Kundendenkens ist von mir bewusst in diesem Kontext sozialer Dynamik abgehandelt worden. Im folgenden Teil werde ich meine Position noch etwas genauer darlegen, indem ich einen bedeutenden Signifikanten innerhalb des Kundendiskurses untersuche, nämlich das Paar ›Kunde/Anbieter‹. Ein solches Paar ist in der Dynamik des Paares als einer Grundannahme von Gruppen angesiedelt, die darauf basiert, dass durch dieses Paar die Gefühls- und Gedankenarbeit sowie die Handlungen stellvertretend für die gesamte Gruppe durchgeführt werden. Im Unbewussten wird dieses Paar einem sexuellen oder kreativen Paar vergleichbar wahrgenommen, das etwas für die Gruppe leistet. Oftmals verzichtet die Gruppe unbewusst auf Eigenleistung, weil sie ihre Zukunftshoffnung in das Paar setzt.

Wie hat sich dieses Paar etabliert?

Ich möchte vorschlagen, dass das Paar ›Kunde/Anbieter‹ zumindest übergangsweise als Container fungiert und damit neue Wertvorstellungen sowie eine soziale Abwehrbeziehung repräsentiert, die:

- auf der als für beide Seiten vorteilhaft wahrgenommenen primär ökonomischen und instrumentellen Position basiert, die sehr wohl im Gegensatz zu Werten wie Loyalität, reifer Selbstdarstellung und gegenseitigem Verantwortungsbewusstsein steht (alles Werte, die selbst auf der Beziehung zu einer Institution basieren und über zwischenmenschliche Beziehungen hinausgehen);
- mit narzisstischen individuellen und sozialen Abwehrmechanismen gegen Ängste im Einklang steht, die sich angesichts der verfallenden institutionellen Werte ergeben. Eine Herausforderung, die die Zukunft an uns stellt, wird es sein, das Paar ›Kunde/Anbieter‹ innerhalb des Kontexts von Werten auf eine Weise neu zu definieren, die über das Paar selbst hinausgeht. D. h., die Frage wird lauten: Wie lässt sich das Paar Kunde/Anbieter zu anderen Werten als dem des narzisstischen Konsums in Beziehung setzen? Man nehme z. B. das ›Kunde/Anbieter‹-Paar, das vom Staat (Kunde) und der Vollzugsanstalt (Anbieter) verkörpert wird. Dann stellt sich die Frage: Wie können das Einsperren, die Bestrafung und die Rehabilitation von Straftätern durch den Anbieter solche Ergebnisse erzielen, die der Gesellschaft tatsächlich zugute kommen, anstatt nur eine kostengünstige Anstalt zu bieten, in der die Leute einfach in eine Kultur weggesperrt werden, die ihre kriminellen Tendenzen verstärkt?

Die öffentlichen Haftanstalten, in denen ich meine Forschungen angestellt habe, setzen den Schwerpunkt zunehmend auf die Bedürfnisse und Anforderungen der Häftlinge. Mit diesem Ansatz will man mehr tun, als den Gefangenen nur auf menschliche Weise von der Öffentlichkeit fernzuhalten. Darüber hinaus will man ein besseres Haftklima bieten sowie die Entwicklung der Häftlinge durch Ausbildungsprogramme sowie Eingehen auf die persönlichen Bedürfnisse der Gefangenen fördern. Das ist zumindest das erklärte Ziel der Planer, die die Interessen ihrer Kundschaft – der Staat, der sie finanziert, sowie letztendlich die Gesellschaft – im Auge haben. Dieser Ansatz hat zunächst einmal zu einem verbesserten Management der Einrichtung sowie zu nachweisbar geringerer Gewalttätigkeit im staatlichen Strafvollzug geführt.

Die Mehrzahl der Angestellten im Strafvollzug ist sich dessen bewusst und mit den Ergebnissen zufrieden. Wie sich ein Angestellter ausdrückte: »Ich hab weniger Magengeschwüre« – und für Leute, die direkt mit dem Gefängnisleben zu tun haben, ist das ein echter Fortschritt. Angesichts der jüngsten Privatisierungspolitik der Regierung sowie des ›schlanken Staates‹ fühlen sich die Gefängnisangestellten wieder stärker verunsichert. Es gibt zunehmend mehr Angestellte mit Zeitverträgen; Überstundenvergütungen und Vergünstigungen werden reduziert. Im Gegensatz zu der Situation bei den Rehabilitationseinrichtungen, die oben besprochen wurden, sind viele dieser Veränderungen durch Personalwechsel entstanden, mit dem Ergebnis, dass viele Angestellte ›Abfindungspakete‹ angeboten bekamen, die nicht immer zur vollen Zufriedenheit der Betroffenen ausfielen.

Eine der größten Herausforderungen, der sich die Organisation gegenübergestellt sieht, ist es, eine Verfahrensweise zu entwickeln, die sowohl das neue Personal als auch die Angestellten, die die Veränderungen mitgemacht haben, mit Fähigkeiten auszustatten, die im Umfeld dieser neuen Haftanstalten benötigt werden. Wenn das Personal sich nicht länger auf die Institution verlassen kann, wenn es darum geht, einen sicheren Arbeitsplatz bei einigermaßen anständiger Bezahlung zu garantieren, dann müssen die Arbeitsbeziehungen und -bedingungen neue Formen der Befriedigung schaffen. Hierbei handelt es sich angesichts der Veränderungen und Reformen, die sich in der Arbeitswelt abzeichnen, um eine Mammutaufgabe. Wenn also z. B. Gefängnisaufseher sich direkter mit den Gefangenen auseinandersetzen sollen – wie es die neuesten Erkenntnisse der Sozialwissenschaft fordern – dann müssen sie auch die Fähigkeiten entwickeln können, die es ihnen ermöglichen, ihre eigenen inneren Reaktionen auf diese neue Aufgabenstellung abzustimmen. Die althergebrachten Methoden tun es nicht mehr. Selbst die neuen Mitarbeiter müssen die Fähigkeit, Entscheidungen im Hinblick auf die Aufgabe zu treffen, anstatt lediglich Befehle auszuführen, ständig weiterentwickeln. Dabei muss der Schwerpunkt stärker auf die Reaktionen gegenüber den Häftlingen als auf die veränderten Bedürfnisse der Angestellten gelegt werden, auch wenn die verbesserten Arbeitsbedingungen bereits einen Vorteil für das Personal gebracht haben.

Für den Augenblick mag es damit genug sein. Bestenfalls handelt es sich dabei aber um ein Anzeichen für verbesserte Bedingungen innerhalb der Institutionen und scheint wenig interaktive Auswirkungen auf breitere gesellschaftliche Probleme zu haben, wie z. B. ›Recht und Ordnung‹, Reduzierung von Rückfälligkeit oder die Unterstützung des kriminellen Milieus, das ein Gefängnis dadurch darstellt, dass die dort Einsitzenden von Mithäftlingen entsprechend ›sozialisiert‹ werden.

Damit das Paar ›staatlicher Einkäufer/öffentlicher Anbieter‹ auf höherer organisatorischer Ebene funktionieren, also über eine rein instrumentelle Beziehung hinausgehen kann, muss auf die sich herauskristallisierenden Bedürfnisse der Angestellten eingegangen werden. Wer übernimmt die Verantwortung, der Belegschaft die Ausbildung zu vermitteln, die sie braucht? Wird es der private oder der öffentliche Sektor sein? Wohl mögen die Gefängnisse neuen Stils sich drastisch auf die neuen institutionsbezogenen Verhaltensformen auswirken. Aber es gibt nur wenig Hinweise darauf, dass kriminelle Verhaltensweisen davon betroffen sind. Dies mag damit zu tun haben, dass diese Verhaltensmuster weitaus mehr von den sozialen Bedingungen außerhalb der Gefängnismauern abhängen als von den dort angebotenen Programmen.

Lokalisiert man das Problem aber hauptsächlich auf das Paar ›Anbieter/Kunde‹, wie lässt sich dieses dann enger an die breitere Regierungspolitik binden, damit es tatsächlich zu Verbesserungen kommt? Auf welche Weise kann dieses Paar Werte schaffen, die über die vom wirtschaftlichen Wettbewerb diktierten Konditionen hinausgehen? Wie z. B. könnte es Werte vertreten, die auf eine Auseinandersetzung mit Sicherheitsbedürfnissen (die auf Misstrauen stoßen) und gleichzeitige Rehabilitation (die Vertrauen voraussetzt) abzielen? Wie könnte es darauf hinarbeiten, sowohl das Risiko interner institutioneller Gewalt zu verringern (da – wie es ein Beamter ausdrückte – das Einsperren an sich bereits ein aggressiver Akt ist) als auch das des Rückfalls, nachdem der Gefangene wieder in die Gesellschaft entlassen worden ist?

Schlussbemerkung

An den hier angeführten Argumenten lässt sich ablesen, dass der moderne Kundendiskurs mit dem ihm innewohnenden primären Bezug zur Instrumentalisierung zusammen mit einem ökonomischen Rationalismus eine Antwort auf Probleme darstellt, die aus der rückläufigen Abhängigkeit von großen Institutionen entstanden sind. Dabei handelt es sich nicht um ein gemeinschaftliches Durcharbeiten gegenseitiger Abhängigkeiten, sondern vielmehr um eine unbewusste Flucht in einen Narzissmus des Individuums, der Schaffung eines ›Kunden/Anbieter‹-Paares für die ganze Gesellschaft bzw. des Aufbaus eines Unternehmensdiskurses innerhalb von Arbeitsorganisationen. Eine solche primäre Bezogenheit verstellt tiefergehende Formen des Gemeinschaftslebens, die für die Entwicklung menschlicher Liebe und Kreativität so wichtig sind. Die moderne Gesellschaft hat die Möglichkeit, autonome kreative Individuen zu schaffen und in vielen Fällen geschieht dies auch. Wirtschaftlichkeit in Arbeitsorganisationen als einzig gültigen übergeordneten Wertmaßstab zu akzeptieren, muss jedoch notwendigerweise tatsächliche kollaborative Arbeitsformen entwerten und zwar deshalb, weil wirkliche Zusammenarbeit Wirtschaftlichkeit anderen gesellschaftlichen Werten unterordnet; sie ist Mittel zum Zweck und nicht Selbstzweck.

Am Ende meiner Abhandlung bleibt die Frage, was verantwortliche Unternehmensberater oder Aktionsforscher tun sollen. Das Dilemma eines bewusst geplanten Veränderungsprozesses ist offensichtlich. Wir sind in einem etablierten System gefangen, aus dem wir uns nur mit Mühe befreien können, selbst wenn wir es wollen.

Knights und Morgan (1993) vertreten die These, dass die Organisationsanalyse sich zu lange nur um den Produktionsprozess und den internen Schlagabtausch zwischen Arbeitern und Managern gekümmert hat, aber nicht um die Natur des Kundenprozesses. Dabei zeigen sie interessante historische Perspektiven für die Beziehung zwischen der Kundenorganisation und deren Bezug zum Produktionsprozess auf, die sich aus der Kommodifizierung des Gesellschaftslebens ergeben haben. So verfolgen sie z. B. die Entwicklung der Sozialversicherung von einer »quasi-kommodifizierten Art des gesellschaftlichen Freundschaftsdienstes bis hin zur Herausbildung von gebührenpflichtigen gesellschaftlichen und industriellen Lebensversicherungen« (S. 220). Eine solche Analyse erlaubt uns ein besseres Verständnis dafür zu entwickeln, wie es dazu gekommen ist, dass unser Gesellschaftsleben sich entlang überwiegend instrumenteller und kommodifizierter Maßstäbe entwickelt hat. Sie erlaubt auch eine Untersuchung des Veränderungsprozesses im Einzelnen.

Bions Geschichtsbild (Grotstein 1981) unterscheidet sich kaum von dieser Dialektik und gibt uns einige Anhaltspunkte. Die Abhängigkeitsgruppe (*etabliertes Wissen oder auch These*) wird durch die Kampf/Flucht-Gruppe aufgrund eifersüchtiger Opposition zum Establishment (*Antithese*) außer Kraft gesetzt, die dann zur Paargruppe wird, die den Messias aus sich hervorbringen kann, der in der Folge der neue verlässliche Führer/das Establishment wird (*neue These*). An welchem Punkt in diesem Zyklus befindet sich nun unsere Kultur? Wenn wir den Beginn des Kampfes, der das Establishment der Bürokratie anfocht, in den 50er Jahren ansetzen (der in den 60er und 70er Jahren fortgesetzt wurde), dann scheint es, als blickten die 80er und 90er Jahre hoffnungsvoll auf das ›Anbieter/Kunden‹-Paar, das das neue Zeitalter des Superkonsums auf Superweltmärkten einläutet. Die Verteidigung des Narzissmus, die Grundannahme des ›Ich‹, Privatisierung und Individualismus – alle mehr oder weniger selbstentfremdend – all dies wird heute von der Hoffnung geleitet, dass das ›Anbieter/Kunden‹-Paar unsere Rettung sein wird. Allerdings müssen wir uns darüber im klaren sein, dass dieses Paar die erwartete neue verlässliche Weltordnung nicht herbeizaubern kann. Sollte das Geschöpf der Superkonsum sein, dann wird die Gemeinschaft noch vor oder zumindest gleichzeitig mit der Umwelt verbraucht sein. Dieses Paar mag zwar für uns arbeiten, aber zahlreiche zusätzliche Entwicklungen sind notwendig, um das ›Kunden/Anbieter‹-Paar zu bereichern und über dessen enge instrumentelle Wechselbeziehung hinaus zu entwickeln.

Die in diesem Aufsatz dargelegten Hypothesen skizzieren eine Kundentheorie, die als Abwehrmechanismus gegen die Ängste des Arbeitens und Lebens in einer Welt fungiert, in der überlieferte Wertmaßstäbe nicht länger zählen. Dabei wird das Paar ›Konsument/Anbieter‹ als Übergangspaar unbewusst mit der Aufgabe betraut, defensive narzisstische Ideen, die außerhalb traditioneller Organisationsformen liegen, in Schranken zu halten. Diese Hypothesen liegen meiner Forschungsarbeit zugrunde und erlauben mir so, auf die für die Situation spezifischen existierenden ›Kunden/Anbieter‹-Beziehungen zu achten. Zu den Fragen, die ich regelmäßig stelle, zählen z. B.: »Wer soll der Kunde sein?« Ist es – im Fall der Haftanstalten – die Regierung? die Öffentlichkeit? die Gerichte? – oder, wie manche sogar behaupten, die Kriminellen? Worin besteht die Beziehung zwischen diesem Kunden und dem Anbieter? Auf welche Weise lenkt diese Konstruktion des Kunden von den Schwierigkeiten eines komplexeren Verständnisses der in Haftanstalten zur Verfügung stehenden Rollen ab oder verhindert dies sogar?

Wenn meine Hypothesen zutrifft, dann ist es nur allzu verständlich, dass Gefängnisse das Personal der Erfahrung dessen aussetzen, was im Rahmen der Rolle ›Kunde/Anbieter‹ institutionell verworfen oder unterdrückt wird. Wie gehen sie dann mit dem Straftäter um, der nicht nur Kunde der ›Dienstleistungen‹ des Gefängnisses ist, sondern auch jemand, dessen Verbrechen Verachtung, Wut und Rachegefühle hervorrufen oder dessen Lebensumstände Mitleid oder Mitgefühl erwecken? Und weiter: Wie gehen sie mit diesen emotionalen Reaktionen um, die über die simple Rolle des ›Anbieters‹ hinausgehen und innere Unruhe hervorrufen? Desgleichen stellt sich die Frage, wie das Personal in Rehabilitationsinstitutionen mit psychisch schwer geschädigten Menschen umgeht, die nie einer bezahlten Beschäftigung werden nachgehen können und nie eine eigenständige Existenz führen werden können. Zweifellos gibt es Abhängigkeiten, die man einfach akzeptieren muss, da sie sich nicht einfach wegschaffen lassen. Sie sind der Kern mancher gesellschaftlicher Beziehungen. Diese Menschen in erster Linie als Kunden zu verstehen, beraubt sie ihres Rechts auf gesellschaftliches Mitgefühl.

Die psychoanalytische Konzeption eines Abwehrmechanismus sowie die systemische Vorstellung, dass das Teil das Ganze mitrepräsentiert, erlauben es dem Organisationsforscher zu ergründen, was in der Re-Signifikation der Rollen unterdrückt bzw. offen begehrt wird. Die so gesammelten Daten helfen der Organisation, Möglichkeiten, Übergangsregelungen oder langfristige Lösungen für ihren Operationsmodus zu finden, und so Erfahrungen zu kontrollieren, die ansonsten zu Explosivsituationen bzw. zu entwürdigenden Erfahrungen führen könnten.

Aus dem Englischen von Kathie J. von Ankum

Literatur

Abercrombie, N. (1991): The privelege of the product. In: Keat, R. & Abercrombie, N. (Hg.): Enterprise culture. London (Routledge), S. 71–185.

Armstrong, D. (1995): The analytic object in organizational work. Vortrag auf dem Symposium ›The International Society for the Psychoanalytic Study of Organizations‹, London.

Bain, A. (1994): Organizational life today: Five hypotheses. Vortrag auf dem ›The Australian Institute of Social Analysis Seminar Day‹, Melbourne, 2. Juli.

Bain, A., Long, S. & Ross, S. (1992): Paper houses: The authority vacuum in a government school. Melbourne (Collins Dove).

Bion, W. R. (1961): Experiences in groups. London: Tavistock Publications. Dt.: Erfahrungen in Gruppen und andere Schriften. Stuttgart (Klett-Cotta 1971/1990).

Bion, W. R. (1962): Learning from experience. London: Heinemann. Dt.: Lernen durch Erfahrung. Frankfurt/M. (Suhrkamp 1990).

Bion, W. R. (1970): Attention and interpretation. London (Tavistock Publications).

Bowlby, J. A. (1988): A secure base: Clinical application of attachment theory. London: (Routledge).

Chattopadhyay, G. (1995): Hierarchy and modern organization. In: Long, S. (Hg.) International perspectives on organizations in times of turbulence. Melbourne (Swinburne University).

Creese, E. (1998): The balance of arts and management cultures in performing arts organizations. Vortrag auf dem ›Monash, Deakin and Swinburne University of Technology Joint Seminar‹, Royal Park Hospital.

Deleuze, G. & Guattari, F. (1983): Anti-Oedipus: Capitalism and schizophrenia. St. Paul (University of Minnesota). Dt.: Anti-Ödipus. Kapitalismus und Schizophrenie. Frankfurt/ M. (Suhrkamp 1977).

Du Gay, P. & Salaman, G. (1992): The cult(ure) of the customer. In: Journal of Management Studies 29, 5, S. 615–633.

Emery, F. E. & Trist, E. L. (1965): The causal texture of organization environments. In: Human Relations, 18, S. 21–32.

Foucault, M. (1979): On Governmentality. In: Ideology and Consciousness, 6, S. 5–21.

Freud, S. (1914/1957): On narcissism: An introduction. SE, Vol. XIV, London (Hogarth Press), S. 73–102. Dt.: Zur Einführung des Narzißmus. G.W., Bd. 10, S. 137–170.

Freud, S. (1924/1957): Loss of reality in neurosis and psychosis (SE, Vol. XIX). London (Hogarth Press), S. 183–190. Dt.: Der Realitätsverlust bei Neurose und Psychose. G. W., Bd. 13, S. 363368.

Grotstein, J. S. (1981): Wilfred Bion: The man, the psychoanalyst, the mystic: A perspective on his life and work. In: Grotstein, J. S. (Hg.): Do I dare disturb the universe: A memorial to W. R. Bion. London (Caesura Press).

Hirschhorn, L. (l988): The workplace within: Psychodynamics of organizational life. Cambridge, MA. (MIT Press).

Hoggett, P. (im Druck): Review of: Obholzer, A. & Roberts, V.Z. (Hg.) (1994): The unconscious at work. Free Associations.

Jaques, E. (1955): Social systems as a defense against persecutory and depressive anxiety. In: Klein, M., Heimann. P. & Money-Kyrle, R. (Hg.) New directions in psychoanalysis. London (Tavistock Publications).

Jaques, E. (1989): Requisite organization: The CEO's guide to creative structure and leadership. USA (Cason Hall & Co).

Knights, D. & Morgan, G. (1993): Organization theory and consumption in a post-modern era. In: Organization Studies 14 (2), S. 183–204.

Krantz, J. (1996): Anxiety and the new order. Vortrag auf dem Symposium ›The International Society for the Psychoanalytic Study of Organizations‹. New York.

Krantz, J. & Gilmore, T. (1990): The splitting of leadership and management as a social defense. In: Human Relations 43, 2, S. 183—204.

Lacan, J. (1977): Ecrits. London (Tavistock Publications). Dt.: Schriften. Olten (Walter).

Lasch, C. (1979): The culture of narcissism: American life in an age of diminishing expectations. New York: N. W. Norton. Dt.: Das Zeitalter des Narzißmus. München (Bertelsmann 1982).

Lasch, C. (1995): The revolt of the elites and the betrayal of democracy. New York (N. W. Norton).

Lawrence, W. G., Bain, A. & Gould, L. (1966): The fifth basic assumption. In: Free Associations 6, Part 3 (No. 37), S. 28–55.

Long, S. D. (1992): A structural analysis of small groups. London (Routledge).

Long, S. D. (1993): The nature of symptom formation in the individual and its relevance to other human systems. In: Australian Journal of Psychotherapy 12 (1&2), S. 166–184.

Long, S. D. & Newton, J. (1997): Educating the gut: Socioemotional aspects of the learning organization. In: Journal of Management Development 16 (4), S. 284–301.

McKendrick, N., Brewer, J. & Plumb, J. (1983): The birth of consumer society. London (Hatchinson).

Menzies-Lyth, I. (1988): Containing anxiety in institutions. London (Free Association Books).

Menzies-Lyth, I. (1989): The dynamic of the social. London (Free Association Books).

Miller, E. J. (1993): The vicissitudes of identity. Eröffnungsortrag auf der 3. ›International Group Relations and Scientific Conference‹. Lorne, Victoria, Australia.

Miller, E. J. (1995): The healthy organization for the 1990s. In: Long, S. D. (Hg.): International perspectives on organizations in times of turbulence. Melbourne (Swinburne University).

Ohmae, K. (1990): The borderless world: Power and strategy in the interlinked economy. USA (McKinsey & Co).

Peters, T. & Waterman, R. H. (1982): In search of excellence. New York (Harper & Row). Dt.: Auf der Suche nach Spitzenleistung. Landsberg (Verlag Moderne Industrie 1983).

Posey, M. (1991): Economic rationalism in Canberra: A nation building state changes its mind. Cambridge (Cambridge University Press).
Rose, N. (1990): Governing the soul. London (Routledge).
Spicer, B., Emanuel, D. & Powell, M. (1996): Transforming government enterprises. CIS Policy Monographs .35. Queensland, Australia (The Center for Independent Studies).
Sullivan, H. S. (1950): The illusion of personal individuality. In: Psychiatry 13, S. 317–332.
Sykes, T. (1994): The hold riders. St. Leonards, NSW (Allan & Unwin).
Waterman, R. H., Waterman, J. A. & Collard, B. (1994): Toward a career resilient workforce. Harvard Business Review, Juli/August.
Weber, M. (1946): Essays in sociology. In: Gerth, H. FI. & Wright Mills, C. (Hg.). Oxford (Oxford University Press).
Winnicott, D. W. (1958): Collected papers: Through paediatrics to psychoanalysis. London (Tavistock Publications).

Der Management-Mythos: Seine Ausprägung und Unzulänglichkeit in gegenwärtigen Organisationen

Martin Bowles

Zusammenfassung: Das Leben in Organisationen und modernen Gesellschaftsstrukturen verlangt nach Ansicht vieler Sozialwissenschaftler und zeitgenössischer Beobachter dem Menschen immer mehr ab und nimmt immer weniger auf menschliche Bedürfnisse Rücksicht. In diesem Aufsatz werden der »Management-Mythos« und einige seiner zentralen Glaubenssätze und Wertstrukturen untersucht, auf denen Management heute basiert. Als Mythos werden in diesem Kontext überdauernde Glaubenssätze und Wertstrukturen verstanden, die Sinn und Bedeutung für menschliches Handeln liefern. Es wird hier argumentiert, dass die Annahme eines bestimmten mythologischen Bezugsrahmens das Management von Organisationen hinsichtlich bestimmter Ziele und Zwecke dirigiert. Dem Management-Mythos liegen die Dogmen des Sozialdarwinismus sowie der funktionalen Rationalität zugrunde, deren Einfluss auf organisatorische Lebenswelten beschrieben wird. Dabei wird auf einen archetypischen Ansatz unter besonderer Berücksichtigung des »Helden-Archetypen« zurückgegriffen, um die tieferen Dimensionen zu explorieren, die der Formulierung und Ausübung des »Management-Mythos« zugrunde liegen. Es wird die These vertreten, dass der Management-Mythos den Menschen und der Gesellschaft einen besonderen Preis abverlangt, dem nur durch reflexive Bewusstwerdung beizukommen ist.

> Dieselben Objekte und Methoden, die den zivilisierten Menschen seinerzeit aus dem Urwald führten, haben heute eine Eigengesetzlichkeit entwickelt, die den Menschen mit Furcht und Schrecken erfüllt.
>
> Carl Gustav Jung, 1936

> Die einzig verbleibende, wahrhaftig allgegenwärtige und allmächtige Gottheit, der im Denken und Tun aufrichtig Folge geleistet wird, die alle Menschen in ihren täglichen Ehrerbietungen vereint: DIE ÖKONOMIE
>
> Diese Gottheit nähren wir fürwahr mit menschlichem Blut.
>
> James Hilman, 1994

Einleitung

Die Gralslegende des zwölften und dreizehnten Jahrhunderts wird häufig als der europäische Mythos schlechthin bezeichnet, wenngleich seine zentralen Motive weltweit immer wieder in Mythen erscheinen. In Wolfram von Eschenbachs Version wird vom Gralskönig berichtet, der in ein Liebesabenteuer verwickelt zur Burg hinausgeritten war,

> »um im Kampf mit einem heidnischen Ritter aus dem heiligen Land diesen zwar zu töten, sich dabei gleichzeitig jedoch mit seiner Lanze selbst entmannte. Sein Reich fiel der Verwünschung zur Unfruchtbarkeit anheim, von der es nur durch den Mut eines edlen Jünglings erlöst werden konnte, der sich nicht durch die kirchlichen und sozialen Dogmen seiner Zeit, sondern nur durch die Stimme seines ›loyalen und mitfühlenden Herzens‹ leiten ließ« (Campbell 1970).

Es war Parzivals Schicksal, diese Rolle einzunehmen und die Genesung des Königs sowie die Regeneration des Landes und des Volkes herbeizuführen.

Die Gralslegende wird hier eingeführt, um die Dilemmata zu symbolisieren, denen wir im modernen Zeitalter gegenüberstehen. Der kranke König liegt im Sterben, jammert und klagt, möchte und kann dennoch nicht sterben. Unfruchtbarkeit hat sich ausgebreitet, und das »wüste Land« ist daraus hervorgegangen. In frühen Gesellschaften wurde der König häufig für das Wohlergehen des Landes und des Volkes verantwortlich gemacht und konnte zum Tode verurteilt werden, wenn das Geschick der Gemeinschaft sich zum Schlechten hin wendete. Wenn wir den König nicht wörtlich, sondern als Symbol kollektiven Verstehens, Wertens und Handelns begreifen, dann können wir diese Legende als Bezugsrahmen verwenden, um die soziale Erkrankung unserer heutigen Gesellschaft zu explorieren. Es wird hier argumentiert, dass die Organisationsgesellschaft des ausgehenden zwanzigsten Jahrhunderts sich zu einer Ödnis, zu einem »wüsten Land« entwickelt hat, dessen Orientierungslosigkeit, Verwahrlosung und Verödung uns unablässig durch tägliche Reportagen und Berichterstattungen über Gewalt, Sucht, familiäre Zerrüttung und narzisstische Gier vor Augen geführt werden. Nach Campbell (1970) war die Periode des zwölften und dreizehnten Jahrhunderts, die Entstehungszeit der Gralslegenden, eine Zeit, in der die Menschen dazu verurteilt waren, Glaubensbekenntnisse zu vertreten, die viele nicht teilten und die von einer kirchlichen Obrigkeit durchgesetzt wurden, deren falsche Moral den Skandal der Zeit darstellten. Hat sich die Geschichte dahingehend wiederholt, dass wir nun heute als Mitglieder einer Organisationsgesellschaft dazu verurteilt sind, Glaubensbekenntnisse und Wertvorstellungen zu vertreten, die von der Mehrheit der

Bevölkerung nicht mehr geteilt werden? Repräsentiert die Habgier von Unternehmen und bestimmter Individuen für die breite Mehrheit den Skandal der Zeit? Vielen Zeitzeugen erscheint die gegenwärtige Ära trotz ihrer wissenschaftlich-technologischen Fortschritte maßgeblich durch Angst und mangelnde soziale Ordnung, durch oberflächliche Rituale und einen Verlust des Lebenssinns inmitten einer verzweifelt rasenden und manischen Profit- und Wachstumsmaximierung charakterisiert.

In der Gralslegende wurde der König durch ein »amouröses Abenteuer« in der Leistengegend oder zwischen den Schenkeln verletzt, was vielleicht diejenigen Verletzungen symbolisieren mag, zu denen das ungebremst »Maskuline« führen kann. In unserer gegenwärtigen Zeit führte möglicherweise eine andere Art maskuliner Leidenschaft zur Ausbreitung eines ökonomischen und technologischen Imperativs, der humane Bedeutungen und Ziele gerodet und sie einem zwanghaften Bedürfnis nach Kontrolle und Gewinnsucht untergepflügt hat.

Zeitgenössische Kritiker (Berman, 1978; Lasch, 1978, 1984) sehen die Gesellschaft durch einen Zustand charakterisiert, in dem das moderne Individuum häufig ängstlich, isoliert und narzisstisch erscheint; unter solchen Umständen tendiert das Individuum zum sozialen Rückzug, aus dem eine allgemeine Fragmentierung sozialer Bezüge resultiert. Gleichwohl propagiert die Rhetorik der Managementebenen unserer Institutionen und Unternehmen den Glauben und das Vertrauen in »die Menschen« und in »gemeinsam geteilte Wertsysteme«. Die Frage ob diesen Aussagen nun substantielle Bedeutung zukommt oder ob eine solche Rhetorik lediglich nur als schwach verschleierter Aufruf zur Re-Ideologisierung der Arbeit zu verstehen ist, ist von ausschlaggebender Bedeutung und bedarf einer weiteren Klärung.

Einige Zeitzeugen verfolgen Managementinitiativen neueren Datums eher mit Vorbehalt und Zynismus. So ist Sievers (1990, S. 127) beispielsweise der Ansicht, dass »die Suche nach Spitzenleistungen inzwischen die Charakteristika von Soap Operas oder Musicals angenommen hat«. Er weist darauf hin, dass solche Initiativen weniger als Nachweis für fundamentale Veränderungen in organisatorischen Wertsystemen gelten können, als vielmehr ein hohes Maß an Verachtung gegenüber Mitarbeitern nahe legen. Und Pym (1990, S. 235) schreibt von »dem Kümmern und Teilen, dem Helfen-wollen, dem falschen Humanismus, der in Organisationen gegenwärtig hochgehalten wird«. Diese Kommentare sprechen derartigen Managementpraktiken jegliche Aufklärung ab und sehen diese Initiativen vielmehr im Licht ihrer politischen Zweckdienlichkeit, die humane Interessen lediglich ausbeuten.

Wir könnten uns nun die Frage stellen, ob unser heutiges Management nicht vielleicht eine neue Art kirchlicher Obrigkeit darstellt, quasi eine neue

Priesterkaste, die ihre Anliegen und Interessen zu Lasten individueller wie auch allgemeinerer, gemeinschaftlicher Interessen durchsetzt. Hat sich am Ende das Dasein in Organisationen und in unserer Gesellschaft bereits zu der Ödnis, der »wüsten Landschaft« hin entwickelt, wie sie in der Gralslegende beschrieben wurde? Und wird wohl irgendwann am Horizont jener Parzival erscheinen, der den Weg zu einer neuen Suche anführen wird, um die Regeneration des Landes und des Volkes herbeizuführen? Diese und ähnlichen Fragestellungen mit Bezug auf das Management heutiger Organisationen werden auf dem Hintergrund des hier dargestellten »Management-Mythos« untersucht.

Zum Wesen von Mythen

Der Zweck des Mythos besteht vor allem darin, eine bedeutungsvolle Beziehung zu der Umwelt aufzubauen, in der wir leben, um nicht das Leben letztlich nur als Chaos zu erleben. Der Mythos ist menschlichen Interessen insofern dienlich, als er es uns ermöglicht, in einen tieferen Kontakt zu unserer menschlichen Natur und zu unserem Platz im Kosmos zu treten. Campbell (1970) identifiziert vier Formen, in denen der Mythos menschlichen Bedürfnissen dient: Durch einen Bezug zum Kosmos als weitläufigerem metaphysischem Rahmen; zur Natur; zu einander und zu uns selbst. Kein Mythos allein kann auf alle vier Bereiche Bezug nehmen, aber alle mythischen Strukturen dienen einem oder mehreren dieser Bedürfnisse. Hollis (1995, S. 17) behauptet:

> » ...die Funktion von Mythen ... besteht darin, das Individuum und/oder die Gesellschaft in die Mysterien der Götter, der Welt, der Gemeinschaft und des Selbst einzuführen«.

Althergebrachte Mythen, wie beispielsweise das Christentum, schwinden, was zu einer nun weitgehend säkularisierten Gesellschaft geführt hat. Als Folge hiervon, so argumentiert Hollis (1995, S. 25), sehen wir nun

> »die verschiedensten Pathologien einer Gesellschaft, die ihre mythologische Verbundenheit verloren hat, sowie die individuellen Neurosen ihrer Mitglieder, die nach Ideologien erzogen wurden, die mit den Bedürfnissen ihres Wesens oder ihrer Psyche nicht mehr übereinstimmen«.

Dies soll nicht als Argument für eine Rückkehr zu traditionellen Mythen gelten. Mythen haben zumeist ihre eigenen Epochen und Lokalitäten und verlieren ihre Ausdruckskraft, sobald die durch sie wiedergegebenen Bilder dem akkumulierten Wissen und den Vorstellungen der jeweiligen Ära nicht zu entsprechen vermögen. In solchen Zeiten können Individuen und Kulturen akute existentielle Ängste erleben; eine Angst vor Freiheit entsteht, und einige werden in ihrer Suche nach Sicherheit und Beistand versuchen, zu den alten Mythen und Bildern zurückzukehren. In solchen mythischen Übergangsperioden entstehen nach Hollis (1995) neue Einstellungen, Trends, Modeerscheinungen und Maskeraden, die dazu dienen, solcherlei Ängste zeitweilig abzuwehren. Gleichwohl sind wir alle der Empfindung gewahr, dass die Zeit »irgendwie aus den Fugen geraten« ist. Die mythische Krise des modernen Zeitalters ist nicht nur »außen«, sondern auch »innen«, im Herzen und in der Seele eines jeden Individuums verortet. T. S. Elliots *Waste Land* und *Hollow Men* sind Bilder, die diese mythische Krise der Moderne beschreiben. Hollis (1995, S. 51) schreibt: »Diejenigen Kräfte, die einstmals in Mythen gehalten und gebunden waren, haben sich nun zur Pathologie der Moderne verwandelt.« Dies soll nicht bedeuten, dass wir heute gänzlich ohne Mythen leben. Dieser Artikel will vielmehr aufzeigen, dass wir derzeit mit einem neuen Mythos, dem Management-Mythos, leben; es bleibt jedoch fraglich, inwieweit dieser Mythos den gesellschaftlichen und individuellen Interessen tatsächlich dient. Diesem Mythos wohnt kein numinoser Charakter inne, d. h. er vermag nicht das tiefere Wesen unserer Natur anzusprechen und ein weitläufigeres Schema der Dinge zu erfassen; er ist in diesem Sinne sogar antimythisch. Gleichwohl kann der Management-Mythos als Versuch verstanden werden, die Lücke zu füllen zwischen dem Niedergang des traditionell Mythischen, der durch Nietzsches »Gott ist tot« zum Ausdruck gebracht wird, und einer neuen mythischen Bewegung. Heidegger (1949) charakterisiert die Zeit, in der wir leben, als eine Periode »zwischen den Göttern, die verschwunden und denen, die noch nicht sind.«

Organisation und Mythos

Schwartz (1986) argumentiert, dass das Produzieren von Mythen den wesentlichen Kern des Organisierens überhaupt ausmache. Er weist insbesondere darauf hin, dass Organisationen anscheinend zu dem Zwecke bestehen, solche Mythen zu produzieren, in deren Bezügen selbstreflexives Handeln für diejenigen, die diesen Mythos akzeptieren, überhaupt erst möglich wird. Um es anders auszudrücken: Diejenigen Mitglieder einer Organisation, die den Mythos akzeptieren, teilen einen Sinnzusammenhang, der ihrem organisatorischen Handeln erst Bedeutung und Wert verleiht. Die überwiegende Mehrzahl derjenigen, die diesen Mythos per se anfangs nicht akzeptieren, wird sich ihm anpassen, und sei es zunächst nur aufgrund von Eigennutz und Selbsterhaltung. Aus der symbolischen Perspektive von Schwartz (1986) besteht die wesentliche Aktion einer Organisation darin, Symbole und Mythen zu schaffen, die das Handeln der Organisation legitimieren. Eine Organisation generiert also Wissen, um für die Mitarbeiter Bedeutungszusammenhänge zu schaffen und dadurch ihre Anpassungsbereitschaft zu erhöhen. In dieser Hinsicht stellt nach Schwartz (1986) die Hervorbringung von Mythen den entscheidenden Prozess des Organisierens dar, so dass das, was Organisationen als »Nutzen« betrachten, nicht in erster Linie Wissen, sondern vielmehr der Mythos ist. Hieraus folgt, dass eine De-Mythologisierung einer Organisation darin besteht, die Organisation und ihre Mitglieder mit denjenigen Mythen zu konfrontieren, die für sie bis dahin unhinterfragt die »grundlegenden Tatsachen des Lebens« repräsentiert haben. Schwartz (1986) bemerkt daher, dass Organisationen eine solche De-Mythologisierung vermutlich weniger als nützlich, sondern vielmehr als subversiv einschätzen werden.

Smircich und Morgan (1982) sind wie Schwartz (1986) der Ansicht, dass die primäre Aufgabe des Managements heutzutage darin besteht, »Sinnzusammenhänge zu schaffen«. Das Maß an Aufmerksamkeit, das das Management der Unternehmenskultur beimisst, sowie die Bedeutung, die Symbolen und Bildern zugeschrieben wird, können als Beleg für diese Behauptung herangezogen werden.

Ingersoll und Adams (1986) haben bereits auf den »Management-Mythos« hingewiesen. Sie verstehen Mythos als »jedes Gefüge gemeinsam geteilter Glaubenssätze«, erwähnen jedoch auch die weitläufigere Funktion von Mythen, wie sie oben ausgeführt wurde. Unter der Bezeichnung »Managerial Meta Myth« beschreiben Ingersoll und Adams (1986), wie eine Makrokultur den Kontext setzt für die Beeinflussung und Ausbildung jener Glaubenssätze, die von Organisationen widergespiegelt werden. Der »Managerial Meta Myth« propagiert ihrer Meinung nach eine rational technologische Einstellung zur Arbeit und zum Umgang miteinander. In ihrem Verständnis transzendiert dieser Meta-Mythos zwar die Idiosynkrasien einzelner Organisationen; er prägt jedoch zugleich die Symbolsysteme aller Organisationen. So gesehen werden Organisationen in dem Maße, in dem sie zunehmend von der Nützlichkeit dieses Meta-Mythos Gebrauch machen, sich in diesem Prozess immer mehr angleichen.

Angesichts der Tatsache, dass in der Auffassung der Moderne der Mythos vielfach im Gegensatz zum Faktischen verstanden wird, mutet die Behauptung, Organisationen seien in ein Mythenfeld eingebettet, einem herkömmlich normativen Verständnis gegenüber zunächst ketzerisch an. Jedoch werden Organisationen in der Art wie sie bemüht sind, einem internen und externen Publikum Sinnzusammenhänge zu vermitteln, offenkundig als Agenten des Mythos sichtbar. Es ist darüber hinaus deutlich geworden, dass organisatorische

Mythen – in Bezug auf größere Themen wie z. B. Unsterblichkeit – eine Rolle spielen können, die ansonsten eher traditionellen Mythen zukommt. Becker (1973) zeigte auf, dass die treibende Kraft hinter diesem Bestreben nach Unsterblichkeit so stark sein kann, dass wir ganze Kultursysteme wie z. B. eine Organisation konstruieren, nur um einer bestimmten Interpretation der Erlösungsidee symbolischen Ausdruck zu verleihen, durch die eine jeweilige Ära charakterisiert wird. Der von einer Organisation propagierte Mythos kann so als das Bemühen verstanden werden, Symbolsysteme dergestalt zu arrangieren, dass Unsterblichkeit erreicht wird. Morgan (1986, S. 213) bemerkt, dass »wir Organisationen sowie den Großteil des Verhaltens in Organisationen als Streben nach Unsterblichkeit interpretieren können«. Eine der Hauptattraktionen und gleichzeitig größten Bedrohungen, die von Organisationen ausgehen können, ist die Möglichkeit, an etwas teilzuhaben, das größer ist als man selbst, um so, gemeinsam mit anderen an einer Identität zu partizipieren – eine Möglichkeit, die beängstigende Konsequenzen hervorbringen kann, sobald das individuelle Verantwortungsbewusstsein innerhalb einer solchen kollektiven Identität untergeht.

Der Management-Mythos

Durch den Begriff »Management-Mythos« wird primär der Tatsache Rechnung getragen, dass wir in einer Organisationsgesellschaft leben (Presthus, 1978), in der Management und organisatorische Strukturen zunehmend unsere soziale Existenz dominieren. Dieses Dasein wird durch diverse Glaubenssysteme, Gefühlszustände und Bedeutungen konstituiert, unter denen Ökonomismus (»Wirtschaftsgläubigkeit«), Managerialismus (»Primat der Unternehmensführung«), Säkularismus und Rationalismus eine vorrangige Bedeutung zukommt. In dem Maße, in dem traditionelle Mythen an Bedeutung verlieren, übernehmen Organisationen zunehmend die Funktion der Vermittlung von Glaubenssystemen, Wertstrukturen und Sinnzusammenhängen. Man kann daher behaupten, dass Organisationen in dieser Hinsicht zunehmend die Rolle von Kirchen einnehmen (Bowles 1989). Das Vorherrschen der Organisationsgesellschaft sowie die Macht des Managements, der Regierung und anderer Institutionen, die Struktur dieser Gesellschaft zu beherrschen, liefern hinreichend Anlass zu der Annahme, dass das gegenwärtige mythologische Referenzsystem überwiegend durch den Management-Mythos bestimmt wird.

Der Management-Mythos bezieht sich auf diejenigen zentralen Glaubens-, Wert- und Sinnsysteme, die der Ausübung von Management in heutigen Organisationen zugrunde liegen: Zusammengefasst repräsentiert er die Ethik moderner Organisationen. Obwohl die Art und Ausübung von Management ihrer Form nach für die jeweiligen Organisationen und Kulturen variieren wird (Hampden-Turner & Trompenaars 1993), wird angenommen, dass sich ein bestimmtes Gefüge von Vorstellungen und Ansichten entwickelt hat, das das Management von Organisationen in mehr genereller Hinsicht charakterisiert; dies gilt insbesondere für Nordamerika und Großbritannien. Der Management-Mythos wird durch die Vermittlung einzelner Manager verkörpert und praktiziert, den sie durch die Sozialisation der verschiedensten Managementinstitute, durch die Rollenmodelle anderer Manager sowie durch das kulturelle Symbolsystem der Geschäftswelt internalisiert haben. Scott & Hart (1979) sprechen von einem »nationalen Management System« in Amerika, das auf einem Gefüge gemeinsamer Wert- und Verhaltensstrukturen basiert. Ingersoll & Adams (1986) zeigen, dass der erfolgreiche Manager typischerweise eine Anzahl bestimmter Eigenschaften – eine hohe Selbstmotivation und Wettbewerbsorientierung sowie eine Gründermentalität – aufweist.

Bei genauerer Betrachtung wird deutlich, dass der Management-Mythos im zunehmenden Maße die folgenden Merkmale umfasst: Zunächst einen Glauben an Wettbewerb, sowohl im internen wie im externen Management von Organisationen, des Weiteren einen ökonomischen Imperativ, der marktwirtschaftlichem Wachstum und Profitorientierung den Vorrang gibt vor Überlegungen in Bezug auf Gemeinschaft, Individuen und Ökologie; schließlich eine Aufrechterhaltung der »funktionalen Rationalität«, durch die organisatorische Aktivitäten und Arbeitsprozesse mit dem Ziel rationalisiert und in ihre Bestandteile zergliedert werden, eine möglichst umfassende Kontrolle über sie zu erlangen. Diese Merkmale haben sich im Laufe des zwanzigsten Jahrhunderts ausgebildet und verleihen dem Management heutiger Organisationen nun seine ganz spezielle Struktur und Prägung.

Angesichts der monopolisierenden Einflussnahme auf Ziele, Einstellungen und das Bewusstsein des (ausgehenden) zwanzigsten Jahrhunderts kann behauptet werden, dass der Management-Mythos sich zu einem religiösen Fundamentalismus gesteigert hat; er ist insofern fundamentalistisch, als dass die Anwendung dieses Mythos dazu dient, das reichhaltige Geflecht menschlicher Potentiale auf blasse, ausdruckslose Kategorien menschlicher Verhaltensstrukturen zu reduzieren, innerhalb derer die Vitalität und das Wesen menschlicher Erfahrung unwiederbringlich verloren gehen. In dieser neuen Religion sind die Götter keineswegs entschwunden, sondern haben eine neue Gestalt angenommen; im hier beschriebenen Bezugsrahmen heißen sie unter anderem »Wirtschaftsgläubigkeit« (Ökonomismus) und »Primat der Unternehmensführung« (Managerialismus). Jung hat bereits 1918 festgestellt, dass *»unsere ängstlichen Götter nur ihren Namen gewechselt haben; sie reimen sich nun auf -ismus«* (Jung 1969, S. 326). Hilman (1994) bemerkt, dass der neue Gott, der heute angebetet und verehrt wird, der Gott der Ökonomie ist. Ehrerbietung wird diesem Gott weltweit in Unternehmenskathedralen entgegengebracht, wobei Bestrebungen der Gotik reproduziert werden, sich der Göttlichkeit im Himmel anzunähern. Die höchsten Gebäude einer Ära stellen häufig die Natur der angebeteten Gottheit dar; in diesem Sinne repräsentiert die Bauweise von Kirchen und Regierungspalästen bis hin zu den heutigen Geschäftsgebäuden die kontinuierliche Veränderung im Wesen des »Göttlichen« über die letzten Jahrhunderte hinweg.

Der Management-Mythos wird hier in Bezug auf zwei seiner wesentlichsten Dogmen beschrieben, nämlich den des Sozialdarwinismus und den der funktionalen Rationalität. Es bleibt jedoch anzumerken, dass diese beiden Dogmen hier zwar bei der Beschreibung des Management-Mythos einen zentralen Stellenwert einnehmen, jedoch nicht übersehen werden darf, dass über den hier gewählten Blickwinkel hinaus auch noch andere Möglichkeiten bestehen, einen solchen Mythos zu verstehen. Um den Einfluss dieser beiden Dogmen auf heutige Organisationen zu untersuchen, wird eine Analyse in bezug auf den Helden-Archetyp sowie den Archetyp des gelobten Landes vorgenommen. Archetypen sind Tiefenstrukturen der Psyche, auf denen alltägliche Erfahrungen basieren (Jung 1966, S. 69). Tief in die Psyche eingeprägt, sind sie verantwortlich für die typischen Modi der Kognition, Emotion, des Erlebens und Reagierens, die uns als menschliche Wesen auszeichnen. Sie erlauben eine Konstruktion der Welt mit einem bestimmten Sinn und potentiellen Aktionen. Das Bewusstsein basiert also auf einer weitaus breiteren unbewussten Basis, die auch die sogenannte »archetypische Matrix« umfasst, d. h. die Summe aller Archetypen. Archetypen haben in gewisser Hinsicht Ähnlichkeit mit Platons »Ewigen Ideen«. Es hat sich inzwischen ein Verständnis dafür entwickelt, dass es eine Oberflächenstruktur und eine Tiefenstruktur unserer Existenz gibt; diese Komplexität wird z. B. in der Physik mit den Konzepten impliziter und expliziter Realitätsstrukturen aufgegriffen (Bohm 1980). So können Oberflächenstrukturen alltäglicher sozialer Erfahrungen nur durch einen Bezug zu Tiefenstrukturen erfasst werden. Eine detailliertere Darstellung der Rolle von Archetypen im organisatorischen Funktionsablauf gibt Bowles (1993b). Der Management-Mythos wird hier unter Anwendung eines archetypischen Ansatzes erfasst und evaluiert, der durch Erkenntnisse der Tiefenpsychologie und insbesondere durch die Arbeiten von Jung (1966, S. 66) begründet wird.

Der Mythos des Sozialdarwinismus

Konkurrenz hat sich zu einem der maßgeblichen Kennzeichen organisatorischer Lebenswelten des zwanzigsten Jahrhunderts entwickelt. Seitdem die

Grenzen des Kapitalismus global expandiert sind, wird die Erfahrung einer vornehmlich durch Konkurrenz geprägten Welt immer stärker. Angesichts einer zunehmend wettbewerbsorientierten Umwelt unternehmen Organisationen immer stärkere Anstrengungen, einen »Wettbewerbsvorteil« zu erlangen, um der Konkurrenz »immer eine Nasenlänge voraus zu sein«. Das Ringen um Leistung, Marktanteile und -durchdringung, um Rendite des investierten Kapitals und Profit sind zentrale Indikatoren, anhand derer Organisationen und ihr Management ihre Wettbewerbsposition bewerten. Es tritt nunmehr nicht nur in kommerziellen Organisationen, sondern zunehmend auch im öffentlichen Sektor eine wettbewerbsorientierte Ethik hervor, die organisatorischen Interaktionen ihr Diktat auferlegt. Konkurrenz wird nicht nur zwischen, sondern auch innerhalb von Organisationen deutlich. Die Auswirkungen zunehmender Arbeitslosigkeit, von Rationalisierungen, leistungsbezogener Vergütungssystemen, von sowohl beschleunigten wie andererseits stagnierenden Karriereverläufen, zeitlich befristeten Arbeitsverträgen und Teilzeitarbeit sowie von Konzepten flexibler Beschäftigungsverhältnisse haben allesamt dazu beigetragen, die Mitarbeit in Organisationen zu einer vornehmlich durch Ungewissheit und Ambiguität geprägten Erfahrung werden zu lassen und lösen in der Folge gesteigerte Rivalitäten unter den Mitarbeitern aus (Carter, 1985; Scase & Goffee, 1989). In dieser Hinsicht sind soziale Lebenskontexte des zwanzigsten Jahrhunderts immer konkurrenzorientierter geworden, genährt von einem Glaubenssystem, das vom Wettbewerb als wesentlichem Kern des Menschen ausgeht. Dieser Glaube wurde in jüngster Vergangenheit von den Ideologen der Marktwirtschaft näher dargestellt (Rothband 1977; Hayek 1980). Mit dem Niedergang kommunistischer Systeme in der Sowjetunion und dem Ostblock wird das, was als »das Ende der Geschichte« (Fukuyama, 1993) bezeichnet wurde, in Zusammenhang gebracht mit der Unausweichlichkeit des wettbewerbsorientierten Kapitalismus als der einen »Letzten Wahrheit«.

Die Vorstellung von Konkurrenz und Rivalität wird von unterschiedlichsten philosophischen Ansätzen der letzten Jahrhunderte aufgegriffen. Philosophen wie Schopenhauer (Taylor 1962) und Hobbes (Brown 1965) beschreiben Macht und Konkurrenzorientierungen als der menschlichen Natur inhärent. Hobbes sah z. B. das Leben als »Wettkampf« an, dessen Ziel es ist, durch den Akt der »Selbstbehauptung« als »Sieger« hervorzugehen; eine Sichtweise, die durch sein Diktum »... Zuallererst suche ich nach dieser allgemeinen menschlichen Neigung, diesem rastlosen und unaufhörlichen Begehren nach der Macht, welche sich nur im Tode erschöpft« zum Ausdruck gebracht wird. Die Schriften späterer politischer Ökonomen, wie z. B. Smith, Bentham, Ricardo und Mill (Billig 1982) propagieren – im Rahmen der Individualitätsideologie –

ein Verständnis sozialer Interaktionen, das an einer Eigennutzenmaximierung ausgerichtet ist. Beeinflusst von Darwins Evolutionsprinzip und seinem Prinzip der natürlichen Auslese verbreitete sich im späten neunzehnten Jahrhundert die Doktrin des Sozialdarwinismus, wobei hier Darwins Theorie generalisiert wurde, um ein breiteres Verständnis für individuelle und soziale Lebenszusammenhänge zu entwickeln. Zusammen mit den Schriften von Thomas Malthus über Bevölkerung lieferten diese Evolutionstheorien – insbesondere für einen Herbert Spencer – die Basis, um die sozialdarwinistische Sichtweise weiter auszubauen (Hofstadter 1969). Nach Spencer sind soziale Prozesse evolutionär und einem permanenten Wandel unterzogen. Das »Überleben der Tüchtigsten« stellt für Spencer eine biologische Notwendigkeit dar, nach der der Erhalt der begünstigten Art gleichzeitig durch die Eliminierung der weniger begünstigten Art erreicht wird. Die Schwachen und Fragilen, die Ineffizienten und Minderbemittelten würden nach den Gesetzen der Natur und Evolution ausgemerzt. Minderbemittelte seien per definitionem untauglich und sollten daher besser beseitigt werden; Spencer bemerkte, dass »alle Bemühungen der Natur darauf abzielen, sich dieser zu entledigen und die Welt von ihnen zu befreien, um so Platz für das Höherwertige zu schaffen« (Hofstadter 1969, S. 41).

Obwohl nach Spencer der Zweck sozialer Organismen sich von dem animalischer Organismen unterscheidet, konstatiert er keinerlei Unterschied hinsichtlich der Gesetzmäßigkeit ihrer Organisation. Der Existenzkampf unter primitiven Organismen wird also gleichermaßen innerhalb der Gesellschaft fortgesetzt. Dieser Daseinskampf stellt für Spencer den Kern jeglicher sozialer Evolution und jeglichen Fortschritts dar. Durch den Prozess der natürlichen Auslese würde sich – so wurde angenommen – ein komplett neuer Charakter entwickeln. In der Folge stieß das sozialdarwinistische Dogma bei erfolgreichen Geschäftsleuten des neunzehnten Jahrhunderts auf außerordentliche Akzeptanz, insbesondere aufgrund der biologisch fundierten Legitimation des Wettbewerbsprinzips, welches sie politisch und ökonomisch repräsentierten. Hofstadter (1969, S. 57) schreibt hierzu »... die wettbewerbsorientierte Ordnung fand so eine kosmische Begründung. Konkurrenz wurde verherrlicht«. Anderen einflussreichen Autoren der damaligen Zeit, wie zum Beispiel William Graham Summer, kam eine wesentliche Rolle bei der Popularisierung des sozial-darwinistischen Dogmas zu. Ein weiterer Befürworter dieses Konkurrenzprinzips im Sinne eines »Kampfs aller gegen alle« war Haeckel (1876). Das »Überleben der Tüchtigsten« und der »Kampf aller gegen alle« entwickelten sich zunehmend zu den bestimmenden Merkmalen, die die heutige Organisationsgesellschaft charakterisieren. Um in dem von Organisationen selbst initiierten ökonomischen Wettbewerb bestehen zu können, hat sich das »Strategische Management« als Schlüsselkonzept hervorgetan, um Überleben zu planen und ökonomische Leistungsfähigkeit zu gewährleisten. Das Wort »Strategie« kommt aus dem Griechischem und bedeutet soviel wie »eine Armee anführen«. Die Verwendung militärischer Metaphern weist auf die kriegsähnliche Qualität gegenwärtiger organisatorischer Interaktionen hin: In Märkte eindringen, Mitbewerber ausschalten und Unternehmen übernehmen. Nicht nur Unternehmen, sondern zunehmend auch Nationen konkurrieren inzwischen um Investitionen, um so anderen Nationen gegenüber im Vorteil zu sein.

Das sozialdarwinistische Dogma und die von ihm ausgehende konkurrenzorientierte Ethik sind maßgeblich durch das Machtprinzip gekennzeichnet. Die Unschärfe und Komplexität des Machtbegriffs leistete unterschiedlichsten Ausführungen Vorschub, unter anderem den Arbeiten von Nietzsche (1977), die einen erheblichen Einfluss auf Freud und Jung, sowie auf Adler ausübte (vgl. Adler 1917, S. 24), der die erste psychologische Interpretation für Macht im Zusammenhang mit dem individuellen Bestreben nach Überlegenheit lieferte; unter den zeitgenössischen soziologischen Arbeiten sei auf Clegg (1989) verwiesen. Adler war, wie die meisten seiner Generation, von Nietzsche und seiner These vom »Willen zur Macht« stark beeinflusst. Für Nietzsche war der Wille zur Macht ein fundamentaler menschlicher Trieb, der sich hinter den unterschiedlichsten Verhüllungen wie z. B. der Askese oder freiwilliger Unterwerfung verbergen und sich daher zunächst unkenntlich manifestieren kann. Den Leitgedanken Nietzsches folgend war Adlers (1924) eigene Auffassung von Macht an die Annahme einer inhärenten Disposition menschlicher Minderwertigkeit angelehnt, die durch biologische Konstitution und durch Sozialisationsmuster bedingt ist. Eine so erlebte Minderwertigkeit kann bei Individuen zu »kompensatorischen« Reaktionen führen, d. h. das Individuum versucht durch Selbstbehauptung, durch das sogenannte »Prinzip der Überwindung«, Überlegenheit durch persönliche Macht zu erreichen. Dies kann jedoch zu einer »neurotischen Lebensweise« führen, einem »fiktiven Leben«, in dem tief sitzende Gefühle der Minderwertigkeit im Kontrast zur kompensatorisch exaltierten Persönlichkeit stehen. Gefährlich wird es dann, wenn diese Fiktion sich der Realität gegenüberstellen muss. Nach Adler kann eine solche Neurose erst dann bewältigt werden, wenn das Individuum die Fähigkeit erreicht, sowohl Minderwertigkeitsgefühle als auch Überlegenheit zu transzendieren, um schließlich gemeinschaftliche oder soziale Gefühle entwickeln zu können. Ein solches »Sozialgefühl« kann allerdings nicht allein aufgrund einer bewussten Entscheidung erreicht werden, durch ein »intellektuelles Wollen« wie Adler sagt, sondern nur durch »Erfahrung«. Nach Adler (1924) fördert allerdings die zunehmende Konkurrenzorientierung im sozialen

Lebensumfeld einen »Individualismus«, der unbestreitbar im Gegensatz zur Entwicklung jeglicher »sozialen Gefühle« steht. In seinen späteren Schriften führt Adler (1932, S. 38) jedoch aus, dass ein »Streben nach Überlegenheit« nicht ausschließlich nur als kompensatorische Reaktion verstanden werden kann, sondern gleichfalls auch als kreativer Ausdruck gelten könne, der einem »sozialen Gefühl« Vorschub leisten kann. Ein solch kreativer Ausdruck kann allerdings nur dann realisiert werden, wenn engstirnige Eigeninteressen transzendiert werden. Gesellschaft wird letztlich durch die Summe individueller Handlungen konstituiert, und das Ausmaß, in dem Individuen sowohl »Minderwertigkeit« als auch ihre kompensatorischen Reaktionen darauf als allgemeinen Bestandteil ihrer sozialen Erfahrung erleben, kann zumindest teilweise als Erklärung für konkurrente Interaktionen herangezogen werden. Es wird aufgezeigt, wie die Gesellschaft selbst sowie die Art und Weise, in der Macht und Konkurrenz auf kollektiver Ebene ausgespielt werden, wiederum individuelle Ausdrucksweisen und Reaktionen konditionieren. Adler macht, wie bereits oben ausgeführt, deutlich, wie das soziale Lebensumfeld durch Begünstigung eines kompetitiven Individualismus (Streben nach Überlegenheit) Minderwertigkeitsgefühle und nachfolgende Versuche ihrer »Überwindung« auslöst, die sowohl einem Narzissmus Vorschub leisten als auch gleichzeitig die Entwicklung sozialer Gefühle verhindern.

Macht ist, wie jeder menschliche Ausdruck, in der menschlichen Psyche archetypisch verankert. Der Archetyp der Macht wird weltweit in Mythen dargestellt und in der griechischen Mythologie zum Beispiel durch das Bild von Zeus repräsentiert. Bowles (1993b) führt aus, wie Zeus, wenn es um Willens- und Machtausübung geht, als der herrschende Archetyp unserer zeitgenössischen Kultur und unserer Organisationen aufgefasst werden kann. Zeus war der mächtigste Gott des Olymps und zeichnete sich insbesondere durch seine Fähigkeit aus, Strategien zu entwerfen und Allianzen zu bilden, um seine Machtbasis zu konsolidieren. Sein prägnantestes Merkmal war sein Bestreben, anderen seinen Willen aufzuerlegen; Macht und Herrschaft waren sein erklärtes Ziel, Blitz und Donner die Mittel, mit denen er diese Ziele verfolgte. In seinem Machtstreben nahm Zeus keinerlei Rücksicht auf andere, die für ihn durchweg leicht entbehrlich waren. In einer solchen Manifestation spiegelt der Zeus-Archetyp viele Eigenschaften und Anschauungen des Sozialdarwinismus wider: Selbstbehauptung, Willen, Macht, Herrschaft und das Ausschalten von Konkurrenten. Während jedoch der Zeus-Archetyp potentiell sowohl positive wie negative Merkmale in sich trägt, wird eine nur durch Willens- und Machtausübung monopolisierte Gesellschaft oder Ökonomie aufgrund dieser Einseitigkeit nur noch regressive individuelle und soziale Erfahrungen hervorbringen können.

Obgleich wettbewerbs- oder machtorientierte Interaktionen vorherrschende Merkmale einer Organisationsgesellschaft sind, existiert dennoch Kooperation oder, um es mit Adlers Worten auszudrücken, »soziales Gefühl« in einem gewissen, wenn auch in geringem Maße. Das archetypische Potential, das in Relation zum »sozialen Gefühl« oder zu Kooperation existiert, kann mit dem griechischen Wort »Eros« umschrieben werden und bezieht sich auf das Engagement, Beziehungen und Verbindungen herzustellen. Soziale Interaktionen, die durch »Eros« gekennzeichnet sind, unterscheiden sich fundamental von denjenigen, die durch Macht charakterisiert sind: Eros wird mit Liebe, Zusammenarbeit, Symmetrie und reziproken Beziehungen assoziiert; Macht wird hingegen typischerweise assoziiert mit Unterwerfung, Eliminierung und Unterordnung. Jung (1966) merkt jedoch an, dass Eros als Machttrieb wirken kann, wenn er unterdrückt und ins Unbewusste verdrängt wird.

Macht und Eros repräsentieren zweierlei Bezugsrahmen, innerhalb derer soziale Interaktionen praktiziert werden, seien sie nun ehelicher, familiärer, organisatorischer oder gesellschaftlicher Natur. Je mehr ein Bezugsrahmen dominiert, desto stärker wird der andere unterdrückt: Diese beiden archetypischen Ausdrucksweisen menschlichen Verhaltens stehen daher im unmittelbaren Spannungsverhältnis zueinander. Jung (1966, S. 78) schreibt: »Wo Liebe (Eros) regiert, ist kein Wille zur Macht, und dort wo der Wille zur Macht überwiegt, fehlt die Liebe«. Soziale Interaktionen, die durch das Machtprinzip dominiert sind, lassen sich typischerweise durch Hierarchie, Vorschriften, Strafen und Angst charakterisieren. In solchen Interaktionen wird häufig jegliche Form von Mitgefühl, Empathie oder Rücksichtnahme zunehmend ausgeklammert, solche Qualitäten also, die eher mit Eros assoziiert werden. Je stärker soziale Interaktionen durch konkurrenzorientierte Kräfte charakterisiert sind, desto umfassender wirkt sich dieses Machtprinzip als eine sich selbst erfüllende Prophezeiung aus.

Wenngleich einige Analysen soziale Interaktionen in Organisationen als im Grunde kooperativ darstellen (Simon 1958), kommt es der Wahrheit näher, solche Beziehungen eher als »instrumentell interaktiv« zu bezeichnen. Zwar mögen einige Individuen von ihrer grundlegenden Disposition her potentiell als kooperativ charakterisiert werden, doch können solche individuellen Eigenschaften unter dem Einfluss der Organisationsethik (Konkurrenz und Macht) leicht eingeschränkt werden. Dort, wo das Verhalten zunehmend instrumentell interaktiv wird, beginnen Menschen einander eher als »Dinge« zu behandeln; soziale Interaktionen können dort eher im »Ich/Es«-Modus als auf einer »Ich/Du«-Ebene charakterisiert werden (Buber 1958).

In seinem Versuch, eine radikale Alternative zur Individualismusideologie der klassischen Ökonomie zu entwickeln, kam Marx zu einem auf Kooperation und Zusammenarbeit basierenden Menschenbild (Billig 1982). Jedoch ist eine Theorie sozialer Interaktionen, die ausschließlich Kooperation propagiert, einem utopischen Ideal gleichzusetzen, welches über kurz oder lang zum Scheitern verurteilt ist, wie soziale Experimente in verschiedenen Gesellschaften gezeigt haben. Die Ursache hierfür kann darin gesehen werden, dass solche sozialen Arrangements in der Regel dazu tendieren, das Machtprinzip entweder abzuwehren oder völlig zu verdrängen, so dass es schließlich mit umso stärkerer Kraft wieder hervortreten kann. Orwells (1945) »Animal Farm« porträtiert einen solchen sozialen Zustand gleichermaßen wie die Erfahrungen des Sowjetkommunismus. Es bedarf hier vielmehr einer Synthese, die dem Spannungsverhältnis zwischen Konkurrenz und Kooperation eine kreativ-zweckmäßige Form des sozialen Verhaltens bahnt; eine Form der Wettbewerbsorientierung also, die dem weitläufigeren sozialen Interesse dient, das mehr auf das Gemeinschaftliche als auf das enge, elitäre Einzelinteresse abstellt. Eine solche Form der Wettbewerbsorientierung würde z. B. stärker auf das Wohlergehen einzelner Individuen in bezug auf Beschäftigungschancen und regionale Unterschiede, mit dem Blick auf die Existenzfähigkeit regionaler wirtschaftlicher Zusammenhänge Rücksicht nehmen. Mit Adlers (1938) Worten ausgedrückt würde diese Form weitaus stärker einen »kreativen« Ausdruck von Macht einbeziehen, der mehr dem »sozialen Gefühl« verpflichtet ist als nur der bloßen Ausmerzung menschlicher Fehler und Schwächen zu dienen. Insbesondere würde eine solche Wettbewerbsorientierung sich der Frage stellen, für wen sie effizient ist. Effizienz hat im Bezugsrahmen des »Management-Mythos« eine überaus restriktive Bedeutung und bedarf durchaus einer moralischen Direktive. An dieser historischen Wegscheide angelangt, mutet es schwer an, sich vorzustellen, wie eine solche Synthese zwischen Macht und Eros (Konkurrenz und Kooperation) in der Praxis wohl aussehen könnte. Fest steht zumindest, dass ein organisatorisches oder unternehmerisches System, welches allein auf konkurrierenden Machtbeziehungen fokussiert, grundlegend einseitig und daher als unbalancierte Lebens- und Ausdrucksform zu beurteilen ist. Eine Synthese von Macht und Eros würde den Ausdruck jener perversen, heute nur allzu evidenten Merkmale von Macht einschränken: Man würde vielmehr auf eine konstruktive Ausübung von Macht vertrauen, die den Eros achtet und schätzt, als auf destruktive Ausdrucksweisen. Wie einleitend im Zusammenhang des »Glaubensfeldzuges der Unternehmenskultur« beschrieben, haben Managementinitiativen in Organisationen in neuerer Zeit für sich den Anspruch erhoben, eine neue Form sozialer Ethik und sozialer Interaktionen hervorgebracht zu haben. Die Anzeichen hierfür sind jedoch bis dato mehr als dürftig und weisen vor dem Hintergrund der hier angestellten Überlegungen keineswegs auf eine solche Entwicklung hin.

Es gibt Anzeichen dafür, dass das Spannungsverhältnis zwischen Macht und Eros bzw. zwischen Konkurrenz und Kooperation sich über verschiedene Gesellschaftsstrukturen hinweg in unterschiedlichen Ausprägungen manifestieren kann. Es wird häufig die Behauptung aufgestellt, dass der Westen eher durch Macht, der Osten hingegen stärker durch Eros gekennzeichnet sei, doch obwohl einer solchen Anschauung ein gewisser Wahrheitsgehalt nicht abgesprochen werden kann, liegt dieser Aussage doch eine zu sehr vereinfachende Betrachtungsweise zugrunde. Selbst zwischen europäischen Ländern stellen sich organisatorische Interaktionen als überaus verschiedenartig dar (Hampden-Turner & Trompenaars 1993). Nichtsdestoweniger ist im Westen, insbesondere im Hinblick auf Nordamerika und Großbritannien, das Spannungsverhältnis zwischen Macht und Eros als besonders problematisch zu bezeichnen. Trists (1983) »Organizational-Ecology«-Modell liefert eines der wenigen theoretischen Ansätze, um ein kooperatives Model organisatorischer Interaktionen zu entwickeln. Nach diesem Modell würden Organisationen stärker durch Zusammenarbeit geprägte, gemeinsam geteilte Werte und Normen hervorbringen, um gemeinsamen Herausforderungen mit neuartigen Lösungsansätzen zu begegnen.

In heutigen sozialen und organisatorischen Kontexten manifestiert sich jedoch ein Sozialdarwinismus nur allzu deutlich, der sich in nichts von der Ruchlosigkeit und Abgeschmacktheit früherer Vertreter unterscheidet. Er hat einen »Kampf aller gegen alle« entfacht, in dem jegliches Gefühl von Eros weithin abhanden gekommen ist. Es ist diese Sprache des Sozialdarwinismus, die es uns erlaubt, aus heutigen sozialen Interaktionsmustern resultierende Gefühle und Erfahrungen weitaus angemessener zu erfassen, als dies durch die eher sterilen Begriffe des wirtschaftswissenschaftlichen Sprachgebrauchs möglich ist (Rothband 1977; Hayek 1980). In der heutigen Form des Sozialdarwinismus erleben wir nun zwar nicht die von Spencer prognostizierte physische Eliminierung der Schwachen und Minderbemittelten, jedoch zeugen die – im Rahmen der durch den Sozialstaat gewährleisteten minimalen Absicherung – auftretenden pathologischen Ausprägungen von Sucht und Krankheit durchaus von einer, von vielen als psychisch erlebten Eliminierung. Ein Management-Mythos, der diese konkurrenzorientierte Ethik zwischen Menschen, Organisationen und Gesellschaften propagiert und überhöht, steht einer humanen Entwicklung grundlegend entgegen. Und wenn man einmal anerkennt, dass diese Probleme prinzipiell globaler Natur sind, werden alle säuberlich getrennt gehaltenen Einzellösungen in ihrer Trivialität und Ineffizienz nur allzu sichtbar. Es wird erforderlich, dass wir beginnen, die der menschlichen Natur innewohnenden Wirkungskräfte (Archetypen) als solche zu erkennen und zunehmend ein komplexeres Verständnis menschlicher Interaktionen zu entwickeln. Es wird höchste Zeit, dass wir uns von den oberflächlichen Analysen sozialer Interaktionen, wie sie von den Sozialwissenschaften des zwanzigsten Jahrhunderts selbst propagiert wurden, verabschieden.

Der Mythos der Rationalität

Technische Rationalität bzw. »funktionale Rationalität« (Mannheim 1940), »instrumentelle Vernunft« (Horkheimer 1947) oder »zweckrationales Handeln« (Habermas 1970), sind zu einem wesentlichen Kennzeichen der Organisationsgesellschaft des zwanzigsten Jahrhunderts avanciert. Jeder dieser Begriffe beschreibt eine eingeschränkte, ausschließlich in den Dienst instrumenteller Verwertbarkeit gestellte Anwendung menschlicher Vernunft. Die Kernidee in der Anwendung technischer Rationalität besteht darin, dass sämtliche Prozesse, seien sie physischer oder sozialer Art, rationalisiert werden können und sollten, d. h. sie werden in ihre Bestandteile zergliedert, um so eine möglichst optimale Kontrolle zu erlangen. Technische Rationalität wird von Organisationen in ihrem Bemühen um Regulation und effiziente Produktivität angestrebt. All das, was kontrollierbar und regulierbar ist, kann so als rational bestimmbar gelten.

Eine technische Rationalität, die allein auf die Umsetzung gegebener Zweck-Mittel-Relationen fokussiert, unterscheidet sich grundsätzlich von jeder umfassenderen Konzeption von Rationalität oder Vernunft. Horkheimer (1947) führt z. B. an, dass Rationalität auch ganz anders, nämlich als Beurteilungskriterium für die Sinnhaftigkeit menschlicher Ideale und Vorhaben definiert werden könne. In einer durch technische Rationalität dominierten Gesellschaft existiert jedoch ein solches Kriterium nicht. Denhardt (1981, S. 23) behauptet:

> »... wenn man daher (in der Sprache des rationalen Modells) eine bestimmte Organisation als rational bezeichnet, sagt man damit nichts über ihre politische oder moralische Zweckmäßigkeit aus, sondern bringt lediglich zum Ausdruck, dass ihre Funktionsweise einer Effizienzmaximierung dienlich ist«.

Unter der Dominanz technischer Rationalität verdienen jedoch nur diejenigen Probleme Beachtung, die einer technischen Lösung zugänglich sind. Als Folge davon verlieren die Menschen zunehmend ihre Menschlichkeit, subjektive Erfahrungen werden vernachlässigt und das Individuum wird als manipulierbare, kodifizierbare und katalogisierbare Ressource betrachtet. Die menschliche Dimension kommt darin unwiederbringlich abhanden, die Menschen nehmen immer häufiger den Status instrumenteller Arbeitsmittel ein.

Die Doktrin der Rationalität hat ihre Wurzeln bei Aristoteles und in der Tradition der von ihm begründeten Schule. Später, im Zeitalter der Aufklärung des siebzehnten Jahrhunderts, führten Philosophen die Rationalität gegen kirchliche Dogmen ins Feld; es ging ihnen darum, die Vernunft als leitendes Prinzip rationaler Gesellschaftsbetrachtung zu etablieren. Dass hierbei lediglich ein Dogma durch ein anderes ersetzt wurde, scheint den Philosophen der Aufklärung seinerzeit entgangen zu sein. Bis ins zwanzigste Jahrhundert hatte sich schließlich das Augenmerk darauf konzentriert, eine durchgängig rationalisierte, mathematische Repräsentation der Realität und menschlicher Erfahrungen zu erlangen (Whitehead & Russell 1910; Wittgenstein 1922). Ingersoll & Adams (1986) bemerken, dass, obwohl die Philosophie sich seither in andere Richtungen bewegt und die Rationalität als leeres Ideal erkannt hat, der größte Teil unseres Managements einem Streben nach diesen leeren Idealen verhaftet bleibt.

Der Mythos der technischen Rationalität wurde der organisatorischen Welt in erster Linie durch Frederick Taylors (1911) Schriften zum »Scientific Management« vorgestellt. Die rationale Kontrolle von Organisationen sollte bald eine weitere Verbreitung durch die von Fayol (1949) entwickelten Administrationsprinzipien erfahren, die gemeinhin als universell anwendbar galten. Später beschrieb Weber (1947) die »Rationalisierung der Gesellschaft«, in der institutionelle Zielsetzungen vornehmlich durch Bürokratisierung so effizient wie möglich umgesetzt werden, um ein Maximum an Rationalität zu erreichen. Diese Bedeutung, die gemeinhin eher den Mitteln als den Zielen beigemessen wurde, konstituiert nach Webers Ansicht einen »eisernen Käfig« für die Menschheit, eine Entwicklung, die ihn zu entsprechender Besorgnis veranlasste. Später beeinflussten die Arbeiten von Simon (1958) Manager in ihren Bemühungen, eine rationale Organisation des unternehmerischen und sozialen Lebens herbeizuführen. Abgesehen von diesem Bemühen, rationale Organisationsstrukturen zu entwickeln, wurde technische Rationalität in allen Organisations- und Managementbereichen unter dem Etikett »strategisches Management« weiter vorangetrieben. Mintzberg (1994) zeigt z. B. auf, wie sowohl die Literatur als auch die Anwendungspraxis des strategischen Planens, das eine Kernaktivität des Strategischen Managements darstellt, vom rationalen Modell durchdrungen ist. Diese Literatur betont die Notwendigkeit, eine objektive, faktische, logische und systematische Planung zu erstellen, die insbesondere auf die Entwicklung von Methoden zur Zielerreichung ausgerichtet ist. Mintzberg unterstreicht ausdrücklich, wie dieser Typus der Rationalität seine Wurzeln in der Analyse, nicht jedoch in der Synthese findet. Nach seinen Ausführungen ist der rationale Ansatz im modernen Zeitalter nicht nur zu einer möglichen, sondern inzwischen zur einzig denkbaren Methode der unternehmerischen Zukunftsplanung avanciert.

Im Versuch, sämtliche organisatorischen Phänomene auf Zahlen zu reduzieren, ist die rationale Methode auf Daten, Modelle und Analysen angewiesen. Phänomene, die sich nicht derart auf Zahlen reduzieren lassen, sind nach diesem Modell nicht handhabbar und demnach der Beachtung nicht würdig. Die menschliche und soziale Realität in Organisationen, die sich nicht derart auf Zahlenwerte herunterbrechen lässt, bleibt dementsprechend unberücksichtigt. Eine auf dem rationalen Modell basierende Managementanalyse trivialisiert und simplifiziert demzufolge in ihrem Streben nach optimaler Kontrolle solche organisatorischen Phänomene. Diese Form der Unternehmensplanung versäumt es weitgehend, der individuellen, sozialen und politischen Komplexität in Organisationen gerecht zu werden, und es ist daher kaum erstaunlich, dass Nachweise für den Erfolg strategischer Planung überaus spärlich sind (Mintzberg 1994). So hat Hofstede (1980, S. 160) angemerkt, dass ein solches Planungssystem »zwar nicht wirklich funktioniert, jedoch Manager immerhin ruhiger schlafen lässt«. In diesem Zusammenhang mag es so erscheinen, dass der symbolische Wert strategischer Planung jeglichen substantiellen Wert übertrifft. Statt tatsächlich rationale Vorgehensweisen anzubieten, wirkt strategische Planung vielmehr als abergläubisches Handeln. Gimpl & Dakin (1984) führen aus, wie Ambiguität und die daraus resultierenden Bemühungen, Unsicherheiten zu vermeiden, zur Anwendung abergläubischer Handlungen führen können. Die Menschheit hat seit jeher in ihrem Streben, die Unsicherheiten und Unwegsamkeiten des Lebens zu verringern, abergläubische Rituale verwendet, und die Art und Weise, in der unternehmerische Planung versucht, Messgrößen für die Zukunft zu bestimmen, scheint sich von der Gewohnheit der Labradorindianer nur wenig zu unterscheiden, die Zukunftsratschläge von ihren Göttern dadurch erflehen, dass sie Knochen ins Feuer werfen (Gimpl & Dakin 1984). Unternehmerische Planung in unserem modernen Zeitalter mutet geradezu wie eine Reproduktion solcher abergläubischen Praktiken an.

E. R. Dodds (1951) beschreibt, wie im 3. Jahrhundert vor Christus der griechische Rationalismus mit bedeutsamen intellektuellen Entdeckungen in den abstrakten Wissenschaften, in der Mathematik und der Astronomie auf der Schwelle zum letzten Triumph stand. Es ist jedoch interessant zu bemerken, wie sich zum Ende des 3. Jahrhunderts vor Christus in Athen eine Gegenbewegung zum rationalen Lebensverständnis entwickelte, eine Form des Anti-Rationalismus, der sich von unten her entwickelte und über kurz oder lang die vorherrschende klassische rationale Betrachtungsweise unterminierte. Dodds (1951) macht deutlich, wie in der damaligen Auffassung sich z. B. die Astrologie wieder stärker etablierte und sich gegen rationale Kräfte behauptete. Die Menschen beschäftigten sich zunehmend mit Techniken der individuellen

Erlösung, mit Orakeln, Träumen, Ritualen und religiösen Schriften aus dem Osten. Der griechische Rationalismus hat anscheinend gerade durch diese Verdrängung von nicht-rationalen Elementen zu seinem eigenen Untergang beigetragen, oder, um es anders auszudrücken, der Rationalismus eignete sich nicht als lebender Mythos. Ob nun zum Guten oder zum Schlechten, die der Astrologie zukommende Beachtung erfuhr interessanterweise eine Wiederbelebung. Und tatsächlich scheint auch in unserer jüngsten Vergangenheit sogar die amerikanische Regierungspolitik durch die Präsidentengattin und ihren astrologischen Berater beeinflusst zu sein! Darüber hinaus zeigen Zeitungsartikel und Fernsehberichte über Finanzdienstleister und Wertpapierhändler, die sich astrologisch beraten lassen, dass dieser Einfluss nicht allein auf die amerikanische Regierung beschränkt ist.

Anpassungen an die Anforderungen des Lebens werden, wie klinische Beispiele eindrücklich dokumentieren, in erster Linie durch emotionale Weise und weniger durch abstrakte Intellektualisierung bewerkstelligt. Das anwachsende Interesse für Themen wie die alternative Medizin, Chaostheorie oder das Unbewusste legt nahe, dass in der Postmoderne eine nicht unerhebliche Zahl von Menschen nach alternativen Erklärungsmodellen sucht, die über die vorherrschende Ideologie des Rationalismus hinausgehen. Die Debatten über Rationalität und Wissenschaft sind in jüngster Zeit stärker ins Licht der Öffentlichkeit gerückt und werden durch eine Vielzahl von Publikationen widergespiegelt (u. a. durch Appleyard 1994, Midgely 1995 und Allaby 1995).

Letztlich wirkt sich diese technische Rationalität, die sowohl unsere Selbstwahrnehmung als auch unser Verständnis von Organisationen und Gesellschaft nachhaltig dominiert, in einer zunehmend abstrakten Intellektualisierung aus, die das, was das Leben im »Wesentlichen und Eigentlichen« ausmacht, unterminiert und aushöhlt. Technische Rationalität hat mit diesem »Eigentlichen« nichts zu tun, bildet gerade den Gegenpol zu Gefühlen, Werten und Emotionen, also zu dem, was Jung als den »eigentlichen Kern des menschlichen Wesens« bezeichnet. Da mag es kaum verwundern, dass die in heutigen Organisationen gemachten Erfahrungen von vielen als eintönig, trocken und fad erlebt werden. Das Diktat der technischen Rationalität hat zu einem Verlust des Wesentlichen geführt und leistet den weiter oben ausgeführten instrumentellen Beziehungen Vorschub, fördert also verdinglichte Interaktionen und nicht zwischenmenschliche Begegnungen.

Funktionale Rationalität kann in ihrem archetypischen Ausdruck im Zusammenhang mit dem griechischen Wort »Logos« verstanden werden, welches analytische, intellektuelle und objektive Interessen impliziert. Logos kann archetypisch als ein »maskuliner« Ausdruck verstanden werden, der Interessen und Wertstrukturen einer patriarchalen Weltkultur repräsentiert

(Bowles 1993a). Zwischen Logos und Eros besteht ebenfalls eine fundamentale Spannung, die mit dem bereits beschriebenen gegensätzlichen Verhältnis von Macht und Eros vergleichbar ist. Die Vorherrschaft von »Logos« über »Eros«, wie wir sie im gegenwärtigen Management und in heutigen Organisationen vorfinden, verfolgt »objektive« und nüchterne Interessen auf Kosten einer Auseinandersetzung mit wesentlichen Fragen der menschlichen Erfahrung. Technische Rationalität zielt insbesondere auf Perfektion ab, und diese fast als »Sucht nach Perfektion« zu bezeichnende Grundhaltung ist verantwortlich für viele somatische und psychische Erkrankungen unserer Zeit. Gefühle (Hillman 1971), die das menschliche Urteilsvermögen von einer zugrunde liegenden Wertstruktur her entwickeln, werden von der technischen Rationalität erfolgreich negiert. Wie Hillman (1971, S. 86) schreibt, »Gefühle beziehen sich auf die Vernunft des Herzens, die die Vernunft des Verstands nicht nachvollziehen kann«. Um es in Hamlets (Shakespeare 1987) Worten auszudrücken, sind wir in einer Situation angelangt, die gekennzeichnet ist durch »ein Sehen ohne zu fühlen und ein Fühlen ohne zu sehen«.

Nachdem hier die Dogmen des Sozialdarwinismus und der funktionalen Rationalität einer näheren Betrachtung unterzogen wurden, soll nun eine Analyse des Heldenarchetyps ein weiteres Verständnis dafür liefern, wie der »Management-Mythos« sich in Organisationen manifestiert.

Der Heldenmythos

Der Heldenmythos (Campell 1951) ist ein Leitmotiv in allen Kulturen und ist – wie einleitend beschrieben – beispielsweise in der Figur des Parzivals in der Gralslegende symbolisiert. Der Held oder die Heldin hat meist etwas getan oder gefunden, was über das normale Maß menschlicher Erfahrungen hinausgeht; er oder sie hat das eigene Leben etwas Größerem gewidmet. In Legenden erscheinen gewöhnlich zwei unterschiedliche Heldentypen: Der eine vollbringt die physische Tat, zeigt sich mutig im Kampf oder rettet Leben. Der andere ist ein spiritueller Held, dem es gelingt, ein übernatürliches Maß spirituellen Daseins zu erfahren und mit einer Botschaft für die Menschheit zurückzukehren. Heldenbilder sind beispielsweise in den Charakteren von Odysseus, Jason, Herkules, Christus und Krischna dargestellt. Als Merkmal der archetypischen Matrix, die allen Individuen innewohnt, dient der Heldenmythos jedem Individuum als Potential, sich selbst in heroischen Taten zu engagieren. Unser Leben lang sind wir in irgendeiner Form durch den Heldenarchetyp beeinflusst. Geburt, Tod und all die Abenteuer dazwischen erfordern den Geist eines Helden. Als Mitglieder einer Organisation kann unser Einsatz heroische Konfrontationen erforderlich machen, und mag es auch nur darum gehen, diese unvermeidlichen Konfrontationen lebend zu überstehen. Dem Heldenmythos kommt für die Analyse von Management eine ganz besondere Bedeutung zu, da angenommen werden kann, dass ein Großteil des Verhaltens von Managern durch den Heldenmythos bestimmt wird. Das Streben danach, Strategien zu entwickeln und Unternehmensziele zu erreichen, kann mit dem Streben des Helden auf der Suche nach dem unternehmerischen Gral verglichen werden, der in ökonomischer Stabilität, Rationalisierung, Wachstum und Profit zum Ausdruck kommt. Einzelne Manager oder Führungsgruppen können, im Bestreben darum, ein Unternehmen auf die Bahn wirtschaftlicher Stabilität zu lenken, (heroische) Verantwortung auf sich nehmen. In der heutigen Unternehmenswelt gibt es etliche Figuren, die zumindest in der allgemeinen Vorstellung sich dergestalt als Helden identifizieren lassen, so zum Beispiel Richard Branson (Virgin), Lee Iacocca (Chrysler) und Anita Roddick (Body Shop).

Die Manifestation des Heldenarchetyps, wie er für heutige Organisationen kennzeichnend ist, kann je nach archetypischer Konstellation negative oder positive Konsequenzen haben. Archetypen haben nach Jung (1966) bipolaren Charakter, und so kann der Heldenarchetyp einen positiven wie auch einen negativen Pol widerspiegeln. In seiner positiven Manifestation wird der Held etwa neues Terrain entdecken, neue Erkenntnisse liefern oder innovative Möglichkeiten eröffnen, die dem Gemeinwohl und der Welt im allgemeinen dienlich sind. Parzival kann als ein solcher Held angesehen werden. In kommerziellen Organisationen kann ein Manager als derartige Heldenfigur beispielsweise die Triebkraft für entscheidende Neuorientierung und für Veränderungen darstellen. Richard Branson wird häufig – ob nun zu Recht oder nicht – als ein solcher Held dargestellt. Es sollte auch angemerkt werden, dass ein derartiger Held auch an anderer Stelle in einer Organisation auftreten kann, beispielsweise als Wortführer einer Opposition gegen herrschende Managementpraktiken. Der negative Ausdruck des Heldenarchetyps manifestiert sich, wenn der Held aus egoistischen Motiven heraus handelt oder wenn lediglich einige wenige, eingeschränkte Interessen oder Ziele verfolgt werden, die dem Allgemeinwohl widersprechen. Wenn andere einen Helden idealisieren und ihre eigenen Heldenarchetypen auf diesen Führer projizieren, wird dieser nur umso mächtiger erscheinen, und die Tatsache, dass ihre eigenen Interessen nunmehr nicht nur nicht vertreten, sondern sogar unterlaufen werden, kann dabei nur allzu leicht übersehen werden. In der Vergangenheit haben z. B. »Helden«-Figuren wie Hitler oder Stalin mit ihrem manischen Machtstreben ihre Versprechen nach nationaler Befreiung und Erlösung nur allzu einprägsam ad absurdum geführt. Harold Geneen von ITT (Sampson 1978) ist ein Unternehmensführer, dessen manisches Machtstreben in der Beseitigung einer demokratisch gewählten

Regierung und der anschließenden Ermordung des chilenischen Präsidenten Salvador Allende schwerwiegendste Konsequenzen hatte. Die Angestellten und Mitarbeiter bei ITT haben Geneens Regime, trotz seines despotischen Verhaltens und des durch ihn ausgelösten Terrors, scheinbar akzeptiert, und einige sogar mit Enthusiasmus. Konformität mit solchen Figuren kann folgenschwere Konsequenzen haben, wenn das eigene Bewusstsein in dem Bedürfnis aufgegeben wird, ein anderer möge die Verantwortung für das eigenen Leben und die eigenen Handlungen übernehmen.

Zuweilen genießen Unternehmensführer ihr Heldenansehen auch nur bis zu dem Zeitpunkt, zu dem ernstliche Schwierigkeiten am Horizont auftauchen. Alan Bond, ein australischer Unternehmer in den achtziger Jahren, war weltweit ein erfolgreicher Geschäftsmann und der erste, der im Segeln den »America Cup« für Australien errang. Dessen ungeachtet fiel er und das von ihm errichtete Imperium in kürzester Zeit dem Untergang anheim. Plötzlich existierte der Held nicht mehr, und seine menschlichen Züge wurden im anschließenden Gerichtsprozess nur allzu deutlich ans Tageslicht gebracht. Nicht selten bringt sich ein Held durch Selbstüberhöhung (Hybris) selbst zu Fall, also dadurch, dass er in Begeisterung über seine vormals vollbrachten Großtaten jegliche Fähigkeit zur Bescheidenheit und Reflexion verliert. Diverse Vorkommnisse der letzten Jahre, sowohl in der Politik als auch in der Wirtschaft, haben eine Mehrzahl solcher »Helden« vorgeführt, die aus den verschiedensten Gründen dem Untergang oder Ruin anheim fielen, z. B. Tiny Rowland, Robert Maxwell, Maurice Saatchi, Margaret Thatcher, Nick Leeson und Gerald Rattner. Die alten Griechen glaubten, dass die Götter früher oder später auf menschliche Erfolge aufmerksam würden, um dann neiderfüllt und missgünstig zu reagieren. Wenn ein menschlicher Held zu lange zu erfolgreich war, verbündeten sich die Götter gegen ihn, um sicherzustellen, dass dieser Mensch auf den Boden seiner menschlichen Dimension zurückgebracht würde. Die Moral dabei dürfte sein, dass Individuen weder eine zu hohe noch eine zu niedrige Meinung von sich selbst haben sollten: Jede Übersteigerung der eigenen Identität führt zu einer psychischen Überhöhung, die dann den bösen Willen der Götter (Archetypen) auf sich zieht. Ist der Held dazu in der Lage, sein menschliches Maß zu wahren und der Versuchung der Selbstüberhöhung zu entgehen, dann kann er potentiell eine positive Rolle einnehmen. Eine unverkennbare Gefahr besteht jedoch darin, dass das Verhalten von Individuen oder Gruppen, die sich mit einem Heldenarchetypen identifizieren, weitgehend unbewusst geleitet und daher kaum der bewussten Reflexion zugänglich ist. Ein solches Verhalten ist in sich potentiell psychotisch und kann, wie die Zeit zwischen 1939 und 1945 uns einprägsam vor Augen geführt hat, die verheerendsten Konsequenzen nach sich ziehen.

Der hier hergestellte Bezug zum Heldenarchetyp kann ein Verständnis dafür liefern, wie sich Sozialdarwinismus und funktionale Rationalität in unseren Organisationen und in unserer Gesellschaft manifestieren. Das sozialdarwinistische »Überleben der Tüchtigsten« definiert offenkundig eine Unausweichlichkeit »heroischer« Konfrontationen sowohl für Einzelpersonen als auch für Organisationen. Diejenigen, die – aus welchen Gründen auch immer – bei einem solchen Wettbewerb gar nicht erst antreten oder dabei nicht bestehen können, kommen unweigerlich zu Fall, um sich schließlich in unteren Gesellschaftsschichten wiederzufinden; sie werden letztlich zum Prügelknaben für jene, denen es eher gelingt, von der Austragung solcher Konfrontationen zu profitieren. Es stellt sich hier die Frage nach der wahren Natur dieses durch den Sozialdarwinismus geprägten Heldentums. Denn in erster Linie führt diese Form des Sozialdarwinismus bei vielen zu einem eigensüchtigen Heroismus, bei dem der eigene Vorteil auf Kosten anderer angestrebt wird, und so gesehen muss er im Grunde als anti-heroisch verstanden werden. In seiner extremen Ausprägung erweist sich dieser sozialdarwinistische Heroismus als ein »Kampf aller gegen alle«, in dem Massenegoismus überwiegt; Konzepte wie »Fressen oder gefressen werden« oder »Jeder ist sich selbst der Nächste« werden zu den bestimmenden Charakteristika gesellschaftlichen Daseins. Ein solcher Heroismus wird von denjenigen, die ihn zu demonstrieren vermögen, häufig übersteigert, da er eine überhöhte Selbsteinschätzung sowohl fordert als auch fördert. Eine solche Hybris kann jedoch, wie bereits ausgeführt wurde, über kurz oder lang zum Niedergang oder Ruin führen.

Wettbewerbsorientierte Beziehungen zwischen Organisationen, die auf einem solchen sozialdarwinistischen Dogma basieren, können dieser Konstellation des Heldenarchetypen entsprechen und sich beispielsweise in solchen Begriffen wie »den Konkurrenten ausschalten«, »Ressourcendisposition« und »Strategieplanung« manifestieren. Ein nicht unerheblicher Anteil von Managementaktivitäten wird von einem derartigen mehr oder weniger verdeckt wirksamen Heldenarchetyp beeinflusst, die damit einhergehende heroische Form ist jedoch überwiegend selbstbezogen und lässt das Wohlergehen von Organisationsmitgliedern wie allgemeine gesellschaftliche Belange weitgehend unberücksichtigt.

Dieses Heldentum folgt dem Diktum, dass »der einzige Geschäftszweck darin besteht, im Rahmen der gesellschaftlichen Gesetzgebung soviel Geld wie möglich zu erwirtschaften«. Diese Gesetzgebung ist oftmals überraschend ineffektiv, wenn es darum geht, die Belange einer Bevölkerungsmehrheit zu vertreten, hingegen scheint sie Unternehmen in ihrem Bestreben, soviel Gewinn wie möglich einzufahren, nur wenige Hindernisse in den Weg zu legen. Ein Heroismus hingegen, der sich gemeinschaftlichen Belangen in

Organisationen und Gesellschaft widmet, wird nur selten sichtbar. Viel eher hören wir von »Rationalisierungen«, »Verschlackungen« und ähnlichen Euphemismen, die in Wirklichkeit bedeuten, dass Arbeitsplätze und Sozialleistungen gekürzt werden, um die (heroische) Rendite der Anteilseigner zu maximieren. Wenn Unternehmensstrategien und -ziele allein darauf ausgerichtet sind, den Wohlstand für nur einige wenige zu steigern, wird nur ein geringer oder gar kein Rest von Eros vorhanden sein. Solcherlei heroische Taten spiegeln ausschließlich einen negativen Pol des Archetypen wider, sie weisen keinerlei Züge vom Format eines Helden auf, der Liberalisierungen und Verbesserungen menschlicher Lebensumstände den Weg bahnt. Letzten Endes sind wahrhaft heroische Handlungen jedoch vom Eros bestimmt und nicht durch Selbstüberhöhung oder selbstgerechte Machtausübung, die nur wenigen dienen.

Im Hinblick auf die Art und Weise, wie der Heldenarchetyp dem Antrieb, eine rationale soziale Tat zu vollbringen, Kräfte verleiht, ihn strukturiert und ihn verstärkt, kann er gleichermaßen auf dem Hintergrund des funktionalen Rationalismus interpretiert werden. Wenn die Praktiken dieser funktionalen Rationalität allerdings menschlichen Interessen zuwiderlaufen, wenn sie die Vitalität und das Wesenhafte der menschlichen Natur negieren, werden sie wiederum allein einen negativen Ausdruck des Archetypus fördern. Wenn sie einen »eisernen Käfig« konstruieren, wenn Arbeitsprozesse nach mechanistischen Kriterien ausgerichtet und alle organisatorischen Phänomene auf Datenwerte reduziert werden, dann dient die funktionale Rationalität nicht der heroischen Handlung, sondern ihrem Gegenteil.

Im Bemühen um heroische Leistungen sind die Praktiken des Sozialdarwinismus und der funktionalen Rationalität in heutigen Organisationen durch Übersteigerungen und manische Ausdrucksformen gekennzeichnet, die ihre eigenen charakteristischen Steigerungsformen aufweisen. Um solche Handlungsformen nicht ausschließlich dem negativen Pol des Heldenarchetypen zuzuschreiben, ist es möglicherweise sinnvoller, diese Handlungsformen mit der Gestalt des »Tricksters«, des Schwindlers, darzustellen. Im Trickster manifestiert sich eine Ausprägung der Heldengestalt auf einer ersten Entwicklungsstufe, die noch weitgehend unbewusst ist (Henderson 1964). Seine körperlichen Begierden und sein Instinkt dominieren zunächst sein Verhalten, und er kennt keine Ziele, die über seine unmittelbare Bedürfnisbefriedigung hinausreichen. Er kann grausam, zynisch und gefühllos sein. Die Gestalt des Tricksters wird weltweit in verschiedenen Mythen wiedergegeben. Wie sein Name schon andeutet, spielt er mit den Menschen, er »trickst« sie aus. Man kann nun behaupten, dass seine charakteristischen Merkmale einigen typischen Eigenschaften des Managements heutiger Organisationen entsprechen, nämlich der fehlenden Sensibilität und der mangelnden Rücksichtnahme auf die Interessen anderer. Dem Trickster ist allerdings eine Weiterentwicklung durch Bewusstwerdung und Reflexion möglich; nur so kann er zur wahren heroischen Handlungsfähigkeit heranreifen.

Ein besonderes Merkmal des Heldenmythos besteht darin, dass der Held schließlich das »gelobte Land« findet. Das Bild des gelobten Landes wird in Mythen alternativ auch als »das goldene Zeitalter«, »der Gral«, »Atlantis«, »Eldorado« oder als »der unerreichbare Schatz« dargestellt. Im Folgenden wird nun analysiert, in welcher Weise der Management-Mythos sich des Bildes des gelobten Landes bedient.

Das gelobte Land

Ein vom Sozialdarwinismus gezeichnetes Bild des »gelobten Landes« stellt eine Gesellschaft dar, die von den »Stärksten«, den »Gewinnern« und von »Unternehmernaturen« bevölkert ist, deren Fähigkeiten zu Gewinnerzielung den sozialen Prozess vorantreiben. Voraussichtlich würde eine solche homogene Gruppe jedoch den Wettbewerb untereinander unaufhörlich weiter austragen, was letztlich wohl zu unausweichlichen und permanenten Auseinandersetzungen führen würde. Der in Konkurrenz um wirtschaftliche Gewinne beschrittene Pfad führt weg von jeglicher Konzeption des »gelobten Landes« und hin zum »Wüsten Land«, in eine Ödnis. Sardello (1992, S. 87) beschreibt den der wirtschaftlichen Gewinnerzielung zugrunde liegenden Mechanismus: »Ökonomismus ist bestialische Triebhaftigkeit, nicht Seele; sie wird auf einer Ebene ausgeführt, auf der Geldmittel von der Welt abgespalten und ohne weiteren Bezug zur Realität manipuliert werden können. Die Gewinnsucht wird zum individuellen, organisatorischen und gesellschaftlichen Eigennutz; sich selbst überlassen, wird sie sich selbst zerstören«. Die Freudsche Hypothese, dass Geld weniger mit Gold als mit Exkrementen assoziiert ist, wird durch bildhafte Redewendungen wie »ein Haufen Kohle« oder »Knete machen« unterstützt. Im Volksmund ist die Rede vom »Dukatenscheißer« oder dass einer »auf seinem Geld sitzt«, »stinkreich« ist oder mal »flüssig« und mal »weniger liquide« ist. Die ausdrückliche Betonung, dass »Geld nicht stinkt«, lässt doch eher das Gegenteil vermuten und auch der Ausdruck »Geldwäsche« deutet an, dass Geldangelegenheiten insgesamt ein eher »schmutziger« Aspekt anhaftet. Letztlich geht es eher darum, Geld anzuhäufen und die Geldgier zu befriedigen, als Geldmittel einem sozialen Zweck zuzuführen. Es scheint geradezu so, als würde diese Geldgier ein Vakuum füllen, das durch ein Dahinschwinden höherer menschlicher Werte und Ziele entstanden ist, und in diesem Sinne dient eine konkurrenzorientierte Anhäufung von Reichtum lediglich als Sinnersatz.

Eine Vorstellung des »gelobten Landes« zeichnet vor dem Hintergrund der funktionalen Rationalität eine Welt, in der alle Phänomene vollständig verstanden und umfassend kontrolliert werden können. Dieses Ziel wird in Organisationen in letzter Zeit durch die Implementierung von »Qualitätsprogrammen« angestrebt: Regeln und Verfahrensweisen, Bemühungen um symbolische Mitarbeiterführung sowie statistische Überwachungen zeugen von einer Re-Bürokratisierung und von zunehmenden Kontrollen in Organisationen, denen allen das Bestreben um prognostizierbare Resultate zugrunde liegt. Derartige Initiativen kommen mit hochgestochenen Anglizismen daher, einer Sprache, die zudem durch ihre eigene Hybris charakterisiert ist, wie es z. B. in »World Class Production«, »Expert Systems« oder »Total Quality Management« deutlich wird. Diese Sprache scheint einiges mit dem Göttlichen gemein zu haben, und in der Tat hat die »Qualitätsbewegung« ihre eigenen Propheten und Gurus: So konkurrieren Demings (1987) vierzehn Qualitätsprinzipien und seine »sieben tödlichen Krankheiten«, Feigenbaums (1983) zehn Qualitätsvergleichskriterien oder Crosbys (1984) vierzehn Qualitätsstufen allesamt mit den zehn Geboten, die Moses von Gott auf dem Berg Sinai entgegennahm. Im heutigen sakralen Unternehmenssprachcode erscheint die »Sünde« als Abweichung von Qualitätskriterien (Rippon, 1993) und die »organisatorische Beichte«, auch Mitarbeiter-Beurteilungsgespräch genannt, dient dazu, solche Abweichungen rechtzeitig zu erkennen und Besserung zu ermöglichen. Rippon (1993, S. 29) bemerkt hierzu: » ... jedoch werden solche erhabenen psychischen Momente der Wahrheit, wie in der Kirche beim heiligen Abendmahl oder bei der Beichte, wenn der Priester die Absolution erteilt, im Qualitätsprozess bedauerlicherweise vernachlässigt«. Im Rahmen der Qualitätsbewegung scheinen dem »gelobten Land« nahezu zwanghafte Aspekte anzuhaften. Nichtsdestotrotz transportiert die Sprache des Qualitätsmanagements zweifellos Sinnbilder des gelobten Landes und zeugt von der archetypischen Vorstellung, die dem Management-Mythos zugrunde liegt.

Die dem Management-Mythos innewohnende Vorstellung eines gelobten Landes wird nun von westlichen Missionaren, in den überwiegenden Fällen Beratern und Professoren, in die Ostblockländer getragen. Kostera (1993) beschreibt, mit welchem Elan westliche Managementberater Werte und Modelle des strategischen Managements in diesen Ländern eingeführt haben. Diese Länder scheinen, nachdem sie die sowjetische Version des gelobten Landes erlebt haben, in ihrem Enthusiasmus für den Management-Mythos nun besonders empfänglich.

Die Vorstellung eines gelobten Landes und die aus ihr erwachsenden heroischen Handlungen könnten durchaus konstruktiven gesellschaftlichen Zielen und Zwecken zugute kommen. Gleichwohl sind die mit dem Management-

Mythos einhergehenden Vorstellungen eines gelobten Landes wegen ihrer Einseitigkeit als unausgeglichen zu beurteilen. Derartige Manifestationen bringen zum Ausdruck, was an anderer Stelle bereits als »organisatorischer Schatten« (Denhardt 1981; Bowles 1991) bezeichnet wurde. Würde eine Gesellschaft nach ihren Helden bewertet, könnte man der Organisationsgesellschaft schlechterdings nur einen desolaten Zustand attestieren.

Schlussbemerkungen

Die Rolle von Mythen in Organisationen wurde hier deshalb in den Mittelpunkt der Betrachtungen gestellt, um aufzuzeigen, wie wir als menschliche Wesen Sinn- und Bedeutungszusammenhänge sowohl suchen als auch selbst kreieren. Es sind solche Sinn- und Bedeutungszusammenhänge die, wie unausgeformt sie auch sein mögen, unsere Handlungen bestimmen. Der hier beschriebene Management-Mythos scheint nicht dazu geeignet zu sein, sinnvolle Bedeutungszusammenhänge zu liefern und ist menschlichen Interessen häufig gegenläufig. In einer von Konkurrenz dominierten Welt verlieren die Menschen häufig jegliches Gemeinschaftsgefühl und Erfahrungen werden zunehmend privatisiert. Die Menschen werden als Objekte oder verwertbare Ressourcen betrachtet und verkümmern dabei, verlieren zusehends sowohl Gelegenheiten wie auch den Glauben, einen eigenen Heroismus leben zu können. Im Versuch, den sozialen Prozess zu rationalisieren, wurde eine Wüste menschlicher Erfahrungen geschaffen; die Auswirkungen zeigen sich in einer anwachsenden individuellen und sozialen Pathologie. Anfang dieses Jahrhunderts hat Oswald Spengler (1923) im seinem Ansatz, den Untergang des Abendlandes zu beschreiben, die Entwicklung von acht Hochkulturen (Griechenland, Rom, Babylon etc.) verglichen, und er stellte fest, wie in diesen Kulturen jeweils immer ein bestimmtes Stadium erreicht wurde, in dem »kritisch-intellektuelle Bereiche« über »lyrisch-instinktive Bereiche« die Vorherrschaft gewannen. Erstere können in Relation zur rational funktionalen Vernunft (linke Hirnhälfte) und letztere in Relation zu Vorstellungskraft, Intuition und poetischen Fähigkeiten (rechte Hirnhälfte) gesehen werden. Nach Spengler gibt es zu dem Zeitpunkt, an dem die kritisch-intellektuellen Bereiche die Vorherrschaft übernehmen, eine kurze Periode der Aufklärung und Kreativität, die sich jedoch immer wieder erschöpft, um letztlich in Sterilität und individuelle und soziale Pathologie umzuschlagen.

Um dieser Pathologie zu begegnen, bedarf es eines neuen Mythos, der dem komplexeren Ausdruck menschlicher Verhältnisse gerecht wird, eines Mythos, der insbesondere auch Eros beinhaltet und den exzessiven Auswüchsen von Konkurrenzorientierung und funktionaler Rationalität abschwächend entgegentreten kann. Ein solcher Mythos kann nicht einfach frei erfunden werden; er wird sich nur über zunehmende individuelle und gesellschaftliche Bewusstwerdung im Laufe der Zeit herausbilden können. Als Ausgangspunkt könnten wir uns dessen bedienen, was Lopez-Pedraza (1990, S. 82) als »ein Bewusstsein des Versagens« bezeichnet: »... was uns möglicherweise vor erneutem Versagen bewahren kann ist das Bewusstsein um vorausgegangenes Versagen: Ein Versagen, das zur Reflexion führt«. Reflexion wird in erster Linie durch Leidensdruck ausgelöst, daher die gängige Behauptung, dass schmerzhafte Erfahrungen den schnellsten Weg zur Weisheit weisen. Es drängt sich indes die Frage auf, welches Ausmaß an Leiden es in unserer Gesellschaft noch bedarf, bis ihre Mitglieder in größerer Anzahl zu reflektieren beginnen. Selbstbesinnung wird zur dringlichsten Notwendigkeit unserer Zeit; wir können nicht schlicht abwarten, bis eine Antwort sich von selbst präsentiert, ohne dass wir jeweils auch individuelle Verantwortung für ihre Formulierung übernehmen. Nach dem ersten Weltkrieg schrieb Jung: »Individuelle Selbstbesinnung, die Rückkehr des Individuums zum Grund der menschlichen Natur, zu seinem innersten Wesen mit seiner individuellen und sozialen Bestimmung – hierin liegt die Heilung für die Blindheit, die gegenwärtig vorherrscht«. (Jung 1966, S. 5). Wie die Geschichte des zwanzigsten Jahrhunderts in tragischer Weise dokumentiert, wurde dieser Botschaft offensichtlich kein Gehör geschenkt.

In der Gralslegende oblag es Parzival, durch »die Stimme seines loyalen und mitfühlenden Herzens«, also primär durch Eigenschaften von Eros, die heroische Tat zu vollbringen und den König und das Land vom Unheil zu befreien. Erst nach Jahren der Prüfungen und der durch sie erlangten Weisheit war es ihm möglich, diese Herausforderung zu meistern. Die Gestalt des Parzival reflektiert das archetypische Sinnbild jenes heroischen Potentials, das einem jeden von uns innewohnt: Das Potential, diese Weisheit zu erlangen. In realer menschlicher Erfahrung wird der Gral oder das gelobte Land wohl aller Voraussicht nach nie tatsächlich gefunden werden, aber er dient zumindest als Symbol für menschliche Entwicklung und positive Wandlung.

Aus dem Englischen von Nicola Wreford-Howard

Literatur

Adler, Alfred (1917): The neurotic constitution. New York. Dt.: (1992): Über den nervösen Charakter. Frankfurt/M.

Adler, Alfred (1924): The practice and theory of individual psychology. New York. Dt.: (1994): Praxis und Theorie der Individualpsychologie. Frankfurt/M.

Adler, Alfred (1932): What life should mean to you. Boston. Dt.: (1994): Wozu leben wir? Frankfurt/M.
Adler, Alfred (1938): Social interest: a challenge to mankind. London. Dt.: (1994): Der Sinn des Lebens. Frankfurt/M.
Allabay, M. (1995): Facing the future. The case for Science. London.
Appleyard, B. (1994): Understanding the person: Science and the soul of modern man. London.
Becker, Ernest (1973): The denial of death. New York. Dt.: (1973): Dynamik des Todes. Freiburg.
Berg, O. (1986): Symbolic management of human resources. In: Human Resource Management Journal. 25, S. 557–579.
Berman, M. (1978): The re-enchantment of the world. Ithaca, NY.
Billig, M. (1982): Ideology and social psychology: Extremism, moderation and contradiction. Oxford.
Bohm, D. (1980): Wholeness and the implicate order. London.
Bowles, Martin L. (1989): Myth, meaning and work organization. In: Organisation Studies, 10, S. 404–421.
Bowles, Martin L. (1991): The organisation shadow. In: Organisation Studies, 12, S. 387–404.
Bowles, Martin L. (1993a): Logos and eros: The vital syzygy for understanding human relations and organisational action. In: Human Relations, 46, S. 1271–1290.
Bowles, Martin L. (1993b): The Gods and Goddesses. Personifying social life in the age of organisation. Organisation Studies, 14, S. 395-419
Brown, K. C. (Hg.) (1965): Hobbies: Studies. London.
Buber, Martin (1958): I and thou (translated by T. Clark). Edinburgh. Dt.: (1994): Ich und Du. Gerlingen.
Campbell, Joseph (1951): The hero with a thousand faces. Cleveland. Dt.: (1993): Der Heros in Tausend Gestalten. Frankfurt/M.
Campbell, Joseph (1970): Mythological themes in creative art and literature. In: Campbell, J. (Hg.): Myth, dreams and religion. New York, S. 138–176.
Campbell, Joseph (1976): The masks of god. Harmondsworth. Dt.: (1992): Die Masken Gottes. Basel.
Carter, B. (1985): Capitalism, class conflict and the new middle class. London.
Clegg, S. (1989): Frameworks of power. London.
Crosby, P. B. (1984): Quality without tears: The art of hassle free management. New York.
Deming, H. S. (1987): The Deming guide to quality and competitive position. Englewood Cliffs.
Denhardt, R. (1981): In the shadow of organisation. Lawrence, KS.
Dodds, E. R. (1951): The Greeks and the irrational. Berkeley.
Fayol, H. (1949): General and industrial management. London.
Feigenbaum, A. V. (1983): Total quality control. New York.
Fukuyama, F. (1993): The end of history and the last man. Harmondsworth.
Gimpl, M. L. & Dakin, S. R. (1984): Management and magic. California Management Review. Fall 1984, S. 125–136.

Habermas, J. (1970): Toward a rational society. Boston.
Haeckel, C. (1876): The history of creation, Bd 1. London.
Hampden-Turner, C. & Trompenaars, F. (1993): The seven cultures of capitalism. New York.
Hayek, F. A. (1980): Individualism and economic order. Chicago. Dt.: (1976): Individualismus und wirtschaftliche Ordnung. Salzburg.
Heidegger, Martin (1949): Existence and being. Chicago (H. Regnery). Dt.: (1993): Sein und Zeit. Tübingen.
Henderson, J. L. (1964): Ancient myths and modern man. In: Jung, C. G. (Hg.): Man and his Symbols. London.
Hillman, J. (1971): The feeling function. In: von Franz, M. L. & Hillman, J. (Hg.): Jungs topology. Zürich.
Hillman, J. (1994): Once more in the frey. Zürich.
Hofstadter, R. (1969): Social Darwinism in American thought. New York.
Hofstede, G. H. (1980): Culture's consequence. Beverly Hills.
Hollis, J. (1995): Tracking the Gods. Toronto.
Horkheimer, Max (1947): The eclipse of reason. Oxford. Dt.: (1967): Zur Kritik der instrumentellen Vernunft. Frankfurt/M.
Ingersoll, V. H. & Adams, G. B. (1986): Beyond organisational boundaries: Exploring the managerial meta myth. In: Administration and Society, 18, S. 360–381.
Jung, Carl G. (1966): Two essays in analytical psychology. C. W. Vol VII, Princeton. Dt.: (1995): Zwei Schriften über analytische Psychologie. Gesammelte Werke Bd. 7, Soloturn.
Jung, Carl G. (1969): The structure and dynamics of the psyche. C. W. Vol. VIII, London. Dt.: (1995): Die Dynamik des Unbewussten. GW Bd. 8, Soloturn.
Kostera, Monika (1993): The modern crusade: The missionaries of management come to Eastern Europe. School of Management, Warsaw University.
Lasch, C. (1978): The culture of narcissism. New York (Norton). Dt.: (1995): Das Zeitalter des Narzissmus. Hamburg.
Lasch, C. (1984): The minimal self: Psychic survival in troubled times. London.
Lopez-Pedraza, G. (1990): Cultural anxiety. Einsiedeln.
Mannheim, Karl (1940): Man and society in an age of reconstruction. New York. Dt.: (1967): Mensch und Gesellschaft im Zeitalter des Umbaus. Berlin.
Midgely, M. (1995): Science as salvation: A modern myth and its meaning. London.
Mintzberg, H. (1994): The rise and fall of strategic planning. New York. Dt.: (1995): Die strategische Planung. München.
Morgan, Gareth (1986): Images of organisations. London (Sage). Dt.: (1997): Bilder der Organisation. Stuttgart.
Nietzsche, Friedrich (1977): Nietzsche: A reader. Harmondsworth. Dt.: (1994): Nietzsche-Lesebuch. Frankfurt/M.
Orwell, George (1945): Animal farm. London. Dt.: (1995): Farm der Tiere. Zürich.
Presthus, R. (1978): The organisational society. New York.
Pym, D. (1990): Post paradigm enquiry. In: Hassard, John & Pym, D. (Hg.): The theory and philosophy of organisations. London.
Rippon, A. (1993): From factory floor to corporate confessional. In: Notework-

Newsletter of the Standing Conference on Organisational Symbolism, 12 (1), S. 22–31.
Rothband, M. N. (1977): Power and market. Park, Co (Institute for Human Studies).
Sampson, A. (1978): The sovereign state of ITT. New York.
Sardello, R. (1992): Facing the world with soul. New York.
Scase, R. & Goffee, R. (1989): Reluctant managers: Their work and lifestyles. London.
Schwartz, Howard (1986): The usefulness of myth and the myth of usefulness: A dilemma for the organisational scientist. In: Journal of Management, 11, S. 1–42.
Scott, W. G. & Hart, D. K. (1979): Organisational America. Boston.
Shakespeare, William (1987): Hamlet. Oxford. Dt.: (1995): Hamlet. München.
Sievers, Burkard (1990): The diabolisation of death: Some thoughts on the obsolescence of mortality in organisation theory and practice. In: Hassard, John & Pym, D. (Hg.): The theory and philosophy of organisations. London.
Simon, H. A. (1958): Administrative behaviour: A study of decision making processes in administrative organisations. New York. Dt.: (1981): Entscheidungsverhalten in Organisationen. Landsberg a. L.
Smircich, Linda & Morgan, Gareth (1982): Leadership: The management of meaning. In: Journal of Applied Behavioral Science, 18, S. 257–275.
Spengler, Oswald (1923): The decline of the west. London. Dt.: (1993): Der Untergang des Abendlandes. München.
Taylor, Frederick W. (1911): Principles of scientific management. New York. Dt.: (1995): Die Grundsätze wissenschaftlicher Betriebsführung. Weinheim.
Taylor, R. (1962): The will to live: Selected writings of Arthur Schopenhauer. London.
Trist, Eric C. (1983): Referent organizations and the development of inter-organizational domains. Human Relations, 36, S. 269–284.
Weber, Max (1947): The theory of social and economic organization. New York. Dt.: (1990): Wirtschaft und Gesellschaft. Tübingen.
Whitehead, A. N. & Russell, B. (1910): Principal mathematica. Oxford. Dt.: (1932): Einführung in die mathematische Logik. München.
Wittgenstein, Ludwig (1922): Tractatus logico-philosophicus. New York. Dt.: (1994): Tractatus logico-philosophicus. Frankfurt/M.

Kein Platz für Angst und Schmerz

Psychoanalytische Beobachtungen von psychiatrischen und medizinischen Einrichtungen[1]

Wilhelm Skogstad

Zusammenfassung: Der Autor stellt die psychoanalytische Beobachtung von medizinischen und psychiatrischen Institutionen dar und argumentiert, dass sie ein hilfreiches Lerninstrument sein kann, vergleichbar der Babybeobachtung in der psychoanalytischen Ausbildung. Er schildert ausführlich die Beobachtung einer internistischen Station und eines psychiatrischen Heimes und zeigt, welch defensiven Kulturen in diesen Einrichtungen im Umgang mit den mit der Arbeit verbundenen Ängsten entstanden sind.

Einleitung

In Krankenhäusern, psychiatrischen Einrichtungen, Heimen und Hospizen sind wir konfrontiert mit körperlichen Schmerzen und seelischem Leiden, mit Angst, Verzweiflung, Wut und Verrücktheit – in den Patienten, die wir behandeln, aber oft auch in uns selbst. Wie gehen wir damit um, individuell und als Institutionen? Schaffen wir in unseren Einrichtungen eine Kultur, die es uns ermöglicht, die Ängste und Schmerzen unserer Patienten aufzunehmen und ihnen Raum zu geben und unsere eigenen Ängste und Konflikte zu empfinden und zu verstehen? Oder besteht in ihnen stattdessen eine Kultur, in der belastende und schmerzliche Gefühle, ob in Patienten oder Behandlern, weitgehend abgewehrt und verleugnet werden? Welche Mechanismen werden institutionell im Umgang mit Angst, Schmerz und Verrücktheit angewandt, und sind sie hilfreich-adaptiv oder so defensiv, dass sie solchen Erlebnissen keinen echten Raum geben?

Ich möchte in dieser Arbeit anhand psychoanalytischer Beobachtungen von medizinischen und psychiatrischen Einrichtungen einigen dieser Fragen nachgehen und Beispiele von institutionellen Kulturen geben und zeigen, wie in diesen mit Angst und Schmerz umgegangen wird. Dabei möchte ich auch die Methode der psychoanalytischen Beobachtung einer Institution darstellen und argumentieren, dass sie ein hilfreiches Lerninstrument für die Arbeit in solchen Einrichtungen sein kann. Die hier vorgebrachten Gedanken und das Fallmaterial beruhen auf dem von Bob Hinshelwood und mir gemeinsam herausgegebenen Buch *Observing Organisations – Anxiety, Defence and Culture in Health Care* (Hinshelwood & Skogstad 2000).

Die institutionelle Beobachtung

Der Gedanke zur Beobachtung psychiatrischer Stationen kam Bob Hinshelwood vor über 15 Jahren, als er Leiter einer Psychotherapieabteilung in einem psychiatrischen Krankenhaus war. Er überlegte, wie er den jungen Ärzten in ihrer psychiatrischen Ausbildung am besten helfen könnte, über die distanziert-objektivierende Haltung der Psychiatrie hinaus eine andere Dimension zu erlernen: die der subjektiven Erfahrung der Patienten und der Beziehungen, die sich zwischen ihnen und dem Personal entwickeln, und die Dimension der Station als einer Institution mit einer unbewussten Dynamik, in die sie selbst hineingezogen werden, sie aber auch mitgestalten. Er hoffte, ihnen für ihre alltägliche Arbeit mit Patienten, Personal und ganzen Stationen etwas von der auf Verständnis und Containment beruhenden psychoanalytischen Kultur zu vermitteln (Hinshelwood 1987, 1989; Hinshelwood & Skogstad 2001). Hinshelwood griff dabei auf die von Esther Bick entwickelte Methode der Säuglingsbeobachtung (Bick 1964) zurück, die er in seiner psychoanalytischen Ausbildung kennengelernt hatte, und wandelte sie von einem Instrument der Beobachtung einer dyadischen Mutter-Kind-Beziehung zu einem solchen der Beobachtung des komplexen Beziehungsgeflechts einer Institution um.

Als Teil der Ausbildung zum Psychoanalytiker dient die Babybeobachtung nicht nur dazu, gefühlsmäßigen Einblick in das Erleben eines Säuglings und seiner Mutter zu erlangen. Ein ganz wichtiger Aspekt ist es auch, zu beginnen, eine psychoanalytische Haltung zu entwickeln. Eine solche Haltung umfasst die Fähigkeit, Verhalten und Interaktion genau zu beobachten, Freude und Schmerz in all ihren Schattierungen im andern wahrzunehmen und die Gefühle und Phantasien, die in einem selbst als Reaktion auf das Erlebte entstehen, bewusst zu machen und zu differenzieren. Die psychoanalytische Haltung beinhaltet aber auch die Fähigkeit, auf das Erlebte nicht unmittelbar handelnd zu reagieren, indem man etwa versucht, direkt zu helfen oder Ratschläge zu geben, sondern stattdessen über das Erlebte nachzudenken, was einem schließlich – im therapeutischen Rahmen – erlaubt, Deutungen zu geben. In vergleichbarer Weise kann die teilnehmende Beobachtung einer Station es einem ermöglichen, Verhalten und Interaktion innerhalb einer Institution in ihren hilfreichen und defensiven Aspekten zu studieren und dabei die Beobachtungsgabe und die Wahrnehmung der Atmosphäre sowie der eigenen Reaktion auf institutionelle Prozesse zu schärfen. Sie kann aber auch zur Entwicklung einer bestimmten Haltung in einer Institution beitragen, bei der man in seiner Arbeit nicht blind auf institutionelle Prozesse reagiert, sondern sie besser wahrnimmt und über sie nachdenken kann; mit anderen Worten, die Rolle des teilnehmenden Beobachters kann dazu beitragen, sich zum »beobachtenden Teilnehmern zu entwickeln« (Hinshelwood & Skogstad 2000, S. 26).

Die Beobachtung einer Institution beginnt bereits mit der ersten Kontaktaufnahme, wenn man versucht, ein solches Projekt zu arrangieren. Die Schwierigkeit, innerhalb der Institution Zuständigkeiten herauszufinden, sowie die oft misstrauische, manchmal paranoide, gelegentlich auch zu leicht entgegenkommende Reaktion können bereits einen Eindruck von spezifischen Problemen in der Einrichtung vermitteln. Hat man schließlich eine Genehmigung erhalten und die Details vereinbart, wird man über drei oder vier Monate einmal wöchentlich von einem festen Platz aus das Geschehen beobachten und dabei seine Wahrnehmung auf verschiedene Dinge richten:

1. das verbale und averbale Verhalten von Angestellten und Patienten und deren Interaktion, also das äußerlich Beobachtbare;
2. die Atmosphäre im allgemeinen und am einzelnen Tag, also das nur gefühlsmäßig Wahrnehmbare; und
3. die in einem selbst auftauchenden Gefühle, Phantasien und Gedanken, also das, was man im psychoanalytischen Rahmen die Gegenübertragung nennen würde.

Entscheidend zum Verarbeiten und Verstehen des Beobachteten ist das Nachdenken über die Beobachtung in einer kleinen Seminargruppe, in der man seinen im nachhinein aus der Erinnerung aufgeschriebenen Bericht bespricht. Ähnlich wie eine Supervisionsgruppe kann eine Gruppe nicht unmittelbar Betroffener, umso mehr wenn sie einen erfahrenen Leiter hat, oft auch solche Dinge wahrnehmen, die der Beobachter allenfalls unbewusst aufgenommen hat, die aber in der Form, der Wortwahl oder der emotionalen Qualität seines Berichts durchscheinen. Sie kann damit helfen, das Beobachtete zu vertiefen und in einen Zusammenhang zu bringen.

Angst, Abwehr und Phantasie in Gesundheitseinrichtungen

Jede Art von Arbeit ruft Ängste und Konflikte hervor, umso mehr die Arbeit mit leidenden, körperlich oder seelisch kranken Menschen. Dabei geht es nicht nur um die persönlichen Ängste und Konflikte des Einzelnen, die in jede Arbeit einfließen, sondern vor allem auch um spezifische Ängste und Konflikte, die mit der besonderen Tätigkeit zusammenhängen und in gewisser Weise jeden treffen.

Arbeit mit körperlich Kranken löst viele Ängste aus, von denen nur einige hier erwähnt werden sollen. Die Angst, ob man Patienten ausreichend helfen kann oder ihnen gar weiteren Schaden zufügt, ist durchaus real, verbindet sich aber unbewusst mit den Ängsten um die eigenen destruktiven Tendenzen und die Sorge um die Fähigkeit zur Wiedergutmachung. Angst vor Krankheit und Tod besteht in jedem, wird aber besonders belastend, wenn man sich für den Tod oder das Leiden des anderen nicht nur in realistischer Weise, sondern im Sinne omnipotenter Phantasien verantwortlich fühlt. Dies mag dann erdrückende Schuldgefühle mit sich bringen. Der enge körperliche Kontakt kann Abneigung und Ekel, aber auch sexuelle Empfindungen und Phantasien auslösen, die alle zutiefst konflikthaft sind. Während Mitleid im echten Sinne bereits belastend sein kann, sind der Neid auf die Patienten für die Pflege, die sie erhalten, die durch sie geweckten eigenen infantilen Wünsche und der Hass auf die wirklichen und phantasierten Forderungen der Patienten mit weit mehr Ängsten und Konflikten verbunden.

Die Arbeit mit psychisch Kranken weckt andere tiefe Ängste. Das Erleben von schwerem seelischen Leid, Depression und massiven Ängsten bringt die Furcht mit sich, von diesen Gefühlen angesteckt und überschwemmt zu werden. Diese Furcht beruht nicht nur auf Phantasie, sondern hat einen sehr realen Aspekt, da viele der psychisch Kranken mit ihrem Abwehrmechanismus der projektiven Identifikation ihre unerträglichen Gefühle durchaus aktiv im Personal unterzubringen suchen. Der Umgang mit diesen Kranken führt einen daher leicht an die Grenze der eigenen seelischen Kräfte und der Fähigkeit, Ängste, Depression, Fragmentierung und Gewalt in sich auszuhalten. Das Erleben von Irresein und Verrücktheit, kann, wenn man sich auf sie einlässt, zutiefst erschüttern und verwirren. Und die massive, in ihnen enthaltene Destruktivität kann nicht nur das Denken der Patienten zerstören, sondern über projektive Identifikation oft auch das der Behandler.

Um wirklich mit den Patienten arbeiten zu können, muss man deshalb – individuell und institutionell – Wege finden, mit diesen Ängsten umzugehen. Die unterschiedlichen Arten, damit umzugehen, können dabei aber mehr oder weniger hilfreich sein. Als Menzies-Lyth in ihrer berühmten und einflussreichen Studie aus den 50er Jahren das Pflegepersonal eines Krankenhauses intensiv untersuchte (Menzies-Lyth 1959), fand sie verschiedenste Arbeitsformen, mit denen das Personal diese Ängste, statt sie zu verarbeiten, weitgehend umgehen und vermeiden konnte. Sie nannte diese Arbeitsformen ›Abwehrtechniken‹ bzw. ›defensive techniques‹ und zeigte, wie diese, statt hilfreich zu sein, zu einem Teil des Problems geworden waren. Beispielsweise waren die vielfältigen Aufgaben an den einzelnen Patienten so sehr unter verschiedenen Schwestern aufgeteilt und wechselte das Pflegepersonal so häufig von Station zu

Station, dass Schwestern und Pfleger kaum einen tieferen persönlichen Kontakt zu einzelnen Patienten entwickeln konnten, der überhaupt erst schmerzliche Gefühle wie Mitleid, Schuld und Sorge hätte aufkommen lassen. Persönliche Verantwortung und Entscheidung wurden in einem komplizierten System von einem zum anderen weitergereicht und konnten so fast gänzlich vermieden werden. Durch diese Techniken entstand aber auch ein massiver Mangel an Moral unter den Schwestern und Pflegern. In unserem Buch haben wir aber auch ausgeführt, dass sich in einer Institution nicht nur bestimmte äußerlich beobachtbare Abwehrtechniken gegen die bewussten und unbewussten Ängste entwickeln, sondern dass ihnen kollektive unbewusste Phantasien oder ›kulturelle Annahmen‹, wie wir sie genannt haben, zugrunde liegen, die sich aus den Beobachtungen und dem Erleben der Atmosphäre einer institutionellen Kultur nur erschließen lassen.

Dazu ein Beispiel: Die erste der in unserem Buch dargestellten Beobachtungen (Donati 2000) fand auf einer chronischen psychiatrischen Station statt, auf der, wie so oft auf solchen Stationen, eine leblose Atmosphäre herrschte und man das Gefühl hatte, dass nichts geschehe. Bei genauer Beobachtung stellte sich aber heraus, dass diese Leblosigkeit aktiv herbeigeführt wurde. So konnte man sehen, wie zwischenmenschliche Kontakte, kaum dass sie vorsichtig zustande gekommen waren, bereits im nächsten Moment abgebrochen wurden, oder wie trotz der Versuche, Patienten zu motivieren, gleichzeitig lebendige Initiativen immer wieder bereits im Ansatz erstickt wurden. Die kollektive unbewusste Phantasie, die sich aus dieser Beobachtung erschließen ließ, könnte lauten: Jede lebendige Interaktion führt zum Ausbruch von Verrücktheit. Und diese Phantasie führt dann zum unbewussten Schluss, dass jede Interaktion unterbunden werden muss und dadurch zu dem beobachtbaren Verhalten.

Ein weiteres Beispiel betrifft ein Hospiz (Ramsey 2000). In einer solchen Einrichtung muss immer wieder die Realität des Todes konfrontiert werden und damit auch der Schmerz und die tiefe Hilflosigkeit, die diese mit sich bringt. In der Beobachtung aber zeigte sich eine Institution, in der das emotionale Erleben des Todes ausgeschlossen schien. Auf ganz konkrete Weise wurden die Sterbenden isoliert, in Einzelzimmern, deren Türen zu waren; der Tod fand hinter verschlossenen Türen statt, und die Leichen wurden vom Blick aller versteckt abtransportiert. Trotz des bewussten Wunsches, im Hospiz dem Sterben einen Platz einzuräumen, schien es eine unbewusste Annahme zu geben: Hilflosigkeit und Schmerz angesichts des Todes sind unerträglich und müssen vermieden werden. Und dies geschah durch die Isolierung der Erfahrung des Todes sowie durch eine oberflächliche Fröhlichkeit.

Ich möchte nun zwei der Beobachtungen aus unserem Buch ausführlicher darstellen.

Beobachtung 1: Eine internistische Station
Mein erstes Beispiel ist die Beobachtung einer internistischen Station, die ich selbst vor einer Reihe von Jahren durchgeführt habe (Skogstad 2000). Ich war besonders an einer solchen Station interessiert, da ich meine ärztliche Tätigkeit auf einer internistischen Station begonnen und mich damals sehr unwohl gefühlt hatte, ohne jedoch die Probleme, die ich spürte, genau definieren zu können. Aus heutiger Sicht glaube ich, dass ich wahrscheinlich manche der Ursachen meines Unbehagen besser hätte klären können, wenn ich die Möglichkeit zu einer solchen Beobachtung gehabt hätte, die einem die Gelegenheit gibt, eine Kultur zu erleben und über sie nachzudenken, ohne so leicht in sie hineingezogen zu werden.

Die Station, die ich beobachtete, war eine allgemein-internistische Station mit einem Schwerpunkt auf Herzkrankheiten, ohne jedoch darauf spezialisiert zu sein. Die Art der behandelten Krankheiten bedeutete, dass ein erhebliches Risiko bestand, dass Patienten sich plötzlich in ihrem Zustand verschlechterten oder starben, und tatsächlich gab es mehrfach Todesfälle kurz vor den Beobachtungssitzungen. Furcht vor Tod und Angst darum, die Patienten am Leben zu erhalten, waren deshalb für das Stationspersonal sehr real. Die Tatsache, dass sie nicht wirklich auf Kardiologie spezialisiert waren und Patienten zu Spezialuntersuchungen in ein anderes, größeres Krankenhaus verlegen mussten, trug dazu bei, dass das Personal Zweifel an seiner Kompetenz hatte, und ich hatte in meinem Vorgespräch mit der Oberschwester den Eindruck von einem tiefen Minderwertigkeitsgefühl gegenüber jenem anderen Krankenhaus.

Als ich anfangs eine Besprechung des Pflegepersonals der Station besuchte, um die Erlaubnis für die Beobachtung zu erbitten, war ich betroffen, wie sehr die Atmosphäre von Hektik, Druck und Mangel an Denken geprägt schien. Die Schwestern vermittelten ein starkes Gefühl von Belastung, Angst und Bedürftigkeit, doch schien es ihnen unmöglich, darüber nachzudenken, und sie sagten ausdrücklich, dass ihre Art, mit Stress umzugehen, aus Rauchen, Schlafen und Vergessen bestünde. Das Gefühl von Überlastung drückte auch die halbernste Bemerkung einer Schwester aus, dass ich doch an ihrem Schreibtisch sitzen und die Telefongespräche entgegen nehmen könnte, was ich später noch besser verstand, als ich erlebte, wie oft das Klingeln des Telefons neue Patienten und damit Arbeit, Sorge und Belegungsprobleme ankündigte.

Was ich in meinen Beobachtungen immer wieder sah und allmählich als besonders charakteristisch für diese Station erkannte, war eine Atmosphäre oberflächlicher Freundlichkeit, Witzelei und Erregtheit, die oftmals einen flirtenden und erotisierenden Charakter annahm. Ich möchte dies mit Beobachtungsmaterial von einem Tag illustrieren, an dem besonders hohe Anforderungen an das

Pflegepersonal gestellt waren: Die Atmosphäre war anfangs sehr hektisch. Der Monitor ging immer wieder los, und der Stationsgang schien voller Angehöriger, die darauf warteten, mit einer Schwester sprechen zu können. Die Verlegung von fünf Patienten in andere Krankenhäuser musste organisiert werden, und die Schwestern Nancy und Ann schienen sehr angespannt zu sein und nicht zu wissen, wie sie das alles schaffen sollten. Nancy führte eine Reihe von Telefongesprächen, um alles zu organisieren, eines davon mit der Schwester Mary, die sie fragte, ob sie am nächsten Morgen kommen könnte, um zu helfen und nannte sie dabei ›Darling‹. Sie führte einige andere Telefonate und sprach dabei mit einer hohen, süßlichen Stimme und sagte wiederum mehrfach ›Darling‹. Als Ann in eines der Einzelzimmer ging, sprach sie den Patienten in einer erregten Stimme mit ›Darling‹ an.

Man kann hier sehen, wie aus der Anspannung und Ängstlichkeit heraus versucht wird, die Situation erträglicher zu machen, indem eine erotische und erregte Atmosphäre geschaffen wird. Anfangs spiegelte sich dies in Nancys Stimmlage und ihrem wiederholten ›Darling‹ wider. Nach einer Weile aber wurde die Atmosphäre äußerst erotisch und flirtend, wie sich in der weiteren Folge der Beobachtung erkennen lässt:

Schließlich waren die Probleme gelöst und die Atmosphäre erschien ruhiger. Dann stand eine Ärztin am Schreibtisch und schwatzte auf flirtende Weise mit dem Pfleger Peter. Das Telefon klingelte, Peter antwortete und rief Nancy ans Telefon. Es schien ein privater Anruf zu sein, und sie machte etwas für den nächsten Abend aus. Während sie telefonierte, streichelte sie lustvoll den weichen Pullover, den die Ärztin trug. Diese fuhr in ihrer Unterhaltung fort, ohne sich dadurch stören zu lassen. Schließlich machte Nancy eine anerkennende Bemerkung über ihren Pullover.

Etwas später unterhielt sich Nancy mit Ann und strich währenddessen mit ihrer Hand zärtlich durch Anns Haare und machte eine Bemerkung über ihr Haar. Plötzlich bemerkte Ann, dass ich sie beobachtete und sagte zu Nancy: »Er beobachtet unsere Unterhaltung.«

Am Ende dieser Beobachtungssequenz schienen alle Angst und Anspannung gewichen. Das Personal war nun miteinander beschäftigt in einer erregten, erotischen Beziehung, von der die Patienten, Angehörigen und ich als Beobachter ausgeschlossen waren, sie aber gleichzeitig mit ansehen mussten. Ich fühlte mich als Außenseiter, voller Eifersucht auf deren Intimität und genussvolles Erlebnis. Mit dieser wirksamen Abwehrtechnik konnte sich das Personal von seiner Anspannung und Angst befreien und fröhlich und erregt werden, während die unangenehmen Gefühle von Ausgeschlossensein, Neid und Verzweiflung in den anderen, den Patienten und dem Beobachter untergebracht wurden.

Erregung und erotische Spannung schienen für das Personal oft ein wirksames Gegenmittel gegen Angst, Schuld, Scham oder Verzweiflung zu sein, Gefühle, mit denen Nachdenklichkeit sie in Berührung gebracht hätte. Ich konnte immer wieder die Tendenz beobachten, sich von der Wahrnehmung wirklichen Leidens, ob in anderen oder in sich selbst, abzuwenden, und die erregte Stimmung konnte benutzt werden, um gegenüber dem allgegenwärtigen Leiden die Augen zu verschließen. Dazu ein weiteres Beispiel:

In der Bucht[2], die ich einsehen konnte, saß eine Patientin aufrecht in ihrem Bett mit einer Schale vor sich und versuchte mit großer Mühe abzuhusten. Sie schwitzte und litt sichtlich, doch rief sie niemanden. Irgendwann schaute sie zu mir herüber und schien sich darüber zu schämen, dass sie gesehen wurde. Gleichzeitig stand ein Pfleger nahe des Eingangs dieser Bucht und unterhielt sich mit einer Ärztin, die ihren Arm um seine Taille gelegt hatte und ihn streichelte. Ich empfand eine Mischung aus Schuldgefühl dafür, dass die Patientin allein gelassen wurde und Wut auf die Ärztin und den Pfleger.

Während das Personal in dieser Situation auf erotische Weise miteinander beschäftigt war, konnten sie Augen und Ohren verschließen gegenüber dem Leiden der Patientin, die damit allein gelassen wurde und ihre Bedürftigkeit als beschämend erlebte. Während ich selbst hier wiederum Gefühle zu erleben schien, die das Personal los sein wollte, konnte ich zu anderer Zeit auch beobachten, wie ich selbst dem Druck, sich von der Quelle schmerzlicher Gefühle abzuwenden, nachgab:

Eine Patientin schaute von ihrem Bett mit einem sehnsüchtigen, bedürftigen Blick herum. Dann sah sie mich mit einem Ausdruck von Einsamkeit und starkem Wunsch nach Kontakt an. Niemand schien ihr Bedürfnis zu bemerken. Ich empfand Schuld und Scham, dass ich ihr nichts geben konnte und wandte meinen Blick ab.

In dieser Situation empfand ich ein starkes Verlangen an mich gerichtet, fühlte mich davon beschämt und schuldig und wandte mich ab; doch fiel mir erst hinterher auf, dass meine Rolle als Beobachter es mir durchaus erlaubt hätte, die Patientin anzulächeln und sie auf diese Weise als Person wahrzunehmen und anzuerkennen. Mein Abwenden von Augen und Gedanken von der Anforderung und dem Schuldgefühl spiegelte die Bewegung wider, die ich oft im Personal sehen konnte. Ich konnte also erkennen, wie leicht ich selbst in eine solche defensive Kultur hineingezogen werden konnte, auch wenn ich hier, in der Rolle des Beobachters, in gewisser Weise mehr geschützt war. Ohne einen solchen Schutz und unter größerem Druck wurde das Personal viel stärker in die Abwehrkultur hineingezogen, obwohl manche der Schwestern, wie ich zu ruhigeren Zeiten sehen konnte, durchaus sensibel und einfühlsam sein konnten.

Auf der Station herrschte eine große Fluktuation von Patienten, verstärkt sicher noch durch die häufigen Verlegungen in jenes andere Krankenhaus, und nicht selten gab es Todesfälle. Umgang mit dem Erlebnis von Verlust war deshalb eine beständige Aufgabe für das Personal, und ich konnte unterschiedliche, mehr oder weniger defensive Arten, damit umzugehen, sehen. Ein ganz wesentlicher Aspekt der Kultur dieser Station war aber das ständige Verschieben von Patienten, innerhalb der Station von einem Raum zum anderen, oder auf eine andere Station. Die Patienten wurden, so schien es mir, wie Mobiliar behandelt, das sich jederzeit neu arrangieren lässt, wie es gerade am besten passt und dessen Verlust nicht weiter auffällt. Dabei schien wenig Rücksicht auf die Gefühle dieser hin- und hergeschobenen Menschen genommen und kaum überlegt zu werden, ob die Veränderungen unbedingt notwendig sind.

Gelegentlich konnte ich mehr Sensibilität gegenüber der Wirkung solcher Verschiebungen entdecken, zum Beispiel als ein Patient im Bett auf die Station geschoben wurde und die Schwester, die ihn offenbar bereits kannte, zu ihm sagte: »Es tut mir leid mit all diesem Verlegen. Jetzt werden Sie nicht mehr umgeschoben«. Viel häufiger aber ging solche Sensibilität in der Woge von Stress und Anspannung unter, wie im folgenden Beispiel:

Auf der Station war es sehr angespannt, ein Patient in kritischem Zustand musste aufgenommen werden, obwohl die Station voll war, und das Personal musste sich überlegen, wen sie noch am selben Nachmittag entlassen konnte. Schließlich entschieden sie sich für einen Asiaten mit gebrochenem Englisch, der auf seine Angiographie wartete und dessen Medikation noch nicht ausreichend gut eingestellt war. Der Assistenzarzt, der offensichtlich wegen des Neuzugangs sehr aufgeregt war, sagte diesem Patienten, dass er nachhause gehen müsse, in einem Ton, als wäre es völlig normal, so plötzlich entlassen zu werden. Der Arzt schien aber von meiner Anwesenheit sehr verstört zu sein und fuhr mich schließlich kritisch und feindselig an, wer ich sei, was ich hier mache, was mein Beruf sei. Ich fühlte mich äußerst unwohl, hatte aber auch das Gefühl, dass der Arzt sich bedroht und verfolgt fühlte.

Hier konnte das Personal unter der Anspannung und Angst der Situation seine Sensibilität nicht aufrechterhalten. Das Bewusstsein, wie verstörend eine plötzliche Entlassung sein könnte, wurde stattdessen abgespalten und zu etwas Verfolgendem, das vom Beobachter ausging.

In der Beobachtung dieser Station lässt sich sehen, wie das Personal mit oberflächlicher Fröhlichkeit, Erotisierung und emotionaler Distanzierung seine eigenen Ängste, Belastungen und Konflikte zu überwinden sucht, doch geschieht dies auf Kosten der Patienten, die in ihrem Leiden weitgehend allein gelassen werden oder gar noch die Belastungen des Personals mittragen müssen. Was ich eher erschließen als direkt beobachten konnte, war aber auch, dass das Personal selbst weitgehend allein gelassen war. Ohne ausreichende emotionale Unterstützung und ohne den Halt einer angemessenen Organisationsstruktur mussten sie nicht nur mit den ohnehin schwierigen Gefühlen aus ihrer Arbeit ringen, sondern auch mit den Unzulänglichkeiten, dem Missmanagement und dem Rationalisierungsdruck eines mangelhaften Systems.

Beobachtung 2: Ein psychiatrisches Heim

Die zweite Beobachtung stammt aus einem psychiatrischen Heim (Morris 2000). Morris führte sie zu einer Zeit aus, als die britische Psychiatrie in großem Umbruch war, vom System großer psychiatrischer Krankenhäuser zu einem Modell der gemeindenahen Psychiatrie. Er war besonders daran interessiert, ob diese Veränderungen zu besseren, mehr Halt gebenden Strukturen führten. Psychiatrische Heime könnten vielleicht eine Alternative bieten zu den Extremen ›menschlicher Lagerhäuser‹, wie sie die chronischen Stationen darstellten, wie auch zu dem oft ungenügenden Behandlungsnetz in der Gemeinde, durch das Patienten fielen und auf der Straße endeten. Vielleicht könnten sie ›eine heimische und freundliche Atmosphäre‹ bieten, ›in der frühere Patienten mit unaufdringlicher Aufsicht durch Personal zusammenleben könnten‹ und als Personen, nicht als Diagnosen behandelt würden.

Als Morris das Heim beobachtete, empfand er die Kultur zunächst als tolerant und leger, allmählich erlebte er aber zunehmend eine verstörende Dimension von Tyrannei und Gewalt. Er bemerkte auffallende Wechsel in der Atmosphäre zwischen monotoner Ruhe einerseits und Bedrohung und Gewalt andererseits. Als er zu Beginn zu einem Treffen mit den Bewohnern kam, um sein Vorhaben zu erläutern und um Erlaubnis für die Beobachtung zu bitten, traf er auf einen anarchischen und alarmierenden Ton:

Ein Bewohner fragte: »Wer sind Sie?« Morris gab eine kurze Erklärung und sagte, er warte auf den Manager. »Ach, der Idiot! Wir nennen ihn den Idioten hier, jeder tut das, fragen Sie ihn.« Etwas später kam Steve, ein Mann mittleren Alters mit einem ruhigen Auftreten und stellte sich vor, und die Respektlosigkeit der Bewohner nahm zu. »Ich habe diesem Kerl gesagt, dass wir dich den Idioten nennen«, sagte der erste, »er ist ein Psychiater, er muss gekommen sein, um dich zu sehen, du bist hier der Verrückte.« Im Laufe des Treffens wurde Steve immer wieder durch Zwischenrufe gestört, doch schien er die Beschimpfungen als freundliche Neckerei aufzufassen. Er wurde aufgefordert, Morris über seine ›Brüste‹ zu erzählen. Steve erklärte, dass die Bewohner vom Heim und dem Personal abhängig seien wie ein Baby von der Brust seiner Mutter. Manchmal ›bissen‹ sie das Personal und ihn, wie ein Baby die Brust beiße. Die Zwischenrufer antworteten mit röhrendem Gelächter und weiterer Spöttelei.

Nach diesem dramatischen Beginn war die Mehrzahl der Beobachtungen ganz anders, geprägt von Monotonie und Langeweile. Im zentralen Speise- und Fernsehraum saßen gewöhnlich zwei oder drei Leute herum und sahen fern, ohne jede Interaktion miteinander während der ganzen Stunde. Die Monotonie wurde nur unterbrochen durch gelegentliches Kommen oder Gehen, den Wechsel des Fernsehprogramms oder eine Aufforderung an die Billardspieler, ruhig zu sein. Die Monotonie hatte eine einzigartige, schwer beschreibbare Qualität. Besonders in Anbetracht des anarchischen Treffens am Anfang war etwas Merkwürdiges an dieser Ruhe. Morris wurde immer ärgerlicher und fragte sich später, ob seine Gereiztheit eine untergründige Angst widerspiegelte, dass das ruhige Äußere nur eine dünne Schicht sei, die viel Verstörenderes überdecke.

Dies schien eine plötzliche Reaktion, die er bei einer Sitzung in sich beobachtete, zu bestätigen:

Der Raum war recht voll, er konnte etwa 12 Leute sehen, vier von ihnen waren mit Billard beschäftigt, zwei spielten und zwei gaben Ratschläge. Sechs sahen fern, und ein oder zwei machten sich etwas in der Küche zu essen, brachten es dann einzeln herein und aßen es. Andere mampften sich durch Pakete von Schokoladenkeksen, und auf Tisch und Boden lagen leere Päckchen und gebrauchte Teller verstreut. Es gab einen lebhaften Schlagabtausch zwischen den Spielern. Dann aber machte einer von ihnen plötzlich eine gespielte Drohgebärde und Morris zuckte zusammen. Ihm wurde auf einmal klar, dass er recht ängstlich war und sich in der Minderheit und überwältigt fühlte.

In einer späteren Beobachtung erschien die Tyrannei dann aber unverhüllt. An jenem Tag war Morris Zeuge, wie ein Bewohner, der verzweifelt seine Jacke suchte, von mehreren verhöhnt wurde, die offenbar die Jacke vorher irgendwo versteckt hatten. Sie spotteten: vielleicht sei sie im Müll, dort gehöre sie sowieso hin, sie sei so scheußlich, er solle sie doch wegwerfen. Je verzweifelter und ärgerlicher der Sucher in dieser Situation wurde, desto mehr schienen sich dabei die andern zu amüsieren.

Dann fuhr einer von den Bewohnern, ein Mann mit einem Bürstenhaarschnitt, einen anderen an: »Was hast du den ganzen Tag gemacht, Alf? Vermutlich auf deinem fetten Arsch gesessen?« Ein anderer Zuschauer reagierte darauf: »Was meinst du, Alf, sollen wir ihn rausnehmen und ihm ein paar ordentliche Tritte versetzen? Das würde ihm eine Lehre sein.« Sofort stürzte der Mann mit dem Bürstenschnitt über die Möbel zu dem, der dies gesagt hatte, packte seinen Kopf und hielt ihn mit den Armen fest und rieb seine Knöchel in die Kopfhaut des Unglücklichen. »Reiß du nie wieder dein Maul auf«, sagte er und zog seinen Griff noch enger. »Was habe ich gesagt?« Atemlos stieß der Herausforderer die Worte aus: »Ich tu's nicht, ich tu's nicht.« »Nein,« schrie der Mann mit dem

Bürstenschnitt, »sei still, ich hab gesagt, du sollst das Maul halten.« Nach einigen Momenten entließ er ihn aus seinem Armgriff, und es kehrte wieder Ordnung ein. Aber ein paar Minuten später verhöhnte der Mann mit dem Bürstenschnitt den Herausforderer wieder: »Was habe ich dir gesagt? Was habe ich gesagt?« »Ich soll meinen Mund« – »Halt's Maul,« schrie der Mann. Dieses missbräuchliche Verhör wiederholte sich mehrmals, bis ein großer Mann, der auf dem Sofa saß, ihn aufforderte, aufzuhören.

Diese Beobachtungssitzung war äußerst verstörend für den Beobachter. Morris fand, dass er nicht nur der Zeuge von Missbrauch, Tyrannei und Gewalt war, sondern dass er damit kolludierte, indem er nichts tat, um einzuschreiten. Er spürte, dass ihn nicht nur seine Rolle als psychodynamischer Beobachter daran hinderte, einzuschreiten, sondern eine wirkliche Angst, das Gefühl, dass er von der Bande nur solange akzeptiert wurde, wie er sich ihnen nicht entgegenstellte. Der Beobachter erlebte dabei die Macht der herrschenden Kultur, der man sich nur schwer widersetzen konnte, und er dachte, dass das Personal sich dieser tyrannischen Dynamik gegenüber wahrscheinlich ebenso machtlos fühlte wie er. Was zunächst wie eine tolerante und legere Atmosphäre im Heim aussah, entpuppte sich also als etwas, das zumindest teilweise dem Personal von einer Kultur der Tyrannei aufgezwungen worden war.

Dies wurde von einigen der Beobachtungen, die Morris am Billardtisch machte, bestätigt. Dort überdeckte eine Art Jovialität nackte Kämpfe um Macht und Vorrang. Mehrmals wurde mitspielendes weibliches Personal von den Bewohnern mit echtem Triumph vernichtend geschlagen, und die Bewohner versuchten einen männlichen Angestellten mit sehr eindeutigen Fouls zu besiegen. Als der Angestellte in der Führung lag und bestimmt gewonnen hätte, verließ er mitten im Spiel unvermittelt den Tisch, angeblich um ein Telefongespräch zu führen, aber weit eher weil er nicht in der Lage war, angesichts der Einschüchterung durch die anderen Spieler seine Stärke zu behaupten. Er schien es zu vermeiden, das Spiel zu gewinnen, weil dies gefährliche Wogen im ruhigen Teich der Organisation verursacht hätte.

Bei seiner letzten Sitzung fiel Morris auf, dass er, anstatt die Bewohner beim Fernsehen zu beobachten, selbst mit ihnen fernsah und die dabei herrschende Monotonie sogar genoss. So wie er vorher in seiner Reaktion auf die Tyrannei spürte, dass er in die Kultur der Einschüchterung hineingezogen wurde, sah er nun, dass er Personal und Patienten, die oft zu verängstigt waren, um Schwierigkeiten zu machen, in ihrem Sog zu Monotonie und Leblosigkeit folgte. Ähnlich wie ich in meiner Beobachtung konnte Morris also in seiner nicht nur eine institutionelle Kultur erleben und verstehen lernen, sondern auch seine eigene Empfänglichkeit für den Sog dieser Kultur empfinden.

Seine Beobachtung geht aber über diese persönliche Lernerfahrung hinaus: Sie zeigt, was für destruktive Kräfte in den psychischen Krankheiten enthalten sind und wie sie sich entfalten, wenn eine ausreichend haltende Struktur fehlt. Die totalitäre Kultur, die er sah, erinnerte an Goldings Roman »Herr der Fliegen« (Golding 1954) und die Brutalität, die sich dort in einer auf sich allein gestellten Schar von Kindern entwickelte. Sie zeigt deshalb, wie schädigend Veränderungen in der Psychiatrie sein können, wenn sie nicht die Unerträglichkeit und Destruktivität von Geisteskrankheiten und die Notwendigkeit von Containment für Patienten und Personal in Betracht ziehen.

Schlussbemerkung

Die hier vorgestellten Beobachtungen zeigen deutlich, wie wenig eine stark von defensiven Abwehrtechniken und Mangel an Containment geprägte Institution Leiden und Ängste der Patienten aufnehmen und ihnen wirklich helfen kann. Sie illustriert aber auch, wie letztlich das Personal selbst darunter leidet. Schwestern, Ärzte und anderes Personal bräuchten selbst Hilfe, um adäquatere Mittel im Umgang mit Angst und Konflikt und eine hilfreichere Kultur zu entwickeln. Dies wäre eine Sache von Supervision, emotionaler Unterstützung und guter Teamarbeit, aber auch von Management, Struktur und Ressourcen, und die in unserem Buch gesammelten Beobachtungen machen deutlich, wie ungenügend all diese im heutigen Gesundheitswesen, zumindest in England, sind.

Die hier vorgestellte Methode ist aber selbst nicht dazu da, Veränderungen herbeizuführen, im Gegensatz zu einer Institutionsberatung, bei der der Berater den expliziten Auftrag hat, das System, oft gegen großen Widerstand, zu verändern. Nicht selten wurde allerdings zu Beginn die Hoffnung geäußert, dass der Beobachter am Schluss Eindrücke und Ratschläge vermitteln würde – ein Ausdruck der Wahrnehmung des Personals, dass etwas nicht in Ordnung sei und verändert werden müsse –, jedoch am Ende kam kaum je einer darauf zurück. Es kann für den Beobachter – und selbst für den Leser unseres Buches – recht schwierig und schmerzhaft sein, nur wahrzunehmen und nichts verändern zu können. Wie ich aber bereits am Anfang gesagt habe, ist gerade die Fähigkeit zu beobachten, zuzuhören und die eigene Reaktion wahrzunehmen, ohne sich sofort in Handlung zu stürzen, ein ganz wesentliches Element in der Rolle, die man in einer Institution einnehmen mag, sei es als Leiter, Angestellter, Supervisor oder einer anderen, und die institutionelle Beobachtung kann dazu beitragen, diese zu lernen.

Die Methode kann aber auch der Forschung dienen, einer klinischempirischen Forschung, die Phänomene wie Gefühle, Haltungen, Phantasien,

Beziehungen ernst nimmt und der subjektiv-wissenschaftlichen Betrachtung unterzieht, im Gegensatz zu einer rein objektiv-quantitativen Forschung, die mit ihrer so eingeschränkten Linse das Emotionale und die Qualität der Beziehungen oft weitgehend ausblendet. So zeigt Morris auf deutliche Weise, welch destruktive Folgen für psychisch Kranke ein zu permissives und zu wenig strukturiertes Setting hat, in dem das entstandene Vakuum nicht etwa mit Kreativität und Menschlichkeit, sondern mit tyrannischer Unterdrückung gefüllt wird. Und die Beobachtung einer psychiatrischen Aufnahmestation (Chiesa 2000) nach der Veränderung der psychiatrischen Versorgung in England von der Behandlung in großen Krankenhäusern zu einer Gemeindepsychiatrie lässt deutlich werden, wie sehr die Hoffnungslosigkeit und der Nihilismus, die früher die chronischen Stationen beherrschten, nun ihren Platz im akuten Bereich gefunden haben – eine Verlagerung statt einer Verbesserung. Alle in unserem Buch veröffentlichten Beobachtungen spüren in den Bereichen, die sie untersuchen, spezifische Ängste und spezifische Abwehrtechniken auf und bestätigen damit auch die Annahme, dass jede Arbeit ihre eigenen Ängste und Konflikte mit sich bringt, die unterschiedliche Anpassungs- und Abwehrformen erfordert.

Anmerkungen

1 Die Station war, wie in England üblich und anders als gewöhnlich in Deutschland, so aufgebaut, dass die meisten Patienten nicht in Zimmern lagen, sondern in zum Gang hin weit offenen Räumen oder Buchten.

2 Die Station war, wie in England üblich und anders als gewöhnlich in Deutschland, so aufgebaut, dass die meisten Patienten nicht in Zimmern lagen, sondern in zum Gang hin weit offenen Räumen oder Buchten.

Literatur

Bick, Esther (1964): Notes on infant observation in psychoanalytic training. In: International Journal of Psycho-Analysis, 45, S. 558–566.

Chiesa, M. (2000): At a crossroad between institutional and community psychiatry: An acute admission ward. In: Hinshelwood & Skogstad (2000), S. 54–67. Ursprünglich veröffentlicht in: Free Associations, 14 (1993), S. 62–78.

Donati, F. (2000): Madness and morale: A chronic psychiatric ward. In: Hinshelwood & Skogstad 2000, S. 29–43. Ursprünglich veröffentlicht in: British Journal of Psychotherapy, 5 (1989), S. 317–329.

Golding, W. (1954): Herr der Fliegen. Frankfurt/M. (Fischer).

Hinshelwood, Robert D. (1987): The psychotherapist's role in a large psychiatric institution. In: Psychoanalytic Psychotherapy, 2, 3, S. 207–215.

Hinshelwood, Robert D. (1989): Comment on Dr Donati's: – A psychodynamic observer in a chronic psychiatric ward. In: British Journal of Psychotherapy, 5, S. 330–332.

Hinshelwood, Robert D. & Skogstad, Wilhelm (2000): Observing organisations – Anxiety, defence and culture in health care. London (Routledge).

Hinshelwood, Robert D. & Skogstad, Wilhelm (2001): Irradiated by distress: observing psychic pain in organizations. In: The Bulletin of the British Psycho-Analytical Society, 37, 2, S. 26–34.

Menzies-Lyth, Isabel (1959): The functioning of social systems as a defence against anxiety. A report on a study of the nursing service of a general hospital. In: Menzies-Lyth (1988): Containing Anxiety in Institutions. Selected Essays Bd. I. London (Free Associations), S. 43-85. Dt.: (1974): Die Angstabwehr-Funktion sozialer Systeme – Ein Fallbericht. Gruppendynamik, 5, S. 183–216.

Morris, M. (2000): Tyrannical equality: A mental health hostel. In: Hinshelwood & Skogstad 2000, S. 82–97.

Ramsey, D. (2000): Sitting close to death: A palliative care unit. In: Hinshelwood & Skogstad 2000, S. 142–151. Ursprünglich veröffentlicht in: Group Analysis, 28 (1995), S. 335–365.

Skogstad, Wilhelm (2000): Working in a world of bodies: A medical ward. In: Hinshelwood & Skogstad 2000, S. 101–121. Ursprünglich veröffentlicht in Psychoanalytic Psychotherapy, 11, 3 (1997). S. 221–241.

Ein Leben unter Analytikern

Douglas Kirsner

Zusammenfassung: Welchen Anteil haben bestimmte Zustände innerhalb der Psychoanalyse an deren gegenwärtiger Krise? Dieser Beitrag beschreibt, wie und warum Douglas Kirsner es unternahm, die Kulturen und internen politischen Geschichten von vier amerikanischen Psychoanalytischen Instituten – New York, Boston, Chicago und Los Angeles – in seinem kürzlich erschienenen Buch *Unfree Associations: Inside Psychoanalytic Institutes* zu untersuchen. Diese Institutsgeschichten weisen auf zentrale Probleme im Umfeld von Ausbildung und Lehranalyse hin. Darüber hinaus untersucht dieser Aufsatz das Problem, dass die Psychoanalyse, obwohl sie eine geisteswissenschaftliche Disziplin ist, wie eine Naturwissenschaft gehandhabt und wie eine Religion organisiert wurde.

»Die unmöglichste Profession aller Zeiten hängt in den Seilen. Noch nie war Freuds Ruf so angeschlagen wie heute«, verkündete jüngst die Titelgeschichte des *New York Magazine*. »Die Kunst-Wissenschaft, die er begründete und die einst in Amerika die Rolle einer säkularen Religion mit einer kulturellen Wirkungskraft einnahm, die Freud den Revolutionen Darwins und Kopernikus gleichsetzte, ist auf einmal zu einem bloßen nationalen Nebengedanken geworden, einer Disziplin, die finanziell gefährdet ist und sich intern in einem chaotischen Zustand befindet« (Kaplan 1997, S. 28). Wie jeder Besucher der Stadt unschwer feststellen kann, sind die New Yorker jedoch noch immer genauso neurotisch wie eh und je. Noch immer benötigen sie Therapeuten, und, will man den Titelgeschichten prominenter Zeitschriften Glauben schenken, so ist das Interesse am Schicksal der Psychoanalyse bei weitem noch nicht abgeflaut. So veröffentlichte der *New Yorker* vor kurzem eine weitere Episode im Rahmen seiner Serie »Annalen der Psychoanalyse«(Gopnik 1998). Vielleicht war die Todesanzeige nur wieder einmal eine Übertreibung.

Trotz alledem: Die Blütezeit der Psychoanalyse in New York, dem ehemaligen Mekka für amerikanische Psychoanalytiker, ist schon lange vorbei. Allerdings hat es seine Zeit gedauert, bevor sich das Schicksal der Psychoanalyse so drastisch wendete. Noch vor zehn Jahren wäre eine solche Aussage wie die obige undenkbar gewesen, von den 70er und 80er Jahren ganz zu schweigen. Noch bis in die späten 60er Jahre war die Hälfte aller Abteilungsleiter psychiatrischer Universitätsabteilungen Psychoanalytiker. Ein Besuch eines psychoanalytischen

Instituts wurde noch immer als krönender Abschluss jeder psychiatrischen Ausbildung angesehen und Freuds Gedankengut war ein nicht hinterfragter Bestandteil des Zeitgeistes. Psychiater schlugen sich um einen Platz zu Füßen der New Yorker Giganten der Psychoanalyse. Nach dem Studium waren ihnen voll belegte Couchen garantiert.

Die Angriffe auf die Psychoanalyse kamen aus verschiedenen Richtungen. Zum einen wurde die Psychoanalyse durch psychodynamische Ansätze ersetzt, zum anderen durch die biologische Psychiatrie. Nur wenige können sich den zeitlichen und finanziellen Aufwand heute noch leisten: $500 muss man für vier bis fünf Sitzungen pro Woche aufbringen. Das Gesundheitswesen ist fest im Griff der Health Maintenance Organizations (HMO), die entscheiden, welche Behandlungsform bei welchem ihrer zugelassenen Praktiker angemessen ist. Nur einige wenige Sitzungen mit einem Psychologen oder Psychiater sind erlaubt, eine längere Behandlungsweise muss gegenüber der HMO begründet werden. In den meisten Fällen wird die Entscheidung darüber nicht von Ärzten, sondern von Angestellten ohne medizinische Qualifikation getroffen. Unter diesen Vorzeichen ist die zeitlich unbegrenzte Behandlung der Psychoanalyse oder psychoanalytischen Therapie nicht zulässig. Stattdessen sind kurzfristige, behavioristische und medikamentöse Behandlungen psychischer Krankheiten angesagt. Die Produktivität der Psychoanalyse als intellektueller Disziplin ist gering, besonders, wenn man einen Vergleich zu ihren Anfängen zieht. Als Bewegung hat sie zweifellos an Anziehungskraft verloren, von einigen geisteswissenschaftlichen Abteilungen an Universitäten einmal abgesehen. Autoren, die auf Freud einschlagen, beherrschen das Feld, soweit das Auge reicht.

Dabei handelt es sich keinesfalls um ein Phänomen, das auf New York oder auf die USA beschränkt ist. Von wenigen Ausnahmen einmal abgesehen, geht das Interesse an der Psychoanalyse weltweit zurück. Auch wenn dem nicht so wäre, muss man davon ausgehen, dass, wenn die USA niesen, sich auch der Rest der Welt über kurz oder lang erkältet. Keinesfalls handelt es sich aber um ein rein US-amerikanisches Problem. Vielmehr verweisen die Symptome auf ein grundlegendes Problem der Psychoanalyse und ihrer Institutionen.

Die jüngsten kritischen Äußerungen von Frederick Crews und anderen haben die Psychoanalyse in den Augen der Öffentlichkeit sowie für Angehörige zahlreicher Berufsgruppen endgültig in Misskredit gebracht. Sie sind jedoch fehl am Platz. Freuds Betrag zu unserem Verständnis der menschlichen Psyche, der menschlichen Natur und unserer Tendenz, unser Zentrum im eigenen Ego zu sehen, ist immens. Im Gegensatz zu dessen Selbstverständnis lagen seine Leistungen jedoch nicht auf dem Gebiet der Naturwissenschaft, sondern im Bereich der Geisteswissenschaft. Ebenso wie Literatur und Philosophie formuliert die

Psychoanalyse große Fragen über die menschliche Existenz. Wie Lionel Trilling in seinem Artikel *Freud und die Philosophie* anmerkte, ist Freuds Theorie der menschlichen Psyche »die einzige systematische Darstellung des menschlichen Geistes, die, sowohl was Feinfühligkeit und Komplexität als auch was Interesse und tragische Kraft betrifft, das Recht hat, neben der Unzahl psychologischer Erkenntnisse zu stehen, die die Literatur über die Jahrhunderte angehäuft hat« (Trilling, 1951, S. 34). Ebenso wie das Delphische Orakel basiert auch Freuds im wesentlichen humanistische und kritische Disziplin auf dem »Erkenne dich selbst!«, d. h. auf menschlichem Handeln und der Sprache, nicht aber auf Mechanismen. Der New Yorker Psychoanalytiker Edgar Levenson hat die These aufgestellt, dass Freuds Entdeckung in der Verwendung der Sprache als eines therapeutischen Instrumentes bestehe. Indem er sich auf die Sprache konzentrierte, befand er sich weit mehr auf dem richtigen Weg als ihm selbst bewusst war. Nur schrieb er fälschlicherweise den Erfolg seiner Therapie dem zu, worüber gesprochen wurde, nicht dem Sprechakt selbst. Durch diesen grundlegenden Fehler blieb ihm diese so wesentliche Entdeckung des semiotischen Aktes, die allen Psychotherapien gemeinsam ist, verborgen. Freud und seine Nachfolger schlossen fälschlicherweise, dass es der *Inhalt* des Gesprächs sei, nicht der Prozess des Sprechens, der zu Veränderungen führe. So schreibt Levenson:

»Psychoanalytiker aller Orientierungen benutzen in ihrer Praxis doch denselben Algorithmus, indem sie dem, was der Patient sagt, einen Rahmen geben, ihm eine Ordnung geben und die Ordnung im Kontext der Beziehung zwischen Patienten und Therapeuten beleuchten. Gute Psychoanalytiker aller Schulen teilen die Fähigkeit, mehr Information an den Tag zu bringen, indem sie einen breiten Lichtstrahl auf das Gesagte werfen und so die jeweilige Welt des Patienten erhellen« (Levenson 1983, 1991).

Vor kurzem stellte Lear (1998) die These auf, Freud habe die offene Erforschung der menschlichen Psyche weitergeführt, die schon für Plato und Aristoteles von zentraler Bedeutung gewesen sei. So ist Freud selbst Teil des Zeitgeistes geworden, den sich seine Kritiker auf ihre Fahnen geschrieben haben. Am Ende unseres Jahrhunderts angekommen, setzen wir in unserer Kultur schlichtweg voraus, dass Konzepte, wie Repression, Ambivalenz, Konflikt, Angstzustände oder das Unbewusste existieren, ebenso wie die Vorstellung, dass Träume, »Freudsche Fehlleistungen«, ja sogar Neurosen von Bedeutung sind und der Interpretation bedürfen. Worte üben magische Kräfte aus, sie sind machtvolle Instrumente, die Veränderungen bewirken können, wie Freud so klar erkannt hatte. In vielerlei Hinsicht haben Worte mehr Macht als Medikamente. Freud zufolge kann uns das Verständnis unserer überall vorhandenen Übertragungen helfen, mit Suggestionen fertig zu werden, sowie mit dem Einfluss, den Worte auf uns hatten (und haben), weswegen unser Leben uns oft Rätsel aufgibt. Man kann weder die Gesellschaft noch das Individuum begreifen, ohne zu verstehen, dass die äußere und die innere Welt in konstanter Wechselwirkung zueinander stehen und die eine nicht ohne die andere wahrgenommen werden kann. Der Grund dafür liegt darin, dass die menschliche Welt von Handelnden bestimmt wird, nicht von Mechanismen, diese Handelnden aber nicht Herr im eigenen Hause sind. Dieses Verständnis verlangt nach einem offenen Ansatz gegenüber unseren intra- und interpersonellen Welten, nach dem, was Freud so treffend als »wohlwollenden Skeptizismus« bezeichnet hat (1916-17, S. 244). Freud hat also das philosophische, literarische, ja das religiöse Gespräch fortgeführt, dass bereits seit Beginn der Menschheitsgeschichte stattgefunden hat. Die Psychoanalyse sollte somit als eine Methode verstanden werden, die es uns erlaubt, einen offenen und kritischen Blick auf unsere Begierden und deren Relation zu den einzelnen Begebenheiten in unserem Leben zu werfen.

Was die Tatsache angeht, dass die Psychoanalyse ihre eigene Disziplin oft als positivistische oder gar medizinische Wissenschaft verstanden und Institutionen geschaffen hat, die sich eher als Priesterseminare denn als Akademien gebärden, sind deren Kritiker allerdings keineswegs im Unrecht. Ihr Anspruch, zu höheren und besonderen Erkenntnissen gelangen zu können ist unangemessen und kontraproduktiv. Solche doktrinären, unkritischen Ansätze haben dazu geführt, dass die Psychoanalyse in ihrer Entwicklung behindert wurde. Deshalb glaube ich nicht, dass der Niedergang der Psychoanalyse in den USA und anderswo hauptsächlich auf äußere Einflüsse zurückzuführen ist. Natürlich haben auch externe Faktoren eine Rolle gespielt. Aber sie sind nur ein Kapitel in der ganzen Geschichte. Psychoanalytiker haben es sich angewöhnt, ihrer Umwelt die Schuld für ihr eigenes Unglück in die Schuhe zu schieben. Bei ihren Patienten würden sie ein solches Verhalten als Projektion bezeichnen. Erste Bürgerpflicht bei psychoanalytischen Nachforschungen ist also eine Untersuchung der eigenen Rolle bei der Schaffung der Probleme, die uns jetzt zu überwältigen drohen. Sollten wir dabei feststellen, dass einige der Kritikpunkte, die von außen kommen, tatsächlich zutreffend sind, so heißt dies jedoch noch lange nicht, dass wir die Analytikercouch zusammenklappen müssen! An der Psychoanalyse ist mehr dran. Wichtig ist, sich zu fragen: Welche Rolle haben Psychoanalytiker und ihre Institutionen bei dem Prozess gespielt, der den gegenwärtigen Besorgnis erregenden Zustand herbeigeführt hat?

Womit wir uns auseinandersetzen müssen sind die Klarstellung und Entwicklung angemessener psychoanalytischer Konzepte, die Geschichte und Soziologie ihrer institutionellen Verbreitung, sowie die Schaffung von Institutionen, die Kreativität fördern, anstatt sie zu verhindern. Das Markenzeichen psychoanalytischer Technik ist die freie Assoziation. Psychoanalytische Institute scheinen allerdings auf dem entgegengesetzten Prinzip aufgebaut worden zu sein: dem der unfreien Assoziation. Sie sind aus unfreien Assoziationen von Psychoanalytikern entstanden, die Identifikation statt kritischer Hinterfragung förderten. Oftmals haben sie das freie Denken eher behindert als zur Kreativität angeregt, die Gewissheit einer dogmatischen Lehre verbreitet und die Psychoanalyse nicht als Untersuchungsmethode verstanden. Statt einen skeptischen Ansatz zu wählen, haben Psychoanalytiker oft auf einem geschlossenen, autoritären Ansatz bestanden, der mehr Gewicht auf das Enthüllen von Wahrheiten als auf die Untersuchung von Beweismaterial gelegt hat. Viel zu oft haben psychoanalytische Institute, die federführend bei der Schöpfung und Verbreitung psychoanalytischen Wissens waren, sich wie religiöse Sekten verhalten. Otto Kernberg, derzeit Vorsitzender der *International Psychoanalytic Association*, begann seinen scharfsinnigen, inhaltsreichen Beitrag über die institutionellen Probleme der psychoanalytischen Ausbildung mit folgender Bemerkung:

»Die psychoanalytische Ausbildung erfolgt heutzutage allzu häufig in einer Atmosphäre, die durch Indoktrination statt durch die Offenheit wissenschaftlicher Untersuchung geprägt ist. Kandidaten, Analytiker und sogar Lehranalytiker neigen dazu, ausschließlich ihre eigenen Lehrer zu studieren und zu zitieren, wobei sie alternative psychoanalytische Ansätze oft ignorieren. Das Ausmaß an Zeit und Energie, das man Freud widmet, während andere Theoretiker – einschließlich zeitgenössischer psychoanalytischer Beiträge (die nicht von den tonangebenden lokalen Autoritäten verfasst wurden) – kurz und oberflächlich abgehandelt werden, sowie die eingefahrene Darstellung von Freuds Werk und seinen Theorien und die angesichts des heutigen Wissens unkritische Diskussion darüber gestalten den Ausbildungsprozess eintönig und langweilig« (Kernberg 2000, S. 233).

Kernberg stellt die Frage, welchem Modell die Psychoanalyse derzeit folge und welchem sie folgen sollte. Orientiert man sich am Modell des Priesterseminars, der Handelsschule, der Kunstakademie oder dem der Universität? Laut Kernberg ist die heutige amerikanische Psychoanalyse irgendwo zwischen Priesterseminar und Handelsschule angesiedelt, wohingegen sie besser daran täte, sich zwischen Universität und Kunstakademie zu verorten. Meiner Ansicht nach sind die Probleme der Psychoanalyse darauf zurückzuführen, dass sich eine geisteswissenschaftliche Disziplin als positivistische verstanden und ausgegeben hat – besonders in den USA – und dabei gleichzeitig wie eine Religion organisiert war.

In meinem Buch *Unfree Associations: Inside Psychoanalytic Institutes* (Kirsner 2000) ging es mir darum, einige dieser Punkte genauer zu prüfen, indem ich die sozio-politische Geschichte der vier wichtigsten mit der *American*

Psychoanalytic Association (APA) verbundenen Institute in den USA – denen in New York, Boston, Chicago und Los Angeles – im Detail untersucht habe. Jahrelang war das New Yorker Institut nicht nur das führende, sondern auch das prestigeträchtigste Institut, das als Beispiel für alle anderen empfunden wurde. Mit der Einwanderung führender europäischer Analytiker, die vor den Nazis flohen, wurde es weltweit zur dominierenden Institution. Meine ausführliche Untersuchung der politischen Geschichte des *New York Psychoanalytic Institute* ist ein Paradebeispiel nicht nur für eine vorgelebte Praxis der »Gesalbten«, sondern auch für die Fallen, in die diese tappten. Danach beschäftigte ich mich mit der Spaltung, die das *Boston Psychoanalytic Institute* und die *Boston Analytic Society* in den 70er Jahren getroffen hatte. An diesem Beispiel ließen sich einige der Spannungen und Ambiguitäten aufzeigen, die psychoanalytischen Organisationen inhärent sind, besonders dann, wenn Gesellschaft und Institut eine Einheit bilden. Danach befasste ich mich mit dem *Chicago Psychoanalytic Institute*, das wiederum völlig anders organisiert ist: In Chicago sind das Institut mitsamt seinem Vorstand und die Gesellschaft streng voneinander getrennt. Außerdem wurde es während der überwiegenden Zeit seines Bestehens von einem starken Institutsleiter geführt. Danach untersuchte ich die ausgesprochen komplexe Geschichte der *Los Angeles Psychoanalytic Society* und des *Los Angeles Psychoanalytic Institute*, welches die APA in den 70er Jahren fast geschlossen hätte. Die Geschichte des *Los Angeles Institute* ist besonders bunt und informativ, wurde dort doch die Kleinsche Theorie der Objektbeziehung eingeführt und rezipiert. Von der ältesten psychoanalytischen Institution der USA arbeitete ich mich also zur jüngsten vor, was eine Reise nach Westen bedeutete, und folgte so der europäischen Siedlerbewegung, die sich ja auch von Ost nach West bewegt hatte. Die *Boston Psychoanalytic Society* und das ihr angegliederte Institut, das *Chicago Psychoanalytic Institute* wie auch das *Los Angeles Psychoanalytic Institute* unterschieden sich deutlich, sowohl was ihre Organisation als auch was ihre Geschichte anbetraf.

Zunächst stellte ich mir die Frage, ob die institutionelle Kultur, die jedes der Institute prägte, etwas mit der Stadt zu tun hatte, in dem sie sich befanden. Waren die Vorgehensweisen und die Struktur des Chicagoer Instituts charakteristisch für Chicago (und die mafiaartige Politik ihres Bürgermeisters Daley Senior)? War die Tatsache, dass sich die Mitglieder des Bostoner Instituts eher wie Gleichberechtigte behandelten, Teil der Kultur einer Universitätsstadt? Konzentrierte sich das New Yorker Institut auf Kungelei, weil es sich in einer Stadt befand, in der Kontakte lebenswichtig sind? Oder repräsentierte das Los Angeles Institut Hollywoods bzw. Südkaliforniens Offenheit für neue Ideen und unorthodoxes Denken? Mögen sich die Kulturen auch unterscheiden; viele der grundlegenden Probleme an der Basis waren dennoch dieselben.

Ich fragte mich auch, ob ein Hauptproblem der Institute mit der zentralen Rolle zu tun hatte, die ausbildende Analytiker in ihnen einnahmen bzw. mit deren Status. Bereits 1953 hatte Robert Knight in seiner Ansprache als Präsident der *American Psychoanalytic Association* folgende, für psychoanalytische Institute charakteristische Schwierigkeiten beklagt:

> »Das Bild einer auf nationaler Ebene vertretenen Organisation von Ärzten und Wissenschaftlern, die sich aufgrund unterschiedlicher Vorstellungen über Ausbildungsmaßstäbe und -praktiken die Köpfe einschlagen bzw. sich gegenseitig als orthodox und konservativ oder abweichlerisch und als Dissidenten beschimpfen, ist, gelinde gesagt, nicht gerade attraktiv. Ein solches Vokabular benutzt man im Zusammenhang mit Religionen oder fanatischen politischen Bewegungen, nicht aber im Kontext von Wissenschaft und Medizin. Die Psychoanalyse sollte weder ›Doktrin‹ sein, noch ›Parteilinie‹«.

Knight zufolge war »das drückendste Problem und das emotional am stärksten belastete Thema stets das der Ausbildung« (Knight 1953. S. 218). Mein Interesse galt also der Untersuchung der Ausbildungsgänge an den Instituten, die ja zentrale Vermittlungsstätten psychoanalytischen Wissens darstellten und der Qualifikation von Analytikern sowohl in der Theorie als auch in der Praxis dienten. Ein Ergebnis meiner Untersuchungen über Konflikte und Spaltungen innerhalb psychoanalytischer Institute ist, dass ideologische Spaltungen und Konflikte oftmals im Zusammenhang mit der Frage auftreten, wer wen zum ausbildenden Analytiker ernennt. Meine Studie kommt also zu derselben Erkenntnis wie Jacob Arlows aus dem Jahr 1972:

> »Es mag unangenehm sein, aber die meisten Konflikte haben sich an der Frage entzündet, wem das Ausbildungsrecht zugesprochen werden soll. Die Spannungen, die sich aus der Unterteilung der Analytiker in solche, die ausbilden, und solche, die nur ganz gewöhnliche Analytiker sind, ergeben, schleichen sich in das institutionelle und wissenschaftliche Leben der Institute ein. Es ist ein nimmerendendes Problem, und es wird nur umso größer, als den ausbildenden Analytiker eine Aura des Besonderen umgibt, die ihm eine Position von charismatischer Statur verschafft. Der auszubildende Analytiker wird als im Besitz der Allwissenheit angesehen. Kandidaten definieren sich aufgrund ihrer ›Abstammung‹ von einem bestimmten ausbildenden Analytiker. Vielerorts entscheidet die Wahl des ausbildenden Analytikers über die Karriere des Auszubildenden. Für dieses Phänomen hat Greenacre den Ausdruck »Konvoi« geprägt, womit sie die Situation des Analytikerkandidaten meinte, der unter dem Protektorat eines einflussreichen

ausbildenden Analytikers sicher durch seine berufliche Ausbildung geleitet wird« (Arlow, 1972, S. 559).

Innerhalb psychoanalytischer Kontroversen nimmt das Recht, auszubilden also eine ganz entscheidende Stellung ein. Wie ich festgestellt habe, könnte die »Frage nach dem Ausbildungsproblem« ein ausgezeichnetes heuristisches Instrument dafür sein, Problemen in psychoanalytischen Instituten auf die Spur zu kommen. An allen von mir untersuchten Instituten war der Ausbildungsprozess ein zentrales Problem.

Um akkreditiert zu werden, muss sich ein Kandidat von einem ausbildenden Analytiker seines Instituts analysieren lassen. Ein ausbildender Analytiker ist ein Therapeut, der sich als solcher qualifiziert hat. In den USA bedeutet das, dass der betreffende Psychoanalytiker frühesten fünf Jahre nach Beendigung seiner therapeutischen Ausbildung von seinem Institut ernannt werden kann. Außerdem muss der nominierte Analytiker Mitglied der *American Psychoanalytic Association* sein, an seinem Institut als Lehrer und in der Verwaltung aktiv und mindestens fünf Jahre lang hauptamtlich und unabhängig in der psychoanalytischen Praxis tätig gewesen sein. Diese Grundanforderungen machen deutlich, dass der ausbildende Analytiker hauptsächlich als Praktiker angesehen wird; in der Regel können Lehrende oder Forscher diesen Status nicht erreichen, da die analytische Therapie eben nicht den Großteil ihrer Tätigkeit ausmacht. Dabei ist dieser Status, der die Praxis über die intellektuelle Disziplin erhebt, der prestigereichste in der Analytikerwelt. Es ist die Domäne derjenigen Kollegen, die als »echte« Analytiker, als die wahren Experten angesehen werden. Ein Großteil der analytischen Praxis ergibt sich aus dieser Strategie. Darüber hinaus wird die als Teil der Analytikerausbildung durchgeführte Analyse als das eigentliche Geschäft der Disziplin angesehen. Hier ist das zentrale Wirkungsfeld, wo die Psychoanalyse vermittelt wird. Nach Kernbergs Beobachtungen besteht eine »stillschweigende Übereinkunft, dass die ›echte‹ psychoanalytische Ausbildung in der Lehranalyse stattfindet, dass hingegen Supervision zweitrangig und der Seminarbesuch von drittrangiger Bedeutung sind« (1986, S. 802). Die Lehranalyse wird nicht nur als die der Psychoanalyse eigenen Ausbildungsform angesehen, sie hat gleichsam auch »sakrale«, fast mystische Bedeutung, die ebenfalls zur Religionsstruktur der Disziplin beiträgt. Die Wahrheit wird als bereits entdeckt und die analytische Arbeit daher in der Regel lediglich als die Anwendung altbewährter Techniken verstanden. Dieser Prozess kann nur vom ausbildenden Analytiker initiiert werden und wird als der Öffentlichkeit nicht zugänglich angesehen. Eben darin besteht der mystische Aspekt, dass die Wissensvermittlung unter vier Augen und im Geheimen stattfindet, wodurch diese eine besondere Bedeutung bekommt und der Wissenszugang zum Privileg wird. Was die Vermittlung psychoanalytischer Ideologie angeht, ist die Analyse in der Ausbildung so entscheidend, dass nur selten ein Analysand vom theoretischen Weg seines Lehrers abweicht. Von Arlow erfahren wir, was Anna Freud dem Lehrkörper des *New York Psychoanalytic Institute* über ihre Erfahrung mit dem *British Psychoanalytic Institute* berichtet hatte,

> »dass nämlich diese Identifikation regelmäßig und ohne Ausnahme stattfindet. Zu dieser Zeit war das *London Institute* eine nicht in drei sondern in zwei Fraktionen aufgeteilte Institution, die der Freudianer und die der Kleinianer. Der erste Teil der Ausbildung war für alle Kandidaten der gleiche. Nach Ablauf eines bestimmten Zeitraums, etwa nach zwei Jahren, konnte der Kandidat zwischen dem Freudianischen und dem Kleinianischen Ausbildungsgang wählen. Ohne Ausnahme wählten alle Kandidaten den Ausbildungsgang, den ihr eigener Analytiker repräsentierte. Dabei war Fräulein [sic] Freud davon überzeugt, dass die endgültige Entscheidung nicht so sehr aus Überzeugung, sondern vielmehr als Ergebnis des Identifikationsprozesses mit dem ausbildenden Analytiker gefällt wurde« (Arlow 1972, S. 560).

In Deutschland gibt es seit dem Ende des Zweiten Weltkrieges keine Kleinianer mehr, weil es keine ausbildenden Analytiker gibt, die dieser Schule angehören.

Die Geschichte der Psychoanalyse ist von Spaltungen durchzogen, wie Joyce McDougall (1995) überzeugend in ihrem Artikel »*Beyond Psychoanalytic Sects*« in *The Many Faces of Eros* dargestellt hat. Vor kurzem äußerte sich McDougall erneut zu diesem Thema, und unterstützte damit meine Thesen zur doktrinären Praxis an psychoanalytischen Instituten:

> »Meiner Meinung nach besteht unser größter Missbrauch darin, dass wir glauben, den Schlüssel zur Wahrheit in der Hand zu halten .... Jede andere Schule des Denkens, die nach diesem Prinzip funktioniert, hat ihre Doktrin zur Religion erhoben ... . Wenn wir also unsere spezifischen psychoanalytischen Überzeugungen zu einem Glaubensbekenntnis machen, dann schränken wir unsere Fähigkeit, zu denken und uns zu entwickeln, ein .... Worin aber besteht unsere Unsicherheit? Vielleicht rührt sie zumindest teilweise daher, dass die psychoanalytische Ausbildung hauptsächlich auf Übermittlung basiert: Die Verbindung zum eigenen ausbildenden Analytiker, sowie zu Supervisoren und Lehrenden trägt starke Züge von Übertragung. Diese Tatsache kann sowohl zur Idealisierung der jeweiligen Denker und ihrer Theorien führen als auch zu deren Gegenteil, dem Wunsch, diese zu verunglimpfen. Aber das ist wohl ein unabänderlicher

Bestandteil der Geschichte der Psychoanalyse, den wir zu verstehen versuchen müssen« (McDougall 1997, S.91).

Die Tendenz zur Idealisierung, die in unserer Berufsgruppe vorherrscht, existierte zweifellos schon in deren Anfangszeit, denn die Psychoanalyse ist immer schon synonym mit der Person Sigmund Freuds gewesen, der sich selbst mit der Psychoanalyse identifizierte und diese sich selbst gleichsetzte (vgl. Freud 1914, S. 7). In einer Art Feedback-System wurde Freuds Selbstverständnis, für Großes geschaffen zu sein, durch die gleichsam mystische Macht noch verstärkt, die Menschen mit mutigen Visionen und unermüdlicher Hingabe zugestanden wird. Auf diese Weise übte Freud eine ungeheuren Einfluss auf die Menschen in seiner Umgebung aus. Wenngleich auch der Umfang seiner Untersuchungen und Einsichten zu einer der weitreichendsten und systematischsten Einblicke in die conditio humana geführt haben, so ist es doch schlussendlich Freuds Rolle als Kodifizierer, die die psychoanalytische Ausbildung und die Psychoanalyse als Bewegung vorangetrieben hat. Freuds patriarchalisches und charismatisches Beispiel auf einem Gebiet, auf dem kein einziges wissenschaftliches Paradigma jemals ungeteilte Zustimmung erfahren hat, hat die psychoanalytische Ausbildung über die längste Zeit hinweg geprägt. Man mag nur an die Macht und den Einfluss Jacques Lacans in den vergangenen Jahrzehnten denken oder an die Querelen, die auch nach fünfzig Jahren noch die Beziehung zwischen Kleinianern und Freudianern in Großbritannien prägen. Wie McDougall aber bereits angedeutet hat, ist das Modell der Idealisierung/Verteufelung ausgesprochen überzeugend und, in der Tat, ein strukturelles Problem. Keinesfalls aber ist dieses auf die höheren Ebenen weltweiter psychoanalytischer Politik begrenzt. Es findet vielmehr im Alltag selbst und im Management des kleinsten und unauffälligsten Instituts oder Ausbildungszentrums seinen Widerpart. Die Ausbildungsprobleme werden immer und überall durch Anordnung von oben gelöst. Leidenschaftliche Machtkämpfe nach dem Vorbild von Freud vs. Jung oder Anna Freud vs. Melanie Klein oder Lacan und die IPA finden überall und zu jeder Zeit statt; und diese können bei den Beteiligten einen Eifer entfachen, der dem der kompromisslosesten Fundamentalisten in nichts nachsteht.

Heutzutage sind bei den meisten psychoanalytischen Auseinandersetzungen in Ausbildungsfragen mythologische »Standards« involviert, die mehr auf überlieferten Wahrheiten beruhen als auf der Analyse von Fakten. Dabei werden psychoanalytische Konzepte nicht eindeutig definiert. Wüste Debatten sind die Folge. Selbst Anhänger ein und derselben Schule sind, was ihre Ansätze angeht, oft tief zerstritten. Worin besteht das grundlegende Wissen, das in der Ausbildung vermittelt werden soll? Angesichts der Tatsache, dass es keine allgemein akzeptierten Definitionen und Ansätze gibt, keine akzeptierten »Messgrößen« der Psychoanalyse oder wenigstens einen Konsens, wie man deren Erfolg messen könnte, ist der Status der Psychoanalyse als Naturwissenschaft ernsthaft in Frage zu stellen. In *The New Informants* stellen Christopher Bollas und David Sundelson (1995) die These auf, dass »es noch sehr sehr lange dauern wird, bis die Psychoanalyse zu einer überzeugenden Selbstdefinition finden wird.« Gleichzeitig, so Bollas und Sundelson, entsteht aber auch ein »falsches Expertentum« unter Psychoanalytikern.

> »Indem Kollegen sich zusammenfinden, die einer Meinung sind und die vielleicht zusammen ein Buch über ein klinisches Thema schreiben, können Psychoanalytiker die Illusion aufrechterhalten, dass hier echte Wissenschaft betrieben wird. Aber Vorträge, Konferenzauftritte und Statistiken über Patienten, die angeblich an einem Syndrom leiden, machen lediglich den Zierrat, nicht aber die Substanz von Expertentum aus« (ebda. 1995, S. 136-137).

Bei den Geschichten, die ich beschrieben habe, handelt es sich um politische Chroniken, die eine Basis für das Verständnis des Wesens unserer Institutionen und ihrer Entwicklung schaffen. Sie bilden die Grundlage für eine Auseinandersetzung mit dem, was in der Psychoanalyse und ihren Institutionen falsch gelaufen ist und warum psychoanalytische Institutionen sich so verhalten, wie sie es tun. Diese Geschichten verschaffen uns einen tieferen Einblick in die Rolle, die Psychoanalytiker und ihre Institutionen bei der Fehlleitung der Psychoanalyse gespielt haben. Aus meiner Forschung ziehe ich Schlüsse über die Gründe für die allgegenwärtigen Probleme psychoanalytischer Institute und mache dann einige Veränderungsvorschläge. (Ich habe diesen Artikel auf Einladung des Herausgebers von *Free Associations* verfasst. Ich könnte mir keinen passenderen Ort für meine Bemerkungen über die Entstehungsgeschichte und die Hauptergebnisse meines Buches *Unfree Associations* [Kirsner 2000] wünschen, als eine Publikation in Free Associations).

Wie bin ich auf die Idee gekommen, dieses Buch zu schreiben? In den 60er Jahren gehörte ich zur politisch aktiven Neuen Linken, die sich gegen den Vietnamkrieg engagierte und für die intellektuellen Ideen von Marx und der Kritischen Theorie einerseits, und Sartre und den Existentialismus andrerseits interessierte. Es erschien mir wichtig, das Individuum in seinem gesellschaftlichen Umfeld zu verstehen. Unter dem Einfluss von Sartre und dem Ideengut des Marxismus beschäftigten sich R. D. Laing und David Cooper mit der Politik des Individuums in der Gruppe und in der Gesellschaft. Auch Theoretiker der Objektbeziehungstheorie, wie Guntrip, Fairbairn und Winnicott, hatten mich weit mehr als Freud beeinflusst. Mein Buch *The Schizoid World of Jean-Paul Sartre and R. D. Laing* (Kirsner 1977) setzt sich mit diesen Ideen auseinander. Auf dem Umweg über die Objektbeziehungstheorie begann ich mich für Freud zu interessieren, und in den späten 70er Jahren fing ich an, Freud in die Seminare, die ich an meiner Universität durchführte, aufzunehmen. Darüber hinaus initiierte ich 1977 die von da ab alljährlich stattfindende *Deakin University Freud Conference*, die ich zwanzig Jahre lang organisierte. Ich begann, mich für die Arbeiten von Michel Foucault zu interessieren, besonders für die Beziehung zwischen Wissen und Macht (siehe Foucault 1981; Gutting 1994).

Zunehmend wurde mir bewusst, welch starken Einfluss Macht auf Wissen hat, und ich stellte mir die Frage, wie sich dieser Sachverhalt auf die moderne psychoanalytische Bewegung, mit ihrem Zentrum in den USA, auswirkt hat. Freud hatte ja die Amerikanisierung der Psychoanalyse bedauert und sich gefragt, ob diese dadurch zu nichts weiter als einer therapeutischen Technik werden würde. Ich wollte herausfinden, welche Faktoren – kultureller, professioneller, politischer, ideologischer, theoretischer und psychologischer Art – die amerikanische Psychoanalyse zu derjenigen hatten werden lassen, die sie war und ist. Inspiriert wurde ich von Sherry Turkles Buch *Psychoanalytic Politics*, einer ausführlichen Geschichte des Aufstiegs von Jacques Lacan und der Lacan-Bewegung in Frankreich (Turkle 1978). Ich dachte mir, dass es sinnvoll sein könnte, den Entwicklungsgang der Institutionen im Detail zu verfolgen, um herauszufinden, wie sie zur Meinungsbildung beigetragen hatten. Ich war der Überzeugung, dass der Denkansatz der Psychoanalyse zu bedeutend war, um ihn denjenigen Institutionen zu überlassen, die ihre Entwicklung behindert hatten. Ich fragte mich, ob die psychoanalytische Methode vielleicht von einem institutionellen Imperialismus unterwandert worden war. So wuchs mein Interesse, eine ethnographische Studie der *American Psychoanalytic Association* zu schreiben, amerikanische Analytiker als eine Art Stamm zu betrachten und zu entdecken zu versuchen, worin deren zentrales Glaubenssystem bestand, ihre Initiationsriten, ihre heiligen Kühe, wofür man befördert und wofür man in der psychoanalytischen Kultur in die Wüste geschickt wurde.

Je mehr ich nachforschte, desto mehr wurde mir klar, dass es eigentlich keine einheitliche Analytikerkultur gab. Zwar gab es zahlreiche Fragen, mit denen sich alle auseinander setzten. Aber es existierten auch entscheidende Unterschiede. Um dem Geschehen also wirklich auf den Grund gehen zu können, musste ich die Geschichte der einzelnen Institute im Detail untersuchen. Von dem Axiom ausgehend, dass Wissen und Macht in enger Wechselbeziehung zueinander stehen, kam ich zu der Überzeugung, dass die jeweilige Organisation die Entwicklung psychoanalytischer Ausbildungsformen und Ideen sowohl fördern als auch verhindern konnte. Ich stellte mir die Frage, ob an Lacans

Maxime vielleicht etwas dran war: »Die Psychoanalyse befindet sich an einem Ort, die Psychoanalytiker an einem anderen.« Die Zeit schien reif zu sein für das, was der deutsche Aktivist der Studentenbewegung, Rudi Dutschke, den »langen Marsch durch die psychoanalytischen Institutionen« genannt hätte.

In den 80er Jahren begann ich also mit meiner Studie amerikanischer psychoanalytischer Institutionen, wobei ich von der Annahme ausging, dass Schließungen wahrscheinlich mit der Medizinalisierung der Psychoanalyse und den damit im Zusammenhang stehenden bürokratischen Konsequenzen zu tun hatten. Sehr schnell fand ich jedoch heraus, dass die innere Dynamik psychoanalytischer Institutionen so gut wie nichts damit zu tun hatte, ob diese medizinisch oder nicht-medizinisch orientiert waren, ob sie eklektisch, Freudianisch, Kleinianisch oder Lacanianisch waren, noch damit, ob sie sich in New York, London, Los Angeles, Melbourne oder Paris befanden. Selbstverständlich gab es deutliche und entscheidende Unterschiede. Gleichzeitig gab es jedoch auch unheimliche Ähnlichkeiten. Man braucht sich nur Elizabeth Roudinescos *Jacques Lacan and Co.* (1990) anzuschauen, oder ihre vernichtende Biographie Lacans, um zu wissen, welch zerstörerische Auswirkungen eine Politik der Patronage haben kann (Roudinesco 1997). Man könnte auch Francois Roustangs bedeutende Studie zur psychoanalytischen Schulenbildung von Freud bis Lacan hinzuziehen, in der deutlich wird, auf welche Weise Institute ihre Leiter oftmals zu Alleininhabern von Wissen machten, denen sich die Studentenschaft unhinterfragt anschließen mussten. Auf dem Weg über eine Lehranalyse, die Übertragungen eher zementierte als analysierte, wurde der Kandidat als Jünger in das jeweilige Institut eingeführt.

Roustangs Studie geht weit über Lacans Arbeiten zur Orthodoxie innerhalb vieler Institutionen hinaus (Roustang 1982). Schaut man sich z. B. Roustangs Untersuchung zu Lacan (Roustang 1990) oder die überarbeitete Ausgabe von Sherry Turkles *Psychoanalytic Politics* (Turkle 1992) an, so kann man sich ein Bild von den spaltungsgeschädigten, sich gegenseitig befehdenden Lacanianischen Instituten in Paris machen. Ein anderes Beispiel sind *Die Freud/Klein Kontroversen* (King und Steiner, Hg., 1991/2000, siehe auch Roazen 1992) oder das 1994 veranstaltete Symposium zu den kontroversen Diskussionen im *International Journal of Psychoanalysis* (King, Hayman, Schafer, Baudry, Yorke, Sandler, J. und A.-M., Segal, 1994). Diese geben uns eine Kostprobe davon, in welchem Maße die Animositäten zwischen Anhängern Anna Freuds und Melanie Kleins die *British Psychoanalytic Society* heimgesucht haben. Den Lesern von *Free Assciations* werden Bob Youngs ausgezeichnete Arbeiten zur Kultur der britischen Psychoanalyse ein Begriff sein (siehe Young, online), ebenso Sandor Rados Erfahrungen mit Heräsie und Autoritarismus (siehe Roazen und Swerdloff 1995). Auch die Spaltungen zwischen Horney, Fromm und anderen in den USA bieten faszinierenden Lesestoff. Paul Roazens unabhängige Pionierleistung zur politischen Geschichte Sigmund Freuds und dessen Einfluss auf die psychoanalytischen Institutionen, wie etwa in *Freud and His Followers* (1975) geben wichtige Hinweise darauf, dass diese Probleme bis zu den Anfängen der Psychoanalyse zurückreichen und psychoanalytischen Institutionen überhaupt inhärent sind. Bei allen überwiegt die Gruppenpsychologie, Orthodoxie und Dissidententum haben überwältigenden Einfluss, und die über die Ausbildung durch Kontrolle erlangte Macht bestimmen das Bild. In seiner Rede vor der *International Psychoanalytic Association* 1973 bemerkte der damalige Vorsitzende der Organisation, Leo Rangell, dass auf dem Gebiet der Psychoanalyse »vernunftbezogene Argumentation und wissenschaftlicher Diskurs in der Regel nicht vorherrschen, sondern der Gruppenpsychologie das Feld überlassen bleibt« (1974, S. 6). In Bezug darauf hat Eisold (1994) die These aufgestellt, dass die grundlegenden Ängste, die im psychoanalytischen Alltag und in der Arbeitskultur auftreten, deshalb in einem solchem Maße zu Intoleranz und Spaltungsaktivitäten führen, weil diese nicht »contained« werden.

Im internationalen Vergleich weisen institutionelle Strukturen und Problemstellungen im Ausbildungsbereich kaum fundamentale Unterschiede auf. Cremerius (1990) hat überzeugend argumentiert, dass die psychoanalytische Ausbildung und die Psychoanalyse des Kandidaten als solche über die Zeit hinweg zu einem Machtwerkzeug wurden, das zu Konformität, Isolation und Stagnation an den psychoanalytischen Instituten führte. Gewöhnlich sind psychoanalytische Institutionen wie eine Art Gilde organisiert, wobei sie meiner Ansicht nach in der Realität wie Cliquen funktionieren. Ihr Ziel ist es, die eigenen Denkweisen fortzuführen (also das, was sie für das Basiswissen halten, das an ihre Schüler weitergegeben werden soll), wobei die Tendenz besteht, Ansätze, die ihre Grundannahmen in Frage stellen könnten, von vornherein abzublocken. Die psychoanalytischen Institute sind eben nicht Teil einer umfassenderen Universitätskultur, die, trotz aller Nachteile, doch weitreichendere Verhaltensmassregeln und umfassendere Verantwortlichkeitsstrukturen aufzuweisen hat.

Stattdessen sind diese Gilden autonome Institute, die Ausbildungsgänge, theoretische und klinische Seminare und Foren anbieten und Empfehlungen aussprechen, dabei aber ein professionelles Umfeld ohne jegliches Kontrollsystem bilden. Wer wen analysiert hat, bestimmt den analytischen Stammbaum. Kritische Rückfragen werden dem Ziel, einen Abschluss zu erreichen, zum ausbildenden Analytiker ernannt zu werden oder Überweisungen zu bekommen, geopfert. Es ist kein kluger Karriereschachzug, sich beim psychoanalytischen Establishment vor Ort unbeliebt zu machen. Außer seinem Artikel über die Schwächen der psychoanalytischen Institute (1986) hat Kernberg vor kurzem auch die dreißig meistverwendeten Methoden beschrieben, die dazu dienen, die Kreativität von Kandidaten einzuschränken (Kernberg 2000). Angesichts des hohen Grades an Subjektivität einer Disziplin ohne Regulierung oder Bewertung von außen, sind psychoanalytische Institute besonders anfällig für Machtkämpfe einzelner Cliquen. Wo die professionelle Identität von Mitgliedern durch das Institut bestimmt wird und ihr Lebensunterhalt von Überweisungen und Konformität abhängt, werden Gehorsam und Stillhalten fast zur Grundvoraussetzung für die Berufsausübung. Durch solche intern fokussierten Institutionen, deren Standards von denen, die an der Macht sind, geschaffen worden sind, werden die Kandidaten mit Hilfe der Pflichtveranstaltung »Lehranalyse«, die in der Regel für die psychoanalytische Ausbildung weit wichtiger als die Seminare oder die Supervision angesehen werden, an eine esoterische »Pipeline« angeschlossen. Ein entscheidender Faktor bei der Strukturierung psychoanalytischer Subkulturen und Institutionen ist die Tatsache, dass der Lebensunterhalt ihrer Mitglieder vollständig von Patienten-Überweisungen abhängt, die in der Regel von älteren Kollegen kommen. Institutsmitglieder beziehen kein Gehalt, sondern leben gewöhnlich von ihrer Privatpraxis. Auf diese Weise sind Macht, Mäzenatentum, Überweisungen und Einkommen direkt mit der Frage der Nachfolge verbunden und hängen von der Salbung durch Legitimation und Geld durch Überweisungen ab. Interne Debatten halten sich oft in Grenzen, da einzelne Mitglieder davor zurückscheuen, etwas zu sagen, was sie eine Patienten-Überweisung kosten könnte.

Die Salbung zum ausbildenden Analytiker bringt nicht nur Kandidaten auf die Couch, sondern auch größere Legitimation sowie Patienten, die vier bis fünf Mal pro Woche zu Sitzungen erscheinen. Darüber hinaus verschafft sie dem Gesalbten eine Supervisionsfunktion, wobei die betreuten Kandidaten zu Protegés werden und schließlich dem eigenen klinischen Seminar beitreten können. Diese Tatsache ist besonders dann von entscheidender Bedeutung, wenn kaum Patienten zur Verfügung stehen. In Großbritannien geht dieses Problem sogar noch über die psychoanalytische Subkultur hinaus. Alle führenden psychoanalytischen Ausbildungsstätten bestehen darauf, dass Auszubildende sich bei Analytikern des eigenen Instituts in Analyse befinden müssen.

Daraus ergibt sich die sonderbare Situation, dass nämlich Absolventen dieser Institute selbst nie ausbildende Analytiker werden können. Den Analytikern werden die Auszubildenden als Patienten und Supervisanden zugewiesen und erfahren durch sie auch den größten Teil des Unterrichts. Um in die prestigeträchtige *British Confederation of Psychotherapists* aufgenommen zu werden, muss man dieser Verfahrensweise zustimmen. Allerdings gibt es ein Schlupfloch, das es Analytikern, die die entsprechende Ausbildung und Erfahrung vorweisen können, ermöglicht, trotzdem ausbildende Analytiker werden zu können. Es überrascht nicht, dass von dieser Ausnahmeregelung bislang noch nie Gebrauch gemacht worden ist (Young, on-line). An diesen auf sich selbst gestellten Instituten ist also ein empfindliches System von Überweisungen und Mäzenatentum aufgebaut worden, wobei sich bereits existierende engstirnige Sichtweisen durch Unterwürfigkeit und mangelnde intellektuelle Herausforderung nur noch weiter verengen. An Universitäten, Krankenhäusern und Kliniken, an denen Akademiker und Therapeuten bzw. Analytiker Gehälter beziehen, kommt man nicht nur durch Mäzenatentum an Patienten. Um dies zu beweisen, brauchen wir nur die Fülle an kreativer intellektueller Arbeit in der Frühzeit der Psychoanalyse, als es weitaus weniger Analytiker gab als heute, mit dem zu vergleichen, was heute produziert wird. Auserwähltheit hat sicherlich auch in der Anfangszeit der Psychoanalyse eine Rolle gespielt. Was die psychoanalytische Ausbildung betraf, so war diese alles andere als festgeschrieben. Freud lebte noch und war sowohl Referent als auch Vorbild und Mentor. Und was mindestens ebenso wichtig ist: Er war bekannt dafür, seine Meinung fortwährend zu revidieren und zu ändern, auf der Suche nach der Wahrheit, was eine frühzeitige Verknöcherung seiner Theorien verhinderte. Darüber hinaus erstreckten sich Analysen lediglich über einen kurzen Zeitraum, und es gab noch keinen Wissenskanon, der als absolute Wahrheit weitergegeben wurde. Trotz ihrer zahlreichen Schwächen waren die psychoanalytischen Gesellschaften in ihrer Anfangszeit bei weitem nicht so mystisch organisiert und so repressiv wie später. Vielmehr ermutigten sie ihre Mitgliedschaft dazu – ja sie setzten sogar voraus –, dass diese sich der energischen und enthusiastischen Weiterentwicklung ihrer Disziplin widmete, einer Disziplin, die weit über die Therapie hinausging.

Die Psychoanalyse ist weit mehr als ein Feld akademischer Forschung, sie ist sowohl Bewegung als auch Therapieverfahren. Diese Aspekte machen sie zur intellektuellen Disziplin. Psychoanalytiker erheben Anspruch auf therapeutisches Wissen und ihre Institutionen qualifizieren sie als Praktiker. Aber aufgrund welcher Voraussetzungen? Angesichts des Wesens der Disziplin und des Umfangs an Wissen, das diese umfasst, möchte ich die These aufstellen, dass der Wissensanspruch, der durch die institutionelle Qualifikation suggeriert wird, den tatsächlichen Wissensstand weit übersteigt. Anstatt sich jedoch mit diesem zentralen Problem auseinander zusetzen, ziehen Analytiker es oft vor, ihr Wissen, das durch ihre Qualifikation impliziert wird, durch so etwas wie eine biblische Geste der Salbung aufzuwerten (dazu später mehr). In der Geschichte des *New York Psychoanalytic Institute* ist dieser Vorgang von entscheidender Bedeutung. Aber er hat auch die Entwicklung aller anderen Institute maßgeblich beeinflusst.

Wie kommt es, dass solche Ausbildungsfragen im Zentrum so vieler Probleme der analytischen Gemeinde stehen? Meiner Meinung nach lässt sich in vielen anderen Disziplinen viel leichter öffentlich einsehbares und objektives Datenmaterial finden, um interne Streitereien zu schlichten. Teilweise unterscheidet sich die Psychoanalyse auch dadurch von anderen Wissenschaften, dass ihre Untersuchungsmethoden und Metaphern tiefgehende philosophische und religiöse Fragen aufwerfen. Überhaupt lassen sich Antworten auf Fragen nach dem Wesen des Selbst, des Geistes, der Gefühle, von Beziehungen und der menschlichen Natur nicht so leicht quantifizieren oder klassifizieren bzw. standardisieren. Meist sind sie erfahrungsbezogen, subjektiv, sehr individuell, interpersonal und philosophisch. Die Natur dieses komplexen Feldes ist von Ungewissheiten und Ambiguitäten durchdrungen. Ich bin zu dem Schluss gekommen, dass der Kern des Problems darin liegt, dass in unzulässigem Maße die Existenz von Wahrheit vorausgesetzt wird, um Auszubildenden den Stempel der Qualifikation aufdrücken zu können. Folge dieses »falschen Expertentums« an psychoanalytischen Instituten ist die Aura der Salbung, durch die der ausbildende Analytiker die ihm übertragene Wahrheit mit Hilfe einer esoterischen analytischen »Pipeline« nach unten weitergibt. Da das Ausmaß des tatsächlichen Wissens weit geringer ist als das angenommene, ergibt sich ein existentielles und universelles Problem. Meiner Ansicht nach überbrückt die religiöse Geste der Salbung die Distanz zwischen dem vorgegebenen Wissen, von dem die berufliche Qualifikation abhängt, und dem weitaus niedrigeren tatsächlichen Wissensstand.

Alles in allem habe ich mehr als 150 Mitglieder der *American Psychoanalytic Association* interviewt, die mir die Begebenheiten an ihrem jeweiligen Institut aus eigener Erfahrung beschrieben haben. Viele von ihnen habe ich mehrmals und über mehrere Jahre hinweg befragt. Viele von ihnen waren prominente und fest etablierte Führungskräfte und oftmals selbst Protagonisten in der sich an ihrem Institut abspielenden Dramen. Meine *oral history* wurde zu einem Projekt von ca. 1 Million transkribierter Wörter. Darüber hinaus durchforstete ich einen ganzen Berg von Dokumenten in Bibliotheken und Archiven, nahm an Institutstreffen und Konferenzen teil und machte mich mit der Komplexität dieses Fachgebiets vertraut. Ein entscheidendes Hindernis jedoch, das mir in den Weg gelegt wurde, war die Tatsache, dass die Institute selbst mir nicht so ohne weiteres ihr Archivmaterial zur Verfügung stellten.

In der Tat schien meine Studie eine unveränderbare Regel zu Tage zu fördern: Die Bereitschaft des einzelnen Analytikers, mit mir zu sprechen, stand im umgekehrten Verhältnis zur Bereitschaft des Instituts, mir zu helfen und mich die entsprechenden Dokumente einsehen zu lassen. Wie es scheint, sind Analytiker als Institution paranoid, als Einzelwesen aber durchaus zutraulich. Ein Grund dafür mag sein, dass die Institute von Komitees geleitet werden, die sich weigern, irgendwelche Risiken einzugehen. Einzelne Komiteemitglieder stellten sich schon bei den harmlosesten Anfragen quer. Sich in Kafkas Schloss zurechtzufinden, wäre vergleichsweise ein Kinderspiel gewesen. Als Institution sind Psychoanalytiker nicht gerade hilfsbereit. Wie oft habe ich die Wissenschaftler im neuen Russland beneidet, denen die Schlüssel zum KGB-Archiv einfach so hingeworfen wurden. Die hart erkämpften Dokumente habe ich dann vollständig und gründlich ausgewertet. Sie waren schwer zu bekommen und sie zu finden und zu studieren, erforderte sehr viel Durchhaltevermögen und Kreativität. Ich fand heraus, dass Geschichte, sofern sie die Institute betraf, gewöhnlich mit den 40er Jahren aufhörte, manchmal auch in den 50ern, in einigen wenigen Fällen in den 60ern. Es war kein Problem, über alles Mögliche zu spekulieren, was Freud und sein Umfeld anbetraf, selbst Spaltungen und Probleme vor dem Krieg ließen sich leicht erforschen. Aber alles, was danach passierte, war unsicheres Terrain. Immerhin handelte es sich ja um noch lebende Analytiker und ihre Verwundungen. Davon erst nach ihrem Tod erfahren zu können, wäre dann unglücklicherweise zu spät. Manchmal musste ich nicht an Kafka denken, als ich nach Dokumenten suchte, sondern an Umberto Ecos *Im Namen der Rose*, wo ein Mönch-Detektiv sich in einem zunehmend verwirrteren Labyrinth von miteinander verknüpften Handlungssträngen wiederfindet.

Wie bin ich also an die Dokumente herangekommen, die ich letztlich in die Hände bekam? Durch eine Kombination von Hartnäckigkeit und Zufall. Manche Sachen fanden sich in Rundbriefen, die nicht als Archivmaterial registriert waren, weil niemand sie sich angeschaut hatte. Eine ganze Reihe von Dokumenten fand sich hinter Couchen wieder. Einige waren Teile von im Selbstverlag veröffentlichten Appellen oder Thesenpapieren. Manchmal hatte ich ganz einfach auch das Glück des Tüchtigen.

Ganz im Gegensatz zu diesem Alptraum jeden Forschers empfand ich einzelne Analytiker ausgesprochen hilfsbereit. Die meisten von ihnen waren großzügig, offenherzig, ermutigten mich und hießen mich freundlich willkommen. Vielleicht sind Menschen, die soviel Zeit damit verbringen, den Problemen anderer zuzuhören, einfach froh, einmal ein offenes Ohr für ihre eigenen Probleme zu finden, ihre Bedenken über ihre Zunft, ihre Erinnerungen, ihren Beruf und ihr Institut zu äußern. Mir erschienen sie stets persönlich engagiert und enthusiastisch angesichts von alldem, was sich im Umfeld dessen tat, was ihnen ja nicht nur Beruf, sondern auch eine Herzensangelegenheit war. Ob enthusiastisch, verzweifelt oder beides, kaum ein Analytiker, mit dem ich sprach, stand dem Schicksal der Psychoanalyse gleichgültig gegenüber. Die meisten von ihnen benahmen sich anständig, viele waren ausgesprochen offen und warmherzig. Analytiker der unterschiedlichsten Schulen und Überzeugungen erzählten mir willig von ihrer Erfahrung mit ihrem Institut, in ihrem Büro, auf Konferenzen, beim Abendessen, per Brief, am Telefon oder per E-Mail, meist in einem halb formellen Ton. Vielleicht hatte das damit zu tun, dass ich aus Australien komme, und also kein Hühnchen mit irgendjemand zu rupfen hatte. Ich war sozusagen ein neutraler Beobachter. Außerdem arbeitete ich an einem einzigartigen, ernsthaften Forschungsprojekt, das noch niemand je zuvor unternommen hatte oder so schnell wieder unternehmen wird. Was eine *oral history* der Institutionen betraf, hatten die Beteiligten vielleicht auch das Gefühl, hier eine einmalige Chance bekommen zu haben, ihre Geschichte zu erzählen. Viele meiner Informanten waren älteren Jahrgangs, etablierte Analytiker, die nicht mehr im Kreuzfeuer politischer Auseinandersetzungen standen. Sie waren in ihrem Leben und in ihrer Karriere an einem Punkt angelangt, an dem es Zeit war, über ihre Erfahrungen, über das, was sie zu ihrer Disziplin beigetragen und was sie gelernt hatten, Rechenschaft abzugeben. Man darf auch nicht vergessen, dass die meisten von ihnen ihre Ausbildung in einer Zeit erhalten und zu praktizieren angefangen hatten, als die Psychoanalyse die Psychiatrie beherrschte und später dann den rapiden Niedergang ihrer Disziplin hatten miterleben müssen. Diese Erfahrung konnte nicht ohne emotionale und intellektuelle Konsequenzen geblieben sein. Aus welchem Grund auch immer; ich bin froh, auf dem Weg über meine Forschungsarbeit so viele neue Freunde gewonnen zu haben. Mich mit ihnen über ihre Arbeit auszutauschen, war eine wertvolle und positive Erfahrung.

Mein Buch dokumentiert, auf welche Weise Konflikte, Probleme, ja sogar Skandale an den psychoanalytischen Instituten, die ich untersuchte, diese als Institutionen in Mitleidenschaft gezogen haben. Zugegebenermaßen sind viele der von mir beschriebenen Konflikte letztendlich aufgelöst worden. Das *New York Psychoanalytic Institute* ist viel offener, demokratischer und pluralistischer geworden. Der *Boston Psychoanalytic Society* und dem Institut ist es gelungen, zu dem abtrünnig gewordenen Institut eine konstruktive Beziehung aufzubauen und beide gedeihen prächtig. Das *Chicago Psychoanalytic Institute* ist ebenfalls viel demokratischer und offener geworden. Das *Los Angeles Psychoanalytic Institute* und die *American Psychoanalytic Association* haben gelernt, mit ihren Differenzen umzugehen, die sie eine Zeit lang in einen scheinbar unauflösbaren Konflikt verstrickt hatten. Die *American Psychoanalytic Association* selbst ist entschieden liberaler geworden und, obwohl die Strukturen die alten geblieben sind, ist sie doch interessierter gegenüber gewissen Fragestellungen geworden. Angesichts des starken Drucks von außen, aber auch von innerhalb der Institute selbst, ist es vielen Analytikern gelungen, nach langen Kämpfen doch beträchtliche Veränderungen zu bewirken. Meines Erachtens hat dieser Wandel jedoch stattgefunden, ohne die der Psychoanalyse und ihren Institutionen inhärenten Probleme zu berühren. Die ausführliche Geschichtsschreibung über meine Institute unterscheidet sich in vielerlei

Hinsicht: Region, Persönlichkeiten, institutionelle Struktur, Lokalkolorit und vieles mehr. In der Schlussbemerkung von *Unfree Associations* untersuche ich die grundlegenden Themen, um die meines Erachtens all diese Geschichten kreisen. Ich stelle die These auf, dass trotz aller Reformen die eigentlichen Probleme unangetastet geblieben sind. Das trifft nicht nur auf die von mir untersuchten Institute oder auf die *American Psychoanalytic Association* zu, sondern auf die psychoanalytischen Institute insgesamt, egal welcher Richtung sie anhängen. Viele von ihnen haben die Ausbildungsprogramme und Organisationsprinzipien der von mir untersuchten Institute übernommen und auf diese Weise viele der Probleme kopiert. Was an diesen von mir untersuchten Instituten vorgefallen ist, kann man als eine Dokumentation vergangener, gegenwärtiger und zukünftiger Problempunkte in der gesamten psychoanalytischen Welt verstehen.

Was ist zu tun? Wichtig ist, das Wesen der psychoanalytischen Institutionalisierung und deren regressive Konsequenzen zu verstehen, mit denen ich mich in *Unfree Associations* im Detail auseinandergesetzt habe. Die Institutionalisierung psychoanalytischer Ideen hat sich überwiegend regressiv ausgewirkt. Zahlreiche Fehler und Probleme des psychoanalytischen Ansatzes wurden nicht angegangen, sondern verschleppt. Wahrscheinlich ist es für psychoanalytische Institutionen zu spät, einen Platz in den Universitäten zu bekommen. Der Zug ist abgefahren. Aber es mag möglich sein, innerhalb der Institute eine Universitätskultur zu begründen, sofern diese von den Mitgliedern gewollt und getragen wird. Meiner Ansicht nach sollte die Institution des Lehranalytikers aufgegeben werden. Auf diese Weise würde der Strukturfehler, den eine von Hierarchie, Mäzenatentum und Salbung getragene Machtstruktur geschaffen haben, korrigiert. Kandidaten sollten in der Wahl ihrer Analytiker frei sein und dieser sollte nicht an der Bewertung des Kandidaten beteiligt sein. Eine Beurteilung eines Kandidaten sollte nur aufgrund der vorgelegten Seminararbeiten und Referate sowie aufgrund supervidierter klinischer Fallstudien erfolgen. Da nicht alles Gold ist, was glänzt, würde auf diese Weise eine öffentliche Ordnung vorherrschen, anstelle der Salbung durch gewisse Personen mit angeblich übernatürlichen Fähigkeiten. Ich bin der Überzeugung, dass der grundlegende Fehler der psychoanalytischen Institute in einer Qualifizierung ohne ausreichende Wissensbasis liegt. Ein Ausweg wäre eine radikale Deinstitutionalisierung der Psychoanalyse, die diese näher an eine delphische Art der philosophischen Erforschung des menschlichen Wesens heranrücken würde. Gleichzeitig ist eine kritischere Haltung gegenüber psychoanalytischen Ideen angebracht, so dass die Späne fallen können, wohin sie wollen. Tolerante interdisziplinäre Forschung (Philosophie, Neurologie, Literatur, Soziologie, Genetik, Biologie etc.) tut Not, ebenso wie eine klarere

Definition der Psychoanalyse, damit sichergestellt ist, dass Analytiker auch dasselbe meinen, wenn sie dasselbe sagen. Selbst die Vorstellung darüber, was Psychoanalyse ist, muss erweitert und dabei gleichzeitig genauer definiert werden. Die Psychoanalyse darf nicht auf ihre Äußerlichkeiten reduziert werden (Anzahl der Sitzungen pro Woche auf der Couch eines akkreditierten Mitglieds der *International Psychoanalytical Association*). Die Psychoanalyse ist ein Forschungsgebiet und kein Privateigentum, ebenso wenig wie die Physik. Tatsache ist, dass die Kostenspirale und die Veränderungen im Versicherungswesen die Psychoanalyse vom Markt verdrängen werden. Wahr ist auch, dass die Psychoanalyse in vielerlei Hinsicht intellektuell nicht länger attraktiv ist. Vielleicht werden diese Verhältnisse, durch die psychoanalytischen Ansätze in die Defensive gedrängt, für etwas Raum schaffen, das den für die psychoanalytische Bewegung so charakteristisch gewordenen Imperialismus ersetzen kann. Es ist an der Zeit, dass die Psychoanalyse sich erneuert durch Wiedergewinnung einer offenen, kritischen Infragestellung aller Konzepte und Lehrmeinungen, einschließlich jener, die die Profession so liebgewonnen hat. In diesem Sinne sollte man die Psychoanalyse vielleicht an eine alte östliche Weisheit erinnern: »Wir suchen nicht, wie unsere Meister zu werden, wir suchen vielmehr, was sie gesucht haben.«

Übersetzung aus dem Englischen von Katharina von Ankum

Literatur

Arlow, Jacob (1972): Ten years of COPE: Perspectives on psychoanalytic education. In: Journal of the American Psychoanalytical Association, 20, S. 556–66.

Bollas, Christopher & Sundelson, David (1995): The New Informants: The Betrayal of Confidentiality in Psychoanalysis and Psychotherapy. New York (Jason Aronson).

Cremerius, Johannes (1990): Training Analysis and Power. In: Free Associations, 20, S. 114–13.

Eisold, Kenneth (1994): The Intolerance of Diversity in Psychoanalytic Institutes. In: International Journal of Psycho-Analysis, 75, S. 785–800.

Foucault, Michel (1981): Power/Knowledge: Selected Interviews and Other Writings, 1972–1977. New York (Pantheon).

Freud, Sigmund (1914): Zur Geschichte der psychoanalytischen Bewegung. GW Bd. X.

Freud, Sigmund (1916–1917): Vorlesungen zur Einführung in die Psychoanalyse. GW Bd. XI.

Gutting, G. (Hg.) (1994): The Cambridge Companion to Foucault (Cambridge Companions to Philosophy). Cambridge (Cambridge University Press).

Gopnik, A. (1998): Man goes to see a Doctor: Six years on the Couch, and the Author's Shrink did most of the Talking. In: The New Yorker, August, S. 24–31.
Kaplan. J. (1997): The Final Analysis. New York Magazine, October 20, S. 26–33.
Kernberg, Otto F. (1986): Institutional Problems of Psychoanalytic Education. In: Journal of the American Psychoanalytical Association, 34, 4, S. 799–834; Dt.: (2000): Ideologie, Konflikt und Führung. Psychoanalyse von Gruppenprozessen und Persönlichkeitsstruktur. Stuttgart (Klett-Cotta), S. 233–261.
Kernberg, Otto F. (1996): Thirty methods to destroy the creativity of psychoanalytic candidates. In: International Journal of Psycho-Analysis, 77, 5, S. 1031–1040. Dt.: (2000): Ideologie, Konflikt und Führung. Psychoanalyse von Gruppenprozessen und Persönlichkeitsstruktur. Stuttgart (Klett-Cotta), S. 271–282.
King, P., Hayman, A., Schafer, R., Baudry, F., Yorke, C., Sandler, J., Sandler, A.-M. & Segal, H. (1994): Freud-Klein Controversies: Fifty Years Later. In: International Journal of Psycho-Analysis, 75, 2, S. 335–401.
King, Pearl & Steiner, Riccardo (Hg.) (1991): The Freud-Klein Controversies, 1941–45. London (Tavistock). Dt.: (2000): Die Freud/Klein Kontroversen 1/2. 1941–1945. Stuttgart (Klett-Cotta).
Kirsner, Douglas (1977): The Schizoid World of Jean-Paul Sartre and R. D. Laing. St. Lucia (University of Queensland Press).
Kirsner, Douglas (2000): Unfree Associations: Inside Psychoanalytic Institutes. London (Process Press).
Knight, R. (1953): The Present Status of Organized Psychoanalysis in the United States. In: Journal of the American Psychoanalytical Association, 1, S. 197–221.
Lear, Jonathan (1998): Open Minded: Working out the Logic of the Soul. Cambridge MA. (Harvard University Press).
Levenson, Edgar (1983): The Ambiguity of Change: An inquiry into the nature of psychoanalytic reality. New York (Basic Books).
Levenson, Edgar (1991): The Purloined Self: Interpersonal perspectives in psychoanalysis. New York (Contemporary Psychoanalysis Books).
McDougall, Joyce (1995): The Many Faces of Eros: A Psychoanalytic Exploration of Human Sexuality. New York (Norton).
McDougall, Joyce (1997): In A. Molino, Freely associated: Encounters in psychoanalysis with Christopher Bollas, Joyce McDougall, Michael Eigen, Adam Phillips and Nina Coltart. London (Free Association Books).
Rangell, Leo (1974): A Psychoanalytic Perspective Leading Currently to the Syndrome of the Compromise of Integrity. In: International Journal of Psycho-Analysis, 55, S. 3–12.
Roazen, Paul (1975): Freud and His Followers. New York (Alfred A. Knopf).
Roazen, Paul (1992): The Freud-Klein Controversies. In: Psychoanalytic Books, Fall, S. 391–398.
Roazen, Paul & Swerdloff, B. (Hg.) (1995): Heresy. Sandor Rado and the Psychoanalytic Movement. Northvale NJ (Aronson).
Roudinesco, Elisabeth (1990): Jacques Lacan & Co.: A History of Psychoanalysis in France, 1925–1985. Chicago (University of Chicago Press).
Roudinesco, Elisabeth (1997): Jacques Lacan. Cambridge (Polity Press).

Roustang, Francois (1982): Dire Mastery: Discipleship from Freud to Lacan. Baltimore (John Hopkins University Press).
Roustang, Francois (1990): Lacanian Delusion. New York (Oxford University Press).
Trilling, Lionel (1964): The Liberal Imagination. London (Mercury Books).
Turkle, Sherry (1992): Psychoanalytic Politics: Jacques Lacan and Freud's French Revolution (Critical Perspectives). New York (Guilford Press).
Turkle, Sherry (1978): Psychoanalytic Politics. New York (Basic Books).
Young, Bob (online): The Culture of British Psychoanalysis and Related Essays on Character and Morality and on the Psychodynamics of Psychoanalytic Organizations. http://www.human-nature.com/rmyoung/papers/paper18h.html.

Psychoanalytische Organisationsberatung

Soziales Träumen und Organisationsberatung

W. Gordon Lawrence

Zusammenfassung: Soziales Träumen ist eine Aktionsforschungsmethode, bei der sich eine Reihe von Menschen in einem vorgegebenen Rahmen ihre Träume mit der Absicht mitteilen, darin Verknüpfungen und Assoziationen zu ihrer sozialen Umwelt zu finden. Dies geschieht innerhalb einer »Matrix« als einem Ort, aus dem heraus etwas entstehen kann. Die Arbeit besteht darin, die Metaphern der Träume zu erschließen, um so deren vielfältige Bedeutung und ihren möglichen Sinn zu entdecken. Die Matrix stellt einen »Container« für die Träume dar, dem sich die Trauminhalte anpassen. Im Gegensatz zur dyadischen, therapeutischen Situation, in der Träume als etwas Persönliches betrachtet und in bezug auf das Individuum bearbeitet werden, unterscheiden sich die Träume beim Sozialen Träumen insofern von der therapeutischen Situation, als sie sich stets auf den jeweiligen sozialen Kontext beziehen und ihn erhellen, in dem der Träumer lebt – beispielsweise auf den Arbeitsplatz, die Familie und die Gesellschaft. Darin liegt die überraschende Entdeckung des Sozialen Träumens.

In diesem Beitrag wird dafür plädiert, Soziales Träumen in das Repertoire der Organisationsberatung aufzunehmen. Die Tatsache, dass alle Rolleninhaber in Organisationen träumen, stellt eine neue, bislang nicht beachtete, unüberprüfte und verdeckte Dimension des Lebens und der Arbeit in Organisationen dar. – Insofern alle Träumer zugleich auch Denker sind, gibt Soziales Träumen darüber Aufschluss, wie die Rolleninhaber tatsächlich über ihre Organisationen denken. Diese intuitive Denkweise ist durch das ausschließlich rationale, lineare Denken unterdrückt worden; dabei ist jedoch die Frage vernachlässigt worden, was durch diese eher offenkundigen Organisationsprozesse und -entwicklungen verdeckt wird.

Diese Arbeit beinhaltet ein Beispiel einer Matrix sozialer Träume, sie stellt einige der Ursprünge des Sozialen Träumens dar und entwickelt eine Reihe von Arbeitshypothesen, die über den gegenwärtigen Stand und den Prozess Sozialen Träumens Aufschluss geben.

Soziales Träumen

Träume und Träumen haben bislang kaum die Aufmerksamkeit von Beratern oder Aktionsforschern gefunden. Das liegt in erster Linie daran, dass Träume seit Freud vor allem als ein Feld der Therapie betrachtet werden. Träume und Traumarbeit sind bislang deshalb nicht zum Gegenstand von Organisationsberatung geworden, weil es keinen Rahmen gab, mit dem sie auf Systemebene betrachtet werden konnten. Während ich am Tavistock Institute arbeitete, gab es eine Reihe von Erfahrungen, die mich veranlasst haben, diese Position zu überdenken und den Versuch zu unternehmen, Soziales Träumen in die Beratung aufzunehmen.

Dabei standen vor allem zwei Erfahrungen im Vordergrund. Die erste war ein Projekt zur Managemententwicklung, innerhalb dessen ich 1975 den *Senior Manager* eines Unternehmens interviewte. Im Verlauf des Interviews sagte er, dass er wiederholt geträumt habe, auf dem Weg zur Arbeit über einen Friedhof zu gehen. Ich war überrascht, denn dies war das erste Mal, dass ich davon hörte. Ich fragte ihn nach seinen Assoziationen. Dadurch kamen wir zu dem Schluss, dass er – sozusagen stellvertretend für seine Kollegen – eine Vorahnung hatte. Seine Sicht über die Zukunft des Unternehmens ging von einer schwerwiegenden Gefährdung aus; er hatte die große Sorge, dass das Unternehmen dem Bankrott nahe war. Seine Kollegen wollten dies nicht wahrnehmen. Er hatte das Gefühl, diese Angst ganz allein tragen zu müssen. Dies war eine soziale Angst, zumal er mir nicht als besonders depressiv erschien. Dies machte mir bewusst, was die tatsächliche finanzielle Situation des Unternehmens war und warum die anderen Manager sich nicht darum kümmerten. Ein wichtiger Teil unserer gemeinsamen Arbeit bestand darin, die Verleugnung innerhalb des Unternehmens zu verstehen.

Die zweite Erfahrung habe ich mit einem *Senior Manager* in einer Regierungsabteilung gemacht. Während des Interviews erzählte er mir einen Traum, der ihn wiederholt beschäftigte. England bestand in diesem Traum aus einer Reihe von befestigten Städten, in die sich die Mehrzahl der Menschen zurückgezogen hatte. Während dieser Zeit, zu Beginn des Jahres 1982, gab es eine Reihe von Unruhen in England; Rassenunruhen; und der Bergarbeiterstreik stand noch bevor. Überall waren Gruppierungen, die sich eingegrenzt hatten. Er malte ein schweres und düsteres Bild der Zukunft. Es blieb mir kaum etwas anderes übrig als Verständnis für das Bild dieses Traumes zu haben.

Diese Träume machten mir bewusst, was alles nicht in die herkömmliche Organisationsberatung Eingang fand. Während die Menschen in ihren Organisationen den Geschäften nachgehen, gehen in ihren Köpfen zugleich verhaltene Gespräche vor, die kaum artikuliert werden. Träume finden sozusagen fortwährend statt. Für mich haben Träume eine Art »Wellenfunktion«, die sich gelegentlich zu »Teilchen« in der Form von erinnerten Träumen oder Traumfragmenten verdichten. All dies begann mich in bezug auf meine Arbeit zu beschäftigen, und ich dachte darüber nach, wie ich es anstellen könnte, Träume in die Organisationsberatung einzubeziehen. Ich glaubte, dass es einen mir noch verschlossenen Weg geben könnte, durch den Träume als Teil des Arbeitslebens einer Organisation bearbeitet werden könnten. Wie ich im folgenden zeigen werde, gelang es mir im Laufe der Jahre, diesen Weg zu finden.

1982 habe ich die erste Matrix sozialer Träume am Tavistock Institute durchgeführt (Lawrence 1998a). Die Matrix sozialer Träume ist eine Methode, bei der Menschen mit dem Ziel zusammenkommen, sich ihre Träume mitzuteilen. Sie erzählen ihre Träume und assoziieren dazu. Dies kann zu einer Menge freier Assoziationen führen, die darüber Auskunft geben, wie sie über ihre Träume denken. Die Primäraufgabe besteht darin, die soziale Bedeutung von Träumen zu finden, während sie für die Matrix verfügbar gemacht werden. Die Arbeitsweise der Matrix besteht darin, dass sich an einen mitgeteilten Traum Assoziationen und Erweiterungen anfügen. Es steht den Teilnehmern frei, ihre Träume mitzuteilen, wann immer sie wollen. Die Stühle sind dabei sternförmig angeordnet, um so den Eindruck zu vermeiden, in einer Gruppe zu sein. Während ich zunächst Workshops zur Exploration Sozialer Träume durchgeführt habe, ist es mir später gelungen, mit der Matrix sozialer Träume in bestehenden Systemen zu arbeiten.

Der Vorstellung der »Matrix« kommt eine ausschlaggebende Bedeutung für die Bearbeitung sozialer Träume zu. Eine »Matrix« ist ein Ort, aus dem heraus etwas wachsen kann. Zweifellos werden sich »Gruppen« in dem Maße herausbilden, wie Menschen gemeinsam an einem Traum arbeiten. Gruppenprozesse werden jedoch von den Matrix-Beratern nicht kommentiert; das würde unserer Ansicht nach den Traum seines Materials berauben. Dass Träume auch Übertragungs- und Gegenübertragungsaspekte enthalten, ist insofern nicht verwunderlich, als wir in unseren Träumen die Beziehungen mit Objekten der Umwelt erproben und antizipieren. Diese Übertragungsphänomene in der Traumarbeit zu interpretieren, hieße jedoch, den Traum zu zerstören. Träume werden niemals aus persönlicher Sicht interpretiert.

Es hat einige Jahre gedauert, bis ich die angemessene Vorgehensweise für diesen sozialen Ansatz der Traumarbeit entwickelt habe. Am Anfang stand dabei das Material von Anthropologen, die die Träume sogenannter primitiver Völker gesammelt hatten. Hinzu kam die Einsicht, die ich in den *Group Relations Conferences* gewonnen hatte, in denen oft ein Traum eingebracht wird, der das Leben der Gruppe verdeutlicht. Der überzeugendste Beweis kam jedoch von Charlotte Beradt, die 1966 das *Dritte Reich des Traums* veröffentlichte. Diese bemerkenswerte Frau hatte in Deutschland bis zu ihrer Emigration 1939 Träume gesammelt. Ihr gelang der Nachweis, dass Menschen, die in einem totalitären Regime leben, dies in ihre Träume einbeziehen und zugleich darin die Zukunft antizipieren. Individuen werden durch die politische Welt bestimmt, in der sie leben. Die Träume sind schrecklich, voller Verzweiflung und Enttäuschung.

Wenn wir diese Überlegungen in einen Zusammenhang bringen, wird deutlich, dass das Denken eines Rolleninhabers in einer Organisation sich in einer Art Dreieck bewegt. Als Organisationsberater sind wir dazu aufgefordert, mit der Organisation und der darin erlebbaren Prozesse zu arbeiten. Im Rahmen der Aktionsforschung gilt unsere Aufmerksamkeit den bewussten expliziten Prozessen, der Primäraufgabe, den Organisationsabläufen und der Managementstruktur, durch die die Produktion von Gütern und Dienstleistungen gesteuert werden; auch die Finanzabteilung, das Vorgehen der *Human-Resources*-Abteilung oder die Forschungs- und Entwicklungseinrichtungen können beispielsweise unsere Aufmerksamkeit finden. Vor allem suchen wir die »Kultur« einer Organisation zu verstehen. Damit bewegen wir uns auf der rationalen, expliziten und bewussten Ebene.

Insofern man mit einer psychoanalytischen Orientierung arbeitet, wird man beispielsweise darum bemüht sein, herauszufinden, in welchem Maße ein System Abwehr gegen Veränderungsängste aufbaut. Die Gefahr, die damit einhergeht, besteht jedoch in der Versuchung, diese Abwehrmechanismen im Sinne von »Ödipus« und nicht im Sinne der »Sphinx« zu interpretieren. Diese Unterscheidung habe ich von Wilfred Bion übernommen, der in seiner (in der deutschen Übersetzung nicht enthaltenen; A.d.Ü.) Einleitung zu »Erfahrungen in Gruppen« darauf hinweist, dass Gruppen auf zwei verschiedene Weisen betrachtet werden können:

> »Als praktizierender Psychoanalytiker hat es mich beeindruckt, dass der psychoanalytische Ansatz über das Individuum und der Ansatz über die Gruppe, wie er in diesen Arbeiten beschrieben wird, mit zwei verschiedenen Aspekten desselben Phänomens arbeiten. Die beiden Vorgehensweisen ermöglichen dem Praktiker ein grundlegendes binokulares Sehen. Die Beobachtungen lassen sich insofern auf zweierlei Weise unterscheiden, als bestimmte Phänomene, die mit der einen Methode untersucht werden, die ödipale Situation hervorheben, die mit der Paargruppe einhergeht, während die andere Methode auf die Sphinx gerichtet ist und auf Fragen des Wissens und der wissenschaftlichen Methode verweist« (Bion 1961, S. 8).

Bei der Arbeit in Organisationen stehen die jeweilige Denkweise, das Wissen und der Wahrheitsgehalt des Denkens im Vordergrund. In der Arbeit des Analytikers und des Analysanden in der privaten Praxis geht es um ödipale Aspekte.

Die Übertragung der Bearbeitung von Angstabwehrmechanismen mit Menschen in sozialen Systemen von der Ebene des Ödipus zu der der Sphinx ist bislang zu sehr vereinfacht worden. Die Bedeutung von Wissen, Einsicht und Verstehen und deren möglicher Beitrag zur Angstabwehr ist nie ernsthaft untersucht worden. Beispielsweise ist die Frage ungeklärt, warum Organisationen totalitäre Bewusstseinsstrukturen aufweisen (vgl. Lawrence 1995). Die Art des Wissens, das in totalitären Tendenzen zum Ausdruck kommt, symbolisiert Sicherheit und eine Abwehr gegenüber der Komplexität der Wirklichkeit. Das erklärt, weshalb Führer, die eine solche Haltung repräsentieren, allzu leicht Gefolgschaft finden. Dies ist zweifellos ein soziales System der Abwehr gegenüber tiefergehenden Versuchen des Wirklichkeitsverständnisses. Dass Führer, die totalitäre Tendenzen verkörpern, sich an der Macht halten, ist Ausdruck einer Kollusion in der Organisation. So wie ihre Untergebenen sich jedoch darum bemühen, die Wirklichkeit besser zu erfassen, werden sie mit einigem Glück in der Lage sein, diese Führer zu beseitigen. Im Sinne einer ödipalen Interpretation könnte man sagen, dass es die Psychopathologie des Individuums ist, die es zur Abhängigkeit von derartiger Führung veranlasst. Im Sinne der Sphinx wird deutlich, dass es die angebotene Weise des Verstehens ist, die so attraktiv und verführerisch ist. Mit dem jeweiligen Verständnis von Wirklichkeit zu arbeiten, das von den Menschen einer Organisation geteilt wird, scheint mir der eigentliche Weg zu sein, den wir als Organisationsberater beschreiten sollten.

Die zweite Dimension der Organisationsberatung besteht darin, die Organisation in einem Prozess des Entstehens zu verstehen. Alle Organisationen befinden sich in einem solchen Prozess. Veränderungen ergeben sich aus der äußeren Umwelt: der Globalisierung, dem Druck eines destruktiven Kapitalismus und den Anforderungen des Internet-Zeitalters. Die Rolleninhaber in den Organisationen reagieren darauf, indem sie die Organisation von innen heraus verändern. Veränderungen der ökosystemischen Umwelt werden von den Rolleninhabern aufgegriffen und führen dazu, das System, die Rollen und die Aufgaben der Organisation so zu verändern, dass sie diesem Wandel gerecht werden. Immer wieder gelangt die Organisation in ihrer Geschichte an einen »strategischen Wendepunkt« (Grove). Dieser Wendepunkt wird in Unternehmen dann erreicht, »wenn sich die alten strategischen Vorstellungen auflösen und neue entstehen, die es den Unternehmen ermöglichen, zu neuen Höhen aufzusteigen« (Grove 1977). Dies ist jener Punkt in der Geschichte eines Unternehmens, an dem sich die Frage stellt, ob es künftig an Bedeutung verliert oder zu neuen Erfolgen fähig ist. Wenn man das Unternehmenswachstum als konvexe Linie versteht, so ist dies der Punkt, an dem sich die Linie verändert. Insofern, als sich das Unternehmen an diesem Punkt zu neuen Zielen aufmacht, wird auch die Bedeutung dessen sichtbar, was es heißt, dass eine Organisation sich im Prozess des

Entstehens befindet. Gelingt ein solcher Prozess nicht, dann ist das Unternehmen von Niedergang, Auflösung und Bankrott bedroht.

Organisationsberater werden oft hinzugezogen, um bei der Planung der Zukunft der Organisation zu helfen. Dabei besteht die herkömmliche Vorstellung von Planung darin, die Zukunft vorauszusehen, Entscheidungen darüber zu treffen, wie die Organisation in Zukunft aussehen soll und schließlich die Schritte zu entwerfen, dass die Zukunft wie geplant stattfinden kann. Die Zukunft vorauszusehen, ist jedoch immer mit einem Risiko verhaftet. So haben beispielsweise vor ein paar Jahren Experten vorausgesagt, dass die Heimarbeit ein großes Ausmaß annehmen werde. In Amerika ist momentan jedoch die Zahl derer, die zu Hause arbeiten, um 70 Prozent geringer als von vielen vorhergesagt. Dabei haben die Experten zu wenig berücksichtigt, dass die Arbeit auch eine soziale Funktion erfüllt und die meisten Menschen vor Ort, d. h. im Unternehmen arbeiten wollen.

Eine sinnvolle Weise der Vorhersage besteht darin, Szenarien der Zukunft zu entwerfen, die von den besten, schlechtesten und mittleren Entwicklungen ausgehen. Diese Vorgehensweise ist insofern angemessener, als sie den Entwurf unterschiedlicher Zukunftsverläufe einbezieht. Wenn einer dieser Entwürfe sich als falsch erweist, kann auf einen anderen zurückgegriffen werden. Indem die Organisation über unterschiedliche Zukunftsentwürfe verfügt, kann sie sich an die Spitze der Umweltveränderungen stellen. Weil wir der Zukunft nie sicher sein können, gilt es für verschiedene mögliche Zukünfte zu planen.

Die Zukunft kann jedoch nicht länger in erster Linie über Kausalbeziehungen erfasst werden, so wie es in vergangenen Jahren und zu Beginn dieses Jahrhunderts der Fall gewesen ist. Mit der Entstehung der Quantenmechanik ist deutlich geworden, dass die »explizite« Ordnung mit einer eher »verstrickten« Ordnung einhergeht. Die ehedem sichere, eindeutige Ordnung der Industriegesellschaft, die im euklidischen Raum in einem geringeren Tempo gemeistert werden konnte, weil sich das Ursache-Wirkungs-Verhältnis deutlich absehen ließ, ist nun durch die Informationsgesellschaft mit ihrer nicht eindeutigen Umwelt abgelöst worden, die in zunehmendem Maße im akustischen Raum bzw. im Cyberspace stattfindet. Dies ist der Raum, der uns umgibt und in dem wir auf Denken und Gedanken zu achten haben.

In dieser unspezifischen Umwelt können Ursache-Wirkungs-Beziehungen viel weniger deutlich ausgemacht werden, weil komplexe und bislang unbekannte Faktoren eher assoziativ denn sequentiell miteinander agieren. Innerhalb des euklidischen Raumes konnten Ursache und Wirkung visualisiert werden, sie können als mechanisch miteinander verknüpft verstanden und bewusst wahrgenommen werden; sie waren Teil eines endlichen, diskreten und spezifischen Kontexts. Seit Heisenberg ist Räsonanz die einzige Materie, aus der das Universum besteht. Genaugenommen gibt es keinerlei Verbindungen zwischen den »Teilen des Seins« außer einem weiten Maß räsonierender Intensitäten. Die Bestimmung räsonierender Verknüpfungen zwischen Ereignissen und Phänomenen ist das Ergebnis neutraler Verbindungen in und zwischen den Köpfen bzw. den Gehirnen. Wir haben uns gewahr zu werden, dass diese mentalen Verknüpfungen dem Bewusstsein viel weniger verfügbar sind; sie befinden sich vielmehr im Bereich des Unendlichen, das sich dem Bewusstsein entzieht. Diese Räsonanzen können viel eher durch Exploration, denn durch Feststellungen erfasst werden. In gewisser Weise hat James Joyce all dies in Finnegans Wake vorhergesehen, wenn er schreibt:

> »Weil ... jeder Person, Platz und Ding im Kosmos das Alles irgendwie mit der gobbverdummten TürKai verbunden ist, es sich in jeder ZeitSpanne bewegt und verändert: das tragbare TintenFaß (möglicherweise als Krug), der Hase und die SchildKröte Feder und Papier, das stetige mehr oder weniger zwischen Missverständnis und VerständnisKräfte der Antikollaboratöre, das, wenn die Zeit vergeht, wenn es verschiedenartig moduliert wird, anders geschrieben, Wechseln bedeutet WortSchriftZeichen« (Joyce 1993, S. 118)

Informationstechnologie ist nichts anderes als »Wechseln bedeutet Wort-Schrift-Zeichen«, wie es in elektronischen Impulsen enthalten ist, mit denen Gedanken und Denken kommuniziert werden; »das tragbare TintenFaß (möglicherweise als Krug)« mag der PC sein; »der Hase und die SchildKröte Feder und Papier« der Schneckenpost ist heute die E-Mail. All dies existiert – wie wir – »in der Zeit, die vergeht, wie sie will«, und wir verstehen es alles nicht.

Die Industriegesellschaft war sehr erfolgreich im mechanistischen Gebrauch der Kausalanalyse. Heute, nachdem die von den Wissenschaftlern des Endlichen entwickelte Quantenmechanik an Bedeutung verloren hat, ist das Bild der Wirklichkeit viel komplexer geworden. Mit dem Beginn des Informationszeitalters zeichnet sich ihr Untergang ab. Viel mehr Wissen (Sphinx) muss in Betracht gezogen werden. Und insofern ist auch das Planen weitaus komplexer geworden, weil es von einer sich entwickelnden Organisation auszugehen hat, deren Form, Funktion und Inhalt nicht mehr mechanistisch bestimmt werden können.

Die dritte Dimension des Lebens einer Organisation ist das Leben und die Arbeit im Prozess des Träumens. Wenn wir diese drei Dimensionen zusammennehmen, erscheinen Organisationen in folgendem Bild:

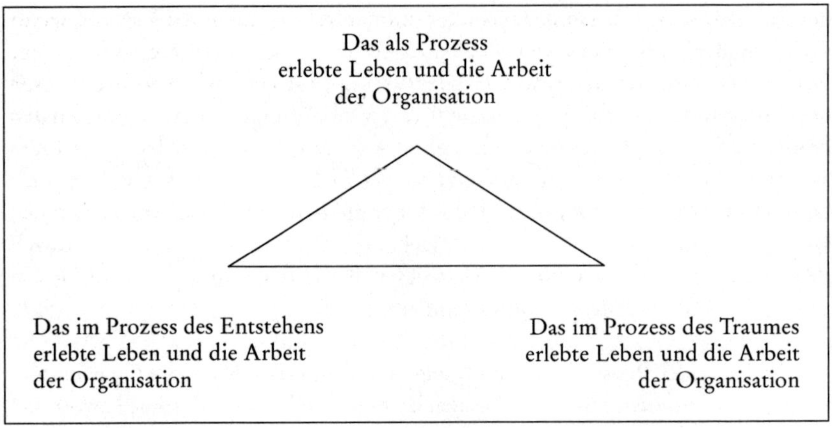

Dimensionen des Lebens einer Organisation

Die Verbindung zwischen Träumen und Denken ist uns mittlerweile deutlich geworden. Wie Bion schreibt, »sind alle Träumer Denker«. Diese klare Formulierung verdeutlicht zugleich, was innerhalb der Organisationsberatung vernachlässigt worden ist. Es kommt darauf an, dass wir zwischen »Nicht-Traum« und »Traum« unterscheiden.

Ein Traum ist der innere mentale Prozess, der im Schlaf wie im Zustand des Wachseins geschieht, wenn wir unsere Beziehungen mit anderen in der äußeren Welt antizipieren oder proben. Was wir dabei erleben, wird in entsprechende Sinneswahrnehmungen übersetzt, die es uns ermöglichen, Aspekte der Art unserer Beziehungen mit der äußeren Umwelt auszuarbeiten. Ein Traum findet sozusagen dann statt, wenn wir die in unserem Kopf konstruierte Bezogenheit in bezug auf unsere aktuell gelebten Beziehungserfahrungen ausarbeiten. Der Traum ist ein «geistiger Verdauungsprozess« (Bion 1992, S. 42), durch den die Ereignisse des Tages verinnerlicht und durchgearbeitet werden; indem wir Teile davon introjizieren und andere projizieren, speichern wir sie im Gedächtnis, um sie so für den fortlaufenden Prozess der Wirklichkeitsüberprüfung zu nutzen. Wer nicht träumen kann, ist stets damit beschäftigt, keine Verbindungen zwischen seinen Erfahrungen herzustellen und vermeidet so, was Bion (ebd. S. 31) den »gesunden Menschenverstand« nennt, womit er meiner Meinung nach eine nicht-verzerrte Wirklichkeitssicht meint.

Ein Nicht-Traum findet dann statt, wenn der Traum unterdrückt und das Unterdrückte durch Halluzinationen ersetzt wird, die projektiv nach außen gerichtet sind. Halluzinationen bieten keinen Raum für freie Assoziationen und können nicht das geben, was ein richtiger Traum zu geben vermag. Wenn Nicht-Träume mitgeteilt werden, kann keine freie Assoziation stattfinden; Nicht-Träume sind nur schwer von Halluzinationen zu unterscheiden. Träume haben eine bloße Mitteilungs- oder Enteignungsfunktion, wenn sie mit der Absicht des Individuums einhergehen, jedwede Bedeutung zu verneinen, die der Traum beinhalten mag. Träumen ist ein recht schwieriger Prozess, und Träume und Nicht-Träume unterscheiden sich dadurch, dass in letzteren der Traum durch Halluzinationen ersetzt wird. Sie sind ferner dadurch gekennzeichnet, dass sie keine freie Assoziation zulassen; der Nicht-Traum ist nichts anderes als eine total unverdaubare emotionale Erfahrung.

Echtes Träumen ist dadurch gekennzeichnet, dass das Traummaterial frei assoziiert werden kann, sofern keine Halluzination stattfindet und veränderte Eindrücke aufgenommen werden können. Bion schreibt, dass zwar der Kontakt zur Realität nicht von der Traumarbeit abhängig ist, dass jedoch die Verfügbarkeit des von diesem Kontakt abgeleiteten Materials der Person nur durch Traumarbeit möglich ist. Er fährt fort:

> »Das Fehlen der Traumarbeit und der damit einhergehende Mangel verfügbarer Erfahrung äußerer und innerer psychischer Realität fördert den eigenartigen Zustand des Psychotikers, der, obwohl er Kontakt zur Realität hat, gleichwohl nur außerordentlich geringen Gebrauch davon für sein Lernen aus Erfahrung oder für die unmittelbare Umsetzung macht« (Bion 1992, S. 45).

Damit ist die Verbindung zwischen Traum und Denken deutlich geworden. Mit Hilfe der Abbildung wird erkennbar, dass der Traum mit den Erfahrungen des Prozesses und dem Entstehungsprozess der Organisation des Unternehmens verknüpft ist. Die Erfahrung des Prozesses entspricht sozusagen dem Gedächtnis der Organisation und der Entwicklungszustand der Wunschvorstellung. Ich spreche deshalb von »Gedächtnis«, weil die Organisation in dem Moment auf chaotische Weise kollabieren würde, wenn ihre Mitglieder eines schönen Tages zur Arbeit kämen und ihre Aufgaben vergessen hätten. Der zukünftige Zustand ist immer das Ergebnis unterschiedlichster Wünsche. Wenn man somit Organisationen als eine Mischung aus Gedächtnis und Wunschvorstellungen versteht, kann man zusätzlich davon ausgehen, dass dem Träumen insofern eine ausschlaggebende Bedeutung zukommt, diese zu durchdenken, als Träume potentiell eine Art metaphorischen Durchdenkens für die Art der Beziehung einer ganzen Einheit zu ihrer Umwelt darstellen. Eine solche »ganze Einheit« kann entweder ein einzelnes Individuum oder ein Kollektiv wie beispielsweise ein Unternehmen sein, das sich der Matrix sozialer Träume für den Prozess der freien Assoziation und der Erkenntnis bedient.

Ein richtiger Traum ist stets ein Er-Denken der jeweiligen Beziehung eines Individuums zu seiner Umwelt mit Hilfe von Metaphern. Weil die Logik des Unbewussten sich bekannterweise von der sogenannten alltäglichen Logik unterscheidet, ist sie in Organisationen, die ausschließlich auf rationaler Logik basieren, weithin diskreditiert worden. Meiner Ansicht nach kann das jedoch nicht heißen, dass die Logik des Traumes vermieden oder verleugnet werden darf, denn der Traum ermöglicht stets eine Synthese, die durch freies Assoziieren verstanden werden kann.

Die Vorstellung, dass Organisationen sich der rationalen Logik verschrieben und – seit Beginn der industriellen Revolution – die auf Nicht-Träumen ihrer Führer basierenden Wunschvorstellungen ausagiert haben, ist nur schwer zu akzeptieren. Gleichwohl kann davon ausgegangen werden, dass viele der gegenwärtigen Organisationen von Halluzinationen geleitet sind.

Indem wir Träumen in den Diskurs der Organisation einbeziehen und es mit dem Unternehmen verbinden, wie es erfahren wird und sich entwickelt, räumen wir dem im Träumen begründeten Denken einen angemessenen Platz ein, der sich von dem Denken unterscheidet, das auf Nicht-Träumen beruht. Indem ich die drei Dimensionen auf derselben Ebene anordne, möchte ich zum Ausdruck bringen, dass dem Traum und der Traumarbeit ein gleichbedeutendes Gewicht für das Leben und die Arbeit einer Organisation zukommt.

Träume verbinden uns mit der Matrix der Menschlichkeit, den Kontakt oder Nicht-Kontakt mit anderen Menschen. Montague Ullman geht davon aus, dass die Menschen zu dieser Matrix gehören, die den Bereich der Gedanken, des Denkens und der Nicht-Gedanken bildet, die allen Menschen gemeinsam sind. Das Träumen verschafft uns einen Zugang dazu, weil es eine Transformation einer Bewusstseinsform in eine andere ermöglicht. Wir können das Individuum als eine Art »schwarzes Loch der Psyche« verstehen (Ullman 1975, S. 9), das über ein hohes Maß an verdichtetem Material aus der gelebten Erfahrung verfügt. Im Moment des Träumens erweitern wir einiges dieses verdichteten Materials auf fragmentierte Weise, die wir als Traum verstehen. Im Rückgriff auf David Bohms (1980) Unterscheidung einer impliziten und expliziten Ordnung geht Ullman von der Hypothese aus, dass wir im Traum das in unserer Psyche Implizierte in der Form des Traumes explizieren. Den Traum dann zu verbalisieren, bedeutet eine weitere Transformation. Dadurch wird wiederum explizit, was im Traum impliziert ist. Das Träumen erlaubt uns somit, unser persönliches Universum zu erweitern; indem wir auf diese Weise mehr Sinn in Betracht ziehen, erweitern wir unsere Möglichkeiten zu verstehen, wie die Wahrheit aussehen mag.

Wir alle haben durch Träume Zugang zu dieser Matrix der Menschlichkeit. Träume sind Teil unseres Lebens und können dazu beitragen, es zu erhellen.

Wir leben in einer Welt, die sich der Rationalität verschrieben hat, d. h. in einer Welt, in der wir nur das für wichtig halten, was explizit ist. Dabei vergessen wir jedoch, dass innerhalb dieser expliziten Ordnung, die uns umgibt, das Implizite verborgen ist. Wir wissen heute, dass die Quantenmechanik in dem Versuch, die Beziehung zwischen den Erscheinungsformen zu erklären, das Newtonsche Weltbild deutlich übertrifft.

Christopher Bollas (1987) Begriff des »ungedachten Wissens«, der von David Armstrong aufgegriffen wurde, hat dazu beigetragen, dass Aktionsforscher und Berater sich eines neuen Aspektes ihrer Untersuchungen bewusst geworden sind, nämlich

> »auf der Ebene der Organisation etwas bewusst zu machen, das zwar auf der Ebene des emotionalen und physischen Lebens und vielleicht gar innerhalb der Vorstellungen durchaus gewusst wird, das sich bislang jedoch der expliziten Formulierung entzogen hat: Etwas Primäres und Gewöhnliches, das bislang nur als Schatten gelebt hat. Nachdem es einmal ausgesprochen und ins Bewusstsein gelangt ist, schafft es auf paradoxe Weise einen Unterschied, der das bisherige Verständnis der Entscheidungen, der Politik und der Handlungen in einem neuen Licht erscheinen lässt. Das macht die Dinge nicht einfacher und zeigt den Klienten nicht, was zu tun ist, aber es eröffnet Sinn, indem es den Klienten sozusagen an die Organisation-in-ihm-selbst und an Ihn-selbst-in-der-Organisation heranführt. Diese Eröffnung, dieser neue Sinn, ermöglicht neue Vorgehensweisen« (Armstrong 1994, S. 5).

Diese Absicht, das »ungedachte Wissen« zu offenbaren, geht mit der Tavistock-Tradition von Aktionsforschung und Beratung einher, die auf einer »Politik der Offenbarung« und weniger auf einer »Politik der Rettung« basiert (Lawrence 1994).

Die Offenbarung unbewusster Prozesse des Lebens von Gruppen, Institutionen und der Gesellschaft im Kontext einer ökosystemischen Umwelt ist im Laufe der Jahre zum Hauptanliegen der Aktionsforschung geworden. Eine solche Vorgehensweise von Beratung steht im deutlichen Kontrast zu einer als »Rettung« verstandenen Beratung, die als eine Art sozialer Variante der «Rettungsphantasie« verstanden werden kann, wie sie in der therapeutischen Situation auftreten mag, wenn der Therapeut in der Vorstellung gefangen ist, seinem Klienten Heilung zu verschaffen. Die »Politik der Rettung« ist von der Vorstellung geleitet, die Klientenorganisation von ihren Problemen zu befreien oder beispielsweise als Experte neue Technologien, wie etwa ein neues IT-System, einzuführen. Die »Politik der Offenbarung« hingegen ist von der Vorstellung geleitet, dass die Klienten selbst in der Lage sind, ihre eigene Verantwortung und Autorität zu übernehmen, um so selbst ihre Wirklichkeit zu entwirren und sich so in ihren Rollen in ihren jeweiligen Systemen selbst zu managen vermögen (Lawrence 1998b). Ein Berater, der sich dieser Art von Offenbarung verpflichtet fühlt, richtet sein Hauptaugenmerk auf das Unbeschränkte, das Unbewusste, die sozial induzierte Psychose, das ungedachte Wissen und die sozialen Phänomene, die die rationale Verrücktheit mit sich bringt.

Der Traum ist die klassische Verbindung zwischen dem Begrenzten und dem Unbegrenzten (finite/infinite), dem Bewussten und Unbewussten. Ein Nachttraum ist eine spontane symbolische Erfahrung der inneren Welt im Schlaf. Solche Träume bestehen aus einer Reihe von Bildern, Handlungen, Gedanken, Worten und Gefühlen, die sich unserer bewussten Kontrolle weitgehend entziehen (Savary 1984). Das Träumen macht dem Träumer bewusst, dass das, was im wachen Zustand als selbstverständlich gilt, als Unsinn erscheint, wenn im Schlaf die Rationalität aufgehoben ist. Im Bewusstwerden ist der Traum immer eine Synthese. Man sollte annehmen, dass eine Aktionsforschung, die sich als Offenbarung dessen versteht, was jenseits des Bewussten liegt, sich auch auf Träume und das Träumen erstrecken würde. Aber obgleich die Methode auf einer psychoanalytischen Sichtweise basiert, hat sich die Aktionsforschung bislang nie für die Träume der Rolleninhaber interessiert. Das mag vor allem daran liegen, dass das herkömmliche Verständnis von Träumen sich auf eine private, persönliche Erfahrung beschränkt, die allenfalls mit einem Therapeuten ausgetauscht wird, der in der Lage ist, den Traum zu »interpretieren«.

In den vergangenen Jahren habe ich mit dem Sozialen Träumen in den verschiedensten Kontexten gearbeitet. Ich habe damit in Workshops gearbeitet und biete sie auch weiterhin an. Aber mein Wunsch war es immer, eine Matrix sozialer Träume in einem Unternehmen durchzuführen, weil dies die unmittelbare Anwendung des Sozialen Träumens auf die Arbeit in einer Organisation bedeutet. Vor fünf Jahren ergab sich schließlich eine solche Gelegenheit, bei der ich im Rahmen einer alljährlich stattfindenden Veranstaltung eine Matrix sozialer Träume mit dem oberen Management einer Unternehmensgruppe durchführte.

Die Matrix sozialer Träume

An jedem Tag, in der Regel morgens, fand eine einstündige Matrix sozialer Träume statt. Bei der Einführung des Sozialen Träumens hatte ich einige Bedenken, da ich unsicher war, ob diese Methode realisierbar war und wie sie sich entwickeln würde. Wenngleich ich vor Beginn der Matrix immer eine gewisse Sorge habe, dass keine Träume mitgeteilt werden könnten, so hatte ich bei dieser

Gelegenheit noch die zusätzliche Befürchtung, dass die Teilnehmer sich deshalb dem Träumen widersetzen könnten, weil es vermeintlich keine Bedeutung für ihre Arbeit habe. Die Veranstaltung war unter dem Titel »Memoiren der Zukunft« angekündigt worden; es fand in französischer Sprache statt.

Im folgenden werde ich eine Reihe von Träumen beschreiben, um so zu verdeutlichen, wie Menschen, die sich mit wichtigen Geschäftsproblemen beschäftigen, aus der Erfahrung des Sozialen Träumens Nutzen ziehen können. Die Auswahl ist repräsentativ für die gesamte Matrix. Da ich in dem folgenden Bericht die Vertraulichkeit wahren möchte, habe ich die Beiträge anonym gehalten.

Die erste Matrixsitzung begann damit, dass ein Teilnehmer sich darüber beschwerte, dass er am Sonntagabend an einer Veranstaltung teilnehmen müsse. (Diese Veranstaltung begann am Sonntag und endete am folgenden Mittwoch nach der letzten Matrixsitzung um zehn Uhr.) Einige Teilnehmer waren damit beschäftigt, was es bedeuten könnte, mit Träumen zu arbeiten, während andere sich Sorgen machten, ob sie überhaupt träumen würden. Sie meinten, dass sie öfter im Urlaub träumen würden – und insbesondere dann, wenn sie auf großen Höhen seien – als während der Arbeitszeit. Ein Teilnehmer, der geträumt hatte, in einem Fahrstuhl zu sein, war sich nicht sicher, ob der Traum sich eignen würde oder ob er nicht gar zu gefährlich sei. Er hatte den Eindruck, aus dem Gleichgewicht zu geraten, zumal er stets um Ausgeglichenheit bemüht war. Das war für ihn zwar kein unangenehmes Gefühl, wenngleich es auch nicht gerade ein Vergnügen war. Ich verstand, dass der Fahrstuhl eine Verbindung zwischen dem Wachsein und dem Träumen symbolisierte, zwischen Wirklichkeit und Traum, zwischen dem Bewussten und dem Unbewussten; eine Verbindung, die einen zwar aus dem Gleichgewicht bringen kann, die aber idealerweise auch als ausgeglichenes, wechselseitiges Verhältnis verstanden werden kann.

Ein anderer Manager sagte, dass er normalerweise seine Träume nicht erinnern würde, dass er aber in der vergangenen Nacht einen Traum gehabt habe, von dem er mit einiger Mühe einzelne Teile erinnerte, als er aufwachte. Wie er sagte, hatte sein Traum mit dem Katalog seines Unternehmens zu tun. (Für ein Versandhaus ist der Katalog das ausschlaggebende Verkaufsinstrument und seine Qualität ist von besonderer Bedeutung.) Da war eine Modenschau, die auf der Gangway und der Leiter eines Schiffes stattfand. Diese Modenschau wurde photographiert. Der Ort, an dem viele Menschen anwesend waren, strahlte eine besondere Eleganz aus. Es war ziemlich kalt. Die Menschen dort waren Modedesigner und die Atmosphäre war ein wenig eigenartig und grotesk. Die Szene war in vollem Sonnenlicht und die Menschen waren fortlaufend in Bewegung. Der Träumer beendet seine Beschreibung mit dem Hinweis, dass sie in seinem Unternehmen keine Mode verkauften.

Ich war davon beeindruckt, dass einer der ersten Träume sich auf die Arbeit bezog und nahm an, dass die Gangway (*passerolle*) sich auf den Katalog des Unternehmens bezog sowie auf die Marketingstrategie, mit der die Ware an potentielle Kunden auf dem »Boot« oder dem »Kai« verkauft werden sollte. Tatsächlich hat das Unternehmen einen sehr ansprechenden Katalog und weist auch einige Bestseller auf; da jedoch der erforderliche Umsatz noch nicht erreicht ist, sind alle Mitarbeiter des Unternehmens recht besorgt. In dem Unternehmen herrscht Druck und der noch ausstehende Erfolg hat ein Gefühl des Verfolgtseins entstehen lassen. Der Markt ist tatsächlich ein kalter Ort. (Wasser kam in den folgenden Träumen der Matrix immer wieder vor; es kann als ein Bezug auf das Unbewusste interpretiert werden.)

Ein Teilnehmer brachte zum Ausdruck, dass das Träumen die Teilnehmer ansprach und sie dazu veranlasste, ihrer Bedeutung nachzugehen. Er sagte, dass er zweierlei Träume gehabt habe: einen *rêve lancinant* und einen zweiten *rêve d'envol*. In dem ersten Traum kam er sich vor, als würde er über längere Zeit hinweg Musik hören, so wie er es tut, wenn er in Schwierigkeiten ist. Die zweite Art von Träumen erlebt er bei Geselligkeiten und wenn er gute, gefühlvolle Beziehungen erlebt. Diese Art von Traum war für ihn wie ein Vogel, der von Insel zu Insel fliegt. Er fügte hinzu, dass er diese Art von Traum nicht hatte, als er zum *Managing Director* ernannt wurde.

Zu diesem Zeitpunkt wies ein Teilnehmer darauf hin, dass wir mit unseren Träumen eine Geschichte schaffen würden – vielleicht, um uns selbst wiederherzustellen.

Jemand brachte einen Traum ein, der sich auf die Teilnehmer an dieser Veranstaltung bezog. Alle besuchten den Souk in Marrakesch, den Basar. Er war voller Farben und Gerüche. Der Träumer betonte, dass dieser Traum für ihn sehr vielfältig und lebendig sei. Am Ende des Souks waren hölzerne Absperrungen. An einer dieser Absperrungen waren Möbel aus Olivenholz. Das Holz war schwer, sehr schön und farbenreich. Die Gruppe hielt an den Absperrungen an. Sie wollte den Basar auf der linken Seite verlassen, um einen anderen Platz zu besuchen oder etwas anderes zu unternehmen, als von links Kinder kamen und die Luft von einem ungewöhnlichen Duft erfüllt war. Ein kleines Cabriolet kam. (Später wurde deutlich, dass es ein »Alpine« war, ein Auto, das von Renault vor einigen Jahren hergestellt wurde.) Das Auto hatte Stoßstangen, die jedoch hinten, auf der linken Seite verbeult waren. (Ich habe die Häufigkeit und Bedeutung dessen, worauf sich »links« in diesem wie in einigen der folgenden Träume bezog, nur in dem Sinne verstanden, dass es sich auf etwas »Finsteres«, »Übles« bezog.) Bei dem Auto war ein Verkäufer mit blonden Haaren. Der Träumer war sich nicht ganz sicher, ob der Verkäufer ehrlich war, aber da er wie ein Wikinger aussah, ging er davon aus, dass er vertrauenswürdig war. Neben dem Träumer stand sein Sohn Nicholas.

Das Auto verwandelt sich in das Hinterrad und das Heck eines Motorrades. Davor ist der Kopf eines Hundes, eines *chien des avelanches* (Bernhardiner). Der Hund beleckt Nicholas, der daraufhin seinerseits den Hund leckt. Dem Träumer ist dies gar nicht recht, da der Hund sicherlich nicht sauber ist. Als er Nicholas dies sagt, antwortet der, »Ich habe das Geld, und ich brauche zwei Plätze«.

Dem Traum folgte ein »flash« (ein »Blitz« – wie die Teilnehmer es nannten). Dieser Träumer hatte zwei. Der erste war *Ta foi t'a sauvé*. Der Glaube rettet einen; und Glaube war ein Thema, das sich auch durch andere Sitzungen der Veranstaltung zog. Der zweite war, dass er sich fragte, wo Lawrence denn in seiner Bibliothek noch neue Bücher lassen würde. Wir arbeiteten in einem großen Raum, an dessen Wänden einige tausend Bücher stehen.

Dieser Traum hatte eine ganz besondere Bedeutung, aber seine eigentliche Bedeutung ist noch nicht klar. Durch die Assoziationen, die vorgebracht wurden, stellte sich heraus, dass die Absperrungen aus gekreuzten Balken bestanden - wie bei einem Andreaskreuz. Der leitende Manager dieser Gruppe, der selbst nicht anwesend war, heißt Andreas und die Rolle des Träumers besteht darin, eng mit ihm zusammenzuarbeiten, beispielsweise bei dem Erwerb neuer Firmen (die attraktiven Olivenholzmöbel?) und dem Verkauf solcher Firmen, die nicht mehr erfolgreich sind. Das Thema »alpine« kommt zweimal vor – im Falle des Autos und des Hundes. Das Unternehmen hat enge Verbindungen zur Schweiz. Das Auto verändert sich in etwas anderes. Ist das eines der Probleme, mit dem ein Versandhaus konfrontiert ist, dass nämlich die alten Methoden nicht länger wirksam sind? Der Hund ist gutartig und hilfreich. Ist dies ein Indiz dafür, wie Unternehmen mit ihren Kunden umgehen sollten? Die Beziehung des Träumers zu den Unternehmen in der Unternehmensgruppe wird durch seinen Sohn verdeutlicht, der das Geld hat. Wo sind die zwei Plätze? Ist dies nur eine kalkulierende, instrumentelle Beziehung und wo ist der Platz für Glauben im Geschäft? Es war mehr oder weniger offenkundig, dass der Souk die Umwelt des Marktes symbolisierte; gleichzeitig wurde ich jedoch darauf hingewiesen, dass der Souk auch ein *bordel* ist. Insofern, als dieses Wort häufig gebraucht wird, um eine totale Unordnung oder ein Chaos zu beschreiben, mag darin ein Hinweis auf den Zustand des Marktes enthalten sein.

Ich gehe zu einem späteren Traum über. Der Träumer geht auf der linken Straßenseite. Ihm kommt sein Präsident entgegen, der ebenfalls auf der linken Seite geht. Auf der rechten Straßenseite ist ein hoher Haufen Steine. Der Träumer ist sich nicht sicher, ob die Steine durch einen Steinschlag dahin geraten sind oder ob sie zur Reparatur der Straße gebraucht werden. Er sagt, dass es nicht klar sei, ob sie das Ergebnis einer Destruktion oder ob sie für eine Konstruktion sind. Die Straße selbst ist gut markiert, aber markiert die Linie die Mitte oder den Rand der Straße?

Als zweiten teilt der Träumer einen erotischen Traum mit. Gemeinsam mit einem anderen Mann trifft er zwei hinreißende Frauen. Da ist ein kleines Haus, eine Sauna. Er sagt, dass er nicht erzählen kann, wie der Traum ausgegangen ist; es bleibt unklar, ob er das Ende vergessen hat oder ob es ihm zu taktlos erscheint, es zu erzählen. Er erwähnt, dass er in dem Hotel in einem altertümlichen Eisenbett schläft, das Bronzekugeln am Ende hat. Wenn er sich in der Nacht bewegt, machen sie »kling-kling«.

Dieser Traum gibt die aktuelle politische Situation des Träumers wieder, der als *Managing Director* mit dem Präsidenten zusammenarbeitet, der bislang selbst nur die Rolle eines *Managing Director* innehatte. Wir nahmen an, dass die Steine auf der rechten Seite – einer der Vornamen des Präsidenten ist Pierre (*pierre* = Stein) – für das Unternehmen stehen, das einen Umsatzverlust hinnehmen musste. Ließ sich das Los des Unternehmens wenden, d. h. ist eine Rekonstruktion möglich oder ist es in einem schwerwiegenden ruinösen Zustand? Wo liegen die Grenzen für ein mögliches künftiges Wachstum des Unternehmens? Die unausgesprochene Frage für alle Teilnehmer an der Veranstaltung war, ob der neue *Managing Director* mit dem Präsidenten zusammenarbeiten kann. Wird ihre Arbeitsbeziehung von Konfrontationen und Konflikten geprägt sein oder sich harmonisch gestalten? Wer ist der andere Mann in dem erotischen Traum – der Präsident?

Ein anderer Träumer ist auf der Gangway eines Schiffes. Er kann nichts sehen, weil es sehr neblig ist, aber jeder versichert ihm, dass man bei gutem Wetter einen sehr schönen Blick hat. Unsere Assoziation zur Gangway war, dass sie in bezug auf den gegenwärtigen Zustand der Unternehmensgruppen wiederum die Geschäftsverbindung zwischen dem Unternehmen und den Kunden repräsentierte. Während die Dinge momentan schlecht stehen, kommt vielleicht eine bessere Geschäftslage, wenn der Nebel sich verzogen hat.

Ich mache erneut einen Sprung. Der andere Berater erzählt, dass er einen Traum gehabt hat, an dem alle an einem großen Tisch saßen, auf dem viele Speisen standen. Es sind viele Leute um den Tisch herum. Er ist fröhlich im Traum, aber zugleich besorgt, da niemand da ist, der bedient. Als wir beide später über seinen Traum sprachen, wurde uns deutlich, dass sein Traum ein Ausdruck seiner Angst darüber war, wie ich das Seminar managen würde. Mein Anliegen war es, solche Bedingungen zu schaffen, in denen gedacht und Gedanken verfügbar gemacht werden konnten, so dass ich allenfalls dann in diesen Sitzungen intervenierte, wenn es darum ging, dieses Ziel zu verwirklichen.

In dem Maße, wie der Traum die Angst verdeutlichte, war es uns möglich, über unsere Arbeitsbeziehung und den Platz zu sprechen, der einem reflektierenden »Containment« im Rahmen dieser Veranstaltung zukommt.

Ein anderer Träumer sagte, dass er geträumt habe, mit einer Direktorin zusammenzuarbeiten. Etwa fünfzehn Personen sind um einen großen Tisch versammelt, der seiner Meinung nach in dem Gebäude des Unternehmens stand, in dem er zuvor in Paris gearbeitet hatte. Das Treffen dient der Präsentation einer Kleiderkollektion. Es wird von einer Frau geleitet, die entweder Direktorin oder die Frau des Inhabers ist. In der Realität ist sie vierzig Jahre alt, im Traum dreißig.

Sie sagt: »Ich habe diese Fliesen (*carreaux de sol*) in dem Präsentationsraum gefunden«. Eine andere Frau antwortet: »Die würden prima für mich sein.« »Kann ich die zu unserem Kauf dazu tun?«, fragt die *vendeuse*.

Der Träumer war im Traum sehr ärgerlich, weil diese Fliesen zur Ausstattung des Gebäudes gehörten und nicht Bestandteil der zu verkaufenden Kollektion waren. Er sagte, dass, solange er bei dieser Firma beschäftigt sei, nichts vom Unternehmen weggenommen werden würde. In dem Traum war ihm klar, dass er der Wächter *l'éthique* war und diese Frau als Feindin betrachtete, weil sie ihm stets widersprach.

Dieser Traum macht auf vielfältige Weise die Konflikte in der Unternehmensgruppe deutlich, wo er sich oft im Dissens zu der langfristigen Verkaufs- und Akquisitionspolitik von Unternehmen befindet. Insbesondere macht es ihm zu schaffen, dass die französische Gruppe zum Teil einem deutschen Aktionär gehört, und er hat Angst, dass die französische Gruppe letztendlich zu einer deutschen Handelskolonie wird und dann niemand mehr weiß, was die eigentliche Identität der französischen Gruppe ist.

Ein weiterer Träumer erzählt seinen Traum. Er fährt einen Fluss hinunter auf einem Segelboot. Die Strömung ist sehr stark und im Fluss sind Felsen. Während er mit dem Boot fährt, arbeitet er an einer Übersetzung und Erläuterung einer Fabel von Goethe. Sobald er seine Arbeit beendet hat, wird ein anderer Manager, der ebenfalls an der Matrix teilnimmt, den Text einer Zuhörerschaft vorlesen. Dabei sei angemerkt, dass der Leser der zuletzt und unlängst ernannte *Managing Director* ist. Er ist nicht auf dem Boot, das den Fluss hinabfährt. In der Realität ist der Träumer der leitende Direktor für *Human Resources* in der Unternehmensgruppe.

Während für Franzosen Fontaine der eigentliche Verfasser von Fabeln ist, nahmen wir an, dass Goethe den anderen maßgeblichen Anteilseigner in der Unternehmensgruppe darstellte. Vielleicht bestünde die Rolle des Träumers in Zukunft darin, französischen Managern die deutsche Politik zu erläutern, die sie dann zu vertreten und umzusetzen hätten.

In der letzten Sitzung der Matrix sozialer Träume sagte der andere Berater, dass er einen Traum gehabt habe, in dem er sich als der einzige Beobachter wiederfand und nicht mit den anderen zusammen aß. Er meinte, dass dies möglicherweise die Wahrnehmung widerspiegele, wie seine Rolle während dieses Seminars erlebt wird.

Ein anderer Teilnehmer sprach von einem Traum, in dem er sich selbst als bewusst und wach erlebt habe. Er unterhält sich mit einem anderen *Managing Director* über einen neuen *Marketing Manager*, der von einer Firma in der Gruppe in eine andere transferiert worden ist. (Dies entsprach der Realität.) Der Träumer hört sich sagen, dass dieser Manager sehr gut englisch spricht – sein Englisch geradezu perfekt sei. Der Präsident erwidert: »Sie sehen ja, dass Sie den Leuten gegenüber nicht genug Vertrauen haben. Gehen Sie, ich werde in der Bibel lesen«. Er tat dies und in dem Traum sieht er Lawrence, der die Bibel liest – allerdings auf Englisch.

Der Präsident liest das Buch Baruch (ein Teil von »Jeremias«; A.d.Ü.), das nicht in der King James-Ausgabe, wohl aber in den Apokryphen enthalten ist, nachdem es während der Reformation aus dem protestantischen Kanon entfernt worden war. In französischen Bibeln ist Baruch enthalten. Soweit wie ich herausfinden konnte, kam Baruch die Bedeutung zu, den unter babylonischer Zwangsherrschaft besiegten Menschen eine Botschaft zukommen zu lassen. Auch rettete er die Kultgegenstände des Tempels nach einem Holocaust. Während der Präsident katholisch ist, ist allgemein bekannt, dass ich es nicht bin. Für mich drückt der Traum einige der Schwierigkeiten aus, die der Träumer damit hat, weshalb ein französischer Präsident einen englischsprachigen Berater hat. Und wie mag es um die Übertragung zwischen ihnen aussehen. Wer verfügt über welches Wissen? Ein möglicher Grund, weshalb Baruch gewählt worden war, mag darin liegen, dass es einiges über die ungewöhnliche Rolle aussagt, die der Präsident in der Gruppe hat, nämlich ihre französische Identität zu erhalten und zu verfestigen suchen.

Der nächste Traum, der der letzte in dieser Reihe von Träumen ist, die ich hier wiedergebe, war eine Fabel vom fetten Herzog und dem kleinen Vasallen. In einer Stadt lebt ein kleiner Vasall. Der fette Herzog kommt zu Besuch und der kleine Vasall heißt ihn in der Stadt willkommen. In dem Ort gibt es einen großen Sessel, der auch ein Thron sein könnte, und der gelegentlich auch als solcher benutzt wird. Wenn der kleine Vasall in dem Sessel sitzt, ist die ganze Stadt erleuchtet, und je länger er darin sitzt, desto strahlender ist das Licht. Um das allerbeste Licht zu schaffen, wird vorgeschlagen, dass der fette Herzog gemeinsam mit dem kleinen Vasallen in dem Sessel sitzen soll.

Während die beiden in dem Sessel sitzen, installiert der Sohn des kleinen Vasalls, ein Architekt, eine Spirale, eine Art Mobile an der Decke des Raumes, in dem der fette Herzog und der kleine Vasall sitzen. Es ist eine sehr schöne und innovative Spirale. Der kleine Vasall meint, dass es zwei Möglichkeiten gäbe, wie er und der fette Herzog in dem Sessel sitzen könne. Wenn der kleine Vasall alleine ist, kann er seinen Körper fast so flach machen wie eine Scheibe Speck und sich über den größten Teil des Sessels ausbreiten und so seinen Mitbürgern noch mehr Licht verschaffen. In Gegenwart des fetten Herzogs läuft er, wenn er nicht schnell genug ist, jedoch Gefahr, dass der fette Herzog sich auf ihn setzt und ihn platt drückt. Wenn der fette Herzog zusammen mit ihm in dem Sessel sitzt, muss er nach wie vor die Form einer Speckscheibe annehmen, dabei jedoch aufrecht sitzen wie eine Toastscheibe in einem Toastständer. Von draußen kommt ein entsetzliches Geschrei; irgend jemand schimpft: *»Douleur, frustration colère!«* Der Träumer sagt, dass der kleine Vasall sehr *sympa*, der fette Herzog jedoch *antipathétique* sei. Der kleine Vasall war sehr frustriert und hatte das Gefühl, in Gegenwart des fetten Herzogs vor seinem Sohn, dem Architekten, beschämt zu werden.

In diesem Traum verdichtet sich vieles von den Enttäuschungen und den Gefühlen in dieser Unternehmensgruppe – Schmerz, Frustration und Ärger. Ich vermute, dass der kleine Vasall und der fette Herzog die Anteilseigner bedeuten. Da all dies nicht offen angesprochen werden kann, kommt es in den Träumen zum Vorschein und ist somit ein Ausdruck des »ungedachten Wissens«. Die französisch-deutsche Achse erscheint modern im gegenwärtigen europäischen Kontext. Darüber hinaus werden die Unterschiede zwischen einem französischen und deutschen Management nur allzu leicht deshalb negiert, weil die verschiedenen Unternehmen sich vermeintlich angesichts allgemein verbindlicher Aufgaben, Strukturen und Methoden des Versandgeschäftes nicht unterscheiden. Meine Vermutung ist, dass die bewegliche Spirale insofern die DNA-Struktur der Unternehmensgruppe symbolisiert, als DNA eine doppelte Spirale repräsentiert und dass die zukünftigen Unternehmensnachfolger (der Sohn als Architekt) der Gruppe möglicherweise eine neue Identität verschaffen müssen, die momentan nur in Raum und Zeit aufgehängt werden kann.

Der fette Herzog und der kleine Vasall auf dem Thron symbolisieren den verdeckten Kampf der Deutschen und Franzosen um die Zukunft des Unternehmens. Dies ist vermutlich vor den Augen ihrer jüngeren Landsleute beschämend für ältere französische Manager. Der kleine Vasall konnte Licht geben – Führung und Beschäftigung – aber die Annahme war, dass der fette Herzog mehr geben würde, wenn er seine massige Gestalt zusätzlich auf den Thron setzen würde. Das würde letztlich jedoch dazu führen, dass der kleine, französische Vasall plattgedrückt oder ausgepresst würde. Wie bereits erwähnt, ist all dies in gewissem Maße in der Organisation bekannt, aber es ist in den

Gedanken deshalb niemals zum Ausdruck gekommen, weil das bedeuten würde, dass die Rolleninhaber sowohl die politische Version der Organisation, die sie im Kopf (*in the mind*) haben, als auch ihre eigene psychische Selbstwahrnehmung in dieser Organisation durchdenken müssten. Die Träume haben schließlich dazu beigetragen, dass diese Aspekte offengelegt wurden.

Ich habe diesen relativ langen und gleichwohl sehr gekürzten Auszug von den Träumen und Assoziationen einer Matrix gegeben, um ein Gespür dafür zu vermitteln, was geschehen kann, wenn Menschen mit einem gemeinsamen Arbeitsinteresse zusammenkommen, um sozial zu träumen. In erster Linie versuche ich deutlich zu machen, dass das Soziale Träumen sich in Verbindung mit anderen traditionell verwendeten Methoden als Instrument der Aktionsforschung eignet. Diese Art der Arbeit trägt zu einer deutlichen Erweiterung der Interventions- und Handlungsmöglichkeiten bei.

Arbeitshypothesen zum Sozialen Träumen

In dem Maße, wie mehr und mehr Kollegen sich seit 1982 dieser meiner Arbeitsweise des Sozialen Träumens angeschlossen haben, hat sich auch unser Lernen zunehmend erweitert. Die wichtigsten Erkenntnisse möchte ich in einigen Arbeitshypothesen darstellen.

1. Die erste Hypothese, dass es möglich ist, Träume mit sozialen Inhalten und Bedeutungen zu haben, war bereits durch die Erfahrung der ersten Matrix Sozialer Träume 1982 untermauert worden. Durch die oben dargestellten Beispiele wird deutlich, dass Menschen, die in Unternehmen eine Rolle innehaben, über sich selbst in ihrer Arbeit und im Kontext ihres Unternehmens träumen. Und in ihren Träumen beschäftigen sie sich mit solchen Fragen und Konflikten, die meist nicht offen ausgedrückt und ausgetragen werden können.

2. Die zweite Hypothese bezieht sich darauf, dass andere soziale Prozesse stattfinden werden, wenn die Träume – statt in einer Matrix – in einer Gruppe mitgeteilt und bearbeitet werden. Der mentale Raum, den eine Matrix ermöglicht, unterscheidet sich deutlich von dem einer Gruppe – ohne damit besser oder schlechter zu sein. In einer Matrix sind die Träume der Teilnehmer sozusagen die »Währung«; in einer Gruppe stehen die Beziehungen zwischen den Teilnehmern im Vordergrund. Der »Hier-und-Jetzt-Kontext« einer Gruppe würde die Übertragungs- und Gegenübertragungsaspekte stärker in den Vordergrund treten lassen. In einer Matrix kann damit durch die Träume gearbeitet werden, so wie es beispielsweise in

der oben beschriebenen Situation der Fall ist, in der der Präsident und ich verschiedene Bibeln lesen. Meine und meiner Kollegen Erfahrung hat gezeigt, dass, wenn derartige Fragen in der Matrix diskutiert werden, sie zerredet werden und so den Träumen die eigentliche Substanz nehmen, an der es zu arbeiten gilt.

Es scheint mir, um dies bei dieser Gelegenheit kurz zu erwähnen, eine Art »Meta«-Übertragungsfrage zu geben. In einer amerikanischen Matrix träumte eine Träumerin, dass sie zwischen zwei Inseln hin und her zu schwimmen hätte. Die eine hieß »Tavistock Group Relations« und die andere »Soziales Träumen«. Ein Kollege habe sie dazu ermutigt, von der ersten zur zweiten zu schwimmen. Ich teile diese Ansicht insofern nicht, als ich das Soziale Träumen als eine Entwicklung innerhalb der Tavistock-Tradition sehe, unbewusste soziale Prozesse, die immer auch psychotische Anteile haben, zu verstehen.

3. Die dritte Hypothese besagt, dass das Vorhandensein einer Matrix als Empfänger der Träume im Vergleich zur klassischen psychoanalytischen Situation die Bedeutung der Träume verändert. Kurz gesagt, heißt das, dass eine Veränderung des »Containers« auch das verändert, was darin »contained« wird und sich somit der Inhalt, nämlich die Sozialen Träume, unterscheiden. Die Träume, die ich in dieser Arbeit wiedergegeben habe, wären sicherlich anders gewesen, wenn die Teilnehmer als Individuen in einer analytischen Sitzung gewesen wären.

4. Die vierte Hypothese bezieht sich auf die Idee, dass eine Matrix sowohl die Art der Denkprozesse als auch die Bedeutung verändert, zu der die Teilnehmer gelangen. Während es in einer Gruppe primär darum geht, ein Universum von Bedeutungen zu schaffen, weil ein gemeinsames Verständnis nicht möglich ist, können in einer Matrix eine Vielzahl unterschiedlicher Bedeutungen nebeneinander bestehen, die mit ein und demselben Traum verbunden sind. In einer Matrix ist es daher möglich, mit einem Multi-Universum an Bedeutungen zurechtzukommen. Dabei mag eingewandt werden, dass eine solche Erfahrung nahezu psychotisch wäre, aber andererseits kann der Wunsch für ein Ereignis oder einen Traum nur eine einzige Interpretation haben zu wollen, gleichfalls Ausdruck einer Psychose sein. Es kann eine Tyrannei voreiliger Interpretationen geben. Das kreative Moment Sozialen Träumens liegt in den assoziativen Verknüpfungen.

5. Die fünfte Hypothese geht davon aus, dass Soziales Träumen die bislang weithin vorherrschende Auffassung in Frage stellt, nach der Träume das

Eigentum des Individuums seien. Das ist aufgrund der dyadischen Beziehung in der psychoanalytischen Situation zweifellos der Fall. In einer Matrix träumen Menschen über die Matrix und antizipieren ihre Erfahrung darin. Wird das eine unsichere Fahrt mit dem Fahrstuhl? Die Konzeption des »sozialen« Träumens hat meine Kollegen und mich zu der Annahme veranlasst, dass es – ebenso wie von Bion gefordert »Gedanken auf der Suche nach einem Denker« – auch »Träume auf der Suche nach einem Träumer« geben mag.

6. Die sechste Hypothese besagt, dass die Träume in einer Matrix sozialer Träume den Teilnehmern ein Gespür für die tragischen Aspekte des Lebens geben und so mit dem antizipierbaren Schrecklichen vertraut machen. Oftmals kann darüber gerade aufgrund der damit einher gehenden Angst nicht gesprochen werden. Besonders in den amerikanischen Erfahrungen mit Sozialem Träumen haben die Träume vieles über die mögliche zukünftige Entwicklung des Landes an die Oberfläche gebracht.

   In dem Teil meiner Arbeit, in dem ich von dem Traum des kleinen Vasallen und dem fetten Herzog berichte, sind die tragischen Anteile recht deutlich geworden, und die Zukunft dieser speziellen Unternehmensgruppe mag sehr wohl zeigen, dass der kleine Vasall flach gemacht wird wie eine Scheibe Speck.

7. Die siebte Hypothese weist darauf hin, dass die Träume, die in einer Matrix sozialer Träume erlebt werden, das herkömmliche Bewusstsein in Frage stellen. In seinen manifesten wie latenten Inhalten hat der Traum eine eigene Logik, die oft genug der Rationalität des wachen Lebens widerspricht. Wenn die Logik eines Traumes akzeptiert und verfolgt werden kann, ermöglicht das, die Unlogik in unserer gegenwärtigen Zivilisation zu hinterfragen. Über Jahre hinweg hat meine Erfahrung mir gezeigt, dass unsere Organisationen insofern Ausdruck einer »rationalen Verrücktheit« sind, als deren Rolleninhaber sich darum bemühen, der Angst vor Psychose auszuweichen. Seit der aller ersten Matrix hat sich gezeigt, dass das, was unbewusst über die Institution der Träumer und die Gesellschaft, in der sie leben, bekannt ist und gewusst wird, auch in den Träumen vorkommt. Während sie im Zustand des Wachseins ihr Wissen bewusst negieren, wird ihre Erfahrung doch in den Träumen erlebbar. Der Traum verdeutlicht die Lügen, die dem gewöhnlichen Bewusstsein zugrunde liegen.

8. Die achte Hypothese weist darauf hin, dass Soziales Träumen zunehmend als Instrument der Aktionsforschung verstanden werden kann. Ich fürchte,

dass dieser Entwicklungsprozess durch eine Tendenz aufgehalten werden könnte, Soziales Träumen deshalb als eine Gruppenaktivität zu verwenden, weil das Soziale Träumen in einer Matrix unvorhersehbare und nicht kalkulierbare Aspekte hervorbringt, die nur schwer zu ertragen sind (vgl. Baird 1994). In einer Matrix Berater zu sein, heißt niemals sicher und stets auf Vermutungen angewiesen zu sein. Vor allem der Missbrauch des Tavistock-Ansatzes hat dazu beigetragen, dass Berater in Gruppen zu der Phantasie neigen, ihre eigene Sichtweise überwiegend als die richtige zu betrachten.

Im Unterschied dazu kann der Traum als eine nahezu ungestörte Aktivität des Unbewussten verstanden werden; wie Freud gezeigt hat, kann die Zensur als Instanz des Bewusstseins dazu dienen, Träume zu vergessen, um so die Einsicht des Unbewussten zu negieren. Die Methode, die der Arbeit mit Träumen in einer Matrix sozialer Träume zugrunde liegt, hat von einer Akzeptanz des Unbewussten und dem Wissen um die Möglichkeit der Zensur auszugehen. Zumindest derzeit bin ich davon überzeugt, dass Beraterinterventionen sehr gering gehalten werden sollten und auch dann nur dazu dienen sollen, den Fluss der Assoziationen zu fördern, um so den Teilnehmern zu helfen, die Bedeutung ihrer Träume zu entdecken. Ich versuche an den Traum zu glauben sowie daran, dass der Traum seine eigene Bedeutung ebenso wie die damit einhergehende Interpretation beinhaltet.

9. Die neunte Hypothese geht davon aus, dass die Erinnerung unserer Träume uns in der Zuversicht stärkt, dass wir mit unserem Unbewussten in Kontakt sind und dass, wenn wir geistig zu ihnen assoziieren können, wir ihre Bedeutung erkennen und sie in Einklang mit dem Bewusstsein bringen können. In dem Maße, wie wir so die Möglichkeit minimieren, in psychotischen sozialen Prozessen gefangen zu sein, gelingt es uns, uns mit unserer eigenen Psyche auseinander zu setzen. Es kann davon ausgegangen werden, dass der Traum selbst eine natürliche, vorrangige Form der Aktionsforschung der Psyche ist, sowohl über als auch für die Psyche, um so ihre Beziehung zur externen Welt anderer Menschen und der natürlichen Umwelt zu enträtseln.

10. Die zehnte Hypothese ist sicherlich am schwersten zu ertragen. Unamuno (1954, S. 39) spricht davon, dass wir selbst »ein Traum sind, ein Traum, der träumt«. Die Literatur zeigt immer wieder aufs Neue, dass Erfinder und Entdecker das träumen, was sie herauszufinden suchen. Die australischen Ureinwohner kennen eine »Traumzeit«, eine Zeit, als das Land und seine Eigenarten, seine Menschen und seine Götter ins Sein geträumt wurden. Wenn wir jedoch nicht auf unsere Träume hören und uns ausschließlich auf

unser Bewusstsein verlassen, werden wir uns sowohl von den guten wie den bösen Wurzeln unseres Unbewussten entfernen und sie abschneiden.

Die Matrix sozialer Träume, die ich in Teilen in diesem Beitrag beschrieben habe, hatte einen unerwarteten Ausgang. Die *Managing Directors* gingen aus dem Seminar in Frankreich in der Gewissheit heraus, dass es für sie eine neue, befreiende Art zu denken gewesen ist. Ich möchte noch einmal deutlich machen, dass alle von ihnen mit großen Anforderungen in ihrem Geschäft konfrontiert sind. Sie sind alle sehr kompetent und kennen sich in ihrem Geschäft gut aus. Sie haben sich gegenseitig in der Gewissheit bestärkt, dass das Versandhandelgeschäft fortlaufend neu erfunden werden muss, wenn ihre Unternehmen in der Zukunft überleben und wachsen sollen. Es war ihnen bewusst geworden, dass Soziales Träumen ihnen keineswegs direkte Antworten für die Fragen geben würde, die sich ihnen stellten, dass die Erfahrung, nach Bedeutungen zu suchen, jedoch einen direkten Einfluss darauf hat, wie sie die Probleme angehen und darüber denken.

Einer von ihnen erwähnte während der Veranstaltung, dass er sein Notizbuch verloren hatte, das er in der Zeit vor seiner Ernennung als *Managing Director* geführt hatte. In diesem Heft hatte er seine Beobachtungen über das Unternehmen aufgezeichnet sowie die Probleme und Entscheidungen, die er in Zukunft angehen bzw. treffen wollte. Dieses Heft hatte er vor dem Seminar verloren und seither nicht wiedergefunden. Die anderen Teilnehmer hatten zum Ausdruck gebracht, wie sehr sie diesen Verlust bedauerten.

In der Nacht nach der Veranstaltung hatte er einen Traum. In dem Traum hatte er sein Notizheft in die Schublade eines schwarzen Schreibtisches gelegt. Nach dem Aufwachen war er mit schwarzen Schreibtischen beschäftigt. Weder in seinem Büro noch zu Hause hatte er so einen. Der einzige, der einen schwarzen Schreibtisch hatte, war der Präsident, aber nichts sprach dafür, dass er sein Heft dort deponiert haben könnte. Als er weiter darüber nachdachte, erinnerte er sich, dass das ein antiker Schreibtisch gewesen war, dessen Platte nicht ganz glatt war. Schließlich erinnerte er sich, dass er in einem Hotel gewesen war, wo ein solcher Schreibtisch stand. Er rief das Hotel an und der Manager sagte ihm: »Ja, wir haben ihr Notizbuch, aber wir wussten nicht, an wen wir es schicken sollten. Wir werden es Ihnen schicken!« Auf diese Weise erlangte der *Managing Director* schließlich sein verlorenes Übergangsobjekt zurück. So kann Soziales Träumen zumindest dazu nützlich sein, unsere verlorenen Dinge wiederzufinden, die in unseren Träumen enthalten sind.

Übersetzung aus dem Englischen von Burkard Sievers

Literatur

Armstrong, David (1994): The Unthought Known. London.
Baird, Neil (1994): The Dream Team: Members Sharing Dreams as an Organizational Development Process. Swinburne.
Beradt, Charlotte (1966): Das Dritte Reich des Traums. München.
Bion, Wilfred R. (1961): Experiences in Groups. London. Dt.: (1971): Erfahrungen in Gruppen und andere Schriften. Stuttgart, Frankfurt a. M.
Bion, Wilfred R. (1992): Cogitations. London.
Bohm, David (1980): Wholeness and the Implicate Order. London.
Bollas, Christopher (1981): The Shadow of the Object. London. Dt.: (1997): Der Schatten des Objekts. Zur Psychoanalyse der frühen Entwicklung. Stuttgart.
Grove, Andrew S. (1997): Nur die Paranoiden überleben. Strategische Wendepunkte vorzeitig erkennen. Frankfurt a. M.
Joyce, James (1993): Finnegans Wehg. Kainnäh ÜbelSätzung des WehrKeß fun Schämes Scheuß (von Dieter H. Stündel), o. O.
Lawrence, W. Gordon (1985): Beyond the Frames. In: Pines, Malcom (Hg.): Bion and Group Psychotherapy. London, S. 306–329.
Lawrence, W. Gordon (1994): The Politics of Salvation and Revelation in the Practice of Consultancy. In: Casemore, Roger u. a. (Hg.): What Makes Consultancy Work – Understanding the Dynamics. London, S. 87–97.
Lawrence, W. Gordon (1995): The Seductiveness of Totalitarian States-of-Mind. In: Journal of Health Care Chaplaincy 7, October, S. 11–22.
Lawrence, W. Gordon (Hg.) (1998a): Social Dreaming @ Work. London.
Lawrence, W. Gordon (1998b): Selbstmanagement-in-Rollen. Ein aktuelles Konzept. In: Freie Assoziation 1, 1/2, S. 37–57.
Savary, Louis M. (1984): Dreams and Spiritual Growth. New York, N. Y.
Ullman, Montague (1975): The Transformation Process in Dreams. In: The American Academy of Psychoanalysis 19, 2, S. 8–10.
Unamuno, Miguel de (1954): Tragic Sense of Life. New York, N. Y.

Die Beziehung des Systems Grundschule zu seinen gewalttätigen Teilen

Hanna Biran

Zusammenfassung: Über einen Zeitraum von sechs Monaten hinweg hat die Autorin einen Workshop im Auftrag des israelischen Bildungsministeriums geleitet. Die Teilnehmer waren Schulpsychologen und Schulberater aus 16 verschiedenen Schulen Zentralisraels. Die Primäraufgabe dieses Workshops bestand darin, Gewalt an Schulen zu untersuchen und neue Formen des Umgangs mit Gewalt zu finden. Der Fokus dieses Beitrags liegt hauptsächlich auf den Träumen der Teilnehmer und auf der Art und Weise, in der die Träume Licht auf die Geschehnisse im System und auf die Erfahrungen der Teilnehmer in ihrer Rolle werfen. Verschiedene Schulen verwenden unterschiedliche Abwehrmechanismen gegen Gewalt, die jedoch ineffizient sind. Einige dieser Abwehrmechanismen sind: Einkapselung, Dramatisierung und Sterilisation.

Der Hintergrund

Über einen Zeitraums von sechs Monaten hinweg, von Januar bis Juni 1997, habe ich einen Workshop für das Bildungsministerium geleitet. Einmal pro Woche traf ich mich mit einer Gruppe von Fachleuten, die sich aus acht Schulpsychologen und acht Schulberatern zusammensetzte. Sie repräsentierten 16 verschiedene Schulen aus den Zentralbezirken Israels, vorwiegend aus wirtschaftlichen und interkulturellen Krisenregionen. Die Fachleute, die freiwillig an diesem Workshop teilgenommen haben, wollten ihre Fähigkeiten im Umgang mit Gewalt an der Schule erweitern. Aus jeder Disziplin wurden acht Teilnehmer ausgewählt, um einen Dialog und gemeinsames Lernen zu ermöglichen. Diesen beiden Berufsgruppen kommt an der Schule eine entscheidende Bedeutung zu, sie stehen sowohl von Seiten der Lehrer als auch von Seiten der Eltern unter großem Druck. Die Primäraufgabe des Workshops wurde vor Beginn festgelegt und den Teilnehmern schriftlich mitgeteilt.

Die Workshop-Methode

Ich arbeitete bei der Untersuchung und dem Dialog auf vier Ebenen:

- Mit dem Gruppenprozess im ›Hier und Jetzt‹.
- Mit der Präsentation von Teilnehmerberichten über Ereignisse bei ihrer

Arbeit an den Schulen, die dann in der Gruppe analysiert wurden (bei jedem Treffen wurde eines der Ereignisse vorgestellt, die Reihenfolge der Vortragenden war vorher festgelegt worden).

- Mit Zeichnungen der Teilnehmer, in denen sie ihre Erfahrungen bei der Konfrontation mit Gewalt an der Schule zum Ausdruck bringen sollten. Die Gruppenmitglieder wurden gebeten, ihre Assoziationen zu diesen Zeichnungen auszutauschen.
- Mit Träumen der Teilnehmer: Über die Berichte der Ereignisse hinaus wurden die Teilnehmer aufgefordert, einen Traum zu erzählen, den sie während der Woche nach ihrer Präsentation hatten. Das Ziel des Workshops war es, Verbindungen zwischen den Träumen, den Zeichnungen und den geschilderten Ereignissen zu finden und so ein Verstehen der unbewussten Prozesse in den Schulsystemen zu ermöglichen.

Die Arbeitshypothese bestand darin, dass die an der Schule auftretenden unbewussten Prozesse die Beziehung zwischen der Schule als Ganzer und ihren gewalttätigen Teilen stark emotional aufgeladen hatten. Im Workshop versuchten wir außerdem, Gemeinsamkeiten im Verhalten der Schulen zu entdecken, um so zu einem tieferen Verständnis der Gewaltphänomene zu gelangen.

Je weiter der Workshop voranschritt, desto deutlicher wurde uns, dass die Träume eine ergiebige Quelle für das Verstehen der Prozesse an den Schulen darstellten. Das Erscheinen der Träume und die Fähigkeit, sich an sie zu erinnern, waren mit der Tatsache verknüpft, dass im Workshop ein Dialog über jeden Traum stattfand. Diese Dialoge erleichterten und förderten zugleich das Auftauchen der folgenden Träume.

Die Idee, mit Träumen zu arbeiten, habe ich von Gordon Lawrence (1998a,b) übernommen. Meine Arbeit mit Träumen wurde wesentlich von seiner Matrix Sozialer Träume beeinflusst. Diese einzigartige Arbeitsmethode ermöglichte es mir, die Beziehung zwischen Traum und institutionalen Einsichten zu finden. Lawrence schreibt:

> »Ebenso wie es nach W. R. Bion Gedanken auf der Suche nach einem Denker gibt, geht Soziales Träumen davon aus, dass es Träume auf der Suche nach Träumern gibt. Träume sind somit nicht nur das Privateigentum des Individuums, sondern können auch dazu da sein, um mit anderen geteilt zu werden. In sogenannten ›primitiven‹ Gesellschaften nutzten die Menschen ihre Träume, um ihr Leben im Wachzustand zu beleuchten und die Probleme des täglichen Lebens zu lösen – aber auch, um Antworten auf die spirituellen Fragen zu finden, die sich ihnen stellten. In früheren Sozialen Traum-Programmen wurde deutlich, dass Träume in der Tat das momentane Leben in Institutionen, wie z. B. von Wirtschaftsun-

ternehmen, beleuchten, dass sie tatsächlich unbewusste Prozesse in der Gesellschaft offenbaren und Anzeichen dafür zu liefern vermögen, was geschehen könnte, da Träume – wie Bion es genannt hat – den ›Schatten des zukünftigen Ereignisses im Voraus‹ abbilden und so Bruchstücke von Transzendenz freilegen« (Lawrence 1998a).

Dieser Beitrag basiert auf vier von den sechzehn Beispielen, die in dem Workshop behandelt wurden. Ich möchte gern die Verbindungen darstellen, die ich zu jedem Fall zwischen den Träumen und der Schule als System hergestellt habe. Anhand der folgenden Beispiele werde ich dann die Gemeinsamkeiten der Schulen diskutieren, die diese bei der Art und Weise der Konfrontation mit den verschiedenen Fällen aufwiesen.

Beispiel 1

An einer der Schulen wurde die Sonderpädagogik-Klasse mit dem höchsten Anteil gewalttätiger Kinder ins Kellergeschoss eines separaten Gebäudes außerhalb des Schulgeländes umquartiert. Während des Untersuchungsprozesses wurde klar, dass der Psychologe – unbewusst – die Rolle eines Polizeibeamten übernommen hatte, dessen Pflicht es war, die Gewalt außerhalb des Schulgebäudes abzukapseln. Seine Selbstwahrnehmung als ›Polizist‹ entstand durch die indirekt an ihn herangetragenen Erwartungen der Schulleitung, die unbedingt die Gewalt auf dem Schulhof loswerden wollte.

Die Art und Weise, wie der Psychologe über die in den Keller außerhalb der Schule ausquartierte Klasse sprach, hinterließ bei uns den Eindruck, dass die Klasse vom ›Mutterobjekt‹ abgespalten wurde und dass diese Schule über keine elterlichen, stützenden Kräfte verfügte, mit denen sie jene Klasse als integralen Bestandteil des Systems bewahren konnte oder wollte.

Die besagte Schule liegt in einem gemischten Viertel, die Schüler kommen aus notleidenden bzw. aus Einwandererfamilien, die aus Russland und zum großen Teil aus Äthiopien stammen. In der in den Keller ausquartierten Klasse befanden sich die Ärmsten der Armen. Über das Gefühl der Diskriminierung hinaus, das diese Schulkinder seitens der israelischen Gesellschaft generell empfinden, wurden diese Kinder noch ein weiteres Mal diskriminiert. Die abgesonderte Gruppe bestand aus den ›Äthiopiern‹ bzw. den schlimmsten Fällen der Kinder an der Schule, die eine pädagogische Sondererziehung benötigten.

Der Psychologe brachte im Workshop ein Ereignis zur Sprache, bei dem er eine Unterrichtsstunde in der Klasse besucht hatte, um später den Lehrer zu beraten. Es war Bibelstunde mit dem Thema ›Josef und seine Brüder‹. Die Stunde handelte von dem auserwählten und geliebten Sohn und verursachte unbewusst

Unruhe, die zu einem Gewaltausbruch unter den Kindern führte. Der Lehrer war damit überfordert, den Kindern dabei zu helfen, eine Verbindung zwischen der Unterrichtsstunde und ihren eigenen emotionalen Erfahrungen zu finden.

In der Nacht nach dem Besuch der Klasse hatte der Psychologe den folgenden Traum:

Ich bin in einem Raum, in dem Gäste ankommen. Sie kommen zu meiner Hochzeit. Ich schlafe in einem Etagenbett. Ich habe einen Trainingsanzug an und bin nicht darauf vorbereitet, Gäste zu empfangen. Verwandte, die ich seit zwanzig Jahren nicht gesehen habe, kommen zu meiner Hochzeit. Mein Vater kommt und küsst mich. Sie bringen mir erbärmliche Geschenke, hässliche Blumen und Gegenstände, die kaputtgehen, sobald ich sie berühre. Keiner bringt einen Scheck. Alle diese Geschenke sind unbrauchbar. Ich habe nicht den Wunsch, mich unter die Gäste zu mischen. Ich laufe hinaus und fühle mich schuldig.

Der Dialog und die Assoziationen in der Gruppe führten zu dem Schluss, dass der Raum in dem Traum das Selbst des Träumers repräsentierte, den Ort, an dem er sich ausruht, in Freizeitkleidung. Als er am allerwenigsten darauf vorbereitet ist, werden die ›Geschenke‹ des Schulsystems an ihn in dieses Selbst hineingebracht. Es ist wichtig festzuhalten, dass in der Geschichte, die er an diesem Morgen gehört hatte – die Geschichte von Josef und seinen Brüdern – die Betonung auf den schönen und wertvollen Geschenken liegt, die Josef von seinem Vater Jakob erhält. Der Vater des Psychologen bringt ihm in dem Traum kein Geschenk. Dies ist auch die existentielle Situation der Kinder in der Klasse. Niemand kümmert sich um diese Kinder, sie sind Kinder ohne ›Geschenke‹, die der wirtschaftlichen und kulturellen Not schutzlos ausgesetzt sind.

Nebenbei hängen noch einige andere Aspekte in dem Traum mit der Josefsgeschichte zusammen, die an diesem Tag in der Klasse behandelt wurde. Das Treffen mit Verwandten, die er ›seit zwanzig Jahren nicht gesehen hatte‹, entspricht Josefs Treffen mit seinen Brüdern nach vielen Jahren der Trennung. Die Brüder brachten ebenfalls Geschenke mit, als sie nach Ägypten gingen. Der Kuss des Vaters entspricht Josefs Wiedersehen und Umarmung mit seinem Vater Jakob.

In seinem Traum identifiziert sich der Psychologe mit den benachteiligten Kindern, erfährt aber auch die ›Geschenke‹, die ihm von der Schule gegeben wurden. Die Schule vertraute ihm Kinder an, die wie unbrauchbare, nutzlose Dinge sind. Sie sind wie zerbrechliche und wertlose Teile von Dingen, die er schützen muss. All diese Erfahrungen kreisen in ihm, in seinem Innersten. Er kann es nicht aushalten und verlässt den Raum, wobei er sich schuldig fühlt. Auch *bewusst* ist er von Schuld erfüllt, er ist weder in der Lage, mit dem Problem der Gewalt umzugehen, noch mit der Schutzlosigkeit und Zerbrechlichkeit der Kinder. Die Schule zwang ihn, diese schwachen, nutzlosen Aspekte ›zu heiraten‹, er ist der Aufgabe jedoch nicht gewachsen. An diesem Tag verlässt er die Klasse mit einem schlechten Gefühl von Schuld. Mit demselben Gefühl verlässt er den Raum in seinem Traum.

Das Endergebnis der Diskussion in der Gruppe war, dass der Abwehrmechanismus der Schule in dem Versuch bestand, die Gewalt einzukapseln, und dass der Psychologe geschickt wurde, um sie gesondert im Kellergeschoss zu verwahren und, so gut es ging, zum Schweigen zu bringen. Der Psychologe identifizierte sich so stark mit den Forderungen des Systems, dass er wirklich glaubte, seine Rolle bestünde darin, die Gewalt wie ein Polizist in der Klasse einzuschließen. In dieser Rolle hat er versagt, und das löste in ihm die Gefühle von Inkompetenz und Versagen aus.

Wir halfen ihm zu verstehen, dass diese Kinder alternative Wege finden müssen, um ihre Gewalt zu kanalisieren, z. B. ein offenes Gespräch über ihre Gefühle, die auf die Geschichte von Josef dem Auserwählten folgten. Wir machten auch klar, dass die Schule als System nicht einfach ihre Verantwortung abschütteln und den Psychologen schicken kann, um so die Gewalt in sicherer Entfernung zu halten, und dass sie ihn nicht ohne jegliche Hilfe und Rückendeckung allein lassen kann. Es wurde ihm außerdem empfohlen vorzuschlagen, dass diese Klasse im Hauptgebäude und nicht außerhalb der Schule untergebracht werden sollte. Ein anderer Ratschlag war, die Klasse aufzulösen und die Kinder lieber in verschiedene Klassen zu integrieren, als sie zusammen in einer Sonderklasse unterzubringen.

Beispiel 2

Eine Psychologin stellte folgendes Ereignis im Workshop vor: Während einer Pause stieß ein ungefähr achtjähriger Junge aus der dritten Klasse eine Klassenkameradin zu Boden und warf sich auf sie. Viele Kinder versammelten sich um sie, die Menge wurde immer größer, als Kinder aus allen Klassen kamen und das ›Paar‹ anfeuerten. Infolge des Aufruhrs und der sexuellen Erregung brach unter den Kindern Gewalt aus.

Der Rektor und die Lehrer reagierten alarmiert und besorgt, mit Angst vor Kontrollverlust. Das ›Paar‹, das der Auslöser für das Ereignis war, wurde einer Stigmatisierung ausgesetzt. Das Ereignis wurde ständig im Lehrerzimmer diskutiert und stand für lange Zeit ganz oben auf der Tagesordnung. Die Erwachsenen hatten das Ereignis unter den beiden Überschriften ›Sex‹ und ›Gewalt‹ eingeordnet. Der achtjährige Junge und das Mädchen wurden mit ›Vergewaltiger‹ und ›leichtes Mädchen‹ tituliert. Als wir das in der Gruppe diskutierten, kamen wir zu der Hypothese, dass die Dramatisierung des Ereignisses und die ständige Beschäftigung mit dem Thema den Lehrkräften irgendwie Spaß bereitete und dass es zur Kanalisierung ihrer eigenen Wünsche und Phantasien benutzt wurde. Der Jargon, den sie verwendeten, ignorierte den Generationsunterschied und war eher für die Welt der Erwachsenen geeignet als für die der Kinder.

Dieser Arbeitshypothese folgend fanden wir heraus, dass verschiedene Gerüchte an der Schule im Umlauf waren, und dass es dort eine Atmosphäre voller Geheimnisse über angebliche Flirts unter den Lehrern – und auch zwischen Lehrern und Eltern – gab. Durch das Ignorieren des jungen Alters der Kinder machte die Schule das Ereignis zu einem Drama, das die unbewussten Leidenschaften der Erwachsenen kanalisierte. Auf diese Weise verschafften sie sich eine Art Tarnung und benutzten die Kinder als Anlass, um ihre eigenen Bedürfnisse auszuleben.

An dem Tag, als sie das Ereignis in der Gruppe präsentierte, brachte die Psychologin einen Traum ein, den sie nach dem Ereignis in der Schule gehabt hatte:

Ich bin mit einer Gruppe unterwegs und da ist ein Führer, der uns sagt, wohin wir gehen sollen. Ich erkenne, dass der Führer mein Ehemann ist (er ist auch in Wirklichkeit Tourenführer). Er übernimmt die Verantwortung für den Ausflug. Er erklärt uns verschiedene Dinge. Er sorgt für uns. Er verfügt über Wissen und ist bereit, es mit jedem zu teilen. Wir gehen eine lange Zeit zu Fuß, dann finden wir uns am Rande einer Wild-West-Stadt wieder. Wir gehen durch ein riesiges Lagerhaus voller Möbel. Alles ist in einem strahlenden Sonnengelb angestrichen. Dann bemerke ich, dass die ganze Stadt und auch unsere Kleider in derselben Farbe gestrichen sind. Alles hatte dieselbe einheitliche Farbe.

Durch den Dialog und die Assoziationen zu dem Traum versuchten wir, Verbindungen zwischen dem Ereignis und dem Traum zu suchen, um der Psychologin zu helfen, neue Möglichkeiten für das Arbeiten mit dem System zu finden. Der Traum hatte uns den Hinweis auf die Tatsache gegeben, dass die Psychologin vom Lehrkörper der Schule sozusagen überabsorbiert war. Dies ist etwas, was passiert, wenn ein alles verschlingendes Ereignis auftritt. In solchen Fällen ist es schwer, aus der Distanz zu beobachten. Die Psychologin verliert ihre eigene ›Haut‹ und wird zu einem Teil eines uniformen Systems. Der Traum wies darauf hin, dass der Lehrkörper seine Fähigkeit verloren hatte, eine komplexe Situation zu beobachten – alles war in derselben Farbe gefärbt. Das Ereignis, das während der Schulpause auftrat, hatte sich ausgebreitet und das ganze System im übertragenen Sinne ›gefärbt‹ und beeinflusst.

Wir versuchten, die Bedeutung der gelben Farbe zu entschlüsseln, die im Traum mit der Sonne in Verbindung gebracht wurde. Wir dachten, dass Licht blendet, wenn es zu stark ist – genauso wie die Sonne blenden kann, und dann ist es unmöglich, die Vielfalt der Möglichkeiten und der Farben zu sehen.

In dem Traum lud die Psychologin eine externe männliche Autorität ein, den Weg zu zeigen. Dies war jemand, der weiß und für die anderen sorgt, weil die Gruppe selbst die Fähigkeit zu sehen und zu wissen verloren hat. Unser Schluss war, dass das Kind, das als der ›Vergewaltiger› bezeichnet wurde, tatsächlich das ganze System gezwungen hat, sich selbst zu betrachten.

Wir rieten der Psychologin, dem Lehrerkollegium die im Workshop aufgekommenen Ideen vorzustellen, um die Situation zu entspannen, um Distanz herzustellen und die Regeln wieder zu entdecken, die Ordnung schaffen werden. Dies war nötig, weil das System sich in den ›Wilden Westen‹ zu verwandeln drohte. Die Diskussion mit dem Lehrerkollegium und der Verwaltung sollte helfen, das ›Möbelhaus‹ des Traumes oder die Bandbreite von Möglichkeiten zu entdecken, die es für den Umgang mit dem System gibt und mit denen es wieder zur Vernunft gebracht werden kann.

Eine Folge der Diskussion und Entwicklung von Arbeitshypothesen mit dem Lehrerkollegium sollte sein, die Kinder von all dem zu befreien, was auf sie projiziert worden ist, und eine eindimensionale, alles verschlingende Reaktion zu vermeiden. Eine andere Folge sollte sein, den Mitgliedern des Lehrkörpers verschiedene individuelle Rollen – gemäß ihren Fähigkeiten und Qualifikationen zur Gewaltvermeidung – zu übertragen und mit ihnen unterschiedliche Reaktionen zu trainieren, die dann eingesetzt werden können, wenn die Gewalt wieder auf dem Schulhof auftaucht. Wir glaubten, dass die Entwicklungsvielfalt unter den Mitgliedern des Lehrkörpers und die Fähigkeit, eine Situation aus verschiedenen Blickwinkeln zu betrachten, zu einer anderen Form des Umgangs mit dem Gewaltproblem führt.

Die strahlende Farbe des Sonnenscheins, die im Traum alles färbte, erinnerte mich an Bion, der davon spricht, dass es unmöglich sei zu sehen, wenn das Licht zu stark ist. Mit Bezug auf Milton schreibt er:

> »Er konnte ›die für den Menschen unsichtbaren Dinge‹ nicht erforschen, solange er blind war vom strahlenden Licht der Fakten« (Bion, 1973, S. 104).

Und Bion ergänzt:

> »Wäre es besser, uns selbst künstlich zu blenden, damit die Dunkelheit so durchdringend ist, dass selbst das blasseste Objekt klar zu erkennen ist – so wie es im Sprichwort von der Beschreibung der Suche nach einer schwarzen Katze im dunklen Keller ohne Licht heißt« (ebd., S. 105).

Beispiel 3

Eine Schulberaterin erzählte der Gruppe von einem immer wiederkehrenden Gewaltereignis in einer Klasse. Es fing stets auf die gleiche Weise an: Ein Kind, das dauernd unruhig ist, zerreißt die Arbeitsblätter von Kindern, die bessere Noten haben als es selbst. Der Junge wird nicht mit der Frustration fertig, eine schlechtere Note als 100 Punkte zu bekommen. Er ist davon besessen, seine Noten mit denen der anderen Kinder zu vergleichen und hat die Angewohnheit zu schreien: ›Ich kann es nicht ausstehen, wenn jemand eine bessere Note kriegt als ich.‹ Immer, wenn es Noten für Tests oder Arbeitsblätter gibt, verwandelt sich die Klasse in ein Chaos.

Die Schulberaterin erklärte, dass der familiäre Hintergrund des Jungen problematisch ist. Seine Mutter ist behindert und ein älterer Bruder ist geistig zurückgeblieben. Die Familie erwartet, dass der Junge diese Behinderungen kompensiert, wobei sie unbewusste Mitteilungen benutzt. Der Junge kam zufällig in die Klasse einer ehrgeizigen Lehrerin, die sehr leistungsorientiert ist, für alles Noten gibt und ihre Klasse zur besten der ganzen Schule machen möchte.

Der Junge konnte es nicht verkraften, nicht den Ansprüchen seiner Familie oder denen der Lehrerin zu genügen. Die Lehrerin wusste gewöhnlich, wann die Gewalt in der Klasse ausbrechen würde, aber sie hielt daran fest, Noten zu verteilen, während sie das Unheil kommen sah. Ihr und dem Jungen wurde nie erklärt, worin die unbewusste Dynamik bestand und was ihn gewalttätig werden ließ. Anstatt mit ihm die Beziehungen sowie die Erwartungen und Bitten, die er internalisiert hatte, aufzuarbeiten, wurde er in eine Kunsttherapie geschickt, um so ein Ventil für sich selbst zu finden. Die Kunsttherapie machte es erforderlich, ihn aus der Klasse zu nehmen. Diese Therapie fand in einer non-verbalen Form statt und berührte nicht den wirklichen Schmerzpunkt, was die Beschäftigung mit der eigentlichen Verletzung erfordert hätte. Die Schulberaterin war diejenige, welche die Kunsttherapie in die Wege geleitet hatte, während sie selbst es vermied, sich mit dem Kind zu beschäftigen. Einen Tag vor der Präsentation des Falles im Workshop hatte die Beraterin folgenden Traum:

Es ist 6:30 Uhr morgens. Eine Beraterin von einer anderen Schule kommt in mein Haus und erzählt mir von einem dritten Berater. Sie erzählt von ernsten Gewaltfällen in der Schule des besagten Beraters. Ich höre ihr zu und dann plaudern wir, trinken Kaffee und gehen in die Schule. Später träumte ich, dass ich von unserem Workshop nach Hause komme und eine Dusche nehme. Als ich wieder aus der Dusche heraus bin, sehe ich meine Großmutter (die nicht mehr lebt) beim Spülen. Das ist sehr untypisch für sie, da sie eine Art ›Primadonna‹ war, die nie selbst Geschirr abgewaschen hat.

Gespräch und Assoziationen halfen uns, Licht in das Ereignis an der Schule zu bringen. Der Traum führte zu Assoziationen, die mit Distanzierung und Sterilisation zu tun hatten. Die Distanzierung wurde im Traum durch das Ereignis an einer dritten Schule ausgedrückt, welche die Beraterin nie sieht und an der sie nie teilnimmt. Die Großmutter repräsentiert auch Distanzierung gegenüber einer dritten Generation. Wir dachten, dass das Bedürfnis der Beraterin, direkt nach unserem Workshop zu duschen, einen Aspekt des Systems darstellte, der sauber machen und Schmutz vermeiden will. Das System fand es schwierig, die Gewalt zu berühren, die das Kind auf seine eigene Weise auszudrücken versucht hatte; während die Klasse lernt, geht es zur Kunsttherapie.

Aber der Traum hat seiner Träumerin auch eine Antwort gegeben. Der ›Primadonna‹-Aspekt, der nie den Schmutz berührt hatte, war aufgerufen, seine Richtung zu ändern und die schmutzigen Teller anzufassen. Die ›Großmutter‹, die im Leben nie Geschirr abgewaschen hatte, tat im Traum etwas für sie völlig Ungewohntes, indem sie die schmutzigen Utensilien anfasste. Die Beraterin, die ihre eigene Distanz gewahrt hatte, wurde von ihrem Traum aufgefordert, hinauszugehen und den schmutzigen Job zu erledigen. An dieser Stelle ist es wichtig, darauf hinzuweisen, dass Psychologen und Berater es als einen ›schmutzigen Job‹ ansehen, wenn sie einem Lehrer, der etwas falsch gemacht hat, Feedback geben und mit ihm darüber sprechen müssen. Es gibt eine große Angst davor, Lehrern gegenüber kritisch zu sein. In unserem Fall z. B. war es nötig, die Lehrerin dahin zu führen, dass sie es vermied, so oft Noten zu verteilen.

Beispiel 4

Ein Schulpsychologe malte sich in seiner Zeichnung selbst, wie er herumrennt. Bei seiner Arbeit hatte er eine Methode entwickelt, mit der er stets für die sofortige Beantwortung jeder Frage von Kindern und Kollegen verfügbar war. Dieser Mann war vor vielen Jahren aus einem englischsprachigen Land mit dem Wunsch nach Israel eingewandert, ›den Staat Israel zu retten‹. Während all dieser Jahre war er im sozialen Bereich tätig und jetzt arbeitet er an einer Schule für eine unterprivilegierte Gemeinde. An der Schule ist er persönlich in alle möglichen Gewaltereignisse involviert, indem er sie auflöst und die miteinander kämpfenden Kinder sogar mittels eigenem körperlichen Einsatz trennt. Während der Pausen sitzt er oft im Lehrerzimmer, für den Fall, dass einer der Lehrer oder Schüler ihn plötzlich braucht. Den Rest der Pausenzeit verbringt er auf dem Schulhof, sitzt auf einer Bank und führt Gespräche mit den Kindern. Seine Taktik ist die des ›Feuerlöschens‹. Er coacht das System nicht dabei, allein mit der Gewalt fertig zu werden. Wenn die Probleme wiederkehren, kümmert er sich selbst darum. Während der Gruppenarbeit im Workshop wurde sein Wunsch deutlich, dazugehören zu wollen, ein Teil der israelischen Gesellschaft zu sein. Seine Fähigkeit, zu jedem Zeitpunkt verfügbar zu sein und jedes Problem lösen zu können, gibt ihm dieses Zugehörigkeitsgefühl. Er kommt jeden Morgen mit einem Kalender voller Termine in die Schule, hält aber die verabredeten Treffen nie ein. Immer gibt es irgendwelche dringenden Probleme, die seine sofortige Intervention erfordern. Er hat kein Jahresarbeitsprogramm und weil er immer auf dringende Bedürfnisse eingeht, sieht er sich selbst ständig herumrennen.

In der Diskussion brachten wir die Möglichkeit ein, dass er – vielleicht mit einigen anderen Schulmitarbeitern – den Aspekt der Konkretisierung für das System begründet. Dies ist der Aspekt, der keinen Platz für abstraktere Problemdiskussionen oder für das Finden tieferer Lösungen hat. Er repräsentiert jene Methode des Systems, die sich mit den Symptomen beschäftigt, aber nicht nach den Wurzeln des Problems forscht.

Die Unterstützung, die er zum Thema Gewalt zur Verfügung stellt, ist eine vorübergehende und lokale Hilfe, ohne Erkenntnisse, die das System generell befähigen würden, effektiver mit Gewalt umzugehen. Auf dem Gebiet der Gewalt verharrt das System auf derselben Stelle und muss immer wieder ›das Rad neu erfinden‹. Durch einen Traum, den er in die Gruppe brachte, wurde eine neue Möglichkeit geschaffen, einen anderen Blick auf das System zu werfen:

Mir wird ein im Bau befindliches Appartement gezeigt und ich beschließe es zu kaufen. Das wird ein wunderschöner und ordentlicher Ort werden. Auf den Entwürfen wird mir ein Gerät gezeigt, ein sogenanntes ›Ingo‹. Es ist ein Rohrsystem, in dem — falls ein Baby hinein fällt – es nicht verloren ist, es kann gefunden werden. Als das Appartement fertig ist, will ich dort wohnen, doch dieser Plan wurde mir verdorben. Das Appartement ist nicht so schön wie in den Entwürfen. Es ist eine fremde Familie darin und eine Tür, die in ein anderes Appartement führt. All dies war nicht in dem ursprünglichen Entwurf enthalten.

Der Traum konfrontierte ihn mit einer Notlage; damit, dass sein Heim besetzt war. Auch ist da eine Riesenlücke zwischen dem, was er geplant hat, und der Realisierung seiner Pläne. Die Babys, die durch die Rohre fallen und wiedergefunden werden, wurden von uns als der Anfang von neuen Dingen interpretiert, die ständig durchfallen, und er sieht sich selbst immer wieder von vorn anfangen. Das Rohrsystem verschluckt die Ideen, mit denen er angefangen hatte zu arbeiten, und anstatt einer Entwicklung sieht er sich ständig im Kreis gehen.

Der Traum und seine Verarbeitung während des Gesprächs mit der Gruppe machte es möglich, ihn vom Aspekt der Konkretisierung abzulösen und anzufangen, mit einem Plan zu arbeiten, der Grenzen einschließt und der vielleicht dem System dabei hilft, selbst Kräfte in seinem Inneren zu entdecken. Wir halfen ihm dabei, sich selbst aus der Rolle des ›Retters‹ zu entlassen und eine neue Rolle mit Grenzen und einem (klaren) Auftrag zu übernehmen, so dass er das System dahingehend coachen kann, dass es mit den eigentlichen Gründen für die ›Krankheit‹ umgehen lernt und sich selbst vom Muster des ›Feuerlöschens‹ verabschiedet.

Diskussion

Meine Erfahrungen während der sechs Monate schufen für mich ernsthafte Dilemmata. Ich war aufgrund meiner Arbeit über soziale und politische Gewalt zu dem Projekt eingeladen worden – ein Thema, zu dem ich mehrere Artikel veröffentlicht hatte. Die Gewalt von Kindern an *Schulen* war ein Thema, mit dem ich nicht vertraut war und das ich nur aus den Medien kannte, seit es vor Kurzem zu einem wichtigen weltweiten Problem wurde.

Es folgen nun einige Gedanken, die für mich noch ungelöste Fragen aufwerfen.

Die psychoanalytische Methode des Umgangs mit Organisationen erlaubte die Untersuchung der komplexen Erscheinungen im Workshop, die beim Zusammenstoß zwischen der inneren Welt der Rolleninhaber und der äußeren Realität an der Schule auftreten. Träume, Ereignisse und Bilder machen es möglich, zu dem Prozess vorzudringen, der einsetzt, sobald innere und äußere Welt aufeinander prallen.

Jede Person hat ein individuelles Rollenverständnis, das von ihrer inneren Welt beeinflusst wird. Das System ist jedoch das Element, welches die Möglichkeiten und Grenzen des Individuums, sich selbst auszudrücken, diktiert. Die Systeme, mit denen wir es hier zu tun hatten, wurden von uns als angsterfüllt und voller Hilflosigkeit wahrgenommen. Alle Gewaltphänomene sind nach meiner Ansicht (Biran 1998) und in der Sprache Bions ›Beta-Elemente‹, die nicht die Transformation in ›Alpha-Elemente‹ erfahren haben. Das heißt, dass sie in einem rohen, unbearbeiteten Zustand verblieben sind und in keiner Weise durch Gefühle, Gespräche oder Metaphern ausgedrückt werden (Bion, 1962). Die Systeme wissen nicht, wie sie diese Transformation ermöglichen können. Sie reagieren statt dessen entweder mit Alarm, mit dem Wunsch, das Phänomen loszuwerden, oder mit der Erwartung der Erlösung durch ein Wunder.

Das angsterfüllte System drängt die psychologischen Berater in ihrer Rolle dazu, z. B. ›Antworten zu geben‹, ›Retter‹ oder ›Polizist‹ zu sein. Es drängt sie zu Taten, womit jedoch die Möglichkeit der Schaffung von Raum für Nachforschung und Denken blockiert wird. Bain (1998) erklärt, dass es Bewusstsein und Lernen in Organisationen nur unter bestimmten Voraussetzungen gibt. Die essentiellen Bedingungen dafür sind Engagement und Selbstverpflichtung sowie die Beteiligung des Managements und eine wechselseitige Interdependenz der drei Dimensionen: Individuum, Gruppe und Organisation. Diese Variablen schaffen einen ›Organisationalen Container‹, der entscheidend für das Wachstum der Organisation ist. Während des in diesem Beitrag beschriebenen Workshops hatte ich die Schwierigkeit, dieses Lernen in die Schulen zu übertragen, da ihnen diese Bedingungen fehlten. Das Paradox liegt in der Tatsache, dass das System nur dann innehält, wenn eine Katastrophe auftaucht. In den Ruhephasen zwischen den Ausbrüchen bereitet sich das System nicht wirklich auf die nächste Welle der Gewalt vor. Der Berater soll dann denken, wenn zum Denken keine Zeit ist, und das Management weigert sich, mit ihm über systematische Lösungen nachzudenken, solange das noch möglich ist.

Kann die Bewusstseinserweiterung des Rolleninhabers irgendeine Veränderung herbeiführen? Kann ein Rolleninhaber ein ganzes System anders denken und funktionieren lassen? Daran hege ich große Zweifel. Die externe Realität beinhaltet Kräfte, die viel größer sind als die Erkenntnisse des Fachmanns. Und diese Kräfte sind es, die ihn zu verschlingen oder sein Potential zu kastrieren drohen.

Durch den Prozess im Workshop war ich in der Lage, folgende Kräfte zu identifizieren:

Der Kontext, in dem die Kinder leben, ist voller sozialer Gewalt. Die Medien sind davon durchdrungen. Und in solch einer Umwelt wird Gewalt paradoxerweise mehr und mehr legitim und Teil des alltäglichen Lebens. Kann ein professioneller Rolleninhaber einen so massiven sozialen Kontext bewältigen? Die Schule ist keine isolierte Insel, sie ist Teil eines größeren Systems. Eine gewalttätige soziale Umwelt vibriert auch auf dem Schulhof.

Die Konzepte des Schulsystems – wie z. B. Autorität, Bestrafung, Hierarchie usw. – haben substantielle Veränderungen erfahren. Autorität ist nicht mehr so klar, wie sie es für gewöhnlich in der Vergangenheit war. Der Lehrerberuf ist allmählich weiblicher geworden. Rektoren sind Frauen, die versuchen, pluralistischere und offenere Wertesysteme zu übernehmen. Die Distanz zwischen Lehrern und Schülern ist sehr viel kleiner geworden. Das Bestrafungssystem ist weniger bedrohlich geworden. Eltern sind ständig in das Schulleben involviert und beschweren sich täglich über die Lehrer. Die Lehrer fühlen, dass ihnen aufgrund ihrer Unfähigkeit, Strafen zu erteilen, die Hände gebunden sind, und sie fühlen sich von den Kindern missbraucht, denen der Rücken von ihren Eltern gestärkt wird.

Der soziale Wandel im Wertesystem und der Übergang aus einem streng hierarchischen in ein offenes und demokratischeres System sind vielversprechende Änderungen. Aber sie führen zu einem Problem, wenn sie auf Gemeinschaften treffen, die noch nicht auf diese Änderungen vorbereitet sind. Überforderte und hilfsbedürftige Gemeinschaften, denen es an Mitteln und Wegen mangelt, den Wandel zu internalisieren, brauchen klare Grenzen, eine Hierarchie und einen größeren Generationsabstand. Solche Gemeinschaften fühlen sich sicherer mit einer traditionelleren Struktur. Sie sind noch nicht bereit dafür, ein offenes Bildungssystem zu internalisieren. Zagier Roberts (1994) schreibt, dass ein solcher Veränderungsprozess Einfluss auf die Grenzen zwischen Subsystemen innerhalb der Organisation hat – und ebenso auf die Grenzen zwischen der Institution und ihrer externen Umwelt. Die Grenzen der Schule verschwammen, und damit wurde zugleich auch ihre Primäraufgabe undeutlich. Damit die Organisation wieder effektiv wird, muss sie ihre Grenzen und ihre Primäraufgabe sehr klar neu definieren.

Vielleicht brauchen diese Gemeinschaften einen externen Rahmen, der sie leitet. Sie sollten Führung und Anleitung bekommen, weil sie noch nicht reif genug sind, um dies selbst zu tun. Zu Systemen mit klareren Regeln und Grenzen zurückzukehren, soll hier nicht als ultimative Lösung vorgeschlagen, sondern lediglich als eine gedankliche Anregung verstanden werden. In der Dialektik zwischen Rigidität und Offenheit ist heute vielleicht eine neue Art von Synthese gefragt. Dies könnte eine Struktur sein, die zwar Freiheit beinhaltet, aber gleichzeitig innerhalb eines klaren Rahmens arbeitet.

Ergebnis

Wir entdeckten, dass verschiedene Schulen unterschiedliche Abwehrmechanismen gegen Gewalt benutzen. Diese Mechanismen sind jedoch tatsächlich ineffizient, sie beinhalten Einkapselung, Dramatisierung, Sterilisation und Konkretisierung. Wir haben auch fünf Gemeinsamkeiten unter all diesen Schulen gefunden. Sie existieren aufgrund der Tatsache, dass Institutionen, die mit derselben Primäraufgabe arbeiten und demselben organisationalen und kulturellen Bereich angehören, sich in ähnlicher Weise verhalten. Bain (1998) hat das Konzept der ›System-Domäne‹ geprägt und argumentiert, dass ein Teil der Schwierigkeit bei der Veränderung der sozialen Abwehr innerhalb einer bestimmten Institution daher rührt, dass sie ein Ausdruck der Struktur der System-Domäne und nicht eigenständige Institutionen sind.

Die fünf Gemeinsamkeiten sind:

- Alle Systeme reagieren mit Panik und Verwirrung auf Gewalt. Verwaltung und Mitarbeiter befinden sich in einem Zustand von Überforderung und

Schock, wenn sie Gewaltausbrüchen der Kinder gegenüberstehen. Als Folge versuchen die verschiedenen Systeme, das Problem zu umgehen oder zu verdecken.

- Alle Systeme kümmern sich um das Symptom, nicht aber um die unbewussten Prozesse, die es verursacht haben.
- Alle Systeme betrachten das Problem als ein lokales, wobei sie nicht die reziproke Beziehung zwischen verschiedenen Teilen des Systems berücksichtigen.
- In allen Systemen gibt es keinen integrativen Plan, der Mitarbeitertreffen und Brain-Storming beinhaltet. Der Fachmann wird allein in die Höhle des Löwen geschickt, um absolute Lösungen zu bringen.
- Dilemmata, die während des Workshops auftauchten, hinterlassen offene Fragen nach Autorität, Grenzen oder Hierarchie. Die Hypothese ist, dass Kinder sich – auch vor ihrer eigenen Gewalt – in einem System geschützter fühlen, das ihnen Containment bietet und das sie innerhalb von klaren Gesetzen und einem klar definierten Rahmen hält und beschützt. Im Moment bleiben Begriffe wie ›Autorität‹ und ›Grenzen‹ in allen Schulsystemen vage und unklar.

Aus dem Englischen von Heike Wingsch-Kröschel

Literatur

Bain, Alastair (1998): Social defences against organizational learning. Human Relations, Special edition, Tavistock: Past, Present and Future.

Bion, Wilfried. R. (1962): Learning from experience. N.Y. (Basic Books, Inc.). Dt.: (1990): Lernen durch Erfahrung. Frankfurt (Suhrkamp).

Bion, Wilfried R. (1973): Brazilian lectures. London 1990 (Karnac Books).

Biran, Hanna (1998): An attempt to apply Bion's alpha and beta elements to processes in society at large. In: Bion Talamo, Parthenope, Borgongno, Franco & Mercai, Silcio A. (Hg.): Bion's legacy to groups. London (Karnac Books), S. 95–100.

Lawrence, W. Gordon (1991): Won from the void and formless infinite: Experiences of social dreaming. In: Free Associations, Vol. 2 (2), S. 259–294.

Lawrence, W. Gordon (Hg.) (1998a): Social dreaming@work. London (Karnac).

Lawrence, W. Gordon (1998b): Soziales Träumen und Organisationsberatung. In: Freie Assoziation 1, S. 304–328; wieder in diesem Band.

Zagier Roberts, Vega (1994): The organization of work: Contributions from open systems theory. In: Obholtzer, Anton & Zagier Roberts, Vega (Hg.): The unconscious at work. London (Routledge).

Wenn die Beraterin aus der Rolle fällt: Inszenierung im Dienste der Organisationsberatung

Rose Redding Mersky

Zusammenfassung: Trotz aller gegenteiligen guten Vorsätze kommt es immer wieder vor, dass Organisationsberater, die mit einem psychoanalytischen Ansatz arbeiten, in ihrer Beratungstätigkeit aus der Rolle ›fallen‹. Während dies gewöhnlich als ein Kunstfehler verstanden wird – was es zweifellos oft genug auch sein mag – kann dieses ›Aus-der-Rolle-Fallen‹ auch als eine Inszenierung solcher organisatorischer Aspekte verstanden werden, die zwar erfahren aber nicht gewusst werden. Der Begriff der Inszenierung (enactment) kommt aus dem interpersonalen Ansatz der Psychoanalyse. Eine Inszenierung findet dann statt, wenn ein Patient und ein Analytiker, die miteinander in der mächtigen unbewussten Dynamik der Dyade gefangen sind, gemeinsam an einer Handlung teilhaben, die – sofern sie ins nachhinein verdeutlicht und exploriert wird – grundlegende intrapsychische Aspekte des Patienten offenzulegen vermag, die anders nicht wahrgenommen worden wären. Ein solcher Prozess führt letztlich zu Veränderungen im Verhalten des Patienten. Die Anwendung dieses begrifflichen Rahmens auf die Beratung ermöglicht es, die verschiedenen Weisen, auf die der Berater aus der Rolle gezogen wird, als Inszenierungen zentraler organisatorischer Aspekte – und eben nicht als bloßen Kunstfehler – zu verstehen.

> »Der Analytiker muss schlechte Arbeit tun, bevor gute Arbeit möglich ist« Hirsch (1996, S. 369).

> »Eine Inszenierung in der Analyse geschieht – ganz einfach gesagt – bereits dann, wenn der Patient niest und der Analytiker zum Kleenex greift. Ein solches Ereignis hat für beide Seiten Bedeutung« Dervin (1996, S. 149).

Einleitung

Als Organisationsentwicklungsberaterin arbeite ich mit einem psychoanalytischen Ansatz. Wenngleich ich selbst auch eine Analyse gemacht habe, so habe ich doch keine klinische Ausbildung im eigentlichen Sinne. Dennoch ist mir meine eigene Erfahrung als Analysandin eine wichtige Ressource für das

Verstehen meiner eigenen Rolle, der Rollenbeziehung zu meinen Klienten sowie der Beratung. Dabei gehe ich weniger von einem psychotherapeutischen als vielmehr von einem organisatorischen Modell aus, in dem sich Organisationen und ihre Dynamiken deutlich von der dyadischen analytischen Beziehung unterscheiden.

In diesem Beitrag arbeite ich mit dem psychoanalytischen Begriff der Inszenierung (enactment), der meiner Meinung nach die Möglichkeit bietet, neues Licht auf die Beziehung zwischen Berater und organisatorischem Klienten zu werfen. Dabei stellt dieses Konzept für mich weniger einen Schlüsselbegriff der Organisationsberatung als vielmehr eine zusätzliche Anregung für das Denken und die Konzeptualisierung einer auf einem psychoanalytischen Modell basierenden Beratung dar.

In meiner Arbeit als Beraterin greife ich auf mehrere Modelle zurück, von denen eines das Ideal der analytischen Rolle ist. Dieses Ideal verstehe ich so, dass es darauf ankommt, klare und angemessene Grenzen einzuhalten; eine deutliche Rolle zu übernehmen und Rollenbeziehungen entsprechend zu gestalten; mit den Gefühlen der Gegenübertragung in bezug auf das Klientensystem zu arbeiten und daraus zu lernen; und – im Sinne von Bions (1967, S. 17) Formulierung – ohne »Erinnerung und Wunsch« (memory and desire) zu arbeiten. Als Beraterin versuche ich ein nicht-bedrohlicher Container für die Projektionen des Klienten zu sein, um so diese Projektionen sowie andere objektive organisatorische wie innere emotionale Daten im Kontext der zugrundeliegenden Fragestellung und der Dynamik des Systems zu verstehen.

Dies ist, wie Piterman (1999, S. 2) schreibt, allerdings keine leichte Aufgabe:

> «Die Aufgabe des Beraters besteht darin, das, was wir introjiziert haben, durchzuarbeiten, diese Daten zu verstehen und sie auf konstruktive Weise zurückzugeben. Eine solche Arbeitsweise ist weder unproblematisch, gradlinig noch kausal orientiert. Sie setzt voraus, mit Ambiguität, Widersprüchlichkeit und Unsicherheit umgehen zu können«.

Deshalb kommt es immer wieder vor, dass Organisationsberater, die mit einem psychoanalytischen Ansatz arbeiten – trotz aller gegenteiligen guten Vorsätze – bei ihrer Arbeit aus der Rolle fallen. Dies wird gewöhnlich als Kunstfehler verstanden, als eine Projizierung der Systemdynamik auf den Berater, die es entsprechend zu explorieren gilt. Eine solche Erfahrung kann zum Anlass genommen werden, die eigene verunsicherte (und potentiell aufschlussreiche) Rollenbeziehung zu bearbeiten und – in dem Maße, wie diese Dynamik verstanden wird – zu einer angemesseneren Rollenbeziehung mit dem Klienten beitragen.

In diesem Beitrag werde ich mich damit auseinandersetzen, ob es angesichts der Tatsache, dass wir alle – zumindest gelegentlich oder in bestimmten Momenten aus der Rolle fallen, nicht etwas gibt, was wir aus einem solchen Kunstfehler lernen können. Oder aber – um diese Frage noch zu verdeutlichen - ob einem solchen Aus-der-Rolle-Fallen nicht insofern gar eine besondere Bedeutung zukommt, als es uns zum einen neue Möglichkeiten bietet, mit unseren Klienten zu arbeiten, und es uns zum anderen nicht gerade einen Zugang zu solchen Daten unserer Klientenorganisationen verschafft, die sich durch einen solchen Praxisfehler überhaupt erst erschließen.

Der theoretische Hintergrund für diese Betrachtungsweise liegt in der Inszenierung, einem Begriff, der zunächst von der interpersonalen Richtung der Psychoanalyse (Sullivan, Thompson, Fromm etc.) entwickelt und mittlerweile von einer ganzen Reihe psychoanalytischer Denker übernommen worden ist. Dieser Ansatz geht davon aus, dass der Analytiker – anstatt eine neutrale Projektionsfläche oder eine hinreichend gute Mutter im Sinne Winnicotts zu sein – vielmehr ungewollt (oder unbewusst) mit dem Patienten interagiert. Patient und Analytiker werden als zwei subjektive Teilnehmer verstanden, die gemeinsam eine Erfahrung machen und sich fortlaufend gegenseitig beeinflussen.

In einer solchen Beziehung sind Patient und Analytiker Teil einer sogenannten Übertragungs-/Gegenübertragungs-Matrix, in der der Analytiker in den mächtigen unbewussten Dynamiken der Dyade gefangen ist. Dabei wird dieser Prozess als eine Wiederholung der ›alten und schlechten Interaktionen‹ (Hirsch 1996, S. 365) aus der Kindheit des Patienten verstanden, durch die grundlegende intrapsychische Aspekte in der gemeinsamen Interaktion zu Tage treten und gespielt werden.

Die Arbeit im Rahmen der psychotherapeutischen Analyse besteht darin, diese Inszenierungserfahrungen deutlich werden zu lassen, um so für den Patienten wie den Analytiker wichtiges und im Prozess anderweitig nicht zugängliches Material offenbar werden zu lassen. In diesem Sinne entwickelt sich die Analyse von einem Ausleben dieser Interaktionen hin zu einem Prozess, der schließlich auf seiten des Patienten zu einem veränderten bzw. korrigierten Verhalten führt. Für manche psychoanalytischen Denker ist dieser Prozess nicht nur eine unvermeidbare, sondern vielmehr eine unverzichtbare Voraussetzung erfolgreicher analytischer Arbeit.

Auf die Organisationsberatung übertragen, ermöglicht es dieser konzeptuelle Rahmen, die Art und Weise, wie Berater aus der Rolle gezogen werden, als eine Inszenierung zentraler organisatorischer Aspekte zu sehen. Solche Daten wahrzunehmen und als Berater einen Weg zu finden, sie mit dem Klienten durchzuarbeiten – anstatt das Verhalten selbst zu verurteilen oder zu leugnen

– kann dazu führen, an solche bislang unberücksichtigte Teile der Organisation heran zu kommen, die zwar erlebt, aber nicht gewusst werden (Bollas 1989).

Im Folgenden werde ich die konzeptionellen und historischen Grundlagen der Theorie der Inszenierung (enactment theory) darstellen, Möglichkeiten aufzeigen, wie dieser Ansatz für die Beratung genutzt werden kann und dies an Fallmaterial verdeutlichen.

Der konzeptionelle Hintergrund der Inszenierungstheorie

Die Inszenierungstheorie geht auf die von Sullivan (1953) aufgezeigte interpersonelle Bedeutung des teilnehmenden Beobachters zurück, d. h. auf den Analytiker, der keine separate, neutrale und objektive Figur ist, sondern mit seinem Patienten unvermeidbar und fortlaufend interagiert (Aron 1996, S. 194). Analytiker und Patient sind zwar Teil eines gemeinsam geteilten Prozesses; als Teilnehmer sind sie jedoch nicht gleich und haben unterschiedliche Rollen. Der Analytiker ist schließlich »darin geübt und erfahren, die persönliche Erfahrung als einen Zugang zum Verstehen zu betrachten« (Hirsch 1996, S. 364), das dem Patienten vermutlich helfen wird. Anstatt die Gegenübertragungsreaktionen des Analytikers auf seinen Patienten als Störung einer erfolgreichen Behandlung oder als Erweis von Inkompetenz zu sehen, werden sie als wichtige Datenquelle für die interne Welt des Patienten verstanden.

Die Annahme einer interaktiven Beziehung zwischen Patient und Analytiker hat zu der Annahme geführt, dass der Analytiker seinerseits einen Einfluss auf die Übertragungserfahrung des Patienten hat. Dieser Gedanke knüpft an Überlegungen von Searles (1975, S. 103) an, der die reale Person des Analytikers bzw. »die realen Anteile der Person des Analytikers [betont], die dem Patienten als Grundlage externer Wirklichkeit dienen und seine Übertragungsreaktionen hervorrufen«. Dies hat Searles zu der Einsicht veranlasst, dass sich nicht nur der Patient, sondern auch der Analytiker selbst auf eine Weise entwickelt, die Searles als eine »Symbiose wechselseitiger Wachstumssteigerung« bezeichnet (ebd., S. 98).

Anstatt die Übertragungserfahrung des Patienten und die Gegenübertragungserfahrung des Analytikers als von einander getrennte Prozesse zu denken, werden Patient und Analytiker – wie gesagt – als Teilnehmer einer Übertragungs-/Gegenübertragungs-Matrix gesehen. Aufgrund der gemeinsamen Unbewusstheit dieses Prozesses »ist der Analytiker in eine wechselseitige Gegenübertragungsneurose verstrickt« (Hirsch 1996, S. 370f.). Diese Matrix lebt von den unbewussten Teilen des Patienten, d. h. von den »internalisierten interpersonalen Dramen, die das Leben und die Lebensgeschichte des Patienten charakterisieren« (ebd., S. 364). Diese Wechselwirkung wird in einem entscheidenden Maße durch die gemeinsame unbewusste Wiederholung alter psychischer Muster des Klienten bestimmt, die Hirsch (in Anlehnung an Jacobs) als »den Kern der psychoanalytischen Situation« betrachtet (ebd., S. 377).

Was ist unter Inszenierung zu verstehen? Eine Inszenierung ist ein ›Ereignis‹, das in der Behandlungssituation stattfindet, bei dem sich der Analytiker in ein Geschehen einbezogen erfährt, das in gewisser Weise als falsch erlebt wird. Es ist ein Hinweis darauf, dass die Aufmerksamkeit des Analytikers sich auf ein Verhalten oder eine Betroffenheit richtet, die vom Gewohnten abweicht. Jacobs (1991, S. 108) beschreibt zum Beispiel, wie er merkte, dass er – entgegen seiner sonstigen Art zuzuhören – »sein rechtes Ohr berührte, mit dem Finger übers Ohrläppchen streichelte und dann auf den Knochen hinter dem Ohr drückte«.

Die Inszenierung ist dadurch bestimmt, dass sie eine Handlung enthält (an enactment involves an act). Sie geschieht unabsichtlich in einem Moment, an dem sowohl der Analytiker als auch der Patient teilhaben. Wie Jacobs (ebd., S. 32) beobachtet, »hat eine solche Inszenierung ... eine Art Zwangscharakter, der m. E. daher rührt, dass ein solches Verhalten nicht auf einem rationalen Gedanken oder Urteil basiert«. Chused (1997, S. 265f.) spricht von »einer gemeinsam gestalteten Interaktion, die von unbewussten psychischen Kräften auf Seiten des Patienten wie des Analytikers genährt wird. ... Der Analytiker ›entscheidet‹ sich nicht zu inszenieren; er inszeniert und denkt dann unmittelbar danach »Mein Gott, warum habe ich das gesagt oder getan?«

Die Inszenierung enthält deshalb eine wichtige potentielle Bedeutung für den therapeutischen Prozess, weil sie dem Patienten wie dem Analytiker die Möglichkeit bietet, tieferer psychischer Prozesse gewahr zu werden, die sich sonst dem Bewusstsein verschließen.

> «Zusammen mit anderen verbalen wie non-verbalen Hinweisen, die in der Behandlungssituation entstehen, haben sie [die Inszenierungen] eine Signalfunktion, die uns darüber Aufschluss geben kann, was sich unterhalb der Wasseroberfläche bewegt: Als solche sind sie unverzichtbare Hinweise für unser Bemühen, die subtilen und fortlaufenden Interaktionen zwischen Patient und Analytiker zu explorieren, die den Kern des analytischen Prozesses darstellen« (Jacobs 1991, S. 49).

Inszenierungen sind »Kommunikationsleitlinien der analytischen Situation«, die sonst unbeachtet bleiben. Als unbewusste Kommunikation zwischen Patient und Analytiker »fließt sie von beiden Seiten der Couch in doppelter Richtung« (ebd., S. 31). Nicht nur übermittelt sie nach Schafers Ansicht »die Phantasien, die die bewusste und unbewusste Erfahrung des Analysanden über den Beitrag beider Parteien zur analytischen Beziehung bestimmen« (Aron 1996, S. 202), sie stellt auch eine Art Vorboten der tiefer reichenden analytischen Arbeit dar, die in dem therapeutischen Prozess noch zu leisten ist.

> «So ist das mit Inszenierungen. Als Kommunikation, die in der Analyse von größter Bedeutung ist, bringt sie oftmals das zum Ausdruck, was noch nicht auf andere Weise zum Ausdruck kommen kann. Als non-verbaler Förderer aufkommender Erinnerungen, verborgener Widerstände und Phantasien, die darauf warten, ans Tageslicht zu kommen, ist sie eine Art Avantgarde-Botschafter, der das vorwegnimmt und verdeutlicht, was noch kommen wird« (Jacobs 1991, S. 49).

Einige Theoretiker gehen davon aus, dass diesem Prozess ein aktiver Aspekt zukommt; sie sind der Auffassung, dass der Patient auf subtile und unbewusste Weise versucht, den Analytiker zu einer reziproken Handlung zu verführen oder zu zwingen. Sandler (1976, S. 43f.) geht von der Annahme aus, dass Patienten versuchen, »solche Situationen mit anderen zu manipulieren oder zu erzwingen, die eine verborgene Wiederholung früherer Erfahrungen und Beziehungen darstellen«, um so den Analytiker dazu zu veranlassen, »eine bestimmte Rolle zu übernehmen« (Aron 1996, S. 196). Wie Levenson zeigt (zit. in: Sandler 1976, S. 45), verwandelt sich der Analytiker selbst ebenso schnell wie unbewusst in eine entsprechende zweite Partei; durch sein Eingehen auf die Rolle konkretisiert der Analytiker so die Übertragung.

In gewisser Hinsicht hat sich der Begriff der Inszenierung (enactment) als ein sinnvolles Gegenkonzept zum Ausagieren (acting out) entwickelt, das sich gewöhnlich auf das bezieht, was auf die eine oder andere Weise den Verlauf der analytischen Behandlung stört. Auf dem Hintergrund einer frühen begrifflichen Spaltung zwischen Handeln und Denken, wurde das Ausagieren eines Patienten dahingehend interpretiert, dass er/sie es damit vermeiden will, die Interpretationen des Analytikers an sich heran zu lassen. Das Ausagieren eines Analytikers wurde als mehr oder weniger gravierendes Versagen der Technik verstanden. Während Ausagieren allgemein als individuelle – und eben nicht als gemeinsame – Handlung verstanden wurde, sieht Boesky (1982, S. 52) darin »die Möglichkeit einer Verdeutlichung der Übertragungsneurose, [die] die psychische Realität der Übertragung zum Ausdruck kommen lässt«. In dem Maße, wie sich die Vorstellung vom interaktiven Charakter der analytischen Beziehung weiterentwickelte, erwies es sich als notwendig, die konstruktive Bedeutung der Handlung im analytischen Prozess zu überdenken; dies führte zur Entwicklung des Inszenierungsbegriffs.

In einer Inszenierung begeht der Analytiker (gemeinsam mit dem Patienten) eine Handlung, die ihn in gewisser Weise aus der Rolle herauszieht. Ob das dann im konkreten Fall ein Ausagieren und somit ein Fehler der Technik und der Praxis oder aber ein potentiell wichtiger Aspekt des Behandlungsprozesses ist, müssen Analytiker und Patient gemeinsam überprüfen. Darüber, wie die von solchen Inszenierungen gewonnene Einsicht vom Analytiker in der Arbeit mit dem Patienten tatsächlich für ein tieferes Verstehen genutzt wird, gibt es bislang nur wenige Hinweise. Es besteht allgemeines Einverständnis darüber, dass die Einsicht immer erst später kommt: »Wir können uns selbst nur im Rückspiegel betrachten« (Renik 1997, S. 282). So wurde sich etwa Jacobs erst dann darüber bewusst, dass er mit seinem Ohr spielte, nachdem er dies eine Zeitlang getan hatte. Wenn die eine oder die andere Partei sich des anhaltenden gemeinsamen Prozesses bewusst wird, kann er im Hinblick auf seine Bedeutung exploriert werden. »Im Zentrum der Analyse steht das Ansprechen der Inszenierung, nachdem sie stattgefunden hat, um so zu verstehen, was zwischen Patient und Analytiker geschehen ist« (Hirsch 1996, S. 372).

Einige Autoren – wie beispielsweise Jacobs, Renik und Levinson – verstehen Inszenierungen als einen unvermeidbaren und ausschlaggebenden Aspekt des analytischen Prozesses. Sie ermöglichen es, bestimmte, tiefer liegende, analytisch relevante Anteile des Patienten anzusprechen und zu lösen, die einzig und allein in diesem Prozess zu Tage treten und durchgearbeitet werden können. Inszenierungserfahrungen werden als eine wichtige Voraussetzung für Veränderungen und Entwicklungen gesehen. Diese Sicht fasst Hirsch (1997, S. 290) wie folgt zusammen: »Ich glaube, dass Veränderungen in der Analyse nur dann stattfinden, wenn beide Parteien alte, sich wiederholende Muster des Patienten durchleben, schließlich zu neuen Beziehungskonstellationen gelangen und gemeinsam diesen Prozess analysieren«. Geschieht dies nicht, »hält die Wiederholung unbeschränkt an, und nichts wird für den Patienten durchgearbeitet« (Hirsch 1996, S. 361).

Aus dieser Sicht hat es durchaus einen Sinn, einen Fehler in der traditionellen Ausübung der Analytikerrolle zu machen und »auf eine Weise teilzunehmen, die nicht beabsichtigt war« (ebd., S. 366). Hirsch (1996, S. 369) bringt dies wie folgt auf den Punkt: »Der Analytiker muss schlechte Arbeit machen, bevor gute Arbeit möglich ist. ... Der Analytiker muss an der Analyse emotional beteiligt sein, damit sie erfolgreich ist; d. h., dass der Analytiker scheitern muss, eine analytische Haltung aufrechtzuerhalten« (ebd., S. 366). Wie Hirsch (ebd., S. 369) zeigt, geht Renik noch einen Schritt weiter: »Um erfolgreich arbeiten zu können, ist es notwendig, dass der Analytiker sich unwissentlich auf den Patienten einlässt«. Gegenüber der ursprünglichen klassischen Sicht des analytischen Prozesses, nach der, was immer auch zwischen den Parteien in einer Behandlungssituation passiert, nicht im Einklang mit der allein richtigen Technik steht – dass nämlich der Analytiker objektive und neutrale

Interpretationen gibt, die vom Patienten zu übernehmen sind – stellt diese Sichtweise eine Revolution des analytischen Prozesses dar.

Die drei grundlegenden Aspekte des interpersonalen Ansatzes fasst Hirsch (1996, S. 365) folgendermaßen zusammen:

1. Zwischen Patient und Analytiker besteht immer eine Wechselwirkung.
2. Gegenübertragungsinszenierungen und/oder intensive emotionale Anteilnahme auf Seiten des Analytikers sind notwendig und unverzichtbar für den Erfolg analytischer Arbeit. Der Analytiker muss sich unwissentlich in dem Interaktionsprozess verlieren.
3. Gegenübertragung wird oft erst im Anschluss an eine Inszenierung oder eine direkte emotionale Anteilnahme entdeckt. Diese gegenseitige Inszenierung sollte stets im analytischen Sinne angesprochen werden.

Die Anwendung der Inszenierungstheorie im Rahmen der Organisationsberatung

Bei meinem Versuch, die Inszenierungstheorie auf Organisationsberatung anzuwenden, ist es mir wichtig, auf den Unterschied zwischen Inszenierung und projektiver Identifikation hinzuweisen. Projektive Identifikation ist, wie Gilmore und Krantz (1985, S. 1161) deutlich machen, eine Form der Kommunikation, bei der beim anderen unerwünschte oder unangenehme Gefühle deponiert bzw. ausgelöst werden. Auf diese Weise kann dem Berater deutlich werden, dass er mit Teilen des Klientensystems in Berührung kommt, die sich bislang nicht auf andere Weise manifestiert haben oder bislang nicht gewusst wurden. Indem der Berater diese Erfahrung zulassen und auf Beratungskollegen zurückgreifen kann, ist es möglich, diesen Prozess zu verstehen und das so erlangte Verstehen als Ressource für den jeweiligen Beratungsprozess zu nutzen – unabhängig davon, ob diese Einsicht mit dem Klientensystem geteilt wird oder nicht.

Eine Inszenierung hingegen impliziert einen Akt (bzw. ein In-Szene-Setzen B. S.) - irgendeine Handlung, die stattfindet – und an der sowohl der Klient als auch der Berater unwissentlich im Hier und Jetzt der Beratung teilhaben. Die Bearbeitung dieser Inszenierung und das Lernen, das daraus entstehen kann, finden im nachhinein in der Analyse mit dem Klienten statt und zwar sowohl im Hinblick auf das eigentliche Lernen selbst als auch in bezug auf das, was es über die gemeinsame Arbeitsbeziehung aussagt.

Was die Anwendung dieses theoretischen Ansatzes auf das Erleben in der Beratung betrifft, gehe ich von folgenden Grundüberlegungen aus, die ich aus dem vorangegangenen Teil abgeleitet habe:

1. Im Unterschied zur projektiven Identifikation, bei der etwas Unerwünschtes oder Unbekanntes von seiten des Klienten in den Berater oder das Beraterteam projiziert wird, das dann später zu Tage tritt und durchgearbeitet wird, impliziert die Inszenierung eine tatsächliche Handlung. Berater und Klient haben gemeinsam an dieser Handlung teil.
2. Der erste Hinweis auf eine solche Inszenierung ist oft die Erfahrung, dass man sich selbst in der Beraterrolle unzulänglich oder unbehaglich erlebt.
3. Wenn Klient und Berater im nachhinein darüber sprechen, lernen sie in diesem Prozess etwas über solche Aspekte des Systems, die ihnen bislang verschlossen geblieben sind.
4. Ein solcher Prozess führt letztlich zu Entwicklungen und Veränderungen auf seiten des Klienten.
5. Wenn ein solcher Prozess der Aufarbeitung nicht stattfindet, wird sich das ›Ausagieren‹ immer wieder innerhalb der Arbeitsbeziehung wiederholen und verhindert ein entsprechendes Lernen.

Fallbeispiele

Um deutlich zu machen, wie ich das Konzept der Inszenierung in der Beratung anwende, werde ich zwei Fallbeispiele beschreiben. Das erste ist von einem Kollegen, das zweite habe ich aus meiner eigenen Tätigkeit gewählt.

Fallbeispiel 1:

Mein Kollege Lou erzählte mir unlängst von einer Erfahrung aus einer Rollenanalyse mit einem Klienten, die ihn beunruhigte. Er war damit beschäftigt, dass ihm in der Beratung ein Fehler unterlaufen war. Joe, sein Klient, ist Architekt und Leiter der Restauration in einem Architekturbüro, das sich auf Restaurationen spezialisiert hat.

Im Verlaufe einer Rollenberatungssitzung wurde Lou – in Reaktion auf Joes zunehmende Passivität – mehr und mehr aggressiv, direktiv und beleidigend. Das führte wiederum dazu, dass Joe immer defensiver wurde. Er sagte, dass er diese Sitzung als eine Inquisition erlebte und dass Lou immer wieder versuchte, ihn auf bestimmte Antworten festzunageln. Beide waren in einem Wiederholungskreislauf verstrickt und waren nicht in der Lage, sich daraus zu befreien.

Als die Sitzung schließlich zunehmend angespannter wurde, wurde Lou deutlich, dass er in seinen Interaktionen die Rolle von Frank übernommen hatte, dem leitenden Direktor dieser Firma (den er selbst recht gut kannte). Diese Einsicht trug dazu bei, dass er sich wieder fing; er sagte daraufhin zu Joe: »Ich bin über meine Rolle hinausgegangen«. Ihm wurde klar, dass es ihm nicht anstand, Joe in allen Details darüber zu befragen, was er tat. Er hatte die Rolle des Vorgesetzten übernommen.

Nachdem er diese Einsicht mit seinem Klienten besprochen hatte, veränderte sich die Dynamik der Dyade. Zunächst wurde Joe aggressiv. Später sagte er dann, dass ihn diese Interaktion mit Lou an die Reaktionen erinnere, die er schon bei anderer Gelegenheit von anderen Menschen erfahren habe – vor allem von Familienmitgliedern und von Frank, dem leitenden Direktor. Und als sie fortfuhren, diese gemeinsame Erfahrung zu verstehen, wurde ihnen deutlich, dass Lous insistierendes und kontrollierendes Verhalten in der Rollenberatungssitzung deutliche Parallelen zu der Dynamik in der größeren Organisation aufwies – vor allem zu Franks Arbeitsbeziehung mit seinen Untergebenen. Frank tut so, als stünde er selbst im Mittelpunkt; er übergeht seine Partner oft, indem er jüngere Mitarbeiter konfrontiert und mit Fragen bedrängt. Dabei überschreitet er insofern immer wieder die bestehenden Autoritätsgrenzen, als er andere zur Berichterstattung nötigt, sie herbei zitiert und sie unablässig über ihr Tun und ihre Vorhaben verhört. Während der eine oder der andere der Mitarbeiter, die an Frank berichten, ihn gelegentlich darauf angesprochen hat, haben die meisten von ihnen im Laufe der Zeit dazu beigetragen, dass sich sein Verhalten verfestigte.

Das ursprüngliche Problem, an dem Joe arbeiten wollte, waren die Schwierigkeiten, die er im Umgang mit Franks penetrantem Verhalten hatte. Eines von Lous Zielen für die Rollenberatung war es, Joe dabei zu helfen, seine unmittelbare Vorgesetzte, Sally, stärker als solche zu fordern, was es ihr nicht nur ermöglichen würde, ihre eigene Rolle als Vorgesetzte Joe gegenüber deutlicher wahrzunehmen, sondern direkt mit Frank zu kommunizieren. Im Anschluss an die Reflexion ihrer eigenen schwierigen Interaktion wurden Lou und Joe die stärkeren systemischen Kräfte deutlicher, die Joe wie Sally daran hinderten, ihre jeweiligen Rollen stärker auszufüllen.

Im Anschluss an diese Sitzung gelang es Joe sehr viel besser, den Grenzüberschreitungen von Frank zu begegnen und ihn in bezug auf die Bearbeitung von Aufträgen und die Beantwortung von Fragen an Sally zu verweisen. Es ist ihm gelungen, die von ihm übernommenen Aufgaben und deren Prioritäten mit stärkerer Autorität zu verfolgen und sich so jeden Tag auf ein größeres Projekt zu konzentrieren. Diesen Fortschritt führt er auf die Arbeitssitzung mit dem Berater zurück.

In dem folgenden Gespräch zwischen Lou und mir, wurde ihm deutlich, dass es an der Art und Weise gelegen hatte, wie der Klient sich ihm gegenüber dargestellt und was ihn dazu veranlasst hatte, auf diese Weise darauf zu reagieren – und zwar ganz entgegen seiner Absicht (gerade so, wie ein Patient den Analytiker dazu provozieren kann, eine bestimmte Rolle zu übernehmen). In dem Maße, wie Joes Passivität im Verlauf der Sitzung zunahm, reagierte Lou mehr und mehr direktiv und kontrollierend.

Bei der Bearbeitung dieser Erfahrung wurde Lou auch deutlich, dass er ein besseres Verständnis für Frank gewonnen hatte, der sich selbst als eine Elternfigur sieht, die sich um die Anliegen seiner Mitarbeiter kümmert.

Insofern, als er an der Spitze der Organisation steht, wagen es andere viel weniger, auf eine ähnlich offene und konfrontierende Weise Frank gegenüber zu reagieren, wie Joe es Lou gegenüber getan hatte. Wenn irgendjemand Frank darauf hingewiesen hätte, dass sein Verhalten insistierend und kontrollierend sei, hätte er darauf erwidert, dass er unter keinen Umständen so gesehen werden möchte (genauso wie es Lou in dieser Interaktion mit Joe ergangen war). In dem Maße, wie die Partner die Konfrontation vermeiden, verstärkt sich diese Dynamik im System. Gleichzeitig konnte der Berater besser verstehen, wie es Frank in der Interaktion mit Joe ergeht: Vor lauter Verzweiflung schlägt er die Hände über dem Kopf zusammen.

Fallbeispiel 2:

Das zweite Fallbeispiel ist aus meiner eigenen Beratungserfahrung mit Roger, einem meiner Klienten. Er ist Psychologe und klinischer Direktor einer Tagesklinik, die pädagogische und therapeutische Hilfe für Kinder im Grundschulalter anbietet. Roger nahm den Kontakt zu mir auf, weil er sich Sorgen über die fehlende Zusammenarbeit zwischen ihm und Mary, der Schulleiterin, machte, die an ihn berichtet. Aus seiner Sicht war ihre Arbeitsbeziehung von einem unüberwindbaren Misstrauen geprägt; es war ihnen nicht möglich, in der Leitung des Zentrums eng miteinander zu kooperieren. Vor allem gab es immense Spannungen darüber, was angesichts der besonderen Situation als angemessen erschien und was nicht; diese Spannungen führte er auf ihren unterschiedlichen beruflichen Hintergrund zurück, den sie als Pädagogin und er als klinischer Psychologe hat. Die Kluft zwischen ihnen ging beispielsweise so weit, dass Mary Roger regelmäßig deshalb kritisierte, weil er in Besprechungen auf Gefühle zu sprechen kam. Sie ging davon aus, dass die Gefühle der Mitarbeiter in den offiziellen Sitzungen keine Rolle spielen dürften (»Wir therapieren unsere Leute nicht!«).

Roger wollte mit mir daran arbeiten, wie sie beide eine engere Arbeitsbeziehung ermöglichen könnten. Als ich mich mit Mary alleine traf, wurde mir deutlich, dass es extrem schwierig (und zugleich immens wichtig) sein würde, dieses Gespräch auf eine Weise zu beginnen, die Mary entsprechen würde. Vor allem war ich darum bemüht, dabei eine Sprache und ein Setting zu finden, das ihr und ihrer Art zu arbeiten vertraut war. Meine Absicht bestand darin, eine

Art ersten Schritt zu machen, der einige Daten über die Organisation erbringen und die Möglichkeit einer gründlicheren Organisationsdiagnose eröffnen würde, um so ein Fundament für ihre Zusammenarbeit zu legen. Dieses Vorgehen war sozusagen ein erstes Austesten ihrer weiteren Arbeitsfähigkeit.

Nachdem wir uns mehrere Male zu dritt getroffen hatten, war die Idee zu einem Stressworkshop für die Mitarbeiter entstanden, der ihnen die Möglichkeit geben sollte, ihre eigenen Sorgen und Erfahrungen mitzuteilen. Diese Idee schien in mehrfacher Hinsicht zufriedenstellend. Sie sah eine Form der Veranstaltung vor, mit der Mary vertraut war, mit der sie zurecht kam und von der sie sich einiges versprach; sie bot Gelegenheit, solche organisatorischen Daten zu ›erheben‹, mit denen Roger und Mary in ihren gemeinsamen Rollen weiterarbeiten könnten; und sie würde so ein Fundament legen, auf dem wir drei zusammen ein tieferes Verständnis der Organisation als Ganzer entwickeln könnten.

Was dann allerdings bei dem Workshop herauskam, war das deutliche Gefühl auf Seiten der Mitarbeiter, dass es in erster Linie die Spaltung zwischen Roger und Mary war, die ihnen den meisten Stress bei der Arbeit bereitete. Dies war ein Ergebnis, das keiner von uns vorausgesehen hatte. Mary fühlte sich von diesem Feedback deutlich bloßgestellt und vor allem von mir betrogen. Sie hatte sehr große Vorbehalte, eine weitere Zusammenarbeit mit mir überhaupt in Erwägung zu ziehen. Angesichts all der sorgsamen Planung, kam ich mir äußerst unwohl vor, ich fühlte mich schuldig und fragte mich, was ich (gemeinsam mit meinen Klienten) getan hatte.

Als Roger und ich diese Veranstaltung durcharbeiteten, wurde uns zunehmend deutlich, dass der Workshop zwar dazu beigetragen hatte, die Fragestellung zu verdeutlichen, zu der wir zu dem Workshop eingeladen hatten, dass er durch die Beteiligung der Mitarbeiter schließlich aber darin endete, dass die Kränkung und die Vorbehalte ausagiert wurden, die Mary gegenüber ›Gefühlen‹ hat. Im weiteren Verlauf des Gespräches sprach Roger über seine eigenen Gefühle der Hilflosigkeit, des Verlustes und der Verlassenheit, die der Workshop bei ihm hervorgerufen hatten. Wir fragten uns, ob wir drei nicht einen Workshop entworfen und durchgeführt hatten, der – gewissermaßen auf Marys Kosten – Roger dabei geholfen hatte, diese Gefühle weiterhin zu negieren, und wir – statt dessen – diese Gefühle von den Mitarbeitern haben ansprechen lassen, die sie weiterhin auf Mary verlagerten.

Dies führte dann dazu, dass wir die Dynamik des größeren Systems anschauen konnten. Die Tagesklinik war von dem Klinikzentrum räumlich getrennt, das, wie Roger sagte, allgemein als das Heim der größeren Organisation betrachtet wurde, »wo all die guten Dinge passierten. Wir selbst waren in einem Niemandsland«. Aus der Sicht meines Klienten fühlten sich die Mitarbeiter der

Tagesklinik von Seiten der größeren Organisation geradezu vergessen, was besonders im Falle von Paul deutlich wurde, dem stellvertretenden Direktor des Zentrums und unmittelbaren Vorgesetzten von Roger, der, wie er selbst, Psychologe war. Mary, die pädagogische Leiterin, hatte das Gefühl, dass andere Programme und Menschen in dem Klinikzentrum mehr Aufmerksamkeit und Anerkennung bekamen als die pädagogischen Mitarbeiter. Paul unternahm keine ausreichenden Bemühungen, seinen Vorgesetzten gegenüber die Anliegen der Tagesklinik zu vertreten bzw. sie über die gute Arbeit zu unterrichten, die die Mitarbeiter dort leisteten. Zum Teil machte Mary Roger dafür verantwortlich. Auch glaubte sie, dass Paul und Roger sich gegen sie verschworen hätten; wiederholt hat sie ihren Wunsch zum Ausdruck gebracht, stärker in ihre Arbeitsbeziehung einbezogen zu werden.

In der Rückschau wurde uns deutlich, dass diese Spannungen auf der hierarchischen Ebene die Schwierigkeiten verstärkten, die Roger und Mary miteinander hatten, obgleich sie sie immer wieder durch ihre unterschiedliche fachliche Perspektive zu erklären versuchten. Es war notwendig, dass ein Vorgesetzter ihnen dabei half, ihre gemeinsame Führungsrolle zu integrieren und zu aktivieren; aber trotz gelegentlicher Bemühungen in dieser Richtung war Paul dazu nicht recht in der Lage. In Anbetracht der mangelnden Repräsentation und Unterstützung durch Paul kam Roger sich hilflos vor, diese Kluft zu überbrücken und die eigentlichen Machthaber davon zu überzeugen, dass die Tagesklinik, so wie sie war, erfolgreich war.

Ich hatte bislang nicht gewusst, dass Roger sehr besorgt darüber war, dass die geographische und organisatorische Distanz immer wieder zu Gerüchten und Entstellungen Anlass gab, die – unabhängig davon, ob sie einen Wahrheitsgehalt hatten oder nicht – zu entsprechenden Schlussfolgerungen führten. Roger drückte es so aus: »Es gab ein unwahrscheinliches Maß an Entstellungen über die geographische Distanz hinweg. Es wurde kaum etwas unternommen, diese Kluft zu überbrücken«.

Im System insgesamt herrschte der Eindruck vor, dass die Vorgesetzten nicht wirklich in der Lage waren, die Anliegen derer, deren Interessen und Nöte sie hätten vertreten sollen, gegenüber der Hierarchie zu verdeutlichen und sich dafür zu verwenden. Enttäuschung, Entstellungen, Verletzungen und das Gefühl, missverstanden und abgewertet zu werden und letztlich verlassen zu sein, waren überall zu spüren.

Uns wurde zunehmend deutlich, in welchem Maße Roger diese Dynamiken in seiner Rolle internalisiert und unbewusst den Workshop dazu missbraucht hatte, diese Gefühle auf Mary zu verlagern. Die unüberbrückbare Kluft zwischen Roger und Mary, die anfangs durch die unterschiedlichen Disziplinen erklärt wurde, brachte schließlich sehr viel gewichtigere Fragen der

Organisation zum Vorschein, die mit der geographischen Distanz und der Hierarchie der Organisation verbunden waren.

Nachdem wir zu dieser Einsicht gelangt waren, trafen wir uns mit Mary. Als Roger Mary diese Sicht erläuterte, konnte er auch zugestehen, dass Mary durch diesen Workshop bloßgestellt worden war und dass er dazu gedient hatte, dass Roger sich von seinen eigenen Gefühlen des Versagens und der Unzulänglichkeit in seiner eigenen Rolle distanzierte. Mary wiederum, begann einzusehen, in welchem Maße sie sich von Roger abhängig gemacht hatte, ihr Programm zu verteidigen und zu schützen, anstatt selbst eine stärkere und einflussreichere Führungsrolle in dem größeren System zu übernehmen. Ich machte beiden deutlich, dass ich in der Kollusion mit Roger dadurch aus der Rolle gefallen war, dass er den Workshop dazu benutzt hatte, sich von seinen eigenen Gefühlen zu distanzieren, und dass ich nicht in der Lage gewesen war, das System als Ganzes zu ›halten‹. Diese Erfahrung trug im Folgenden mehr und mehr dazu bei, dass wir damit beginnen konnten, ein tragfähiges kollegiales Führungsmodell für die Schule zu entwickeln.

Schluss

Ich habe diesen Beitrag aus der Sicht und Erfahrung einer Organisationsentwicklungsberaterin geschrieben, die selbst eine Analyse gemacht hat. Dass ich mir die hier dargestellte Sichtweise zu eigen gemacht habe, ist insofern weder überraschend noch ein bloßer Zufall, als ich meine Organisationsentwicklungsfortbildung an dem selben psychoanalytischen Institut absolviert habe, dem meine Analytikerin angehört. Der eigentliche Anlass für diese Arbeit war ein weiterer Fortbildungskurs, an dem ich 1998 an dem selben Institut teilgenommen habe. Es ist sicherlich diese Konsistenz der Praxis, des Ansatzes und der Erfahrung als Analysandin, die mich dazu angeregt hat, diesen Versuch einer Synthese zu unternehmen.

Was mich jedoch vor allem zu diesem Beitrag veranlasst hat, war sicherlich die Gelegenheit, der Faszination der Frage nachgehen zu können, die mich schon lange beschäftigt hatte: wie nämlich die ›angemessene‹ Sichtweise einer Beraterin aussieht, die mit einem psychoanalytischen Ansatz arbeitet und wie und auf welche Weise sie der eines Analytikers, der mit Patienten arbeitet, ähnelt bzw. sich davon unterscheidet. Dies ist mein Versuch, die Einsichten der Psychoanalyse dafür zu nutzen, um den Rahmen zu öffnen und uns zugleich mit einer Sichtweise vertraut zu machen, wie wir über die Rolle des Beraters und den Beratungsprozess denken können. Die Bearbeitung der Theorie und der Fallbeispiele für diesen Beitrag haben mein Modell für die Beratungspraxis erweitert.

Es ist nicht meine Absicht, das Aus-der-Rolle-Fallen als einen in sich erstrebenswerten Ansatz zu propagieren oder gar dazu zu raten, dass wir unsere Fehler derart rationalisieren, dass wir sie im Nachhinein als Inszenierung deklarieren (»es war meine Gegenübertragungs-Matrix, die mich dazu geführt hat!«). Wir dürfen nicht alles, was ein Berater tut, dadurch zu rationalisieren und zu erklären versuchen, dass wir uns auf intersubjektive Beziehungen berufen. Die Schlüsselfrage, die sich uns allen stellt, heißt vielmehr: Wie kann man herausfinden, wann ein Praxisfehler eine Gelegenheit für das Lernen bedeutet und wann er (ganz einfach und traurig genug) ein Irrtum ist. Meiner Ansicht nach lässt sich diese Frage nur dann beantworten, wenn man den Mut hat, einen solchen Fehler mit dem Klienten zu explorieren, gemeinsam seine eigene Rolle in der Inszenierung einzugestehen und dafür Verantwortung zu übernehmen sowie ein hinreichendes Verstehen der eigenen Motive und Gefühle anzubieten, um so eine tragfähigere gemeinsame Arbeitsbasis entstehen und der Arbeit selbst mehr Gewicht zukommen zu lassen.

Übersetzung aus dem Englischen von Burkard Sievers

Literatur

Aron, Lewis (1996): A Meeting of Minds: Mutuality in Psychoanalysis. Hilsdale, NJ. (The Analytic Press).

Bion, Wilfred (1967): Notes on memory and desire. In: Spillius, Elizabeth Bott (1988) (Hg.): Melanie Klein Today: Developments in Theory and Practice. Vol. 2: Mainly Practice. London / New York (Routledge), S. 17–21. Dt.: Anmerkungen zu Erinnerung und Wunsch. In: Spillius, Elisabeth Bott (Hg.) (1991): Melanie Klein heute. Entwicklungen in Theorie und Praxis. Bd. 2: Anwendungen. S. 22–28. München (Verlag Internationale Psychoanalyse).

Boesky, Dale (1982): Acting out: A reconsideration of the concept. In: International Journal of Psychoanalysis, 63, S. 39–55.

Bollas, Christopher (1989): Forces of destiny. London (Free Association Books).

Chused, J. (1997): Discussion of Hirsch (1996). In: Contemporary Psychoanalysis, 33, S. 263–277.

Dervin, Daniel (1996): Enactments – American modes and psychohistorical models. Cranbury, NJ. (Associated University Presses).

Gilmore, Thomas & Krantz, James (1985): Projective identification in the consulting relationship: Exploring the unconscious dimensions of a client system. In: Human Relations, 38, S. 1159–1177.

Hirsch, Irwin (1996): Observing-participation, mutual enactment, and the new classical models. Contemporary Psychoanalysis, 32, S. 359–383.

Hirsch, Irwin (1997): Enactments: Convergence and divergence. Reply to Chused and Renik. In: Contemporary Psychoanalysis, 33, S. 285–293.

Jacobs, Theodore J. (1986): On countertransference enactments. In: Journal of the American Psychoanalytic Association, 34, S. 289–307.
Jacobs, Theodore J. (1991): The use of the self: Countertransference and communication in the analytic situation. New York (International Universities Press).
Levenson, Edgar A. (1972): The fallacy of understanding. New York (Basic Books).
Piterman, Hannah (1999): Tensions around role of consultant as container. Vortrag auf der Jahrestagung der ›International Society for the Psychoanalytic Study of Organizations‹, Toronto.
Renik, Owen (1997): Reactions to Hirsch (1996). Contemporary Psychoanalysis, 33, S. 279–284.
Sandler, Joseph (1976): Countertransference and roleresponsiveness. In: International Review of Psychoanalysis 3, S. 43–47. Dt.: Gegenübertragung und Bereitschaft zur Rolleübernahme. In: Psyche, 4, (1976), S. 297–305.
Searles, Harold (1975): The patient as therapist to his analyst. In: Giovacchini, Peter L. (Hg.): Tactics and techniques in psychoanalytic therapy. Bd. 11: Countertransference. Northvale / New Jersey (Jason Aronson).
Sullivan, Harry Stack (1953): The interpersonal theory of psychiatry. New York (W. W. Norton). Dt.: Die interpersonale Theorie der Psychiatrie. Frankfurt/M. 1980 (S. Fischer).

Mein Rollenwechsel von der Psychotherapeutin zur Organisationsberaterin – Erfahrungen und Reflexionen

Tania Nahum

Zusammenfassung: Diese Arbeit basiert auf der persönlichen Erfahrung der Autorin und untersucht den Prozess und den Raum, die für den Wechsel von der Rolle einer Psychotherapeutin zu der einer psychoanalytisch orientierten Organisationsberaterin erforderlich gewesen sind. Obwohl beide Rollen in einem gemeinsamen psychoanalytischen Zusammenhang stehen, sind die dazu erforderlichen Fähigkeiten recht unterschiedlich. Die Autorin stellt den relativ geringen Anteil sozioanalytischen Denkens in psychotherapeutischen Einrichtungen und Ausbildungsprogrammen dar. Sie ist der Ansicht, dass eine sozioanalytische Orientierung nicht nur für die Arbeit von Organisationsberatern, sondern auch für solche Psychotherapeuten wichtig ist, die in ihren Rollen als Berater, Lehrer und Supervisoren in Kontexten arbeiten, die ein Verständnis für Individuen, Gruppen, Organisationen und soziale Dynamik voraussetzen.

Einführung

In dieser Arbeit untersuche ich sowohl den Prozess der Veränderung als auch den Übergangsraum, der erforderlich ist, wenn eine Psychotherapeutin die Rolle einer psychoanalytisch orientierten Organisationsberaterin übernimmt. Obwohl sich beide Rollen in einem gemeinsamen psychoanalytischen Rahmen bewegen, sind die dazu erforderlichen Fähigkeiten und die jeweiligen Rollen doch recht unterschiedlich. Die Veränderung, die damit einhergeht, ist recht komplex und oft auch langwierig. Dies ist ein Prozess, der besondere Aufmerksamkeit und fortwährende Beobachtung erfordert.

Ich werde hier zeigen, dass ein angemessener Container notwendig ist, damit der Rollenwechsel auf positive und kreative Weise vollzogen werden kann. Dieser Container sollte einen Übergangsraum für den Wandel bedeuten, um so einen Rahmen für den Übergang von einer Rolle in die andere zu gewähren. Ausbildungsprogramme haben oft die Funktion eines solchen Übergangscontainers für den Wandel. Meine Ansicht werde ich durch die Exploration dessen untermauern, womit ich mich persönlich in meinem Entwicklungsprozess und im Übergang von der Rolle einer klinisch orientierten Psychotherapeutin zur Rolle einer Organisationsberaterin auseinandergesetzt habe, die mit psychotherapeutischen Grundlagen und Prozessen vertraut ist.

Zuerst werde ich mich mit dem Mangel an sozioanalytischem Denken in psychotherapeutischen Institutionen und Ausbildungsprogrammen sowie der Bedeutung auseinandersetzen, die der sozioanalytischen Betrachtungsweise[1] in diesen Programmen zukommt. Zum zweiten werde ich den physischen und emotionalen Raum untersuchen, der für den Wechsel vom »Psychotherapeuten« zum »Organisationsberater« notwendig ist. Anschließend werde ich ein kurzes Beispiel für eine Organisationsberatung darstellen, das die Unterschiede im Bezug auf Zeit, Aufgabe, Raum und Grenzen zwischen diesen beiden Rollen deutlich macht, durch die sich die psychotherapeutische Arbeit von der Organisationsberatung unterscheidet.

Psychotherapeutische Ausbildungsprogramm und Institutionen

Der größte Teil meiner bisherigen beruflichen Tätigkeit war durch meine Ausbildung und klinische Erfahrung als Einzel- und Gruppentherapeutin geprägt gewesen. Meine Ausbildung entsprach dem, was man als typisches Ausbildungsprogramm der Psychotherapie bezeichnen kann. Seither wurde mir deutlich, dass die meisten Trainingsprogramme der Psychotherapie ebenso wie die psychotherapeutischen Weiterbildungseinrichtungen selbst kein sozioanalytisches Gedankengut enthalten und daher auch keinen angemessenen Raum dafür gewähren, um etwas über den Einfluss von Gruppen und Organisationen auf die klinische Arbeit zu lernen.

In den frühen 80er Jahren nahm ich sowohl an theoretischen als auch an erfahrungsorientierten Veranstaltungen von AISA (Australian Institute of Socio-Analysis) teil. Diese Erfahrungen beeinflussten mein Lernen auf persönliche wie auf berufliche Weise. Ich erinnere mich an einen Vortrag – »Psychoanalytisches Denken und seine Anwendung auf unsere alltägliche Arbeit« – den ich in einer psychotherapeutischen Organisation im Rahmen eines Programms zur sozialen Unterstützung vor einer größeren Berufsgruppe gehalten habe (Nahum, 1992).

Zu dieser Zeit fühlten sich einige meiner Kollegen nicht besonders wohl bei dem Gedanken, psychoanalytische Ideen irgendwo anders als im Beratungszimmer anzuwenden. Meine Beobachtungen führten mich zu der Annahme, dass diese Ängste auf dem Glauben basierten, die psychoanalytischen Ansätze gehörten einzig und allein in den Rahmen eines klinischen Kontextes und könnten nicht mehr als »rein« erachtet werden, wenn sie außerhalb des Beratungszimmers angewendet würden.

Wie dem auch sei, ich blieb dabei, mein Verständnis von Gruppen- und Organisationsdynamik in meiner Arbeit als Psychotherapeutin, Supervisorin, Lehrerin und Beraterin anzuwenden. Zuweilen hatte ich das Gefühl, einen harten Kampf auszufechten. So wurde ich zum Beispiel als Teilnehmerin an einem Seminar zur Säuglingsbeobachtung misstrauisch beäugt, als ich die Parallelen zwischen dem, was sich im Hier und Jetzt in der Gruppe abspielte und dem Prozesses zwischen Mutter und Kind deutlich zu machen versuchte.

In den professionellen Organisationen, denen ich angehörte, wurde mir deutlich bewusst, wie Mitglieder von Organisationen, denen es an Selbstreflexion mangelt, ihre heiklen Fragen gemeinsam verleugnen und sie auf einzelne Individuen projizieren können. Zu der Zeit verfasste ich eine Arbeit, in der ich meine Gedanken über eben diese Organisation darlegte. Im Gegensatz zu der Unterstützung, die ich dafür im Bereich der Organisationsberatung erhielt, blieb diese Arbeit jedoch innerhalb dieser Organisation selbst ohne jede Beachtung.

Auch für einzelne Psychotherapeuten war es schwer, die Dynamik von Organisationen zu verstehen. Als ich beispielsweise vor ein paar Jahren ein Seminar für erfahrene Psychotherapeuten durchführte, schien es für die meisten Teilnehmer undenkbar, dass die in dem zugrundegelegten Artikel beschriebene Gruppendynamik (Rioch, 1970) im Hier und Jetzt des Seminars ausagiert wurde.

Der Übergang von der Psychotherapeutin zur Organisationsberaterin

In den letzen Jahren wurde ich eingeladen, psychiatrische Einrichtungen dabei zu beraten, wie sie mit den schwierigen Problemen, die zwischen den Mitgliedern der Arbeitsteams bestanden, umgehen könnten. Während ich in meiner Rolle als klinische Beraterin arbeitete, versuchte ich, mein Verständnis von Gruppen- und Organisationsdynamik anzuwenden. Ich war über meine Rolle verunsichert und hatte auch nicht das Gefühl, die innere oder äußere Autorität zu haben, um die Probleme in der Organisation auf eine tiefergehende Weise zu ergründen. Ich glaubte, die äußere Autorität bestünde einzig und allein in einer fundierten Ausbildung in Organisationsfragen. Dabei beeinflusste meine Unerfahrenheit auf diesem Gebiet mein Empfinden eines Mangels an innerer Autorität, um diese Arbeit zu machen. Meine Organisationsberatungen waren mehr von der Rolle der Psychotherapeutin geprägt als von der einer Beraterin. Durch meine Ausbildung als psychoanalytische Gruppentherapeutin hatte ich zwar meine klinischen Fähigkeiten für einen therapeutischen Rahmen weiter entwickeln können, nicht aber mein Organisationsverständnis. Es wurde mir klar, dass, so es mir ernst mit der Rolle als Organisationsberaterin war, ich eine andere Form der Weiterbildung benötigte.

In einem Text des Grubb Institute (1988) wird Rolle definiert als

> »die Idee oder Vorstellung, die eine Person im Kopf (›in the mind‹) hat, durch die sie sich selbst und ihr Verhalten in bezug auf das System managt, in dem sie Mitglied ist, um so zur Erfüllung des Ziels des Systems oder seiner Zwecke beizutragen. Das schließt das Bewusstsein und das Gespür für die externen wie internen Kräfte ein, die auf das System einwirken, die eigene Urteilsfähigkeit, wie diesen Kräften momentan begegnet werden kann sowie die Übernahme von Verantwortung für die erforderlichen Aktionen und die Bereitschaft, die persönliche Einschätzung angesichts der gemachten Erfahrung zu revidieren.«

Diese Definition beschreibt sowohl eine psychologische als auch eine soziologische Rolle. Mir war bewusst, dass – unterstützt von einer angemessenen äußeren Umgebung – eine innere Wandlung geschehen musste, um meinen Fortschritt auf dem Weg zur Organisationsberaterin zu erleichtern.

In dem Maße, wie ich den Eindruck hatte, ich müsste mich selbst neu finden, entschloss ich mich im Jahr 1999 zur Teilnahme am Socio-Analytic Fellowship Program von AISA. Ich versprach mir davon, mehr darüber zu erfahren, wie man Organisationen berät und in der Rolle der Organisationsberaterin arbeitet. Manchmal war ich frustriert, weil ich den Eindruck hatte, mehr über den psychoanalytischen Ansatz zu erfahren als darüber, wie man diese Arbeit auf Organisationen anwendet. Einige Teile dieses Programms erschienen als Fortsetzung meiner Erfahrung mit früheren psychoanalytischen Denkweisen, während andere Teile - zum Beispiel die Seminare zur Arbeitsbeobachtung – wiederum mein Denken zur Organisationsdynamik erweiterten.

Armstrong (1989, S. 4), der auf Bions Arbeit mit Gruppen zurückgreift, beschreibt Gruppen als Arenen für Veränderungen. Was sich verändert, ist ein gefühlsmäßiges Erlebnis, ein gedankliches Ereignis, ein unbekanntes »X« oder ein Ding-an-sich. Armstrong schreibt, dass ein gefühlsmäßiges Erleben das Leben eines Einzelnen verändern kann. Es geht, wie er sagt, nicht nur darum, etwas Neues zu verstehen oder zu wissen, sondern darum, dass man selbst zu etwas Neuem wird. Und genau das begann mit mir während des Fellowship Programms zu geschehen.

Denke ich im nachhinein an das Fellowship Programm, fallen mir auch die Arbeiten von Winnicott (1971) und Bion (1970) ein. Obwohl beide Ansätze sich unterscheiden, erscheinen sie mir in diesem Zusammenhang gleich wichtig.

Winnicott (1971) betont die Bedeutung einer *genügend guten* Mutter, die eine entlastende Umgebung bieten kann, damit das Kind ein persönliches und eigenes Selbst entwickelt, d. h. ein wahres Selbst statt eines falschen. Wie Symmington (1996) betont, ist Winnicotts ›Halten‹ etwas von Außen bzw. eine Übergangsphase zwischen innen und außen. Bions Konzept ›Container/Contained‹ ist ein inneres, in dem sowohl der Container selbst als auch das Contained aktiv sind und die Aktivität entweder integrativ oder destruktiv sein kann. Mir kommt es so vor, als hätte das Fellowship Programm für mich sowohl die Funktion eines Containers als auch die der ›haltenden‹ Umgebung gehabt, die eine gefühlsmäßige Erfahrung ermöglichten, durch die ein neues, über die kognitive Ebene hinaus gehendes Lernen möglich wurde.

Einen weiteren Schritt bei dem Wechsel von meiner Rolle der Psychotherapeutin zur Organisationsberaterin unternahm ich im Jahre 2000, als ich der International Society for the Psychoanalytic Study of Organizations (ISPSO) beitrat und an der Konferenz dieser Gesellschaft in London teilnahm. Ich war mir sicher, dass dies mir bei der Suche nach einer neuen Identität half. Ich kam mir dabei wie eine Heranwachsende vor, die in dem Konflikt von »Identität vs. Rollenkonfusion« gefangen war, ein Entwicklungsstadium, das Erikson (1950) als einen Konflikt der Unvereinbarkeit des eigenen Selbstbildes mit dem Fremdbild beschrieben hat.

Der Rollenwechsel ging für mich mit einigen praktischen Schwierigkeiten einher. Durfte ich mich nun wirklich Organisationsberaterin oder Sozioanalytikerin nennen? Noch scheute ich mich, mich als Sozioanalytikerin zu verstehen. Da ich das für das Fellowship erforderliche Projekt und die schriftlichen Arbeiten noch nicht abgeschlossen hatte, konnte ich mir noch keine entsprechenden Visitenkarten drucken lassen. Ich war mir immer noch unschlüssig über meine Identität. Ich versuchte mir zu dieser Zeit damit zu helfen, dass ich bei der Arbeit in Organisationen meine Angaben handschriftlich weitergab, anstatt meine Visitenkarte als Psychotherapeutin zu überreichen.

Erst nachdem ich diese Arbeit fertig gestellt und sie auf der AISA Konferenz vorgestellt hatte, bestellte ich neue Visitenkarten. Tatsächlich waren diese drei Ereignisse, die Teilnahme am ISPSO Symposium, das Verfassen und Vortragen dieser Arbeit und schließlich der Druck der Visitenkarten wichtige Aspekte im Prozess des Übergangs.

Mir war klar, dass dieser Prozess noch eine lange Zeit andauern würde. Einigen meiner Kollegen gegenüber sprach ich scherzhaft davon, dass das Jahr 2000 mein »Übergangsraumjahr« war.

Wie Margot Waddell (2000, S. 1) – im Kontext von Bions Theorie – bemerkt,

> »geht Wandel mit der Geburt einer neuen Idee einher, die zugleich die Aufgabe der alten Form voraussetzt; damit eine neue Idee geboren werden kann, muss man

> sich von etwas trennen, um Raum für die neue Faszination zu schaffen; wenn die neue Idee die alte überdeckt, bedeutet das einen inneren katastrophalen Wandel. Der Prozess entsteht im Innern – und nicht aus einer bewussten Phantasie; er hängt vielmehr von der Fähigkeit des inneren Objektes ab, zu wachsen und sich zu verändern.«

Im Laufe dieses Prozesses begann ich, meine klinische Tätigkeit neu zu organisieren, um Zeit für mögliche Anfragen nach Organisationsberatungen zu haben und mir den geistigen Raum zu erlauben, um für den parallel laufenden psychischen Prozess offen zu sein.

Vor allem meinen psychotherapeutischen Kollegen gegenüber war ich anfangs sehr darauf bedacht, dies nicht allzu publik zu machen, weil ich fürchtete, keine psychotherapeutischen Patienten mehr zu bekommen. Seitdem mein Interesse an Gruppen und Organisationen mehr und mehr bekannt wurde, glaube ich, dass meine psychotherapeutischen Kollegen eingesehen haben, dass ich in einer anderen Rolle arbeite, wenngleich ich auch immer noch Patienten in Therapie habe.

Bion beschreibt recht ausführlich, wie schwierig es ist, mit dem Unbekannten zu leben und um wie viel angenehmer es ist, mit etwas zu leben, das man bereits kennt. Oft fühlte ich mich versucht, wieder in meine alte Identität und Rolle als Psychotherapeutin zurückzugehen, die bereits gut entwickelt und etabliert war, um mich so auf ein mir »bekanntes« sicheres Terrain zurückzuziehen.

Im Laufe dieses Jahres versicherte ich mir immer wieder, dass 2000 mein Übergangsraumjahr war und dass eine innere Veränderung und Integration vonstatten gehen müsste, bevor ich mich selber anders wahrnehmen könnte – auf mich allein gestellt – bevor andere mich als Organisationsberaterin akzeptieren würden.

Winnicott (1971) untersuchte persönliche Veränderungen in der frühen Kindheit. Er beschrieb einen Prozess, in dem ein Kleinkind, das zunächst fast eins mit der Mutter war, sich zu einem eigenen Selbst entwickelt. Damit dieser Prozess stattfindet, ist ein intermediärer Raum notwendig, der weder innerlich noch äußerlich ist. Winnicott nennt dies einen »Möglichkeitsraum«. Es ist ein Raum zwischen der Mutter und dem Säugling, in dem das Spiel es dem Baby ermöglicht, wahrzunehmen, wie sein eigenes Verhalten die Dinge und die Menschen beeinflusst. In solchen kreativen Spielräumen kann neues Lernen entstehen. Manchmal konnte ich nachvollziehen, was ein kleines Kind wohl fühlen mag, wenn es viele neue Spielsachen, Dinge und Leute mit so vielen neuen Möglichkeiten entdeckt – wie sie sich vor meinen eigenen Augen eröffneten.

Winnicott (1971, S. 41) spricht auch davon, »dass man nicht nur denken und wünschen, sondern tatsächlich etwas tun muss, um die Dinge der Außenwelt zu beeinflussen; und Dinge zu tun erfordert Zeit«. Auch ich gab mir Zeit und den »Reflexionsraum«, um über die Veränderungen, die in meinem Leben stattfanden, nachzudenken. Ich erlaubte mir, mit neuen Ideen und unterschiedlichen Seinszuständen zu spielen. Drei Dinge kommen mir dabei in den Sinn: Erstens war ich es gewohnt, auf Überweisungen von Patienten zu warten, und nun hatte ich Geschäftsessen und Meetings wahrzunehmen, um die Möglichkeit von Beratungsaufträgen zu sondieren. Zweitens war ich es gewohnt, vorwiegend von meiner Praxis und von zu Hause aus zu arbeiten, und nun arbeitete ich in anderen, ganz unterschiedlichen Kontexten. Drittens veränderte sich die Art und Weise gänzlich, wie ich mit Honoraren umging. Organisationsberater werden offenbar besser bezahlt als Psychotherapeuten. Es bedurfte einer deutlichen inneren Umstellung, um mich an die neue Honorarstruktur anzupassen.

Beim Lesens einer Vorabversion des Buches von Amado und Ambrose (2001) wurde mir zunächst nicht deutlich, dass das, was dort beschrieben wurde, so direkt der Veränderung entsprach, die ich gerade durchmachte. Im Vorwort zu diesem Buch zeigt Harold Bridger (2001, S. XIf.) eine Parallele zwischen dem Prozess des Erlernens und Verlernens bei Veränderungen in der frühen menschlichen Entwicklung und dem Prozess auf, der sich heute in unseren Leben in Institutionen und Organisationen vollzieht. Er betont die Wichtigkeit von Zeit und Raum, die erforderlich sind, damit Denken stattfinden kann – und insbesondere das unbewusste ›Durcharbeiten‹, damit es zu wirklichen und effektiven Veränderungen kommen kann.

Bridger nimmt auf Winnicotts Begriff des Übergangsobjektes bezug und spricht davon, dass dadurch, dass das Übergangsobjekt bei der Durcharbeitung der sich entwickelnden und gemachten Phasen des Übergangsprozesses die Zeit und den Raum für die Exploration erlaubt, es einen Ausdruck der Beziehung zu einer unsicheren äußeren Welt ermöglicht (ebd. S. XII).

Er wendet diese Konzepte für den Übergangsraum bei Veränderungen in Organisationen an. Sie haben mir auch bei der Reflexion meines eigenen Veränderungsprozess in bezug auf meine neue Rolle sehr geholfen.

Amado und Ambrose (2001) sprechen von der Veränderung als

> »einer nicht nur bestimmten Art des Wandels; es ist auch eine besondere Art von Prozess, der sich selbst in der gleichen grundlegenden Form vollzieht – unabhängig davon, ob der menschliche Kontext, in dem er geschieht, sozialer, organisatorischer oder persönlicher Art ist«.

Der Prozess des Übergangs muss gleichzeitig auf der psychologischen wie auch auf der sozialen Ebene beschrieben werden, wobei beide Ebenen des Prozesses miteinander in Verbindung stehen und in bezug auf die Veränderungen aufeinander einwirken. Der psychosoziale Rahmen des Übergangsprozesses beruht auf der fortwährenden Beziehung der äußerlichen objektiven Merkmale der Umwelt und der »inneren subjektiven Erfahrung«.

Diese Autoren sprechen auch davon, dass die

> »schwierigste der tiefen menschlichen Erfahrungen bei solchen Übergängen in der Veränderung der persönlichen Identität besteht; in dem Maße, wie die lange aufrecht erhaltenen Vorstellungen, Tugenden und Annahmen sowie die bisherige Praxis aufgegeben werden und allmählich durch neue ersetzt werden, stellt sich die Frage, wer man wirklich ist.«

Zeit, Aufgabe, Raum und Grenzen der Rolle – ein Beispiel aus der Praxis

Eine der zentralsten Veränderungen bei diesem Übergang war der Gedanke, wie ich das Lernen und das Wissen aus der psychoanalytisch-psychotherapeutischen Praxis in die Arbeit einer Organisationsberatung übertragen und anwenden konnte. Insbesondere eine Beratung machte mir deutlich, wie wichtig es war, meine Rolle als psychoanalytisch orientierte Beraterin zu definieren und vorrangig in dieser Rolle – und eben nicht in der einer psychotherapeutischen Beraterin – zu arbeiten. Mir war klar, dass ich für die weitere Entwicklung und die weiteren Veränderungen eine kontinuierliche Supervision dieser Arbeit brauchte, wie ich sie früher im Rahmen meiner psychoanalytischen Arbeit hatte. Daher bemühte ich mich um eine Supervision, die ich dann auch fand.

Die Beratung erfolgte in einer Organisation des Gesundheitswesens, in der einige der Mitglieder Psychotherapeuten waren. Da ich die Vertraulichkeit wahren möchte, werde ich diese Organisation nur kurz beschreiben.

Ich war angefragt worden, eine Gruppe innerhalb der Organisation zu beraten, um die Mitglieder dabei zu unterstützen, über einige der Fragen nachzudenken, die mit ihrer Rolle als Kliniker sowie als Berater und Trainer anderer medizinischer Berufsgruppen verbunden waren. Diese Beratung sollte zugleich ihre Beziehungen im Team und zur Organisation als Ganzer einschließen. Wir einigten uns auf eine bestimmte Anzahl von Sitzungen, die in regelmäßigem Abstand stattfinden sollten. Am Ende wollten wir diese Arbeit miteinander auswerten und die nächste Phase planen.

Viele der Fragen, die sich auf die Teammitglieder bezogen, waren zugleich meine eigenen, nämlich wie Training und Erfahrung in unterschiedlichen Kontexten genutzt werden könnten. Mir war sehr daran gelegen, dass meine Rolle nicht bloß die einer Psychotherapeutin war, die so arbeitet, wie ich es in klinischen und Supervisionssitzungen getan hätte. Die Gefahr, dabei in eine Kollusion zu geraten, war deshalb besonders groß, da es Psychotherapeuten waren, mit denen ich arbeitete. Ich musste hier auf eine neue Art arbeiten, die auf meinen psychotherapeutischen Kenntnissen und Fähigkeiten beruhte, aber zugleich auch eine neue Art des Verstehens und der Praxis einbeziehen, die mit der sozioanalytischen Sichtweise einherging.

Dabei war ich auch stets darauf bedacht, meine eigenen persönlichen Belange von denen zu trennen, die ich in der Gegenübertragung erlebte. Ich musste mir immer wieder vergegenwärtigen in welchem System ich gerade arbeitete – im organisatorischen oder im psychotherapeutischen. Die Aufgabe zielte eindeutig auf eine Organisationsberatung ab und eben nicht auf eine klinische Supervision. Manchmal wurde ich mir bewusst darüber, dass ich dazu tendierte, im klinischen System zu arbeiten und so dazu beitrug, die Grenzen zwischen dem klinischen und dem organisatorischen System zu verwischen. Auch von den Teammitgliedern wurde diese Schwierigkeit erlebt, wenn sie zwischen ihrer klinischen Rolle und ihrer Rolle als Berater zu unterscheiden hatten.

Im Laufe dieser Beratung erfuhr ich meine Veränderung von der Rolle einer klinisch orientierten Praktikerin zu einer Organisationsberaterin, die mit der psychotherapeutischen Denkweise und den entsprechenden Prozessen vertraut ist, auf besondere Weise. Mir wurde deutlich, wie wichtig es war, nicht in die alten Verhaltensweisen einer Psychotherapeutin zurückzufallen, sondern die emotionale Erfahrung dieser Beratung wirklich zuzulassen. Ich möchte an zwei Beispiele darstellen, wie ich mich darum bemüht habe, mir des Unterschiedes zwischen den Rollen deutlich bewusst zu werden.

Zunächst wurde die räumliche Situation wichtig. Die Mitglieder der Klientenorganisation hatten sich außerhalb ihres normalen Arbeitsumfeldes getroffen, weil sie an ihrem Arbeitsplatz keinen für die Beratung geeigneten Raum hatten. Bei unserer Vereinbarung am Telefon hatten wir uns darauf geeinigt, dass ich mich mit dem Team in den Räumen des Australian Institute of Socio-Analysis traf, weil mir dies als ein geeigneteres Terrain erschien. Dann wurde mir klar, dass ich meine frühere Rolle auf ein anderes System angewandt hatte und dass der Ort, an dem wir uns trafen, wenngleich auch ungewöhnlich, so wahrscheinlich doch auch einige der Schwierigkeiten der Organisation verdeutlichen würde, die sich mir in diesen neuen Räumen erschließen würden. Das bedeutete schließlich auch, dass unser erstes Treffen außerhalb der mir eher vertrauten Umgebung meiner Praxis stattfand.

Wie sich bei der gemeinsamen Arbeit herausstellte, trugen die Räumlichkeiten, in denen wir uns trafen, dazu bei, einen Teil der für die Organisation typischen Dynamik zu verdeutlichen. Nachdem dies klar geworden war, wurde es möglich einen passenderen und angemesseneren Raum für die weiteren Beratungssitzungen zu finden.

Das zweite Beispiel bezieht sich auf die Aufgabe. Als Psychotherapeutin war es meine vorrangige Aufgabe, zu reflektieren und eine Deutung anzubieten. In einer anderen Beratung verbrachten wir viele Sitzungen damit, die Dynamik und die unterschwelligen Gründe heraus zu arbeiten, die die Teamentwicklung störten. Ich hatte den Eindruck, wir hätten immer und immer wieder darum kreisen können, die tiefer liegende Dynamik zu reflektieren und zu verstehen.

Es wurde offensichtlich, dass wir einen Handlungsplan brauchten. Teil eines solchen Planes musste es sein, dass die Mitglieder der Klientengruppe sich darüber klar würden, was sie über ihre Schwierigkeiten gelernt hatten, welche Veränderungen bisher unternommen worden waren und wie sie in der Bearbeitung jeder ihrer Fragen und Probleme fortfahren würden. Ich merkte, wie ich eine Tafel einsetzte und die gemachten Äußerungen entsprechend ordnete. Dies war eine ganz andere Vorgehensweise, als wie ich sie in meiner Rolle als Psychotherapeutin eingesetzt hätte. Später bemerkte ein Teammitglied, dass es für sie als Klienten in ihren unterschiedlichen Rollen hilfreich gewesen sei, zu sehen, wie flexibel ich gewesen sei, die Erfordernisse der Aufgabe aufzugreifen.

Shapiro und Carr (1991, S. 130) wiesen darauf hin, »dass, wenn eine Person in verschiedenen Rollen arbeitet und eine davon vorrangig wird, die anderen Rollen dennoch nicht abgelegt und ignoriert werden können«. In meinem Fall arbeitete ich in sich verändernden Rollen, wandte sie auf das jeweilige zu untersuchende System an und veränderte meine Rolle entsprechend der Aufgabe. Schein (1988) betont die Auswahl, die Helfende treffen müssen, und die Annahmen, die dieser Auswahl zu Grunde liegen. Er beschreibt drei Beratungsmodelle und wie er sich den Anforderungen der Situation entsprechend fortwährend von einem Modell zum anderen bewegt.

Ich bedachte die unterschiedlichen Interpretationsebenen, die im Kontext einer Organisation angemessen sind. Eine gemeinsam geteilte Realität entstand durch die Exploration von Arbeitshypothesen. Zu Beginn jeder Beratungssitzung bot ich dem Team ein kurzes Arbeitspapier an, in dem ich aus meiner Sicht das Verstehen beschrieb, das wir zum Schluss der vorangegangenen Sitzung erreicht hatten.

Stokes (1994) bezieht sich auf eine frühe Arbeit von Bruce Reed & Barry Palmer, die davon sprechen, dass »Freiheit innerhalb einer Organisation aus dem Finden, Gestalten und der Übernahme einer Rolle in bezug zur Aufgabe und den vorhandenen Strukturen resultiert, die sie unterstützen«. Im weiteren Verlauf der Beratung fühlte ich mich immer freier in meiner Rolle und immer mehr in der Lage, kreativ in bezug auf die Aufgabe zu denken. Ich war in der Lage, in dieser Beratung verschiedene Rollen zu übernehmen. Es faszinierte mich auch, zu sehen, dass dies eines der Probleme war, mit dessen Lösung die Teammitglieder ebenfalls beschäftigt waren. Durch die Arbeit als Beraterin mit anderen, die um die Übernahme ihrer eigenen Beraterrolle bemüht waren, konnten sie mich als Rollenmodel nehmen.

Ich habe deutlich zu machen versucht, wie die psychoanalytische Denkweise und die Praxis meine Organisationsarbeit beeinflusst haben. Ich arbeite weiterhin in beiden Systemen – dem psychotherapeutischen und dem organisatorischen – und bin der Überzeugung, dass jedes dieser Arbeitsgebiete auch in Zukunft das jeweils andere bereichern und beeinflussen wird.

Kathleen Pogue White (1996) beschreibt, wie sie mit einem Patienten psychoanalytisch arbeitete und dann ihre Rolle und den Rahmen für die Arbeit dahingehend neu verhandelte, wie diese Arbeit in der Organisation des Klienten stattfinden konnte. Nachdem die Arbeit in der Organisation abgeschlossen war, kehrten sie und ihr Patient wieder zu einer Psychoanalyse viermal die Woche zurück. Ich möchte hier nicht weiter auf die Vor- und Nachteile eines solchen Ansatzes eingehen, sondern lediglich darauf hinweisen, wie wichtig es offensichtlich ist, dass man sich der eigenen Rollenidentität deutlich bewusst ist, wenn man auf eine solche Weise arbeitet. Es kommt in erster Linie auf die Klarheit der Rolle in bezug auf die Aufgabe an. Vor dem in dieser Arbeit beschriebenen Wandel hätte ich es nicht für möglich gehalten, auf diese Art über die Grenzen der Rolle hinaus zu arbeiten.

Meine Erfahrungen haben zu einem inneren Wandel geführt, der es mir erlaubt hat, ein Arbeiten über Systeme hinweg in Erwägung zu ziehen. Dieses wurde nur möglich, weil ich mir über meine Aufgaben in Beziehung zu meiner neuen Rolle klar geworden war. Indem die Rolle in meiner Vorstellung heranreifte, entwickelte sich auch meine Fähigkeit, mit neuen Zeiten, Aufgaben, Räumen und Grenzen umzugehen.

Die Bedeutung der Sozioanalyse für psychotherapeutische Fortbildungsprogramme

Meiner Erfahrung nach bieten die meisten Fortbildungsprogramme zur Psychotherapie keine Seminare über Gruppen- oder Organisationsthemen an. Und dennoch geschieht die Arbeit der Psychotherapie selbst nicht in einem Vakuum; die Psychotherapeuten gehören im Rahmen ihrer unterschiedlichen

Rollen Organisationen an, in denen sie ihre Arbeit verrichten. Die Beziehung zwischen Patient und Therapeut sowie zwischen Supervisor und Trainee wird unabdingbar vom jeweiligen organisatorischen Kontext beeinflusst, in dem diese Beziehung stattfindet.

In den letzten Jahren habe ich Seminare über Gruppen- und Organisationsthemen sowie ein Seminar zur Erkundung der Arbeitssituation im Rahmen eines Master-Studienganges angeboten. In diesen Seminaren geht es um den Einfluss von Gruppen und Organisationen auf die klinische Praxis. Aus den Rückmeldungen, die ich dabei erhielt, wird deutlich, dass diese Seminare einen wichtigen Raum abgeben, um Fragen des Arbeitsplatzes zu untersuchen; sie haben den Teilnehmern dabei geholfen, mit vielen komplizierten und schwierigen Problemen umzugehen, die auf ihre Arbeit einwirken. Dies soll jedoch nicht heißen, dass psychotherapeutische Ausbildungsprogramme Sozioanalytiker ausbilden sollten, es bedeutet vielmehr, dass die sozioanalytische Sichtweise Eingang in diese psychotherapeutischen Programme finden sollte. Ich bin der Ansicht, dass eine solche Fortbildung Psychotherapeuten dabei helfen kann, die zunehmend notwendige Rolle des Beraters zu übernehmen, eine neue Rolle, die durch die sich verändernde Praxis der Psychotherapie – vor allem im Bereich öffentlicher Institutionen – zunehmend erforderlich wird.

Abschließende Bemerkungen

Wandel ist besonders dann ein schwieriger Prozess, wenn er sich auf die eigene Identität und Rolle bezieht. Damit dieser Wandel auf einer tieferen inneren Ebene stattfinden kann, ist ein Übergangsraum in einem angemessenen Rahmen erforderlich. In meinem Fall vollzog sich der Wandel von der Rolle einer Psychotherapeutin zu der einer Organisationsberaterin. Ich habe deutlich gemacht, wie mir dieser besondere Übergangsraum durch das AISA Socio-Analytic Fellowship Program und die Einzelsupervision gewährt worden ist; ebenso wichtig war dabei auch der physische und geistige Raum, der es mir ermöglichte, die Fragen und Probleme zu explorieren, die sich mir in dem Prozess dieser deutlichen Veränderung in meinem Berufsleben stellten.

Sozioanalyse als ein Fachgebiet ist nicht nur für die Arbeit einer Organisationsberaterin von grundlegender Bedeutung, sondern auch für Psychotherapeuten, die in ihren Rollen als Berater, Lehrer und Supervisoren in Zusammenhängen arbeiten, die nicht nur ein Verstehen der Dynamik des Einzelnen, sondern auch der sozialen Dynamik von Gruppen und Organisationen erfordern.

Dank und Anerkennung

Mein aufrichtiger Dank gebührt meiner Supervisorin, Prof. Susan Long. Sie stellte den Raum dafür zur Verfügung, Kreativität in einem lebendigen Gedankenaustausch entstehen zu lassen. Dieser Raum ermöglichte es mir nicht nur, den Übergang von der Psychotherapeutin zur Organisationsberaterin zu vollziehen, sondern hat mir auch bei dem Übergang geholfen, diese Arbeit in die Form einer Veröffentlichung zu bringen.

Übersetzung aus dem Englischen: Claudia Schmidt und Burkard Sievers

Anmerkung

[1] Sozioanalyse wird als die Erforschung, Beratung und Aktionsforschung verstanden, wobei Methoden und Theorien, die aus der Psychoanalyse, dem Group Relations Ansatz, des Denkens in sozialen Systemen, Organisation Behavior und dem sozialen Träumen stammen, verwendet und miteinander verknüpft werden (Bain, 1999).

Literatur

Australian Institute of Socio-Analysis (1999): Socio-Analytic Fellowship Program Booklet.

Amado, Gilles & Ambrose, Anthony (Hg.) (2001): The Transitional Approach to Change. The Harold Bridger Transitional Series. London (Karnac Books).

Armstrong, David (1989): Names, Thoughts and Lies: The relevance of Bion's later writings for understanding experiences in groups. Überarbeitete Vortragsmitschrift anlässlich der Eröffnung einer Seminarreihe zum *Group Relations Thinking*; veranstaltet vom Centre for Explorations in Social Concern, The Grubb Institute, London.

Bain, Alastair (1999): On Socio-Analysis. In: Socio-Analysis, Bd. 1, Nr. 1 S. 1–21. Dt.: (2001): Einige Überlegungen zur Sozioanalyse. In: Freie Assoziation, 4, S. 135–153; wieder in diesem Band.

Bion, Wilfred R. (1970): Container and Contained Transformed. In: Ders.: Attention and Interpretation, Kapitel 12. London (Maresfield Reprints).

Bridger, Harold (2001): Foreword. In: Amado & Ambrose, 2001, S. XI–XIV.

Erikson, Erik H. (1965): Childhood and Society. Australien: Penguin Books.. Dt.: (1999): Kindheit und Gesellschaft. 13. Aufl., Stuttgart (Klett-Cotta).

Grubb Institute (1988): Taking a Role. Note Nr. 1, The Grubb Institute (February) London.

Nahum, Tania (1992): Psychoanalytic thinking and its application to our everyday work. Unveröffentlichtes Manuskript eines Vortrags auf dem Workshop der *Victorian Association of Psychotherapists.*

Rioch, Margret (1970): The Work of Wilfred Bion on Groups. In: Psychiatry, 33 S. 56–66.

Shapiro, Ed R. & Carr, Wesley A. (1991): Lost in Familiar Places: Creating new connections between the individual and society. New Haven & London (Yale University Press).

Schein, Edgar H. (1990): A General Philosophy of Helping: Process consultation. In: Sloan Management Review. Spring, S. 57–64.

Stokes, Jon (1994): Institutional chaos and personal stress. In: Anton Obholzer & Vega Zagier Roberts (Hg.): The Unconscious at Work: Individual and organizational stress in the human services. London (Routledge), S .121–128.

Waddell, Margot (2000): Zitat aus: The Australian Psychological Society, Psychoanalytically Orientated Psychology Interest Group Newsletter Melbourne, Australien.

White, Kathlyn P. (1996): Reflections from Practice: The Interface of Psychoanalysis and Organizational Role Consultation. Vortrag auf dem Symposium der International Society for the Psychoanalytic Study of Organizations, New York. www.ISPSO.org.

Winnicott, Donald W. (1971): Playing and Reality. London (Penguin Books). Dt: (1979): Vom Spiel zur Kreativität. Stuttgart (Klett-Cotta).

Die Klientin, die ich nie gesehen habe: Organisatorische Rollenberatung über das Telefon

Rose Redding Mersky

Zusammenfassung: Seit mehr als einem Jahr führe ich eine wöchentliche Organisatorische Rollenberatung über das Telefon mit einer Klientin durch, die ich nie gesehen habe. Obwohl ich, wie viele meiner Kollegen, bisher immer wieder mit Klienten über das Telefon gearbeitet habe, so liegt das Besondere dieser Beratung gerade darin, dass wir uns nie persönlich getroffen haben. Wenngleich diese Beratung auch eine Ausnahmesituation darstellt, so dient sie mir doch gerade dazu, die Dynamiken zu verdeutlichen, die bei der Arbeit mit einem Klienten über das Telefon auftauchen können. Meiner Ansicht nach fördert eine solche Beratung eine vorwiegend personenorientierte Vorgehensweise, die für bestimmte Klienten besonders angemessen und hilfreich zu sein scheint. Dabei gehe ich von der Arbeitshypothese aus, dass eine ausschließlich über das Telefon durchgeführte Beratung Einfluss auf unsere Arbeitsweise, auf die Art und Weise unserer Interventionen sowie auf das Verständnis hat, das wir für unseren Klienten entwickeln. Ich werde meine Klientin vorstellen und die Dynamiken der Telefonberatung sowie die Überlegungen beschreiben, die mich zu bestimmten Interventionen veranlasst haben. Abschließend werde ich einige Überlegungen über die professionellen Dilemmata darstellen, die mit einer solchen Arbeit einhergehen.

Einleitung

Organisatorische Rollenberatung ist eine Form der Einzelberatung, die es ermöglicht, an bestimmten, mit der Rolle verbundenen Problemen zu arbeiten, ein besseres Verständnis für die Rollen wichtiger Anderer und eine größere Klarheit über den eigenen Umgang mit Autorität und Führung sowie ein systemisches Bewusstsein zu erlangen. Die Klientin entwickelt dabei kreativere und wirksamere Strategien, sich selbst in ihrer Rolle zu managen und wird dazu angeregt, solche Bereiche ihres Verhaltens und ihrer Arbeit zu explorieren, die ihr bislang weniger vertraut waren.

Die Primäraufgabe der Rollenberatung besteht darin, an der Schnittstelle zwischen der jeweiligen beruflichen Entwicklung der Klientin und den besonderen Anforderungen zu arbeiten, die mit der jeweiligen Rolle verbunden sind. Die Frage, die sich der Beraterin stellt, bezieht sich darauf, wie die Klientin diesen Anforderungen durch ihre Rolle zu entsprechen versucht. Das Ziel dieser Arbeit besteht darin, der Klientin dabei zu helfen, ein deutlicheres Bewusstsein von sich selbst zu gewinnen sowie solche Möglichkeiten des Denkens, des Arbeitens und der Interaktion zu entwickeln, die es ihr erlauben, den Anforderungen und Entwicklungen ihrer gegenwärtigen Rolle auf wirksamere Weise zu begegnen.

Wenn ich mich mit Klienten entweder in meinem Büro oder in ihren Organisationen treffe, dann stehen in der Regel Fragen der Organisation im Vordergrund – die allerdings häufig sehr persönlicher Art sind. Nur selten bringen meine Klienten dabei Fragen und Probleme ein, die sich entweder direkt auf die Ursprungsfamilie beziehen oder die mit der Arbeitssituation im Zusammenhang stehen. Gelegentlich arbeite ich dabei zwischendurch auch telefonisch mit meinen Klienten, wobei es dann um die Bearbeitung dieser organisatorischen Fragen geht. Mit der Klientin, über die ich hier berichten werde, ist es jedoch genau umgekehrt. Sie hat unsere Arbeit mit einem nur sehr schwach ausgeprägten Verständnis ihrer Rolle begonnen und hat Interaktionen überwiegend als persönliche Beziehungen verstanden. Ihr ging es in erster Linie um die intensiven Gefühle, die sie mit ihrer Arbeitssituation, ihren Kollegen und ihren Vorgesetzten verbindet, wobei sie sich immer wieder auf die Ansichten und Antworten ihrer eigenen Familie bezog. Meine Rolle bestand darin, ihr dabei zu helfen, persönliche und organisatorische Fragen voneinander zu trennen und sich selbst im Kontext des größeren Systems der Organisation zu verstehen.

Wenngleich diese Beratung auch ein recht ungewöhnlicher Fall ist, so möchte ich sie hier doch dazu verwenden, die besondere Dynamik aufzuzeigen, die mit der Beratung von Klienten per Telefon verbunden ist. Aus Gründen, die ich später in diesem Beitrag noch näher erläutern werde, fördert diese Art zu arbeiten, aus meiner Sicht, vor allem eine persönliche Betrachtungsweise; aus diesem Grunde kann sie auch für eine bestimmte Art von Klienten eine sehr hilfreiche Möglichkeit darstellen.

Mit meiner Arbeitshypothese gehe ich davon aus, dass eine ausschließlich über das Telefon durchgeführte Beratung die Art und Weise unserer Arbeit verändert und Auswirkungen auf unsere Interventionen sowie für das Verständnis hat, das wir für unsere Klienten entwickeln. Im Folgenden werde ich kurz meine Klientin beschreiben, auf die besondere Dynamik einer telefonischen Beratung eingehen und einige meiner Interventionen verdeutlichen.

Meine Klientin

Leslie ist eine beeindruckende, äußerst begabte und extrem ehrgeizige Frau von 42 Jahren. Sie hat sowohl einen medizinischen Doktorgrad als auch einen

Ph. D. von einer der höchst angesehenen amerikanischen Universitäten. Ihre vielversprechende Karriere an dieser Universität endete vor fünf Jahren sehr abrupt, als ihr Mentor wegen der Veruntreuung von Forschungsgeldern gehen musste. Bei ihrem eigenen Weggang von der Universität nahm sie die erstbeste Stelle an, die ihr in einem internationalen Großunternehmen angeboten wurde. In diesem Unternehmen hat sie in den letzten fünf Jahren eine Reihe verschiedener Positionen wahrgenommen. Nachdem sie zunächst als Forscherin begonnen hatte, war sie danach medizinische Beraterin für den Verkauf innerhalb der U.S.A. und schließlich als medizinische Direktorin einer Marketingabteilung zugeordnet, die an der Entwicklung von zwei Produkten arbeitete.

Sie kam im November 1999 auf mich zu, nachdem sie von einer Kollegin an mich verwiesen worden war, die ihr in einem Managementworkshop begegnet war und die sich selbst überfordert fühlte, ihr zu helfen. Zu diesem Zeitpunkt bestand Leslies Ziel darin, in diesem Unternehmen Vizepräsidentin zu werden. Bis heute (August 2001) arbeiten wir miteinander, und ich habe sie als eine äußerst motivierte und beständige Klientin erlebt. Als wir mit der Beratung begonnen haben, wohnte sie in Boston (und ich in New York), zog aber im folgenden Jahr nach New York um. Mehr als ein Jahr lang haben wir telefonisch miteinander gearbeitet und uns, trotz meiner wiederholten Vorschläge, nie persönlich getroffen.

Als wir unsere Arbeit begannen, war meine Klientin über ihre beratende Position im Verkauf äußerst unglücklich. Diese Tätigkeit war mit einem extrem hohen Reiseaufwand verbunden und bot ihr nur wenig Gelegenheit, Anerkennung für ihre intellektuellen Fähigkeiten zu erhalten. Es wurde von ihr erwartet, gute Arbeitsbeziehungen mit den Mitarbeitern im Verkauf zu entwickeln und auf jede nur mögliche Weise zu deren Erfolg beizutragen. Sie wollte unbedingt aus dieser Stelle heraus, war aber recht hilflos, wie sie es anstellen sollte. Für sie war diese Position unter ihrer Würde. In der Zusammenarbeit mit den Verkaufsmitarbeitern vor Ort, mit ihren Kollegen in den U.S.A. und ihrer Vorgesetzten, Laura, hatte sie permanent das Gefühl, nicht hinreichend anerkannt zu werden und sich ständig zu überarbeiten.

Nachdem Laura sie negativ beurteilt hatte, war sie entschlossen, unbedingt eine andere Stelle zu suchen, die sie dann schließlich im September 2000 fand. Sie wurde medizinische Beraterin für die Marketingabteilung, die an zwei neuen Produkten arbeitete, und wurde in die Unternehmenszentrale nach New York versetzt. Diese Stelle, die sie z. Zt. noch inne hat, war höher angesiedelt und mit einem größeren Status verbunden. So ist sie dafür verantwortlich, dass die medizinischen Informationen für das Marketing dieser Produkte einwandfrei sind. Sie arbeitet recht eng mit der Marketingabteilung

– und insbesondere mit Joyce, einer Frau aus dem Marketing – zusammen, die sie als sehr frustrierend erlebt. Sie hat eine Reihe von Veranstaltungen und Programmen entwickelt, durch die eines dieser Produkte eine große Aufmerksamkeit erlangt hat. Momentan spricht alles dafür, dass dieses Produkt zu einem Renner wird. Trotz ihres deutlichen Erfolges hat sie in dieser Rolle ein hohes Maß an Angst erlebt. Sie zweifelt immer wieder an sich selbst und tut sich schwer, sich angesichts der unvermeidbaren Enttäuschungen an diese positiven Erfahrungen zu erinnern.

Für Leslie, meine Klientin, steht es an aller erster Stelle, die Beste zu sein – und natürlich auch als solche wahrgenommen zu werden. Über ihre beeindruckenden Zeugnisse hinaus verfügt sie über eine ganze Reihe von Fähigkeiten. Sie hat ein äußerst gutes organisatorisches Geschick, vor allem dann, wenn es darum geht, das Chaos wieder in Ordnung zu bringen – oft beschwert sie sich darüber, dass sie das ausbügeln muss, was ihr ihre Vorgänger hinterlassen haben – und sie ist eine begabte Rednerin. Sie ist sprachlich ausgesprochen gewandt und extrem freundlich. Sie scheint ein intuitives Verständnis dafür zu haben, Projekte voran zu bringen und mit allen möglichen Mitteln Unterstützung zu gewähren.

Leslie orientiert sich vor allem an denen, die über ihr stehen. All ihre Aktivitäten und Ängste sind darauf ausgerichtet, wie sie von ihnen gesehen wird. »Ich muss mich nicht um die anderen kümmern, mit denen ich arbeite. Die einzigen Leute, bei denen ich Eindruck machen muss, sind Laura und die einzelnen Regional- und Bezirksleiter«. Aber es reicht ihr nicht aus, Aufmerksamkeit zu gewinnen. Sie muss ausgeglichen erscheinen, sich entsprechend verhalten und immer einen guten Eindruck erwecken. »Um erfolgreich zu sein, muss ich mich auf eine bestimmte Art und Weise verhalten. Ich muss mich angemessen geben und wissen, wann ich zustimmen und mich auf eine bestimmte Weise zu verhalten habe. Ich versuche alles zu vermeiden, was negativ ist«. Sie muss sich nicht nur dementsprechend verhalten, sondern auch perfekt auftreten. »Ich muss bei einem Vortrag den Eindruck von Sicherheit, Perfektion und Vertrauenswürdigkeit erwecken, so als ob ich es schon von Kindesbeinen an wüsste«. In einer gewissen Hinsicht ist ihre Sorge insofern sogar berechtigt, als sie in einer Unternehmenswelt arbeitet, in der es in besonderem Maße darauf ankommt, Eindruck zu erwecken.

Für Leslie kommt es vor allem darauf an, dass sie als einzigartig erlebt wird, dass sie »auffällt; anderenfalls würde ich ja nur als Mitläuferin erlebt.« Sie ist ständig auf Bestätigung von außen angewiesen, um sich erfolgreich und als etwas Besonderes zu fühlen. Und selbst dann, wenn sie Bestätigung erfährt – was oft genug der Fall ist – ist diese nur von kurzer Dauer. Es strengt sie so sehr an, aufzufallen, dass sie sich manchmal darüber beklagt, wie sehr sie das mitnimmt. »Wenn ich nicht immer wieder positives Feedback bekomme, bin ich müde und erschöpft«. Und wenn sich ihr Bedürfnis nach Bestätigung nicht erfüllt, ist sie verzweifelt und stellt alles in Frage. »Ich komme mir überhaupt nicht groß dabei vor, all diese entmutigenden Dinge zu tun. Bin ich in diesem Unternehmen überhaupt am richtigen Platz? Ich weiß nicht, wie ich aufsteigen kann. Wie kann ich in einer solchen Situation überhaupt noch als herausragend wahrgenommen werden?«

Obgleich ihr Verständnis der organisatorischen Rolle recht schwach ist, so hat sie eigenartiger Weise doch ein sehr gutes Gespür für die Aufgabe. Sie ist immer erfolgreich, das, was die Rolle erfordert, zu erbringen und eine unglaublich harte Arbeiterin. Sich selbst beschreibt sie als »unermüdlich arbeitend, ich renne wie eine Blöde herum und arbeite wie ein Berserker«. Für eines der wichtigeren Projekte hat sie sich selbst »umgebracht«. Tagein, tagaus arbeitet sie eine unglaubliche Anzahl an Stunden; sie steht morgens um 3 oder 4 Uhr auf und arbeitet bis spät in die Nacht. Auch am Wochenende arbeitet sie häufig. Da sie in Boston lebt, aber in New York arbeitet, fliegt sie jedes Wochenende hin und zurück. In gewisser Weise ist die Aufgabe für sie nicht ein Teil der Organisation, sondern vielmehr ihre eigene, denn sie tut sich sehr schwer damit, ihre eigene Aufgabe im Kontext der Aufgabe der Organisation und den Aufgaben der anderen zu sehen.

Leslie beschwert sich zwar immer wieder über den Umfang an Arbeit, den sie leistet, aber jeder Versuch, sie darin zu ermuntern, eine deutlichere Grenze zu ziehen oder auszuhandeln, stößt bei ihr auf taube Ohren. Sie ist der Überzeugung, dass sie allen Ansprüchen, die an sie gestellt werden, genügen muss. (In einer frühen Phase der Beratung haben wir z. B. ausgiebig daran gearbeitet, wie sie mit Emails umgehen kann). Ihre Philosophie besteht darin, dass »immer ja zu sagen, dazu dient, Beziehungen aufzubauen. Du musst immer versuchen, dass die Menschen, die mit Dir arbeiten, gut über Dich sprechen«. Auch ist sie davon überzeugt, dass »es einer Frau schwer fällt, nein zu sagen.« Selbst als sie befördert wurde, hatte sie Schwierigkeiten, Teile eines großen Projektes abzugeben: »Ich bin der Meinung, ich müsste es tun. Wofür haben sie mich denn sonst angestellt?« Sie fühlt sich unwohl und ist bange, dass wenn sie nicht ständig auf Trab ist, sie sich immer wie ein Spielzeug eines Vorgesetzten vorkommt, der von ihr nur noch mehr Arbeit erwartet.

Leslies Haltung, sich ›selbst umzubringen‹, geht mit ihrer Phantasie einher, dass sie dafür gut belohnt werden wird. In bezug auf ein früheres Projekt, sagte sie: »Ich war bereit, alles dafür zu geben, es durchzukriegen – das war meine Eintrittskarte, um im System aufzusteigen«. Wenn dies dann nicht passiert, ist sie verwirrt. Aus ihrer Sicht funktionieren Beziehungen nach dem Muster, dass man, was immer man investiert, auch zurückerhält –

vor allem dann, wenn man hart arbeitet und respektvoll ist, was sie ihrer Meinung nach sein muss, um erfolgreich zu sein. »Es kostet einen hohen Aufwand, für den man nicht viel zurück bekommt«.

Immer wieder bringt Leslie ihre Enttäuschung über ihre Vorgesetzten zum Ausdruck, dass sie ihr nicht genügend Anleitung geben oder keinen Versuch machen, sie zu fördern. Oft reagiert sie auf diese Verletzungen damit, dass sie ihre Vorgesetzten abwertet und selbst hochmütig ist. Z. B.: »Laura hat nur eine geringe Auffassungsgabe und ist recht beschränkt in ihrem Leistungsvermögen. Ich muss für sie arbeiten und habe eine gute Arbeitsbeziehung mit ihr, aber ich bin größer und gescheiter als Laura. Es ist sehr entmutigend, für seine eigenen Fähigkeiten keine Wertschätzung von Leuten zu erfahren, die selbst keine haben«. Sie hat sehr viel Angst davor, ausgeschlossen zu werden. Wenn sie das erlebt, geht sie damit auf ähnliche Weise um: »Die Anderen sind primitiv; wahrscheinlich ist das der Grund, dass ich nicht zu ihnen passe«. Oder sie spielt es runter: »Ich fühlte mich von der Gruppe nicht willkommen geheißen. Ich versuche mich nicht um Joyce und ihre Gruppe zu kümmern. Diese Leute haben keine Bedeutung. Ich werde mich auf Frank beschränken.« Sie hat von sich selbst das Gefühl, dass sie nicht in die Unternehmenskultur passt und drückt oft ihre Einsamkeit aus: »Niemand ist Dein Freund. Ich komme mir in diesem großen Unternehmen sehr einsam vor«. Viele Male hat sie mir gesagt, dass ich die Einzige sei, mit der sie richtig sprechen kann.

Leslie fürchtet, dass man ihr »auf die Schliche kommen wird« oder dass sie für die negativen und aggressiven Gefühle bestraft werden wird, die sie mit sich herumträgt. Als man ihr ihr schwieriges Verhalten in einem Workshop vorgehalten hatte, hat sie sich »mehrfach dafür entschuldigt und versprochen, dass es nie wieder vorkommen würde.« Sie ist fortwährend von der Angst besetzt, dass sie nicht in der Lage ist, sich selbst angemessen zu kontrollieren: »Ich fühle mich unwohl bei dem Gedanken, Laura anzurufen. Ich habe den Eindruck ich werde gescholten. Ich muss mich ordentlich benehmen. Ich muss mich selbst in Zaum halten, nicht zu explodieren. Und ich habe auch die Befürchtung, dass Laura mir das heimzahlen wird«. Auch fürchtet sie, dass wenn sie einen Fehler macht, sie »vor aller Öffentlichkeit in Stücke zerrissen wird« – so wie sie selbst es offensichtlich schon mit anderen gemacht hat.

Selbst dann, wenn sich die Umstände am Arbeitsplatz verbessern, macht ihr das zu schaffen. Nachdem sie sich über Monate hinweg über eine inkompetente Untergebene beklagt hatte, die schließlich auf eine andere Stelle versetzt wurde, setzt ihr das zu: »Die Krankenschwester, die meine Assistentin war, hat eine neue Stelle bekommen und ich mache mir Sorgen darüber, dass andere Leute mich als weniger kompetent ansehen oder dass sie sich bei anderen über mich beklagen wird«.

Leslie hat eine lange Geschichte im Umgang mit mächtigen Männern, die sie mit dem Versprechen missbrauchten, ihre Karriere zu fördern, Männer, denen sie sich zwar unterordnet, aber die sie letzten Endes für ihre eigenen Zwecke missbrauchen. Sie lässt sich allzu leicht von ihnen verführen. In bezug auf ihren früheren Mentor, der gehen musste, meint sie: »Harold hat versucht, mich zu fördern – setz dich zu mir, komm auf Meetings mit mir etc. Du warst dir darüber im Klaren, dass dein Ansehen steigen würde, wenn du für ihn gearbeitet hast. Er wählte sich immer die Besten und die Gescheitesten für seine Gruppe aus. Er war so verführerisch«. Und nachdem er wegen Veruntreuung entlassen worden war, was letztlich dazu führte, dass auch sie die Universität verlassen musste, meinte sie: »Man hat meinen Meister erschlagen«.

In ihrer Welt ist sie von inkompetenten Kollegen umgeben und ihre Untergebenen, denen gegenüber sie aus ihrer Verachtung keinen Hehl macht, stellen zugleich eine deutliche Bedrohung für sie dar. »Es kommt einzig und allein darauf an, immer besser zu sein als alle anderen und jeden zu übertreffen«. Ein Kollege kann für sie eine ernsthafte Bedrohung ihrer Einzigartigkeit darstellen. »Ich denke nicht, dass ich mich – in den Augen von Joe und Tom – ihm gegenüber hervortun kann«. Er kann all ihre Energie in Anspruch nehmen und ihre Verachtung mobilisieren: »Hal ist wie ein Schoßhündchen.« Es ist ihr Wunsch, andere auszulöschen: »Mein unmittelbarer Impuls ist es, andere zu zerdrücken, weil sie mir gleichgestellt sein wollen. Ich will sie bloß los werden«. In dem Maße, wie sie sich ihres Ärgers und ihrer Verachtung bewusst ist, macht sie sich Vorwürfe über ihre geringe Selbstkontrolle: »Ich wünschte, ich könnte ihnen gegenüber freundlicher und liebenswürdiger sein«.

Sie fühlt sich auch bedroht, wenn andere statt ihrer Anerkennung erfahren, vor allem dann, wenn sie sie als inkompetent ansieht, als ›Leichtgewichte‹. Sie kritisiert andere oft gegenüber ihren Vorgesetzten und ist dann enttäuscht, wenn sie nichts unternehmen. »Es scheint, dass die Leute keine Probleme hören wollen«. Da sie sich oft in der Position sieht, die Fehler ihrer Vorgänger ausräumen zu müssen, entrüstet sie sich darüber, dass Menschen so inkompetent sein können, ohne dafür zur Rechenschaft gezogen zu werden. Gleichzeitig genießt sie das Gefühl, weit über ihnen zu stehen.

Leslie legt nicht viel Gewicht auf die negative Sichtweise, die ihre Kollegen von ihr haben und kümmert sich kaum darum –es sei denn, das würde sich in ihrer Leistungsbeurteilung niederschlagen können. Es gibt eine Hackordnung. Wenn jemand wichtig ist, erfährt er ihre Aufmerksamkeit. »Ich habe keine Zeit für ihn, wenn ich weiß, dass er mir nicht helfen kann.« Immer wieder beurteilt sie, wer für sie wichtig ist und wer nicht. »Keiner auf dieser Veranstaltung ist wirklich von Bedeutung«. Dass andere Menschen sich von ihr distanzieren, erklärt sie damit, dass sie sich vor ihrem Intellekt fürchten. »Meine Kompetenz lässt andere Menschen erschrecken«. Und dennoch anerkennt sie, dass sie selbst Teil des Problems ist: »Mein Ton kann es anderen recht schwer machen, damit zurecht zu kommen. Ich kann sehr herablassend sein. Wenn ich jemanden träfe, der so ist wie ich, würde ich selbst eingeschüchtert sein«.

Leslies Sicht von ihren Untergebenen ist ganz ähnlich. Entweder sind sie inkompetent, nicht in der Lage, Anweisungen zu befolgen, oder aber faul. Es mangelt ihr an einem grundlegenden Verständnis der Beziehungen zwischen Vorgesetztem und Untergebenem sowie der Bedeutung von Containment in der Managementrolle. Sie personalisiert den Widerstand anderer und verlässt sich einzig und allein auf die Anreize, die sie kennt: »Ich muss damit aufhören, ihren Wünschen zu entsprechen und sie antreiben«.Leslie hat auch solche Situationen erlebt, bei denen sie sich mit anderen in dem Unternehmen schwer tat, z. B. den Leuten im Verkauf, deren Beurteilungen zwar für sie von Bedeutung sind, denen gegenüber sie jedoch keine Weisungsbefugnis hat und die sich nichts aus ihren Zeugnissen machen. Leslie fürchtet, dass wenn ihre Rolle oder ein Auftrag niedrig angesiedelt sind, es auf sie selbst zurückfällt. »Sie brauchen keine Doktoren, die Marktforschung machen. »Sie hasst es, in der Gesellschaft solcher Menschen zu sein, die sie selbst als ›Mittelmaß‹ betrachtet: »Es ist eine Beleidigung, mit Alan zu tun zu haben. Ich möchte nicht, dass man mich öffentlich mit ihm in Verbindung bringt. Ich gebe mich nur selten mit Menschen ab, die simpel sind«. In all diesen Fällen fühlt sie sich ihren Kollegen überlegen: »Ich könnte zwar versuchen ein Mitglied der Gruppe zu sein, aber ich denke nicht, dass mir das gelingen würde«. Dies trägt zu ihrer Isolierung bei: »Ich fühle mich dadurch isoliert, dass ich nicht mit mehr Leuten Kontakt habe, die mir ähnlich sind«. Neulich hat ihre Mutter ihre Sorge darüber zum Ausdruck gebracht, dass sie offensichtlich gar keine Freunde am Arbeitsplatz hat.

Leslie meint, dass die extreme Freundlichkeit, die sie an den Tag legt, ihre verächtliche Haltung ausgleicht und dass sie so gleichsam ihre negativen Seiten mit ihren positiven überdecken kann. »Ich muss wie eine Zuckerpuppe erscheinen, wie ein Sahnetörtchen, nett und liebenswert«. Allerdings traut sie dem, was positiv ist, nicht allzu sehr. Wenn etwas Positives geschehen ist, wenn sie beispielsweise hohe Anerkennung für eine ihrer Präsentationen erfahren, ein privilegiertes Büro oder eine Gehaltszulage bekommen hat, pflegt sie dies in unseren Sitzungen allenfalls am Rande zu erwähnen. Sie neigt dazu, immer wieder ein Haar in der Suppe zu finden: »Sie sagten zwar, dass mein Vortrag anregend gewesen ist, aber ist das nicht nur ein Zeichen von Neid?« Als sie unlängst eingeladen wurde, eine Rede vor der Öffentlichkeit zu halten, machte sie sich Sorgen darüber, dass das dahingehend missverstanden werden könnte, dass sie sonst nicht schon genug Arbeit hat. Die Welt ist für sie entweder schwarz oder weiß, und sie hat das Gefühl, ständig aufpassen zu müssen und auf der Hut zu sein. Selbst wenn sich etwas Gutes abzeichnet, kann man sich nicht zurücklehnen. Auf ein positives Ereignis folgen sogleich ernsthafte Sorgen um ihre Zukunft: »Ich bin ständig mit der Frage beschäftigt, was als nächstes passieren wird«.

In gewisser Hinsicht vermengt sie ihre Ursprungsfamilie mit jedem Teil ihrer organisatorischen Rolle. Sie diskutiert ihre Arbeitssituation ständig mit ihren Familienangehörigen und fragt sie um Rat. Vieles in ihrem Verhalten spiegelt die Familiendynamik wider, z. B. ihr Bestreben um Anerkennung und etwas Besonderes zu sein, ihre ständige Suche nach Ratschlägen, ihre Beschwerden über andere und die Versicherung, dass sie es sind, die das Problem darstellen. Die Art und Weise, wie sie das Verhalten Anderer erklärt, hat sie oft aus der Familie übernommen, die sie darin bestätigt, dass die Anderen auf sie neidisch seien und sie nur runter machen wollen. Die Art, wie sie selbst während des ersten Jahres unserer Beratung andere ständig runter gemacht hat, scheint mir ein Ausdruck der stark ausgeprägten und allgemein akzeptierten familiären Abwehr gegenüber Gefühlen der Bedürftigkeit, Abhängigkeit und Verletzbarkeit zu sein.

Wie bereits erwähnt, neigt Leslie dazu, sich von mächtigen Männern verführen zu lassen, die sie für ihre eigenen Zwecke missbrauchen. »Wenn er Dich nicht brauchte, existiertest Du für ihn nicht«. Ihr Vater, eine erfolgreicher Geschäftsmann, gibt ihr immer wieder recht destruktive Ratschläge. Er bestärkt sie in ihrer Überempfindlichkeit anderen gegenüber: »Die anderen kannst Du vergessen. Joe wird Dir nie seine Aufmerksamkeit schenken. Richte Dich auf die aus, die wirklich wichtig sind. Hör auf, für ihn zu arbeiten, das wird nichts bringen. Er ist äußerst narzisstisch«. Als sie von ihrer Vorgesetzten schlecht beurteilt worden war, hat er sie dazu ermutigt, es ihr heimzuzahlen. »Wenn Laura Dich nicht gehen lassen wird, kannst Du das ja in ihrem 360° Feedback gegen sie verwenden«. Leslie hat einen äußerst erfolgreichen Bruder, dem gegenüber sie keinerlei Neid- oder Konkurrenzgefühle zum Ausdruck bringt. Er hat es in dem akademischen Bereich zu etwas gebracht, in dem sie gescheitert ist. Sie sieht sich und ihren Bruder lediglich als zwei »unterschiedliche Charaktere. Mein Bruder hat das Talent, Dinge in die Tat umzusetzen, während ich eher reflektierter bin«.

Leslie bespricht ihre Arbeit auch ausführlich mit ihrem Mann, der fünfzehn Jahre älter als sie und Professor ist; sie ist seit fünf Jahren mit ihm verheiratet. Ebenso wie ihr Vater und ihr Bruder, neigt er dazu, anderen die übelsten Motive zu unterstellen: »Sie versucht nur, alles daran zu setzen, Dich alt aussehen zulassen. Sie ist bösartig. Sie wird versuchen, jeden für ihren eigenen Vorteil zu missbrauchen. Sie werden eine Hetzjagd auf Dich machen«.

Während Leslie sich über die Männer in ihrem Leben positiv äußert, steht sie ihrer Mutter eher kritisch und negativ gegenüber. Sie ist eine pensionierte Oberschulrektorin und vertritt die traditionelle Ansicht, dass der Mann das Geld zu verdienen habe und die Frau freundlich sein und eine gute Karriere machen sollte. (Eigenartiger Weise bringen ihre Eltern keinerlei Enttäuschung darüber zum Ausdruck, dass sie selbst keine Kinder hat.) Leslies Mutter kann weder verstehen, was ihre Tochter tut, noch warum sie so hart arbeitet und kritisiert sie oft: »Was ist das für ein Leben? Immer nur Arbeit und Arbeit.« Sie wünscht sich, sie hätte mehr Freunde in der Firma. Andererseits ist es Leslie wichtig, dass sie nicht als Strohkopf gesehen wird, so wie sie ihre Mutter sieht, wenn sie in den Schönheitssalon geht.

Leslies Sicht von Frauen am Arbeitsplatz ist äußerst konventionell. Sie ist der Ansicht, dass sie sich im Geschäftsleben »auf die Art und Weise einer Frau verkaufen sollte. Lächle, grüße die anderen, gib Dich schüchtern – vor allem älteren Männern gegenüber«. Sie glaubt immer »guter Dinge, angenehm und hübsch« sein zu müssen. Sie war ernsthaft verwirrt, als ihre Chefin ihr eine schlechte Beurteilung gegeben hatte, wo sie doch während deren Schwangerschaft extra eine Party für sie organisiert hatte. Wenn sie ihre Schwierigkeiten mit Vorgesetzten und Untergebenen beschreibt, nimmt sie dabei oft Bezug auf ihre Mutter: »Sie behandelt uns, als ob sie die Mutter und wir die Kinder wären, als ob wir noch die Krabbelkinder wären. Laura ist die kontrollierende Mutter, die einem die Luft abschnürt und die in New York allein das Sagen haben will«. Leslie führt das Leben einer sozialen Aufsteigerin, trägt teure Kleider und kostbaren Schmuck und legt großen Wert auf ihre äußere Erscheinung. Geld scheint für sie jedoch keine allzu große Rolle zu spielen: »Sie zahlen mir zwar mehr Geld, aber ich komme mir dabei nicht reicher vor«.

Telefonische Beratung

Dass die Beratung über das Telefon stattfindet, gibt Leslie in mehrfacher Hinsicht ein Gefühl der Sicherheit. An aller erster Stelle steht dabei die tatsächliche physische Trennung. Leslie legt sowohl in ihren privaten als auch in den Beziehungen am Arbeitsplatz eine große Distanz an den Tag. Während ihr Mann und ihr Haus in Boston sind, arbeitet sie in New York, wo sie eine Wohnung hat. In ihrer vorherigen Stelle, als sie mit der Verkaufsabteilung arbeitete, flog sie fast täglich an einen anderen Ort. In all ihren Stellen scheint sie nie jemanden gehabt zu haben, dem sie sich nahe fühlte. Sie distanziert sich buchstäblich durch die Betonung ihres Aussehens sowie dadurch, wie sie andere aufgrund deren Status und der Möglichkeit ihr zu helfen, beurteilt.

Ich glaube, dass wenn sie mir gegenüber sitzen müsste, ihr die Arbeit allzu große Angst machen würde. Eine solche Nähe würde regressive Ängste – Gefühle der Verletzbarkeit und das Bestreben um Anerkennung – fördern und unbewusst mit der Furcht vor unvermeidbaren Enttäuschungen einhergehen (Aronson 1996, S. 163). Ich sehe meine Rolle als Beraterin teilweise darin, ihr eine Auszeit von der überwältigenden physischen und psychischen Gegenwart ihrer Familie zu gewähren. Darüber hinaus gibt die Beratung über das Telefon Leslie auch das Gefühl, etwas Besonderes zu sein. Sie möchte mich zwar ganz für sich haben, aber auf eine idealisierte und sichere Art und Weise. Diese Art miteinander zu arbeiten, ermöglicht es ihr, »eine Verbindung aufrecht zu erhalten, ohne sich buchstäblich zu nahe zu kommen« (Larkin 2000, S. 10).

Die Arbeit über das Telefon überlässt Leslie die Kontrolle; und vor allem die Kontrolle darüber, was sie sagt. Wie Larkin am Beispiel einer Patientin deutlich machte: Am Telefon hatte sie deshalb das Gefühl, sie könne die Informationen, die sie mir mitteilte, kontrollieren, weil ich weder ihren Gesichtsausdruck noch ihre Körperhaltung interpretieren konnte. Das gab ihr das Gefühl, dass sie meinen Eindruck von ihr besser beeinflussen konnte, und verringerte auch ihre Scham. Am Telefon fühlte sie sich sicherer und stärker unter Kontrolle« (ebd., S. 2).

Leslies Überzeugung, dass sie kontrollieren kann, wie andere Menschen sie erleben und sich zu ihr verhalten, bedeutet, dass sie dauernd ›auf der Hut‹ sein muss. Das bedeutet für sie eine große Anstrengung. »Ich hasse diese Meetings; sie passen genau auf, was du tust und was du an hast«. Da ich sie nicht sehen kann, und da sie immer von zuhause aus anruft, kann sie dann auch tragen, was immer sie will.

Auch die Kommunikation über das Telefon – statt sich mit mir, wie von mir mehrfach vorgeschlagen, persönlich zu treffen – ermöglicht ihr eine Kontrolle. Sie beginnt stets die Sitzungen, indem sie mich anruft, und sie bestimmt auch den Tag und die Uhrzeit der nächsten Sitzung. Während all der Zeit, die wir bisher gearbeitet haben, hat sie diese Anrufe immer sehr verantwortungsvoll und pünktlich getätigt. Es gibt Zeiten, wo sie mich zwischen zwei Sitzungen wegen einer Krisensituation um einen Rat anruft. Auch dies erlaubt ihr, zugleich den Kontakt zu kontrollieren und ihn dann aufzunehmen, wenn sie selbst es zulassen kann.

Auch der Anrufbeantworter spielte eine wichtige Rolle in der Beratung. Er bedeutet eine Art verlässlicher Kontakt zu mir; jedes Mal, wenn sie anruft, weiß sie dass sie meine Stimme hören wird – entweder auf dem Anrufbeantworter oder persönlich. Wie Aronson beobachtet hat, »war die Stimme des Therapeuten auf dem Anrufbeantworter auf eindeutig vorhersehbare Weise präsent, was die Illusion unterstützte, dass er stets erreichbar war« (Aronson 1966, S. 164).

Leslie benutzt den Anrufbeantworter als eine Art Puffer; sie kann so sowohl ihre Anliegen ausdrücken als auch schlechte Nachrichten darauf hinterlassen. An einem Punkt, als Leslie glaubte, finanziell am Ende zu sein, beschloss sie von sich aus, die Beratung einseitig zu beenden. Sie rief eines Sonntagsnachts in meinem Büro an, wohl wissend, dass ich nicht dort sein würde. Indem sie mir diese Nachricht auf dem Anrufbeantworter hinterließ, konnte sie sich den Schmerz und die Enttäuschung ersparen, mir die Beendigung der Beratung persönlich mitzuteilen.

Da ich einen Anrufbeantworter habe, der Mitteilungen ohne Zeitbegrenzung aufzeichnet, hat Leslie so viel von mir, wie sie braucht. »Sie brauchte die Möglichkeit, mich endlos zu haben, die sie sich dadurch verschaffen konnte, dass sie so auf den Anrufbeantworter sprach, als würde sie mit mir selbst sprechen« (ebd., S. 176). Wie Aronson schreibt, erlaubte der Anrufbeantworter es seiner Klientin, »mit ihm so zu sprechen, als ob er anwesend und ihr eigenes omnipotentes ›Geschöpf‹ wäre. ... Genauso wie mit einem Teddybär bestand die Illusion eines antwortenden Objektes« (ebd.). Wie schon erwähnt, ist Leslie anderen gegenüber genauso extrem kritisch und voller Verachtung, wie sie selbst große Angst davor hat, kritisiert zu werden. Durch das Telefon reduziert sich die Möglichkeit, ihrer physischen Erscheinung, ihres Verhaltens und der Sprache wegen oder als jemand, der Probleme hat, kritisiert zu werden. So schreibt Larkin über eine Patientin: »Sie hasste es, dass sie krank war und betrachtete die Tatsache, dass sie in Behandlung war, als Beweis dafür, dass sie Probleme hatte. Da ich sie nicht sehen könnte, würde ich wohl auch nicht sehen, dass sie krank war, und wenn ich ihre Krankheit nicht sehen würde, fühlte sie sich vor meiner Kritik geschützt« (Larkin 2000, S. 2). Ähnlich wie diese Patientin möchte auch Leslie verstanden werden, fürchtet dabei zugleich aber auch, gemustert und kritisiert zu werden.

Über das Telefon zu arbeiten, schafft Freiheit. Leslie, die sehr vorsichtig ist, in dem was sie sagt und tut, fühlt sich so freier als im persönlichen Gespräch, die Dinge auszusprechen. Sie kann außerdem alles Mögliche andere tun und sogar Dinge, die direkt mit unserer Arbeit konkurrieren (ich höre häufig Eis von ihrem Drink klicken; auch habe ich den Eindruck, dass meine Klientin ihre Emails checkt, während wir miteinander arbeiten). Das gibt ihr die Möglichkeit, ihre Ambivalenz unserer Arbeit gegenüber auszuagieren und so die Illusion aufrecht zu erhalten, als könne sie kontrollieren, wie ich sie erlebe. Leslie beginnt jede Sitzung mit einer ritualisierten Zusammenfassung ihrer aktuellen Situation. Ich denke, dass das, was ich höre, der verbale Ausdruck all der Gedanken ist, die ihr fortwährend durch den Kopf gehen. So anzufangen, hilft ihr, die Angst zu Beginn der Sitzung zu containen.

Das Telefonieren ermöglicht es Leslie auch, mich und die Beratung von ihrer Arbeit und ihrer Familie getrennt zu halten. Da ich nicht durch die Assoziationen von anderen aus diesen Umwelten ›vergiftet‹ werde, kann sie mich und die Beratung als ›gutes‹ Objekt bewahren. Wie Michael Civin schreibt:

Angesichts der heftigen Erfahrung von Verfolgungsängsten kann das Individuum Spaltung dazu zu verwenden versuchen, die Erfahrung von Liebe vor der Vergiftung durch die Erfahrung von Hass zu bewahren, die Liebe von Seiten der externen Umwelt vor der Vergiftung durch interne Verschmutzung zu retten und umgekehrt« (Civin 2000, S. 196).

Diese Tendenz der Spaltung geht allerdings oft mit dem »gleichzeitigen Wunsch nach Ganzheit [einher], der dem Wunsch nach Sicherheit entgegen steht« (ebd., S. 193). Ich habe den Eindruck, dass Leslie unter einer ähnlichen Spannung steht, d. h. dem Wunsch nach Integration und dem Bedürfnis, die Dinge der Sicherheit wegen auseinander zu halten. Die Tatsache, dass sie sich im Laufe der Zeit zunehmend darin gebessert hat, zeigt ihren starken Wunsch nach Veränderung.

Über das Telefon zu arbeiten, bietet auch eine Stabilität und ein Containment, das in der unmittelbaren persönlichen Beratung nicht immer möglich ist, bei der aufgrund dringender anderer Verpflichtungen oder Reisen die Termine für die Sitzungen oft abgesagt oder neu vereinbart werden müssen. Trotz meiner internationalen Reisetätigkeit und Leslies wöchentlicher Flüge von und nach New York bzw. Boston, ist es uns in der Regel möglich, jede Woche zur selben Zeit miteinander zu sprechen. Wie Zalusky über eine seiner Patientinnen schreibt: »Ganz egal, wo sie war, sie konnte immer die Beziehung zu einer emotional anwesenden Person aufrecht erhalten; selbst dann, wenn ich in einer weit entfernten Stadt war, ... [gab es] ein fortlaufendes Gefühl der Beständigkeit des Objektes« (Zalusky 1998, S. 10).

Die Telefonarena – der virtuelle Raum zwischen Patient und Berater – kann einen sicheren Bezug darstellen, der die Klientin hält und ihr »eine ausreichende emotionale Distanz [gewährt], die Einsichten in ihr Ich zu integrieren« (Robertiello 1972, S. 634). Diese Beziehung stellt einen sicheren Raum dar, der es ermöglicht zu denken, anstatt nur alte Muster zu wiederholen. Als ein gewohntes tägliches Objekt, das für die verschiedensten Zwecke einsetzbar ist, symbolisiert das Telefon Vertrautheit und Sicherheit. Miteinander zu telefonieren, kann insofern eine intime Erfahrung sein, als es ein »vertrauliches Gespräch ist, das nur unter zwei Personen geführt wird« (Peters 1999, S. 195). Es gewährt eine unsichtbare Intimität, die es gleichzeitig erlaubt, eine idealisierte Phantasie sowohl über den anderen als auch über das eigene Selbst aufrecht zu erhalten. Vielleicht hat auch unser Geschlecht einen Einfluss auf diese Arbeit gehabt. In der Literatur wird immer wieder darauf verwiesen, dass es gerade Frauen sind, die zum Telefon greifen. Wie Rakow (1992, S. 43) schreibt, »hat die Intimität des Telefons – vielleicht bedingt durch die enge Beziehung der Stimme zum Ohr und des Fehlens anderer Informationen und Ablenkungen – einen besonderen Anreiz gerade für Frauen, um Beziehungen aufrecht zu erhalten«.

Unsere Sitzungen finden außerhalb der normalen Arbeitszeit und der Arbeitswelt statt – sie ruft mich immer abends von zuhause aus an – was den persönlichen Charakter noch verstärkt. Im Zusammenhang mit den Absprachen, die wir getroffen haben, wie sie mich erreichen kann, wenn ich auf Reisen bin, hatten wir eine Reihe kurzer Unterhaltungen über meine jeweiligen Reiseziele. Dies hat zu einem freundschaftlichen Ton in unserer Beziehung beigetragen. Dabei ist mir aufgefallen, dass sie in diesen Unterhaltungen sehr freundlich und zuvorkommend und manchmal sogar zu Späßen aufgelegt ist, was in deutlichem Widerspruch zu ihrer Rigidität und Ernsthaftigkeit während der eigentlichen Arbeit steht.

Die Möglichkeit, über das Telefon zu arbeiten, erlaubt solchen Klienten, die anders nicht die Beratung aufrecht halten würden, eine ununterbrochene Beziehung und damit letztlich auch eine deutlichere Chance für ein besseres Privat- und Berufsleben. Ich bin mir sicher, dass ich mich in dieser Arbeit nicht so engagieren würde, wenn ich nicht davon überzeugt wäre, dass sie meiner Klientin hilft. Angesichts Leslies extremem Abhängigkeitsverhaltens – vor allem gegenüber männlichen Autoritätsfiguren – ermöglicht ihr die Arbeit über das Telefon »eine Abwehr gegen ihr Verlangen nach Nähe«, so dass »die damit einhergehende Distanz und Kontrolle es ihr ermöglichte, mit der Angst, in einer Beziehung zu sein, umzugehen« (Larkin 2000, S. 3). Am Telefon hat Leslie es weder nötig, sich in dem Bemühen voran zu gehen, zurückzuziehen, noch muss sie fürchten, vom anderen überrollt zu werden. Dies hat mir geholfen zu verstehen, warum jemand, der sich so sehr danach sehnt, gesehen zu werden, so ungern von mir gesehen werden will.

Interventionen

Da ich nicht in dem Unternehmen vor Ort sein kann und weder Leslies Interaktionen mit anderen beobachten noch Gespräche mit anderen führen kann, um deren Sichtweisen einzubeziehen, hat mich diese Beratung dazu herausgefordert, meine Arbeitsweise zu erweitern. Da sie selbst für diese Beratung bezahlt und unsere Arbeit so auch keine Unterstützung von Seiten der Organisation findet, gibt es auch keine Möglichkeit, ihre Vorgesetzten einzubeziehen und Ziele in Abstimmung mit deren Vorgaben zu setzen. Mir gelingt es nicht, ein Gespür für die Organisationskultur zu bekommen und somit weiß ich auch nicht, inwiefern das Verhalten meiner Klientin mit den dort vorherrschenden Normen in Einklang steht oder ihnen widerspricht.

Selbst dann, wenn man mit Klienten vor Ort arbeitet, ist die Tatsache, dass man nur in beschränktem Maße Zugang zu den Daten der Organisation hat, immer eine Besonderheit bei der Rollenberatung. Da es oftmals nur die Sichtweise des Klienten ist, die man mitbekommt, liegt die besondere Herausforderung darin, die vom Klienten internalisierte Organisation zu verstehen bzw. das, was Armstrong (1995) die ›organization-in-the-mind‹ genannt hat. Im Falle von Leslie bin ich vor allem zu der Hypothese gelangt, dass die Organisation, die sie ›in the mind‹ hat, vor allem die Alpträume ihrer Kindheit sind. Insofern gibt es auch keinen Unterschied zwischen ihrer internen und externen Wirklichkeit. Dies lässt sich als projektive Identifikation verstehen, in der ein Teil »des Selbst einem Objekt zugeschrieben wird. So wird ein Teil des Ichs – z. B. ein psychischer Zustand wie unangenehmer Ärger, Hass oder andere böse Gefühle – in einer anderen Person wahrgenommen und für das Ich selbst völlig abgelehnt (verleugnet)« (Hinshelwood 1993, S. 568).

Und das, was nach außen projiziert wird, wird dann wieder reintrojiziert. So projiziert sie beispielsweise ihre Selbstkritik auf ihre Vorgesetzten, deren Kritik sie ständig fürchtet. Sie kann das Verhalten anderer nur in bezug auf ihre eigene innere Welt beurteilen und verstehen. Solange sie sich in einer Welt bewegt, in der die Identität der anderen nur in Bezug zu ihr besteht, ist es verständlich, dass Begriffe wie Rolle, Rollenbeziehungen und systemische Aspekte kaum integriert werden können.

Noch stärker als bei einer ›normalen‹ Rollenberatung muss ich mich in ihrem Fall darauf beziehen, was sie als ihr beschränktes Verständnis der Organisation zulässt. (»Ich bekomme nicht mit, was das politisch bedeutet«.)

In vielen Fällen weiß sie einfach nicht, was sie tun soll und erwartet von mir ein direktes Coaching. In Bezug auf einige der fundamentalsten Grundregeln des Geschäftsverhaltens biete ich ihr direkten Rat an, z. B. »übergehen Sie nicht den Vorgesetzten, begegnen Sie Untergebenen mit Respekt, beschweren Sie sich nicht über jemanden bei jemand anderem«.

Über das Telefon zu arbeiten, erfordert auch eine andere Technik. Ohne die sonstigen zahlreichen physischen Hinweise einer Verbundenheit und ohne Augenkontakt wird es mir deutlicher bewusst, wenn meine Aufmerksamkeit nachlässt. Ich muss nicht nur hinhören, sondern ihr sehr aufmerksam zuhören und ihr – ebenso wie mir selbst – meine Gegenwart vergewissern, indem ich auf etwas Bezug nehme, was sie vorher gesagt hat. So versichere ich ihr die Kontinuität ihrer Erfahrung in mir. Wie Zalusky (1998, S. 12) schreibt, erfordert diese Arbeit eine »aktivere und neugierigere Haltung«. Man muss »mehr anwesend sein, um die Nuancen ihrer Assoziationen heraus zu hören« (ebd., S. 7).

Ohne all die sonst vorhandenen zahlreichen visuellen Hinweise wird mir sehr viel mehr deutlich, wenn meine Aufmerksamkeit nachlässt.

Wenn wir uns nicht auf visuelle Phänomene verlassen können, sind wir mehr von den Worten abhängig. Der Ton der eigenen Stimme, die Länge des Schweigens und der jeweilige Anteil am Gespräch spielen dabei eine wichtige Rolle. Es ist gut, dass Leslie eine sehr stark verbal orientierte und redegewandte Person ist. Für jemanden wie sie, für den die Sprache so wichtig ist, ist die Arbeit über das Telefon ein ganz natürliches Mittel. Allerdings verwendet sie die Sprache auch auf defensive Weise, um die Pausen zu füllen und die Interaktion zu kontrollieren. Wenn es scheint, dass eine meiner Beobachtungen sie emotional getroffen hat oder es erforderlich macht, eine Sichtweise zu überdenken, geht sie oftmals zurück auf die endlose Liste der Probleme, mit der sie die Sitzung begonnen hat. Eine ihrer häufigsten Fragen ist »Was soll ich dazu noch sagen?«

Da ich während der Arbeit einen Kopfhörer mit Mikrophon trage, ist es mir möglich, während unserer Sitzungen Notizen zu machen, wobei ich sowohl ihre als auch meine wörtliche Rede verwende. Als ich meine Aufzeichnungen durchsah, war ich über ihr extremes und scharfes Vokabular erschrocken. Es enthält oft Bilder voller Gewalt. Beispielsweise ist es »eine gute Möglichkeit, eine Menge Leute auf einmal zu schlagen«, wenn man auf einer Konferenz viele Leute anspricht; ein enttäuschender Vorgesetzter »ist jemand, der Dich mit Höflichkeit erschlägt«; eine äußerst enttäuschende Erfahrung veranlasst sie zu der Frage »In was für einer Scheiße stecke ich nur?«

Ihr Vokabular ist übersät mit Wörtern, die sich darauf beziehen, wie sie wahrgenommen wird: sich zeigen, sich ordentlich verhalten, gemocht zu werden, Eindruck erwecken, hervorstechen, leisten, angemessen, sein Profil zeigen, als Star glänzen, bei allem vorneweg stehen, optimistisch und freundlich sein bzw. erscheinen. Es ist auch nicht verwunderlich, dass ihr Vokabular zahlreiche Ausdrücke umfasst, mit denen sie die Verunglimpfung anderer zum Ausdruck bringt: viel zu einfach, manipulativ, sich über andere lustig machen, beleidigend, dumm, missbrauchend, kontrollierend, einschüchternd, mich testen, mich zerstören, unangemessen, demoralisierend.

Wenn sie Bilder verwendet, die sich auf Speisen beziehen, so sind diese oft verquert und manipuliert: Knetmasse, Zuckerpuppe, Sahnetörtchen. Ich habe nie gehört, dass sie eine Farbe erwähnt hat und sofern sie sich überhaupt auf irgendetwas aus der Natur bezieht, so sind das Tiere, die sie verletzen können: Arbeitsbiene und Königin. Unter den Worten, die ich überhaupt nicht zu hören bekomme, sind solche, wie: verhandeln, traurig, sich freuen, okay, Spaß, schön, es tut mir leid, ich frage mich, versuchen und probieren.

Angesichts der Ambivalenz und der Zwänge von Seiten der Institutionen, von denen sie so abhängig ist – ihre Familie und die Organisation –, kommt sie sich oft gefangen, erniedrigt und gereizt vor. Sie ist ständig auf der Suche nach einem anderen Job. In dem Maße, wie sie ihr eigenes beschränktes Repertoire und ihre Fähigkeit, zu verstehen, erkennt, braucht sie mich dazu, ihr Erlaubnis zu geben, die Dinge ein wenig zu verändern. Ich verstehe mich selbst nicht als ein Rollenmodell für sie, sondern vielmehr als der Teil, der ihr Erlaubnis gibt in ihrer Suche nach Unterstützung und Bestätigung. Ein Teil meiner Arbeit besteht in einem fortlaufenden Hin und Her, ihr einerseits dabei zu helfen, ihre Angst so zu containen, dass sie handlungsfähig ist und sie andererseits dazu einzuladen, in größeren Dimensionen zu denken. Wie ich es in meinen Aufzeichnungen geschrieben habe: »Mein Teil ist es, sie nach Hypothesen zu fragen. Das hilft ihr, ihre Aufmerksamkeit auf Verhaltensmuster zu richten und diese aus der Sicht der anderen Person anzuschauen. Ich versuche, an ihren Wunsch zu verstehen, zu appellieren«.

Es ist für Leslie sehr wichtig, das Gefühl zu haben, ein Problem für sich selbst gelöst zu haben. Am Ende einer Sitzung fühlt sie sich beruhigter, wenn sie zusammenfassen kann, was sie als nächstes tun soll oder was sie gelernt hat. Es hat sich auch als wirksam erwiesen, sie zum Phantasieren anzuregen, was sie sich selbst offenbar nicht allzu oft erlaubt. (Ihre Träume, an die sie sich nicht mehr erinnern kann, sind oft so furchterregend, dass sie Schwierigkeiten hat, wieder einzuschlafen.) Oft spricht sie auch einen Wunsch als eine Art Vorspiel zu einer Verhaltensänderung aus, z. B.: »Ich wünschte mir, ich könnte ihm gegenüber freundlich sein«. Es ist ihr irgendwie wichtig, das mit ihren eigenen Worte zu sagen.

Als wir die Beratung begannen, bestand Leslies Ziel darin, Vizepräsidentin zu werden. Im Laufe der Zeit haben wir dafür eine Strategie erarbeitet (z. B. sich zu zeigen, keine Brücken abzubrechen, Frustrationen containen zu können, eine gute Arbeit zu machen, wo immer man ist). Oft zweifelt sie und wirkt betroffen. Dann fragt sie: »Wird dieser Job mich überhaupt irgendwo hinbringen?« Bei solchen Gelegenheiten versuche ich ihr zu helfen, ihre Angst zu containen und nehme Bezug auf die ursprüngliche Strategie und verdeutliche ihr, was sie hinsichtlich der Umsetzung bereits erreicht hat. Dies scheint sie zu beruhigen und hilft ihr, neue Kräfte zu sammeln. Sie selbst hat es so zum Ausdruck gebracht: »Sie helfen mir, voranzugehen und mich nicht zu verfranzen. Es ist wichtig, mich an die Strategie zu erinnern. Das hilft mir, das Ziel nicht aus den Augen zu verlieren«.

Manchmal mache ich mir Gedanken darüber, ob ich nicht dadurch, dass ich sie auf die Strategie verweise, anstatt sie dazu anzuhalten, tiefer auf ihr eigenes Verhalten und ihre Motivation zu schauen, mit ihr in eine Kollusion gerate. Dann frage ich mich, wie viel ich von einer eher traditionalen Coaching-Rolle übernommen habe. Der Sinn, den ich in dieser Vorgehensweise sehe, liegt darin, dass sie dadurch aus der unmittelbaren Situation herauskommt, die sie gefangen hält, und sich so an das größere Bild zu erinnern vermag, an das, was sie langfristig vor hat, anstatt nur eine schnelle Lösung zu erreichen.

Wenn immer das möglich ist, versuche ich bei den Gefühlen, die sie ausdrückt, den Bezug zur Organisation herzustellen. Indem ich ihr Hypothesen anbiete, die sich auf die Organisation beziehen, helfe ich ihr aus der einseitigen persönlichen Betrachtungsweise herauszukommen; z. B. »Das primäre Anliegen der Leute im Verkauf besteht darin, dass Sie ihnen helfen zu verkaufen. Ihre Zeugnisse als solche spielen dabei gar keine Rolle«. Manchmal beziehe ich mich auf eine meiner Beobachtungen und frage sie danach. Als sie sich beispielsweise zwanghaft auf einen Kollegen versteifte, sagte ich: »Sie zentrieren sich sehr stark auf Hal. Warum ist Hal so wichtig für Sie? Was würde mit all dieser Energie geschehen, wenn Sie sie nicht hier verschwenden würden?« Monate später bezog Leslie sich wieder auf diese Frage und machte deutlich, dass diese Person inzwischen viel weniger für sie im Vordergrund stand. Mein Versuch bestand hier darin, ihr die Auswirkungen meiner Beobachtungen für sie selbst zu verdeutlichen, wobei ich davon ausging, dass ihre Energie etwas Gutes ist, die auch anderswohin gerichtet werden kann.

Die Beziehung, die eine Klientin zu ihrer Beraterin hat, kann auch mit den Beziehungen verglichen werden, die sie zu den Hauptpersonen in ihrem persönlichen wie organisatorischen Leben hat. So kann man davon ausgehen, dass die Fragen und die Übertragungen in dieser Beziehung agierte Erfahrungen aus der Vergangenheit der Klientin sind. Wenn sie zugelassen und durchgearbeitet werden können, verdeutlichen sie die innere Welt der Klientin und können so zu positiven Veränderungen führen. Manchmal, wenngleich sicherlich auch nicht immer, kann auch das, was normalerweise als Fehler in der Beratung angesehen wird, tatsächlich ein Hinweis auf Agieren sein (Mersky 2001). So kam es beispielsweise über eine bestimmte Zeit hinweg vor, dass meine Klientin das Ende der festgelegten Zeit überzog, so als ob wir unbeschränkt Zeit hätten. Obwohl ich mich von ihr missbraucht fühlte, zögerte ich doch, es anzusprechen. Als ich mich an einem Abend besonders hoffnungslos fühlte, gestand ich ihr meine Verwirrung und Hilflosigkeit ein und sagte: »Ich bin mir nicht sicher, wie ich mit dieser Situation umgehen soll. Was meinen Sie was ich tun soll, wenn wir über die vereinbarte Zeit hinausgehen?« Das veranlasste sie dazu, über eine Erfahrung nachzudenken, die sie unlängst selbst mit einem Vorgesetzten gemacht hatte, der sie immer wieder stört und in ihrem Büro herumhängt. Sie wusste nicht, was sie ihm sagen sollte. Mit anderen Worten, auf einer tieferen Ebene erlebt sie einen enormen Konflikt, wenn sie einem Vorgesetzten, der sie stört, eine Grenze setzen muss, genauso wie ich das in der Sitzung erlebt hatte. Uns wurde klar, dass ich in gewisser Weise dasselbe Erlebnis mit ihr hatte, das sie mit ihrem Vorgesetzten gehabt hat. Als sie schließlich sagte: »Ich gehe davon aus, dass ich ziemlich unsicher bin«, war das eines der aller ersten Male, dass sie sich selbst als jemanden sah, die nicht die Beste ist. Im Anschluss daran hat sie oft das herannahende Ende einer Sitzung wahrgenommen und die Initiative dafür unternommen, sie zu beenden. Jedes Mal, wenn ich in unserer Beziehung eine Grenze aufrecht hielt oder versuchte, im Nachhinein eine Sequenz zwischen uns zu explorieren, erlebte ich sie zugänglicher und nachdenklicher. Nach dieser Intervention schien sie mir den größten Fortschritt zu machen.

Ich zögere, Leslie direkt nach dem möglichen Zusammenhang bestimmter Episoden mit ihrer Ursprungsfamilie zu fragen. Dennoch arbeite ich mit der Hypothese, dass ihre Beziehungen am Arbeitsplatz zur Organisation als ganzer, zu ihren Vorgesetzten und Untergebenen sowie zu ihrer Rolle, eine Wiederholung der Familiendynamik darstellen. Beispielsweise wird ihr Bedürfnis nach Anerkennung wohl mit dem Wunsch nach der Anerkennung seitens des Vaters und seiner Zuwendung gegenüber einem erfolgreicheren Bruder zusammenhängen. Und so ist es vielleicht auch nicht überraschend, dass es ihr Vater ist, der ihr rät, anderen, die nicht so wichtig sind, keine Anerkennung zu gewähren. Anstatt sie zu fragen: »Erinnert Sie dies an etwas, was ihr Vater tut?«, frage ich sie: »Erinnert Sie das an irgendeine andere Situation?« Wenngleich ihr bei solchen Gelegenheiten auch nur selten ein Familienmitglied einfällt, so habe ich ihr doch zumindest eine Frage gestellt, die sie wohl auch noch weiter beschäftigen wird.

Ich habe mich nie dazu veranlasst gesehen, mit ihrer Familie und deren Ratschlägen zu konkurrieren. Alles was von dorther kommt, nehme ich ernst; gelegentlich bestätige ich auch deren Sichtweise, wenn sie mir angemessen erscheint. Dass sie mir so viel darüber erzählt, hilft mir die Zusammenhänge mit der Ursprungsfamilie besser zu verstehen und gibt ihr zugleich die Möglichkeit, sich in einer Reihe von Beziehungen zu ›verorten‹. Oft frage ich sie auch, welche Phantasien sie darüber hat, was sie in einer bestimmten Situation gerne tun möchte. Dann helfe ich ihr dabei, zu assoziieren, wie diese Phantasien im Zusammenhang mit ihrer Vergangenheit stehen. Diesen Vorschlägen gegenüber hat sie sich immer wieder sehr zugänglich gezeigt.

Wenn Leslie ihre Verachtung anderen gegenüber zum Ausdruck bringt, löst sie in mir immer wieder starke negative Gefühle ihr gegenüber aus. Ich versuche diese Gefühle, die sie in mir auslöst, als Hinweise dafür zu interpretieren, wie sie sich selbst fühlen mag. Nachdem wir ungefähr ein Jahr zusammen gearbeitet hatten, machte ich meine erste positive Notiz: »Heute habe ich sie besonders angenehm erlebt. Sie führt mit sich selbst einen Kampf, bei dem sie auf der einen Seite das niedliche kleine Mädchen, das Opfer und diejenige ist, die alles tut, um Anerkennung zu bekommen, und sich auf der anderen Seite selbst als

Erwachsene und als diejenige gegenübersteht, die Projekte initiiert, Aufträge übernimmt und ihre Untergebenen anleitet. Sie beginnt, andere und deren persönliche Reaktionen zu verstehen. Ich ermutige sie darin, ihre Rolle wirklich zu übernehmen.« Manchmal zögere ich, so direkt vorzugehen, wie ich es eigentlich für angemessen hielte. Mein Supervisor hat mich in diesem Zusammenhang gefragt, warum ich ihr in solchen Situationen nicht direktere Fragen stelle, wie z. B. »Sie sind eine Person, die sehr viel kritisiert. Wie kommt es, dass ich mich nicht von dieser Kritik getroffen fühle, wobei Sie mich davon doch sicherlich nicht aussparen?«

Ich meine, dass ich in diesem Zusammenhang darauf hinweisen sollte, dass die Arbeit über das Telefon der Beraterin auch Möglichkeiten bietet, Kontrolle auszuüben und Kritik aus dem Wege zu gehen. Das habe ich selbst auch erlebt. Als ich zum Beispiel bei Beginn unserer Beratung mit einer schweren Erkrankung in langwährender Behandlung war, hat mir die Arbeit über das Telefon geholfen, meine Identität als eine gesunde Person aufrecht zu erhalten. Ich denke auch, dass ich dabei in gewisser Weise mit ihr insofern in eine Kollusion gerate, als ich das Telefon dazu benutze, es zu vermeiden, von ihr verunglimpft zu werden. Ich bin mir sicher, dass ich von ihr nicht so behandelt werden möchte, wie sie andere behandelt – obwohl ich mir sehr wohl im Klaren darüber bin, dass, wenn sie sich mir gegenüber so verhält, dies eine Gelegenheit darstellt, diese Gefühle zu explorieren. Nicht zuletzt hat die mit der Arbeit über das Telefon einhergehende Distanz dazu beigetragen, unserer Beziehung eine gewisse Sicherheit zu verleihen. So hat mich mein Supervisor z. B. darauf hingewiesen: »Bisher ist dies eine sichere Autoritätsbeziehung. Sie stehen oben und sie ist unten. Sie werden von ihr idealisiert und sie ist freundlich und höflich«. Ich habe mir auch Gedanken darüber gemacht, inwieweit wir nicht beide das Telefon als eine Art Abwehr benutzen und frage mich immer wieder, ob das eigentlich der Beratung dient. Mit dieser Frage setze ich mich immer wieder in meiner Supervision auseinander.

Was die praktische Seite betrifft, so hat die Arbeit über das Telefon zweifellos auch einige ganz bestimmte Vorteile. Dadurch, dass ich dabei einen Kopfhörer aufhabe, habe ich die Hände frei, um mir auf dem Computer Notizen zu machen. Auf diese Weise kann ich Teile unserer Gespräche in wörtlicher Rede festhalten und habe sozusagen ein verbales ›Bild‹ meiner Klientin. Das wäre anders in einer persönlichen direkten Beratung, wobei ich den Verlauf der Sitzung im nachhinein aufzeichne. Ich schreibe mir auch das, was ich ihr sage, in meiner eigenen Sprache auf. Das hilft mir später, wenn ich den Verlauf der Sitzung Revue passieren lasse, dabei, die Bedeutung und den Stellenwert meiner eigenen Aussagen und Interpretationen zu beurteilen. Leslie weiß, dass ich mir während unserer Arbeit Notizen mache. Ich habe sie ganz zu Anfang um ihr Einverständnis gebeten und ihr gesagt, dass ich diese Notizen nur für mich selbst verwende. Über die ersten sechs Monate hinweg habe ich ihr diese Aufzeichnungen zugeschickt. Dadurch bekam sie eine Vorstellung davon, was ich schreibe. Ich denke, dass ihr das ein Gefühl von Containment gegeben hat sowie die Gewissheit, dass ich ihr zuhöre und sie zu verstehen versuche.

Schluss

Der Titel, den ich für diesen Beitrag gewählt habe – die Klientin, die ich nie gesehen habe – ist, genau genommen, nur die halbe Wahrheit. Ich habe meine Klientin in der Tat einmal – und nur ein einziges Mal - getroffen und zwar etwas später als ein Jahr (im Februar 2001) nachdem wir mit unserer Arbeit begonnen hatten. Dabei ging die Initiative diesmal von ihr aus; sie war damit beschäftigt, ob die Art, wie sie Blickkontakt mit anderen aufnimmt, nicht »zu intensiv sei« und wie sie sich anderen als Personen gegenüber verhält. Sie lud mich in Manhattan zum Mittagessen ein. Sie kam etwas zu spät und machte auf mich einen unvergesslichen ersten Eindruck; sie hatte eine sehr schöne Frisur, ein makelloses Make-up und ihre Kleidung war sehr extravagant. Sie trug einen auffallend langen Pelzmantel, der ihr bis an die Knöchel reichte. Entgegen dem Ziel, das sie sich selbst für dieses Treffen gesetzt hatte, begann sie das Gespräch so, als würden wir miteinander am Telefon sprechen, d. h. sie betete die ›Litanei‹ dessen herunter, was in der vergangenen Woche geschehen war. Anstatt mit mir Blickkontakt aufzunehmen, schaute sie an mir vorbei. Da es in dem Restaurant ziemlich laut war, sagte ich ihr schließlich, dass ich sie nicht gut verstehen könne. Sie entschuldigte sich dafür und begann, mich direkt anzusprechen. Allmählich kam sie zur Ruhe und wir waren schließlich doch noch in der Lage, in dieser Sitzung miteinander zu arbeiten. Seither haben weder sie noch ich irgendwelche weiteren Anstalten unternommen, uns erneut zu treffen.

Aus meiner Sicht war diese Gelegenheit uns in einer nicht-vertraulichen sozialen Atmosphäre zu treffen, die sie dadurch unter Kontrolle hatte, dass sie mich zum Essen einlud, ein ganz wichtiger Wendepunkt. Im nachhinein sehe ich darin den Beginn eines deutlichen Übergangs von einer verächtlichen zu einer eher unsicheren Klientin. Seither ist unsere Arbeit weiter in dieser Richtung vorangegangen.

Ich habe auf Seiten meiner Klientin deutliche Anzeichen einer Weiterentwicklung wahrgenommen – ihr Denken ist weniger von Angst und Rigidität geprägt und auch ihr Ausdrucksweise ist weniger rigide und nicht mehr so stark durch Verachtung bestimmt. Ironischerweise – und wahrscheinlich nicht zuletzt als Ergebnis der Beratung – hat sie momentan eine Rolle inne, die für ihre Karriere von großer Bedeutung sein könnte. Wenn unsere Arbeit überhaupt etwas für sie gebracht hat, dann besteht das darin, dass sie mit sich selbst hinreichend in Kontakt gekommen ist, um so damit zu beginnen, eine Beziehung zur Realität der äußeren Welt zu entwickeln.

Man mag sehr wohl davon ausgehen, dass dies eine Klientin ist, für die eine Psychotherapie eine nicht zu bewältigende Herausforderung darstellt, die zuviel Angst hervorrufen würde. Ich habe viele Klienten gehabt, die – obwohl eine Psychotherapie für sie sehr wohl angemessen gewesen wäre – meine Dienste als eine sicherere Alternative in Anspruch genommen haben. D. h., dass sie persönliche Dinge in einem organisatorischen Kontext auf eine weniger gefährliche Weise ansprechen können. Leslie ist insofern ein extremerer Fall, als für sie sogar eine persönliche Beratung eine Überforderung zu bedeuten scheint. Wie man sich sicherlich vorstellen kann, bedeutet diese Beratung in bezug auf meine sonstige Beratung eine deutliche Herausforderung. Oft habe ich das Gefühl, dass ich mir vertrautes Terrain verlasse. Obwohl ich selbst zwar eine persönliche Psychoanalyse gemacht habe, so bin ich doch keine Therapeutin. Ungefähr nach einem Jahr war ich damit beschäftigt, ob mich nicht die Intensität der Dyade dazu veranlasste, in der Beratung selbst Dinge auszuagieren, anstatt sie mit meiner Klientin durchzuarbeiten. Das brachte mich dazu, Supervision bei einem Psychoanalytiker zu nehmen. Unsere Sitzungen habe ich sowohl für das Verständnis der Dynamik von Leslie und mir als auch für die Gestaltung meiner Beratung als sehr unterstützend und sehr hilfreich erlebt. Wenngleich ich auch selbst diese Arbeit mit Leslie als Beratung verstehe und mich im Rahmen meiner Möglichkeiten auch darum bemühe, die Rolle der Beraterin aufrecht zu erhalten, so bin ich mir selbst doch nicht immer ganz darüber im Klaren, was von dieser Arbeit tatsächlich Beratung und was eher etwas ganz Anderes ist.

Es hat mich sehr ermutigt, zu sehen, dass diese Klientin, deren berufliche Rolle und Identität in der Organisation mit so vielen Schwierigkeiten verbunden ist, so große Fortschritte gemacht hat. Meine Arbeit mit Leslie über das Telefon, die ich in diesem Beitrag beschrieben habe, kann in gewissem Maße auch als ein Beispiel der psychotherapeutischen Verfahren gesehen werden, für die sich in der letzten Zeit der Begriff ›Telehealth‹ [*tele*phone and mental *health* treatment] durchgesetzt hat (Manosevitz 2000).

In dem, was ich hier darzustellen versucht habe, ist deutlich geworden, dass die Arbeit über das Telefon einen ganz wesentlichen Einfluss auf die eigene Arbeitsweise in der Beratung hat und neues Lernen fordert. Ohne die für die normale Beratungssituation charakteristischen visuellen Hinweise ist man darauf angewiesen, sich persönlich und professionell voll einzubringen.

Aus dem Englischen übersetzt von Burkard Sievers

Literatur

Armstrong, David (1995): The analytic object in organizational work. Vortrag auf dem jährlichen Symposium ›The International Society for the Psychoanalytic Study of Organizations‹, London.

Aronson, J. K. (1966): The use of the telephone as a transitional space in the treatment of a severely masochistic anorexic patient. In: Edward, J. & Sanville, J. (Hg.): Fostering healing and growth: A psychoanalytic social work approach. Northvale, NJ (Jason. Aronson), S. 163–178.

Civin, Michael (2000): Male, female, email: The struggle for relatedness in a paranoid society. New York (The Other Press).

Hinshelwood, Robert D. (1993): Wörterbuch der kleinianischen Psychoanalyse. Stuttgart (Verlag Internationale Psychoanalyse).

Larkin, Linda (2000): Therapy without the person in the room. Vortrag: ›American Psychological Association Convention on Psychoanalysis and Psychotherapy in a Global Society‹, Teil des Symposiums ›Talking Cure in the 21st Century – Telephone Psychoanalysis‹. Washington, DC.

Manosevitz, Martin (2000): Telephone psychoanalysis: Talking about bodily states in the absence of visual clues. Vortrag: ›American Psychological Association Convention on Psychoanalysis and Psychotherapy in a Global Society‹, Teil des Symposiums ›Talking Cure in the 21st Century – Telephone Psychoanalysis‹. Washington, DC.

Mersky, Rose (2001): Falling from grace – When consultants go out of role: Enactment in the service of organizational Consultancy. In: Socio-Analysis, 3, S. 37–53.

Peters, J. D. (1999): Speaking into the air: A history of the idea of communication. Chicago / London (University of Chicago Press).

Rakow, L. F. (1992): Gender on the line – Women, the telephone, and community life. Urbana / Chicago (University of Illinois Press).

Robertiello, R. C. (1972): Telephone sessions. In: Psychoanalytic Review, 59, S. 633–634.

Zalusky, S. (1998): Telephone analysis: Out of sight, but not out of mind. In: Journal of the American Psychoanalytic Association, 46, (4); http://www.psychomedia.it/pm/ telecomm/Telefone/zalusky2.htm.

Ein Wandel der Buchhalter? – Zur Bedeutung des potentiellen Raums für Veränderungsprozesse in Organisationen

Jutta Lutzi

Zusammenfassung: Die Rede von Innovation, Kreativität und Flexibilität beim laufenden Wandel in Organisationen steht in auffallendem Widerspruch zu einem buchhalterisch anmutenden Zugang, wenn es um die Planung konkreter Veränderungsvorhaben geht. Die Autorin versteht diesen Widerspruch als Ausdruck eines Versuchs, die im Zusammenhang mit grundlegenden Veränderungsprozessen mobilisierten Gefühle von Angst und Verunsicherung durch eine möglichst genau geregelte Steuerung des Prozesses zu vermeiden. Konzepte des Change Managements wie z. B. das Leitbild der lernenden Organisation eignen sich zur Beruhigung im ungewissen Prozess, setzen jedoch eine rationale Regelhaftigkeit voraus, die per definitionem alles Unberechenbare ausschließt. Das Konzept des potentiellen Raums hingegen verweist auf das Spannungsfeld zwischen Plan und Wirklichkeit, zwischen innerer Welt und äußerer Realität und öffnet den Raum für Widersprüchlichkeit und Irrationalität.

Einleitung: Eine Phänomenologie der Widersprüche

Es ist viel die Rede von Innovation, Kreativität, Flexibilität und der Überwindung von Grenzen. Alte Sicherheiten müssten aufgegeben werden zugunsten einer neuen Risikofreudigkeit, wolle man in dieser sich ständig ändernden, vom Prozess der Globalisierung angetriebenen Welt bestehen. Organisationen wie auch jeder Einzelne müssten sich im Zuge dieses Prozesses ständig verändern. Bei Veränderungsprozessen gehe es zudem nicht mehr darum, durch Lernprozesse oder eine Umstrukturierung einen optimalen neuen Zustand zu entwickeln, der für einen längeren Zeitraum eine stabile und effiziente Arbeitsgrundlage darstelle, sondern um die Entwicklung von Regeln und Strukturen, die den ständigen Veränderungsprozess selbst zum Gegenstand haben und diesen optimieren sollen. Veränderungen sollen jeweils aktiv hergestellt und nach bestimmten Regeln gestaltet werden. Auf der Ebene der Organisation ist man auf der Suche nach optimalen Bedingungen für den permanenten Wandel, auf der Ebene des Individuums sucht man nach den optimalen Bedingungen für ein lebenslanges Lernen. Bewegung wird zum entscheidenden Kriterium, denn alles scheint schnell zu veralten, außer der Notwendigkeit zur Veränderung selbst.

Betrachtet man sich allerdings die Konzepte für Veränderungsprozesse genauer, ist merkwürdigerweise von der angekündigten Dynamik und Innovation nicht mehr so viel zu sehen. Vielerorts trifft man auf einen eher buchhalterisch anmutenden Zugang, der von einem Streben nach Ordnung und Eindeutigkeit geprägt ist. Arbeitsprozesse werden in hantierbare Einheiten zerlegt, um möglichst jeden Arbeitsschritt nachvollziehbar zu machen und mit einem Auftraggeber abrechnen zu können. Qualitätssicherungsmaßnahmen sind vom selben Geist geprägt, auch hier wird zergliedert und geordnet, alle Abläufe sollen transparent und im Hinblick auf ihre Wirkung zuordbar sein. All dies wird sodann in einem Handbuch notiert und in bestimmten Abständen überprüft. Überall wird geordnet und zertifiziert, es werden Standards entwickelt und überprüft, auf dass jede Aktivität ihren geordneten Rahmen und Ablauf bekomme und nichts unautorisiert geschehe.

Es ist zwar viel von Deregulierung und Flexibilisierung die Rede, faktisch trifft man jedoch auf eine Regulierung ungekannten Ausmaßes. »Schleichend verwandelt sich das grenzenlose in ein total überwachtes Netz« - so lautet eine Schlagzeile der Frankfurter Rundschau vom 6. 7. 01. Die große Bewegungsfreiheit im Netz geht einher mit der Nachvollziehbarkeit jeder Bewegung des Internetnutzers. Die Behörden würden hiervon gern Gebrauch machen zum Zwecke der Kriminalitätsbekämpfung und bereits im Vorfeld Daten verschiedenster Art sammeln, um im Falle einer Straftat darauf zurückgreifen zu können. Hiermit würde freilich, so die Datenschützer, ein Grundprinzip des Rechtsstaates in Frage gestellt, das Ermittlungen und die Überprüfung von Menschen nur in einem Verdachtsfalle gestattet. Werden hingegen vielfach Daten für den Fall einer möglichen kriminellen Handlung gesammelt, wie z. B. genetische Daten von Männern, wird eine ganze Bevölkerungsgruppe zu potentiellen Straftätern erklärt. Die Reihenfolge wird umgekehrt, die Möglichkeit tritt an die Stelle der Wirklichkeit und bestimmt das Handeln.

Winfried Hassemer beschreibt in der Frankfurter Rundschau vom 13. 7. 01 eine Veränderung in der Beziehung zwischen Bürgern und Staat in dem Sinne, dass nicht mehr der Staat als Eindringling in den Bereich des Privaten gefürchtet werde, sondern dass dies im Gegenteil nun vom Bürger gewünscht werde aus einem Bedürfnis nach Sicherheit und Schutz.

> »Gewissermaßen unter der Hand haben sich die Eisenfeilspäne unserer Weltbetrachtung umorientiert vom Pol der Freiheit zum Pol der Sicherheit. ... Prävention ist nicht nur im öffentlichen Eingriffsrecht das Paradigma der Stunde. Sie ist

> der entschlossene Versuch, Gefahren unter allen Umständen und mit allen Mitteln zuvorzukommen, und sie kennzeichnet weite Bereiche des modernen Alltags«.

Die Gefahren, vor denen es sich zu schützen gilt, scheinen sich zudem geändert zu haben.

> »Was die Menschen früher umgetrieben hat, was sie geängstigt und tief beschäftigt hat, leuchtet ihnen heute nicht einmal mehr ein. Was das Bundesverfassungsgericht noch im Jahre 1983 mit düsterer Feierlichkeit als Menetekel an die Wand geschrieben hat, dass nämlich in einer normlosen Gesellschaft die ›Bürger nicht mehr wissen können, wer was wann und bei welcher Gelegenheit über sie weiß‹, dürfte den meisten Leuten heute schnuppe sein. Jedenfalls verhalten sie sich so, dass möglichst viele Unbekannte möglichst viel über sie zu wissen kriegen« (Hassemer, a. a. O.).

Haben wir es hier mit einer Begleiterscheinung der Risikogesellschaft zu tun in dem Sinne, dass mit steigendem Risiko die Ängste zunehmen? Handelt es sich um eine Art zwanghafter Konfliktbewältigung, die gut zur kapitalistischen Wirtschaftsweise passt, zur Effizienzsteigerung und kaufmännischen Berechnung auf Heller und Pfennig? Wäre das, was als narzisstisch erscheinender Exhibitionismus daherkommt, letztlich eine zwanghafte Versicherung vor der Verunsicherung, die ein wirkliches Heraustreten aus dem Altbekannten mit sich brächte?

Bisweilen scheint es, als hätten wir es vor allem mit einer Phantasie der Freiheit zu tun, einem Selbstbild von risikofreudigen Abenteurern, die freilich aus der ganzen Welt ein vertrautes Zuhause machen wollen. Das, was Kreativität und Innovation ausmacht, nämlich zu experimentieren und sich auf ungewisses Terrain vorzuwagen, Prozesse sich entwickeln zu lassen ohne deren Verlauf haargenau vorhersehen zu können, ist dabei nicht vorgesehen.

Das Leben in der Verdopplung

Die beschriebene Widersprüchlichkeit ist m. E. Ausdruck des Versuchs, über eine Verdopplung der Wirklichkeit den durch gesellschaftliche Umbrüche verstärkt mobilisierten Konflikt zwischen dem Bedürfnis nach Freiheit und Autonomie einerseits und dem Bedürfnis nach Sicherheit andererseits, aufzulösen.

Im Sinne eines psychosozialen Abwehrprozesses (vgl. Menzies 1974) wird nach Möglichkeiten gesucht, um die im Zusammenhang mit grundlegenden Veränderungsprozessen auftretenden Gefühle der Verunsicherung zu vermeiden.

Ängste sollen erst gar nicht auftauchen, denn ausgeklügelte Sicherungssysteme in Form von detailliert ausgearbeiteten Konzepten, Regelungen und Vorschriften sollen die Vorstellung vermitteln, dass alles unter Kontrolle sei.

Infolge kommt es zu einer Verdopplung der Wirklichkeit derart, dass die Ebene des Planens und Konzeptualisierens eine Eigendynamik gewinnt und eine Welt für sich darstellt, die nicht unbedingt mit der Ebene des konkreten Handelns in Verbindung stehen muss, wie sich an vielen offensichtlich nicht umsetzbaren Veränderungsvorhaben erkennen lässt.

Der ›konkrete‹ Plan, der genau ausgearbeitet ist, soll für die nötige Sicherheit beim Handeln sorgen. Der Plan verliert jedoch aufgrund seiner ›Konkretheit‹ seinen potentiellen Charakter und wird für die Wirklichkeit gehalten, als sei er bereits ein haargenaues Abbild der zu erwartenden Wirklichkeit. Wenn sich dann die im Plan angestellten Überlegungen als nicht zutreffend herausstellen sollten, wenn sich z. B. die tatsächlichen Kosten als deutlich höher erweisen als die im Vorfeld berechneten, ist von einer Kostensteigerung die Rede, als habe sich in Wirklichkeit etwas verändert, und nicht von einer Diskrepanz zwischen Plan und Wirklichkeit. Nicht selten gibt man sich auch mit dem Plan zufrieden, als sei damit bereits etwas in Gang gebracht, und es kommt gar nicht erst zu einem Umsetzungsversuch. Das Entwickeln immer neuer Pläne und eine nie endende Arbeit am Konzept kann zu einem Beruhigung stiftenden Selbstläufer werden, in dem den Beteiligten das Gefühl vermittelt wird, sie seien entsprechend der sich ständig verändernden Bedingungen mit einer Optimierung der konkreten Arbeitsprozesse beschäftigt, die unterdessen nahezu unverändert weiterlaufen. Sicherheit wird in einer Sicherheit der Vorhersage gesucht, die wiederum mit der Wirklichkeit verwechselt wird.

Das Leben in einer Doppelwelt scheint beides möglich zu machen, sich frei und unabhängig bewegen zu können bei gleichzeitiger Absicherung jeden Schritts.

Die virtuelle Welt des Internet ist ein technisches Medium, das man für diesen Zweck hervorragend nutzen kann. Man kann sich mit seiner Hilfe im Raum der ganzen Welt bewegen, ohne seinen Stuhl vor dem zweidimensionalen Bildschirm verlassen zu müssen. Shabad und Selinger (1995) sind der Ansicht, dass die Hypertechnologisierung der modernen westlichen Welt einen kontraphobischen Versuch widerspiegele, über eine hypertrophierte geistige Aktivität eine von den erlebten Defiziten der Vergangenheit befreite perfekte und kontrollierbare Zukunft und damit letztlich eine perfektionierte Vergangenheit zu erschaffen. Der Computer z. B. könne auch als »Verkörperung« eines entkörperlichten Geistes verstanden werden, als ein zerebrales Universum, das befreit ist von der Unvorhersehbarkeit und Irrtumsanfälligkeit unbewusster Prozesse (vgl. ebd., S. 224ff.).

Kühl (2000) beschreibt diesen Verdopplungsprozess für den Bereich der Organisationsentwicklung. Er geht davon aus, dass gerade in Unternehmen, in denen große Verunsicherung über den weiteren Kurs besteht und Veränderungsprozesse sich sehr zäh gestalten, das Management geneigt ist, die Widersprüchlichkeiten und Unwägbarkeiten eines Veränderungsprozesses auszublenden. Stattdessen versucht es Sicherheit dadurch herzustellen, dass es den Eindruck vermittelt, als ob es wüsste, nach welchen Prinzipien ein Veränderungsprojekt zum Erfolg zu führen ist. Das Leitbild der lernenden Organisation ist dabei ein Mittel, das zur Beruhigung im Prozess eingesetzt werden kann.

»Die Anhänger von Leitbildern des Wandels gehen davon aus, dass sich mit den Regeln ›guten‹ Organisationswandels Veränderungsprozesse möglichst detailliert planen und effektiv in die Praxis umsetzen lassen. Basierend auf den Regeln des Change Managements wird ein Plan für den optimalen Ablauf der Veränderungen erstellt. Ebenso wie der Arbeitsprozess existiert dann auch der Veränderungsprozess doppelt: als Plan für den Wandel und als realer Veränderungsprozess im Unternehmen« (Kühl, a. a. O., S. 75).

Plan und konkreter Veränderungsprozess lassen sich jedoch gerade aufgrund dieser planerischen Verdopplung nicht so leicht miteinander in Einklang bringen, führt der Plan doch inzwischen ein optimiertes Eigenleben, in dem die Unwägbarkeiten des konkreten Handelns nicht vorgesehen sind. Der Veränderungsprozess bleibt infolgedessen nicht selten dann stecken, wenn es um die Umsetzung der erarbeiteten Konzepte zur Veränderung geht. Lauterburg (2001, S. 4) stellt z. B. fest, dass zwei von drei Fusionen fünf Jahre nach Inkrafttreten der neuen Organisation noch nicht vollzogen seien. »Manche werden großartig angekündigt, nur um sich kurz darauf in Wohlgefallen aufzulösen - und von denjenigen, die formal besiegelt werden, bleiben viele für immer eine grandiose Fiktion. Zwei von drei Reengineering-Projekten geraten zu Flops oder zeitigen nur marginale Ergebnisse«. Lauterburg macht an dieser Stelle mangelnde Führungskompetenz für die Schwierigkeiten bei der Umsetzung verantwortlich. Vielfach wird die Ursache außerdem in mangelnder Motivation der Mitarbeitenden, mangelnder Transparenz des Vorhabens, ungenügender innerbetrieblicher Kommunikation etc. gesucht. Nicht infrage gestellt wird hingegen das Konzept des Veränderungsprozesses selbst, inwieweit dieses überhaupt in konkretes Handeln transponierbar ist. Dies wird aufgrund der Verdopplung der Prozesse als selbstverständlich vorausgesetzt, wurde die Veränderung doch sorgfältig geplant, mit großem Aufwand und gemäß bestimmter Regeln, unter Hinzuziehung von externen Beratern. In einem zweiten Schritt soll dann die Umsetzung erfolgen. Tauchen dabei Schwierigkeiten auf, werden die Gründe dafür im praktischen Teil der Umsetzung selbst gesucht. Der Plan selbst gilt als in sich schlüssig, ist er doch nach rationalen

Regeln erstellt worden. An die Stelle eines Spannungsfeldes zwischen Vorstellung und Wirklichkeit ist eine doppelte Wirklichkeit getreten. Letztlich können aber all diese Modelle zur Veränderung nur deshalb als rational und in sich schlüssig präsentiert werden, da alles Unberechenbare und Zweideutige per definitionem ausgeschlossen wurde. Zu diesem Zweck werden »Rationalitätsmythen« (Kühl) wie z. B. Regeln eines guten Wandels entwickelt, und es wird die mit dem Wandel verbundene Ungewissheit ignoriert. »Gerade durch das positiv besetzte Leitbild der lernenden Organisation wird eine schützende Unwissenheit produziert« (Kühl, a. a. O. S. 179). Bei Kühl gewinnen Rationalitätsmythen fast die Bedeutung eines Entwicklung ermöglichenden Moments, da sie verhindern, dass man in der Unsicherheit der Entscheidungssituation stecken bleibt. Es wird auf jeden Fall etwas in Gang gebracht, im Glauben, es gehe alles mit rationalen Dingen zu, zum Preis einer partiellen Blindheit, da all das ausgeblendet wird, was nicht in die vorgesehene Ordnung passt. Das Verhältnis von Sicherheit und Unsicherheit wird dabei umgekehrt. Den Konzepten von der lernenden Organisation oder der Wissen schaffenden vitalen Firma liegt die Vorstellung von unsicheren Organisationsstrukturen zugrunde, die durch stabile Regeln des Organisationswandels abgesichert werden müssten. Die Regeln des Lernens und Wandels werden als Sicherheit in der Unsicherheit gehandhabt (vgl. Kühl, S. 81).

Der Prozess des Denkens und Planens, der eigentlich neue Räume erschließen und durch die Freiheit des Gedankens Innovatives zu Tage fördern könnte, wird damit in einer Verkehrung zur Absicherung benutzt und mündet in einer gewissen Starrheit. Das, was im Wandlungsprozess eigentlich erreicht werden soll, nämlich eine kreative Bewältigung neuer und unbekannter Aufgaben, wird durch das planerische Sicherheitsnetz ins Gegenteil verkehrt. Aus dem laufenden Wandel und dem lebenslangen Lernen droht ein ›lebenslänglich‹ zu werden.

›Talk, decision, action‹

Nach Brunsson (1989) unterliegen die Bereiche des ›Talk‹, d. h. des Redens und Denkens ganz anderen Bedingungen als diejenigen des Handelns, so dass es für ihn nur folgerichtig ist, dass sich Denken und Planen auf der einen Seite und Handeln auf der anderen Seite nicht nahtlos aneinander anschließen lassen. Es ist von daher gar nicht zu erwarten, dass sich für ein in der Vorstellung entwickeltes Konzept ein deckungsgleiches Pendant in der konkreten Wirklichkeit findet.

Das Denken und Planen kann sich unabhängig von Raum und Zeit bewegen, in der Vergangenheit, der Gegenwart und der Zukunft gleichzeitig, in verschiedenen und weit entfernten Räumen. Unvereinbares und Widersprüchliches kann in einem gedacht werden, Mehrdeutigkeit ist an der Tagesordnung. Es gibt eine Freiheit des Denkens, die nicht den üblichen Beschränkungen des Handelns unterliegt. Das Handeln, die konkrete Aktion hingegen geschieht unter den Bedingungen der äußeren Realität und ist damit abhängig vom konkreten Raum, der konkreten Zeit, dem jeweiligen sozialen Kontext und den Gesetzen der Natur. Das Handeln stößt an die Grenzen der konkreten Wirklichkeit.

Die Dichotomie zwischen einer Welt des Geistes und einer Welt des Körpers, die in der westlichen Philosophie eine lange Tradition hat, ist vielen Vorstellungen von menschlichem Tun implizit. Man geht davon aus, dass das Denken vom Handeln getrennt und diesem vorgeordnet sei. Brunsson sieht diese Sichtweise widergespiegelt in Organisationsstrukturen, die das Management der Produktion bzw. dem operativen Geschäft gegenüber- bzw. überstellen. In dieser Vorstellung von organisationalem Zusammenwirken hat das Management die Aufgabe, zu analysieren, zu planen, zu entscheiden und entsprechende Arbeitsanweisungen zu geben, während die Beschäftigten diese in konkretes Handeln umsetzen sollen. Denken und Handeln gehören bei diesem Konzept getrennten Bereichen an, werden aber als nahtlos aneinander anschließend gedacht, da für beide eine rationale Regelhaftigkeit vorausgesetzt wird.

In der Praxis ist nun häufig zu beobachten, dass solch eine enge Verbindung zwischen Planung und Umsetzung nicht besteht. Organisationen sammeln Daten, lassen Gutachten und Statistiken erstellen, die anschließend in den Schubladen verschwinden. Sie lassen sich die Analyse und die Planung durchaus etwas kosten, entwickeln mit Hilfe von Beratern Strategien, die jedoch nie zum Einsatz kommen. Nach Brunsson beruht dies nun nicht auf einer Schwäche bei der Umsetzung, sondern gehört geradezu zum System. Seiner Ansicht nach liegt der Fehler in der Annahme, dass in einer Organisation zwischen Planung und Umsetzung, zwischen Denken und Handeln eine hierarchische Beziehung bestehe. Wenn das Denken das Handeln steuern und kontrollieren können sollte, dann müssten beide kongruent sein, bereinigt von Widersprüchen und Inkonsistenzen.

Eine solche Kongruenz ist jedoch bereits aufgrund der unterschiedlichen Bedingungen für beide Bereiche nicht zu erwarten. Hinzu kommt, dass sich Organisationen unterschiedlichen und widersprüchlichen Erwartungen von Seiten ihrer Umwelt ausgesetzt sehen. Hierauf reagieren Organisationen nach Brunsson mit ›Hypocrise‹.

Als ›Hypocrise‹ bezeichnet Brunsson ein grundlegendes Verhaltensmuster in der Politik, welches darin besteht, dass ›talk‹, ›decision‹ und ›action‹ in bezug auf eine bestimmte Thematik in ganz verschiedene Richtungen gehen können und nicht miteinander verknüpft sein müssen. Gesprochen wird dann über die

Lösung eines Problems in einer Weise, die den Erwartungen einer bestimmten Interessensgruppe entspricht, entschieden wird gemäß den Erwartungen anderer Gruppierungen, um schließlich etwas ganz anderes in die Praxis umzusetzen, was wiederum anderen Interessen entgegen kommen soll.

Zentral bei diesem Gedanken ist die Annahme von verschiedenen konfligierenden Interessen, die sich im Laufe des Prozesses Ausdruck verschaffen und diesen in je spezifischer Weise prägen. Es muss sich bei dieser Diskrepanz zwischen Reden, Entscheiden und Handeln nicht unbedingt um bewusst eingesetzte Manöver handeln, sondern ein Prozess kann sich so divergent entwickeln, wenn es bei den Beteiligten Unterschiede im Denken, in Werthaltungen und eben unterschiedliche Interessen gibt. Diese Konflikthaftigkeit und Widersprüchlichkeit stellt eine allgemeine Grundlage für menschliches Denken und Handeln dar. Davon sind nicht nur die Verhältnisse zwischen Gruppen und Individuen geprägt, sondern die Individuen selbst sind in sich genauso wenig eindeutig. Auch hier stimmen Denken, Entscheiden und Handeln oft nicht überein.

Nach Brunsson ist ein gewisses Maß an Hypocrise notwendig für das Überleben von Organisationen, und zwar in den Fällen, in denen die Existenz eines Unternehmens nicht ausschließlich von seinen Produkten abhängt, sondern auch von seiner Position in der Gesellschaft, was auf die meisten Unternehmen und erst recht auf soziale Organisationen zutrifft. Eine wichtige Rolle spielt dann die Legitimität der Unternehmung, d. h., neben der Organisation der Produktion bedarf es der Gewinnung von Legitimität im gesellschaftlichen Umfeld der Organisation. Die Organisation sieht sich mit ganz unterschiedlichen Erwartungen und Interessen konfrontiert und muss in ihrer Politik dem Rechnung tragen, will sie nicht ihre Legitimität verlieren. Handelt es sich um konfligierende Interessen, zwischen denen kaum ein Ausgleich gefunden werden kann, wird ein Ausweg in der Trennung von Reden, Entscheiden und Handeln gesucht, womit dann scheinbar allen Interessen genüge getan werden kann. Als ein Beispiel führt Brunsson einen Volksentscheid über die Zukunft der Kernenergie in Schweden an. In einem Referendum zur Kernenergie im Jahre 1980 konnten die Befragten zwischen drei verschiedenen Möglichkeiten wählen, von denen eine sofortige Reduktion von Kernenergie durch die Schließung von Atomanlagen beinhaltete, während die beiden anderen nahezu identisch auf einen Ausstieg aus der Kernenergie nach 25 Jahren zielten, mit der Möglichkeit, die aktuelle Produktion zu erhöhen, um dem gestiegenen Energiebedarf entgegen zu kommen. Die Bevölkerung entschied sich in ihrer Mehrheit für die beiden letztgenannten Möglichkeiten, die in sich inkonsistent sind. Die Wahl für diese Option macht es scheinbar möglich, sich gleichzeitig für beide sich ausschließenden Interessen zu entscheiden, nämlich den Ausstieg aus der Kernenergie und die Erhöhung der Produktion. Die in sich konsistente Variante, mit einer Reduktion der Kernenergie in der Gegenwart zu beginnen, bei der eine umweltbewusste Einstellung mit dem konkreten Handeln in Einklang gestanden hätte, stieß in der Bevölkerung auf wenig Akzeptanz.

Geht man davon aus, dass Widersprüche und konfligierende Interessen eine Grundlage menschlichen Denkens und Handelns darstellen, die der Konflikthaftigkeit des Menschen wie auch der Unterschiedlichkeit von Individuen, Gruppen und Organisationen entspricht, sind auf Rationalität basierende Modelle zur Analyse und zur Initiierung von Veränderungsprozessen nicht sehr geeignet. Wozu sich Rationalitätsvorstellungen gut zu eignen scheinen, ist die nachträgliche Begründung von Entscheidungen oder konkreten Handlungen, d. h. zur Gewinnung von Legitimität. Wie Brunsson ebenfalls zeigt, verlaufen Entscheidungsprozesse zwar meist nicht nach rationalen Vorstellungen in dem Sinne, dass man zunächst zwischen verschiedenen Möglichkeiten abwägt, um sich anschließend für die bestmögliche zu entscheiden, man kann jedoch im Nachhinein gute Gründe dafür finden, warum man sich so und nicht anders entschieden hat (a. a. O., S. 175ff.).

Kühl, der Rationalitätsmythen die Funktion zuschreibt, Unsicherheit soweit auszublenden, dass konkrete Veränderungen in Gang gebracht werden können, plädiert dafür, Widersprüchlichkeiten und Konflikte an die Oberfläche zu bringen, anstatt diese auszublenden. Widersprüchlichkeit lasse sich als Motor der Organisation nutzen. Die Metaperspektive eröffne die Möglichkeit, schneller unerwünschte Nebenfolgen der verschiedenen Veränderungskonzepte zu erkennen.

> »Das Potenzial für ein Management vom Organisationswandel liegt nicht in der weiteren Perfektionierung der bereits existierenden Planbarkeits- und Steuerbarkeitsvorstellungen, in der Erfindung immer bunterer Leitbilder, immer ausgefeilterer Instrumente des Change Managements und immer überzeugenderer Regeln für einen ›guten‹ Organisationswandel. Der Effekt wäre lediglich eine noch größere Diskrepanz zwischen den produzierten Rationalitätsmythen und den realen Veränderungsprozessen in Organisationen. Es kommt vielmehr darauf an, Umgangsformen zu entwickeln, die dem Paradox gerecht werden, dass jede Entscheidung in Organisationen immer eine mehr oder minder willkürliche Stellungnahme ist, weil niemals im vorhinein objektive Kriterien für eine ›richtige‹ Entscheidung gegeben sind« (a. a. O. S., 201).

Dies würde bedeuten, dass es gelingt, auf die Schutzfunktion der Rationalitätsmythen wenigstens zum Teil zu verzichten und die Mehrdeutigkeit und Widersprüchlichkeit menschlichen Handelns anzuerkennen.

Die Bedingungen des intermediären Raumes

Zum Verständnis von Veränderungsprozessen brauchen wir folglich Modelle, die Irrationalität und Widersprüchlichkeit einschließen, wenn wir nicht in quasi tautologischer Weise nur auf dem Niveau ankommen wollen, von dem wir ausgegangen sind, gefangen in einem Zirkelschluss rational-technischer Funktionalität, entsprechend der französischen Redensart: »plus ça change, plus c'est la même chose«.

Deutlich geworden ist bisher, dass die Annahme einer hierarchischlinearen Beziehung zwischen Denken und Handeln nicht weit trägt. Innere Welt und äußere Realität unterliegen unterschiedlichen Bedingungen und sind nicht eindeutig aufeinander beziehbar. Will man eine Vorstellung in die Tat umsetzen, muss auf jeden Fall Raum da sein für die ›Sperrigkeit‹ des Objektes, d. h. für die Differenz zwischen gedachter und konkret erfahrbarer Begegnung mit dem Objekt. Es bedarf eines intermediären Raumes, in dem sich beide Interaktionsweisen mit dem Objekt aufeinander beziehen lassen, wohlwissend, dass es verschiedene Prozesse sind.

Winnicott (1971, S. 121) kommt bei seiner Frage nach dem »Ort, an dem wir leben« zu der Schlussfolgerung, dass es neben den beiden »Orten«, die als innere Welt und äußere Welt voneinander unterschieden werden, einen dritten Bereich gebe. »Betrachten wir unser Leben, so werden wir wahrscheinlich bemerken, dass wir den größten Teil unserer Zeit weder im Verhalten noch in der Kontemplation, sondern in einem anderen Bereich verbringen« (a. a. O., S. 122). Diesen Bereich bezeichnet Winnicott als Übergangsbereich bzw. intermediären Raum oder auch als potentiellen Raum. Der intermediäre Raum umfasst das Spannungsfeld zwischen der inneren Welt des Einzelnen und seiner Umwelt. In diesem Raum sind Kreativität und Innovation angesiedelt.

Nach Bram und Gabbard (2001) kann der potentielle Raum definiert werden als Raum zwischen Symbol (einem Gedanken) und Symbolisiertem (demjenigen, über das nachgedacht wird), vermittelt durch ein interpretieren des Selbst (der Denkende erschafft seine eigenen Gedanken und interpretiert seine eigenen Symbole). Im potentiellen Raum können wir Bedeutungen entwickeln und mit ihnen spielen, immer im Bewusstsein dessen, dass wir es sind, die den Dingen Bedeutungen verleihen, und dass diese, wie wichtig und real sie auch aus der persönlichen Perspektive sein mögen, nicht mit der objektiven Welt zu verwechseln sind (vgl. Bram und Gabbard 2001, S. 687).

Der potentielle Raum ist der Raum, in dem wir als menschliche Wesen leben. Hier treffen innere Welt und externe Realität aufeinander. Hier wird ihre Differenz erfahren und gleichzeitig partiell überwunden, so dass es weder zu einer sklavischen Anpassung an eine als unveränderlich erlebte äußere Realität noch zu einem Vorherrschen von Idiosynkrasien und Größenphantasien kommen muss. Die Welt des Menschen ist von daher weder subjektiv noch objektiv, sie entsteht vielmehr in einem Spannungsfeld zwischen beiden Polen.

Lear (1999, S. 1084) beschreibt als Beispiel dafür, wie wir gemeinsam zur Schaffung und Aufrechterhaltung unserer sozialen Welt beitragen, die Polis der Athener. »Einerseits ist sie ein psychologisches Konstrukt: Wer zu den Bürgern zählt, wer ein Sklave ist, wer zu ihr gehört oder ein Barbar ist, wie Besitz verteilt ist, wie Recht gesprochen wird, wo und wie Grenzen gezogen werden – all dies reflektiert die Interessen, Bedürfnisse, Sorgen und Anschauungen der Zugehörigen. Andererseits ist Athen nicht nur ein psychologisches Konstrukt oder eine reine Projektion: Athen ist eine Schöpfung, ein Artefakt, und es erhält eine gewisse Unabhängigkeit von den sich immer wieder verändernden psychologischen Zuständen seiner Bewohner«.

Nach Lear (1999, S. 1084f.) schaffen wir uns jeweils Umgebungen, »in der unsere *Psychai* in guten und in schlechten Tagen leben können. Am einfachsten kann man dies an materiellen Artefakten sehen: Es ist offensichtlich, dass etwa unsere Häuser unsere eigensten Interessen, unser Urteil, unseren Geschmack widerspiegeln. Auch wenn sie unseren psychischen Zustand offen legen, so erhalten sie doch einen quasi-unabhängigen Zustand: Zwar ist ein Haus von unserer psychischen Verfassung durchdrungen, doch steht es zugleich für sich«. Das Haus kann, ohne in seiner materiellen Substanz verändert zu werden, für andere Bewohner eine ganz andere Bedeutung gewinnen und in anderer Weise genutzt werden.

Während einerseits die menschlichen Schöpfungen einen realen, vom einzelnen unabhängigen Charakter annehmen, werden sie andererseits von jedem einzelnen mit idiosynkratischen Bedeutungen ausgestattet. Jede Person, die an einer kollektiven Kultur teilnimmt, versucht gleichzeitig, eine idiosynkratische Polis zu schaffen und zu bewohnen – eine Idiopolis –, deren spezifische Umrisse zum größten Teil unbewusst sind. Jeder versucht, seine ihm eigentümliche Polis zu erschaffen, in der er leben kann, und fordert unbewusst, dass andere diese anerkennen und daran teilhaben. Im Spannungsfeld des intermediären Raumes geht es damit um die Anerkennung der je eigenen Welt der Individuen und die Wiederfindung in der Welt der anderen.

Winnicott hat auf die Bedeutung der für die kindliche Entwicklung notwendigen Erfahrung hingewiesen, dass das Objekt als vom Subjekt unabhängig erlebt werden muss, um als ein verlässliches Objekt erlebt werden zu können. (Mit Objekt ist hier zunächst die Bezugsperson und das innere Bild, das das Kind von ihr hat, gemeint.) Das Objekt muss seine ›Verwendung‹ und damit einhergehend seine ›Zerstörung‹ überleben, denn nur ein Objekt, das sich verwenden lässt und den Gebrauch dennoch unbeschadet übersteht, das sich folglich als getrennt und unabhängig erweist, ist für eine weitere Verwendung geeignet. Diese Eigenschaft des Objektes, die für die Erfahrung von Verlässlichkeit sorgt, ist für die Entwicklung wichtiger als die Qualität der durch das Objekt gewährten Befriedigung. Dies bedeutet, dass nur eine vom eigenen Selbst als unabhängig erlebte Welt eine verlässliche Welt darstellen kann, eine Welt, derer man sich sicher sein kann.

Nach Oliner (1996) sorgt die Vorstellung einer vom Menschen unabhängigen, unpersönlichen Welt, die der Mensch nicht kontrollieren kann und für die er infolgedessen auch keine Verantwortung trägt, für Erleichterung, da sie von Schuld entlastet. Für den Erhalt des psychischen Gleichgewichts ist es nicht nur von Bedeutung, wie die äußere Realität wahrgenommen wird, sondern auch, ob sie sich als genügend differenziert, konkret und begrenzt erweist, um sich als Container zu eignen für das Denken, in deutlicher Abgrenzung vom Handeln. Die begrenzende Eigenschaft einer von der inneren Welt getrennten äußeren Realität mindert die mit Omnipotenzphantasien verbundenen Gefühle von Angst und Schuld. Die Vorstellung und Befürchtung, dass die Menschheit in der Lage wäre, die Welt zu zerstören, hält Oliner für solch ein Produkt der phantasierten Omnipotenz. Dadurch, dass der Mensch sich für fähig erachtet, die Welt gemäß den eigenen Vorstellungen zu verändern, erlebt er die Welt auch schutzlos der menschlichen Destruktivität ausgeliefert, wodurch sie ihren begrenzenden und entlastenden Charakter verliert. (vgl. a. a. O., S. 278f.) Um uns sicher zu fühlen, brauchen wir eine äußere Welt, die den Bedingungen der inneren Welt widersteht, d. h. die unbeeinflusst bleibt von Wünschen nach omnipotenter Kontrolle, und die den Gesetzen von Raum und Zeit unterliegt.

All dies würde bedeuten, dass die zunehmende Erfahrung der Veränderbarkeit der äußeren Welt durch die menschliche Aktivität gerade nicht zu einem Gefühl erhöhter Sicherheit führen würde, sondern im Gegenteil zu einem Gefühl großer Verunsicherung.

Befinden wir uns in einem Zeitalter, in dem die Balance des intermediären Raums verloren zu gehen droht im Sinne einer Vorherrschaft der Bedingungen der inneren Welt, die Begrenzungen der äußeren Welt und damit die Gesetze von Raum und Zeit nicht gelten lassen will? Mit der Konsequenz, dass der sicherheitsspendende und entlastende Aspekt der äußeren Welt damit verloren geht?

In einem ausbalancierten intermediären Raum herrscht eine reziproke Beziehung zwischen innerer Welt und äußerer Realität in dem Sinne, dass einerseits die äußere Welt der inneren als anregend, Befriedigung gewährend und begrenzend gegenübertritt, und andererseits die äußere Welt von der inneren mit Bedeutung versehen und gemäß ihren Bedürfnissen benutzt wird. Ist die innere Welt nicht zugänglich für die Begrenzungen der äußeren Realität, kann dies eine starke Beeinträchtigung der Phantasie zur Folge haben, da die aufgrund der fehlenden Begrenzung unbewusst als omnipotent und damit gefährlich erlebte Phantasie unterdrückt werden muss. Die Phantasie als eine Voraussetzung für Kreativität und Innovation bedarf eines begrenzenden Containers, um wirklich beflügeln zu können.

Der intermediäre Raum wäre folglich der Ort, an dem eine Integration von innerer Welt und äußerer Realität stattfindet und wo Kreativität und Innovation ihren Ursprung haben. Für Veränderungsprozesse würde dies bedeuten, dass es darauf ankommt, das Spannungsfeld zwischen innerer Welt und äußerer Realität, zwischen Vorstellung und Wirklichkeit, zwischen Denken und Handeln zu eröffnen, anstatt es über eine Verdopplung der Wirklichkeit aufheben zu wollen. Hierdurch wird ein erweiterter Blick auf unsere gesellschaftliche Realität möglich, da diese nicht zunächst in rationale Zusammenhänge und widerspruchsfreie Einheiten transformiert werden muss, um etwas erkennen zu können. Mehrdeutigkeiten, Anachronismen und Widersprüche sind nicht als Abweichungen und Störungen zu verstehen, die ausgeschaltet werden müssen, um den Preis partieller Blindheit, sondern sie erhalten ihren Platz als konstituierende Elemente für die von Menschen entwickelte und wahrgenommene Realität.

Literatur

Bram, Anthony D. und Gabbard, Glen O. (2001): Potential space and reflective functioning. In: International Journal of Psychoanalysis, 82, S. 685–699.

Brunsson, Nils (1989): The organization of hypocrisy. Chichester.

Hassemer, Winfried (2001): Frankfurter Rundschau vom 13.7. 2001.

Kühl, Stefan (2000): Das Regenmacher-Phänomen. Frankfurt/M.

Lauterburg, Christoph (2001): Gute Manager fallen nicht vom Himmel. In: Organisationsentwicklung 2001/2, S. 4–11.

Lear, Jonathan (1999): Eine Interpretation der Übertragung. In: Psyche, 53, 9/10, S. 1071–1101.

Menzies, Isabel E. P. (1974): Die Angstabwehr-Funktion sozialer Systeme – ein Fallbericht. In: Gruppendynamik, 5, S. 183–216.

Oliner, Marion Michel (1996): External reality. The elusive dimension of psychoanalysis. In: Psychoanalytic Quarterly, 65, S. 267–299.

Shabad, Peter & Selinger, Stanley S. (1995): Bracing for disappointment and the counterphobic leap into the future. In: Corrigan, Edward G. & Gordon, Pearl-Ellen (1995): The mind object. London.

Winnicott, Donald W. (1971): Vom Spiel zur Kreativität. Stuttgart 1974.

»Schläft ein Lied in allen Dingen ...«

Dingliche Objekte und räumliche Szenarien in der psychoanalytischen Organisationssupervision

Ullrich Beumer

Zusammenfassung: Psychoanalytisch orientierte Supervision bildet ein modernes Übergangsritual für Veränderungs- und Entwicklungsprozesse in Organisationen. Sie zielt dabei im Besonderen auf ein gemeinsames Verstehen der latenten, verborgenen Aspekte der Kultur der jeweiligen Organisation ab.

In der vorliegenden Arbeit wird davon ausgegangen, dass dingliche Objekte und Gegenstände in der unbewussten Beziehung zwischen Person und Organisation eine wichtige Rolle spielen und gleichzeitig einzigartige Möglichkeiten des Zugangs zum Verstehen der wechselseitigen Austauschprozesse bieten.

Wünschelrute
Schläft ein Lied in allen Dingen,
Die da träumen fort und fort,
Und die Welt hebt an zu singen,
Triffst du nur das Zauberwort.

Joseph von Eichendorff

Einleitung

In der Supervision geht es im allgemeinen um Fragen der Beziehung einzelner Personen oder Gruppen zu ihren beruflichen Organisationen und umgekehrt, also um Fragen, Probleme und Konflikte im Kontext der beruflichen Rolle. Dabei überrascht es, dass in vielen Supervisionen oder in Berichten über solche Prozesse in Ausbildung und Lehrsupervision der Eindruck entsteht, als ob es einen Organisationsalltag jenseits materieller Dinge und Umwelten gäbe, berufliches Handeln in Organisationen also ein rein innerpsychisches bzw. zwischenmenschliches Geschehen sei.

In Wahrheit ist es dagegen so, dass Organisationen in der Vorstellung der meisten Menschen ohne ihren materiellen Kontext gar nicht denkbar sind. Organisation – dieser Begriff weckt nicht nur Bilder von miteinander (oder eventuell auch gegeneinander) arbeitenden Menschen, Gruppen, Teams oder Vorstellungen von Hierarchien, Strukturen, Rollen etc. Nein, mit dem Begriff

»Organisation« oder »Unternehmen«, soweit es den ökonomischen Bereich angeht, verbinden wir im Alltagsverständnis auch Bilder von Gebäuden, von Maschinen und Geräten, von vielfältigen Produkten, die dort hergestellt oder benutzt werden, von Räumen, Gängen, Fluren etc. Organisationen sind in unserer Phantasie also auch materielle, im Raum lokalisierbare Gebilde. Der Begriff Organisation ist abgeleitet vom griechischen »organon«, d. h. Gerät, Werkzeug, dieses wiederum geht zurück auf »ergatsomai« d. h. arbeiten, tätig sein, ein Handwerk treiben (vgl. Mollenhauer 1986, S. 27). Diese ursprüngliche Wortbedeutung deutet die Richtung an, auf die es mir in diesem Aufsatz ankommt: Werkzeuge und Gegenstände als Bestandteil von Organisationen haben eine eigentümliche Doppelbedeutung: Einerseits sind sie Mittel der Hervorbringung, der Bearbeitung, der Erarbeitung von etwas, andererseits symbolisieren sie den gegenständlichen Kontext von Interaktionen in jedweder Form beruflicher Organisation. Dies gilt auch heute, trotz einer scheinbar gegenläufigen Tendenz: Mit der Entwicklung moderner Produktions- und Verkehrsformen, insbesondere auch dem Einsatz des Internets, scheint die territoriale Lokalisierbarkeit und die Materialisierung von Unternehmen immer mehr in den Hintergrund zu treten, bis hin zu den sogenannten »virtuellen Organisationen«, die existent, aber immer weniger gegenständlich, räumlich oder zeitlich festzumachen sind. Ich denke aber – und dies sei hier nur kurz angemerkt –, dass heutzutage zwar eine fortschreitende Loslösung von festen Verankerungen in Raum und Zeit, ein Trend zur Immaterialisierung unübersehbar ist, dass es aber nicht vollständig möglich sein wird, Organisationen als eine Welt ohne Gegenstände und Dinge zu denken, sondern nur eine Tendenz zur Verdichtung des Materiellen erkennbar ist: »Gewiß werden Planung, Organisation, Verwaltung, Kauf, Geldverkehr usw. in Zukunft vermehrt, eines Tages vielleicht ausschließlich, mit Hilfe des Computers erledigt. Ganze Segmente der Arbeitswelt und des privaten Alltags werden sich in dieser Richtung bewegen. Dennoch ist ein Leben ohne materiellen ›Gegenstand‹ nicht denkbar.« (Selle 1997, S. 252).

Überraschend ist, dass in den letzten zwei Jahrzehnten hinsichtlich der Bewertung der grundlegenden Bedeutsamkeit solcher Objekte auch in der theoretischen Diskussion ein deutlicher Wandel stattgefunden hat. In den siebziger Jahren gab es in den Gesellschafts- und Sozialwissenschaften eine weitgehend selbstverständliche Annahme: Im Gefolge der Orientierung an der materialistischen Theorie wurde mehr oder weniger deutlich davon ausgegangen, dass »das Sein das Bewusstsein bestimmt«, d. h., dass das Gegenständliche (insbesondere in Form von Waren und Produktionsmitteln) gleichzeitig Ursache und Spiegel der historisch spezifischen menschlichen Verhältnisse und damit natürlich auch des Psychischen sei.

Es gab zu dieser Zeit also ein klares Bewusstsein für die Wirksamkeit des Gegenständlichen, für die Bedeutung der Dinge im allgemeinen und der Produktionsmittel, womit im wesentlichen Gebäude, Maschinen etc. gemeint waren, es gab also einen wie auch immer zu bewertenden Blick für die Bedeutung der Dinge für die menschliche Psyche und für die Gestaltung der Beziehungen. Dieses scheint mir in der Theorie und Praxis der Supervision weitgehend verloren gegangen zu sein. Von hier aus sei eine erste – gegenläufige – These über die Bedeutung und Wirksamkeit der Analyse von gegenständlichen Objekten in einer (psychoanalytisch) orientierten Supervision formuliert:

Ich gehe von der Hypothese aus, dass es in Organisationen ein bedeutungsvolles, oft unbewusstes Wechselspiel zwischen realen, konkreten Objekten auf der einen und dem Erleben, der psychischen Befindlichkeit der darin arbeitenden Menschen bzw. der Gestaltung der Beziehungen zwischen den Menschen und den Subsystemen auf der anderen Seite gibt.

Ich gehe weiterhin davon aus, dass eine Beschäftigung mit Objekten, Gegenständen, »Artefakten« (Gagliardi 1992) und Räumlichkeiten einer Organisation einzigartige Zugänge zur Erschließung unbewusster Phänomene in Organisationen bzw. zum Unbewussten ihrer Mitglieder und der Subsysteme der Gesamtorganisation bietet. Schließlich glaube ich, dass – daraus folgend – in einer psychoanalytisch orientierten Supervision eine größere Aufmerksamkeit auf die Gestaltung der Aspekte der äußeren, materiellen Gegebenheiten im Rahmen des Settings und auf den Umgang bzw. die Auseinandersetzung mit Dingen und Objekten gelegt werden sollte.

Ich möchte schon an dieser Stelle auf den für unser Anliegen verwirrenden Umgang mit dem Begriff des »Objekts« in der Psychoanalyse hinweisen: Das Wort »Objekt« hat dort eine ganz spezifische Bedeutung jenseits des alltagssprachlichen Verständnisses, nämlich in dem Sinne, dass in der Psychoanalyse mit dem Wort »Objekt« fast immer Personen oder innere Bilder von Personen gemeint sind, insbesondere natürlich im Konzept der Objektbeziehungstheorie. Im Gegensatz dazu bezeichnen wir umgangssprachlich mit Objekten etwas ganz anderes: Es geht hier um Gegenstände, Dinge, sogenannte nicht lebende Objekte und Artefakte, wobei der Begriff des »nicht-lebenden Objekts« möglicherweise schon unscharf ist.

Für das Anliegen, um das es mir geht, bleibt festzuhalten: Wenn hier von Objekten die Rede ist, sind nicht primär Personen, sondern vornehmlich all die greifbaren, fühlbaren, sichtbaren Gegenstände und Dinge gemeint, die unseren Alltag und speziell auch den Alltag in Organisationen bestimmen.

Die hier für Organisationen bzw. die Supervision in Organisationen angestellten Überlegungen stehen im Kontext einer in den letzten Jahren sich entwickelnden Aufmerksamkeit für die Bedeutung von Dingen und Gegenständen im menschlichen Alltag. Lütkehaus hat für diese noch zu entwickelnde Disziplin unter Bezug auf Günter Anders den Begriff »Dingpsychologie« ins Spiel gebracht. (Lütkehaus 1996; Anders 1980). Gegenstand dieser noch zu entwickelnden Disziplin ist das Verhältnis des Menschen zu den ihn umgebenden Dingen und Produkten. Dabei muss dieses Verhältnis nach Heubach, der ein grundlegendes Werk zu dieser Frage unter dem Titel »Das bedingte Leben« (1987) vorgelegt hat, ausdrücklich als ein wechselseitiges gesehen werden. Dies bedeutet, dass die »Dingwelt« nicht nur durch verschiedene psychische und soziale Operationen mit Bedeutungen versehen wird und in diesem Sinne psychisch, sozial und kulturell überdeterminiert ist, sondern dass darüber hinaus auch in Betracht gezogen werden muss, dass die Dinge eine die Psyche und soziale Beziehungen strukturierende und verändernde Wirkung haben.

Lütkehaus verweist pointierend auf die weitreichendere These von Anders, dass heutzutage die »Alltagswelt, mit der Menschen zu tun haben, in erster Linie eine Ding- und Apparatewelt ist, in der es auch Mitmenschen gibt, nicht eine Menschenwelt, in der es auch Dinge gibt und Apparate« (Anders 1980 in Lütkehaus 1996, S. 135). Dementsprechend kommt es im Sinne dieser Hypothese bei der Betrachtung der Dingwelt in Organisationen auch in besonderem Maße darauf an, die Verwandlung der Seele durch Produkte, Gegenstände und räumliche Inszenierungen in den Vordergrund zu stellen.

Wie dies in der Supervision geschehen kann, dazu gibt es noch wenig konzeptionelle Ansätze und Erfahrungsberichte. Es wird also nun darauf ankommen, einige grundsätzliche Überlegungen zu dieser Thematik anzustellen.

Grundannahmen analytisch orientierter Supervision

Dazu scheint es mir nötig, vorweg noch einige Anmerkungen zu meinem Verständnis von dem zu machen, was ich eine psychoanalytische oder eine analytisch orientierte Supervision nennen möchte.

Es ist an dieser Stelle nicht möglich und auch nicht sinnvoll, alle Elemente eines analytischen Supervisionskonzepts zu beschreiben, und überhaupt glaube ich, dass es unangemessen wäre, schon von einem schlüssigen Konzept, geschweige denn von einer Theorie psychoanalytischer Supervision zu sprechen. Wir befinden uns nach meiner Einschätzung eher an einer Stelle, an der es um den Beginn eines tieferen Bemühens um dieses Konzept geht. Auseinandersetzung bedeutet in diesem Zusammenhang, dass nicht nur einfache Übertragungen psychoanalytischer Begrifflichkeiten und Theorieelemente vorgenommen werden, sondern dass es um eine Durchdringung analytischer und supervisorischer Sichtweisen bei der Analyse des Erlebens und bei der Beratung beruflichen Handelns im Rahmen von Organisationen geht.

Es soll für diesen Zweck genügen, einige Bausteine eines solchen Verstehens- und Handlungskonzepts zu verdeutlichen. Das bedeutet als erstes natürlich eine Auseinandersetzung mit dem, was wir von der Psychoanalyse für supervisorisches Handeln als relevant ansehen. Von »der« Psychoanalyse zu sprechen ist ja an sich schon ein Problem, aber es lassen sich einige grundlegende Aspekte benennen, die im Sinne von Heigl (1995) zu den übertragbaren Grundannahmen psychoanalytischen Denkens gehören. Dazu seien ohne Anspruch auf Vollständigkeit folgende Aspekte kurz hervorgehoben:

Entsprechend Freuds topischem Modell der Persönlichkeit gehen wir auch in der Supervision von der Vorstellung aus, dass es neben bewusst geplanten, zweckrationalen Aspekten menschlichen Handelns in Organisationen auch vor- bzw. unbewusste seelische Vorgänge gibt und zwar nicht nur bei den einzelnen Personen. In diesem Sinne ist es sinnvoll, vom Unbewussten oder noch besser von Unbewusstheit (Erdheim 1984) in Organisationen zu sprechen, auch wenn einige Autoren, zumindest was das erstere angeht, hier zur Vorsicht mahnen (z. B. Wellendorf 1996). Das Unbewusste in Organisationen soll dabei zunächst einmal als eine Vielzahl von unterschiedlichsten psychischen Tendenzen, Wünschen, Widersprüchen, Blockaden und Bedeutungen verstanden werden, die miteinander in oft schwer erkennbarer Weise verbunden sind. Aus dem dynamischen Gesichtspunkt ergibt sich die Annahme, dass auch in Organisationen jedes Verhalten triebbestimmt ist. Dabei gehen wir heute im Unterschied zu früheren Vorstellungen über die Bedeutung der Sexualität von einer erweiterten Vorstellung grundlegender Triebwünsche und Bedürfnisse aus. Hier soll – gerade wegen der Bedeutung für das Verstehen des menschlichen Handelns in Organisationen – vor allem an die Auseinandersetzung mit der menschlichen Aggressivität und Destruktivität bei Melanie Klein, an die Betonung von Selbstwertbedürfnissen bei Kohut und die Wertschätzung der Bindungswünsche des Menschen bei Bowlby erinnert werden – alles zentrale Aspekte des menschlichen Handelns im Rahmen beruflicher Organisationen, die bei der Analyse organisationstypischer Phänomene wertvolle Hilfestellung leisten. Der genetische Aspekt psychoanalytischen Denkens betont, dass alles Verhalten Produkt einer Entwicklung ist und nicht nur aus der aktuellen Situation heraus verstanden werden kann. Wenn wir das Verhalten von Supervisanden richtig interpretieren und verstehen wollen, müssen wir es nach diesem Gesichtspunkt zu seiner vollständigen Erklärung auch lebensgeschichtlich untersuchen. In diesem Kontext spielen Übertragung, Widerstand und Wiederholungszwang eine entscheidende Rolle.

Dieser genetische Gesichtspunkt gilt aber als historischer Aspekt meines Erachtens auch für Organisationen: Organisationsprobleme sind ohne Bezug zur Geschichte der Organisation häufig nicht zu verstehen, Organisationen verfügen im Sinne wiederkehrender Handlungsabläufe und Haltungen, die auch konkrete Rollenträger überdauern, über so etwas wie einen organisationsgeschichtlich entstandenen »Charakter« (vgl. Becker 1998).

Soweit ist die Bezugnahme auf psychoanalytische Formen des Verstehens und Deutens sozialer Situationen in der Organisationssupervision weitgehend unstrittig. Gleichwohl stößt die Anwendung dieses Konzeptes in der Supervision an eine entscheidende Grenze: Grundlegende Annahmen der Psychoanalyse haben sich ja anfänglich als Annahmen über die Struktur und Entwicklung der Persönlichkeit entwickelt. Der Gegenstandsbereich der Psychoanalyse ist im engeren Sinne ursprünglich die innere Realität einzelner Menschen gewesen. Lange Zeit wurden die Beziehungspersonen und erst recht soziale Systeme, Familien, Gruppen, Gesellschaft und Kultur nur in der Brechung durch das Erleben des Individuums als Objektrepräsentanzen, nicht aber als reale Personen als wichtig erachtet. Für den Gegenstandsbereich der Supervision macht sich diese Einengung besonders nachteilig bemerkbar, und zwar deswegen, weil Supervision qua Definition die Bearbeitung von Szenen, Problemen und Konflikten im Wechselspiel einzelner Individuen und sozialer Systeme, insbesondere der Organisationen zum Gegenstand hat.

Wir brauchen also neben der Psychoanalyse der Persönlichkeit auch ein Verständnis dessen, was man in gewisser Weise eine Psychoanalyse organisatorischer und gesellschaftlicher Phänomene nennen könnte. Wenn wir diese Erweiterung nicht vornehmen, bleibt die Anwendung der Psychoanalyse in der Supervision auf das Aufspüren von individuellen Übertragungsvorgängen und Abwehrprozessen beschränkt. Ich bin sicher, dass ein solches Konzept eindeutig zu eng ist, weil es für soziale, kulturelle und erst recht natürlich ding- bzw. objektbezogene Aspekte und deren Auswirkungen auf Erleben, Handeln und unbewusste Motivationen von Menschen in Organisationen viel zu wenig Ansatzpunkte bietet. Ein solchermaßen eng geführtes Konzept beinhaltet auch eine Gefahr, auf die Erdheim hingewiesen hat:

> »Die traditionelle psychoanalytische Theorie kann mit dem Kulturbegriff eigentlich kaum etwas anfangen, ihr zufolge bleibt der Vater die entscheidende Figur auch in der psychischen Entwicklung des Adoleszenten. Sie geht nämlich von der Annahme aus, dass das Individuum sich die Gesellschaft nur als Familie vorstellen kann – hinter jeder gesellschaftlichen Instanz findet sie die Mutter bzw. den Vater, vielleicht auch noch die Geschwister. Die entscheidende Schwäche der

psychoanalytischen Sozialpsychologie war schon immer ihre Tendenz, soziales Geschehen auf familiäres zu reduzieren« (Erdheim 1991, S. 156).

Der Gefahr einer Familiarisierung des Geschehens in Organisationen kann man nur dann entgehen, wenn man den Gegenstand der psychoanalytischen Supervision weiter zu fassen sucht, und zwar in dem Sinne, dass ihr Gegenstand in der Analyse des Zusammenhangs von intrapsychischer Struktur, interpersonellen Beziehungen und deren Ausgestaltung im Rahmen von Organisationen und den dort bestehenden Regeln, Mechanismen und Objekt- bzw. Dingwelten sowie der Organisationskultur liegt. Wir müssen also neben der inneren und unbewussten Realität des Einzelnen auch die innere, d. h. soziale und materielle Realität der Organisation bzw. ihrer Subsysteme zum Fokus machen; und das bedeutet auch, ein eigenes psychoanalytisches Verständnis von Struktur und Dynamik von Organisationen bzw. von Kultur und Gesellschaft zu entwickeln.

Organisationen und Zugänge zur Organisationskultur

Welchen theoretischen Bezugspunkt haben wir eigentlich, wenn wir an dieser Stelle von Organisationen sprechen? In der Soziologie werden Organisationen meist als arbeitsteilig aufgebaute, zweckrationale, künstlich geschaffene Gebilde verstanden, deren Ziel die Schaffung oder Herstellung spezieller Produkte und Güter bzw. die Bewältigung spezieller gesellschaftlicher Aufgaben ist.

In dieser Definition liegt die Betonung auf der Zweckrationalität als tragendem Merkmal dessen, was in gesellschaftlichen Organisationen geschieht. Aber diese Einschätzung entspricht – wie wir täglich in Organisationen, in denen wir arbeiten, sehen und erleben nicht der alleinigen Realität. In der psychoanalytischen Supervision werden Organisationen weniger als funktionale Systeme, als Struktur verstanden, sondern – in Übertragung des topischen Modells – mehr als eine spezifische Kultur von Bedeutungen und latenten Sinnhaftigkeiten, als sogenannte »Organisationskultur«.

Es würde an dieser Stelle zu weit führen, den Begriff der Organisationskultur differenzierter zu erläutern, aber ich möchte auf dem Hintergrund der Fragestellung dieser Arbeit nach der Bedeutung gegenständlicher Symbole zwei Aspekte kurz benennen: Verschiedene Autoren haben darauf hingewiesen, dass soziale Institutionen und Organisationen primär unter Abwehraspekten analysiert werden können. Freud (1930) hatte im »Unbehagen in der Kultur« bereits angemerkt, dass in dem, was er als Kultur bezeichnete – und zu dem im heutigen Sinne Organisationen gerechnet werden müssen –, eine mächtige Gegenströmung zu den in der Familie bzw. in der Kindheit entwickelten Bindungen besteht. Organisationen können in diesem Sinne insbesondere dazu dienen, eine kollektive Abwehr der Trennungsangst erwachsener Menschen zu ermöglichen (vgl. Bauer/Gröning 1995). Organisationen verhelfen also in ihrer Struktur und in ihrer Kultur den Mitgliedern neben der Bewältigung des funktionalen Auftrags zu einem adäquaten und erträglichen Umgang mit der Trennungsangst, d. h., sie sollen in einer tieferen Schicht durch unterschiedliche Mechanismen ein ausreichendes Gefühl von Halt, von Schutz und Bindung vermitteln.

Die Bewältigung dieser Aufgabe, sei sie nun als Abwehr im Sinne einer Verdrängung bzw. Unbewusstmachung verstanden oder als zu lösender Konflikt im Sinne eines flexiblen Umgangs mit der Frage von Autonomie und Bindung, bekommt nun in entwickelten Gesellschaften eine immer größere Bedeutung durch den beschleunigten gesellschaftlichen Wandel. Erdheim (1995) hat beschrieben, dass die moderne Gesellschaft und Kultur durch das Prinzip des ständigen Wandels, der Innovation und der Veränderung geprägt werden. Dies geht einher mit einem psychischen Gefühl des Verlustes an Sicherheit und Halt durch die gesellschaftlichen Instanzen. Die Adoleszenz als Zeit des Hineinwachsens in die Sphäre von Gesellschaft und Kultur und gleichzeitig als Zeit der Veränderung wird zum Prüfstein und zum Paradigma für menschliches Handeln in modernen Gesellschaften und Organisationen überhaupt. Dies bedeutet, dass der Wandel, die Veränderung, die Entwicklung zum vorherrschenden Prinzip werden und die damit einhergehenden Anforderungen und Ambivalenzen des Ausgleichs bzw. einer dauerhaften Vermittlung bedürfen. Dies Prinzip gilt insbesondere auch für Organisationen, speziell natürlich für Unternehmen im ökonomischen Bereich, deren Überlebensfähigkeit von einer stetigen Bereitschaft zu Veränderung und Entwicklung abhängt.

Von hier aus läßt sich nun aus meiner Sicht bestimmen, was Supervision als spezifische Form der Beratung leisten kann bzw. welche Funktion sie für Einzelne und für Organisationen als Ganze erfüllt: Organisationen bzw. ihre Mitglieder bedienen sich der Supervision zur adäquaten Bewältigung der Wandlungsprozesse und der damit verbundenen Ängste, denn »Veränderungen in der Organisation oder der Verlust der Mitgliedschaft bedrohen oder zerstören das Gefühl der Zugehörigkeit und verursachen daher Widerstand oder Turbulenzen, wie dies in vielen Arbeitsorganisationen zu beobachten ist« (Obholzer 1997, S. 19 f).

Nach meiner Vorstellung kann man in diesem Sinne psychoanalytische Supervision als ein institutionalisiertes Übergangsritual bzw. als institutionalisierten Übergangsraum sehen und begreifen, als einen Klärungs- und Veränderungsprozess von Bedeutungszusammenhängen, von Interaktionsmustern im Wechselspiel von Individuum und Organisation im Kontext beruflicher Rollen.

Nach Genney (s. Schulze 1993) sind Übergangsrituale bestimmte kulturelle Handlungen, die vollzogen werden können, wenn soziale Konflikte und Situationen festgefahren oder Entwicklungen blockiert sind. Die Bewältigung unumgänglicher Ablösungen und Neuorientierungen im beruflichen Kontext mit Hilfe eines institutionalisierten Übergangsraums bzw. -rituals ist also in diesem Sinne ein wichtiges Anliegen und Merkmal von Supervision. Dabei liegt der Focus in der analytischen Supervision sowohl auf den unbewussten Aspekten dieses Prozesses beim Individuum als auch auf den unbewussten Phänomenen des Organisationsgeschehens.

Es ergeben sich daraus nun aber zwei Probleme: Zum einen ist zu fragen, wie sich das Unbewusste in der Organisation erschließt und, zum anderen, was denn die Rolle bzw. die Aktivität des Supervisors in diesem Prozess ist. Dazu einige kurze Überlegungen.

Bauer und Gröning, haben in dem bereits zitierten Aufsatz folgendes ausgeführt: »Da Institutionen aber selbst nicht mitteilsam sind, müssen wir den Weg über die in ihnen lebenden und arbeitenden Menschen nehmen« (Bauer/Gröning 1995, S. 48). Dies stimmt meines Erachtens nur zum Teil: Organisationen manifestieren sich zwar einerseits in den Handlungen der Mitarbeiter, andererseits konkretisieren sie sich (und damit auch Unbewusstes) räumlich in Gebäuden, in Medien, in Räumen und Einrichtungen, in ihren Produkten, Werkzeugen und räumlichen Szenarien. Hier entspringt der Ansatz für ein Konzept, gegenständliche Symbole als Sprache des Unbewussten von Organisationen und den in ihnen tätigen Mitarbeitern zu sehen.

In der Psychoanalyse gibt es für die Erschließung des individuellen Unbewussten vertraute Wege. Das Unbewusste erschließt sich dort aus dem Material der freien Assoziation, aus der Gegenübertragung und insbesondere auch aus der Deutung des Traums, als dem »Königsweg« zum Unbewussten. Für die Analyse unbewusster Phänomene in Organisationen beziehen wir uns bisher vorwiegend auf die Analyse des Unbewussten beim Einzelnen bzw. in Gruppenprozessen, was meiner Meinung nach eine unzulässige Verkürzung ist. Wir haben darüber hinaus als wesentliche Versuche zum institutionellen Verstehen bisher nur die Analyse und Deutung von sogenannten Ritualen und Organisationsmythen entwickelt (vgl. Sievers 1995). Gordon Lawrence hat seit einiger Zeit den Versuch unternommen, mit der Analyse des sozialen Gehalts von Träumen, dem von ihm so bezeichneten »social dreaming«, die Möglichkeiten der Traumdeutung für die Analyse organisatorischer Prozesse fruchtbar zu machen (Lawrence 1991 und in diesem Heft).

Ich denke, dass darüber hinaus gerade symbolische Objekte in Prozessen der Ablösung und Neuorientierung in Organisationen in besonderer Form Wege zum Unbewussten eröffnen.

In diesem Zusammenhang ist eine weitere Frage wichtig: Was ist die Aktivität des Supervisors, bzw. worum geht es Supervisor und Supervisand in der psychoanalytischen Supervision?

An dieser Stelle sei noch einmal der von Lorenzer (1970) geprägten Begriff des »szenischen Verstehens« in den Vordergrund gerückt. Lorenzer unterscheidet verschiedene Arten des Verstehens, nämlich das logische Verstehen als einem Nachvollziehen des Sinns von Worten und Sätzen, einer Verständigung über Worte und Wortbedeutungen, das psychologische Verstehen als einem Versuch, aus der Sprache und Gestik das Wesen, die Persönlichkeit des Sprechers zu verstehen und schließlich das psychoanalytische Verstehen als einem Versuch, auf das Transparentwerden des bewussten und unbewussten Seelenlebens abzuheben. Das eigentliche Wesen des letzteren ist dabei das sogenannte »szenische Verstehen«. Ich zitiere dazu Lorenzer:

> »Die sogenannte Introspektionsfähigkeit des erfolgversprechenden Analysanden ist in Wahrheit das Vermögen, ›in Bildern erzählen zu können‹, d. h. die Fähigkeit, momentanes Erleben – ein ›Übertragungsgefühl‹ etwa – in sinnliche Symbole fassen zu können. Der Analytiker seinerseits benutzt szenisches Verstehen als Instrument, das noch nicht Benennbare, ihm aber in Beschreibungen sinnlich-szenisch Vorgeführte (wie im Theater) zu enträtseln« (Lorenzer 1984, S. 163).

Bedeutsam ist daran für unser Anliegen zweierlei: Zum einen betont das Konzept des szenischen Verstehens die Aspekte der noch nicht benennbaren, bzw. noch nicht sprachlich formulierbaren unbewussten Bereiche, zum anderen schafft die mit dem Begriff des »Szenischen« verbundene Bühnenmetapher einen wichtigen Fortschritt: Wenn wir den Begriff der Szene benutzen, dann denken wir nicht nur an die einzelnen beteiligten Personen, sondern dann assoziieren wir das Gesamte einer Szene, d. h. in unserem Kontext auch andere beteiligte Personen, die Organisation insgesamt und eben auch die nicht lebenden Objekte. Zur Inszenierung im Theaterbereich gehört neben dem konkreten Handeln der Schauspieler und ihrer Rolle auch das Bühnenbild. Wir wissen alle, dass im Theater bereits ein Bühnenbild ohne jegliche Handlung, ohne jegliche Schauspieler ein massiver Auslöser für Phantasien, für Stimmungen, Gefühle und Erwartungen sein kann. Aus diesem Grund erscheint es mir sinnvoll darüber nachzudenken, ob wir den Gegenstand psychoanalytischer Supervision präziser als Auseinandersetzung mit den unbewussten Inszenierungen in Organisationen bzw. beruflichen Rollen beschreiben sollten. Tilman Moser (1994) hat in einem anderen Kontext diesen Begriff favorisiert, weil er seiner Meinung nach tiefere Schichten des Unbewussten miterfasst, die nicht sprachlich benennbar sind. Dies würde auch Probleme, die wir mit der Anwendung des Übertragungskonzepts in der Supervision haben, ein wenig entschärfen. Oberhoff (1998) hat darauf aufmerksam gemacht, dass wir es in der Supervision nicht mit der Bearbeitung der Übertragungsneurose wie in der Beziehung des Analysanden zum Analytiker zu tun haben; in der Supervision geht es vielmehr um die Entschlüsselung und um das Verstehen von sogenannten Arbeitsfeldübertragungen, also um die Analyse von Übertragungsprozessen außerhalb der Supervisionssituation im konkreten Arbeitsfeld. Beim klassischen Übertragungsbegriff stehen hauptsächlich einseitige, unberechtigte Verallgemeinerungen, also Wahrnehmungsverzerrungen durch die Übertragung früherer Beziehungserfahrungen auf Personen der Gegenwart im Blickfeld. Inszenierungen dagegen sind etwas Wechselseitiges, das »Sich-gegenseitig-Durchdringen« von Person, Organisation und Gegenstand. Für eine psychoanalytische Supervision heißt das: Sobald die »Inszenierung« das zentrale Bezugsmodell ist, muss es neben der Konzentration auf sprachliche Interaktionen ein erweitertes Blickfeld auch auf das Bühnenbild hin geben. Hier liegt die besondere Chance der Beschäftigung mit räumlichen Inszenierungen und mit nichtlebenden symbolischen Objekten.

Sinnlich-symbolische Ausdrucksformen

Wenn wir uns die Bedeutung sinnlich-symbolischer Ausdrucksformen in Organisationen und in der Supervision vergegenwärtigen wollen, ist es zunächst sinnvoll, eine Klärung darüber herzustellen, was mit dem Begriff »sinnlich-symbolische Ausdrucksformen« gemeint ist. Der Begriff wird von Lorenzer verwendet und meint »alle uns in Laut, Schrift, Bild oder anderer Form zugänglichen Objektivationen menschlicher Praxis, die als Bedeutungsträger fungieren, also sinnvoll sind« (Lorenzer 1984, S. 23).

Zu den sinnlich-symbolischen Ausdrucksformen zählen allerdings nicht nur gegenständliche Objekte, Dinge bzw. Gegenstände, so dass eine Differenzierung nötig erscheint, was wir unter diesem Begriff subsumieren können. Dabei ist zunächst festzuhalten, dass alle Symbole, d. h. auch gegenständliche Symbole, Teil des großen Bereichs sind, den wir als das System der menschlichen Zeichen beschreiben können. Zeichen (als der den Symbolen übergeordnete Begriff) dienen generell der gegenseitigen Verständigung zwischen Menschen bzw. zwischen Gruppen von Menschen (vgl. Jean 1994). Das Wesen aller Zeichen ist, dass sie als Platzhalter für eine andere Realität stehen. Zeichen beruhen auf Konventionen und können sich geschichtlich verändern. Eines der wesentlichsten Zeichensysteme zur gegenseitigem Verständigung ist die Sprache. Die Kommunikation zwischen Menschen hat sich entlang des geistigen Fortschritts immer mehr auf die sprachliche Mitteilung konzentriert und in der

Psychoanalyse wird es seit Freud als grundlegendes Ziel der Analyse angesehen, unbewusste – im Symptom der Neurose verschlüsselte – Phantasien zur Sprache und somit ins Bewusstsein zu bringen.

An dieser Stelle wird für unser Anliegen eine wichtige Differenzierung nötig, nämlich die Unterscheidung in diskursive und in präsentative Symbolik bzw. in den Bereich diskursiver und präsentativer Zeichen (vgl. Lorenzer 1984, S. 31).

Im Unterschied zur Sprache bilden die sogenannten präsentativen Zeichen, insbesondere die bildhaften Zeichen, ein System, das sich durch Gleichzeitigkeit, durch Ganzheit, d. h. durch einen einheitlichen Zusammenhang auszeichnet. Ein klassisches Beispiel für umfassende präsentative Zeichen ist die Landkarte: Sie vermittelt unmittelbar eine zeichenhafte Vorstellung der Realität, die sie repräsentiert, nämlich der Landschaft und der Straßen. Dabei sind Zeichen nicht nur auf das Objekt- oder Bildhafte reduziert, es gibt auch verbale Zeichen und sogenannte interaktionale Zeichen, die wir etwa im gesamten Bereich der Körperzeichen, der bewussten und vom Gegenüber verstandenen Gebärden und Haltungen kennen.

Wenn wir vom Bereich des Bewussten in die Sphäre des Unbewussten eindringen wollen, so müssen wir noch einen Schritt weiter oder tiefer gehen, womit wir in den Bereich der Symbole gelangen. Das Wort Symbol entstammt dem Griechischen und beinhaltet eine Tätigkeit, das »sym-ballein«, das Zusammenwerfen. Symbole sind demnach Gedanken, Handlungen oder Gegenstände, die, ähnlich wie die Zeichen, zunächst auf eine gleichsam mitvermittelte andere Realität und nicht allein auf sich selbst hinweisen. Der entscheidende Aspekt ist dabei, dass ein Symbol im Unterschied zum Zeichen deutlich an Gehalt und Tiefe gewinnt. Symbole umfassen mehr als man auf den ersten Blick erkennen kann, sie beinhalten eine tiefere, unbestimmte, aber trotzdem spürbare Bedeutung. Wir sprechen zum einen dann von einem Symbol, wenn ein Zeichen einer Idee Gestalt verleiht, wie z. B. die Frau mit der Waage und den verbundenen Augen, die das Prinzip der Gerechtigkeit symbolisiert. Symbole vermitteln nicht nur Ideen, sondern sie verkörpern einen Sinn, eine Bedeutung und – das ist in diesem Zusammenhang natürlich ganz wichtig – sie haben Bezug zu den bewussten und unbewussten Gefühlen und Phantasien.

Zusammenfassend läßt sich also definieren: »Unter einer symbolischen Form soll jene Energie des Geistes verstanden werden, durch welche ein geistiger Bedeutungsgehalt an ein konkretes sinnliches Zeichen geknüpft und diesem Zeichen innerlich zugeeignet wird« (Lorenzer 1984, S. 23).

Diese Definition gilt für alle symbolischen Formen und sie gilt für diskursive, also sprachliche und für nicht-sprachliche präsentative Symbole. Die symbolischen Ausdrucks- und Handlungsformen, auf die ich näher eingehen will, müssen nun noch einmal unterschieden werden. Die Kernbereiche des

Symbolischen, also des mit Tiefengehalt versehenen Handelns, sind zum einen verbale Symbole (wie Geschichten, Mythen, sowie Slogans, Grundsätze, Sprachregelungen etc.), zum zweiten interaktionale Symbole und Rituale (wie etwa Traditionen, Feiern, Rituale etc.) und schließlich sogenannte objektivierte Symbole, für die wir uns hier besonders interessieren. In Organisationen gehören zu den symbolischen Objekten z. B. die Architektur, Logos, Urkunden, Kleidung, alle Gegenstände, Produkte etc. – und natürlich der gesamte Bereich der Rauminszenierung und -gestaltung.

Es würde zu weit führen, sie alle an dieser Stelle beschreiben und klassifizieren zu wollen. Aber wir wollen uns erinnern: Es ging um Gegenstände, Dinge, Artefakte, die insbesondere unbewusste Prozesse in Organisationen deuten helfen.

Lorenzer postuliert, dass gegenüber den diskursiven Symbolen es insbesondere die präsentativen Symbole, also die eher sinnlich-bildhaften Symbole sind, die Zugänge zum Unbewussten eröffnen. Als die dafür relevanten Kernbereiche präsentativer Symbolik nennt er in Ergänzung zur bereits benannten Differenzierung die Unterteilung in Mythos und Ritual und – so will ich ergänzen – Objekte. Ein wichtiger Aspekt dieser präsentativen Symbole ist, dass in ihnen und durch sie einzelne Lebenserfahrungen, aber auch das Leben in seinen Grunderfahrungen von Liebe, Leidenschaft, Macht, Trennung und Tod reflektiert und strukturiert wird. Was sind die Unterschiede zwischen diesen drei Bereichen von Mythos, Ritual und Objekt?

Mythen sind bildhafte Geschichten, die beschreiben, wie aus einem Zustand ein anderer wird (von der Hart 1982, S. 20). Sie schaffen die Möglichkeit für den Menschen, sich im Geiste mit dem umgebenden Ganzen zu vereinen und im Erleben und Bewältigen existentieller Grunderfahrungen einen Sinn zu finden. Demgegenüber betonen Rituale in ähnlicher Form mehr das prozesshafte und interaktionale Element, insbesondere im körperlichen Handeln. Rituale sind wiederholt vollzogene symbolische körperliche Gesten, die einerseits wichtige Ereignisse menschlicher Existenz begleiten, wie etwa Taufe, Hochzeit, Beerdigung, aber auch sogenannte Alltagsrituale beinhalten können. Freud hat darauf verwiesen, dass überpersönliche Rituale auch die Funktion haben, frühere, unaufgearbeitete traumatische Situationen des Kollektivs sowohl in Erinnerung zu rufen als auch in symbolischer Form erneut aus dem Alltagsleben zu entfernen (Gfäller 1996, S. 58).

Schließlich – und das ist der Hauptfokus meines Anliegens – können wir von den symbolischen Objekten, den präsentativen Symbolen oder von den Gegenständen sprechen. Wir alle kennen solche gesellschaftlich repräsentativen Objekte, wie z. B. das Handy oder den Computer, aus denen sich in späteren Zeiten vielleicht – wie in der Archäologie – Schlüsse auf den gesamten

Lebensstil unserer Zeit ziehen lassen. Es läßt sich nun von dieser Stelle aus erahnen, welche Bedeutung die Analyse symbolischer Objekte für das Verstehen unbewusster Prozesse in Organisationen haben kann. Die entscheidende Frage ist dabei: Wie kommt es, dass scheinbar »tote« Gegenstände und Objekte mit einer solchen inneren Bedeutung ausgestattet sein können?

Um das genauer zu erklären und zu verstehen, ist es notwendig, auf einen zentralen Aspekt hinzuweisen, den Lorenzer für die Charakterisierung symbolischer Objekte herausgearbeitet hat. Er schreibt: »Wir müssen in den Gebrauchswert der Gegenstände eine Unterscheidung eintragen, nämlich die zwischen dem instrumentellen Gebrauch eines Gegenstandes und seiner Erlebnisbedeutung« (Lorenzer 1984, S. 19). Das bedeutet konkret, dass jeder Gegenstand nicht nur dazu dient, ihn für bestimmte Zwecke zu gebrauchen, sondern dass er gleichzeitig eine Bedeutung für das innere Erleben der Menschen hat, für seine Befindlichkeit, Gefühle, Erinnerungen, unbewusste Sehnsüchte, Ängste und Phantasien. Bei Richard L. Daft (1983) wird diese zweite Bedeutung die expressive Funktion genannt, womit mehr die umgekehrte Sichtweise betont wird, nämlich die Tatsache, dass Gegenstände und Objekte nicht nur Auslöser, sondern auch Ausdruck und Vergegenständlichung inneren Erlebens, innerer Werte, Normen, Lebenskonzepte etc. sein können, eine Nuance auf die noch eingegangen werden wird.

Ein Beispiel zur Verdeutlichung des Unterschieds zwischen instrumenteller einerseits und expressiver bzw. Erlebnisbedeutung andererseits: Jeder Stuhl in einer Organisation dient ganz praktisch dazu, dem Körper Haltung und Entlastung zu geben, damit jemand seine Arbeit gut verrichtet. Diese Funktion wird beibehalten, egal um welchen Stuhl es sich handelt. Gleichwohl verändert sich die Erlebnisbedeutung bzw. die Erlebnisqualität je nach Gestaltung des Stuhls völlig, Raum und innere Gestimmtheit verändern sich. Diese Doppelnatur gilt nun für alle Objekte ohne Ausnahme, wobei es unterschiedliche Gewichtungen gibt. Bei einigen Gegenständen wird der Gebrauchswert überwiegen, aber wir kennen auch das Gegenteil: Es gibt Gegenstände, die sich fast ganz von ihrer Gebrauchsfunktion gelöst haben – etwa im Bereich der Kunst –, wo die gegenständlichen Objekte fast nur Erlebnis- bzw. szenische Bedeutung haben. Künstlerische und ästhetische Gegenstände wie Bilder, Skulpturen etc. dienen fast nur der Aufgabe, auf innere Wünsche zu antworten bzw. innere Phantasien auszudrücken. Es scheint mir ein Zeichen gesellschaftlicher Entwicklung zu sein, dass sich diese Bedeutungen zunehmend entkoppeln konnten in Richtung fast »reiner künstlerischer Objekte«.

So läßt sich etwa im Bereich der Glaskunst historisch verfolgen, dass in früheren Zeiten vor allem bei Vasen, Gläsern, Schalen etc. der ästhetische Ausdruck noch sehr eng an die Gebrauchsfunktion gekoppelt war, während in der zeitgenössischen Kunst vorwiegend Objekte dominieren, die von Form und Gestaltung her diese Funktion häufig völlig vernachlässigen können. Wir finden aber in den letzten Jahren auch eine gegenläufige Bewegung, die sich etwa in der heutigen Wertschätzung für das Design ausdrückt. Hier wird – ähnlich wie in der Architektur – wieder sehr viel deutlicher Bezug darauf genommen, dass auch Gegenstände des Alltags von erheblicher innerer Bedeutung und Auswirkung für das Erleben, die Befindlichkeit und die Selbstdarstellung sein können.

»Dingpsychologisches« – Zur psychologischen Gegenständlichkeit der Objekte

Wie können Gegenstände eine solche Erlebnisbedeutung bekommen? Freud (1917) hat in der »Psychopathologie des Alltagslebens« einige interessante Beispiele genannt, bei denen eine Fülle unterschiedlichster Gegenstände, wie z. B. Vasen, Geschenke, Stifte etc. (und der jeweilige Umgang mit ihnen) eine wichtige Funktion im Rahmen von Fehlleistungen bzw. bei Symptom- und Zufallshandlungen übernehmen. In einem besonders anschaulichen Fall beschreibt er, wie ein Arzt gewohnheitsmäßig ein hölzernes Stethoskop auf dem Schreibtisch zwischen sich und die Patientinnen plaziert. Bei einer genaueren Analyse dieser zunächst unverständlichen Gewohnheit wird deutlich, wie dieses Stethoskop in einer tieferen Schicht unbewusste Identifizierungen mit bedeutenden Personen, die als Vorbilder erlebt wurden und ähnliche Gewohnheiten hatten, transportiert. Darüber hinaus ergibt die Analyse, dass das Positionieren des Stethoskops zwischen den Arzt und den Patientinnen im Sinne einer Kompromißbildung zu verstehen ist, nämlich, unbewusste sexuelle Regungen gegenüber Patientinnen in der Einbildung zuzulassen, aber gleichzeitig diesem Wunsche nicht nachzugeben: »Es war sozusagen ein Zauber gegen die Anfechtungen der Versuchung« (Freud 1917, S. 165).

Es scheint so, dass Gegenstände und Objekte in Organisationen in ähnlicher Form eine doppelte Wirkung haben: Sie wecken und stimulieren zum einen Vor- und Unbewusstes, und gleichzeitig repräsentieren bzw. veräußerlichen sie individuell und kollektiv unbewusstes Material. Durch diese Funktion bekommen Objekte eine eigenständige Rolle, sie bilden sozusagen eine eigene Institution im Austauschprozess der Organisation mit den in ihr arbeitenden und lebenden Personen.

Zur Konkretisierung dieser These sei ein kurzes Beispiel aus einem Erstkontakt mit einem Team aus einer Beratungsstelle beschrieben:

Nachdem ich in der Beratungsstelle angekommen bin, werde ich zum Gespräch in die Küche geführt. Links befindet sich ein Spülbecken, rechts ein runder Tisch mit einer Hängelampe. Nach und nach kommen alle Mitarbeiter(innen) einzeln in den Raum und bringen Tassen mit, jeweils die eigene Tasse.

Eine Mitarbeiterin bringt eine Wolldecke mit. Es sei kalt hier, die Heizung funktioniere nie ausreichend, erklärt sie auf meine Frage. In einer der nächsten Sitzungen nehme ich Bezug auf diese Szene und schildere meine Eindrücke. Es wird deutlich, dass die verschiedenen Tassen und die Küche als Ort der Teamsitzungen vielschichtige Probleme symbolisieren: Zum einen leidet die Kooperation unter den sehr unterschiedlichen Ausbildungen und methodischen Beratungskonzepten, die die einzelnen Mitarbeiter mitbringen. So ist es schwierig, eine gemeinsame Konzeption zu entwickeln. Es gibt nur ein »persönliches Geschirr«, aber kein gemeinsames. Das Geschirr symbolisiert andererseits jedoch auch den Wunsch nach Abgrenzung und Autonomie von den Kollegen und die Angst, abhängig zu werden von den Verpflichtungen und Anforderungen anderer Teammitglieder. Gleichzeitig erleben sich die Mitarbeiter angesichts aktueller Angriffe durch den Träger und Klienten als schutzlos. »Es ist immer zu kalt«, die Wolldecke und die Küche als Treffpunkt verdeutlichen dieses Erleben der konfliktreichen Teamdynamik und Schutzlosigkeit und dem gleichzeitigen Wunsch, besser versorgt zu werden. Der Hinweis auf die Eingangsszene mit den dinglichen Aspekten und meine spontanen Assoziationen dazu, hat hier den Raum für das Gespräch über die latente Dynamik eröffnet.

Ich möchte zum Verstehen dieser Wirkung in unsystematischer Form einige Aspekte nennen, die aus der Psychoanalyse, und zwar sowohl verstanden als Theorie der (gesunden) psychischen Entwicklung sowie der Struktur der Persönlichkeit und andererseits als Theorie der Entstehung und Behandlung von psychischer Krankheit, nach meiner Einschätzung bedeutsam sind.

Wenn man den psychoanalytischen Übertragungsbegriff nicht nur pathologisch faßt, sondern als einen Begriff zur Beschreibung der Art und Weise versteht, wie sich Menschen aufgrund früherer Erfahrungen und Erwartungen in der Welt allgemein bewegen, dann könnte man Organisationsumwelten, also Räume und Objekte z. B., als Übertragungsszenarien begreifen, d. h. als Bühnenbild oder Spielfeld für eine Vielfalt wechselseitiger unbewusster szenischer Übertragungsangebote oder Übertragungsauslöser. Gegenstände stimulieren in diesem Sinne aufgrund ihres äußeren Charakters oder aufgrund der inneren Zugehörigkeit zu bestimmten unbewussten inneren lebensgeschichtlichen Erlebnisszenarien ganz spezifische Gefühle, Ängste oder Erwartungen bezüglich dessen, was geschehen wird, bzw. welche Rolle der Einzelne übernehmen kann. Diese Fähigkeit, innere Erwartungen und Gefühle an Gegenstände zu heften, hat ihren Ursprung in der frühen Entwicklung des Kindes, und zwar insbesondere in der Phase der Autonomieentwicklung des Kindes, in der Phase der Loslösung aus der engen

Bindung an die Mutter. In diesem Prozess gewinnen die sogenannten »Übergangsobjekte« eine wichtige Rolle (Winnicott 1984).

Übergangsobjekte sind Gegenstände oder Spielzeuge wie z. B. eine Bettdecke, ein Kissen, ein Teddy o. ä., die sich das Kind bei der Lockerung der Symbiose wählt. Diese Objekte werden in der Entwicklung zu dynamisch wirksamen Stellvertreterobjekten, mit deren Hilfe es dem Kind gelingt, sich seine abwesende Mutter oder, besser gesagt, die zwischen ihr und dem Kind eingespielte Interaktionssequenz – wie z. B. die des Tröstens, des Berührens, des Haltens o. ä. – zu vergegenwärtigen. Empirische Untersuchungen belegen, dass die Anwesenheit des gewählten Übergangsobjekts ebenso angstreduzierend wirkt wie die Anwesenheit der Mutter, so dass die Trennungsangst bewältigt werden kann und statt dessen ein autonomes und spielerisches Erkunden der Situation gefördert wird.

Diese Beschreibung des Übergangsobjekts durch Winnicott bildet eigentlich eine Grundlegung der Psychodynamik der libidinös geprägten Beziehungen des Menschen zu den Dingen seiner Umwelt (vgl. Enke 1995, S. 18). Entscheidend ist dabei, dass mit Hilfe der Übergangsobjekte die Grenze zwischen Innen und Außen erlebt und gleichzeitig überwunden wird. In der Wahl eines Übergangsobjekts wird eine verinnerlichte stabile Repräsentanz der Mutter externalisiert, aus etwas Innerem wird etwas Äußeres gemacht. Dabei werden verschiedene aus dem Bereich der Abwehrmechanismen und der Traumarbeit bekannte psychische Operationen wirksam. Das ist zum einen die Projektion als ein Vorgang, Inneres nach außen zu wenden, d. h. eigene psychische Inhalte, vor allem Affekte, Stimmungen, Impulse, aber auch Selbstanteile oder Teilaspekte der Instanzen Es, Ich-Ideal oder Über-Ich nach außen zu verlagern. Gewöhnlich geht es dabei um Verlagerungen auf andere Personen, aber, wie wir im Beispiel des Freudschen Stethoskops sehen, können dies auch Gegenstände sein. Als zweiter (Abwehr) Mechanismus ist die Verschiebung wirksam, die Verschiebung als eine Operation, bei der aggressive oder libidinöse Phantasien und Impulse von der Person, der sie gelten auf eine andere Person bzw. ein anderes, weniger gefährliches Objekt verschoben werden. Hier sind einschlägige Erfahrungen und Geschichten bekannt, in denen z. B. Aggressionen, die eigentlich dem Chef oder Kollegen gelten, auf Stellvertreterobjekte wie z. B. Computer, Schriftstücke etc. abgelenkt werden – oder vergleichbare Situationen aus dem Berufsalltag. Ein dritter, aus der Traumanalyse bekannter wichtiger Vorgang ist der Mechanismus der Verdichtung. Bei der Verdichtung werden mehrere Objekte oder Selbstanteile durch einen einzigen Gegenstand bzw. eine einzige Person dargestellt. Es ist ja gerade das Wesen der Symbole, dass sie mehrdeutig und gehaltvoll sind und verschiedene Aspekte in sich vereinigen können. Die Verdichtung ist auch ein wesentliches Element des primärprozesshaften Denkens im Unbewussten.

In der Literatur (van der Hart 1982) taucht in diesem Zusammenhang der Begriff der »symbolischen Identifikation« auf, der möglicherweise wertvolle Dienste leisten könnte. Es wäre dies in Anlehnung an das Konzept der Projektion bzw. insbesondere der projektiven Identifikation (vgl. König 1996) eine Beschreibung der Art und Weise, wie Menschen symbolische Gegenstände mit inneren, teilweise abgewehrten psychischen Inhalten belegen.

In der Neurosenlehre kennen wir diese Operationen von Projektion, Verschiebung und Verdichtung sowie der Externalisierung aus verschiedenen Bereichen. Hier sei u.a. an den Fetischismus erinnert. Beim Fetischismus wird ein Liebesverlangen so geäußert, dass es von der eigentlichen Person abgezogen wird, unabhängig bleiben kann und auf ein Ersatzobjekt, ein dingliches Objekt verschoben wird. Der Fetisch, etwa ein Kleidungsstück, ein Strumpf, ein Stiefel, ein Schuh o. ä. wird zum Ersatz für die Frau bzw. zum Ersatz für die erwünschte, aber gefürchtete Beziehung. So werden aus Angst und Entwertungswunsch gegenständliche Symbole für die Beziehung bzw. die Person selbst eingetauscht – auch um den Preis der inneren Einsamkeit. Es gibt dazu normale Analogien im Alltagsleben, insbesondere im Bereich der Liebe. So heißt es etwa in Goethes Gedicht »Lebendiges Andenken« zu Beginn:

Der Liebsten Band und Schleife rauben,
Halb mag sie zürnen, halb erlauben,
Euch ist es viel, ich will es glauben
Und gönn euch solchen Selbstbetrug:
Ein Schleier, Halstuch, Strumpfband, Ringe
Sind wahrlich keine kleinen Dinge,
Allein mir sind sie nicht genug.

Die Verschiebung auf nicht lebende Objekte kennen wir noch aus einem anderen Bereich der neurotischen Kompromißlösungen, nämlich dem Bereich der Phobien. Bei Phobien wird durch den Einsatz von Symbolisierung und Verschiebung aus einer inneren Triebgefahr eine äußere geschaffen, mit dem Ziel, die Gefahr vermeidbar bzw. kontrollierbar zu machen, wie etwa bei der Agoraphobie oder der Klaustrophobie (vgl. König 1986). Interessanterweise führt aber die Konfrontation mit dem äußeren Symbol wieder zu einer Wiederkehr des Verdrängten, was für unsere Beratung bzw. Analyse von Organisationsobjekten von großer Bedeutung ist. Gegenstände, Räume etc. stellen also szenische Konstrukte dar, die der Vermeidung dienen können, wie etwa das von Freud erwähnte Stethoskop, die aber gleichzeitig durch ihre Anwesenheit auch das Verdrängte reaktivieren können.

Vielleicht hilft uns zum Verstehen noch einmal eine Erinnerung an die Frage, ob solche Vorgänge als normal bzw. gesund oder pathologisch bzw. einschränkend angesehen werden müssen. Freud hat die neurotischen Symptome als Erinnerungszeichen bzw. Erinnerungssymbole bezeichnet. Dies bedeutet, dass Symptome eine Art Erinnerungszeichen an bedeutsame, aber vergessene oder verdrängte, aber nach wie vor wirksame Ereignisse in der Lebensgeschichte sind. Wenn man den Begriff des Symptoms des pathologischen Charakters entkleidet, könnte man Objekte bzw. dingliche Szenarien in Organisationen entsprechend als Symptomträger bezeichnen. Dies würde im übertragenen Sinne bedeuten, dass Objekte, Räume und Produkte möglicherweise Erinnerungsträger an latent wirksame, ungelöste vor- und unbewusste Konflikte in der Organisations-/Mitarbeiterbeziehung sind und daher einzigartige Zugänge zur Entschlüsselung dieser Konflikte bieten.

Aber wir müssen hier noch weiter gehen, und zwar in zwei Richtungen: Zum einen sei daran erinnert, dass wir bei den beschriebenen Vorgängen, wie etwa im Konzept der Übergangsobjekte, immer von inneren, von psychischen Operationen sprechen, durch die Objektrepräsentanzen verändert werden, nicht aber die Objekte selbst – und vor allem wird natürlich auch nicht erklärt, wie diese dinglichen Objekte entstanden sind. Darüber hinaus schwingt gerade durch Beschreibung der neurotischen Aspekte natürlich noch zu sehr der Charakter des Pathologischen mit.

Ernst Cassirer hat den Menschen als »animal symbolicum« bezeichnet, d. h. als ein Lebewesen, das sich gerade dadurch hervorhebt, dass sich seine gesunde und normale Selbstentfaltung und Selbstverwirklichung im Medium der selbstgeschaffenen Symbole vollzieht. In ähnlicher Form weist Mentzos darauf hin, dass sich menschliche Entwicklung und Entfaltung das ganze Leben hindurch in einem andauerndem Wechselspiel von Internalisierungs- und Externalisierungsvorgängen vollzieht. Externalisierungen geschehen danach in drei Stufen, nämlich in der ersten Stufe der Exkorporation, in der zweiten Stufe der Projektion und schließlich als reifstem Stadium in der Stufe der sogenannten »Selbstobjektivierung« (Mentzos 1984, S. 47). Zur normalen Selbstobjektivierung gehört dabei nicht nur die Fähigkeit, Teile des eigenen Selbst in äußeren Objekten, d .h. an dieser Stelle, in Menschen zu deponieren, sondern hierzu zählt auch ein großer Teil alles Schöpferisch-Expressiven in den Bereichen von Kunst, Handwerk und Kultur. Mentzos behauptet, dass die Internalisierungsprozesse für die Entstehung des Selbst konstitutiv sind und analog dazu die Externalisierungsprozesse für die Entstehung der Welt der Objekte, und zwar sowohl für die inneren Objektrepräsentanzen als auch (und da liegt der entscheidende Fortschritt) für die äußere Welt der Objekte (im Sinne von Personen) oder der Dinge, wie ich hier zur Unterscheidung differenzierend sagen würde.

In diesem Zusammenhang scheint mir ein anschaulicher Begriff von Interesse zu sein, nämlich der Begriff des »distribuierten Ichs« (Bruner 1997). Gemeint ist damit, dass man eine Person nur als Teil seines gesamten Umfeldes verstehen kann, und angewendet auf unsere Thematik würde dies heißen, dass wir Menschen in Organisationen nicht nur als isolierte Individuen betrachten dürfen, sondern es wichtig ist, die Person im Kontext der von ihr geschaffenen bzw. der sie umgebenden Gegenstände und Dinge zu sehen. Dies wäre gleichsam eine dingliche Erweiterung eines eher systemischen Konzepts der Persönlichkeit und ihrer Beziehungen.

Bei den bis hierher beschriebenen Erklärungsmustern bleibt ein Problem bestehen: Alle genannten psychoanalytischen Theoriebestandteile gehen weitgehend vom Individuum, von der Person aus und begreifen die Dinge sozusagen als »beseelte Objekte«. Im Sinne der bereits skizzierten Konzeption der Supervision als Übergangsritual bzw. Übergangsraum im Feld wechselseitiger unbewusster Inszenierungen von Person und Organisation bedarf es aber einer zweiten Sicht aus der entgegengesetzten Perspektive, nämlich von der Organisation und von den Dingen selbst her (vgl. Heubach 1987; Lütkehaus 1996). Die Frage ist, wie Organisationen ihre Konflikte, ihre Erwartungen, Normen und verdrängten Regungen den einzelnen Mitarbeitern bzw. den Gruppen und Subsystemen von Mitarbeitern gleichsam »beibringen« und wie die konkrete Umwelt, die Gegenstände und Objekte in Organisationen die Psyche der dort tätigen Personen modellieren.

Es geht also an dieser Stelle nicht nur um Fragen der Entwicklung, was eher der individuellen Perspektive entspräche, sondern unter anderem auch um Fragen der Sozialisation (vgl. Becker 1998). Für unser Interesse ist dabei zu betonen, dass jedes Objekt von Anfang an nicht nur persönlicher Gegenstand ist, sondern an sich schon gesellschaftliches oder organisationsgeprägtes Produkt und in diesem Sinne vielfach überdeterminiert ist. In Objekten sind unabhängig von der »Beseelung« durch den Benutzer verdinglichte Handlungsanweisungen gebunden, d. h. Objekte transportieren Aussagen über Normen, Werte, historische Entwicklungen etc. »Aneignungsgeschichte (der Objekte; U. B.) ist immer Teil der Lebensgeschichte und der Sozialgeschichte, schließlich auch Teil der Entwicklungsgeschichte der industriellen Kultur« (Selle 1997, S. 135). Ich erwähnte bereits zur Verdeutlichung das Objekt »Stuhl«: Der Stuhl beinhaltet eine Handlungsanweisung, nämlich sich zu setzen; darüber hinaus sagen Art und Gestaltung des Stuhls z. B. etwas über die Geschichte der Organisation oder – je nach dem ob es ein Holzstuhl, ein gepolsterter Stuhl o. ä. ist – etwas über Rollenzuweisungen oder – wie Lorenzer es formulieren würde – über ein »szenisches Erlebens- und Handlungsangebot« aus. Dabei regeln Dinge und Objekte gleichsam »nebenbei«

auch Fragen von Autonomie und Abhängigkeit: Objekte implizieren Verhaltenserwartungen und schaffen so eine gewisse Abhängigkeit, aber sie zwingen nicht. Schon bei den Übergangsobjekten der Kindheit gewinnt das Kind gegenüber der Mutter ja auch Freiheitsspielräume, indem es das Objekt stellvertretend gebraucht, aber gleichzeitig nicht nur passiv ist, sondern aktiv damit umgehen kann, Autonomie gewinnt und es in seine Erlebniswelt einbauen kann.

Von besonderem Wert für die Analyse des Unbewussten in Organisationen sind Objekte aus folgendem Grund: Das Unbewusste besitzt – wie wir wissen – eine eigene Sprache, die nicht identisch ist mit der gesprochenen Sprache. Unbewusstes in Organisationen enthält nun genau diejenigen Teile, die keine bewusste sprachliche Antwort finden können, weil sie bedrohlich sind, schmerzvoll sind oder aus anderen Gründen nicht benannt werden können. Sie müssen sich daher, wie Lacan es formuliert hat, »in den verstümmelten Texten der Symptome, der Fehlleistungen, der Körperbefunde« (Lacan, zit. nach Rattner 1990, S. 623) äußern oder – auf Organisationen übertragen – in den verstümmelten Texten von Mythen, Ritualen und Objekten. Lorenzer hat dies präzisiert, indem er sagt, dass unbewusste Regungen in ganz eigentümlicher Form von der sprachlichen Symbolisierung abgeschnitten sind und sich daher bevorzugt in anderen, sinnlich-symbolischen Formen zu erkennen geben. Das in diesen Ausdrucksformen verborgene Unbewusste beinhaltet dabei aber immer mehr als nur lebensgeschichtlich verdrängtes Material, wie wir den Bereich des Unbewussten gern verkürzt sehen. Im Symbol zeigt sich nämlich Unbewusstes in allen Formen: einmal als Nicht-mehr-Benennbares, zum zweiten ebenso als Noch-nicht-Benennbares und darüber hinaus enthalten sinnliche Symbole, insbesondere Objekte, auch Teile, die niemals ganz sprachlich benennbar und darstellbar sind. Wir kennen dieses Phänomen aus den Bereichen der Musik und der bildenden Kunst.

Die Bedeutung dinglicher Objekte in der organisationsbezogenen Supervision

Ich möchte zusammenfassend die wesentlichen Merkmale von gegenständlichen symbolischen Objekten in Organisationen noch einmal verdeutlichen und in einem zweiten Schritt ihre Bedeutung für eine psychoanalytisch orientierte Supervision aufzeigen:

1. So wie körperliche Gebärden die gesprochene oder geschriebene Sprache ersetzen können, weil sie gefühlvoller, subtiler, universeller sind, bilden gegenständliche Objekte neben ihrer Gebrauchsfunktion ein Reservoir

für die Sprache des Unbewussten der Organisation und der in ihnen handelnden Personen.
2. Symbolische Gegenstände und Objekte in Organisationen haben ihre bevorzugte Bedeutung insofern, als sie sich am Kreuzungspunkt zweier wichtiger Bewegungen in Organisationen befinden, nämlich im Schnittpunkt der Bewegung von unbewusster Sinnlichkeit zu sprachlicher Bewusstheit einerseits und von der Individualität zur Kollektivität andererseits.
3. Objekte bilden im Verhältnis von Person und Organisation gleichsam etwas Drittes, eine eigene Institution, durch die wechselseitige Austauschprozesse zwischen der Person und der Organisation bzw. ihren Subsystemen vollzogen werden können. Symbolische Gegenstände sind sowohl auf die Person als auch auf die Organisation bezogen, aber sie behalten eine gewisse Eigenständigkeit als Medium.
4. Objekte sind immer Produkt und Niederschlag menschlicher Praxis und Geschichte, d. h. Spuren einer vergangenen individuellen und Organisations-Welt, die geschichtliche Handlungsentwürfe und Erlebnisstrukturen repräsentiert. So ermöglicht die Analyse von Objekten einen tieferen Zugang zur Geschichte im aktuellen Erleben, und zwar sowohl bezogen auf die Geschichte der einzelnen Personen als auch auf die Geschichte der Organisation.
5. Symbolische Gegenstände als Teil eines komplexen Zeichensystems von Organisationen dienen (wie die Zeichen seit alters her) der Orientierung. Sie beinhalten Ge- und auch Verbote in Organisationen als verdinglichte Handlungsanweisungen.
6. Im Sinne der Orientierungsfunktion regeln und verdeutlichen symbolische Gegenstände und szenische Arrangements die sozialen Verhältnisse und hierarchischen Strukturen in Organisationen sinnlich-unmittelbar.
7. In diesem Sinne sind Symbole identitätsstiftend, d. h. der Einzelne weiß mit Hilfe der Symbole in Organisationen, wo er hingehört – und zwar im positiven wie auch im frustrierenden Sinne.
8. Objekte schaffen in Organisationen auf diese Art und Weise auch das, was die körperliche Berührung in der frühkindlichen Entwicklung bewirkt, nämlich das Gefühl von Schutz, von Bindung und von Grenzen zwischen innen und außen. Hier sind Objekte in Organisationen den frühen Übergangsobjekten der Kindheit ähnlich.
9. Objekte helfen als Mittler zwischen Organisation und Person das Problem der Trennung und Distanz oder, anders ausgedruckt, der »Ferne« überwinden. Sie übermitteln stellvertretend offene und verdeckte Handlungsanweisungen und Projektionsmöglichkeiten und beinhalten, ähnlich wie ein Bühnenbild, szenische Entwürfe der jeweiligen Rolle und lösen als

geronnene Struktur die Problematik der persönlichen Abwesenheit (z. B. der Leitung). Somit bilden sie ein wichtiges Element der täglich neu herzustellenden unbewussten Sozialisation mit Hilfe der Anpassungsmechanismen.

10. Gegenständliche Symbole gehören zum Kontext der Fragen von Bindung und Abhängigkeit auf der einen und Autonomie und Freiheit auf der anderen Seite und schaffen ein subtiles Spielfeld für die Bewältigung und den Umgang mit einzelnen Aspekten dieser Problematik.
11. Symbolische Objekte haben für das Verstehen von Organisationsprozessen wesentliche Vorteile:
    - Zum einen stellen solche Objekte – wie Kunstwerke – eine unmittelbare sinnliche Verbindung zwischen Inhalt, Empfindung und Erleben her, die meist unterhalb der Bewusstseinsschwelle liegt.
    - Die Aussagen, die über Objekte transportiert werden, können dadurch erheblich umfassender sein, gleichzeitiger, mehrdeutiger und mehrschichtiger als sprachlich vermittelte Botschaften. Dieser Vorteil wird allerdings um den Preis der geringeren Eindeutigkeit erkauft. Dies erfordert daher einen gemeinsamen Entschlüsselungs- und Verstehensprozess in der Supervision.
    - Schließlich sind Symbole ihrem Wesen nach als eigene Institution, als Drittes – ähnlich wie die Sprache – meist nicht nur individuell, sondern kollektiv und erleichtern damit die für eine psychoanalytisch orientierte Supervision so wichtige Lösung des Problems der Analyse der realen Wechselbeziehung von Person und Organisation.

Was ergibt sich daraus für ein Konzept psychoanalytischer Supervision, wie ich es zu Beginn skizziert habe?

Es wäre eine eigene Arbeit wert, Organisationen auf typische Situationen und Orte und ihre Bedeutung für sinnlich-symbolische Manifestationen unbewusster Prozesse hin zu untersuchen. Ich vermute, dass Schwellensituationen bzw. Situationen, an denen die Grenze von außen und innen, also einerseits zwischen Organisation und Umwelt, andererseits zwischen Person und Organisation überschritten wird, für eine Analyse am ergiebigsten sind. Dies deswegen, weil diese Grenzsituationen am ehesten regressive Prozesse begünstigen. Auf die Gesamtinstitution bezogen geschieht dieser erste Kontakt natürlich beim Betreten der Organisation. Ich habe diese Hypothese in Seminaren und Supervisionen (entsprechend der Unterscheidung von Objekten, Ritualen und Mythen) anhand der Zeichnung und Analyse von Eingängen von Organisationen sowie der Rituale bei Einstellungen und Entlassungen und schließlich hinsichtlich der Gründungsmythen der entsprechenden Organisation mit sehr aufschlußreichen Ergebnissen angewendet. Gerade in den Eingangsbereichen der Gebäude läßt sich oft Wesentliches über die Organisation auf assoziativem Wege erschließen. Freimuth (1990) hat zudem illustriert, wie das räumliche Betreten und Verlassen von Organisationen archaische Grundsituationen von Geburt und Tod, von Empfangen und Gehalten-Werden und Angst vorm Verschlungen-Werden und von Befreiung wiederbelebt.

Ein zweiter wichtiger Bereich des Grenzaustausches und der Anpassungsprozesse zwischen Individuum und Organisation ist der Bereich des jeweiligen Arbeitsplatzes, wie z. B. das Büro. Hier vollzieht sich der Austausch von persönlicher und organisationsbezogener Handlungsstruktur, hier ist (je nach dem, wie die Arbeit und die Organisation erlebt werden) das Spielfeld oder der Kampfplatz um Autonomie und Bindung, um Macht und Ohnmacht, um Größe und Kleinheit, Geborgenheit und Verlassenheit und um die Integration von Privatheit und Öffentlichkeit. Aus diesem Grunde lasse ich mir in Supervisionen häufiger Arbeitsplätze zeichnen und beschreiben und schaue mir in Organisationen Büros und Teamräume an. Alle dort präsenten Gegenstände sind nach meiner Erfahrung, wie im beschriebenen Beispiel der Beratungsstelle, oft von hoher symbolischer Bedeutung und von erheblichem Erkenntniswert gerade im Erstkontakt, was sich in gemeinsamen assoziativen Schritten häufig ins Bewusstsein heben läßt.

In einem anderen Kontext hat Seidl darauf verwiesen, dass es hier um »szenisch-territoriale Darstellungen« geht (Seidl 1997, dazu auch Jüngst 1995). Die gemeinsame Erschließung des Sinns ergibt sich also nicht nur aus der Analyse der Bedeutung einzelner Objekte, sondern auch aus der Art und Weise, wie die Organisation und der betreffende Mitarbeiter die Dinge im Territorium plazieren und arrangieren.

Wir haben analytisch orientierte Supervision als Übergangsritual bezeichnet. Aus anderen Zusammenhängen wissen wir, dass Objekte in Übergangssituationen und Abschiedsritualen eine hervorgehobene Rolle spielen. Dies gilt besonders für beängstigende Trennungen, etwa beim Tod oder beim Verlassenwerden und für emotional schwierige Übergangssituationen, in denen die grundlegende Bedeutung eines solchen Umgangs mit Objekten natürlich besonders anschaulich erkennbar wird. In abgemilderter Form läßt sich dies sicher auch auf Supervisionsprozesse, die emotional schwierige und häufig angstbesetzte berufliche Veränderungen befördern sollen, übertragen.

Aus dem Umgang und der Analyse solcher Übergangsrituale in Abschiedssituationen erscheinen mir folgende Aspekte zur Anwendung in der Supervision noch einmal wichtig: Der Kern dieser Rituale besteht darin, dass die Beteiligten, indem sie Abschied nehmen von Symbolen, auch Abschied nehmen vom Symbolisierten, d. h. einer bestimmten Beziehung, einer Empfindung für eine Person oder von emotional bedeutsamen Situationen. Symbolische Objekte beinhalten oft unsichtbar starke innere Verbindungen zu entsprechenden Personen, in denen der Supervisand magische Kräfte sehen kann. Volkan (1978) spricht in diesem Sinne von sogenannten »linking objects«, von Verbindungsobjekten. Dies greift die frühkindliche Bedeutung der Übergangsobjekte noch einmal auf und erleichtert die begriffliche Anwendung in Situationen erwachsenen Handelns. Dabei sind symbolische Handlungen analoge Handlungen, d. h. die Art des Umgangs mit dem Symbol ist analog zu der Art, in der mit der symbolisierten Person umgegangen werden sollte. Dazu eine kleine Sequenz, in der der schriftliche Kontrakt eine interessante Rolle spielt:

So geschah im Rahmen eines Vorgesprächs mit dem Verwaltungsleiter eines Krankenhauses folgendes: Bei der Besprechung des schriftlichen Kontrakts zur Beratung einer Abteilung dieser Klinik hatte ich den Leiter dieser Abteilung als Vertragspartner, der ebenfalls unterschreiben sollte, mit vorgesehen. Der Verwaltungsleiter nahm jedoch meinen Kugelschreiber, strich energisch den Namen des Abteilungsleiters auf dem Kontrakt durch und meinte: »Die Unterschrift von Herrn N. ist nicht nötig!« und gab mir das Blatt zur Korrektur zurück. Mir fiel sofort die Aggressivität dieses Akts auf. Ohne meinen Eindruck im Gespräch mit dem Verwaltungsleiter zu thematisieren, blieb er in der Erinnerung präsent. In der anschließenden Beratung mit dieser Abteilung wurde nach einigen Sitzungen deutlich, dass es zwischen dem Leiter dieser Abteilung und dem Verwaltungsleiter einen heftigen Konflikt gab. In der Abteilung blockierten latente Ängste, die Abteilung könne geschlossen, »durchgestrichen« werden oder aber der Leiter könne gekündigt werden, die Arbeit. Dies war in der Klinik bereits in einem anderen Fall geschehen. Das eindrückliche Durchstreichen des Namens des Abteilungsleiters durch den Verwaltungsleiter bei der Kontraktverhandlung entschlüsselte sich daher im nachhinein als symbolischer Akt, der den aggressiven Wunsch des Verwaltungsleiters deutlich zu erkennen gab. Auf diese Art und Weise war es mir möglich, die vorhandenen Ängste des Abteilungsleiters und der Mitarbeiter als real begründete Ängste zu sehen und ernst zu nehmen.

Auf der anderen Seite haben Objekte in Übergangs- und Genesungsritualen eine wichtige symbolische Schutzfunktion, die die »gute Mutter« bzw. die Umwelt oder andere wichtige Personen vertreten kann. Objekte sind in diesem Sinne einem Talisman ähnlich, durch den eine gewisse psychische Immunität in Krisensituationen hergestellt wird. Dies alles ist natürlich für geplante gestalterische Veränderungen der Organisationsumwelten, um die es in Supervisionen immer auch gehen sollte, sehr bedeutsam: Das Umgeben-Sein von symbolischen Gegenständen löst Wirkungen aus, und Veränderungen dieser Gegenstände lösen ebenfalls Wirkungen aus. Darin besteht der Kern von Abschiedsritualen. Deswegen sind Veränderungen der gegenständlichen

Umwelt in Organisationen, d. h. die Veränderung von Räumen, Tischen, Stühlen, Arbeitsgeräten, Farben und räumlichen Arrangements etc. so wichtig. Unveränderte dingliche Szenarien als Stimuli von Gefühlen, inneren Phantasien und Verhaltensweisen erschweren Veränderungen, weil sie alte Dispositionen wecken. Es kommt also darauf an, in Entwicklungssituationen in Supervisionsprozessen auch diese äußeren Szenarien zu verändern bzw. zur Veränderung anzuregen, um Entwicklungen zu fördern und zu erleichtern.

Zu guter Letzt ist die Supervision selbst als Ritual und ihr spezifisches Setting genauer in den Blick zu nehmen. Die Frage ist, ob sich in der Supervision (ähnlich wie in der Psychoanalyse die Couch) symbolische Gegenstände und Arrangements als charakteristische Elemente des Settings anbieten. Alle Bereiche von Zeit, Raum, Stuhlordnung, Kleidung etc. wären einer Untersuchung würdig (vgl. Haubl 1988). Hier liegt noch ein weites Feld unerforschter und teilweise unreflektierter Momente in der Supervision vor uns, aber ich möchte darauf hinweisen, dass es möglicherweise sinnvoll ist, von hier aus die Indikation für die Wahl bestimmter Supervisionssettings neu zu bestimmen: Geht es z. B. in der Einzelsupervision, die meist in den Praxisräumen des Supervisors stattfindet, mehr darum, durch eine neuinszenierte Umgebung, den Trennungsschritt und die dazu notwendigen haltenden Aspekte zu betonen, oder geht es möglicherweise – wie in der Organisationssupervision von Teams – darum, sich als Supervisor durch die Arbeit in der Organisation den räumlichen Szenarien und Stimuli auszusetzen und so eine institutionelle Übertragung zu fördern, die sich auch aus der Wahrnehmung und Deutung der Räume, ihrer Gestaltung und typischer Objekte erschließen läßt.

Es bleibt schließlich die Frage, was die Rolle und die Kompetenz des Supervisors sein sollte, wenn er mit dem Supervisanden Objekte beschreibt, analysiert und zum Verstehen der inneren Prozesse nutzt. Es geht dabei weitgehend um gemeinsame Deutung nicht verstandener, unbewusster und bislang nicht sprachlich ausdrückbarer Botschaften, die in den Objekten verschlüsselt sind und unbewusst bleiben. Im Grunde ist der Supervisor eine Art Traumdeuter, der sich ähnlich wie in der Traumanalyse mit den Prinzipien von Verschiebung, Verdichtung, Symbolisierung, Zensur und Verdrängung auskennen und mit dem oft undurchsichtigen Feld sinnlich-symbolischer Ausdrucksformen vertraut sein muss.

Der Supervisor sollte daher eigentlich auch ein Kunstliebhaber sein, jemand, der in einer Art künstlerischen Verstehens Interesse und Freude an der Beschäftigung mit Bildern, Skulpturen, Objekten und räumlichen Inszenierungen von Organisationen und ihren Mitgliedern entwickelt.

Literatur

Bauer, Annemarie & Katharina Gröning (1995): Institutionsgeschichten, Institutionsanalysen. Tübingen (edition diskord).

Becker, Hansjörg (1998): Psychoanalyse und Organisation. Zur Bedeutung unbewusster Sozialisation in Organisationen. In: Freie Assoziation 1, 1/2, S. 81–100.

Bruner, Jerome (1997): Sinn, Kultur und Ich-Identität. Zur Kulturpsychologie des Sinns. Heidelberg (Carl Auer Verlag).

Daft, Richard L. (1983): Symbols in Organizations: A Dual-Content Framework for Analysis. In: Pondy, L. R., Frost, P. J., & Dandridge, T. C. (Hg.): Organizational Symbolism. Greenwich, CT, S. 199–206.

Eisenbach-Stangl, Irmgard & Ertl, Michael (Hg.) (1997): Unbewusstes in Organisationen. Zur Psychoanalyse von sozialen Systemen. Wien (Facultas).

Enke, Helmut (1995): Zum Selbstverständnis der Psychoanalyse angesichts der ökologischen Herausforderungen. In: Bell, Karin & Höhfeld, Kurt (Hg.): Psychoanalyse im Wandel. Gießen (Psychosozial-Verlag).

Erdheim, Mario (1984): Die gesellschaftliche Produktion von Unbewusstheit. Eine Einführung in den ethnopsychoanalytischen Prozess. Frankfurt/M. 1992 (Suhrkamp).

Erdheim, Mario (1991): Zur Problematik der Imagines von Familie und Kultur. In: Borer, Ch. & Ley, K. (Hg.): Fesselnde Familie. Realität – Mythos – Familienroman. Tübingen.

Erdheim, Mario (1995): Gibt es ein Ende der Adoleszenz ? – Betrachtungen aus psychoanalytischer Sicht. In: Praxis der Kinderpsychologie und Kinderpsychiatrie, 44, S. 81–85.

Freimuth, Joachim (1990): Herzlich beklommen. Zur Psychologie des Betretens fremder Räume. In: Organisationsentwicklung, 1, S. 52–62.

Freud, Sigmund (1917): Psychopathologie des Alltagslebens. Berlin 1999/2000 (Fischer).

Freud, Sigmund (1930): Das Unbehagen in der Kultur. GW XIV, S. 419-506. Frankfurt a. M. 1999/2000 (Fischer).

Frutiger, Adrian (1978): Der Mensch und seine Zeichen. Wiesbaden 1991 (Fourier).

Gagliardi, Pasquale (Hg.) (1992): Symbols and Artifacts. Views of the Corporate Landscape. New York (Aldine de Gruyter).

Gfäller, Georg R. (1996): Beziehungen von Soziologie und Gruppenanalyse (Foulkes). In: Gruppenpsychotherapie und Gruppendynamik, 32, S. 42–65.

Van der Hart, Onno (1982): Abschiednehmen. Abschiedsrituale in der Psychotherapie. München (Pfeiffer).

Haubl, Rolf (1988): Kreativer Spielraum und Gruppeninszenierung. In: Jürgen Belgrad u.a.: Sprache – Szene – Unbewusstes: Sozialisationstheorie in psychoanalytischer Perspektive. Giessen 1998 (Psychosozial-Verlag).

Heigl, Franz (1995): Zum strukturellen Denken in der Psychoanalyse. In: Zeitschrift für psychosomatische Medizin und Psychoanalyse, 41, S. 213–224.

Heubach, Friedrich Wolfram(1987): Das bedingte Leben. Theorie der psychologischen Gegenständlichkeit der Dinge. Ein Beitrag zur Psychologie des Alltags. München 1996 (Wilhelm Fink Verlag).

Jean, Georges (1994): Die Sprache der Zeichen. Ravensburg (Ravensburger Buchverlag).
Jüngst, Peter (1995): Psychodynamik und Stadtgestaltung. Zum Wandel präsentativer Symbolik und Territorialität von der Moderne zur Postmodeme. Stuttgart (Franz Steiner Verlag).
König, Karl (1986): Angst und Persönlichkeit. Göttingen 1991 (Vandenhoeck & Ruprecht).
König, Karl (1996): Abwehrmechanismen. Göttingen (Vandenhoeck & Ruprecht).
Lawrence, W. Gordon (1991): Won from the void and formless infinite: Experiences of social dreaming. In: Free Associations, Vol 2, Part 2, Nr. 22, S. 259–294.
Lorenzer, Alfred (1970): Sprachzerstörung und Rekonstruktion. Vorarbeiten zu einer Metatheorie der Psychoanalyse. Frankfurt/M. (Suhrkamp).
Lorenzer, Alfred (1984): Das Konzil der Buchhalter. Die Zerstörung der Sinnlichkeit. Eine Religionskritik. Frankfurt/M. 1992 (Fischer).
Lütkehaus, Ludger (1996): Psychoanalyse ohne Zukunft? Frankfurt/M. (Fischer).
Mentzos, Stavros (1984): Neurotische Konfliktverarbeitung. Frankfurt a. M. 1992 (Fischer).
Mollenhauer, Klaus (1986): Umwege. Über Bildung, Kunst und Interaktion. Weinheim-München (Juventa).
Moser, Tilman (1994): Ödipus in Panik und Triumph. Eine Körperpsychotherapie. Frankfurt/M. (Suhrkamp).
Oberhoff, Bernd (1998): Übertragungsanalyse in der Supervision. Ein Konzept. In: Freie Assoziation 1, S. 58–80.
Obholzer, Anton (1997): Das Unbewusste bei der Arbeit. In: Eisenbach-Stangl, Irmgard & Ertl, Michael (Hg.): Unbewusstes in Organisationen. Zur Psychoanalyse von sozialen Systemen. Wien (Facultas).
Rattner, Josef (1990): Klassiker der Tiefenpsychologie. München (Betz).
Seidl, Ottmar. (1997): Als Psychoanalytiker im psychosomatischen Konsiliardienst. In: Forum der Psychoanalyse, 13, S. 339–352.
Schulze, Helmut (1977): Nesthocker Mensch: Neurosen als Folge verfehlter Nestablösung. Stuttgart 1993 (Thieme).
Selle, Gert (1997): Siebensachen: Ein Buch über die Dinge. Frankfurt/M. / New York (Campus).
Sievers, Burkard (1995): Die Schlacht am Lerchenfeld. Mythos als Metapher. In: Volmerg, Birgit u. a.: Nach allen Regeln der Kunst. Macht und Geschlecht in Organisationen. Freiburg (Kore), S. 172–204.
Volkan, Vamik D. (1978): Psychoanalyse der frühen Objektbeziehungen. Zur psychoanalytischen Behandlung psychotischer, präpsychotischer und narzißtischer Störungen. Stuttgart (Klett-Cotta).
Wellendorf, Franz (1996): Überlegungen zum »Unbewussten« in Institutionen. In: Harald Pühl (Hg.): Supervision in Institutionen. Eine Bestandsaufnahme. Frankfurt/M. (Fischer).
Winnicott, Donald W. (1984): Reifungsprozesse und fördernde Umwelt. Frankfurt/M. 1993 (Fischer).

Statt eines Schlusses

»Ich lasse dich nicht, es sei denn, du segnest mich!« (Genesis 32, 26)

Einige Überlegungen zur Entstehung von Autorität, Erbschaft und Nachfolge

Burkard Sievers

Zusammenfassung: In der letzten Großgruppensitzung einer Tavistock-Konferenz waren die Teilnehmer damit beschäftigt, wer denn den ›Segen‹ der Berater als Bestätigung des eigenen Lernens während der Konferenz bekommen würde. Einige der Teilnehmer nahmen dabei Bezug auf Jakobs Kampf am Jabbok und andere Teile der Jakobslegende der Genesis des Alten Testamentes und sahen darin eine Metapher, um ihre eigenen Erfahrungen während der Konferenz anzuschauen, zu explorieren und zu verstehen. Diese Episode und die damit einhergehende Auseinandersetzung enthält zugleich eine generellere Fragestellung, die so alt ist wie die Menschheit – nämlich die Frage von Erbschaft und Nachfolge.

In diesem Beitrag werde ich dieses Thema zum Anlass nehmen, um es in einer Reihe von Kontexten zu betrachten: der Jakobslegende, der frühen Entwicklung der Psychoanalyse, der Tavistock Tradition der Konferenzen sowie der Erfahrung der Rolleninhaber in Familienunternehmen und anderen Organisationen. Anstatt Erbschaft und Nachfolge als eine bloße ›Übergabe‹ zu verstehen, werde ich hier davon ausgehen, dass die Annahme eines Erbes eines bestimmten Maßes an Selbstautorisierung auf seiten des Erbenden bedarf, um so das Erbe in Besitz zu nehmen und weiterzuentwickeln. Dabei wird deutlich werden, dass die Fähigkeit, Frustrationen auszuhalten und das damit einhergehende Leiden zu ertragen, eine unabdingbare Voraussetzung dafür ist, eine Erbschaft anzutreten und die damit verbundene Tradition fortzuführen.

> *»Was du ererbt von deinen Vätern,*
> *erwirb es, um es zu besitzen!«*
>
> Goethe (Faust)

Einleitung

Dieser Beitrag ist aus meiner Arbeit mit den *Group Relations Conferences* in der Tradition des Tavistock Institutes entstanden und basiert auf einer früheren

Version, die ich auf dem vom Tavistock Institute und dem A.K. Rice Institute 1988 in Oxford veranstalteten *First International Symposium on Group Relations* vorgetragen habe (Sievers 1989). Dabei verweisen die Begriffe ›Tavistock-Ansatz‹ bzw. das ›Leicester-Modell‹ auf das *Tavistock Institute* in London, in dem diese Arbeit in den späten 50er Jahren entstanden ist bzw. auf die Stadt Leicester in England, wo die erste *Group Relations Conference* stattgefunden hat und seitdem auch regelmäßig durchgeführt wird (Miller & Rice 1973; Lawrence 1979a; Miller 1989, 19990a, 1990b). Dass die Leicester-Konferenz als *Working Conference* bezeichnet wird, erklärt sich daraus, dass im Gegensatz zu üblichen (Vortrags-)Konferenzen das Lernen in diesem Falle aus der Exploration der Erfahrung der Teilnehmer entsteht, die sie im Verlaufe dieser temporären Organisation machen. Auf dem Hintergrund einer objektbeziehungs-theoretischen Sichtweise und vor allem Bions (1961) frühen Arbeiten mit Gruppen basiert dieser Ansatz auf einer psychoanalytischen und systemischen Betrachtungsweise. In diesen Konferenzen »liegt der Fokus auf der Gruppe und nicht auf Charaktereigenschaften der teilnehmenden Personen« (Lawrence 2000, S. 76).

Wenngleich der jeweilige Themenschwerpunkt dieser Konferenzen auch variieren mag, so bezieht sich das dort mögliche Lernen doch durchweg auf Fragen von Führung, Autorität und politischer Prozesse in Gruppen und Organisationen. Die zugrundeliegende Methodologie geht von der Überlegung aus, dass wir im Laufe unseres Lebens in dem Maße ›Wahrheiten‹ für uns entdecken, in dem wir an der Wirklichkeit teilhaben und sie durch unsere Erfahrungen zugleich schaffen. In dem Maße, wie sich unser Erfahrungshorizont erweitert, gewinnen diese Erfahrungen für uns an Bedeutung, wir überprüfen sie und wandeln sie in Einsichten, Verstehen und Begriffe um – vorausgesetzt, dass wir bereit sind, uns diesen Erfahrungen zu stellen. Die Veranstalter dieser Konferenzen fühlen sich der zugrundeliegenden Primäraufgabe verpflichtet, die darin besteht, die ›Arbeit des Managements‹ während der Konferenz als temporärem Lernsystem zu erfahren, um daraus zu lernen.

Seitdem dieses Modell in England entwickelt worden ist, hat es in einer Reihe anderer Länder Anwendung gefunden. Die Teilnahme an dieser Konferenz hat einer Vielzahl von Menschen dabei geholfen, sich selbst in ihren organisatorischen Rollen besser managen zu lernen (Lawrence 1979b); das diesem Modell zugrunde liegende Denken hat zugleich auch einen nachhaltigen Einfluss auf die Entstehung und Entwicklung der psychoanalytischen Organisationsforschung als eigenständige Disziplin gehabt (Elieli 1994; Eisold 1997; Erlich 1998; Gabriel 1999; Lawrence 1999).

Seitdem ich 1972 zum ersten Mal an einer Leicester-Konferenz teilgenommen habe, hat diese Art von Arbeit für mich zunehmend an Bedeutung gewonnen.

Insofern als Autorität, Erbschaft und Nachfolge wichtige Aspekte meiner eigenen persönlichen wie beruflichen Entwicklung waren (und sind), hatte ich mich dazu entschieden, diesen Fragen in dem Vortrag weiter nachzugehen, zu dem ich seinerzeit im Rahmen des internationalen Symposiums in Oxford eingeladen worden war. Ich war mir im klaren darüber, dass eine eher auto-biographische Betrachtung meiner eigenen Geschichte mit dieser Art von Arbeit, den verschiedenen Rollen, die ich dabei inne hatte und der lange und oftmals nicht einfache Prozess, den es brauchte, diese Arbeit zu meiner eigenen zu machen, dazu weder ausreichend noch angemessen sein würde.

Stattdessen habe ich versucht, meine eigene subjektive Erfahrung mit der Entstehung von Autorität, Erbschaft und Nachfolge als eine Art Leitlinie dafür zu nehmen, um diesen Phänomenen selbst und der damit einhergehenden psycho-sozialen Dynamik nachzugehen. Dabei bin ich von der Überlegung ausgegangen, dass eine solche Vorgehensweise meine Überzeugung besser zum Ausdruck bringen würde, dass nämlich jeder Versuch, Autorität zu übernehmen, nicht ausschließlich als Privatangelegenheit betrachtet werden kann. Eine solche Selbstautorisierung ist nicht nur mit der psycho-sozialen Dynamik der jeweiligen Institution und ihrer Geschichte verknüpft; sie ist zugleich in eine Reihe von Übertragungen eingebunden, die nicht allein Ausdruck des individuellen Unbewussten sind, sondern zugleich solche Bilder und Vorstellungen enthalten, die so alt sind wie die Menschheit. Wenngleich ein einzelner Nachfolger auch davon überzeugt sein mag, dass seine Situation einmalig ist – und deshalb oft auch glaubt, von niemand anderem wirklich verstanden werden zu können – so ist doch die Übernahme eines Erbes zugleich auch von sozialen Mustern, Dynamiken und Mythen der Nachfolge geprägt, die Teil der jeweiligen Kultur und ihrer Geschichte sind.

Eine Episode in einer Großgruppe

In welchem Maße diese sozialen Bilder der Nachfolge Leitmetaphern unserer gemeinsamen Erfahrung sind, wurde mir während einer der Tavistock-Konferenzen deutlich, die wir in Deutschland seit 1979 durchführen. Das Design dieser Konferenz sieht neben anderen Veranstaltungsformen auch eine Großgruppe vor, die sich aus allen Teilnehmern und etwa drei Beratern zusammensetzt. Ähnlich wie bei den meisten anderen Veranstaltungen innerhalb dieser Konferenz besteht die Primäraufgabe der Großgruppe darin, sich mit der Erfahrung im Hier und Jetzt auseinander zusetzen, um daraus zu lernen. In der letzten Großgruppensitzung gegen Ende der Konferenz, in der die Teilnehmer zunehmend damit beschäftigt waren, die Früchte ihrer eigenen Arbeit während der Konferenz zu ernten, tauchte plötzlich das Bild des Segens auf. Im Zusammenhang mit der Frage, wer am meisten aus der gemeinsamen Erfahrung und dem darin möglichen Lernen profitiert habe, begannen plötzlich drei Teilnehmer – unabhängig voneinander, ohne sich abgesprochen zu haben – die Jakobslegende aus der Genesis des Alten Testamentes zu erzählen. Eine evangelische Pfarrerin erzählte von Jakobs Kampf mit dem Engel am Fluss Jabbok und wie Jakob schließlich beim heranziehenden Morgengrauen der Aufforderung seines Widersachers, ihn loszulassen, mit dem Satz begegnete: »Ich lasse dich nicht, es sei denn, du segnest mich!« (Genesis 32, 26). Zwei weitere Teilnehmer, ein Berater und der Chefarzt einer psychiatrischen Klinik, ergänzten dann die Geschichte durch Esau, der sein Erstgeburtsrecht für ein Linsengericht verkauft hat sowie um den Segen, den Jakob sich mit Hilfe seiner Mutter von seinem Vater Isaak auf dem Totenbett erschlichen hat. Damit standen Jakob und die Jakobslegende als metaphorischer Rahmen im Raum.

Ähnlich wie der alttestamentarische Jakob Zeit seines Lebens davon besetzt war, den Segen zu erlangen, war der Segen, den man durch die Teilnahme an dieser Konferenz und dem dort möglichen Lernen erwerben zu können glaubte, zum vorrangigen Bezugsrahmen dieser letzten Großgruppensitzung geworden. Es war sehr beeindruckend zu erleben, wie viele der Konferenzteilnehmer bei dem Bemühen, sich aus den Verstrickungen ihrer eigenen Auseinandersetzungen und Erfahrungen zu ›befreien‹, immer wieder auf diesen metaphorischen Rahmen zurückgriffen. Während einige der Teilnehmer sich mit ihren Schuldgefühlen auseinander zusetzen begannen, die aus den Verletzungen und dem Betrug resultierten, die sie anderen als unvermeidbare Folge ihres eigenen Versuches, eine Rolle zu übernehmen und ihre eigene Autorität zu finden, zugefügt hatten, wurde anderen deutlich, dass sie die Konferenz in dem Wissen verlassen würden, sich selbst bei dem »Kampf in der Dunkelheit« verletzt zu haben. So konnte der Segen schließlich als sehr viel mehr gesehen werden, als nur die Großgruppenberater dazu zu animieren, jene Teilnehmer zu benennen, die das Erstgeburtsrecht oder den Segen erlangt hatten. Den Teilnehmern wurde mehr und mehr bewusst, dass ein solcher Segen weder durch einen ›Gnadenakt‹ erreicht noch ohne die Erfahrung anhaltender Schmerzen angestrebt werden konnte. Es wurde recht deutlich, dass die einzige Anerkennung, die man für sein Lernen während der Konferenz erreichen konnte, eine Frage der eigenen Autorität war.

Ich bin mir ziemlich sicher, dass eine ganze Reihe von Teilnehmern von dieser Erfahrung sehr beeindruckt waren und daraus auch Gewinn für das Verstehen weiterer Erfahrungen gezogen haben. Im metaphorischen Kontext der Großgruppe gesehen, hätte es mich nicht gewundert, wenn ich bei späterer Gelegenheit – sei es in einer anderen Konferenz oder in anderen Arbeitszusammenhängen – einige der Teilnehmer wiedersehen und sie dann daran erkennen würde, dass sie hinken – ähnlich wie Jakob seit dem Kampf in der Nacht am Fluss. (Die symbolische Bedeutung von Jakobs Hinken werde ich im Folgenden wieder aufgreifen.)

Eine Untersuchung der mittlerweile mehr als vierzigjährigen Entwicklung dieser Konferenzmethode seit der ersten Leicester-Konferenz 1957 (vgl. Trist & Sofer 1959; Rice 1965) wird sicherlich eine ganze Reihe weiterer Metaphern, Legenden, Mythen und Fiktionen aufdecken, die inzwischen entstanden sind und weitergetragen werden. Über die Exploration des Unbewussten hinaus, das diese Arbeit in einem besonderen Maße fördert und ermöglicht, haben wir, die wir in dieser Tradition arbeiten, zugleich auch ein neues soziales und gesellschaftliches Unbewusstes geschaffen (vgl. Erdheim 1984). Dabei ist es oft genug schwierig, zwischen der Produktion dieses Unbewussten und seiner bloßen Tradierung zu unterscheiden. Die Tatsache, dass mittlerweile viele Menschen sich dieser Arbeit verpflichtet fühlen und sie fortsetzen, geht zugleich untrennbar mit ihren Vorstellungen und Phantasien von Erbschaft und Nachfolge einher. Diese Bilder dienen nicht zuletzt dazu, die eigene Position in der Nachfolge und die Beziehung zu denen zu bestimmen, die diese Arbeit begründet und weiterentwickelt haben. In der Geschichte der Tavistock Konferenzen hat es nicht zuletzt gelegentlich auch ähnliche Geschwisterrivalitäten gegeben, wie die zwischen Jakob und seinem Zwillingsbruder Esau, zwischen Joseph und seinen Brüdern oder Leah und Rachel.

Insofern als es keine offizielle ›Genealogie‹ der Erbschaft und Nachfolge für diese Art von Arbeit gibt (vgl. Thompson 1976), nimmt es auch nicht Wunder, dass es ganz unterschiedliche, und zum Teil widersprüchliche Ansichten und Phantasien darüber gibt, wer sich selbst als den rechtmäßigen Erben oder Thronfolger betrachten darf oder wer zu recht als solcher angesehen werden kann. Wenngleich auch weitgehend Übereinstimmung darüber besteht, dass dieser Ansatz auf den Arbeiten von Melanie Klein, Wilfred R. Bion, A. Kenneth Rice u.a. basiert, so bestehen doch eher Mythen, denn reale Fakten, darüber welcher der Nachfolger bei welcher Gelegenheit einen Segen bekommen hat.

Die Jakobslegende

In diesem Abschnitt werde ich versuchen, zu einem besseren Verständnis der psycho-sozialen Dynamik dessen beizutragen, was metaphorisch unter einem Segen verstanden wird. Statt einer Genealogie werde ich mich um einen tieferen Einblick in die dem Segen zugrunde liegende Dynamik selbst bemühen, um sie besser zu verstehen.

Die oben beschriebene Großgruppenepisode hat mich dazu veranlasst, die Geschichten der Patriarchen des Alten Testamentes von Abraham bis Jakob sowie den Teil von Joseph und seinen Brüdern nachzulesen und sowohl biblische als auch psychoanalytische Exegesen zu Rate zu ziehen. Dabei wurde mir zunehmend deutlich, dass diese Geschichten und ihre Protagonisten einen faszinierenden metaphorischen Rahmen für die hier zu untersuchende Dynamik von Autorität, Erbschaft und Nachfolge darstellen.

In der Sicht, die sich mir aus der Genesis darstellt, ist Jakob *diejenige* unter allen biblischen Gestalten, die mit dem Verlangen nach einem Segen geradezu besetzt zu sein scheint. Im Vergleich zu allen anderen Gelegenheiten, bei denen Jakob entweder den väterlichen Segen von Isaak erhalten hat oder ihn an seinen Sohn Joseph und schließlich an seine Enkel weitergab, kommt dem Segen, den er in der Nacht am Jabbok erhalten hat, eine ganz besondere Bedeutung zu; nirgendwo sonst im Alten Testament ist ein Segen das Ergebnis eines Kampfes (Westermann 1981, S. 531ff., 631). Es scheint, als hätte der väterliche Segen für Jakob die Weitergabe der väterlichen Potenz bedeutet und dass Gottes Bekräftigung des Bundes mit Abraham weder für Jakob selbst noch für das Volk Israel ausreichte. Jakob geht es um eine Rekonfirmation seines Auserwähltseins, um eine reflexive Bestätigung sozusagen. Der väterliche Segen musste zusätzlich durch den göttlichen Segen bestärkt werden (Westermann 1986, S. 157).

Der Kampf am Jabbok und der sich daran anschließende Segen können als Beispiel dafür gesehen werden, wie sich das individuelle und kollektive Verlangen nach Nachfolge vermischen. Während der Nacht war Jakob in tiefer Furcht. Auf seinem Weg zurück zum Land seines Vaters sollte er am folgenden Tag seinen Bruder Esau treffen, was ihn in tiefe Angst um sein eigenes wie das Leben seiner Familie versetzte. Insofern als in der späteren jüdischen Tradition diese Episode zum Symbol dafür wurde, dass die Israeliten sich als das von Gott erwählte Volk betrachteten, musste auch Jakobs Gegner, der ursprünglich entweder als Engel oder als Dämon beschrieben wurde, schließlich zu Gott werden. Was ursprünglich als ein Symbol des Kampfes um Leben und Tod für Jakob selbst und seine Familie galt, wurde in der späteren Uminterpretation zur politischen Legitimation des Volkes Israel. Als Jakob seinen neuen Namen Israel erhielt, wurde er damit zum Protagonisten einer endlosen Nachfolge und Nachkommenschaft von Auserwählten.

Der Segen, den Jakob ursprünglich im Kampf am Jabbok erhalten hatte, führt zu einer Reihe faszinierender Einsichten und Phantasien. Der Kampf am Fluss und der Segen sind Metaphern für Reife und Autorisierung, die auf eindrückliche Weise verdeutlichen, dass die Fähigkeit, Frustrationen auszuhalten und das damit einhergehende Leiden zu ertragen, eine unabdingbare Voraussetzung dafür ist, ein Erbe zu übernehmen und eine Erbschaft anzutreten.

Abb.: ›Jacob's Angel‹ von Phillip Ratner.
Dennis and Phillip Ratner Museum, Bethesda, MD, USA

Wie eine Reihe psychoanalytischer Autoren deutlich gemacht haben (Arlow 1951; Niederland 1954; Rank 1974; Reik 1919; Zeligs 1953), ist diese Episode des Kampfes am Jabbok eine mythische Geschichte, in der der Held die lebenslange Rivalität mit dem Vater und die Konkurrenz zu dem Zwillingsbruder beendet. Die Tatsache, dass Jakob in dem Kampf sich an der Hüfte verletzt, kann als Ausdruck einer symbolischen Kastration verstanden werden (Reik 1919; Niederland 1972, S. 137; Sas 1964, S. 118f.). »Jakob rang mit seinem eigenen projizierten Selbstbild«, das von dem »zornigen Vater des kindlichen Ödipuskonfliktes« herrührte, »der gekommen war, um ihn zu strafen« (Zeligs 1953, S. 195f.). Somit kann der Segen als die Übertragung der Potenz des Vaters an Jakob durch einen Engel oder Dämon verstanden werden (Westermann 1981).

Wie einige talmudische und rabbinische Quellen nahe legen, repräsentiert der Fremde – der Engel bzw. der Dämon – in dem Kampf den Phallus, den Jakob ursprünglich vom Vater übernommen hatte. Auch der gelegentliche Hinweis darauf, dass es sich bei dem Kampf um einen Traum (Zeligs 1953, S. 194) oder einen Alptraum handelte, spricht dafür, dass dieser Teil der Jakobslegende ein Ausdruck von Wiedergutmachung und Selbstautorisierung ist. Aus dieser Sicht kann das Hinken Jakobs als Symbol für die anhaltenden Schmerzen verstanden werden, die oftmals mit der Übernahme der eigenen Autorität einhergehen.

In ähnlicher Weise wie das Gilgamesh-Epos, ist auch die Jakobslegende als Ganze ein deutlicher Beleg für die tragischen Anteile von Nachfolge und Erbschaft. Nicht nur musste Jakob am Jabbok seinen eigenen Tod in dem wohl entscheidensten Kampf seines Lebens fürchten, er war immer wieder aufs neue der Verzweiflung ausgesetzt, dass das, was er sich von dem Segen versprochen hatte (Reik 1919, S. 329; vgl. Westman 1986, S. 145), nicht eintraf und womöglich gänzlich verloren war. Neben der Tatsache, dass Laban, sein Schwiegervater, ihn lange Zeit um Rachel, seine geliebte Frau, betrogen hatte, hatte er zweimal endlose Jahre der Hoffnungslosigkeit zu erleiden: eine lange Zeit der Unfruchtbarkeit Rachels, die ihm nicht den rechtmäßigen Erben gebar, und den offensichtlichen Tod seines Nachfolgers als Joseph von seinen Brüdern nach Ägypten verkauft worden war. Vor allem während der langen Phase der Unfruchtbarkeit seiner Frau war Jakob von dem hoffnungslosen Zweifel geplagt, ob er und seine Familie überhaupt eine Zukunft haben würden. Und noch gegen Ende seines Lebens war er davon überzeugt, dass Gott ihn letztlich doch betrogen hatte (cf. Mann 1971, S. 47ff.).

Während Jakob in dieser alttestamentlichen Tragödie um Nachfolge und Erbschaft auch die Hauptrolle inne hat, so ist diese Legende zugleich doch auch Ausdruck eines *sozialen* Dramas. Nahezu jedes Mitglied der erweiterten Familie ist davon betroffen oder darin gefangen. Diese Legende macht zugleich auch deutlich, dass der verzweifelt Versuch, sich seines Platzes in der Ordnung der Beziehungen und Nachfolge zu vergewissern, verschiedene Mitglieder der Familie Isaaks und Jakobs immer wieder dazu veranlasst hat, frappierende Veränderungen dieser Ordnung vorzunehmen. Als beispielsweise Joseph seinen Vater gegen Ende seines Lebens in Ägypten schließlich darum bat, seine Söhne Ephraim und Mennasseh zu segnen, indem er Mennasseh, den Erstgeborenen, zu Jakobs Rechten stellte, damit er den größeren Segen bekäme, reagierte Jakob mit einem Trick; er kreuzte einfach seine Hände, so dass Ephraim, der Zweitgeborene der Zwillinge, den eigentlichen Segen bekam. Hierin kann zugleich eine Wiederholung gesehen werden, wie Jakob selbst sich das Erstgeburtsrecht von seinem Bruder Esau für ein Linsengericht erkauft hatte.

Diese deutliche Veränderung der ursprünglichen Erbschaftsfolge ist – aus psychoanalytischer Sicht – zugleich ein Indiz für die Intensität der inzestuösen Auseinandersetzung mit dem Vater (Niederland 1972; Reik 1919; Zeligs 1953). Vieles spricht dafür, dass der väterliche Segen, der in dem biblischen Verständnis durch die Hand des Sohnes erworben wird, die dieser unter die Hüfte des Vaters legt, in früheren Zeiten durch die Berührung des väterlichen Gliedes erworben wurde (Rank 1974, S. 305). Und auch das biblische Bild der Verletzung an der Hüfte, unter der Jakob seit dem Kampf am Jabbok litt, gibt Anlass zu der Annahme, dass es sich bei dieser Beschreibung um eine Dislozierung handelt. Jakobs ständiges Verlangen nach dem Segen kann so als das nahezu unstillbare Verlangen verstanden werden – in der Rivalität mit dem Bruder und mit Unterstützung der Mutter – dem Vater gleichgestellt zu sein; ein Verlangen, das sich für Jakob tatsächlich erst sehr spät in seinem Leben durch die Geburt seines Sohnes Joseph erfüllte. Als Jakob dann später wiederum – als seine anderen Söhne Joseph an die Ismaeliter verkauft hatten, die ihn nach Ägypten an den Hof des Pharao brachten (Genesis 37, 27 – 36) – davon ausgehen musste, dass sein Lieblingssohn von einem wilden Tier zerrissen und gestorben war, verfiel er in tiefe Trauer und Verzweiflung.

Dieses Nachfolgedrama macht zugleich auch deutlich, dass die Bedeutung von Erbschaft in der Jakobslegende nicht in erster Linie in der Übergabe eines materiellen Erbes in der Form von Gütern, Tieren oder Sklaven gesehen werden kann. Bei dieser Erbschaft geht es in erster Linie um Spiritualität und Transzendenz. Die Versicherung der eigenen Herkunft und des Platzes in der Nachfolge geht weit über den engen Raum des eigenen individuellen Lebens hinaus und ermöglicht so, den Rahmen zu überschreiten, der einem durch Geburt und Tod gesteckt ist (vgl. Lawrence 1985). Insofern als die Vorstellung der Unsterblichkeit in diesen alten biblischen Zeiten nicht bestand, war die Gewissheit, sich durch Erbschaft und Nachfolge einen Platz in der Familie und dem Stamm zu sichern, die einzige Möglichkeit, den eigenen unausweichlichen Tod gleichsam zu überwinden und eine Verbindung mit der Ewigkeit zu schaffen. Dass eine solche Transzendenz einzig und allein als ein kollektives Unterfangen denkbar war, liegt nicht zuletzt auch darin begründet, dass die Vorstellung des Individuums in dieser Phase der Menschheitsgeschichte ebenfalls nicht vorhanden war.

Wenn die Jakobslegende – ebenso wie die Geschichte der Patriarchen allgemein – auch Ausdruck einer großen Sorge um die Geburt eines Sohnes als rechtmäßigem Erben ist, so verweist ein solcher Sohn zugleich auch auf das viel weiter reichendes Anliegen, in seinem Leben und in der Geschichte einen Sinn zu finden (vgl. Gordon 1954). Insofern kann Jakob, der alttestamentarische Held, als die mythische Repräsentation des Menschheitswunsches verstanden werden, nicht allein zu sein, größer zu sein als man tatsächlich ist, sich von den einen umgebenden Heiden zu unterscheiden, eine Beziehung herzustellen und zu legitimieren, die einen mit einem Kontinuum von Menschen und Göttern verbindet, und sich selbst davon zu überzeugen, dass man trotz der Unausweichlichkeit des Todes nicht sterben muss.

Die Übertragungen der Nachfolge

Die Entstehung und frühe Entwicklung der Psychoanalyse, die ja untrennbar mit Sigmund Freud als ihrem anerkannten Gründer verbunden ist, weist eine Reihe von Ähnlichkeiten und Parallelen zur frühen Geschichte Israels auf. Unter den Entdeckungen, die ich bei meiner Auseinandersetzung mit dieser Phase der Psychoanalyse gemacht habe, haben mich die folgenden am meisten überrascht: (1) Freuds hohe Identifikation mit Jakob, (2) der hohe Stellenwert, der Nachfolge und Erbschaft in der psychoanalytischen Bewegung zugemessen wurde – und offensichtlich immer noch wird – und (3) das Maß, in dem die väterliche Familie und der Stamm des Patriarchen den einzigen Vorstellungsrahmen für die bewusste wie unbewusste Dynamik der sozialen Wirklichkeit darstellte.

(1) Bereits die erste Freud Biographie, auf die ich mehr oder weniger zufällig stieß, das von Ernest und Lucie Freud zusammen mit Ilse Grubrich-Simitis (Freud, Freud & Grubrich-Simitis 1977) herausgegebene und reich illustrierte Buch, gab mir ein sehr vielfältiges Bild von Freud, seinen Verwandten und seinen Schülern. Was mich beim weiteren Studium am meisten überraschte, war die Tatsache, dass Eissler (1977) die Einleitung zu seiner biographischen Skizze Freuds genau mit dem Zitat aus der Genesis beendet, das ich als Titel meines Vortrages gewählt hatte: »Ich lasse dich nicht, es sei denn, du segnest mich!«

Bei der weiteren Lektüre wurde mir bald deutlich, dass Eissler sich mit diesem Genesiszitat nicht nur auf Freuds unermesslichen Beitrag zur Psychoanalyse bezieht, sondern darüber hinaus auch auf die Bedeutung verweist, die Jakob, der Patriarch, in Freuds Leben gespielt hatte. Nicht nur war Freud von einer Reihe von Männern umgeben, die diesen Namen trugen – sein Vater, sein Schwiegervater, und der Vater von Wilhelm Fließ hatten diesen Vornamen – auch identifizierte er sich selbst zu verschiedenen Gelegenheiten seines Lebens immer wieder mit diesem alttestamentlichen Helden. Wie Max Schur (1973, S. 115, 250ff, 268), Freuds Arzt während seiner letzten elf Jahre, zeigt, begann diese Identifikation mit Jakob schon 1895 während seiner engen Freundschaft zu Wilhelm Fließ. Kurz vor dem Ende ihrer Freundschaft nimmt Freud im Jahr 1900 in einem Brief an Fließ ausdrücklich Bezug auf Jakobs Kampf mit dem

Engel (Freud 1986, S. 453). Und unmittelbar bevor er 1938 Wien verlässt und nach London flüchtet, vergleicht er sich in einem Brief an seinen Sohn Ernest mit dem greisen Jakob, der kurz vor Ende seines Lebens von seinen Söhnen nach Ägypten geholt wurde (Jones 1962c, S. 267).

Freuds Identifikation mit Jakob kann sicherlich auch dahingehend verstanden werden, dass beide Männer auf ähnliche Weise mit dem Leben zu kämpfen hatten. Bei meinem Versuch, die psycho-soziale Dynamik der Frühzeit der Psychoanalyse zu verstehen, habe ich oft den Eindruck gewonnen, dass Freud nicht nur ein ähnlich tragisches Schicksal zu ertragen hatte wie Jakob, sondern gleichsam selbst einige der Muster der Nachfolge wiederholte, die für Jakob kennzeichnend sind.

Freud betrachtete sich selbst und wurde auch von anderen als der Gründer einer neuen wissenschaftlichen Disziplin gesehen. Es kann angenommen werden, dass er dabei eine ähnliche Rolle spielte wie Jakob, der – mit Gottes Hilfe – zum Gründer des Volkes Israel wurde. Weitere Analogien lassen sich finden, wenn man von der Jakobslegende als Metapher für Freuds Leben und weite Teile der Entwicklung der Psychoanalyse ausgeht. Ähnlich wie Jakob (Genesis 25, 27) war Freud nicht nur der geliebte Sohn seiner Mutter, den sie deutlich bevorzugte, er wurde auch in eine große Familie hinein geboren, in der sein Platz in der Nachfolge nicht mit seinem tatsächlichen Alter übereinstimmte (Bernfeld & Cassierer Bernfeld 1944, S. 109f.). Wie Jones (1962a, S. 19) deutlich macht, wurde Freud 1856 als Onkel mit zwei Halbbrüdern geboren (Emanuel, geb. 1832 und Philipp, geb. 1836). Dies scheint auch seine Beziehung zu Breuer beeinflusst zu haben, der vierzehn Jahre älter als Freud, manchmal die Rolle des Vaters und bei anderer Gelegenheit die des Bruders zugewiesen bekam. Breuer wurde ebenso das Objekt von Freuds Liebe, Bewunderung und Vertrauen wie seines Misstrauens, seiner Rebellion und Feindschaft (Bernfeld 1949, S. 149; Clark 1985, S. 58; Roazen 1971, S. 99ff., 1976, S. 244).

Mythologisch wird der Bruder oft durch den Zwillingsbruder repräsentiert (Rank 1909). Jakobs Kauf des Erstgeburtsrechts von Esau kann in gewisser Weise mit Freuds Ansicht verglichen werden, dass der Verlust der Freundschaft zu Breuer der Preis gewesen sei, den er für die weitere Entwicklung der Psychoanalyse hat zahlen müssen (Freud 1955, S. 43f.). Auch die enge Freundschaft mit Wilhelm Fließ während Freuds Zeit tiefer Isolation erscheint in einem anderen Licht, wenn man sie unter dieser Zwillingsdynamik betrachtet.

Das Ende der Freundschaft mit Fließ, das ebenso aus beider Kampf um Vorherrschaft wie auch aus Freuds Unfähigkeit entstand, die latenten homosexuellen Anteile ihrer Beziehung zu akzeptieren (Schur 1973, S. 261f.), spiegelt zugleich das vorherrschende Muster wider wie Freud mit Männern – Freunden wie Schülern – umging. Freuds Verlangen nach einer tieferen und intimeren Beziehung mit Männern scheiterte fast immer. Die Tatsache, dass er sich mit keinem je wieder versöhnte (vgl. Sachs 1950, S. 112), scheint auf eine deutliche Spaltungstendenz bei Freud zu verweisen. Und vieles spricht dafür, dass auch unüberwindbare Spaltungen das vorherrschende soziale Muster in der weiteren Geschichte der Psychoanalyse gewesen sind (Grotjahn 1984, S. 355; Cremerius 1982). Jones (1962a, S. 337) Urteil über Fließ beispielsweise – als eines Mannes, der geistig weit unter dem Meister stand – ähnelt nur allzu sehr der Spaltung in der Genesis (25, 27), in der Esau, Jakobs Zwillingsbruder, als der wilde, haarige Mann beschrieben wird, »der der Jagd kundig war, ein Mann des freien Feldes«, während Jakob hingegen als »der friedliche Mann« beschrieben wird, »der am liebsten in den Zelten wohnt«. Ein ähnliches Muster findet sich auch darin wieder, wie Adler, Stekel, Jung und Rank den inneren Kreis verließen, womit zugleich ihre Namen aus dem Buch des Lebens gelöscht worden waren. Die psycho-soziale Dynamik, die diesen Männern keine andere Wahl ließ, als die Beziehung zu Freud und seinem engeren Kreis von Schülern aufzukündigen und zu verlassen, fand schließlich ihren Ausdruck in der institutionellen Spaltung zwischen Freudianern, Jungianern, Adlerianern und verschiedenen anderen analytisch orientierten Gruppierungen. Diese Entwicklung verdeutlicht zugleich auch einen unbewussten Grund dafür, dass Freundschaften innerhalb der psychoanalytischen Bewegung eher die Ausnahme sind (van der Leeuw 1968, S. 113).

Im Rahmen der Jakobslegende erscheint auch der lebenslange Kampf zweier anderer ›Nachkommen‹ Freuds in einem anderen Licht, nämlich der unüberwindbare Konflikt zwischen Anna Freud und Melanie Klein, der über Jahrzehnte hinweg den Zusammenhalt der British Psycho-Analytic Society gefährdete (Peters 1979; Grosskurth 1986; King & Steiner 2000). Vergleicht man den Streit zwischen diesen beiden Frauen auf der metaphorisch-mythologischen Ebene mit dem zwischen den beiden Frauen Jakobs, den Zwillingsschwestern Leah und Rachel, so wird das Bild der damit einhergehenden Dynamik deutlicher. Ebenso wie die ihrer alttestamentlichen ›Vorgängerinnen‹ kann auch die Rivalität zwischen Anna Freud und Melanie Klein nicht in erster Linie als ein persönlicher Streit verstanden werden. Eine tiefergehende Analyse dieser anhaltenden Auseinandersetzung kann eine ganze Reihe weiterer Aspekte deutlich machen, beispielsweise die Schwierigkeit, die mütterlichen und väterlichen Anteile des analytischen Denkens zu integrieren, die diese beiden Frauen repräsentierten; die Vermutung, dass dieser Kampf unter den Töchtern auch dazu gedient haben mag, die Rivalität unter den Söhnen zu verdecken, die im britischen Kontext durch Ernest Jones und Edward Glover repräsentiert waren; und nicht zuletzt die lange öffentlich unbekannte Tatsache, dass beide Frauen insofern Teil einer ›inzestuösen‹ Beziehung waren, als Anna Freud von ihrem Vater analysiert worden war (Grosskurth 1986, S. 99, 179, 322; Roazen 1976, S. 423ff.) und Melanie Klein ihre eigenen Kinder analysiert hatte (Klein 1920, 1921). (Was aus heutiger Sicht ›unerhört‹ erscheinen mag, war freilich in der frühen Phase der Psychoanalyse keine Ausnahme. Nicht nur war es mehr oder weniger allgemeine Praxis, dass Eltern ihre Kinder analysierten, auch war es zu dieser Zeit nicht ungewöhnlich, dass Lehranalysen mit einer erotischen Beziehung einhergingen. Wie Falzeder (1998, S. 129) deutlich macht, war »das Verwischen der Grenzen zwischen professionellen und sexuellen bzw. familiären Beziehungen ... eher die Regel als die Ausnahme«.)

Was in der katholischen Kirche für die Bischöfe in der Nachfolge des Hl. Petrus gilt, zeigt sich in der Psychoanalyse in ähnlicher Weise in bezug auf Freud. Dadurch, dass die Psychoanalyse direkt von Analytiker zu Analysand weitergegeben wurde, ist »heutzutage jeder lebende Analytiker ein Nachkomme Freuds« (Turkle 1978, S. 137). Der erste Entwurf eines psychoanalytischen Stammbaums, den Falzeder (1994, vgl. 1998, S. 129) bis zum Zweiten Weltkrieg erstellt hat, umfasst an die 500 Namen. Und je mehr man in die Geschichte der Psychoanalyse vordringt, desto deutlicher wird dabei auch, dass alle Analytiker untereinander auf die vielfältigste (und manchmal auch auf sehr obskure) Weise miteinander in Beziehung stehen. Die Tatsache beispielsweise, dass Melanie Klein und Ernest Jones beide von Sandor Ferenczi analysiert worden sind, dass Jones Frau und seine Kinder bei Melanie Klein in Analyse waren, dass Edward Glover der Analytiker von Melitta Klein (Schmiedeberg), Melanie Kleins Tochter, war, die sie selbst zuvor analysiert hatte, legen die Vermutung nahe, dass die Beziehungen zwischen dem Gründer, seinen unmittelbaren Schülern und späteren Nachfolgern Ausdruck einer Vielzahl von Phantasien, Übertragungen und oftmals auch hoffnungslosen Verstrickungen sind (Cremerius 1986, S. 1076).

Sicherlich steht es außer Zweifel, dass wer sich mit der Psychoanalyse identifiziert gar nicht darum herum kommt, sich mit Freud als deren Gründer auseinander zusetzen (Erdheim 1984, S. Xf.). Eine solche Auseinandersetzung wird jedoch wohl nicht nur die eigenen Übertragungen fördern, sondern zugleich auch weiter zu dem Wirrwarr an Übertragungen anderer und somit zur Übertragung von Übertragungen beitragen. Welche Position man auch immer Freud und seinen frühen Schülern gegenüber bezieht, so wird man sich darüber bewusst sein müssen, dass eine solche Stellungnahme immer auch Ausdruck des Unbewussten ist – nicht nur des eigenen, individuellen, sondern zugleich eines größeren ›kollektiven‹ Unbewussten; eines Unbewussten, das sich seit dem frühen Beginn der Psychoanalyse zunehmend ausgeweitet hat und das in einem nicht unerheblichen Umfang gerade auch aus solchen Phantasien und Übertragungen besteht, die sich auf Fragen von Erbschaft und Nachfolge beziehen.

(2) Was mich weiterhin bei meinem Versuch, die frühe Entwicklung der Psychoanalyse zu verstehen, überraschte, war der wiederholte Bezug auf Erbschaft und Nachfolge in Freuds eigenem Werk. Freud selbst betrachtete sich als das zentrale Bindeglied in einer ewigen Kette der Nachfolge; er sah sich selbst sowohl als einen Nachfolger der israelitischen Tradition in deutlicher Identifikation mit Jakob und Moses (Freud 1975; Robert 1975), als auch als den Gründer eines Reiches und einer Denkrichtung, die nach ihm benannt und dazu bestimmt war, ihm Unsterblichkeit zu verleihen. Dies wird beispielsweise in der Widmung für Anna Freud, die Ernest Jones (1962a) seiner Freud-Biographie voranstellt, besonders deutlich: Anna Freud wird darin als die »würdige Tochter eines unsterblichen Mannes« bezeichnet. Bei einer anderen Gelegenheit, in seiner Sammlung der Würdigungen Freuds anlässlich seines hundertsten Geburtstags, beschreibt Jones (1956, S. 150) das Werk Freuds als »ein Geschenk an die Menschheit, dessen Wertschätzung im Laufe der Zeit nur noch zunehmen kann«; während Fromm (1959) ›*Sigmund Freud's Mission*‹ hervorhebt, steht für Sachs (1950, S. 128) die Frage im Vordergrund, wie man ein »Erbe der Weisheit Freuds« werden kann.

Die Bedeutung von Erbe und Erbschaft innerhalb der psychoanalytischen Tradition kommt auch in den Arbeiten einer Reihe von Freuds frühen Schülern und Nachfolgern zum Ausdruck. So trägt Esther Menakers (1982) Biographie von Otto Rank beispielsweise den Titel ›*A Rediscovered Legacy*‹ *(Ein wieder entdecktes Erbe)*; Max Horkheimer (1978) hebt in seinem Nachruf für Ernst Simmel, den frühen Nachfolger, der kurz nach dem Zweiten Weltkrieg in Los Angeles gestorben ist, nachdem er 1933 Berlin verlassen hatte, als dessen Erbe die philosophische Betrachtungsweise der Psychoanalyse hervor; und Grosskurth (1986, S. 462) beendet ihre Biographie Melanie Kleins mit dem Hinweis auf das von ihr hinterlassene »Erbe zahlreicher herausfordernder und dauerhafte Ideen«, die sie künftigen Generationen hinterlassen hat (vgl. Burston 1991; Roazen 1975, 1990, 1992, 2000).

Der hohe Stellenwert, der dem Erbe, der Erbschaft und der Unsterblichkeit in den frühen Jahren der Psychoanalyse zukommt, ist umso erstaunlicher, als Freud (und offensichtlich wohl auch die Mehrzahl seiner Nachfolger) sich selbst als Agnostiker verstanden haben. Die deutliche Betonung von Unsterblichkeit kann auch als der Versuch verstanden werden, die psychoanalytische Bewegung zu einem funktionalen Äquivalent der Kirche werden zu lassen (vgl. Clark 1985, S. 354). Sie kann als Beweis dafür verstanden werden, dass der Unsterblichkeitsideologie des Künstlers, die Otto Rank (2000) in seinem frühen Werk ›*Kunst und Künstler*‹ beschrieben hatte, für Freud und die Mehrzahl seiner Nachfolger eine wichtige Bedeutung zukam. Dabei entsteht der Eindruck, als hätte die Unsterblichkeit des eigenen Werkes für Freud die einzige Möglichkeit geboten, das materialistische Verständnis der Seele zu überwinden, in das er in seinen frühen Arbeiten verhaftet war (Rank 1950; Horkheimer 1978, S. 486). »Zu sterben, ohne ein Erbe zu hinterlassen, bedeutet, als Individuum zu verschwinden. Es ist gerade so, als wenn man nie sein Leben gelebt hätte« (O'Dowd 1979, S. 63).

Die Annahme dieser Erbschaft und die Identifikation mit dem Erblasser und seinem Werk galt in der weiteren Entwicklung der Psychoanalyse als ausschlaggebende Voraussetzung dafür, um als Psychoanalytiker anerkannt zu werden und praktizieren zu können. Der einzige Weg jedoch, wie ein Nachfolger Unsterblichkeit erlangen konnte, bestand in einer kollektiven Unsterblichkeitsstrategie, d. h. in der Identifikation mit dem »unsterblichen Mann« Freud. Anstatt selbst Unsterblichkeit durch eine eigene kreative Arbeit zu erlangen, galt es, an der Unsterblichkeit des Gründers und der der Bewegung teilzuhaben (vgl. Giegerich 1987). Es scheint, als würde diese Orthodoxie ihr eigenes israelitisches Erbe widerspiegeln: die Gebote und die Satzungen Gottes einzuhalten, galt den Israeliten als Voraussetzung dafür, auf immer in dem Land zu leben, das der Herr ihnen gegeben hatte (Deuteronomium 4, 40, 5, 15; Jeremias 35, 15).

Durch die Lehranalyse wird nicht nur »jeder Analytiker ein Teil einer Genealogie, die letztlich auf Freud und einige wenige der Pioniere zurück geht« (Falzeder 1998, S. 128); als formale Voraussetzung für die Anerkennung als Analytiker ist die Lehranalyse zu einem Äquivalent des Noviziates in der Kirche geworden (Sachs 1930, S. 53; Cremerius 1987; Pollmann 1985). Und ebenso kann auch Melanie Kleins berühmte Aussage »Meine Liebe, verstehen Sie mich nicht falsch. Ich bin eine Freudianerin, aber keine Anna-Freudianerin« (Grosskurth 1986, S. 456) als eine Art Bekenntnis in einem kirchenähnlichen Glaubenssystem verstanden werden. Die Geschichte Lacans ist ein anderes prominentes Beispiel dafür, dass Selbstautorisierung in der psychoanalytischen Bewegung in Exkommunikation endet (vgl. Turkle 1978).

Über den direkten israelitischen und kirchlichen Zusammenhang hinaus, spiegelt die Betonung von Erbe und Erbschaft zugleich auch den klassischen Unternehmer in den Jahren rapiden Wachstums zum Ende des 19. und zu Beginn des 20. Jahrhunderts wider. Wie Ulrich (1981, S. 13) betont, versuchte der Unternehmer dieser Zeit »seinen persönlichen Willen, seine Sicht der Dinge, seine Absichten und ihre Begründungen, auch seine Moral auf seine Unternehmung zu übertragen«, um so eine *unité de doctrine* möglichst aller seiner Mitarbeiter zu erreichen. Das Unternehmen wurde zu seinem Lebenswerk und damit zum Symbol der Unsterblichkeit des Gründers (Sievers 1994). Die in der frühen Phase der Institutionalisierung der Psychoanalyse vorherrschende Betonung von Erbschaft, Nachfolge und Unsterblichkeit spiegelt neben dem Bild des klassischen Unternehmers zugleich auch das des hoch angesehenen deutschen Professors wider, der darum bemüht war, seine eigene Schule zu gründen.

Freuds früher Kreis in Wien, die ›Mittwoch-Gesellschaft‹, sowie die von Freud während des zweiten internationalen Kongresses 1910 in Nürnberg gegründete Internationale Psychoanalytische Vereinigung (Jones 1962b, S. 88ff.) waren von Anfang an nicht nur darauf ausgerichtet, die Verbreitung dieser neuen Disziplin zu fördern, sondern dienten auch dazu, die Reinheit und Rechtmäßigkeit der Lehre aufrecht zu erhalten. In den folgenden Jahren, vor allem nach dem Bruch mit Jung, geriet diese *unité de doctrine* mehr und mehr unter Druck. Das führte u.a. dazu, dass Freud 1913 auf Anregung von Jones das ›Komitee‹ als die Inkarnation des Bundes mit Karl Abraham, Max Eitington, Ernest Jones, Sandor Ferenczi, Otto Rank und Hanns Sachs gründete (Jones 1962b, S. 186ff.; Wittenberger 1988, 1995; Grosskurth 1991). Und auch hier zeigt sich wieder, dass das primäre Ziel dieser Vereinigung – die Wahrung der Rechtmäßigkeit und der Reinheit der Lehre – nicht von der Dynamik von Erbschaft und Nachfolge zu trennen war. Das Komitee sollte die Zukunft der ›Sache‹ garantieren und ihre Ewigkeit sicher stellen; ganz ähnlich der Academia Espanola, die Freud seinerzeit als Junge mit seinem Freund Eduard Silberstein gegründet hatte (vgl. Clark 1985, S. 34f.), unterlag auch der ›Bund der sieben Ringe‹ (Sachs 1950, S. 144ff.) strikter Geheimhaltung.

Das Komitee war in erster Linie von zwei Übertragungsmustern der Nachfolge geleitet: von dem alten Bund, den Gott mit Abraham, Isaak und Jakob geschlossen hatte, und von der Parabel der drei Ringe. Diese Parabel, die in das elfte Jahrhundert zurück reicht (Schmidt 1909, S. 327ff.), umschreibt die Gründung des Judentums, Christentums und Islams. In dieser Parabel gibt ein alter Vater auf seinem Totenbett seinen drei Söhnen je eine Kopie eines alten Ringes, den er selbst von seinem Vater geerbt hatte. Das Original selbst war verloren gegangen und wurde nie wieder gefunden. Gotthold Ephraim Lessing, der Philosoph und Dichter des 18. Jahrhunderts, hat diese Parabel zur Grundlage seines Stückes ›Nathan der Weise‹ gemacht, das 1779 erschienen ist. Da Freud immer eine große Bewunderung für Lessing hatte (Freud, Freud, Grubrich-Simitis 1977, S. 96), wird ihm auch dieses Stück und die Parabel der drei Ringe vertraut gewesen sein. Dass Freud seinen Schülern eine Gemme als Symbol des Bundes gegeben hat, die sie später in goldene Ringe fassten (Jones 1962b, S. 189), kann auch als eine Huldigung an Lessing verstanden werden, durch den die geschnittenen Steine der Alten in italienischen Sammlungen wieder ins Blickfeld deutscher Wissenschaftler geraten waren (Kluge 1975, S. 247; Lessing 1974, S. 778 – 793). Dabei wird es vermutlich offen bleiben müssen, ob Freud selbst davon wusste, dass die beiden Metaphern der

Nachfolge, der alte Bund und die Parabel der drei Ringe, insofern miteinander verknüpft sind, als die Parabel in ihrer ursprünglichen Version des 11. Jahrhunderts explizit darauf hinweist, dass sowohl Esau als auch Jakob eine solche Gemme von ihrem Vater Isaak bekommen hatten.

Die Bedeutung, die dem Komitee für die Regelung der Nachfolge zukommt, wird noch deutlicher, wenn man sich daran erinnert, dass dessen Gründung unmittelbar im Anschluss an die Trennung Freuds und Jungs im Januar 1913 nach langen Monaten der Zwietracht stattgefunden hat (McGuire & Sauerländer 1974, S. 598ff.; Jung 1971, S. 161ff.). Zuvor hatte Freud in Jung, dem arischen Helden (Grotjahn 1984, S. 354), noch den Kronprinzen gesehen und hatte ihn zu seinem Haupterben auserkoren. Er war dazu ausersehen, die Psychoanalyse aus dem Judentum heraus zu führen. Man mag sich gut vorstellen, wie sehr Freud von der Idee besetzt war, sein Werk als ein Erbe zu hinterlassen. Dafür spricht nicht zuletzt auch die Tatsache, dass Freud zu dieser Zeit, als er sich dem sechzigsten Lebensjahr näherte, über viele Jahre hinweg davon überzeugt war, dass er eines frühen Todes sterben würde (Jones1962b, S. 459f.).

Obwohl diese miteinander verknüpften Übertragungsmuster der Erbschaft und Nachfolge die Psychoanalyse bis in die Gegenwart hinein in einem hohen Maße geprägt haben, stellt van der Leeuw (1968, S. 161; in seiner Rede als Präsident des fünfundzwanzigsten Internationalen Psychoanalytischen Kongresses) diese Illusion einer psychoanalytischen Erbfolge doch sehr deutlich in Frage: »Wir müssen uns stets aufs Neue daran erinnern, dass Freuds Werk ein Geschenk an die Menschheit war. Niemand besitzt es, niemandem ist das Recht übertragen worden, dieses Werk zu retten, noch ist irgendjemand dazu in der Lage, und niemand ist zu seinem Nachfolger oder Erben auserwählt worden«. Van der Leeuw lässt auch keinen Zweifel daran, dass die emotionale Beziehung, die einjeder zu Freud und irgendeinem seiner Schüler hat, nicht von ihm oder diesen kommt, sondern von jedem einzelnen selbst ausgeht. Deshalb steht es auch außer Frage, dass wenn immer wir versuchen, das Geschenk als Erbschaft misszuverstehen und uns selbst oder andere zu deren Statthalter machen, dies ein Ausdruck »unserer infantilen Haltung dem Leben gegenüber« ist. Dies gilt in ähnlicher Weise für die Vorstellung, Freud sei der einzige Entdecker der Psychoanalyse. Eine solche Überzeugung ist vielmehr Ausdruck einer monotheistischen Vergöttlichung, die vor allem dazu dient, uns vergessen zu lassen, dass wir selbst – wie Ernest Becker (1985) es ausgedrückt hat – »Götter mit Ärschen« sind. Zwar mag es aus heutiger Sicht einfacher sein, die Spaltung zwischen Freud und Jung zu überwinden, als es für sie selbst und ihre unmittelbaren Zeitgenossen gewesen ist; dennoch scheint bis in die Gegenwart hinein vielen immer noch die Anerkennung schwer zu fallen, dass es »durch Freuds *und* Breuers sorgfältige Beobachtungen und Freuds brillantes Denkvermögen möglich geworden ist, vom Unbewussten auszugehen« (Sullivan 1950, S. 320; Hervorhebung B. S.).

(3) Eine Erklärung dafür, dass diese grundlegenden und miteinander verwobenen Übertragungsmuster der Nachfolge die psychoanalytische Bewegung von Anfang an geprägt haben, liegt in der ›primitiven‹ Vorstellung ihrer Institutionalisierung, deren Idee und metaphorischer Rahmen sich weitestgehend auf die Vorstellungen der bürgerlichen Familie beschränkten, für die Freuds eigene Ursprungsfamilie ebenso wie die, die er mit seiner Frau Martha Bernays gründete, deutliche Beispiele sind (Schülein 1975, S. 69 – 74). Die Dominanz einer institutionellen, durch den patriarchalischen Stamm geprägten geistigen Landkarte ist Ausdruck des jüdischen Erbes Freuds und der Mehrzahl seiner frühen Schüler. Diese Sicht wurde weiter durch die phylogenetische Perspektive gestützt, die Freud in seinem 1913 veröffentlichten Werk ›*Totem und Tabu*‹ entwickelt hat.

Ferenczis Anliegen, anlässlich des 1910 in Nürnberg stattfindenden Kongresses eine Internationale Vereinigung zu gründen, ist Ausdruck des unvermeidbaren Dilemmas des zugrundeliegenden Familienmodels. Trotz seiner Überzeugung, dass Freuds frühe Schüler in ihrer Sicht der Zukunft permanent den Vater und den geistigen Führer miteinander vermischten (Ferenczi 1970, S. 52ff.), forderte er, was aus heutiger Sicht als nahezu unmöglich erscheint: psychoanalytisch ausgebildete Praktiker sollten dazu in der Lage sein, eine Vereinigung zu gründen, in der das größtmögliche Maß individueller Freiheit mit den Vorzügen einer Familienorganisation einhergeht. Ihm schwebte eine Familie vor, in der der Vater sich nicht auf ein Dogma, sondern vielmehr auf eine Autorität beruft, die auf seiner Kompetenz und seinen Verdiensten beruht. Im Gegensatz zum *pater familias* würde ein solcher Vater sehr wohl die Kritik seiner Kinder ernst nehmen.

Vieles hat gezeigt, dass diese Vorstellung völlig illusorisch gewesen ist und scheitern musste (vgl. Kirsner 2000a, 2000b; Eisold 2000). Der bald darauf zwischen Freud, Jung und Rank einsetzende Zwist um die Vorherrschaft des Vaters macht nur allzu deutlich, dass die familienähnliche Vereinigung immer wieder mit der primitiven regressiven Dynamik überfrachtet war, die die Familienmetapher unausweichlich mit sich bringt. Freuds Missbrauch seiner eigenen Autorität führte schließlich dazu, dass Jung das Erbe ausschlug und endgültig mit dem Vater brach (Jung 1971). Und etwas mehr als zehn Jahre später sah auch Rank keinen anderen Ausweg für sich selbst, als die Rolle des Lieblingssohnes aufzugeben, um sich selbst als Person zu retten. Wie Grotjahn (1984, S. 356, vgl. 1973/74) schreibt, mussten beide Männer den Vater

»voller Verzweiflung und zutiefst in ihrem Recht auf ein eigenes Leben bedroht« verlassen.

Mit dem Vaterzwist ging zugleich auch der Kampf zwischen den Söhnen einher. Entgegen Jones (1962b, S. 200) Hinweis, dass die Mitglieder des Komitees »eine glückliche Schar von Brüdern« waren, war die Beziehung unter ihnen doch oftmals geprägt durch Zwietracht, Rivalitäten und die Konkurrenz um die Gunst und Liebe des Vaters. Jones (1962b, S. 189) ausführliche Beschreibung, wie Freud seine Zuneigung unter seinen Schülern und Söhnen aufteilte, erscheint in diesem Kontext eher als die Selbstrechtfertigung des einzigen Überlebenden.

Gegen Ende seines Lebens, als fast alle seine frühen Schüler ihn entweder verlassen hatten oder bereits gestorben waren, begann Freud ein zweites Kapitel des Familiendramas der Psychoanalyse. In der schmerzlichen Überzeugung, keinen Sohn mehr zu haben, der das Erbe antreten könne, wandte er sich »von den rebellierenden und miteinander in Zwietracht befindlichen Brüdern und Söhnen« ab und statt dessen »der Gruppe loyaler, ihn liebender und pflegender Töchter zu, die auf ihn warteten« (Grotjahn 1984, S. 358; vgl. Roazen 1976, S. 406ff.; Appignanesi & Forrester 1996), unter denen seine Tochter Anna offensichtlich die zentrale Rolle einnahm.

Die Lektüre der umfangreichen Veröffentlichungen zum Beginn der Psychoanalyse, ihrer weiteren Entwicklung und entsprechenden Tragik macht zugleich deutlich, dass einige Autoren keinen Hehl aus ihrer Schadenfreude Freud und seinen frühen Nachfolgern gegenüber machen. Sie scheinen damit sich selbst beweisen zu wollen, dass Freud und seine Schüler keineswegs so bedeutend gewesen sind, wie sie es von sich selbst angenommen haben. Dies mag eine Möglichkeit sein, mit seinen eigenen Abhängigkeitswünschen umzugehen und die Dissonanzen so durch Übertragungen zu ersetzen. Andererseits steht es sicherlich außer Frage, dass die Geschichte der psychoanalytischen Bewegung ohne Machtdynamik, Auseinandersetzungen, fortlaufende Rivalitäten und die ständige Gefahr von Spaltungen nicht angemessen verstanden werden kann. Rickman, der frühere Präsident der British Psycho-Analytical Society, bietet hierfür eine provozierende Erklärung; er schreibt; dass »die in einer recht heterogenen Gruppe ablaufenden Dynamiken noch immer ohne ihren Freud sind« (1951, S. 227). »In der Frühzeit [der Psychoanalyse] waren die von der Theorie entwickelten technischen Möglichkeiten für den Umgang mit widersprechenden Meinungen von seiten organisierter Gruppen oder der Gesellschaft völlig unzureichend« (ebd., S. 226). Dieser Mangel an ›technischen Möglichkeiten‹ kann andererseits jedoch nicht über die Tatsache hinweg täuschen, dass Generationen von Psychoanalytikern an dem ›Produktionsprozess‹ des Unbewussten beteiligt gewesen sind. Was Phyllis Grosskurth

(1986, S. 3) beispielsweise zu Beginn ihrer Klein Biographie schreibt, dass »Melanie Klein gerade das repräsentierte, aus dem Mythen entstehen«, das scheint ähnlich für viele andere frühe Analytiker und wohl auch für die Disziplin insgesamt zu gelten. Damit bleibt uns letztlich wohl keine andere Wahl, als von der Überzeugung auszugehen, »dass die psychoanalytische Bewegung als solche eine bloße Fiktion ist« (Taft 1958, S. 103). Als Otto Rank dies seinerzeit – anlässlich seines endgültigen Bruches mit Freud – diesem schrieb, bestand die einzige Antwort Freuds darin, dass Rank offensichtlich von einem bösen Dämon besessen sei (Clark 1985, S. 512; Taft 1958, S. 108).

Die Politik der Beziehungen und Nicht-Beziehungen

Dass sich mein eigenes Verständnis von Erbschaft, Nachfolge und Autorität im Laufe der Zeit deutlich verändert hat, verdanke ich nicht zuletzt vielen der Erfahrungen, die ich über Jahre hinweg als Teilnehmer wie als Berater in verschiedenen Tavistock-Konferenzen gemacht habe. So werde ich beispielsweise wohl nie das chaotische Durcheinander von Wut, Ärger und Verzweiflung in der Leicester Conference im September 1972 vergessen (Sievers 1973), das als Folge des Attentats auf die israelischen Sportler während der Olympischen Spiele in München entstand. Während ich vorher noch dazu geneigt war, mich von dem Völkermord des Dritten Reiches nicht zuletzt deshalb freizusprechen, weil ich selbst während des Zweiten Weltkrieges geboren war und meines Wissens weder mein Vater noch andere nahe Verwandte der nationalsozialistischen Bewegung angehört hatten, noch darin aktiv gewesen waren, wurde mir aufgrund der Erfahrungen in dieser Konferenz sehr bald deutlich, wie schizophren es doch ist, einerseits Goethe, Nietzsche oder Max Planck als Teil meines deutschen Erbes anzusehen, andererseits jedoch den Holocaust als Teil dieses Erbes auszuklammern. Die Erfahrung, dass die Ereignisse während der Olympischen Spiele in München voll in die Konferenz ›durchschlugen‹ und sich Israelis, amerikanische Juden, Deutsche und Vertreter anderer Nationalitäten, ethnischer und religiöser Gruppen hier über Tage hinweg in der Reinszenierung alter Traumen einen Kampf ohnegleichen lieferten, hat mir letztlich zu der Einsicht verholfen, dass es unmöglich ist, mich diesem Teil des nationalen und kulturellen Erbes und der Vergangenheit zu entziehen, und dass ich selbst dafür Schuld und Verantwortung zu übernehmen habe.

Einige Jahre später wurde ich in den Staff einer Konferenz in England unmittelbar nach dem plötzlichem Tod Pierre Turquets eingeladen, der über viele Jahre hinweg sowohl an der Tavistock Clinic als auch in den Tavistock Konferenzen gearbeitet hatte. Aber was meine englischen Kollegen gefühlt haben mögen und was dieser plötzliche Verlust für sie und ihre Arbeit bedeutete, das wurde mir erst später, in einem ähnlichen Kontext, so richtig deutlich. In der Rolle des Direktors einer der Tavistock Konferenzen in Deutschland, musste ich die Teilnehmer darüber informieren, dass Augusto Ricciardi, ein italienischer Kollege, nicht im Staff mitarbeiten werde, da er wenige Wochen zuvor gestorben war. Während wir uns früher immer auf die Erfahrung, die Kompetenz und den Humor dieses väterlichen Freundes verlassen konnten, blieb uns jetzt nichts anderes übrig, als die schmerzvolle Anstrengung zu unternehmen, allein in uns selbst den Mut und die Autorität zu entwickeln, uns der veränderten Situation ohne ihn zu stellen.

Ich erinnere mich auch noch sehr gut, wie verunsichert ich vor ein paar Jahren während der ›Systemveranstaltung‹ in einer Leicester Conference gewesen bin. Als Mitglied der Trainingsgruppe war ich zum Objekt der kollektiven Phantasie geworden, ein möglicher Nachfolger des Konferenzdirektors zu sein. Sich dieser Erfahrung wirklich zu stellen, um daraus zu lernen, war – wie man sich leicht vorstellen kann – nicht ganz einfach. Noch lange nach Ende der Konferenz war ich damit beschäftigt, meine eigenen persönlichen Phantasien und Übertragungen der Nachfolge von denen zu unterscheiden, die die soziale Dynamik der Konferenz bestimmt hatten. Diese unbewussten Phantasien hatten sich nicht zuletzt aus dem fortgeschrittenen Alter des Direktors sowie aus der weithin bekannten Tatsache ergeben, dass er erst vor kurzem mit dem von ihm gewählten Nachfolger gebrochen hatte. Manches spricht dafür, dass diese Spaltung und die unterschiedlichsten Mythen, die sich darum entwickelt haben, auch heute noch Einfluss auf die Phantasien und das Geschehen in *Leicester-Conferences* wie auch in anderen Tavistock Konferenzen haben.

Über die Arbeit in Tavistock Konferenzen hinaus habe ich vor allem im Rahmen der Organisatorischen Rollenanalyse (Reed 1976; Beumer & Sievers 2000) wichtige Einsichten zu Erbschaft und Nachfolge mit einer Reihe von Männern und Frauen gewonnen, die selbst entweder in den Unternehmen, in denen sie arbeiteten, die Nachfolge eines Vorgängers oder Gründers angetreten hatten bzw. dazu ausersehen waren, das elterliche Unternehmen zu übernehmen. Indem wir so miteinander in neue Dimensionen der Aktionsforschung vorstießen, arbeiteten wir gemeinsam daran, die Nachfolgeübertragungen und -phantasien anzuschauen und zu entwirren versuchen, in denen viele von ihnen seit ihrer Kindheit verstrickt waren. Und fast jedes Mal wurde dabei auch deutlich, dass neben der eher individuellen und persönlichen Bedeutung der Nachfolgedynamik, der Erbe bzw. der künftige Nachfolger zugleich auch ein Protagonist in einem sozialen Drama war (Sievers 1993), in dem sowohl die eigenen Verwandten als auch bestimmte Mitarbeiter die entsprechenden Rollen inne hatten und spielten. Oft war es faszinierend zu sehen, wie diese Menschen in der gemeinsamen Arbeit damit begannen, das Drehbuch des

Nachfolgedramas zu verändern oder gar weitgehend neu zu schreiben. Viele waren dadurch in der Lage, sich von der vorher weithin unbewussten psychosozialen Dynamik der Familie bzw. des Familienunternehmens loszusagen und ihre eigene Rolle neu zu gestalten. Und gelegentlich ähnelte dabei das Bemühen, den lebenslangen Zwist mit dem Vater zu beenden, durchaus Jakobs Kampf am Fluss.

Das tragischste Erlebnis, das ich in diesem Zusammenhang machen musste, war mit einer früheren Studentin von mir verbunden, an deren Begräbnis ich zu der Zeit teilnahm, als ich diesen Beitrag zu konzipieren begann. Wie ich von ihren Eltern erfahren musste, hatte sie offensichtlich keine andere Möglichkeit mehr für sich gesehen, sich der auf ihr lastenden Bürde der ausersehenen Nachfolgerin im elterlichen Unternehmen zu entziehen, als Selbstmord zu begehen. Seither stehe ich insofern in ihrer Schuld, als sie mich an ihrer Tragödie der Nachfolge hat Anteil nehmen lassen und mir überaus deutlich vor Augen geführt hat, wohin die Last eines solchen Erbes auch führen kann.

Im Vergleich zu dieser Frau und vielen anderen Erben, mit denen ich in den vergangenen Jahren gearbeitet habe, habe ich selbst oftmals die Erleichterung gespürt, dass mein eigenes ›materielles‹ Erbe von meinen Eltern sich auf einige Photoalben der Familie beschränkt. Wenn ich beispielsweise selbst ein Unternehmen geerbt hätte, das ich hätte managen sollen, um es dann später womöglich an meine eigenen Kinder weiter zu geben, dann würde mein Leben sicherlich ganz anders ausgesehen haben. Ganz gleich, ob mein Vater noch am Leben wäre oder nicht, wäre ich höchstwahrscheinlich mit ihm in einem ständigen Zwist und in Konkurrenz. Aber das Fehlen eines solchen materiellen Erbes bedeutet nicht, dass ich mich selbst nicht auch bei verschiedenster Gelegenheit mit Fragen der Nachfolge habe auseinandersetzen müssen.

Sowohl als Student wie auch im Laufe meiner weiteren beruflichen Entwicklung habe ich mich immer wieder in Situation befunden, in denen ich mir entweder gewünscht hätte, es versucht habe oder in dem Versuch gescheitert bin, jemanden als Vater zu ›adoptieren‹, um an seinem Wissen und Können, seiner Erfahrung und seinem Ruhm als Schüler oder als Juniorpartner teilzuhaben. Zu der Zeit beispielsweise als ich mit Niklas Luhmann in seiner Rolle als ›Doktorvater‹ zusammen gearbeitet habe, wird manches, was ich von mir gegeben oder geschrieben habe, eher wie ›his master's voice‹ geklungen haben (vgl. Sievers 1974). Die Gelegenheit, mich über eine gewisse Zeit hinweg mit diesen ›Vätern‹ zu identifizieren und mit ihnen in Beziehung zu treten, hat wohl nicht nur meine Abhängigkeitswünsche befriedigt, sondern letztlich auch dazu beigetragen, mich selbst insofern zu ›transzendieren‹, als der jeweils Andere etwas repräsentierte, was mir erstrebenswert schien. Viele dieser Menschen, denen ich so begegnet bin, haben mir geholfen und mich darin ermutigt, etwas anzustreben und zu realisieren, was zuvor jenseits meiner eigenen Fähigkeiten schien. Wenn ich beispielsweise auf manches von dem zurückblicke, was ich in den ersten Jahren meiner beruflichen Entwicklung geschrieben habe, so erscheint mir einiges davon heute eher als die Variation eines Themas (oder des Stils), der von anderen vorgegeben war, bis ich schließlich mehr und mehr meine eigene Stimme und Autorität gefunden habe.

Eine ähnliche Erfahrung habe ich in der Zeit gemacht, als ich damit begonnen hatte, die Arbeit der Tavistock Tradition zu übernehmen, in meine eigene Arbeit zu integrieren und sie schließlich zu meiner eigenen zu machen. Was dabei einerseits als ein Prozess der intellektuellen Entwicklung und der Reife verstanden werden kann, ist andererseits auf Engste mit der intensiven Erfahrung verknüpft, mit einer Reihe von Menschen Beziehungen aufgenommen zu haben – wobei diese Beziehungen sich manchmal auch auf eine bloße Ablehnung meinerseits beschränkten. Es besteht auch kein Zweifel, dass diese Identifikation mit dem ›Vater‹ – ebenso wie die Abgrenzung ihm gegenüber – unbewusst weiter geht (vgl. Miller 1985; Lawrence 1980, S. 82ff.).

Wenn ich auf die ersten zehn Jahre zurückblicke, in denen wir die Tavistock-Konferenzen in Deutschland veranstaltet haben, dann bin ich mir sehr wohl im Klaren darüber, dass wir ohne die Erfahrung Anderer, Freunde und institutioneller Verbindungen gar nicht in der Lage gewesen wären, mit dieser Arbeit anzufangen und sie weiter zu entwickeln. Diese ›Voraussetzungen‹, die miteinander verknüpft waren, haben uns schließlich dabei geholfen, unsere eigene Autorität zu finden und so mit den Konferenzen zu beginnen. Ohne die immense Unterstützung durch W. Gordon Lawrence, als Freund wie auch als Kollege, hätte ich sicherlich nie den Mut gehabt, die erste Konferenz in Deutschland zu veranstalten, die wir 1979 als gemeinsame Veranstaltung des Tavistock Institutes und der Bergischen Universität Wuppertal durchgeführt haben. Erst im Jahr darauf, als wir die nächste Konferenz alleine durchführten, wurde mir wirklich deutlich, was es im Vergleich zu der Rolle des Co-Direktors heißt, sich selbst in der Rolle des Konferenzdirektors zu managen. Dem Ringen während der verschiedenen Veranstaltungen der Konferenz am Tage folgte regelmäßig in der Nacht der Kampf mit den ›Dämonen‹ in meinen Träumen. Am Ende einer solchen Konferenz war ich immer wie erschlagen. Eine solche temporäre Organisation vorzubereiten und gemeinsam zu managen, war immer – und ist auch heute noch – ein sehr herausforderndes Abenteuer, ganz gleich in welcher Rolle ich daran beteiligt bin. Je mehr wir dazu in der Lage waren, uns miteinander an der zugrundeliegenden Primäraufgabe dieser Konferenzen zu orientieren, d. h. deren Lernmöglichkeiten für die Teilnehmer in den Vordergrund zu stellen, desto mehr nahm zugleich auch unser eigenes Lernen darüber zu, was es bedeutet, eine Organisation zu managen und was

Management und Organisation im Unterschied zu all den vordergründigen Angeboten aus Theorie und Praxis wirklich bedeuten können.

Was wir dabei gelernt haben, unterscheidet sich zweifellos von solchen Managementstrategien, wie sie seinerzeit beispielsweise auf der Suche nach Spitzenleistung propagiert wurden (Peters & Waterman 1989), und die sich auf ein subtiles Engineering organisatorischer Abhängigkeitskulturen beschränkten. Solche Ansätze sind eher darauf ausgerichtet, Zufriedenheit und Profit zu erzielen. Insofern als sie ein doppeltes Ziel verfolgen, nämlich den Mitarbeitern sowohl den Unterhalt als auch den Sinn ihres Lebens zu vermitteln (ebd., S. 239), werden diese Organisationen zu einem Ersatz für die Kirchen. Als solche gehen sie von der Grundannahme aus, dass es keinen Anlass und deshalb auch keine Notwendigkeit gibt, über das hinaus zu gehen, was eh evident ist, nämlich das Wohlergehen des Unternehmens und seiner Mitarbeiter. Die täglich aufs neue belegbare Erfahrung, dass so etwas wie das Unbewusste nicht fassbar ist, gilt als hinreichender Beweis dafür, dass es auch nicht existiert. Durch kulturelles Engineering scheint das weitaus größere Erbe der Menschheit auf das bloße Bild des Helden reduziert zu werden (vgl. Garfield 1986), wobei dann nicht selten das Bild des amerikanischen Cowboys Genüge leistet. Sehr viel ältere Bilder des Helden, beispielsweise das des jungen Mannes, der mit dem Drachen zu kämpfen hat (Sievers 1988), und der so lange nicht als unsterblich angesehen wurde bis er nicht gestorben war, geraten dabei total in Vergessenheit. Dabei nimmt es auch nicht all zu sehr Wunder, dass die Vorstellungen von Erbschaft und Nachfolge, die mit einer so verkürzten Wirklichkeit einhergehen, sehr beschränkt sind und sich zumeist auf derartige eher oberflächliche Geschichten und Erzählungen beschränken, wie sie sich beispielsweise um solche Unternehmensgründer wie Walt Disney, Bill Gates oder die Mars Brothers ranken (vgl. Thomas 1986; Brenner 2000).

Wenn man andererseits jedoch diese relativ simple Sichtweise nicht teilt, dann wird man immer wieder aufs Neue die schmerzvolle Erfahrung machen, dass die Mehrzahl der eigenen Zeitgenossen, Manager wie Kollegen – in der Beratung ebenso wie in der scientific community – es schlichtweg ablehnt, jene vorherrschenden und allgemein als ausreichend betrachteten Annahmen zu hinterfragen, wie sie über die Beziehung der Menschen zueinander, zu ihren Institutionen und in bezug auf den Sinn bestehen, den sie ihrem Leben geben. Dieser weit verbreiteten Ignoranz mit Aggression und Verachtung zu begegnen, erscheint dann oftmals als der naheliegendste, wenn nicht gar der einzige Ausweg. Wenn diese einfache Abwehr jedoch nicht mehr aufrecht erhalten werden kann und nicht länger vor den Zweifeln, Frustrationen und dem Gefühl der eigenen Inkompetenz, die eigenen Erfahrungen nicht vermitteln zu können, zu schützen vermag, mag man in tiefe Verzweiflung verfallen. Man hat dann keine andere Möglichkeit, als sich selbst einzugestehen, dass man allein und in der Dunkelheit ist (Broadbent 1979; Novack 1970). Und in solchen Situationen fällt es selbst noch schwer, sich daran zu erinnern, dass der andere Teil der ›Familie‹ auf der anderen Seite des Flusses schläft. Anstatt mit einem Gegner zu kämpfen, den man nicht auszumachen vermag, wird man es sich womöglich selbst versagen, den Anspruch erheben zu dürfen, nach dem ›Phallus‹ des Vaters zu greifen und seinen Segen zu erbitten. In dem Maße, in dem man in den Selbstgesprächen und Selbstanklagen der eigenen Verzweiflung gefangen ist, kann man weder die Erfahrung eigener Autorität bei früheren Gelegenheiten erinnern, noch die Autorität finden, deren es bedarf, sich selbst anderen gegenüber zu artikulieren. In solchen Situationen hat man nicht nur jeden Bezug zu dem verloren, der man bei anderer Gelegenheit war, sondern erlebt sich zugleich von der Welt abgeschnitten. In einem solchen Zustand mag man selbst den biblischen Jakob beneiden, der bei all seiner Trauer und Verzweiflung über den vermeintlichen Tod seines geliebten Sohnes und auserwählten Nachfolgers, zumindest noch in der Lage gewesen ist, mit Gott zu ringen.

Bei anderer Gelegenheit wiederum, wenn wir in der Lage sind, in uns eine »Kapazität zum Ertragen der Frustrationen« aufrecht zu erhalten, werden wir fähig sein, für uns selbst und für andere solche ›Vorgehensweisen‹ zu entwickeln und bereit zu stellen, die erforderlich sind, um »aus Erfahrung zu lernen« (Bion 1962, S. 307f.). In dem Maße, wie wir diese Fähigkeit in uns selbst erleben, wird es uns auch möglich sein, das erforderliche Containment für andere zu gewähren, das es ihnen erlaubt, ihre eigenen Frustrationen auszuhalten und selbst eine entsprechende Fähigkeit zu entwickeln, anstatt ihre Frustrationen bloß zu leugnen und sie statt dessen in andere zu projizieren (Sievers 1987, 1994). Für sich selbst eine solche Kapazität zum Ertragen von Frustrationen zuzulassen und damit zu arbeiten, ist jedoch nicht allein eine Frage der Autorität, sondern hängt in entscheidendem Maße auch von der eigenen Fähigkeit ab, zu wachsen und sich mehr und mehr in Richtung auf das zu bewegen, was Melanie Klein die ›depressive Position‹ genannt hat. Diese Fähigkeit, »ein Maß an Integration zu erreichen«, »bedeutet zugleich einige der Idealisierungen aufzugeben« (Klein 1963, S. 111, 105) – sowohl in bezug auf das väterliche Objekt des Erblassers als auch in bezug auf das eigene Selbst als Nachfolger.

Je mehr wir fähig sind, für uns selbst ein solches Maß an Integration zu erreichen, desto mehr sollten wir in der Lage sein, unsere eigene verzweifelte Sehnsucht nach einem Segen durch unsere Fähigkeit zu ersetzen, Autorität wahrzunehmen und auszuüben. Das wird es uns ermöglichen, unsere eigene individuelle Nachfolge und die damit einhergehenden Übertragungen in den größeren Kontext eines kulturellen Erbes zu stellen. Wie Winnicott (1966, S. 370) es ausgedrückt hat, ist Kultur die »geerbte Tradition«, die sowohl Teil des »gemeinsamen Erfahrungsschatzes der Menschheit ist, zu dem Einzelne und Gruppen von Menschen beitragen, aber auch eine Quelle darstellt, aus der wir alle schöpfen können, *sofern wir, das was wir finden irgendwo hin tun können*«. Die Tatsache, »dass es in keinem Bereich der Kultur *möglich ist originell zu sein, es sei denn auf einer Grundlage der Tradition*« (ebd.), mag für uns eine Ermutigung sein, uns auf die mehr als sechs tausend Jahre unserer Geschichte der Mythen und Metaphern zu beziehen und so selbst zum Autor von Entdeckungen und Offenbarungen zu werden.

Anmerkung

Die Veröffentlichung der Abbildung der Skulptur ›Jacob's Angel‹ von Phillip Ratner erfolgte mit freundlicher Genehmigung des *Denis und Phillip Ratner Museums*, Bethesda, MD, USA (www.ratnermuseum.com).

Literatur

Appignanesi, Lisa & Forrester, John (1996): Die Frauen Sigmund Freuds. München (Deutscher Taschenbuch-Verlag).

Arlow, Jacob A. (1951): The consecration of the prophet. In: Psychoanalytic Quarterly, 20, S. 374–397.

Becker, Ernest (1985): Die Überwindung der Todesfurcht: Dynamik des Todes. München (Goldman).

Bernfeld, Siegfried (1949): Freud's scientific beginnings. In: American Imago, 6, 3, S. 163–169.

Bernfeld, Siegfried & Cassirer Bernfeld, Suzanne (1944): Freud's early childhood. In: Bulletin of the Menninger Foundation, 8, S. 107–115.

Beumer, Ullrich & Sievers, Burkard (2000): Einzelsupervision als Rollenberatung. Die Organisation als inneres Objekt. In: Supervision, 3, S. 10–19.

Bion, Wilfred R. (1961): Experiences in groups and other papers. London (Tavistock Publications). Dt.: (1974): Erfahrungen in Gruppen und andere Schriften. Stuttgart (Ernst Klett Verlag).

Bion, Wilfred R. (1962): The psycho-analytic study of thinking. In: International Journal of Psycho-Analysis, 43, S. 306–310. Dt.: (1990): Eine Theorie des Denkens. In: Bott Spillius, Elisabeth (Hg.): Melanie Klein Heute. Bd. 1: Beiträge zur Theorie. München (Verlag Internationale Psychoanalyse), S. 225–235.

Brenner, Joel Glenn (2000): The chocolate wars. Inside the secret worlds of Mars and Hershey. London (Harper Collins).

Broadbent, John (1979): Darkness. In: Lawrence, W. Gordon (Hg.): Exploring individual and organisational boundaries. A Tavistock open system approach.

Chichester: John Wiley & Sons, S. 193–203; 2. Aufl. (1999), London (Karnac Books).
Burston, D. (1991): The legacy of Erich Fromm. Cambridge, Mass (Harvard University Press).
Clark, Ronald W. (1985): Sigmund Freud. Leben und Werk. Frankfurt: Fischer Taschenbuch Verlag
Cremerius, Johannes (1982): Die Bedeutung des Dissidenten für die Psychoanalyse. Psyche, 36, S. 481–514.
Cremerius, Johannes (1986): Spurensicherung. Die ›Psycho-analytische Bewegung‹ und das Elend der psychoanalytischen Institution. In: Psyche, 40, S. 1063–1091.
Cremerius, Johannes (1987): Wenn wir als Psychoanalytiker die psychoanalytische Ausbildung organisieren, müssen wir sie psychoanalytisch organisieren! In: Psyche, 41, S. 1067–1096.
Eisold, Kenneth (1997): Psychoanalysis today: Implications for organizational applications. In: Free Associations, 6, 2, 38, S. 174–191.
Eisold, Kenneth (2000): Review of Douglas Kirsner (2000a). In: Socio-Analysis 2, S. 102–105. Dt.: Rezension Douglas Kirsner (2000a). In: Freie Assoziation, 3, 2000, S. 406–411.
Eissler, Kurt R. (1977): Eine biographische Skizze. In: Freud, Freud & Grubrich-Simitis (Hg.), S. 10–39.
Elieli, Rina Bar-Lev (1994): Psychoanalytic thinking and organizations. In: Psychiatry, 57, S. 78–91.
Erdheim, Mario (1984): Die gesellschaftliche Produktion von Unbewusstheit. Eine Einführung in den ethno-psychoanalytischen Prozess. Frankfurt (Suhrkamp).
Erlich, Shmuel (1998): The search for the subject and the psychoanalytic study of organizations. Vortrag auf dem 1998 Symposium, The International Society for the Psychoanalytic Study of Organizations, Jerusalem. http://www.sba.oakland.edu/ispso/html/1998/Erlich
Falzeder, E. (1994): The threads of psychoanalytic filiations or psychoanalysis taking effect. In: Haynal, A. & Falzeder, E. (Hg.): 100 Years of psychoanalysis. Contributions to the history of psychoanalysis. Geneva (Cahiers Psychiatriques Genevois), S. 169–194.
Falzeder, E. (1998): Family tree matters. In: Journal of Analytic Psychology, 43, S. 127–154.
Ferenczi, Sandor (1970): Zur Organisation der psychoanalytischen Bewegung. In: Ders.: Schriften zur Psychoanalyse I. Hg. v. Michael Balint. Frankfurt/M. (Fischer), S. 48–58.
Freud, Ernest, Freud, Lucie, Grubrich-Simitis, Ilse (Hg.) (1977): Sigmund Freud. Sein Leben in Bildern und Texten. Frankfurt (Suhrkamp).
Freud, Sigmund (1913): Totem und Tabu. Studienausgabe Bd. IX, S. 287–444.
Freud, Sigmund (1955): Gesammelte Werke, Bd. XIV. Werke aus den Jahren 1925–1931. London (Imago).
Freud, Sigmund (1975): Der Mann Moses und die monotheistische Religion. In: Ders.: Der Mann Moses und die monotheistische Religion. Schriften über die Religion. Frankfurt/M. (Fischer), S. 25–133.

Freud, Sigmund (1986): Briefe an Wilhelm Fließ 1887–1904. Hg. v. Jeffrey Moussaieff Masson. Frankfurt (Fischer).
Fromm, Erich (1959): Sigmund Freud's mission. An analysis of his personality and influence. New York (Harper and Brothers).
Gabriel, Yiannis (1999): Organizations in depth. The psychoanalysis of organizations. London (Sage).
Garfield, Charles (1986): Peak performers. The new heroes of American business. London (Hutchinson Business).
Giegerich, Wolfgang (1987): Jungian psychology. A baseless enterprise. Reflection on our identity as Jungians. In: Harvest Magazine, October, S. 91–103.
Gordon, Cyrus H. (1954): The patriarchal narratives. In: Journal of Near Eastern Studies, 13, S. 56–59.
Grosskurth, Phyllis (1986): Melanie Klein. Her world and her work. London (Hodder & Stoughton).
Grosskurth, Phyllis (1991): The Secret Ring. Freud's Inner Circle and the Politics of Psychoanalysis. Reading, MA(Addison Wesley).
Grotjahn, Martin (1973/74): Notes on reading the ›Rundbriefe‹. In: Journal of the Otto Rank Association, 8, S. 35–88.
Grotjahn, Martin (1984): Rank's position in Freud's circle and his departure from the group of ringholders. In: American Imago, 41, 4, S. 353–358.
Horkheimer, Max (1978): Ernst Simmel und die Freud'sche Philosophie. In: Psyche, 32, S. 483–491.
Jones, Ernest (1956): Sigmund Freud. Four centenary addresses. New York (Basic Books).
Jones, Ernest (1962a): Das Leben und Werk von Sigmund Freud. Bd. I. Die Entwicklung der Persönlichkeit und die großen Entdeckungen 1856–1900. Bern (Hans Huber).
Jones, Ernest (1962b): Das Leben und Werk von Sigmund Freud. Bd. II. Jahre der Reife 1901–1919. Bern (Hans Huber).
Jones, Ernest (1962c): Das Leben und Werk von Sigmund Freud. Bd. III. Die letzte Phase 1919–1939. Bern (Hans Huber).
Jung, Carl Gustaf (1971): Sigmund Freud. In: Jaffé, Aniela (Hg.): Erinnerungen, Träume, Gedanken von C. G. Jung. Olten (Walter), S. 151–173.
King, Pearl & Steiner, Riccardo (Hg.) (2000): Die Freud-Klein-Kontroversen 1941–1945. Stuttgart (Klett-Cotta).
Kirsner, Douglas (2000a): Unfree associations: Inside psychoanalytic institutes. London (Process Press).
Kirsner, Douglas (2000b): Life among the analysts. In: Free Associations, 7, 3, No. 43, S. 416–436. Dt.: Ein Leben unter Analytikern. In: Freie Assoziation, 4, 2001, S. 23–45; wieder in diesem Band.
Klein, Melanie (1920): Der Familienroman in statu nascendi. In: Internationale Zeitschrift für Psychoanalyse, 6, S. 151–155.
Klein, Melanie (1921): Eine Kinderentwicklung. In: Imago, 7, S. 251–309.
Klein, Melanie (1963): On the sense of loneliness. In: M. Klein: Our adult world and other essays. New York (Basic Books), S. 99–116.

Kluge, Friedrich (1975): Etymologisches Wörterbuch der deutschen Sprache, (21. Aufl.). Berlin (Walter de Gruyter).
Lawrence, W. Gordon (Hg.) (1979a): Exploring individual and organisational boundaries. A Tavistock open system approach. Chichester (John Wiley & Sons); 2. Aufl. (1999), London (Karnac Books).
Lawrence, W. Gordon (1979b): A concept for today: The management of oneself in role. In: W. G. Lawrence (Hg.) 1979a, S. 235–249. Dt.: Selbstmanagement-in-Rollen. Ein aktuelles Konzept. In: Freie Assoziation, 1, 1998, S. 37–57.
Lawrence, W. Gordon (1980): Citizenship and the work place. A current case study. In: Sievers, Burkard & Slesina, Wolfgang (Hg.): Organisationsentwicklung in der Diskussion. Offene Systemplanung und partizipative Organisationsforschung. Arbeitspapiere des Fachbereichs Wirtschaftswissenschaft der Gesamthochschule Wuppertal, Nr. 44, Wuppertal, S. 65–98.
Lawrence, W. Gordon (1985): ›Beyond the frames‹. In: Pines, Malcom (Hg.): Group psychotherapy. London (Routledge & Kegan Paul), S. 306 – 329; wieder in: Lawrence, W. G. (2000): Tongued with fire. Groups in experience. London (Karnac Books), S. 120–145.
Lawrence, W. Gordon (1999): Centring on the Sphinx for the psychoanalytic study of organisations. In: Socio-Analysis, 1, S. 99–126.
Lawrence, W. Gordon (2000): Signals of transcendence. In: Lawrence, W. G. (2000): Tongued with fire. Groups in experience. London (Karnac Books), S. 74–91.
Lessing, Gotthold Ephraim (1974): Werke. Bd. VI: Kunsttheoretische und kunsthistorische Schriften. München (Carl Hauser).
Mann, Thomas (1971): Joseph und seine Brüder. Bd. 1: Die Geschichten Jakobs. Der junge Joseph. Frankfurt (Fischer).
McGuire, William & Sauerländer, Wolfgang (Hg.) (1974): Sigmund Freud, C. G. Jung. Briefwechsel. Frankfurt (Fischer).
Menaker, Esther (1982): Otto Rank. A rediscovered legacy. New York (Columbia University Press).
Miller, Eric J. (1985): The politics of involvement. In: Colman, Arthur D. & Geller, Marvin H. (Hg.): Group relations reader 2. Washington: A. K. Rice Institute, S. 383–397.
Miller, Eric (1989): The ›Leicester‹ model: Experiential study of group and organisational processes. Occasional Paper Nr. 10. London: The Tavistock Institute of Human Relations.
Miller, Eric (1990 a): Experiential learning in groups I: The development of the Leicester model. In: Trist, Eric & Murray, Hugh (Hg.): The social engagement of social science. A Tavistock anthology. Bd. I: The socio-psychological perspective. London (Free Association Books), S. 165–185.
Miller, Eric (1990 b): Experiential learning in groups II: Recent developments in dissemination and application. In: Trist, Eric & Murray, Hugh (Hg.): The social engagement of social science. A Tavistock anthology. Bd. I: The socio-psychological perspective. London (Free Association Books), S. 186–198.
Miller, Eric & Rice, Kenneth A. (1970): Systems of organisation. The control of task and sentient boundaries. London (Tavistock Publications).

Niederland, William G. (1954): Jacob's dream. With some remarks on ladder and river symbolism. In: Journal of the Hillside Hospital, 3, S. 73–98.
Niederland, William G. (1972): Jakobs Kampf am Jabbok. Bemerkungen zur Flusssymbolik. In: Spiegel, Yorrick (Hg.): Psychoanalytische Interpretationen biblischer Texte. München (Kaiser-Verlag), S. 128–138.
Novak, Michael (1970): The experience of nothingness. New York (Harper & Row).
O'Dowd, William (1979): Toward a Rankian understanding of the experience of aging. In: Journal of the Otto Rank Association, 14, S. 59–71.
Peters, Thomas J., Robert H. Waterman (1989): Auf der Suche nach Spitzenleistungen: Was man von den bestgeführten US-Unternehmen lernen kann. Landsberg am Lech (Verlag Moderne Industrie).
Peters, Uwe Hendrik (1979): Anna Freud. Ein Leben für das Kind. München (Kindler-Verlag).
Pollmann, Armin (1985): Die Zulassung zur psychoanalytischen Ausbildung. Eine historische und empirische Studie. Göttingen: Vandenhoeck & Ruprecht.
Rank, Otto (1909): Der Mythos von der Geburt des Helden. Versuch einer psychologischen Mythendeutung. Leipzig (Franz Deuticke).
Rank, Otto (1950): Psychology and the soul. Philadelphia (University of Pennsylvania Press).
Rank, Otto (1974): Das Inzest-Motiv in Dichtung und Sage. Grundzüge einer Psychologie des dichterischen Schaffens. Darmstadt (Wissenschaftliche Buchgesellschaft), Nachdruck der 2. erweiterten Ausgabe. Leipzig 1962 (Franz Deuticke).
Rank, Otto (2000): Kunst und Künstler: Studien zur Genese und Entwicklung des Schaffensdranges. Gießen (Psychosozial Verlag).
Reed, Bruce (1976): Organisational role analysis. In: Cooper, Carry L. (Hg.): Developing social skills in managers. London (Macmillan), S. 89–102.
Reik, Theodor (1919): Psychoanalytische Studien zur Bibelexegese I. In: Imago, 5, S. 325–363.
Rice, A. Kenneth (1973): Führung und Gruppe. Stuttgart (Klett).
Rickman, John (1951): Reflections on the function and organization of a psychoanalytical society. In: International Journal of Psycho-Analysis, 32, S. 218–237.
Roazen, Paul (1971): Politik und Gesellschaft bei Sigmund Freud. Frankfurt (Suhrkamp).
Roazen, Paul (1976): Sigmund Freud und sein Kreis. Eine biographische Geschichte der Psychoanalyse. Bergisch Gladbach (Gustav Lübbe).
Roazen, Paul (1990): Encountering Freud: The politics and histories of psychoanalysis. New Brunswick, N.J. (Transaction).
Roazen, Paul (1992): Freud and his followers. New York (Da Capo).
Roazen, Paul (2000): The exclusion of Erich Fromm from the IPA. Manuscript, Cambridge, Mass. Dt.: Erich Fromms Ausschluss aus der IPA. In: Freie Assoziation 5, (2002), S. 79–101.
Robert, Marthe (1975): Sigmund Freud – zwischen Moses und Ödipus. Die jüdischen Wurzeln der Psychoanalyse. München (Paul List).
Sachs, Hanns (1930): Die Lehranalyse. In: Zehn Jahre Berliner Psychoanalytisches Institut. Wien (Internationaler Psychoanalytischer Verlag), S. 53f.

Sachs, Hanns (1950): Freud. Meister und Freund. London (Imago).
Sas, Stephan (1964): Der Hinkende als Symbol. Zürich (Rascher).
Schmidt, Erich (1909): Lessing. Geschichte seines Lebens und seiner Schriften. Bd. II. Berlin (Weidmannsche Buchhandlung).
Schülein, Johann August (1975): Das Gesellschaftsbild der Freudschen Theorie. Frankfurt (Campus).
Schur, Max (1973): Sigmund Freud. Leben und Sterben. Frankfurt (Suhrkamp).
Sievers, Burkard (1973): Autorität und Organisation. Ein Laboratorium des Tavistock-Institutes. In: Soziale Welt, 24, S. 361–383.
Sievers, Burkard (1974): Geheimnis und Geheimhaltung in sozialen Systemen. Opladen (Westdeutscher Verlag).
Sievers, Burkard (1987): Motivation als Sinnersatz. In: Gruppendynamik, 18, S. 159–178, S. 269–295.
Sievers, Burkard (1988): Curing the monster. Some images of and considerations about the dragon. In: Dragon, 2, 5, S. 5–49; wieder in: Gagliardi, Pasquale (Hg.): Symbols and artefacts: Views of the corporate landscape. Berlin (de Gruyter 1990), S. 207–231.
Sievers, Burkard (1989): »I will not let thee go, except thou bless me!« (Genesis 32, 26). Some considerations about the constitution of authority, inheritance, and succession. In: Gabelnick, Faith & A. Carr, Wesley (Hg.): Contributions to social and political science. Proceedings of the first international symposium on group relations. Washington, D. C.: A. K. Rice Institute 1989, S. 155–173.
Sievers, Burkard (1993): Auf der Suche nach dem Theater. Organisationen als Theater für die Dramen der Kindheit und der Arbeit. In: Gruppendynamik, 24, S. 367–389.
Sievers, Burkard (1994): Work, death, and life itself. Essays on management and organization. Berlin (de Gruyter).
Sullivan, Harry Stack (1950): The illusion of personal individuality. Psychiatry, 13, S. 317–332.
Taft, Jessie (1958): Otto Rank. A biographical study based on notebooks, letters, collected writings, therapeutic achievements and personal associations. New York (Julian Press).
Thomas, Bob (1986): Walt Disney. München (Ehapa).
Thompson, E. P. (1976): The grid of inheritance. A comment. In: Goody, Jack, Thirsk, Joan & Thompson, E. P. (Hg.): Family and inheritance. Rural society in Western Europe, 1200–1800. Cambridge (Cambridge University Press), S. 328–360.
Trist, E. L., C. Sofer (1959): Exploration in group relations. A residential conference held in September 1957 by the University of Leicester and the Tavistock Institute of Human Relations. Leicester (Leicester University Press).
Turkle, Sherry (1978): Psychoanalytic politics. Freud's French revolution. New York (Basic Books).
Ulrich, Hans (1981): Die Bedeutung der Management-Philosophie für die Unternehmensführung. In: Ulrich, Hans (Hg.): Management-Philosophie für die Zukunft. Gesellschaftlicher Wertewandel als Herausforderung an das Management. Bern (Haupt), S. 11–23.

van der Leeuw, P. J. (1968): The psycho-analytic society. In: International Journal of Psycho-Analysis, 49, S. 160–164.
Westermann, Claus (1981): Genesis, 2. Teilband, Genesis 12–36. Neukirchen-Vluyn (Neukirchener Verlag).
Westman, Heinz (1986): The springs of creativity. The Bible and the creative process of the psyche. Wilmette, Ill. (Chiron).
Winnicott, D. W. (1966): The location of cultural experience.In: International Journal of Psycho-Analysis 48, S. 368–372.
Wittenberger, Gerhard (1988): Die Geschichte des ›geheimen Komitees‹. Psychoanalyse im Institutionalisierungsprozess. In: Psyche, 42, S. 44–52.
Wittenberger, Gerhard (1995): Das ›Geheime Komitee‹ Sigmund Freuds. Institutionalisierungsprozesse in der Psychoanalytischen Bewegung zwischen 1912 und 1927. Tübingen (edition diskord).
Zeligs, Dorothy F. (1953): Two episodes in the life of Jacob. In: American Imago, 4, S. 181–203.

Anhang

Deutsche Literatur zur psychosozialen Dynamik von Organisationen

Burkard Sievers

Ausführlichere bibliographische Hinweise befinden sich in Kinzel (2002) sowie in Burkard Sievers & Arndt Ahlers-Niemann, The Psychoanalytic Study of Organizations: A bibliography in the making (Arbeitspapiere des Fachbereichs Wirtschafts- und Sozialwissenschaften der Bergischen Universität Wuppertal (2003), Nr. 200); http://www.ispso.org/The%20Field/the%20field.htm

Auchter, Thomas & Strauss, Laura Viviana (1999): Kleines Wörterbuch der Psychoanalyse. Göttingen (Vandenhoek & Ruprecht).

Auer-Hunzinger, Verena & Sievers, Burkard (1991): Organisatorische Rollenanalyse und -beratung. Ein Beitrag zur Aktionsforschung. In: Gruppendynamik 22, S. 33–46.

Bain, Alastair (2001): Einige Überlegungen zur Sozioanalyse. In: Freie Assoziation 4, S. 135–154; wieder in diesem Band.

Becker, Hansjörg (1998): Psychoanalyse und Organisation. Zur Bedeutung unbewußter Sozialisation in Organisationen. In: Freie Assoziation 1, S. 81–100; wieder in diesem Band.

Becker, Hansjörg (2000): Angst und Wandel in Organisationen. Eine supervisorisch-psychoanalytische Perspektive. In: Freie Assoziation 3, S. 311–328.

Beumer, Ullrich (1998): »Schläft ein Lied in allen Dingen...« Dingliche Objekte und räumliche Szenarien in der psychoanalytischen Organisationssupervision. In: Freie Assoziation 1, S. 277–303; wieder in diesem Band.

Beumer, Ullrich & Sievers, Burkard (2000): Einzelsupervision als Rollenberatung – Die Organisation als inneres Objekt. In: Supervision 3, S. 10–17.

Beumer, Ullrich & Sievers, Burkard (2001): Die Organisation als inneres Objekt – Einzelsupervision als Rollenberatung. In: Oberhoff, Bernd & Beumer, Ullrich (Hg.): Theorie und Praxis psychoanalytischer Supervision. Münster (Votum), S. 108–123.

Bilitza, K. (1991): Zur Psychoanalyse der Abwehr archaischer Ängste und Impulse durch soziale Institutionen. In: Gruppenpsychotherapie und Gruppendynamik 27, S. 27–36.

Bion, Wilfred R. (1971): Erfahrungen in Gruppen und andere Schriften. Stuttgart (Klett-Cotta).

Bion, Wilfred R. (1990): Eine Theorie des Denkens. In: Bott Spillius, Elisabeth (Hg.): Melanie Klein Heute. Bd. 1: Beiträge zur Theorie. München (Verlag Internationale Psychoanalyse), S. 225–235.

Bion, Wilfred R. (1992): Lernen durch Erfahrung. Frankfurt am Main (Suhrkamp).

Biran, Hanna (2001): Die Beziehung des Systems Grundschule zu seinen gewalttätigen Teilen. In: Freie Assoziation 4, S. 309–324; wieder in diesem Band.

Bowles, Martin (1998): Der Management-Mythos: Seine Ausprägung und Unzulänglichkeit in gegenwärtigen Organisationen. In: Freie Assoziation 1, S. 245–275; wieder in diesem Band.

Buchinger, K. (1991): Organisationsbewusstsein und innerbetriebliche Selbstreflexion oder: Organisationen müssen radikale strukturelle Veränderungen bewältigen. In: Gruppendynamik 22, S. 391–414.

Calogeras, Roy C. (1989): Die Krupp-Dynastie und die Wurzeln des deutschen Nationalcharakters. Eine psychoanalytische Kulturstudie. München (Verlag Internationale Psychoanalyse).

Eisenbach-Stangl, Irmgard & Michael Ertl (Hg.) (1997): Unbewußtes in Organisationen. Zur Psychoanalyse von sozialen Systemen. Wien (Facultas Universitätsverlag).

Erdheim, Mario & Blaser, Agathe (1998): Paranoide Verleugnungen und institutionelle Macht. In: Freie Assoziation 1, S. 101–112.

Giernalczyk, Thomas (Hg.) (2002): Supervision und Organisationsberatung: Institutionen bewahren durch Veränderung, Göttingen (Vandenhoeck & Ruprecht).

Giernalczyk, Thomas & Lazar, Ross (2002): Das System, der Berater und die Rolle: Systemisch-psychoanalytisches Handwerkszeug für Supervisoren und Berater. In: Giernalczyk, Thomas (Hg.) (2002): Supervision und Organisationsberatung: Institutionen bewahren durch Veränderung. Göttingen (Vandenhoeck & Ruprecht), S. 67–79.

Gilmore, Thomas N. & Krantz, James (2003): Projektive Identifizierung in der Organisationsberatung. In: Freie Assoziation 6, S. 53–72.

Heintel, Peter (1997): Psychoanalyse und Organisationsanalyse. In: Eisenbach-Stangl, Irmgard & Ertl, Michael (Hg.) (1997): Unbewußtes in Organisationen. Zur Psychoanalyse von sozialen Systemen. Wien (Facultas Universitätsverlag), S. 55–86.

Heintel, Peter (2000): Reflexionen zum Thema Massen und faschistoide Phänomene und zur Organisation von Großgruppen. In: Königswieser, Roswita & Keil, Marion (Hg.): Das Feuer großer Gruppen: Konzepte, Designs, Praxisbeispiele für Großveranstaltungen. Stuttgart (Klett-Cotta), S. 45–61.

Heintel, Peter & Krainz, Ewald (1998): Veränderungswiderstand von Organisationen. In: Krainz, Ewald u. a. (Hg.) (1998): Change Management auf Biegen und Brechen? Revolutionäre und evolutionäre Strategien der Organisationsveränderung. Wiesbaden (Gabler Verlag), S. 201–233.

Hinshelwood, Robert D. (1993): Wörterbuch der Kleinianischen Psychoanalyse. Stuttgart (Verlag Internationale Psychoanalyse).

Hirschhorn, Larry & Gilmore, Thomas (1993): Die Grenzen der flexiblen Organisation. In: Harvard Business Manager 16, 1, S. 29–39.

Kernberg, Otto F. (2000): Psychoanalytische Theorien der Gruppenpsychologie. In: Ders., Ideologie, Konflikt und Führung. Psychoanalyse von Gruppenprozessen und Persönlichkeitstruktur. Stuttgart (Klett Cotta), S. 17–37.

Kets de Vries, Manfred F. R. (1996): Leben und Sterben im Business. Wenn Top-Manager ihr Unternehmen krank machen. Düsseldorf (Econ).

Kets de Vries, Manfred F. R. (1998): Führer, Narren, Hochstapler. Essays über die Psychologie der Führung. Stuttgart (Verlag Internationale Psychoanalyse).

Kinzel, Christian (2002): Arbeit und Psyche. Konzepte und Perspektiven einer psychodynamischen Organisationspsychologie. Stuttgart (Kohlhammer).

König, Karl & Staats, Hermann (2002): Organisationen als Auslöser von Übertragungen und Gegenübertragungen. In: Pühl, Harald (Hg.): Supervision. Aspekte organisationeller Beratung. Berlin (Leutner Verlag), S. 179-194.

Laplanche, J. & Pontalis, J.-B. (1986): Das Vokabular der Psychoanalyse. Frankfurt a. M. (Suhrkamp).

Lazar, Ross A. (2002): Bions Modell »Container-Contained« und seine Implikationen für die Praxis der Supervision. In: Pühl, Harald (Hg.): Supervision. Aspekte organisationeller Beratung. Berlin (Leutner Verlag), S. 165–178.

Lawrence, W. Gordon (1979): Die Methode der offenen Systeme für das Gruppenbeziehungstraining des Tavistock-Institutes. In: Die Psychologie des 20. Jahrhunderts. Bd. VIII, Zürich (Kindler), S. 659–666.

Lawrence, W. Gordon (1988): Ein Psychoanalytische Perspektive zum Verständnis des Lebens in Organisationen. In: Organisationsentwicklung. 7, 4, S. 35–49.

Lawrence, W. Gordon (1998a): Selbstmanagement-in-Rollen. Ein aktuelles Konzept. In: Freie Assoziation 1, S. 37–57.

Lawrence, W. Gordon (1998b): Soziales Träumen und Organisationsberatung. In: Freie Assoziation 1, S. 304–328; wieder in diesem Band.

Lawrence, W. Gordon (1999a): Das Denken im Spiegel der Organisationen. Das Endliche und das Unendliche – Das Bewußte und das Unbewußte. In: Freie Assoziation 2, 3, S. 303–322; wieder in diesem Band.

Lohmer, Mathias (Hg.) (2000): Psychodynamische Organisationsberatung. Konflikte und Potentiale in Veränderungsprozessen. Stuttgart (Klett Cotta).

Long, Susan D. (2000): Tyrannei und Preis der Kundenorientierung: Eine Gruppen- und Gesellschaftsanalyse aus systemischer und psychoanalytischer Sicht. In: Freie Assoziation 3, S. 9–34; wieder in diesem Band.

Long, Susan D. (2001a): Wer bin ich bei der Arbeit? Ein Beitrag zur Identifikation und Identität bei der Arbeit. In: Freie Assoziation 4, S. 47–70; wieder in diesem Band.

Long, Susan D. (2001b): Kooperation und Konflikt – zwei Seiten ein und der selben Medaille. In: Freie Assoziation 5, 3, S. 267–294; wieder in diesem Band.

Menzies, Isabelle E. P. (1974): Die Angstabwehr-Funktion sozialer Systeme. Ein Fallbericht. In: Gruppendynamik 5, S. 183–216.

Mersky, Rose Redding (1999): Die trauernde Beraterin und die Beendigung einer längerfristigen Beratung – und was ich daraus lernte. In: Freie Assoziation 2, S. 53–72.

Mersky, Rose Redding (2002a): Die Klientin, die ich nie gesehen habe: Organisatorische Rollenberatung über das Telefon. In: Freie Assoziation 5, S. 79–101; wieder in diesem Band.

Mersky, Rose Redding (2002b): Wenn die Beraterin aus der Rolle fällt: Inszenierung im Dienste der Organisationsberatung. In: Freie Assoziation 5, 3, S. 249–265; wieder in diesem Band.

Mertens, Wolfgang & Lang, Hans Jörg (1991): Die Seele im Unternehmen. Psychoanalytische Aspekte von Führung und Organisation im Unternehmen. Berlin (Springer Verlag).

Nahum, Tania (2002): Mein Rollenwechsel von der Psychotherapeutin zur Organisationsberaterin – Erfahrungen und Reflexionen. Freie Assoziation 5,2, S. 159–172; wieder in diesem Band.

Obholzer, Anton (1997): Das Unbewußte bei der Arbeit. In: Eisenbach-Stangl, Irmgard & Ertl, Michael (Hg.) (1997): Unbewußtes in Organisationen. S. 17–38.

Obholzer, Anton & Glouberman, Sholom (2002): Bewusstes und Unbewusstes in Großgruppen: Einige theoretische Überlegungen. In: Königswieser, Roswita & Keil, Marion (Hg.): Das Feuer großer Gruppen. Konzepte, Designs, Praxisbeispiele für Großveranstaltungen. Stuttgart (Klett-Cotta), S. 62–76.

Ohlmeier, Dieter (2002): Strukturen und Unbewußtes in wissenschaftlich-klinischen Organisationen und Institutionen. In: Helmut Kretz (Hg.): Lebendige Psychohygiene. München (Eberhard Verlag), S. 19–35.

Segal, Hanna (1983): Melanie Klein. Eine Einführung in ihr Werk. Frankfurt a. M. (Fischer).

Sievers, Burkard (1993): Auf der Suche nach dem Theater. Organisationen als Theater für die Dramen der Kindheit und der Arbeit. In: Gruppendynamik 24, S. 367–389.

Sievers, Burkard (1994): AIDS in Selbsthilfeorganisationen. In: Zeitschrift für Sexualforschung 7, S. 326–342.

Sievers, Burkard (1998): Verrücktheit in Organisationen. In: Freie Assoziation 1, S. 113–133.

Sievers, Burkard (1999a): »Psychotische Organisation« als metaphorischer Rahmen für die Sozio-Analyse organisatorischer und interorganisatorischer Dynamik. In: Freie Assoziation 2, S. 21–51; wieder in diesem Band.

Sievers, Burkard (1999b): Das Management psychosozialer Dynamik und unbewußter Prozesse in Organisationen. In: Pühl, Harald (Hg.): Handbuch 3. »Supervision und Organisationsentwicklung«. Leverkusen (Leske & Budrich), S. 126–142.

Sievers, Burkard (2001a): »Im Traum erscheint alles als normal und logisch«. Die Matrix sozialer Träume. In: Oberhoff, Bernd & Beumer, Ullrich (Hg.):Theorie und Praxis psychoanalytischer Supervision. Münster (Votum), S. 124–142.

Sievers, Burkard (2001b): Konkurrenz als Fortsetzung des Krieges mit anderen Mitteln. Eine sozio-analytische Dekonstruktion. In: Schreyögg, Georg & Sydow, Jörg (Hg.): Emotionen und Management. Managementforschung 11, Wiesbaden (Gabler), S. 171–212.

Sievers, Burkard (2003): Geld oder Leben? Psychotische Implikationen des Pensionsfondssystems. Sozioanalytische Überlegungen zur Revolution der Finanzdienstleistungen. In: texte, 23, 2, S. 38–68.

Stein, Howard F. (1999): Todesvorstellungen und die Erfahrung organisatorischen Downsizings – oder: Steht Dein Name auf Schindlers Liste? In: Freie Assoziation 2, S. 155–185; wieder in diesem Band.

Stein, Howard F. (2000): In Sachen verschwundener Autor: Von der Parapraxis über die Poesie zu einem Einblick in die Organisationsforschung. In: Freie Assoziation 3, S. 201–237; wieder in diesem Band.

Tietel, Erhard (2000): Die Verwendung des Beraters. Über die Umformung unverdaulicher emotionaler Erfahrungen in kommunizierbare Gefühle und Gedanken. In: Journal für Psychologie 8, 3, S. 11–22.

Tietel, Erhard (2002): Trianguläre Räume und soziale Häute in Organisationen. In: Pühl, Harald (Hg.): Supervision. Aspekte organisationeller Beratung. Berlin (Leutner), S. 47–75.

Turquet, Pierre (1977): Bedrohung der Identität in der großen Gruppe. In: Kreeger, L. (Hg.): Die Großgruppe. Stuttgart (Klett), S. 81–139.

Wellendorf, Franz (2002): Überlegungen zum »Unbewussten« in Organisationen. In: Pühl, Harald (Hg.): Supervision. Aspekte organisationeller Beratung. Berlin (Leutner), S. 134–146.

Relevante Institutionen, Zeitschriften und Fortbildungsprogramme

Zusammengestellt von Burkard Sievers

Institutionen

Center for the Study of Organizational Change – University of Missouri-Columbia,
an interdisciplinary research center established in 1997, was formed to help students, businesses, non-profit organizations, healthcare and government agencies rise to the challenge of changing environments. CSOC champions an innovative curriculum and provides practical assistance to companies, public and non-profit organizations in executive and management development, basic and applied research, change management and organizational consultation. CSOC believes in the advancement of knowledge through research, education, and consultation about organizational change.

http://web.missouri.edu/~csoc/index.html

CFAR (The Center for Applied Research)
helps organizations master the new and the unpredictable while tending to the enduring engines of growth: people and markets. A spin-off of the Wharton School of the University of Pennsylvania, we bring depth of experience and a rich intellectual heritage to every assignment. Drawing on rigorous analysis and insight into human behavior, CFAR consultants help clients build solutions based on their particular opportunities and points of leverage. This collaboration results in distinctive, highly customized approaches, and learning that pays dividends long after the original engagement is complete.

http://www.cfar.com

IAS International (Institute for the Application of Social Sciences)
is an organization that concentrates on making concepts and methods from social sciences applicable for companies and organizations and for individual trainers, advisors, supervisors, coaches, consultants and managers to better understand their roles in working with people in organizations. We do this

through Innovative Training Programmes, Organization Development and Coaching. We are particularly interested in changing processes and multicultural themes. Director: Drs. Karien van Lohuizen.

info@ias.nl
http://www.ias.nl

inscape
ist ein Institut für Beratung und Fortbildung für Psychoanalyse, Supervision, Organisationsentwicklung und Dialog. Es legt in seiner Arbeit besonderes Gewicht auf die sozialen und psychischen Aspekte organisatorischer Veränderungen und Entscheidungsprozesse und fördert den Dialog in Organisationen und Unternehmen. Direktor: Ullrich Beumer.

inscape.coesfeld@t-online.de
http://www.inscape-coesfeld.de

oezpa GmbH
ist eine international tätige Unternehmensberatung. Sie ist spezialisiert auf das Zusammenwirken von Strategie-, Organisations- und Personalentwicklung. Geschäftsführer: Hüseyin Özdemir.

info@oezpa.de
http://www.oezpa.de

OFEK The Israel Association for The Study of Group and Organizational Processes
is dedicated to the implementation of integrated psychoanalytic and systemic understanding to group, organizational and social processes. OFEK, Sigmund Freud Center, The Hebrew University of Jerusalem, Mount Scopus, Jerusalem 91905, Israel.

msfreud@mscc.huji.ac.il

OPUS – An Organization for Promoting Understanding of Society
is an organisation of people who believe that it is important that we and others develop a deeper understanding of organisational and societal processes and the way in which we relate to them; and that we use such understanding to act with authority and responsibility in our various roles. OPUS exists therefore to promote the development of the reflective citizen. The objective of OPUS

is to promote and develop the study of conscious and unconscious organisational and societal dynamics through educational activities; research; consultancy and training and the publication and dissemination of these activities for the public benefit.

www.opus.org.uk

Redwood Executive Consulting Inc.
prepares and executes proven solutions to employee and management workplace morale issues resulting in bottom line impact. President: Rose Redding Mersky.

RRM@Redwoodexec.com
http://www.redwoodexec.com

Social Dreaming Institute
The mission of the Social Dreaming Institute is to advance and promote the theory and practice of Social Dreaming. Director: Dr. W. Gordon Lawrence.

www.socialdreaming.org

TCS – Tavistock Consultancy Service
offers a distinctive and unique approach to consultancy based on addressing dynamics that influence behaviours and actions in organisations. Our aim is to improve organisational health by working to develop better leaders and managers through executive coaching, team development, professional development programmes and change management. Our approach combines psychological understanding of individual and team behaviour and the impact on performance and focuses on the relationships between individuals, their roles, the work of the organisation and the environment in which it operates.

www.tavistockconsultancyservice.com

The Australian Institute for Socio-Analysis (AISA)
brings together people from differing professions and organisational settings who aim to develop new ways of thinking, working, and thinking about work. These are intended to be ways that promote growth for the individual, the group, the organisation, and society.

http://www.aisa.org.au

The Grubb Institute
was set up in 1969 as a not-for-profit organisation to contribute to the well being and wholeness of society by providing space for clients to find purpose and discover the leadership and management which makes their institution *fit for purpose*. We invite clients to join with us in *a spirit of enquiry* into the realities that face them in their experience. This collaborative research-oriented approach relies on mutual disclosure, discovery and new insight for everyone. Once purpose has been found, persons are energised and resources can be used imaginatively and effectively. In this engagement the Institute seeks to work at the tension between interpreting human experience using a *human sciences framework* and a *Christian theological framework*

http://www.grubb.org.uk

The International Society for the Psychoanalytic Study of Organizations (ISPSO)
provides a forum for academics, clinicians, consultants, managers and others interested in working in and with organizations utilizing psychoanalytic concepts and insights. The Society's aim is to share organizational research, consultation and experiences in the context of psychoanalysis. The ISPSO holds an annual meeting and symposium, locally organized study groups and ongoing discussions on the Internet and encourages scholarship and research in the field. Founded in 1985 by some of the most distinguished contributors to the field, the organization presently has an international membership of about 150.

www.ispso.org

The Tavistock Institute – London
Our purpose is to contribute to human wellbeing and development by advancing the theory, methodology and evaluation of change within and between groups, communities, organisations and wider society. We do this by carrying out research and consultancy, running professional development activities, and producing publications. We use ideas and methods from across the social sciences to help our clients understand, engage with, and take action in complex situations. These situations include managing change and innovation; problems of policy and practice; and organisational behaviour and design.

http://www.tavinstitute.org

Websites

Homepage Lehrstuhl Prof. Dr. Burkard Sievers, Bergische Universität Wuppertal
Die Website enthält neben den laufenden Semesterinformationen eine Reihe relevanter Artikel zum Downloaden sowie Informationen über die jährlich stattfindenden Tavistock Konferenzen ›Menschen in Organisationen‹ und ›Trans-European Management‹.

http://www.wiwi.uni-wuppertal.de/sievers

Human-nature
ist eine Website, die von Robert Young initiiert wurde und gestaltet wird. Sie enthält umfangreiche Hinweise zur Psychoanalyse, psychoanalytischen Vereinigungen, Zeitschriften, Mail-Lists, Websites und ein umfangreiches Archiv von Artikeln zum Downloaden.

http://www.human-nature.com

E-group

The Orgdyne Forum
is an international, culturally diverse forum that is dedicated to the research, exploration, and understanding of group and organizational dynamics, as supported by systemic and psychodynamic thinking. The exploration of organizational processes will be accomplished by scholarly texts and papers on one hand and the critical evaluation and feedback by group members on the other. By undertaking this type of nontraditional exploration, Orgdyne will develop creative methods of assessing, diagnosing, analyzing, and intervening in organizational settings. It is this collaborative sharing of intellectual content, actual experiences, and personal insights that is the impetus for Orgdyne's future growth. Moderator: Anil Behal, MSM, Ph.D., List facilitator: Orgdyne.

http://www.egroups.com/group/orgdyne
http://www.orgdyne.com/orgdyne_forum.html

Psychoanalyse Suchmaschinen

Parfen Laszigs Linksammlung zur Psychoanalyse
ist eine ständig aktualisierte und sehr umfangreiche Sammlung, guter Surf- und Such-Start.

http://www.psychoanalyse.uni-hd.de

Psy-log
ist eine dreisprachige Suchmaschine speziell für Psychoanalyse; enthalten sind einige Einträge in deutscher, englischer und französischer Sprache. Sie bietet sowohl eine Suchfunktion anhand von Keywords, als auch eine Katalog-Suche nach Themengebieten.

http://www.psy-log.com

Mailing-Liste
Wie finde ich eine Mailing-Liste zu einem bestimmten Thema? (Robert M. Young)

http://www.dpv-psa.de/html/links/young.htm

Zeitschriften

In den folgenden Zeitschriften finden sich – z. T. regelmäßig bzw. vorwiegend – Beiträge zur psychosozialen Dynamik von Organisationen:

Englisch

Administration & Society
Contact: Gary Wamsley

wamsley@vt.edu
http://WWW.SAGEPUB.COM/journal.aspx?pid=12

Culture and Organization
Contact: Heather Hoepfl

heatherhopfl@hotmail.com
http://www.tandf.co.uk/journals/titles/14759551.html

Ephemera
An e-journal. Contact: Campbell Jones.

c.jones@le.ac.uk
http://www.ephemeraweb.org

Free Associations – Psychoanalysis, Groups, Politics, Culture
Contact: Robert M. Young

robert@rmy1.demon.co.uk
http://human-nature.com/free-associations

Human Relations – Towards the Integration of the Social Sciences
Contact: Yiannis Gabriel

y.gabriel@imperial.ac.uk
http://WWW.SAGEPUB.COM/journal.aspx?pid=123

Journal of Applied Behavioral Science (JABS)
Contact: Clayton Alderfer

alderfer@rci.rutgers.edu
http://WWW.SAGEPUB.COM/journal.aspx?pid=217

Journal of Psycho-Social Studies
An e-journal
Contact: Simon Clarke

Clarke@uwe.ac.uk
http://www.btinternet.com/~psycho_social

JPCS: Journal for the Psychoanalysis of Culture and Society
Contact: Dr. Simon Clarke

Clarke@uwe.ac.uk
http://www.ohiostatepress.org/journals/jpcsmain.htm

Organizational & Social Dynamics
An International Journal for the Integration of Psychoanalytic, Systemic and Group Relations Perspectives.

paul.hoggett@uwe.ac.uk, Larry Gould LarGould@aol.com
http://www.users.globalnet.co.uk/~opusuk/journal.htm

Psychoanalytic Psychology
Contact: Joseph Reppen
jreppen@datagram.com
http://www.apa.org/journals/pap.html

Socio-Analysis – The Journal of the Australian Institute of Socio-Analysis
Contact: Susan Long
susan.long@rmit.edu.au
http://www.aisa.org.au/journal/socioanalysis.html

Deutsch

Freie Assoziation – Zeitschrift für das Unbewusste in Organisation und Kultur
Kontakt: Ullrich Beumer
inscape.coesfeld@t-online.de

Journal für Psychoanalyse
Kontakt: Emilio Modena
emodena@dplanet.ch

Psychologie und Gesellschaftskritik
Kontakt: Tamara Musfeld
TMusfeld@aol.com

Psychosozial
Kontakt: Hans-Jürgen Wirth
http://www.psychosozial-verlag.de

Texte – Psychoanalyse, Ästhetik, Kulturkritik
Kontakt: August Ruhs

august.ruhs@akh-wien.ac.at
office@passagen.at
http://www.passagen.at

Werkblatt – Zeitschrift für Psychoanalyse und Gesellschaftskritik
Kontakt: Karl Mätzler

maetzler@salzburg.co.at
http://hhobel.phl.univie.ac.at/werkblatt

Fortbildungsprogramme

Advanced Organisational Consultation (AOC)
is a professional qualification for people whose current positions require mastery of group development, organisational change, or technological innovation. Participants can choose to take the qualification, awarded by The Tavistock Institute, or the Masters' degree that is validated by http://www.city.ac.uk. It builds on the classic Tavistock Institute areas of group relations (http://www.grouprelations.com/) and socio-technical systems while extending the boundaries to incorporate contemporary thinking about consultancy methodology, organisational theory and psychodynamic perspectives. Organizer: **The Tavistock Institute** in association with **City University, London.** Core Faculty: Richard Holti, Jean Neumann, David O'Brien, Sue Whittle.

a.onatade@tavinstitute.org
http://www.tavinstitute.org/aoc

Advanced Organization Consultation.
A two-year psychological and open systems training program. Designed for organizational consultants, executives, managers, and clinicians. Focused on organizational processes at work within them. Organizer: **Cincinnati Psychoanalytic Institute.** Director: Edward B. Klein. Information: BJ Brown

bjbrown@cinci.rr.com
http://www.cps-i.org/Adobe%20Documents/advancedorgbrochure.pdf

Consulting and Coaching for Change (CCC), INSEAD

This programme will appeal to you as a professional who appreciates that your most effective tool is yourself. You also have the curiosity and courage to explore intervention approaches which go beyond those traditionally offered. These approaches integrate concepts from a variety of disciplines that share certain common assumptions about human behaviour. It applies them to management theory, providing an additional magnifying glass with which to look at the sometimes puzzling situations that exist in organisations.

http://www.insead.edu/executives/ccc.cfm

International Professional Development Programme

Leading Meaningful Change. A programme with an approach combining a psychodynamic, an organisation theory & development, and a systems thinking perspective. For consultants, trainers, managers and others active in the management of change. Organizer: **Professional Development Institute, Ltd.** Directors: Leopold Vansina, Sandra Schruijer and Marie-Jeanne Vansina-Cobbaert. Information: Leopold Vansina.

leopold.vansina@skynet.be

Menschen in Organisationen

Eine Tavistock-Konferenz über Führung, Selbstmanagement in Rollen und psychodynamische Prozesse in Organisationen; jeweils im Januar in Coesfeld/Westfalen. Veranstalter: **Bergische Universität Wuppertal**, Fachbereich Wirtschafts- und Sozialwissenschaften, inscape, oezpa GmbH. Information: Ullrich Beumer.

inscape.coesfeld@t-online.de
http://www.wiwi.uni-wuppertal.de/sievers

Program in Organizational Consultation and Development

A two-year program in organizational consultation and development: A systems psychoanalytic perspective. Organizer: **The Sigmund Freud Center**, the Hebrew University of Jerusalem, Israel.

msfreud@mscc.huij.ac.il
http://micro5.mscc.huji.ac.il/~freud

Psychodynamik und Transformationen von Organisationen
Ein Fortbildungsprogramm für ManagerInnen, OrganisationsberaterInnen, SupervisoreInnen, TrainerInnen und PsychoanalytikerInnen. Veranstalter: **IAS International, Haarlem (NL), inscape, Coesfeld (D), oezpa GmbH, Erftstadt-Lindlar (D), Ann Barry Consultants, Paris (F), Chicago (USA), Redwood Executive Consultants, Inc., Port Chester, NY (USA).** Co-Direktoren: Rose Redding Mersky und Prof. Dr. Burkard Sievers. Veranstaltungsort: Coesfeld, Deutschland. Arbeitssprachen: Deutsch und Englisch. Information: Ullrich Beumer, Curriculumleiter, inscape Coesfeld.

inscape.coesfeld@t-online.de
http://www.ispso.org/The%20Field/the%20field.htm.

Psychodynamische Organisationsentwicklung und Coaching
Eine Weiterbildung für Personalverantwortliche im Profit- und Non-Profit-Bereich, Unternehmensberater und Trainer, Psychologen, Ärzte in Leitungsfunktionen, Psychoanalytiker, Supervisoren und anderweitig Interessierte. Veranstalter: **Institut für Psychodynamische Organisationsentwicklung und Personalmanagement (POP)** Düsseldorf e.V. Leitung: Dr. Claudia Sies, Dr. Marga Löwer-Hirsch, Dr. Beate West Leuer.

POP@neuss.netsurf.de
http://www.pop-psa.de

Socio-Analytic Fellowship Program
This three year (part-time) training program is designed to introduce members to the practice, methodology, history and theory of socio-analytic consultancy. It is for consultants, managers and professionals who wish to explore and integrate this approach in their work, and for those who wish to train professionally to be recognized as a Socio-Analyst. Organizer: **The Australian Institute of Socio-Analysis (AISA).** Director: Alastair Bain, B.Sc. (Econ.) (Hons), M.A.

aisa@aisa.org.au
http://www.aisa.org.au

Socio-Psychoanalytic Training Program in Organizational Development and Consultation

The Program is designed for all those who wish to study the theory and practice of management and organizational development and consultation from a socio-psychoanalytic perspective. It is suitable for: Consultants, executives, managers and administrators who are in positions of authority and responsibility in their organizations and psychoanalytically-oriented clinicians interested in doing organizational consultation and development work as an aspect of their professional practices. Organizer: **The Institute for Psychoanalytic Training and Research (IPTAR)**. Information: Laurence J. Gould, Ph.D.

Largould@aol.com
http://iptar.org

The Organizational Program: Organizational Dynamics

A professional program introducing participants to an understanding of how organizations function covertly and irrationally as well as in the service of their work. Aimed at organizational consultants, executives who are managing change, human resource professionals and clinicians wishing to expand their practices, the program clarifies the dilemmas of attempting to intervene in the life of an organization and bring about change as well as the assumptions one makes and the conflicts one faces in taking up any role – particularly the role of consultant. Organizer: **The William Alanson White Institute**, New York; Co-Directors: Bernard Gertler and Marc Maltz. Information: Judith Waldman

jwaldman@psychoanalysis.net
http://www.wawhite.org/organiz.html

Trans-European Management

Eine Internationale Working Conference zu der Frage, was es heißt Manager in Europa zu sein. Diese Tavistock-Konferenz findet jährlich im Sommer in Coesfeld/Westfalen statt; Arbeitsprachen: Deutsch und Englisch. Organisatoren: **I.TEM – Bergische Universität Wuppertal, Fachbereich Wirtschafts- und Sozialwissenschaften, inscape, oezpa GmbH** u.a.. Information: Ullrich Beumer.

inscape.coesfeld@t-online.de
http://www.wiwi.uni-wuppertal.de/sievers

Working on the boundary
International post-graduate academic training programme for senior trainers, advisors, coaches and counsellors. This programme originated in 1991 in the Netherlands/Europe and since then was extended to German speaking countries. Organizer: **IAS International** (Institute for the Application of Social Sciences), Haarlem, The Netherlands. Director: Karien van Lohuizen.

info@ias.nl
http://www.ias.nl

Namensverzeichnis

G

H

QR

S

T

UV

W

XYZ

Stichwortverzeichnis

C

D

E

F

G

N

O

P

W

XYZ

Quellenverzeichnis

Bain, Alastair (2001): Einige Überlegungen zur Sozioanalyse. In: Freie Assoziation, 4, 2, S. 135–153.

Becker, Hansjörg (1998): Psychoanalyse und Organisation: Zur Bedeutung unbewusster Sozialisation in Organisationen. In: Freie Assoziation 1, 1/2, S. 81–100. Überarbeitete Fassung eines Vortrags, gehalten auf der 2. Jahrestagung ›Unbewusstes in Organisationen‹ vom 10.–12. Oktober 1997 in Coesfeld.

Beumer, Ullrich (1998): »Schläft ein Lied in allen Dingen ...«. Dingliche Objekte und räumliche Szenarien in der psychoanalytischen Organisationssupervision. In: Freie Assoziation 1, 3, S. 277–303. Überarbeitete Fassung eines Vortrags im Rahmen der Tagung ›Unbewusstes in Organisationen‹ vom 10.–12. Oktober 1997 in Coesfeld.

Biran, Hanna (2001): Die Beziehung des Systems Grundschule zu seinen gewalttätigen Teilen. In: Freie Assoziation 4, 3, S. 309–323.

Bowles, Martin (1998): Der Management Mythos: Seine Ausprägung und Unzulänglichkeit in gegenwärtigen Organisationen. In: Freie Assoziation 1, 3, S. 245–303.

Kirsner, Douglas (2001): Ein Leben unter Analytikern. In: Freie Assoziation 4, 1, S. 23–45.

Lawrence, W. Gordon (1998): Soziales Träumen und Organisationsberatung. In: Freie Assoziation 1, 3, S. 304–328. Vortrag anlässlich der Jahrestagung ›The International Society for the Psychoanalytic Study of Organizations (ISPSO)‹ 1999, Toronto / Kanada.

Lawrence, W. Gordon (1999): Das Denken im Spiegel der Organisationen: Das Endliche und das Unendliche – Das Bewusste und das Unbewusste. In: Freie Assoziation 2, 3, S. 203–322.

Long, Susan (2000): Preis und Tyrannei der Kundenorientierung: Eine Gruppen- und Gesellschaftsanalyse aus systemischer und psychoanalytischer Sicht. In: Freie Assoziation 3, 1, S. 9–34.

Long, Susan (2001): Wer bin ich bei der Arbeit? Ein Beitrag zur Identifikation und Identität bei der Arbeit. In: Freie Assoziation 4, 1, S. 47–69.

Long, Susan (2002): Kooperation und Konflikt: Zwei Seiten ein und derselben Medaille. In: Freie Assoziation 5, 3, S. 267–294.

Lutzi, Jutta (2002): Ein Wandel der Buchhalter? – Zur Bedeutung des potentiellen Raums für Veränderungsprozesse in Organisationen. In: Freie Assoziation 5, 1, S. 103–115.

Mersky, Rose Redding (2002): Die Klientin, die ich nie gesehen habe: Organisatorische Rollenberatung über das Telefon. In: Freie Assoziation 5, 1, S. 79–101. Dieser Beitrag ist eine erweiterte Fassung eines Vortrags anlässlich der 6. Jahrestagung ›Psychoanalyse in Supervision und Organisation‹ zum Thema ›Da-Sein – Fort-Sein – Erfahrungen von Verlassenheit und Zugehörigkeit in Management und Beratung von Organisationen‹ vom 14.–16.9.2001 bei ›inscape-Coesfeld‹ in Coesfeld.

Mersky, Rose Redding (2002): Wenn die Beraterin aus der Rolle fällt: Inszenierung im Dienste der Organisationsberatung. In: Freie Assoziation 5, 3, S. 249–265.

Dieser Beitrag basiert auf einem Vortrag, der 1999 auf der Jahrestagung der ›International Society for the Psychoanalytic Study of Organizations‹ in Toronto gehalten wurde. Im Juni 2000 hat Rose Redding Mersky für diese Arbeit den Jahrespreis für den besten Beitrag zur angewandten Psychoanalyse vom ›William Alanson White Institute for Psychoanalysis and Psychotherapy‹ in New York erhalten.

Nahum, Tania (2002): Mein Rollenwechsel von der Psychotherapeutin zur Organisationsberaterin – Erfahrungen und Reflexionen. In: Freie Assoziation 5, 2, S. 159–172.

Ohlmeier, Dieter (1998): Psychoanalyse jenseits der Therapie. In: Freie Assoziation 1, 1/2, S. 11–25. Überarbeitete Fassung des Vortrages auf der Arbeitstagung ›Psychoanalyse und Supervision‹ in Coesfeld, September 1996.

Sievers, Burkard (1999): ›Psychotische Organisation‹ als metaphorischer Rahmen zur Sozioanalyse organisatorischer und interorganisatorischer Dynamiken. In: Freie Assoziation 2, 1, S. 21–51. Abbildung von Hans Fronius: ›Die Maske des Roten Todes‹. In: Poe, Edgar Allan (o. J. [1967]): Das verräterische Herz. Gütersloh (Bertelsmann). Mit freundlicher Genehmigung von Christa Fronius.

Sievers, Burkard (2002): »Ich lasse dich nicht, es sei denn du segnest mich!« (Genesis 32, 26): Einige Überlegungen zur Entstehung von Autorität, Erbschaft und Nachfolge. In: Freie Assoziation 5, 1, S. 7–37.

Skogstad, Wilhelm (2002): Kein Platz für Angst und Schmerz. Psychoanalytische Beobachtungen von psychiatrischen und medizinischen Einrichtungen. In: Freie Assoziation 5, 2, S. 143–157. Überarbeitete Fassung eines Vortrags, der auf der Jahrestagung der Münchner Arbeitsgemeinschaft für Psychoanalyse ›Das Subjekt in seiner sozialen Matrix - Individuum, Familie, Gruppe und Gesellschaft‹, 9.–11. November 2001 in Kloster Seeon, Oberbayern gehalten wurde.

Stein, Howard F. (1999): Todesvorstellungen und die Erfahrung organisatorischen Downsizings – oder: Steht Dein Name auf Schindlers Liste? In: Freie Assoziation 2, 2, S. 155–185.

Stein, Howard F. (2000): In Sachen verschwundener Autor. Von der Parapraxis über die Poesie zu einem Einblick in die Organisationsforschung. In: Freie Assoziation 3, 2, S. 201–237. Vortrag auf dem Symposium ›The International Society for the Psychoanalytic Study of Organizations‹, 1999, Toronto / Kanada.

Autoren und Herausgeber

Alastair Bain ist Sozioanalytiker, Berater und Gründungsmitglied von *AISA (Australian Institute of Socio-Analysis)* in Melbourne. Er ist Direktor des Instituts sowie des *Socio-Analytic Fellowship Program.* Er war mehrere Jahre am *Centre for Applied Social Research* des *Tavistock Institute* tätig. Er ist Psychoanalytiker, Berater in Group Relations Conferences und Aktionsforscher.
Anschrift: 64 Carlton Street – Carlton 3053, Victoria/Australia
alastairbain@ozemail.com.au

Hansjörg Becker, geb. 1948, Dr. med., Psychoanalytiker (*DVP*) und Supervisor(*DGSv*), Executiv-Coach und Organisationsberater sowie Partner und Geschäftsführer von *INSITE-Interventions*, einem Provider für Mitarbeiter-Beratungsprogramme; Mitglied des Beirats der *Freien Assoziation*. Veröffentlichungen zur Anwendung der Psychoanalyse in Supervision und Organisation.
Anschrift: Wiesenau 27-29, D-60323 Frankfurt
Dr.HansjoergBecker@t-online.de

Ullrich Beumer, geb. 1954, Dipl.-Päd., Supervisor (*DGSv*), arbeitet als Trainer, Supervisor und Organisationsberater mit profit und non-profit Organisationen. Er ist Direktor von *inscape – Institut für Psychoanalyse, Supervision und Organisationsentwicklung Coesfeld*, Leiter des Zentrums *WBK – Wissen – Bildung – Kultur*, Coesfeld und Programmdirektor des Symposiums der *International Society for the Psychoanalytic Study of Organizations*, das 2004 in Coesfeld stattfinden wird.
Anschrift: inscape Coesfeld, Osterwicker Str. 29, D-48653 Coesfeld
inscape.coesfeld@t-online.de

Hanna Biran ist klinische Psychologin und Organisationsberaterin. Sie ist Dozentin für Gruppenpsychotherapie an der *Tel Aviv University School of Medicine* und für Group Relations an der *School for Social Workers.* Sie ist Mitbegründerin und Mitglied der *ICS Foundation (Innovation and Change in Society)*, die Seminare und Konferenzen in der Tavistock-Tradition durchführt. Sie arbeitet mit Einzelpersonen und Gruppen in privater Praxis sowie als Beraterin für Organisationen – u.a. mit den Ministerien für Gesundheit, Bildung und Verteidigung in Israel sowie für Unternehmen der Wirtschaft.
Anschrift: Bialik 53, Ramat-Hasharon, 47205, Israel

Martin Bowles, Ph.D., hat an der *Cardiff University* in Psychologie promoviert. Er lebte und lehrte seitdem in Großbritannien, Australien und Hongkong. Sein Interesse für Organisationen wurde von der Jungianischen Analytischen Psychologie und den archetypischen Dimensionen sozialer Interaktion geprägt. Er ist als Therapeut tätig und lehrt am Department of Business der *University of Central England Business School*, Perry Barr, Birmingham.
Anschrift: Department of Business, University of Central England, Business School, Perr Barr, Birmingham B 42 2SU, England
martin.bowles@uce.ac.uk

Douglas Kirsner, Ph.D., ist Professor für Philosophie und Geistesgeschichte an der *Deakin University* in Melbourne, Australien, wo er Philosophie und Psychoanalyse lehrt. Er begründete die jährlich stattfindende *Deakin University Freud Conference* im Jahre 1977 und war 20 Jahre lang ihr Leiter. Er ist Autor von *Unfree Associations: Inside Psychoanalytic Institutes* (London: Process Press, 2000) und *The Schizoid World of Jean-Paul Sartre and R. D. Laing.*
Anschrift: 90 Eskdale Raod, Caulfield North, Victoria 3161, Australia
dkirsner@optushome.com.au

W. Gordon Lawrence, geb. 1934, Dr. rer. oec., ist Gastprofessor an der *University of Northumberland* in Newcastle, England sowie an der *New Bulgarian University* in Sofia. Er ist Direktor des *Social Dreaming Institute* und Mitglied von *Symbiont Ventures Ltd.* in London. Er ist Fellow des *Australian Institute of Socio-Analysis* und des *Bulgarian Institute of Human Relations,* Board Member der *International Society for the Psychoanalytic Study of Organizations* sowie im Beirat von *Free Associations* und der *Freien Assoziation.* Als Organisationsberater arbeitet er mit einer Reihe von Organisationen sowie als Mentor jüngerer Berater. Er hat die Methode der Matrix Sozialer Träume entwickelt, darüber publiziert und Workshops in zahlreichen Ländern durchgeführt.
Anschrift: Meadway Court 10, London NW11 6PN, England WGLAWRENCE@aol.com

Susan Long, Ph.D., geb. 1952, ist Professor of Creative and Sustainable Organisation an der *RMIT University* in Melbourne. Als klinische Psychologin ausgebildet ist sie seit 20 Jahren als Organisationsberaterin und -forscherin tätig. Von 2001–2003 war sie Präsidentin der *International Society for the Psychoanalytic Study of Organizations.* Sie ist Mitherausgeberin der Zeitschrift

Socio-Analysis sowie im wissenschaftlichen Beirat mehrerer Zeitschriften, u.a. der *Freien Assoziation*. Ihr Forschungsschwerpunkte ist partizipatorische Aktionsforschung im Bereich des Gesundheits- und Erziehungswesens sowie im Strafvollzug.
Anschrift: susan.long@rmit.edu.au

Jutta Lutzi, geb. 1956, Dipl.-Psych., Studium in Frankfurt/M. und Groningen (NL), Psychologische Psychotherapeutin, Supervisorin (*DGSv, BDP*), Mitarbeiterin in der *Zentralstelle für Beratung und Supervision* in Frankfurt/M.
Anschrift: Auf dem Mühlberg 71, D-Frankfurt
jutta.lutzi@t-online.de

Bernd Oberhoff, geb. 1943, Dr. phil., Dipl.-Psych., Privatdozent für Soziale Therapie an der *Universität Kassel*, Gruppenanalytiker (*DAGG)*, Supervisor (*DGSv)* in freier Praxis in Münster. Mitherausgeber der *Freien Assoziation*. Derzeitiger Forschungsschwerpunkt: Psychoanalyse und Musik. Gründer und wissenschaftlicher Leiter des *Coesfelder Symposiums Musik & Psyche.*
Anschrift: Osterstr. 153, D-48163 Münster
Oberhoff@t-online.de

Dieter Ohlmeier, geb. 1936, Prof. emeritus, Dr. med., Dipl.-Psych., ehemaliger Inhaber des Lehrstuhls für Psychoanalyse und Psychotherapie an der *Universität Kassel* und Mitherausgeber der *Freien Assoziation*. Er ist Lehranalytiker der *Deutschen Psychoanalytischen Vereinigung*. Arbeitsgebiete: Psychoanalyse schwerer Körperkrankheiten (einschl. AIDS), psychoanalytische Gruppenforschung und psychoanalytische Literaturforschung.
Anschrift: Kaufunger Waldstr. 23, D-34355 Staufenberg Escherode

Rose Redding Mersky, geb. 1945, M.S. Ed., ist Organisationsberaterin und Direktorin von *Redwood Executive Consulting, Inc.* in Port Chester, N.Y.; von 1997 bis 1999 war sie Präsidentin der *International Society for the Psychoanalytic Study of Organizations*, derzeit ist sie Direktorin des *Professional Development Program* dieser Gesellschaft; sie ist Staffmitglied im *Program in Organizational Development and Consultation* am *William Alanson White Institute* in New York, Co-Direktorin des Internationalen Fortbildungscurriculums *Psychodynamik und Transformation von Organisationen* in Coesfeld sowie im Beirat der *Freien Assoziation*.
Anschrift: 21 James Court, Port Chester NY 10573, USA
RRM@redwoodexec.com

Tania Nahum, B.A. (Hons), M.A. ist als Psychotherapeutin, Gruppenanalytikerin und Organisationsberaterin tätig. Sie ist Mitglied von *AISA (Australien Institute of Socio-Analysis)*, der *Group Analytic Society* (London) und von *ISPSO (The International Society for the Psychoanalytic Study of Organizations)*. Sie hat Seminare über Arbeitsstudien, Gruppen- und Organisationsdynamik in universitäre Fortbildungsprogramme zur Psychotherapie eingeführt. Sie war Beraterin in den Tavistock-Konferenzen von *AISA* sowie den *Harold Bridger Working Conferences* und hat für die *Group Analytic Society* in London Gruppen, Workshops und Konferenzen geleitet.
Anschrift: 10 Linlithglow Avenue, North Caulfield, 3161 Victoria, Australien
roemer@mail.mpx.com.au

Burkard Sievers, geb. 1942, Dr. Soz.-Wiss., Dipl.-Soz., ist Professor für Organisationsentwicklung im Fachbereich Wirtschafts- und Sozialwissenschaften der *Bergischen Universität Wuppertal*, Mitherausgeber der *Freien Assoziation* und Supervisor (*DGSv*). Er hat die Tavistock-Konferenzen *Menschen in Organisationen* und *Trans-European Management* begründet und seit vielen Jahren als Direktor geleitet. Er war mehrere Jahre Board Member der *International Society for the Psychoanalytic Study of Organizations*, deren 'president elect' er ist. Als Co-Direktor leitet er das Internationale Fortbildungscurriculum *Psychodynamik und Transformation von Organisationen* in Coesfeld.
Anschrift: Aue 30, D-42857 Remscheid
sievers@wiwi.uni-wuppertal.de

Wilhelm Skogstad, geb. 1952, Dr. med., Psychiater, Psychoanalytiker (*Britische Psychoanalytische Gesellschaft*), Leiter der Erwachsenenabteilung am *Cassel Hospital* in London und Psychoanalytiker in privater Praxis. Veröffentlichungen zur Unfähigkeit zu trauern, stationärer Psychotherapie und zur Psychodynamik und Beobachtung von Institutionen.
Anschrift: 52 Glasslyn Road, London N8 8RH, England
wskogstad@lineone.net

Howard F. Stein, Ph.D., ist seit 1978 Professor im *Department of Family and Preventive Medicine, University of Oklahoma Health Sciences Centre*, Oklahoma City, USA. Er arbeitet als psychoanalytischer, medizinischer und politischer Psychologe, Psychoanalytiker sowie als Organisationsberater. Zur Zeit ist er Präsident der *High Plains Society for Applied Anthropology*.
Anschrift: Department of Family and Preventive Medicine, University of Oklahoma, Health Sciences Center, 900 NE 10, Oklahoma City, OK 73104, USA
Howard-Stein@ouhsc.edu